国家出版基金项目

"十四五"国家重点出版物出版规划项目

中国海洋站海洋水文气候志丛书

中国海洋站海洋水文气候志

南海分册

范文静　相文玺　王　慧　等　编著

海洋出版社

2023年·北京

内容简介

《中国海洋站海洋水文气候志》丛书分为渤海分册、黄海分册、东海分册和南海分册4册，各分册分别给出相应海区内各海洋站潮汐、海浪、海水表层温度、海水表层盐度、气温、气压、相对湿度、风和降水等海洋水文气象要素的基本特征和变化规律，以及风暴潮和暴雨洪涝等海洋灾害和灾害性天气对沿海的影响；同时给出相应海区各水文气象要素的基本特征和变化规律，并进行了典型海洋灾害过程分析。本书为南海分册。

本书可为海洋工程设计、海洋环境评价、海洋生态评估、海洋预报减灾、海洋科研和海洋管理等提供科学依据，也可为海洋资源开发和利用等海洋经济行业部门和高校师生提供参考。

图书在版编目 (CIP) 数据

中国海洋站海洋水文气候志. 南海分册 / 范文静等编著. — 北京 : 海洋出版社, 2023.11
ISBN 978-7-5210-1207-1

Ⅰ. ①中… Ⅱ. ①范… Ⅲ. ①南海－海洋站－海洋水文－水文气象－工作概况 Ⅳ. ①P339

中国国家版本馆CIP数据核字(2023)第235156号

审图号：GS京（2023）2242号

责任编辑：林峰竹
责任印制：安　淼

海洋出版社 出版发行
http://www.oceanpress.com.cn
北京市海淀区大慧寺路 8 号　　邮编：100081
鸿博昊天科技有限公司印刷　　新华书店经销
2023年11月第1版　　2023年11月第1次印刷
开本：889 mm×1194 mm　　1／16　　印张：50
字数：1344千字　　定价：735.00元
发行部：010-62100090　　总编室：010-62100034
海洋版图书印、装错误可随时退换

序

我国沿海和重要海岛现有 130 多个海洋观测站点，业务化观测潮位、海浪、表层海水温度、表层海水盐度、海发光、海冰等水文要素，以及气温、气压、降水和风等气象要素，其中观测时间超过或近 60 年的有 50 多个站点。数十年观测获取的海洋资料凝聚了一线海洋工作者的心血，同时也在海洋预报、防灾减灾、海洋工程建设、海洋生态环境保护、海洋科学研究和海洋管理工作中发挥了重要的基础支撑作用。

《中国海洋站海洋水文气候志》丛书依据完整详实的海洋站观测数据，利用统计分析方法全面评价了我国沿海多年水文气象要素变化状况，总结了我国沿海水文和气象各要素的基本特征和变化规律，以及风暴潮、海冰和暴雨洪涝等海洋灾害和灾害性天气期间各要素的变化特征及其带来的影响。该书的研究成果不仅可为海洋管理者、科研人员、海洋工程设计者提供科学依据，同时也可为海洋资源开发、利用等海洋经济行业部门和高校师生提供参考，是一套具有科学价值和实用价值的海洋科学志书。

管好用好海洋资料、更好发挥海洋调查观测资料的作用，是海洋工作者的初心，也是一种责任。当前，我国已进入加快建设海洋强国的新阶段，海洋事业的发展需要大家的共同努力，海洋工作的方方面面都需要海洋基础研究的支撑，开展基于调查观测数据的海洋信息产品研发是最基础也是非常重要的一个环节，《中国海洋站海洋水文气候志》丛书的编制就是一种很好的体现，作为一名多年从事海洋工作的亲历者，我希望能看到更多这样的成果出现。

自然资源部副部长
国家海洋局局长　王宏

2020 年 8 月

前　言

我国海洋站观测最早可追溯到 19 世纪末。1898 年，德国人在青岛修建气象观测站，开始气象及潮汐等观测。中华人民共和国成立前，中国沿海建立的海洋站约有 20 个，主要开展潮汐观测。中华人民共和国成立后，海军、交通部、水电部、中央气象局和中国科学院等单位根据各自工作需要，在沿海陆续建立了验潮站和气象站。特别是中央气象局在原有海滨观测站点的基础上，陆续增建了几十个海洋水文气象站。观测项目除潮汐外，增加了海浪、表层海水温度和盐度、气温、气压、风和天气现象等。1961 年开始增加了海冰观测。1964 年国家海洋局成立后，中央气象局将沿海的 59 个海洋水文气象站移交给国家海洋局。

50 余年来，国家海洋局通过增建和共建等方式，不断加强海洋站基础能力建设，2021 年我国沿海及岛屿已有 140 余个海洋站，包括无人值守的自动观测站，观测方式从 2008 年开始逐渐增加了浮标、雷达和 GNSS（全球卫星导航系统）观测，积累了几年至 60 余年的定点连续观测资料。同时，海洋站观测技术和资料处理技术也不断强化和完善。2006 年开始，业务化开展了海洋站的基准潮位核定工作，海洋站观测数据质量得到不断提升。

为更好地发挥海洋站观测资料的作用，了解和掌握沿海各水文气象要素的基本特征和变化规律，以及海洋灾害和灾害性天气期间各要素的变化及其带来的影响，国家海洋信息中心组织编制了《中国海洋站海洋水文气候志》丛书，期望可为海洋工程建设、海洋开发利用和保护活动、海洋科学研究、海洋防灾减灾以及海洋综合管理等提供科学依据和服务保障。资料整编过程中完全依据海洋站历史观测数据，受当时观测仪器、技术和方法的影响，观测资料的精度不一，均一化处理程度各异，本志中的统计结果只是海洋站观测事实的客观反映，实际使用时还要结合海洋站环境条件和其他资料情况进行综合评估。

《中国海洋站海洋水文气候志》丛书分为渤海分册、黄海分册、东海分册和南海分册 4 册，各分册选取的海洋站主要观测项目资料时长至少 20 年。

　　《中国海洋站海洋水文气候志·南海分册》包括云澳、遮浪、汕尾、赤湾、珠海、大万山、闸坡、硇洲、北海、涠洲、防城港、秀英、清澜、东方、莺歌海、三亚、西沙和南沙共 18 个海洋站及南海沿海，针对每个海洋站及南海沿海分析总结各水文气象要素的季节变化、年际变化和十年平均变化等特征，将海平面单独成章，分析了年变化、长期趋势变化和周期性变化，汇编了海洋站周边及南海沿海发生的海洋灾害及灾害性天气。

　　《中国海洋站海洋水文气候志·南海分册》的概况部分由金波文、邓丽静和范文静编写；潮位部分由张建立编写；海浪部分由刘首华编写；表层海水温度、盐度和海发光部分由王爱梅编写；海洋气象部分由骆敬新、邓丽静和范文静编写；海平面部分由王慧编写；灾害部分由李文善、邓丽静、骆敬新、王慧、刘首华、张建立和范文静编写。绘图由王爱梅完成。统稿人为范文静、相文玺、王慧和邓丽静。同时，王东、江羽西和白羽等同志也参与了部分工作。

　　《中国海洋站海洋水文气候志·南海分册》编制过程中多次向中心站、海洋站和南海信息中心咨询、征求意见和建议，汕尾中心站、深圳工作站、珠海中心站、北海中心站、海口中心站和三沙中心站及海洋站的陈志荣、罗荣真、蔡锦海、万明国、罗盛学、梁海萍、姚梦娜和王亚娟等同志，以及南海信息中心的唐灵和黄财京等同志给予了具有重要参考价值的意见，在此一并表示衷心的感谢！特别感谢国家海洋档案馆，为《中国海洋站海洋水文气候志》各分册相关数据与信息的查询和核实提供了大力支持和帮助。

　　编制《中国海洋站海洋水文气候志》丛书涉及的学科及领域较多，内容也较为广泛，受编制组学识和业务水平的限制，错误和不足之处在所难免，敬请有关专家、同行和读者批评指正。

编著者

2022 年 11 月

| 目　录 |

云澳海洋站

遮浪海洋站

汕尾海洋站

赤湾海洋站

珠海海洋站

大万山海洋站

闸坡海洋站

硇洲海洋站

北海海洋站

涠洲海洋站

防城港海洋站

东方海洋站

莺歌海海洋站

三亚海洋站

西沙海洋站

南沙海洋站

南　海

说　明

一、资料来源

水文气象数据——主要来源于国家海洋主管部门管辖的沿岸（岛屿、平台）海洋站依据有效的规范性文件所获得的观测数据，规范性文件包括国家标准、行业标准及技术规程等。补充的少量统计数据来自《中国沿岸海洋水文气象资料（1960—1969）》。

灾害数据——主要来源于国家海洋主管部门发布的相关公报、正式出版书籍以及中国沿海海平面变化影响调查信息等。

二、季节划分

3—5 月为春季，6—8 月为夏季，9—11 月为秋季，12 月至翌年 2 月为冬季；以 4 月、7 月、10 月和 1 月分别作为春夏秋冬四季的代表月份。

三、统计时间

1. 统计时间一般从建站开始观测时间（气象观测项目多始于 1960 年）至 2019 年 12 月 31 日或撤站结束观测时间。

2. 按照 1979 年实施的《海滨观测规范》要求，1979 年霜未观测；按照 1995 年 7 月执行的《海滨观测规范》（GB/T 14914—1994）要求，云和除雾外的其他天气现象停止观测。

3. 选取编写海洋水文气候志的海洋站，其主要观测项目资料时长至少 20 年，各观测项目的统计时间以本站资料为准，选取数据稳定、时间连续的序列进行统计。部分观测项目如蒸发量，资料时间只有几年，仍做统计分析，结果仅供参考。

四、一般说明

1. 通用时间一律为北京时。

2. 日界：潮汐、海浪、表层海水温度、表层海水盐度以 24:00（不含 24:00）为日界；海发光以日出为日界；气象观测项目以 20:00（含 20:00）为日界。

3. 观测时次：潮汐为每日逐时观测，海浪为每日 08:00、11:00、14:00 和 17:00 四次定时或每3 小时或逐时观测，表层海水温度为每日 08:00、14:00 和 20:00 三次定时观测，表层海水盐度为每日 14:00 定时观测，海发光为每日天黑后观测，气压、气温、相对湿度和海面有效能见度为每日 02:00、08:00、14:00 和 20:00 四次定时观测，风为每日 02:00、08:00、14:00 和 20:00 四次定时或逐时观测。

4. 潮位值均以验潮零点为基面。

5. 海洋站观测的波高和周期特征值一般包含最大波高、最大波周期、十分之一大波波高、十分之一大波周期、有效波波高、有效波周期、平均波高和平均周期。本志中平均波高是指十分之一大波波高特征值的平均值，最大波高是指最大波高特征值或十分之一大波波高特征值的最大值（最大波高特征值缺失时用十分之一大波波高特征值代替），平均周期是指平均周期特征值的平均值，最大周期是指平均周期特征值的最大值。

6. 常浪向是指海浪出现频率最高的方向，强浪向是指波高最大值出现的方向。

7. 浪向和风向统计按 16 方位划分（顺时针），与度数的换算关系见 16 方位转换表。

8. 表层海水温度有时简称为海表水温或水温，表层海水盐度有时简称为海表盐度或盐度，两者有时统称为温盐。

9. 单站气压统计分析采用本站气压，海区沿岸气压统计分析采用海平面气压。

10. 海面有效能见度简称为能见度。

11. 风速为 10 分钟平均风速；1980 年前，风速大于 40 米／秒时记为 40 米／秒。

12. 线性趋势通过显著性检验的给出具体速率值；未通过显著性检验但变化趋势相对明显的给出具体速率值，并在括号内注明"线性趋势未通过显著性检验"；未通过显著性检验且变化趋势不明显的，文中用"变化趋势不明显"或"无明显变化趋势"描述。

13. 海洋环境监测中心站简称为中心站，海洋环境监测站简称为海洋站。

五、统计方法说明

1. 均值和频率的统计、极值的挑选、不完整记录的处理和统计等，均按照《海滨观测规范》（GB/T 14914—2006）进行。

2. 日平均水温稳定通过某界限（0℃、5℃、10℃、20℃、25℃和30℃）的初、终日期统计，采用五日滑动平均法，即一年中，任意连续五天的日平均水温的平均值大于等于某一界限的最长一段时期内，在第一个五天（即上限）中，挑取最先一个日平均水温大于等于该界限的日期，即为初日；在最后一个五天（下限）中挑取最末一个日平均水温大于等于该界限的日期，即为终日。

3. 大风日数统计：若某日中出现风速大于等于 10.8 米／秒的风，则统计为大于等于 6 级大风日；出现风速大于等于 13.9 米／秒的风，则统计为大于等于 7 级大风日；出现风速大于等于 17.2 米／秒的风，则统计为大于等于 8 级大风日。

4. 盛行风向判定方法：按顺时针方向相邻的两个及以上风向频率和大于等于 25% 且每个方向频率大于等于 7% 的方向为盛行风向。

5. 降水日数统计：日降水量大于等于 0.1 毫米时，统计为降水日。

6. 雾、轻雾、雷暴、霜和降雪日数统计：若夜间或白天天气现象记录（非摘要记录）中出现雾，则统计为雾日；其他天气现象日数统计方法相同。

7. 最长连续降水（无降水、大风、雾等）日数统计：记录开始日期和结束日期，取其中最长的时段，可跨月、跨年，只能上跨，不能下跨。

8. 年较差为某要素一年中最高月平均值与最低月平均值之差。累年年较差为某要素累年最高月平均值与最低月平均值之差。

9. 各要素长期变化趋势均采用最小二乘法进行一元线性拟合并进行显著性检验，显著性水平为 0.05。

六、其他

1. 潮汐类型

依据 K_1 与 O_1 分潮振幅之和与 M_2 分潮振幅比值大小，确定其潮汐类型。

正规半日潮

$$0.0 < \frac{H_{K_1} + H_{O_1}}{H_{M_2}} \leq 0.5$$

不正规半日潮

$$0.5 < \frac{H_{K_1} + H_{O_1}}{H_{M_2}} \leq 2.0$$

不正规日潮

$$2.0 < \frac{H_{K_1} + H_{O_1}}{H_{M_2}} \leq 4.0$$

正规日潮

$$4.0 < \frac{H_{K_1} + H_{O_1}}{H_{M_2}}$$

式中，H_{M_2} 为太阴半日分潮振幅；H_{K_1} 为太阴太阳合成日分潮振幅；H_{O_1} 为太阴日分潮振幅。

2. 温湿指数

根据《人居环境气候舒适度评价》（GB/T 27963—2011），温湿指数计算方法如下：

$$I = T - 0.55 \times \left(1 - \frac{R}{100}\right) \times (T - 14.4)$$

式中，I 为温湿指数，保留一位小数；T 为某一评价时段的平均温度，单位：℃；R 为某一评价时段的平均相对湿度，%。

气候舒适度等级划分表

等级	感觉程度	温湿指数	健康人感觉描述
1	寒冷	<14.0	感觉很冷，不舒服
2	冷	14.0 ~ 16.9	偏冷，较不舒服
3	舒适	17.0 ~ 25.4	感觉舒适
4	热	25.5 ~ 27.5	有热感，较不舒适
5	闷热	>27.5	闷热难受，不舒服

3. 大陆度气候划分

利用累年气温年较差（累年最高月平均气温 – 累年最低月平均气温）资料统计焦金斯基大陆度指数。焦金斯基大陆度指数小于等于 50 时为海洋性气候，大于 50 时为大陆性气候。

$$K = 1.7 \times A / \sin\left(\frac{\varphi}{180} \times \pi\right) - 20.4 \qquad （中纬度）$$

$$K = 1.7 \times A / \sin\left(\frac{\varphi + 10}{180} \times \pi\right) - 14 \qquad （低纬度）$$

式中，K 为焦金斯基大陆度指数；A 为气温年较差；φ 为观测站纬度，单位：(°)。

4. 天气季节划分

天气季节的判定，根据气象行业标准《气候季节划分》（QX/T 152—2012）规定，采用累年日平均气温的五日滑动平均值序列确定四季，春季为滑动平均气温大于等于10℃且小于22℃；夏季为滑动平均气温大于等于22℃；秋季为滑动平均气温小于22℃且大于等于10℃；冬季为滑动平均气温小于10℃。

本志中如果累年滑动平均气温序列无连续5天小于22℃，则该地为常夏区，不做季节划分。如果累年滑动平均气温序列无连续5天小于10℃，则该地为无冬区，只做春季、夏季和秋季划分。

本志中季节起始日和终止日按照《气候季节划分》（QX/T 152—2012）中"四季分明区常年气候季节确定"方法确定，无冬季的海洋站秋季终止日为累年气温序列的最后一个最低日。

5. 风力等级

风力等级表

风力等级	名称	对应风速 /（米·秒$^{-1}$）
0	无风	0 ～ 0.2
1	软风	0.3 ～ 1.5
2	轻风	1.6 ～ 3.3
3	微风	3.4 ～ 5.4
4	和风	5.5 ～ 7.9
5	轻劲风	8.0 ～ 10.7
6	强风	10.8 ～ 13.8
7	疾风	13.9 ～ 17.1
8	大风	17.2 ～ 20.7
9	烈风	20.8 ～ 24.4
10	狂风	24.5 ～ 28.4
11	暴风	28.5 ～ 32.6
12	飓风	>32.6

6. 方位转换

16方位转换表（风向、浪向）

方位	范围 /（°）	中值 /（°）
N（北）	348.9 ～ 11.3	0
NNE（北东北）	11.4 ～ 33.8	23
NE（东北）	33.9 ～ 56.3	45
ENE（东东北）	56.4 ～ 78.8	68
E（东）	78.9 ～ 101.3	90
ESE（东东南）	101.4 ～ 123.8	113
SE（东南）	123.9 ～ 146.3	135
SSE（南东南）	146.4 ～ 168.8	158
S（南）	168.9 ～ 191.3	180
SSW（南西南）	191.4 ～ 213.8	203
SW（西南）	213.9 ～ 236.3	225
WSW（西西南）	236.4 ～ 258.8	248
W（西）	258.9 ～ 281.3	270
WNW（西西北）	281.4 ～ 303.8	293
NW（西北）	303.9 ～ 326.3	315
NNW（北西北）	326.4 ～ 348.8	338

云澳海洋站

第一章 概况

第一节 基本情况

云澳海洋站（简称云澳站）位于广东省汕头市南澳县南澳岛（图1.1-1）。南澳县是广东省唯一的海岛县，由南澳岛和周边35个岛屿组成，位于南海东北部、台湾海峡的西南端，处于闽、粤、台三省交界海面，距西太平洋国际主航道7海里，素有"粤东屏障 闽粤咽喉"之称，历来是东南沿海通商的必经泊点和中转站，具有丰富的海岛资源，拥有多个国家级森林公园、海洋公园、自然保护区等，近海海域水质好，生物资源丰富。南澳岛地貌以高低丘陵为主，主岛岸线长约94.3千米，海岸多为岩石陡岸。

云澳站始建于1959年10月，名为云澳海洋气象站，隶属于中央气象局。1965年3月更名为云澳海洋站，隶属国家海洋局南海分局，2002年6月更名为南澳海洋站，2014年后南澳海洋站拥有云澳测点和新建的南澳岛测点，2019年6月后隶属自然资源部南海局，由汕尾中心站管辖。云澳测点位于南澳县云澳镇澳前村，测点底质为泥沙，近岸水较浅，多在5米以内。

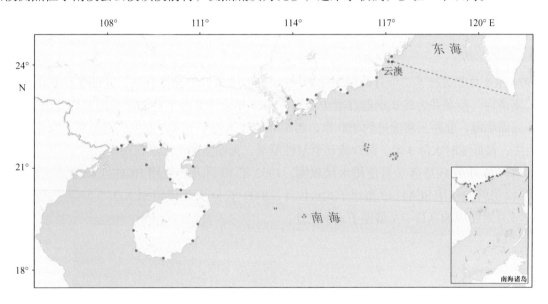

图1.1-1 云澳站地理位置示意

云澳站观测项目有潮汐、海浪、表层海水温度、表层海水盐度、气温、气压、相对湿度、风和降水等。1996年前主要为人工观测或机械式日记型自记仪器等简易设备观测，1996年后风等观测项目使用自动观测系统，2002年自动观测系统升级为CZY1-1型，多数观测项目实现了自动化观测、数据存储和传输。

云澳附近海域为不正规半日潮特征，海平面7月最低，10月最高，年变幅为29厘米，平均海平面为223厘米，平均高潮位为290厘米，平均低潮位为157厘米；2006年后，全年海况以0～3级为主，年均平均波高为0.8米，年均平均周期为4.6秒，历史最大波高最大值为6.1米，历史平均周期最大值为8.5秒，常浪向为ENE，强浪向为NNE；年均表层海水温度为20.4～22.5℃，9月最高，均值为26.5℃，2月最低，均值为14.5℃，历史水温最高值为32.1℃，历史水温最低值为9.3℃；年均表层海水盐度为30.85～33.22，10月最高，均值为32.86，2月最低，均值为 31.44，历史盐度最高值为 37.03，历史盐度最低值为 6.26；海发光主要为火花型，9 月出现频率最高，5 月最低，1 级海发光最多，出现的最高级别为 4 级。

云澳站主要受海洋性季风气候影响，年均气温为 20.5 ~ 23.8℃，7 月和 8 月最高，均为 27.6℃，2 月最低，均值为 14.2℃，历史最高气温为 39.0℃，历史最低气温为 2.5℃；年均气压为 1 009.1 ~ 1 011.7 百帕，1 月最高，均值为 1 017.6 百帕，8 月最低，均值为 1 002.7 百帕；年均相对湿度为 74.9% ~ 83.4%，6 月最大，均值为 88.4%，12 月最小，均值为 70.7%；年均风速为 2.4 ~ 7.0 米 / 秒，10 月和 11 月最大，均为 6.1 米 / 秒，7 月最小，均值为 2.6 米 / 秒，1 月盛行风向为 NNE—E（顺时针，下同），4 月盛行风向为 NNE—E，7 月盛行风向为 W—NW，10 月盛行风向为 NE—E；平均年降水量为 1 272.7 毫米，6 月平均降水量最多，占全年的 18.9%；平均年雾日数为 13.1 天，3 月和 4 月最多，均为 3.3 天，11 月未出现；平均年雷暴日数为 30.1 天，5 月和 6 月最多，均为 5.2 天，1 月最少，出现 1 天；年均能见度为 12.2 ~ 25.0 千米，7 月最大，均值为 19.2 千米，3 月最小，均值为 13.8 千米；年均总云量为 5.8 ~ 7.6 成，6 月最多，均值为 8.0 成，10 月最少，均值为 4.9 成。

第二节　观测环境和观测仪器

1. 潮汐

1974 年 8 月起进行了 7 个月的短期观测，1992 年 10 月开始连续观测。验潮室位于南澳岛东南的云澳湾内，验潮井为岛式钢筋混凝土结构，2017 年重建验潮室并加固验潮井筒（图 1.2-1）。验潮井三面临海，北距云澳渔港约 100 米，西距陆地礁头约 4 千米，南为广阔海面，海底底质以沙石为主，最低潮时水深 3 米，海沙流动季节性明显，无明显的泥沙淤积现象。

1974 年 8 月至 1975 年 2 月使用水尺观测，1992 年 10 月开始使用 HCJ1-1 型滚筒式验潮仪，2001 年 12 月开始使用 SCA11-3 型浮子式水位计，2009 年 11 月后使用 SCA11-2 型浮子式水位计，2014 年 4 月后使用 SCA11-3A 型浮子式水位计。

图1.2-1　云澳站验潮室（摄于2019年12月15日）

2. 海浪

海浪资料起止时间为 1960 年 1 月至 1976 年 1 月和 2006 年 4 月至 2019 年 12 月。测波点位于南澳岛澳前村外青山东侧（图 1.2-2）。测波点海域水深 14 ~ 18 米，海面开阔，有船只经过。

2010 年 9 月至 2015 年末的夏季风暴潮盛行季节，采用 SZF 型浮标观测，其余时段均为目测。海况和波型为目测。

图1.2-2　云澳站测波点（摄于2019年12月17日）

3. 表层海水温度、盐度和海发光

1959 年 10 月开始观测。测点位于南澳岛澳前村东南角的外青山山脚西侧，最低潮时水深 2 米，泥沙石底质（图 1.2-3）。测点南有冷冻厂小型装卸码头，如观测时码头有船只停靠，对表层海水温度、盐度数据准确性有一定影响。

自建站起，表层海水温度使用 SWL1-1 型水温表测量，表层海水盐度使用 SYC1-1 型感应式盐度计、SYC2-2 型实验室盐度计、SYY1-1 型光学折射盐度计和 SYA2-2 型实验室盐度计等测定，2013 年后使用 SYS2-2 型盐度计。

海发光为每日天黑后至次日天亮前人工目测。

图1.2-3　云澳站温盐观测码头（摄于2021年12月11日）

4.气象要素

1959年10月开始观测。观测场位于南澳岛澳前村外青山顶向海洋突出的山包上（图1.2-4），三面环海，周边无高大建筑物或山体。因封山育林，树木对观测逐渐造成影响，通过定期对观测场周边树木的小范围砍伐，改善观测条件。

观测初期主要使用水银温度表、动槽水银气压表和EL型电接风向风速计等仪器。1996年开始使用海洋站自动观测系统，2002年开始使用CZY1-1型海洋站自动观测系统，先后使用过YZY5-1型温湿度传感器、HMP150型温湿度传感器、270型气压传感器等，2018年后使用的传感器主要有HMP155型温湿度传感器、278型气压传感器、XFY3-1型风传感器和SL3-1型雨量传感器等。

图1.2-4　云澳站气象观测场（摄于2020年12月27日）

第二章 潮位

第一节 潮汐

1. 潮汐类型

利用云澳站近 19 年（2001—2019 年）验潮资料分析的调和常数，计算出潮汐系数 $(H_{K_1}+H_{O_1})/H_{M_2}$ 为 0.97。按我国潮汐类型分类标准，云澳附近海域为不正规半日潮，每个潮汐日（大约 24.8 小时）有两次高潮和两次低潮，低潮日不等现象较为显著。

1993—2019 年，云澳站 M_2 分潮振幅呈增大趋势，增大速率为 1.70 毫米 / 年；迟角呈减小趋势，减小速率为 0.18°/ 年。K_1 和 O_1 分潮振幅和迟角均无明显变化趋势。

2. 潮汐特征值

由 1993—2019 年资料统计分析得出：云澳站平均高潮位为 290 厘米，平均低潮位为 157 厘米，平均潮差为 133 厘米；平均高高潮位为 302 厘米，平均低低潮位为 125 厘米，平均大的潮差为 177 厘米。平均涨潮历时 7 小时 11 分钟，平均落潮历时 5 小时 14 分钟，两者相差 1 小时 57 分钟。

累年各月潮汐特征值见表 2.1-1。

表 2.1-1　累年各月潮汐特征值（1993—2019 年）　　　　单位：厘米

月份	平均高潮位	平均低潮位	平均潮差	平均高高潮位	平均低低潮位	平均大的潮差
1	292	160	132	305	125	180
2	286	156	130	295	127	168
3	282	151	131	290	127	163
4	278	147	131	290	122	168
5	281	149	132	297	118	179
6	280	145	135	296	109	187
7	279	143	136	293	106	187
8	288	149	139	297	117	180
9	303	166	137	310	138	172
10	310	176	134	320	147	173
11	302	170	132	316	137	179
12	298	166	132	312	130	182
年	290	157	133	302	125	177

注：潮位值均以验潮零点为基面。

　　平均高潮位 10 月最高，为 310 厘米，4 月最低，为 278 厘米，年较差为 32 厘米；平均低潮位 10 月最高，为 176 厘米，7 月最低，为 143 厘米，年较差为 33 厘米（图 2.1-1）；平均高高潮位 10 月最高，为 320 厘米，3 月和 4 月最低，均为 290 厘米，年较差为 30 厘米；平均低低潮位 10 月最高，为 147 厘米，7 月最低，为 106 厘米，年较差为 41 厘米。平均潮差 8 月最大，2 月最小，年较差为 9 厘米；平均大的潮差 6 月和 7 月均为最大，3 月最小，年较差为 24 厘米（图 2.1-2）。

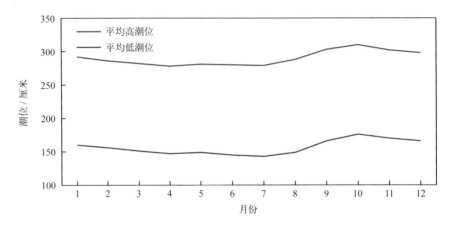

图2.1-1　平均高潮位和平均低潮位年变化

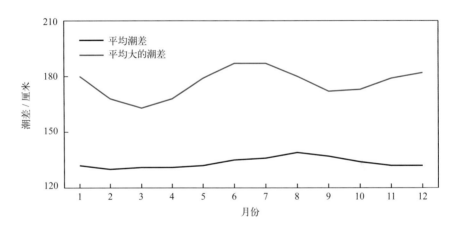

图2.1-2　平均潮差和平均大的潮差年变化

　　1993—2019 年，云澳站平均高潮位呈上升趋势，上升速率为 5.13 毫米 / 年。受天文潮长周期变化影响，平均高潮位存在较为明显的准 19 年周期变化，振幅为 1.07 厘米。平均高潮位最高值出现在 2016 年，为 298 厘米；最低值出现在 1993 年和 1995 年，均为 279 厘米。云澳站平均低潮位变化趋势不明显。平均低潮位准 19 年周期变化显著，振幅为 2.05 厘米。平均低潮位最高值出现在 2001 年，为 163 厘米；最低值出现在 1993 年、1995 年、1997 年、2015 年和 2018 年，均为 152 厘米。

　　1993—2019 年，云澳站平均潮差呈增大趋势，增大速率为 5.04 毫米 / 年。平均潮差准 19 年周期变化明显，振幅为 1.93 厘米。平均潮差最大值出现在 2016 年，为 142 厘米；最小值出现在 1993 年和 1995 年，均为 127 厘米（图 2.1-3）。

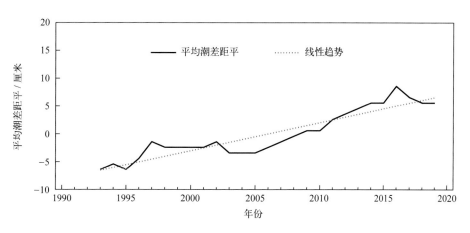

图2.1-3　1993—2019年平均潮差距平变化

第二节　极值潮位

云澳站年最高潮位和年最低潮位的各月发生频率见表2.2-1。年最高潮位出现时间主要集中在9—11月，其中10月发生频率最高，为45%；9月次之，为26%。年最低潮位主要出现在5—7月，其中7月发生频率最高，为37%；6月次之，为33%。

1993—2019年，云澳站年最高潮位呈上升趋势，上升速率为9.34毫米/年（线性趋势未通过显著性检验）。历年的最高潮位均高于349厘米，其中高于390厘米的有3年；历史最高潮位为453厘米，出现在2013年9月22日，正值1319号超强台风"天兔"影响期间。云澳站年最低潮位变化趋势不明显。历年最低潮位均低于76厘米，其中低于50厘米的有5年；历史最低潮位出现在2004年7月3日，为38厘米（表2.2-1）。

表2.2-1　最高潮位和最低潮位及年极值出现频率（1993—2019年）

	1月	2月	3月	4月	5月	6月	7月	8月	9月	10月	11月	12月
最高潮位值/厘米	354	346	350	339	365	366	377	374	453	391	388	362
年最高潮位出现频率/%	0	0	0	0	0	0	4	7	26	45	11	7
最低潮位值/厘米	59	62	64	64	57	42	38	56	74	84	68	59
年最低潮位出现频率/%	7	0	0	0	15	33	37	4	0	0	0	4

第三节　增减水

受地形和气候特征的影响，云澳站出现30厘米以上增水的频率明显高于同等强度减水的频率，超过50厘米的增水平均约25天出现一次，而超过50厘米的减水平均约1 599天出现一次（表2.3-1）。

云澳站100厘米以上的增水主要出现在5月和9月，40厘米以上的减水多发生在3月、8月和11月，这些大的增减水过程主要与该海域春季、夏季和秋季受热带气旋和温带气旋等影响有关（表2.3-2）。

表2.3-1 不同强度增减水平均出现周期（1993—2019年）

范围/厘米	出现周期/天	
	增水	减水
>30	1.97	6.57
>40	7.29	98.93
>50	25.32	1 599.43
>60	78.02	9 596.58
>70	188.17	—
>80	342.74	—
>90	479.83	—
>100	799.72	—
>110	1 599.43	—

"—"表示无数据。

表2.3-2 各月不同强度增减水出现频率（1993—2019年）

月份	增水/%					减水/%				
	>30厘米	>50厘米	>70厘米	>90厘米	>100厘米	>10厘米	>20厘米	>30厘米	>40厘米	>50厘米
1	0.83	0.01	0.00	0.00	0.00	7.87	2.01	0.24	0.00	0.00
2	1.29	0.04	0.01	0.00	0.00	9.21	2.65	0.29	0.01	0.00
3	0.97	0.05	0.00	0.00	0.00	11.68	3.59	0.60	0.04	0.00
4	0.55	0.02	0.00	0.00	0.00	11.91	2.23	0.15	0.00	0.00
5	0.75	0.07	0.02	0.02	0.01	4.24	0.29	0.01	0.00	0.00
6	0.58	0.04	0.00	0.00	0.00	4.56	0.52	0.04	0.00	0.00
7	0.91	0.08	0.01	0.00	0.00	8.15	1.31	0.07	0.00	0.00
8	0.63	0.09	0.01	0.00	0.00	11.34	2.19	0.33	0.06	0.01
9	1.45	0.17	0.05	0.02	0.01	7.81	1.14	0.07	0.00	0.00
10	1.94	0.25	0.01	0.00	0.00	8.49	2.18	0.28	0.01	0.00
11	0.50	0.03	0.00	0.00	0.00	13.47	4.57	0.84	0.05	0.00
12	0.85	0.03	0.00	0.00	0.00	10.33	2.99	0.47	0.02	0.00

1993—2019年，云澳站年最大增水多出现在6月和8—10月，其中8月和10月出现频率最高，均为22%；9月次之，为15%。除5月和7月外，云澳站年最大减水在各月均有出现，其中11月出现频率最高，为23%；8月次之，为19%（表2.3-3）。

1993—2019年，云澳站年最大增水呈增大趋势，增大速率为3.60毫米/年（线性趋势未通过显著性检验）。历史最大增水出现在2006年5月17日和2013年9月22日，均为127厘米；1995年、2003年和2018年最大增水均超过或达到了95厘米。云澳站年最大减水呈减小趋势，减小速率为

1.45 毫米 / 年（线性趋势未通过显著性检验）。历史最大减水发生在 1994 年 8 月 10 日，为 62 厘米；2004 年和 2017 年最大减水均超过了 50 厘米。

表 2.3-3　最大增水和最大减水及年极值出现频率（1993—2019 年）

	1月	2月	3月	4月	5月	6月	7月	8月	9月	10月	11月	12月
最大增水值 / 厘米	56	73	66	55	127	90	77	104	127	79	69	102
年最大增水出现频率 / %	0	4	4	0	7	11	4	22	15	22	4	7
最大减水值 / 厘米	41	44	48	51	34	42	43	62	44	47	53	50
年最大减水出现频率 / %	7	4	4	7	0	7	0	19	7	11	23	11

第三章 海浪

第一节 海况

1960—1975年，云澳站全年及各月各级海况的频率见图3.1-1。全年海况以0～4级为主，频率为89.85%，其中0～2级海况频率为39.66%。全年5级及以上海况频率为10.15%，最大频率出现在10月，为20.82%。全年7级及以上海况频率为0.33%，最大频率出现在11月，为1.30%，5月、8月和12月均未出现。

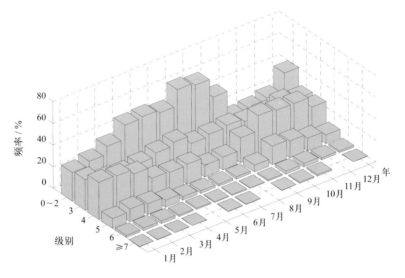

图3.1-1 全年及各月各级海况频率（1960—1975年）

2006—2019年，云澳站全年及各月各级海况的频率见图3.1-2。全年海况以0～3级为主，频率为89.34%，其中0～2级海况频率为59.03%。全年5级及以上海况频率为0.37%，最大频率出现在10月，为1.09%，4月未出现。全年未出现7级及以上海况。

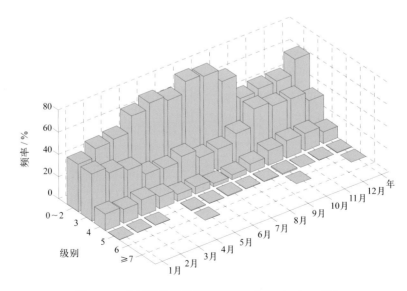

图3.1-2 全年及各月各级海况频率（2006—2019年）

第二节 波型

1960—1975 年，云澳站风浪频率和涌浪频率的年变化见表 3.2-1。全年以风浪为主，频率为 96.03%，涌浪频率为 53.80%。各月的风浪频率相差不大，涌浪频率差异较大。涌浪在 7 月和 8 月较多，其中 7 月最多，频率为 86.78%；在 1 月和 10 月较少，其中 10 月最少，频率为 33.82%。

表 3.2-1　各月及全年风浪涌浪频率（1960—1975 年）

	1月	2月	3月	4月	5月	6月	7月	8月	9月	10月	11月	12月	年
风浪 /%	97.61	95.96	91.72	91.51	94.83	97.01	93.09	94.55	98.07	99.34	99.53	99.04	96.03
涌浪 /%	35.11	38.18	47.14	55.65	59.19	65.17	86.78	83.94	62.76	33.82	36.61	39.80	53.80

注：风浪包含F、FU、F/U和U/F波型；涌浪包含U、FU、F/U和U/F波型。

2006—2019 年，云澳站风浪频率和涌浪频率的年变化见表 3.2-2。全年风浪频率为 99.99%，涌浪频率为 90.55%。各月的风浪频率相差不大，涌浪频率差异较大。涌浪在 7 月和 8 月较多，其中 7 月最多，频率为 97.13%；在 1 月、11 月和 12 月较少，其中 1 月最少，频率为 85.49%。

表 3.2-2　各月及全年风浪涌浪频率（2006—2019 年）

	1月	2月	3月	4月	5月	6月	7月	8月	9月	10月	11月	12月	年
风浪 /%	100.00	99.93	100.00	100.00	100.00	100.00	100.00	100.00	100.00	100.00	100.00	100.00	99.99
涌浪 /%	85.49	87.61	86.70	90.82	95.29	94.07	97.13	96.20	93.87	86.98	85.54	85.71	90.55

注：风浪包含F、FU、F/U和U/F波型；涌浪包含U、FU、F/U和U/F波型。

第三节 波向

1. 各向风浪频率

1960—1975 年，云澳站各月及全年各向风浪频率见图 3.3-1。1—3 月和 10—12 月 NE 向风浪居多，ENE 向次之。4 月和 9 月 ENE 向风浪居多，NE 向次之。5 月 ENE 向风浪居多，E 向次之。6 月 SW 向风浪居多，ENE 向次之。7 月 WSW 向风浪居多，SW 向次之。8 月 E 向风浪居多，SW 向次之。全年 NE 向风浪居多，频率为 24.69%；ENE 向次之，频率为 21.76%；NW 向和 NNW 向最少，频率均为 0.58%。

2006—2019 年，云澳站各月及全年各向风浪频率见图 3.3-2。1—3 月、11 月和 12 月 ENE 向风浪居多，NE 向次之。4 月、5 月、9 月和 10 月 ENE 向风浪居多，E 向次之。6 月 SW 向风浪居多，SSW 向次之。7 月 SSW 向风浪居多，SW 向次之。8 月 E 向和 SSW 向风浪居多，SW 向次之。全年 ENE 向风浪居多，频率为 41.95%；E 向次之，频率为 12.87%；N 向和 NNW 向最少，频率均为 0.03%。

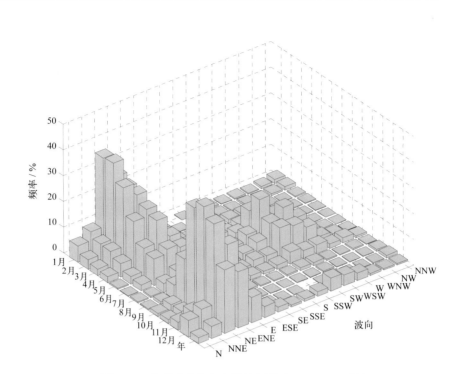

图3.3-1　各月及全年各向风浪频率（1960—1975年）

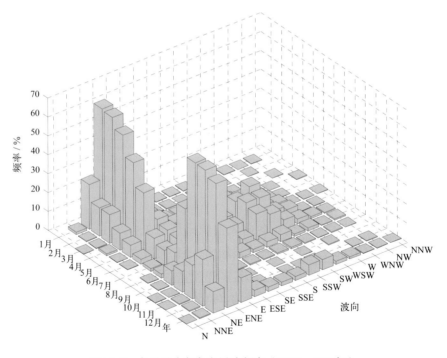

图3.3-2　各月及全年各向风浪频率（2006—2019年）

2. 各向涌浪频率

1960—1975年，云澳站各月及全年各向涌浪频率见图 3.3-3。1月、11月和 12月 SSE 向涌浪居多，SE 向次之。2—5月、9月和 10月 SSE 向涌浪居多，S 向次之。6月和 7月 S 向涌浪居多，

SSW 向次之。8 月 S 向涌浪居多，SSE 向次之。全年 SSE 向涌浪居多，频率为 28.85%；S 向次之，频率为 13.70%；未出现 WNW—N 向涌浪。

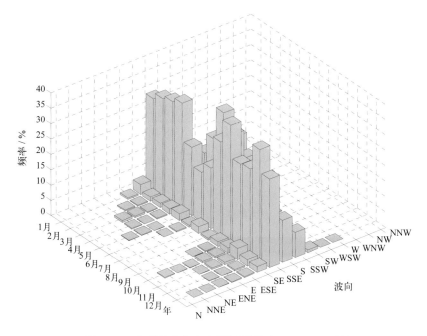

图3.3-3　各月及全年各向涌浪频率（1960—1975年）

2006—2019 年，云澳站各月及全年各向涌浪频率见图 3.3-4。1—3 月和 10—12 月 SSE 向涌浪居多，SE 向次之。4 月、5 月和 9 月 SSE 向涌浪居多，S 向次之。6 月和 8 月 S 向涌浪居多，SSE 向次之。7 月 S 向涌浪居多，SSW 向次之。全年 SSE 向涌浪居多，频率为 36.11%；SE 向次之，频率为 20.18%；未出现 NW 向和 NNW 向涌浪。

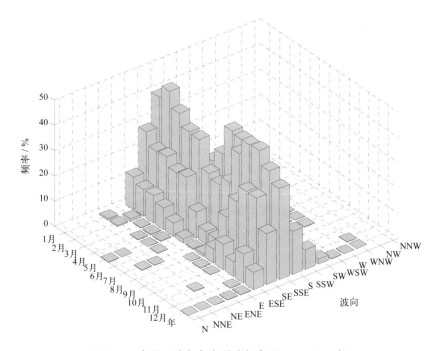

图3.3-4　各月及全年各向涌浪频率（2006—2019年）

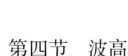

第四节　波高

1. 平均波高和最大波高

1960—1975 年,云澳站波高的年变化见表 3.4-1。月平均波高的年变化不明显,为 0.9 ~ 1.3 米。历年的平均波高为 0.9 ~ 1.2 米。

1960—1975 年,月最大波高比月平均波高的变化幅度大,极大值出现在 7 月,为 6.5 米,极小值出现在 5 月,为 2.9 米,变幅为 3.6 米。历年的最大波高为 2.5 ~ 6.5 米,大于 5.0 米的有 3 年,其中最大波高的极大值 6.5 米出现在 1963 年 7 月 1 日(08 时和 11 时),正值 6304 号台风(Trix)影响期间,波向分别为 SW 和 WSW,对应平均风速分别为 34 米 / 秒和 20 米 / 秒,对应平均周期均为 8.1 秒。

表 3.4-1　波高年变化(1960—1975 年)　　　　　　　　　　　　　　　单位:米

	1月	2月	3月	4月	5月	6月	7月	8月	9月	10月	11月	12月	年
平均波高	1.2	1.2	1.1	0.9	0.9	1.0	0.9	0.9	1.0	1.3	1.2	1.2	1.0
最大波高	3.3	3.3	3.1	3.2	2.9	5.5	6.5	3.4	4.1	4.7	4.7	3.2	6.5

2006—2019 年,云澳站波高的年变化见表 3.4-2。月平均波高的年变化不明显,为 0.7 ~ 1.0 米。历年的平均波高为 0.6 ~ 1.0 米。

2006—2019 年,月最大波高比月平均波高的变化幅度大,极大值出现在 9 月,为 6.1 米,极小值出现在 11 月,为 2.6 米,变幅为 3.5 米。历年的最大波高为 2.3 ~ 6.1 米,不小于 5.0 米的有 3 年,其中最大波高的极大值 6.1 米出现在 2013 年 9 月 22 日,正值 1319 号超强台风"天兔"影响期间,波向为 NNE,对应平均风速为 16.3 米 / 秒,对应平均周期为 6.5 秒。

表 3.4-2　波高年变化(2006—2019 年)　　　　　　　　　　　　　　　单位:米

	1月	2月	3月	4月	5月	6月	7月	8月	9月	10月	11月	12月	年
平均波高	1.0	0.9	0.9	0.7	0.7	0.8	0.8	0.8	0.7	0.9	0.8	0.9	0.8
最大波高	4.3	4.8	4.2	3.0	5.0	4.8	3.5	4.8	6.1	5.2	2.6	3.7	6.1

2. 各向平均波高和最大波高

1960—1975 年,云澳站全年及各季代表月各向波高的分布见表 3.4-3、图 3.4-1 和图 3.4-2。全年各向平均波高为 0.6 ~ 1.3 米,大值主要分布于 NNE—ENE 向,其中 NE 向和 ENE 向均为最大,小值主要分布于 ESE 向、SSE 向和 S 向,其中 SSE 向最小。全年各向最大波高 SW 向和 WSW 向最大,均为 6.5 米;E 向次之,为 5.1 米;NNW 向最小,为 1.7 米。

表 3.4-3　全年各向平均波高和最大波高(1960—1975 年)　　　　　　单位:米

	N	NNE	NE	ENE	E	ESE	SE	SSE	S	SSW	SW	WSW	W	WNW	NW	NNW
平均波高	0.9	1.1	1.3	1.3	1.0	0.7	0.9	0.6	0.7	0.8	1.0	0.9	0.9	1.0	0.9	0.9
最大波高	2.2	3.0	4.7	4.7	5.1	4.0	4.6	4.3	3.5	5.0	6.5	6.5	3.3	2.7	2.0	1.7

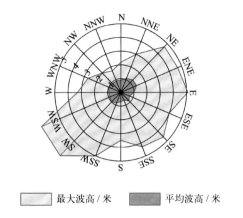

最大波高 / 米　　　平均波高 / 米

图3.4-1　全年各向平均波高和最大波高（1960—1975年）

1月平均波高 NE 向和 ENE 向最大，均为 1.3 米；SW 向最小，为 0.3 米。最大波高 NE 向最大，为 3.3 米；ENE 向次之，为 2.5 米；S 向、SSW 向和 SW 向最小，均为 0.8 米。未出现 WSW 向波高有效样本。

4月平均波高 NE 向和 ENE 向最大，均为 1.3 米；S 向最小，为 0.4 米。最大波高 NE 向最大，为 3.2 米；E 向次之，为 2.8 米；NW 向最小，为 0.9 米。

7月平均波高 SE 向最大，为 1.4 米；ESE 向最小，为 0.7 米。最大波高 SW 向和 WSW 向最大，均为 6.5 米；E 向次之，为 5.1 米；N 向最小，为 1.4 米。未出现 NNW 向波高有效样本。

10月平均波高 NE 向、ENE 向和 SE 向最大，均为 1.4 米；ESE 向、SSE 向、S 向、SSW 向和 WSW 向最小，均为 0.7 米。最大波高 ENE 向最大，为 4.7 米；NE 向次之，为 3.9 米；NNW 向最小，为 1.4 米。

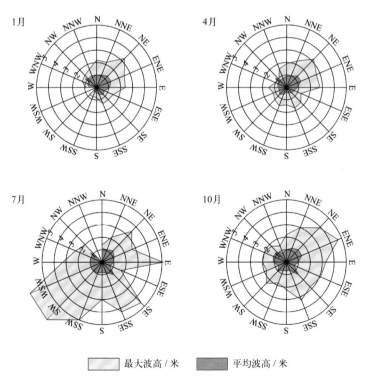

最大波高 / 米　　　平均波高 / 米

图3.4-2　四季代表月各向平均波高和最大波高（1960—1975年）

2006—2019 年，云澳站全年及各季代表月各向波高的分布见表 3.4-4、图 3.4-3 和图 3.4-4。全年各向平均波高为 0.6 ~ 1.3 米，大值主要分布于 NNE 向、NE 向、WNW 向和 NW 向，其中 NNE 向最大，小值主要分布于 SE—S 向。全年各向最大波高 NNE 向最大，为 6.1 米；E 向次之，为 5.3 米；N 向最小，为 1.6 米。未出现 NNW 向波高有效样本。

表 3.4-4　全年各向平均波高和最大波高（2006—2019 年）　　　　单位：米

	N	NNE	NE	ENE	E	ESE	SE	SSE	S	SSW	SW	WSW	W	WNW	NW	NNW
平均波高	1.1	1.3	1.2	1.1	1.1	0.7	0.6	0.6	0.6	0.7	0.9	1.1	1.0	1.2	1.2	—
最大波高	1.6	6.1	4.8	4.8	5.3	3.4	3.7	5.2	3.9	4.8	4.8	2.9	2.2	3.8	2.9	—

"—"表示无数据。

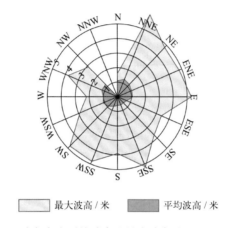

最大波高 / 米　　　　平均波高 / 米

图3.4-3　全年各向平均波高和最大波高（2006—2019年）

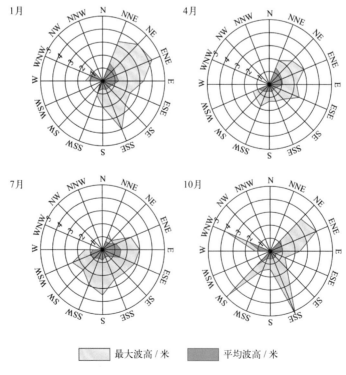

最大波高 / 米　　　　平均波高 / 米

图3.4-4　四季代表月各向平均波高和最大波高（2006—2019年）

1月平均波高 NNE 向最大，为 1.5 米；S 向最小，为 0.6 米。最大波高 ENE 向最大，为 4.3 米；NE 向和 SSE 向次之，均为 4.0 米；WNW 最小，为 1.1 米。未出现 N 向、WSW 向和 NNW 向波高有效样本。

4月平均波高 NNE 向最大，为 1.4 米；SE 向和 S 向最小，均为 0.5 米。最大波高 ENE 向最大，为 3.0 米；NE 向和 ESE 向次之，均为 2.6 米；S 向最小，为 1.3 米。未出现 N 向和 W—NNW 向波高有效样本。

7月平均波高 E 向和 ESE 向最大，均为 1.5 米；SSE 向最小，为 0.6 米。最大波高 S 向最大，为 3.5 米；E 向次之，为 3.0 米；NE 向最小，为 1.0 米。未出现 N 向和 WNW—NNW 向波高有效样本。

10月平均波高 WNW 向最大，为 1.8 米；ESE 向最小，为 0.5 米。最大波高 SSE 向最大，为 5.2 米；SW 向次之，为 4.8 米；W 向最小，为 1.2 米。未出现 NNE 向、WSW 向、NW 向和 NNW 向波高有效样本。

第五节　周期

1. 平均周期和最大周期

1960—1975 年，云澳站周期的年变化见表 3.5-1。月平均周期的年变化不明显，为 3.8 ～ 4.3 秒。月最大周期的年变化幅度较大，极大值出现在 7 月，为 11.5 秒，极小值出现在 4 月和 12 月，均为 6.7 秒。历年的平均周期为 2.8 ～ 4.7 秒，其中 1960 年最大，1965 年最小。历年的最大周期均不小于 5.4 秒，不小于 10.0 秒的有 2 年，其中最大周期的极大值 11.5 秒出现在 1969 年 7 月 28 日，波向为 E。

表 3.5-1　周期年变化（1960—1975 年）　　　　　　　　　　　　　　单位：秒

	1月	2月	3月	4月	5月	6月	7月	8月	9月	10月	11月	12月	年
平均周期	3.9	3.9	4.0	3.8	3.8	4.1	4.3	4.2	4.0	4.0	3.9	3.9	4.0
最大周期	9.6	10.0	7.5	6.7	9.4	8.9	11.5	8.8	9.3	9.1	7.9	6.7	11.5

2006—2019 年，云澳站周期的年变化见表 3.5-2。月平均周期的年变化不明显，为 4.5 ～ 4.8 秒。月最大周期的年变化幅度较大，极大值出现在 8 月，为 8.5 秒，极小值出现在 10 月和 11 月，均为 6.0 秒。历年的平均周期为 4.3 ～ 4.9 秒，其中 2013 年最大，2008 年最小。历年的最大周期均不小于 5.1 秒，不小于 7.0 秒的有 4 年，其中最大周期的极大值 8.5 秒出现在 2012 年 8 月 25 日，波向为 SW。

表 3.5-2　周期年变化（2006—2019 年）　　　　　　　　　　　　　　单位：秒

	1月	2月	3月	4月	5月	6月	7月	8月	9月	10月	11月	12月	年
平均周期	4.7	4.7	4.7	4.6	4.6	4.6	4.8	4.7	4.6	4.5	4.6	4.6	4.6
最大周期	6.5	6.5	6.5	6.3	6.1	7.0	7.0	8.5	7.5	6.0	6.0	6.5	8.5

2. 各向平均周期和最大周期

1960—1975 年，云澳站全年及各季代表月各向周期的分布见表 3.5-3、图 3.5-1 和图 3.5-2。全年各向平均周期为 3.2 ~ 4.4 秒，SE—SSW 向周期值较大。全年各向最大周期 E 向最大，为 11.5 秒；SE 向次之，为 11.3 秒；NNW 向最小，为 5.6 秒。

表 3.5-3　全年各向平均周期和最大周期（1960—1975 年）　　　　单位：秒

	N	NNE	NE	ENE	E	ESE	SE	SSE	S	SSW	SW	WSW	W	WNW	NW	NNW
平均周期	3.3	3.4	3.9	3.8	3.5	3.3	4.2	4.4	4.4	4.3	3.7	3.5	3.6	3.5	3.2	3.2
最大周期	6.3	7.1	10.5	8.9	11.5	8.8	11.3	9.3	9.7	8.4	8.1	8.1	7.1	7.3	6.5	5.6

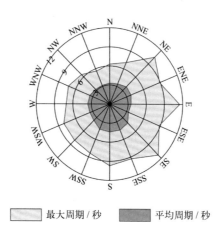

　　　　　最大周期 / 秒　　　　　平均周期 / 秒

图3.5-1　全年各向平均周期和最大周期（1960—1975年）

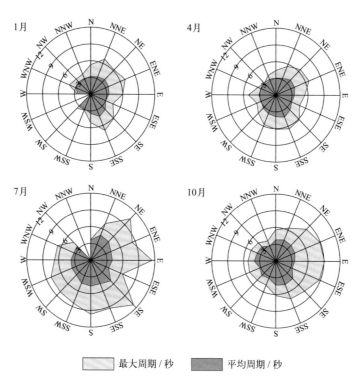

　　　　　最大周期 / 秒　　　　　平均周期 / 秒

图3.5-2　四季代表月各向平均周期和最大周期（1960—1975年）

1月平均周期 SSE 向最大，为 4.3 秒；W 向最小，为 2.4 秒。最大周期 ENE 向和 SSE 向最大，均为 7.0 秒；NNE 向次之，为 6.8 秒；W 向最小，为 2.5 秒。

4月平均周期 SSE 向最大，为 4.2 秒；NW 向和 NNW 向最小，均为 2.8 秒。最大周期 ENE 向最大，为 6.7 秒；NE 向和 SSE 向次之，均为 6.5 秒；NW 向最小，为 3.0 秒。

7月平均周期 SE 向最大，为 5.2 秒；WNW 向最小，为 3.4 秒。最大周期 E 向最大，为 11.5 秒；SE 向次之，为 11.3 秒；N 向最小，为 3.7 秒。

10月平均周期 SSE 向最大，为 4.6 秒；NNW 向最小，为 2.9 秒。最大周期 E 向最大，为 9.1 秒；ENE 向次之，为 8.9 秒；NNW 向最小，为 3.9 秒。

2006—2019 年，云澳站全年及各季代表月各向周期的分布见表 3.5-4、图 3.5-3 和图 3.5-4。全年各向平均周期为 4.3 ~ 4.8 秒，NNE 向和 S 向周期值较大。全年各向最大周期 SW 向最大，为 8.5 秒；WSW 向次之，为 8.0 秒；N 向最小，为 4.5 秒。

表 3.5-4　全年各向平均周期和最大周期（2006—2019 年）　　　　　单位：秒

	N	NNE	NE	ENE	E	ESE	SE	SSE	S	SSW	SW	WSW	W	WNW	NW	NNW
平均周期	4.4	4.8	4.5	4.5	4.6	4.5	4.6	4.7	4.8	4.7	4.6	4.6	4.5	4.3	4.6	—
最大周期	4.5	6.5	6.5	7.0	7.5	6.5	7.0	7.0	7.0	6.5	8.5	8.0	5.0	5.0	6.0	—

"—"表示无数据。

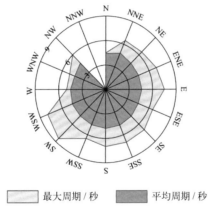

图3.5-3　全年各向平均周期和最大周期（2006—2019年）

1月平均周期 NNE 向和 SW 向最大，均为 5.1 秒；ESE 向最小，为 4.5 秒。最大周期 NNE 向、NE 向、ENE 向、E 向和 SE 向最大，均为 6.5 秒；SSE 向和 S 向次之，均为 6.0 秒；NW 向最小，为 4.6 秒。

4月平均周期 NNE 向最大，为 5.0 秒；WSW 向最小，为 4.0 秒。最大周期 ESE 向最大，为 6.3 秒；NE 向和 ENE 向次之，均为 6.0 秒；WSW 向最小，为 4.6 秒。

7月平均周期 ESE 向最大，为 5.0 秒；W 向最小，为 4.4 秒。最大周期 E 向、SSE 向和 S 向最大，均为 7.0 秒；ESE 向、SSW 向、SW 向和 WSW 向次之，均为 6.5 秒；W 向最小，为 4.6 秒。

10月平均周期 SSE 向和 S 向最大，均为 4.7 秒；WNW 向最小，为 4.1 秒。最大周期 SE 向和 SSE 向最大，均为 6.0 秒；ENE 向次之，为 5.5 秒；N 向最小，为 4.4 秒。

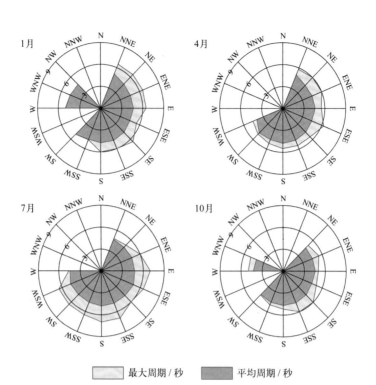

图3.5-4　四季代表月各向平均周期和最大周期（2006—2019年）

第四章　表层海水温度、盐度和海发光

第一节　表层海水温度

1. 平均水温、最高水温和最低水温

云澳站月平均水温的年变化具有峰谷明显的特点，9月最高，为26.5℃，2月最低，为14.5℃，年较差为12.0℃。3—9月为升温期，10月至翌年2月为降温期。月最高水温7月最高，1月最低，月最低水温9月最高，2月最低（图4.1-1）。

历年（1996年、2001年、2003年和2009年数据有缺测）的平均水温为20.4～22.5℃，其中2002年和2019年均为最高，1984年最低。累年平均水温为21.4℃。

历年的最高水温均不低于29.0℃，其中大于30.5℃的有20年，大于31.0℃的有5年，出现时间为6—9月，7月最多，占统计年份的39%。水温极大值为32.1℃，出现在1960年7月15日。

历年的最低水温均不高于15.7℃，其中小于12.0℃的有18年，小于10.5℃的有4年，出现时间为12月至翌年3月，2月最多，占统计年份的51%。水温极小值为9.3℃，出现在1968年2月25日。

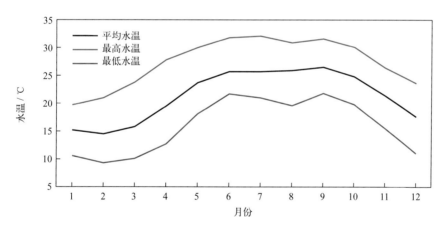

图4.1-1　水温年变化（1960—2019年）

2. 日平均水温稳定通过界限温度的日期

采用五日滑动平均方法求出稳定通过各个界限温度的日期，见表4.1-1。日平均水温全年均稳定通过10℃，其中稳定通过15℃的有321天，稳定通过20℃的有222天，稳定通过25℃的初日为5月31日，终日为10月15日，共138天。

表4.1-1　日平均水温稳定通过界限温度的日期（1960—2019年）

	10℃	15℃	20℃	25℃
初日	1月1日	3月5日	4月19日	5月31日
终日	12月31日	1月19日	11月26日	10月15日
天数	365	321	222	138

3. 长期趋势变化

1960—2019 年，年平均水温和年最低水温均呈波动上升趋势，上升速率分别为 0.13℃/（10 年）和 0.46℃/（10 年），年最高水温呈波动下降趋势，下降速率为 0.12℃/（10 年），其中 1960 年和 1975 年最高水温分别为 1960 年以来的第一高值和第二高值，1968 年和 1977 年最低水温分别为 1960 年以来的第一低值和第二低值。

十年平均水温变化显示，1980—1989 年平均水温最低，2010—2019 年平均水温比 1980—1989 年平均水温高 0.65℃（图 4.1-2）。

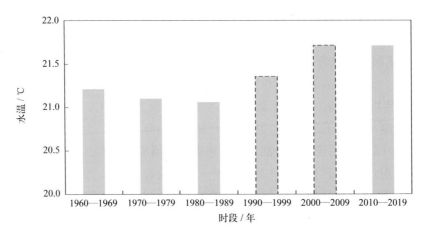

图4.1-2　十年平均水温变化（数据不足十年加虚线框表示，下同）

第二节　表层海水盐度

1. 平均盐度、最高盐度和最低盐度

云澳站月平均盐度最高值出现在 10 月，为 32.86，最低值出现在 2 月，为 31.44，年较差为 1.42。月最高盐度 6 月最大，2 月最小。月最低盐度 12 月最大，7 月最小（图 4.2-1）。

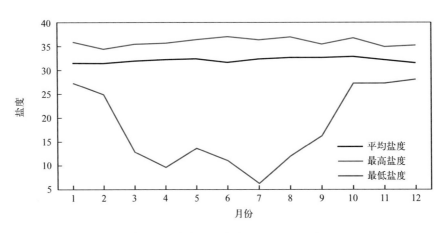

图4.2-1　盐度年变化（1960—2019年）

历年（1961 年、1996 年、2000 年、2001 年、2003 年、2009 年、2011 年和 2014 年数据有缺测）的平均盐度为 30.85 ~ 33.22，其中 1963 年最高，1983 年最低。累年平均盐度为 32.12。

历年的最高盐度均大于 33.60，其中大于 34.50 的有 20 年，大于 36.00 的有 6 年。年最高盐度多出现在 6—8 月，占统计年份的 73%。盐度极大值为 37.03，出现在 1995 年 6 月 29 日。

历年的最低盐度均小于 31.30，其中小于 15.00 的有 14 年，小于 12.00 的有 6 年。年最低盐度一年四季均有出现，其中多出现在 5—6 月，占统计年份的 57%。盐度极小值为 6.26，出现在 1986 年 7 月 16 日，10—12 日累计降水量为 131.8 毫米，盐度逐日下降，16 日最低。

2. 长期趋势变化

1962—2019 年，年平均盐度和年最高盐度均无明显变化趋势，年最低盐度呈波动上升趋势，上升速率为 1.05/（10 年）。1995 年和 1996 年最高盐度分别为 1962 年以来的第一高值和第二高值；1986 年和 1983 年最低盐度分别为 1962 年以来的第一低值和第二低值。

十年平均盐度变化显示，盐度年代际变化不大，1980—1989 年平均盐度最低，为 31.88（图 4.2-2）。

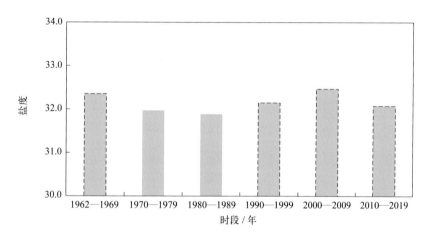

图4.2-2　十年平均盐度变化

第三节　海发光

1960—2019 年，云澳站观测到的海发光主要为火花型（H），弥漫型（M）和闪光型（S）少有出现。海发光以 1 级海发光为主，占海发光次数的 84.6%；2 级海发光次之，占 11.9%；3 级海发光占 3.2%；4 级海发光最少，占 0.4%。

各月及全年海发光频率见表 4.3-1 和图 4.3-1。9 月海发光频率最高，5 月最低。累年平均海发光频率为 86.7%。

历年（2001 年、2003 年和 2009 年数据有缺测）海发光频率均不低于 63.7%，其中 1996 年海发光频率为 100%，2016 年最小。

表 4.3-1　各月及全年海发光频率（1960—2019 年）

	1月	2月	3月	4月	5月	6月	7月	8月	9月	10月	11月	12月	年
频率 / %	89.8	85.7	86.7	84.6	76.6	78.5	88.1	88.6	91.7	91.2	91.1	88.1	86.7

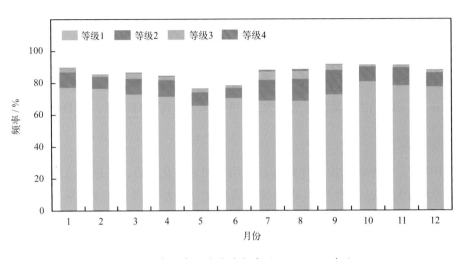

图4.3-1　各月各级海发光频率（1960—2019年）

第五章 海洋气象

第一节 气温

1. 平均气温、最高气温和最低气温

1962—2019 年，云澳站累年平均气温为 21.6℃。月平均气温 7 月和 8 月最高，均为 27.6℃，2 月最低，为 14.2℃，年较差为 13.4℃。月最高气温和月最低气温的年变化特征与月平均气温相似，月最高气温极大值出现在 7 月，月最低气温极小值出现在 1 月（表 5.1-1，图 5.1-1）。

表 5.1-1　气温年变化（1962—2019 年）　　　　　　　　　　　　　　　单位：℃

	1月	2月	3月	4月	5月	6月	7月	8月	9月	10月	11月	12月	年
平均气温	14.3	14.2	16.3	20.3	24.1	26.5	27.6	27.6	27.0	24.3	20.7	16.5	21.6
最高气温	26.3	28.7	29.8	32.2	37.1	36.7	39.0	37.1	36.8	35.1	32.6	28.6	39.0
最低气温	2.5	3.5	4.8	7.8	13.0	17.1	19.3	20.2	17.3	12.5	8.6	3.6	2.5

注：1962年、2001年和2003年数据有缺测。《南海区海洋站海洋水文气候志》记载5月最低气温为12.0℃。

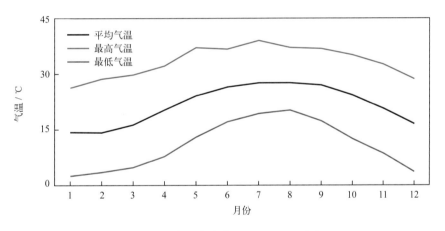

图5.1-1　气温年变化（1962—2019年）

历年的平均气温为 20.5 ～ 23.8℃，其中 2007 年最高，1984 年最低。

历年的最高气温均高于 31.5℃，其中高于 35.0℃的有 21 年，高于 36.0℃的有 5 年。年最高气温最早出现时间为 5 月 31 日（2018 年），最晚出现时间为 10 月 3 日（2017 年）。8 月最高气温出现频率最高，占统计年份的 38%，7 月次之，占 28%（图 5.1-2）。极大值为 39.0℃，出现在 2004 年 7 月 1 日。

历年的最低气温均低于 11.5℃，其中低于 5.0℃的有 11 年，低于 4.0℃的有 4 年。年最低气温最早出现时间为 12 月 5 日（2019 年），最晚出现时间为 3 月 4 日（1988 年）。2 月最低气温出现频率最高，占统计年份的 37%，1 月次之，占 33%（图 5.1-2）。极小值为 2.5℃，出现在 2016 年 1 月 25 日，正值寒潮强降温过程。

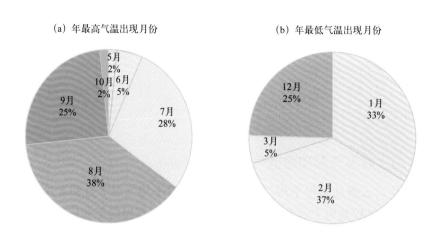

(a) 年最高气温出现月份　　　　　　　　(b) 年最低气温出现月份

图5.1-2　年最高、最低气温出现月份及频率（1963—2019年）

2. 长期趋势变化

1963—2019年，年平均气温、年最高气温和年最低气温均呈波动上升趋势，上升速率分别为0.33℃/（10年）、0.63℃/（10年）和0.36℃/（10年）。

十年平均气温变化显示，1990年以前的十年平均气温较低，均为21.1℃，1990—1999年上升明显，2000—2009年和2010—2019年的十年平均气温均较高，2010—2019年比1980—1989年上升1.1℃（图5.1-3）。

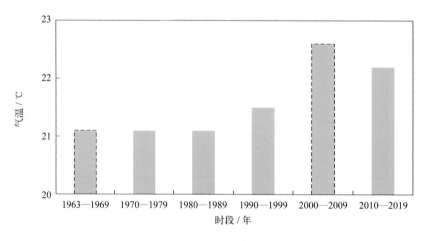

图5.1-3　十年平均气温变化

3. 常年自然天气季节和大陆度

利用云澳站1965—2019年气温累年日平均数据计算五日滑动平均气温，根据《气候季节划分》（QX/T 152—2012）中的气候季节划分指标和本志季节起止日确定方法，云澳站平均春季时间从2月7日至4月28日，共81天；平均夏季时间从4月29日至11月10日，共196天；平均秋季时间从11月11日至翌年2月6日，共88天。夏季时间最长，全年无冬季（图5.1-4）。

云澳站焦金斯基大陆度指数为27.4%，属海洋性季风气候。

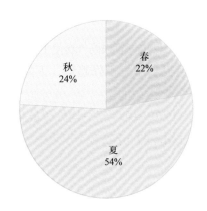

图5.1-4 各季平均日数百分率（1965—2019年）

第二节 气压

1. 平均气压、最高气压和最低气压

1965—2019年，云澳站累年平均气压为1 010.5百帕。月平均气压1月最高，为1 017.6百帕，8月最低，为1 002.7百帕，年较差为14.9百帕。月最高气压1月最大，7月和8月均为最小。月最低气压12月最大，7月最小（表5.2-1，图5.2-1）。

历年的平均气压为1 009.1 ~ 1 011.7百帕，其中1983年最高，1966年最低。

历年的最高气压均高于1 024.0百帕，其中高于1 028.0百帕的有17年，高于1 030.0百帕的有3年。极大值为1 033.7百帕，出现在2016年1月24日。

历年的最低气压均低于996.0百帕，其中低于985.0百帕的有14年，低于980.0百帕的有4年。极小值为954.9百帕，出现在1991年7月19日，正值9107号超强台风影响期间。

表5.2-1 气压年变化（1965—2019年） 单位：百帕

	1月	2月	3月	4月	5月	6月	7月	8月	9月	10月	11月	12月	年
平均气压	1 017.6	1 016.2	1 013.9	1 010.7	1 007.0	1 004.0	1 003.2	1 002.7	1 006.4	1 011.4	1 014.9	1 017.5	1 010.5
最高气压	1 033.7	1 028.8	1 030.1	1 025.5	1 018.3	1 013.2	1 012.9	1 012.9	1 016.3	1 021.3	1 029.5	1 029.9	1 033.7
最低气压	1 002.3	1 001.9	990.0	997.7	960.5	980.0	954.9	981.1	982.0	983.3	998.2	1 003.3	954.9

注：2001年和2003年数据有缺测。

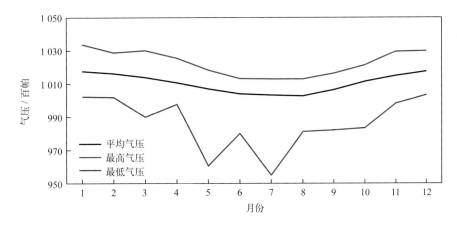

图5.2-1 气压年变化（1965—2019年）

2. 长期趋势变化

1965—2019 年，年平均气压变化趋势不明显；年最高气压呈上升趋势，上升速率为 0.20 百帕 /（10 年）（线性趋势未通过显著性检验）；年最低气压呈下降趋势，下降速率为 0.33 百帕 /（10 年）（线性趋势未通过显著性检验）。

十年平均气压变化显示，云澳站 1970—1979 年平均气压最高，为 1 010.9 百帕，2010—2019 年平均气压比 1970—1979 年下降 0.6 百帕（图 5.2-2）。

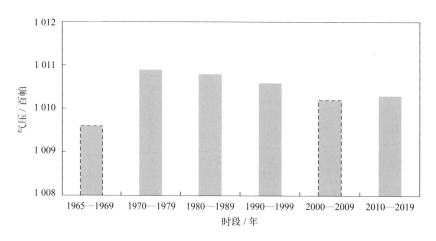

图5.2-2　十年平均气压变化

第三节　相对湿度

1. 平均相对湿度和最小相对湿度

1962—2019 年，云澳站累年平均相对湿度为 79.5%。月平均相对湿度 6 月最大，为 88.4%，12 月最小，为 70.7%。平均月最小相对湿度 7 月最大，为 60.4%，12 月最小，为 33.9%。最小相对湿度的极小值为 12%，出现在 1963 年 1 月 26 日（表 5.3-1，图 5.3-1）。

2. 长期趋势变化

1963—2019 年，年平均相对湿度为 74.9% ~ 83.4%，其中 2006 年最大，1963 年和 1971 年均为最小。1963—2019 年，年平均相对湿度呈上升趋势，上升速率为 0.49%/（10 年）。十年平均相对湿度变化显示，1990—1999 年平均相对湿度最大，为 81.5%，比 1970—1979 年上升 3.1%，2010—2019 年比 1990—1999 年下降 2.3%（图 5.3-2）。

表 5.3-1　相对湿度年变化（1962—2019 年）

	1月	2月	3月	4月	5月	6月	7月	8月	9月	10月	11月	12月	年
平均相对湿度 /%	73.8	77.6	79.1	81.4	84.9	88.4	87.5	86.6	80.3	72.2	71.1	70.7	79.5
平均最小相对湿度 /%	34.9	39.5	35.7	40.4	43.5	57.8	60.4	59.3	50.8	40.4	37.4	33.9	44.5
最小相对湿度 /%	12	17	15	16	24	32	44	47	29	25	19	15	12

注：平均最小相对湿度为各月最小相对湿度的累年平均值及其年平均值；1962年、2001年和2003年数据有缺测。

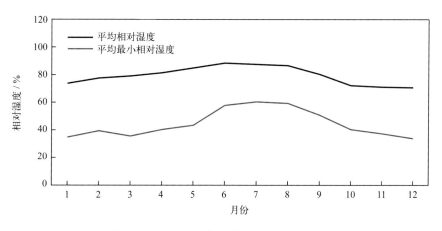

图5.3-1 相对湿度年变化（1962—2019年）

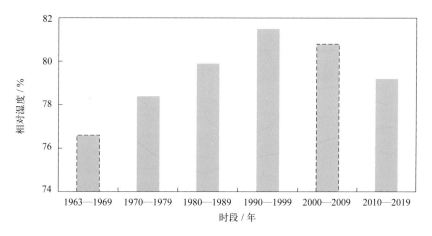

图5.3-2 十年平均相对湿度变化

3. 温湿指数

根据《人居环境气候舒适度评价》（GB/T 27963—2011）的温湿指数统计方法和气候舒适度等级划分方法，统计云澳站各月温湿指数，结果显示：1—3月和12月温湿指数为14.2 ~ 16.2，感觉为冷；4月、5月、10月和11月温湿指数为19.7 ~ 23.3，感觉为舒适；6—9月温湿指数为25.6 ~ 26.7，感觉为热（表5.3-2）。

表5.3-2 温湿指数年变化（1962—2019年）

	1月	2月	3月	4月	5月	6月	7月	8月	9月	10月	11月	12月
温湿指数	14.3	14.2	16.1	19.7	23.3	25.7	26.7	26.6	25.6	22.8	19.7	16.2
感觉程度	冷	冷	冷	舒适	舒适	热	热	热	热	舒适	舒适	冷

第四节 风

1. 平均风速和最大风速

云澳站风速的年变化见表5.4-1和图5.4-1。累年平均风速为4.5米/秒，月平均风速10月和11月最大，均为6.1米/秒，7月最小，为2.6米/秒。平均最大风速10月最大，为16.5米/秒，

6 月最小，为 13.5 米 / 秒。最大风速月最大值对应风向多为 NE 向（5 个月）。极大风速的最大值为 41.4 米 / 秒，出现在 2006 年 5 月 18 日，正值 0601 号强台风"珍珠"影响期间，对应风向为 WSW。

表 5.4-1　风速年变化（1962—2019 年）　　　　　　　　　　　　单位：米 / 秒

		1月	2月	3月	4月	5月	6月	7月	8月	9月	10月	11月	12月	年
平均风速		5.4	5.2	4.7	4.0	3.7	3.3	2.6	2.9	4.3	6.1	6.1	5.7	4.5
最大风速	平均值	15.3	15.8	16.3	15.8	14.3	13.5	14.8	14.3	15.6	16.5	15.9	15.7	15.3
	最大值	24.0	27.7	27.0	26.7	29.8	35.0	36.0	33.0	29.0	34.0	24.0	22.7	36.0
	最大值对应风向	NE	NNE	NNE / NE	ENE	W	NW	SSW	E	NE	ENE	NE	NE	SSW
极大风速	最大值	27.5	34.3	31.1	30.7	41.4	31.2	31.4	36.2	40.0	32.7	29.4	30.3	41.4
	最大值对应风向	NE	NNE	NNW	NE	WSW	E	ENE	NE	E	E	ENE	NNW	WSW

注：1962年、2000年、2001年和2003年数据有缺测；极大风速的统计时间为1996—2019年，其中1996—1998年数据有缺测。

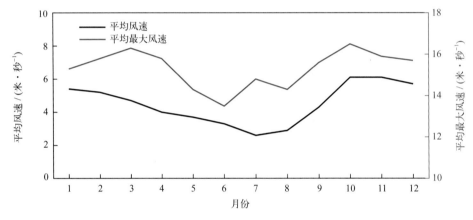

图5.4-1　平均风速和平均最大风速年变化（1962—2019年）

历年的平均风速为 2.4 ~ 7.0 米 / 秒，其中 1964 年最大，2010 年和 2014 年均为最小。历年的最大风速均大于等于 11.4 米 / 秒，其中大于等于 28.0 米 / 秒的有 12 年，大于等于 32.0 米 / 秒的有 8 年。最大风速的最大值为 36.0 米 / 秒，出现在 1980 年 7 月 12 日，正值 8006 号强热带风暴影响期间，风向为 SSW。《南海区海洋站海洋水文气候志》记载最大风速为 40.0 米 / 秒，风向为 SE，出现在 1969 年 7 月 28 日，正值 6903 号超强台风影响期间。年最大风速出现在 7 月和 10 月的频率最高，1 月和 12 月最低（图 5.4-2）。

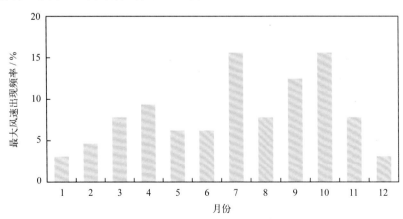

图5.4-2　年最大风速出现频率（1962—2019年）

2. 各向风频率

全年 ENE 向风最多，频率为 22.2%，NE 向次之，频率为 20.4%，SSW 向最少，频率为 1.2%（图 5.4-3）。

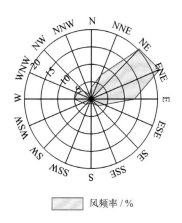

图5.4-3　全年各向风频率（1965—2019年）

1月和 4月的盛行风向均为 NNE—E，频率和分别为 83.8% 和 59.5%；7月盛行风向为 W—NW，频率和为 34.0%；10月盛行风向为 NE—E，频率和为 80.2%（图 5.4-4）。

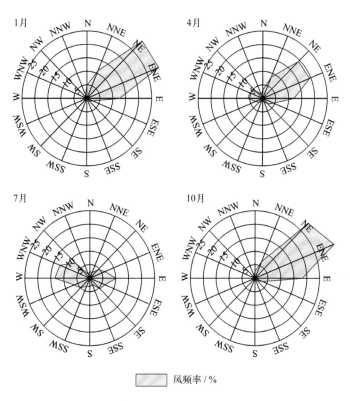

图5.4-4　四季代表月各向风频率（1965—2019年）

3. 各向平均风速和最大风速

全年各向平均风速 ENE 向最大，为 5.8 米 / 秒，NE 向次之，为 5.5 米 / 秒，S 向最小，为 1.3 米 / 秒（图 5.4-5）。1月、4月、7月和 10月平均风速均为 ENE 向最大，分别为 6.2 米 / 秒、

6.0 米/秒、4.6 米/秒和 6.6 米/秒（图 5.4-6）。

全年各向最大风速 SSW 向最大，为 36.0 米/秒，NW 向次之，为 35.0 米/秒，NNW 向最小，为 21.0 米/秒（图 5.4-5）。1 月 NE 向最大，为 24.0 米/秒；4 月和 10 月均为 ENE 向最大，分别为 26.7 米/秒和 34.0 米/秒；7 月 SSW 向最大，为 36.0 米/秒，NE 向次之，为 34.0 米/秒（图 5.4-6）。

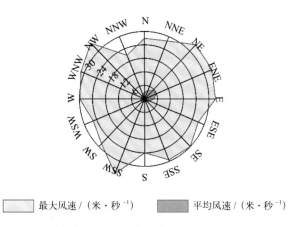

□ 最大风速/（米·秒⁻¹）　　■ 平均风速/（米·秒⁻¹）

图 5.4-5　全年各向平均风速和最大风速（1965—2019 年）

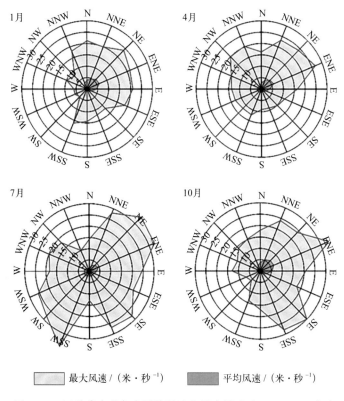

□ 最大风速/（米·秒⁻¹）　　■ 平均风速/（米·秒⁻¹）

图 5.4-6　四季代表月各向平均风速和最大风速（1965—2019 年）

4. 大风日数

风力大于等于 6 级的大风日数 11 月最多，为 11.2 天，占全年的 13.3%，12 月次之，为 10.3 天（表 5.4-2，图 5.4-7）。平均年大风日数为 84.4 天（表 5.4-2）。历年大风日数 1980 年最多，为 199 天，2012 年、2013 年和 2014 年最少，均为 5 天。

风力大于等于 8 级的大风日数 3 月和 11 月最多，均为 1.1 天，6 月最少，为 0.3 天。历年大风日数 1981 年最多，为 42 天，有 13 年未出现。

风力大于等于 6 级的月大风日数最多为 28 天，出现在 1988 年 10 月；最长连续大于等于 6 级大风日数为 23 天，出现在 1981 年 11 月 27 日至 12 月 19 日（表 5.4-2）。

表 5.4-2　各级大风日数年变化（1962—2019 年）　　　　　　　　　单位：天

	1月	2月	3月	4月	5月	6月	7月	8月	9月	10月	11月	12月	年
大于等于 6 级大风平均日数	9.7	9.5	8.7	6.2	4.5	3.5	2.1	3.0	5.6	10.1	11.2	10.3	84.4
大于等于 7 级大风平均日数	3.9	3.6	3.8	3.2	2.0	1.2	1.1	1.2	2.1	4.2	4.4	4.0	34.7
大于等于 8 级大风平均日数	0.8	0.9	1.1	1.0	0.7	0.3	0.4	0.4	0.5	1.0	1.1	0.9	9.1
大于等于 6 级大风最多日数	24	25	23	20	16	19	9	16	16	28	26	26	199
最长连续大于等于 6 级大风日数	10	21	10	9	9	10	14	9	9	16	19	23	23

注：大于等于6级大风统计时间为1962—2019年，大于等于7级和大于等于8级大风统计时间为1965—2019年；1962年、2000年、2001年和2003年数据有缺测。

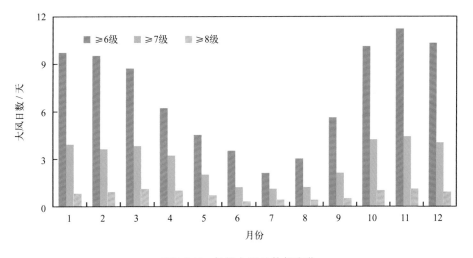

图5.4-7　各级大风日数年变化

第五节　降水

1. 降水量和降水日数

（1）降水量

云澳站降水量的年变化见表 5.5-1 和图 5.5-1。平均年降水量为 1 272.7 毫米，6—8 月降水量为 604.7 毫米，占全年降水量的 47.5%，3—5 月为 353.0 毫米，占全年的 27.7%，9—11 月为 208.6 毫米，占全年的 16.4%，12 月至翌年 2 月为 106.4 毫米，占全年的 8.4%。6 月平均降水量最多，为240.9毫米，占全年的18.9%。

历年年降水量为747.3 ~ 2 199.7毫米，其中1990年最多，2012年最少。

最大日降水量超过100毫米的有42年，超过150毫米的有14年，超过200毫米的有6年。最大日降水量为312.7毫米，出现在1972年6月16日。

表5.5-1 降水量年变化（1963—2019年）   单位：毫米

	1月	2月	3月	4月	5月	6月	7月	8月	9月	10月	11月	12月	年
平均降水量	28.3	46.3	71.2	119.6	162.2	240.9	164.6	199.2	121.2	50.4	37.0	31.8	1 272.7
最大日降水量	38.4	74.8	75.9	155.1	181.1	312.7	182.4	244.8	142.9	170.3	109.1	84.8	312.7

注：1963年、2001年和2003年数据有缺测。

（2）降水日数

平均年降水日数为114.2天。平均月降水日数6月最多，为14.6天，10月最少，为4.3天（图5.5-2和图5.5-3）。日降水量大于等于10毫米的平均年日数为32.1天，各月均有出现；日降水量大于等于50毫米的平均年日数为5.6天，出现在2—12月；日降水量大于等于100毫米的平均年日数为1.3天，出现在4—11月；日降水量大于等于150毫米的平均年日数为0.34天，出现在4—8月和10月；日降水量大于等于200毫米的平均年日数为0.12天，出现在6月和8月（图5.5-3）。

最多年降水日数为153天，出现在2016年；最少年降水日数为80天，出现在1971年。最长连续降水日数为20天，出现在1983年3月10—29日；最长连续无降水日数为68天，出现在1994年9月30日至12月6日。

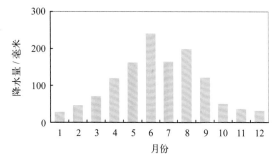

图5.5-1 降水量年变化（1963—2019年）

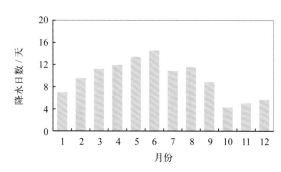

图5.5-2 降水日数年变化（1965—2019年）

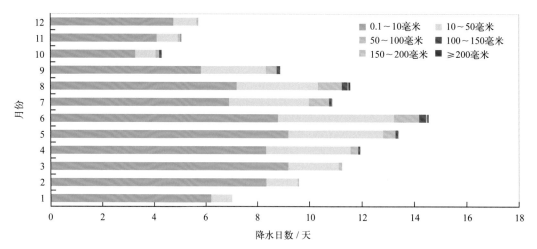

图5.5-3 各月各级平均降水日数分布（1964—2019年）

2. 长期趋势变化

1964—2019 年，年降水量变化趋势不明显。十年平均年降水量变化显示，1990—1999 年平均降水量最大，为 1 427.2 毫米，比 1980—1989 年增加 172.1 毫米，2010—2019 年平均降水量比1990—1999 年减少 202.9 毫米（图5.5-4）。年最大日降水量呈下降趋势，下降速率为 1.72 毫米 /（10 年）（线性趋势未通过显著性检验）。

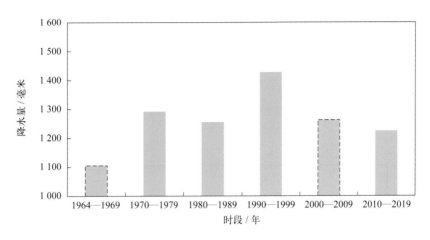

图5.5-4　十年平均年降水量变化

1965—2019 年，年降水日数呈增加趋势，增加速率为 1.07 天 /（10 年）（线性趋势未通过显著性检验）；最长连续降水日数无明显变化趋势；最长连续无降水日数呈减少趋势，减少速率为 0.84 天 /（10 年）（线性趋势未通过显著性检验）。

第六节　雾及其他天气现象

1. 雾

云澳站雾日数的年变化见表 5.6-1、图 5.6-1 和图 5.6-2。1965—2019 年，平均年雾日数为13.1 天。平均月雾日数 3 月和 4 月最多，均为 3.3 天，11 月未出现；月雾日数最多为 11 天，出现在 2010 年 2 月；最长连续雾日数为 9 天，出现在 2010 年 2 月 22 日至 3 月 2 日。

表 5.6-1　雾日数年变化（1965—2019 年）　　　　　　　　　单位：天

	1月	2月	3月	4月	5月	6月	7月	8月	9月	10月	11月	12月	年
平均雾日数	0.6	2.1	3.3	3.3	1.8	0.7	0.5	0.5	0.1	0.0	0.0	0.2	13.1
最多雾日数	8	11	10	10	9	4	7	5	1	1	0	2	32
最长连续雾日数	4	7	9	7	4	3	3	3	1	1	0	2	9

注：2001年和2003年数据有缺测。

1965—2019 年，年雾日数呈下降趋势，下降速率为 2.33 天 /（10 年）。1969 年雾日数最多，为 32 天，1997 年最少，为 1 天。

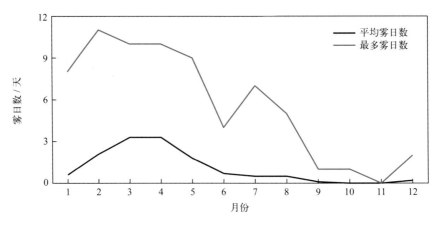

图5.6-1　平均雾日数和最多雾日数年变化（1965—2019年）

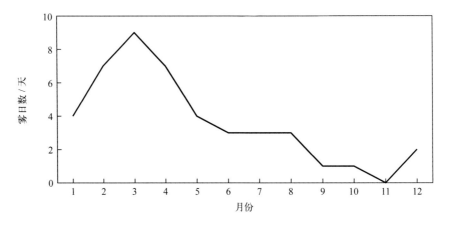

图5.6-2　最长连续雾日数年变化（1965—2019年）

十年平均年雾日数变化显示，1970—1979年平均年雾日数为16.5天，1990—1999年平均年雾日数比上一个十年减少6.1天，2010—2019年比1970—1979年减少6.0天（图5.6-3）。

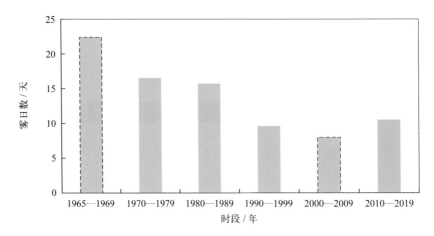

图5.6-3　十年平均年雾日数变化

2. 轻雾

云澳站轻雾日数的年变化见表 5.6-2 和图 5.6-4。1965—1995 年，平均年轻雾日数为 40.6 天。平均月轻雾日数 3 月最多，为 8.5 天，10 月最少，为 0.4 天。最多月轻雾日数为 16 天，出现在 1966 年 3 月和 1980 年 3 月。

1965—1994 年，年轻雾日数呈下降趋势，下降速率为 3.64 天 / （10 年）（线性趋势未通过显著性检验）。1980 年轻雾日数最多，为 63 天，1994 年最少，为 15 天（图 5.6-5）。

表 5.6-2　轻雾日数年变化（1965—1995 年）　　　　　　　单位：天

	1月	2月	3月	4月	5月	6月	7月	8月	9月	10月	11月	12月	年
平均轻雾日数	2.5	4.7	8.5	8.2	5.3	2.2	2.6	3.3	0.6	0.4	0.6	1.7	40.6
最多轻雾日数	9	12	16	14	15	6	9	13	4	3	5	7	63

注：1995年7月停测。

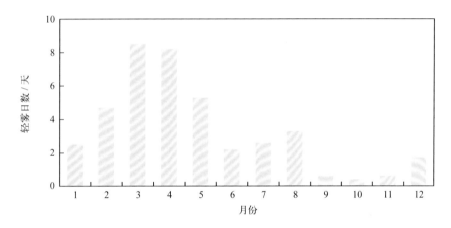

图5.6-4　轻雾日数年变化（1965—1995年）

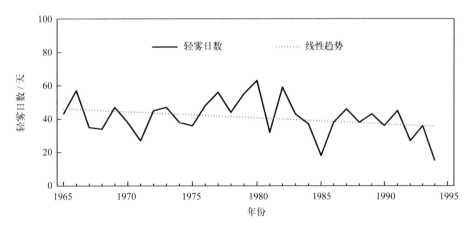

图5.6-5　1965—1994年轻雾日数变化

3. 雷暴

云澳站雷暴日数的年变化见表 5.6-3 和图 5.6-6。1962—1995 年，平均年雷暴日数为 30.1 天。雷暴主要出现在 4—9 月，其中 5 月和 6 月最多，均为 5.2 天，1 月最少，出现 1 天。雷暴最早初日为 1 月 31 日（1979 年），最晚终日为 12 月 29 日（1981 年）。月雷暴日数最多为 13 天，出现 3 次。

表 5.6-3　雷暴日数年变化（1962—1995 年）　　　　　　　　　　　　　单位：天

	1月	2月	3月	4月	5月	6月	7月	8月	9月	10月	11月	12月	年
平均雷暴日数	0.0	0.5	2.5	4.5	5.2	5.2	3.7	4.8	3.0	0.4	0.1	0.2	30.1
最多雷暴日数	1	6	12	13	13	13	10	12	7	3	1	2	57

注：1995年7月停测。

1962—1994 年，年雷暴日数变化趋势不明显。1983 年雷暴日数最多，为 57 天，1962 年最少，为 16 天（图 5.6-7）。

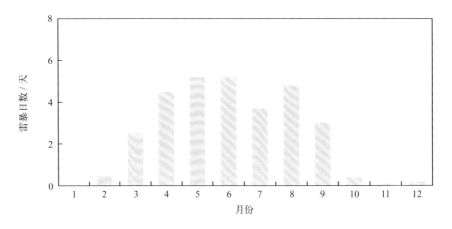

图5.6-6　雷暴日数年变化（1962—1995年）

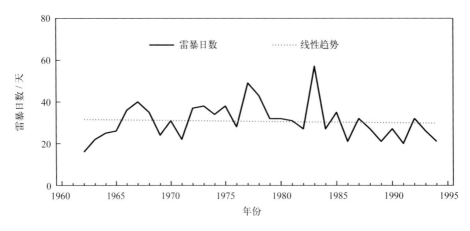

图5.6-7　1962—1994年雷暴日数变化

第七节　能见度

1965—2019年，云澳站累年平均能见度为16.4千米。7月平均能见度最大，为19.2千米，3月最小，为13.8千米。能见度小于1千米的平均年日数为8.7天，3月最多，为2.3天，10月出现2天，11月未出现（表5.7-1，图5.7-1和图5.7-2）。

表5.7-1　能见度年变化（1965—2019年）

	1月	2月	3月	4月	5月	6月	7月	8月	9月	10月	11月	12月	年
平均能见度/千米	15.0	14.2	13.8	14.0	15.3	17.9	19.2	17.8	18.2	17.8	17.2	15.8	16.4
能见度小于1千米平均日数/天	0.5	1.3	2.3	2.2	1.1	0.5	0.3	0.3	0.1	0.0	0.0	0.1	8.7

注：1979—1981年数据缺测，2001年和2003年数据有缺测。

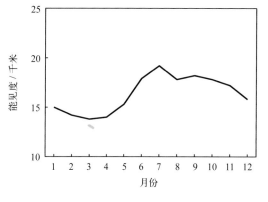

图5.7-1　能见度年变化

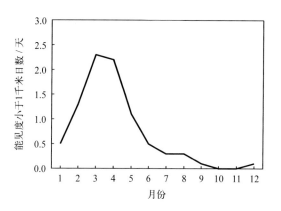

图5.7-2　能见度小于1千米日数年变化

历年平均能见度为12.2～25.0千米，1965年最高，2014年最低。能见度小于1千米的日数2010年最多，为24天，1971年和1997年最少，均为1天（图5.7-3）。

1982—2019年，年平均能见度呈下降趋势，下降速率为1.25千米/（10年）。

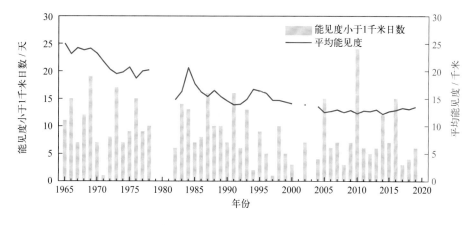

图5.7-3　能见度小于1千米年日数和平均能见度变化

第八节 云

1965—1995年，云澳站累年平均总云量为6.5成，6月平均总云量最多，为8.0成，10月最少，为4.9成；累年平均低云量为4.9成，3月平均低云量最多，为6.8成，10月最少，为3.2成（表5.8-1，图5.8-1）。

表5.8-1 总云量和低云量年变化（1965—1995年）

	1月	2月	3月	4月	5月	6月	7月	8月	9月	10月	11月	12月	年
平均总云量/成	5.8	7.2	7.6	7.8	7.9	8.0	6.7	6.4	5.8	4.9	5.1	5.2	6.5
平均低云量/成	4.9	6.3	6.8	6.5	6.3	5.7	4.0	3.9	3.9	3.2	3.4	3.9	4.9

注：1995年7月停测。

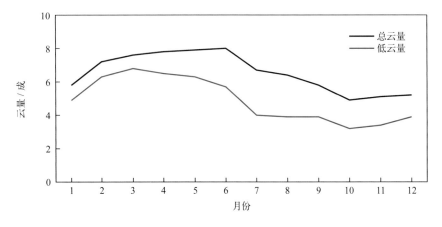

图5.8-1 总云量和低云量年变化（1965—1995年）

1965—1994年，年平均总云量呈减少趋势，减少速率为0.19成/（10年），1970年最多，为7.6成，1994年最少，为5.8成（图5.8-2）；年平均低云量呈增加趋势，增加速率为0.37成/（10年），1984年最多，为5.8成，1971年最少，为3.6成（图5.8-3）。

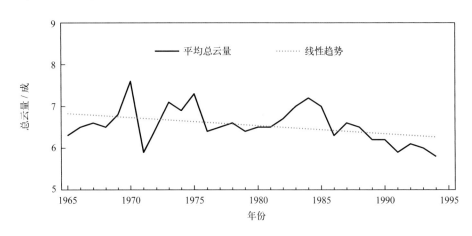

图5.8-2 1965—1994年平均总云量变化

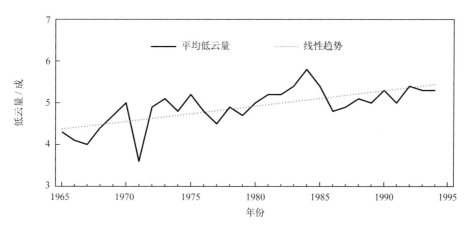

图5.8-3　1965—1994年平均低云量变化

第六章 海平面

1. 年变化

云澳附近海域海平面年变化特征明显，7月最低，10月最高，年变幅为29厘米（图6-1），平均海平面在验潮基面上223厘米。

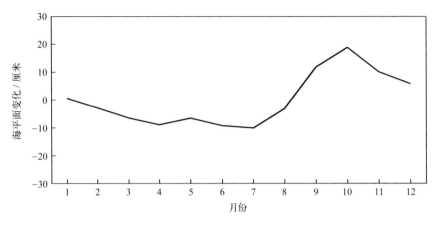

图6-1 海平面年变化（1993—2019年）

2. 长期趋势变化

1993—2019年，云澳附近海域海平面变化波动明显，上升速率为2.8毫米/年，低于同期全国3.9毫米/年的平均水平。1993—2001年海平面上升较快，升幅为162毫米，2002—2011年海平面无明显趋势性变化，2012年海平面上升明显，并达到观测以来的最高位，2013—2015年海平面波动下降，2016年海平面上升，为观测以来第二高位。

云澳附近海域十年平均海平面呈明显上升趋势。1993—1999年，云澳附近海域平均海平面处于观测记录以来的最低位；2000—2009年，海平面上升加快，比1993—1999年的平均海平面高47毫米；2010—2019年，海平面处于观测以来的最高位，比2000—2009年的平均海平面高13毫米（图6-2）。

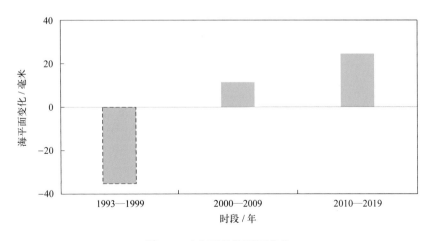

图6-2 十年平均海平面变化

第七章　灾害

第一节　海洋灾害

1. 风暴潮

1969 年 7 月 28 日前后，6903 号超强台风登陆广东省汕头市，正遇农历六月十五天文大潮，引发特大潮灾。粤东地区风灾空前，大海潮罕见，汕头至珠江口一带风暴潮灾严重。汕头市平均进水 1.5 ~ 2.0 米，一些钢筋混凝土结构的二层楼房被吹塌，市区成为泽国。全市死亡 1 554 人，倒房 82 381 间，经济损失十分惨重（《中国海洋灾害四十年资料汇编》）。

1979 年 8 月 1 日前后，7908 号超强台风影响广东省沿海，引发严重潮灾。汕尾站、赤湾站最大增水超过 1 米。粤东地区受灾县市 38 个，死伤 1 400 余人，其中死亡 93 人，大亚湾范和港大浪卷到两岸房顶上，附近海堤冲垮 46 处（《中国海洋灾害四十年资料汇编》）。

1993 年 9 月 14 日前后，在广东省惠来县到潮阳市之间沿海地区发生风暴潮灾，这次潮灾是近 20 年来少见的，对汕头、揭阳、潮州、汕尾等 6 个市 22 个县（区）造成不同程度灾害，其中灾情较严重的是揭阳市、汕头市（《1993 年中国海洋灾害公报》）。

1995 年 7 月 31 日前后，广东省澄海市与饶平县之间沿海出现灾害性风暴潮，受其影响，汕头市的鱼、虾、蟹池受灾 4.5 万亩[①]，牡蛎受灾 1 万亩，小贝类受灾 1 千亩，海水和淡水养殖设施及网箱有 848 个被毁，全市渔业经济损失达 7 150 万元。8 月 12 日，惠阳市沿海出现灾害性风暴潮，珠江口以东沿海的海堤破损严重，部分地段海潮漫过堤围，受其影响，汕尾、惠州、梅州、深圳、潮州、汕头等 8 市共 31 个县（区）有 503 万人受灾，直接经济损失达 13.3 亿元。8 月 31 日，受风暴潮影响，汕尾、汕头、惠州、梅州、潮州等 22 个市、县（区）有 941 万人受灾，直接经济损失达 36.5 亿元（《1995 年中国海洋灾害公报》）。

2001 年 7 月 6 日，0104 号台风"尤特"在广东省东部沿海地区登陆，恰遇天文大潮期，珠江口及粤东多个潮位站的最高潮位超过有记录以来的最高值。东溪口、海门、港口、广州潮位站的最高潮位分别超历史纪录 9 厘米、57 厘米、15 厘米、18 厘米。珠江口以东所有潮位站的最大增水均超过 100 厘米（《2001 年中国海洋灾害公报》）。

2005 年 8 月 13 日前后，0510 号强热带风暴"珊瑚"登陆广东省汕头市，受"珊瑚"风暴潮影响，广东省直接经济损失达 3.14 亿元（《2005 年中国海洋灾害公报》）。

2006 年 5 月 18 日前后，0601 号强台风"珍珠"在广东省汕头市澄海区和饶平县交界地区登陆，受"珍珠"风暴潮与台风浪的共同影响，广东省直接经济损失达 12.3 亿元（《2006 年中国海洋灾害公报》）。

2. 海浪

1969 年 7 月 27 日前后，受 6903 号超强台风影响，南海形成狂浪区，中心最大波高 8.5 米，狂浪区维持约 90 小时。给广东省汕头地区及南海造成大灾，在潮阳县牛田洋垦区，8.5 千米长、3.5 米高的海堤被削剩 1.5 米（《中国海洋灾害四十年资料汇编》）。

[①]　1亩≈666.7平方米。

1991 年 7 月 19 日，9107 号超强台风在汕头市正面登陆，台风登陆时平均风速为 34 米 / 秒，阵风达 52.9 米 / 秒，海面掀起 9 ~ 13 米的狂涛，毁坏各种船舶 1 442 艘，海岸防护工程和水利工程受到严重破坏，据不完全统计，仅由浪造成的损失大约 7.8 亿元（《1991 年中国海洋灾害公报》）。

1995 年 7 月 31 日，受台风浪袭击，汕头沉没、损失渔船 217 艘，渔港崩堤 200 米（《1995 年中国海洋灾害公报》）。

2003 年 2 月 25 日，受海浪袭击，"粤惠来 43028" 轮在广东汕头附近海域沉没，造成 4 人死亡（含失踪），直接经济损失约 500 万元（《2003 年中国海洋灾害公报》）。

3. 赤潮

1997 年 11 月 26 日，广东省饶平县拓林镇附近海域发生赤潮，给当地养殖业造成了巨大的损失。仅 11 月 29 日一天就有 25 吨养殖鱼死亡。饶平县受损面积达 25 342 亩，直接经济损失约 6 556 万元。南澳县网箱养殖的直接经济损失约 600 万元（《1997 年中国海洋灾害公报》）。

1999 年 2 月，广东省饶平县海域发生小范围赤潮；6 月 10—26 日，饶平县杨林湾间断发生赤潮，赤潮生物为球形棕囊藻，面积约 400 平方千米；7 月 10—23 日，饶平海域发生赤潮（《1999 年中国海洋灾害公报》）。

2007 年 2 月 6—15 日，广东省汕头市澄海区、濠江区和南澳岛周边海域发生赤潮，最大面积约 55 平方千米，主要赤潮生物为球形棕囊藻（《2007 年中国海洋灾害公报》）。

4. 海岸侵蚀

2016 年，广东省汕头市龙虎湾砂质岸段侵蚀长度 0.4 千米，年平均侵蚀速率 5.0 米（《2016 年中国海洋灾害公报》）。

2018 年，广东省汕头市龙虎湾砂质岸段侵蚀长度 0.4 千米，年平均侵蚀速率 4.0 米（《2018 年中国海洋灾害公报》）。

2020 年，广东省汕头市濠江区企望湾南山岸段年最大侵蚀距离 14.0 米，年平均侵蚀距离 8.0 米（《2020 年中国海平面公报》）。

5. 海啸

2006 年 11 月 13 日 16 时 02 分，我国南海海域（20.8°N，120.0°E）发生了里氏 5.1 级地震，震源深度 10.3 千米，震中距大陆海岸线最近距离约为 400 千米。广东省汕头海洋站监测到本次海啸波高约为 15 厘米。云澳站异常潮位变幅约 15 厘米（《2006 年中国海洋灾害公报》）。

2010 年 2 月 27 日 14 时，智利中部近岸发生里氏 8.8 级强烈地震并引发海啸，28 日 16 时起，海啸波在穿越整个太平洋后进入我国东南沿海，广东省南澳、汕头和汕尾海洋站监测到 0.09 ~ 0.11 米的海啸波幅（《2010 年中国海洋灾害公报》）。

第二节 灾害性天气

根据《中国气象灾害大典·广东卷》（1949—2000 年）和《中国气象灾害年鉴》（2000 年后）及《南海区海洋站海洋水文气候志》记载，云澳站周边发生的主要灾害性天气有暴雨洪涝、大风、雷电、冰雹和大雾。

1. 暴雨洪涝

1988年9月22日05时30分，8817号台风在广东省陆丰县至惠来县之间登陆，受其影响，南澳县日降雨量235毫米，降雨引发部分地区山洪暴发。

1990年6月30日，受9006号强台风影响，广东省南澳县日降雨量高达336毫米，暴雨造成渔船损毁，堤围崩塌，房屋损毁，南澳、饶平两县直接经济损失5 233万元。

1991年7月19日下午，9107号超强台风擦过广东省南澳县沿海，南澳县日降雨量为117毫米。10月1日20时30分，9119号强台风正面袭击南澳县，台风所经各地普降暴雨，局部特大暴雨，造成渔船损毁，养殖业受灾。

1992年8月16—19日，9212号强热带风暴导致广东省汕头市沿海地区普降暴雨，南澳县过程降雨量高达552毫米，为100年一遇。

1994年8月4日04时，9413号强热带风暴在福建省龙海市登陆后穿过闽南进入粤东，给广东省带来强降水，使粤东部分地区遭受洪水灾害，南澳县过程降雨量达400毫米以上。

1995年7月31日中午12时前后，9504号强热带风暴在广东省汕头市澄海市登陆，受其影响，南澳县过程降雨量达200毫米以上。

1998年10月27日晨，9810号强台风擦过广东省汕头市沿海海面，进入台湾海峡，并减弱消失。受台风影响，10月25日08时至27日08时，南澳县过程降雨量高达382毫米。

2015年7月8—9日，受1510号台风"莲花"影响，南澳县出现大到暴雨。台风给广东省东南部作物生长及未成熟的早稻带来严重影响。

2. 大风

1959年9月11日，5906号强热带风暴在广东省海丰县登陆，南澳县极大风速超过40米/秒。粤东诸多河流超过以往最高水位。

1963年7月1日，6304号台风在广东省汕头市登陆，汕头最大风速35米/秒，对粤东地区早稻有一定影响。

1969年7月28日11—12时，6903号超强台风在广东省潮阳县至惠来县沿海地区登陆，登陆时台风中心风速50米/秒，阵风52.1米/秒。台风登陆时恰逢天文大潮期，在粤东沿海造成了强大的风暴潮。在巨浪暴潮的袭击下，汕头沿海大部分堤围漫顶溃决，汕头市区水深2~3米。受灾严重的澄海、潮阳、饶平、南澳等县（市）共冲决海堤180余千米，农业受灾面积8.77万公顷，房屋倒塌8.23万间，受灾人口93万人，伤1.03万人，死亡1 554人，直接经济损失达1.98亿元。

1974年10月中旬，7414号强热带风暴由巴士海峡进入南海，因受冷空气阻挡而不能北上。此台风虽未登陆，但风雨强度大，使汕头地区晚稻生产受到严重危害。

1981年9月22日，8116号超强台风在广东省陆丰县碣石乡登陆，云澳（南澳）海洋站测得最大风速29.0米/秒。登陆时潮水位比正常潮水位高出1.5~2.0米。汕头地区损毁机船157艘、木帆渔船643艘，渔民死4人、伤32人，损坏房屋185间，部分堤围冲坏，养殖生产遭受严重灾害，经济损失382万元。

1990年6月29日，9006号强台风移至南澳岛和东山岛之间海面，中心逐渐靠近南澳县和饶平县沿海地区，然后折向东北移动，于29日17时在福建省东山县登陆。受其影响，广东省南澳县29日最大风速达29.0米/秒，极大风速为38.0米/秒，汕头市大暴雨、局部特大暴雨，南澳县30日雨量高达336毫米。汕头市沉船8艘，损坏渔船265艘，堤围崩塌550米，鱼虾塘及贝类受灾面积0.12万公顷，损失水产品1 000余吨，部分房屋、仓库受破坏，经济损失达

1 870 万元。南澳、饶平两县的直接经济损失达 5 233 万元。7 月 31 日早晨，9009 号台风在广东省海丰县与陆丰县之间登陆。受其影响，汕头市出现 8 ~ 11 级大风，云澳（南澳）海洋站测得最大风速 24.0 米 / 秒。汕头市沉没渔船 5 艘、竹排 7 只，损坏机船 78 艘，死亡渔民 1 人，冲毁堤围 6 750 米，养殖受灾面积 0.17 万公顷，损失水产品近千吨，经济损失 1 186 万元。

1991 年 7 月 19 日下午，9107 号超强台风擦过广东省南澳县和澄海县沿海，于 16 时 30 分在汕头市登陆。台风登陆时，汕头市区平均最大风速达 12 级以上（34.0 米 / 秒），阵风达 52.9 米 / 秒，超过了 1969 年 7 月 28 日登陆汕头的台风最大风速（52.1 米 / 秒），为 1950 年以来登陆汕头市最强的热带气旋，云澳（南澳）海洋站测得最大风速 32.7 米 / 秒。10 月 1 日晚 20 时 30 分，9119 号强台风正面袭击南澳县，21 时 30 分在饶平县沿海地区登陆，登陆时云澳（南澳）海洋站测得最大风速 30.0 米 / 秒。1 日夜间，南澳县沿海地区出现 9 ~ 11 级、阵风 12 级大风，台风经过的附近普降暴雨，局部降特大暴雨。受灾较严重的南澳县、饶平县、澄海县沉没渔船 44 艘，损坏渔船 598 艘、竹排 36 只，损坏网箱 190 个，损失鱼产品 26.4 吨，养殖业受灾面积 0.11 万公顷，损坏渔用码头 120 米，塘堤崩塌 2 560 米，3 县渔业损失共计 3 134 万元。

1992 年 8 月 19 日 08 时，9212 号强热带风暴在广东省饶平县沿海登陆，云澳（南澳）海洋站测得最大风速 20.7 米 / 秒。汕头市渔船损伤 80 艘，损坏网箱 45 个，损失鱼产品 35 吨，鱼塘受灾面积 0.1 万公顷，海水养殖贝类及虾池受灾面积达 209.33 公顷，经济损失 829 万元。

1993 年 6 月 27 日半夜，9302 号超强台风在广东省台山市至阳江市之间的沿海地区登陆，台风登陆时中心风力达 12 级以上。这个台风的特点是：风强、雨猛、范围广。台风登陆当天，云澳海洋站最大风速 15.7 米 / 秒，珠海市长源公司的一艘"衢江号"货轮满载数千吨钢材在汕头外海沉没，26 名船员落水全部被救起，无人员伤亡。9 月 14 日 07 时 30 分，9315 号强台风在广东省惠来县与潮阳市之间沿海地区登陆，惠来县、普宁市、揭西县先后出现 12 级大风，风速 35.0 ~ 39.0 米 / 秒。汕头市受灾严重，台风登陆当日，云澳海洋站最大风速 17.3 米 / 秒，一艘 7 620 吨巴拿马籍"恒远"号货轮遇到台风狂浪袭击，在南澳岛附近海面沉没。

2004 年 7 月 27 日 11 时 05 分，0411 号热带风暴在广东省惠来县到陆丰市一带登陆，汕头海洋站（自动站）测得极大风速 28.3 米 / 秒。南澳县 2 人死亡，另有 26 人乘船到澎湖岛附近钓鱼时失踪。

2011 年 6 月 16 日傍晚前后，广东省汕头市潮南区胪岗镇胪溪居委会与成田镇西岐村出现龙卷风。320 人受灾，50 人转移安置，2 人受轻伤；倒塌房屋 6 间，损坏房屋 70 间。

2013 年 9 月 22 日 19 时 40 分，1319 号超强台风"天兔"在广东省汕尾市沿海登陆，汕头市出现 11 ~ 13 级大风。受台风影响，汕头市低压线路大面积受损。

2015 年 7 月 9 日 12 时 05 分，1510 号台风"莲花"在广东省汕尾市陆丰市沿海登陆，受其影响，汕头市陆上出现 14 ~ 15 级阵风，海上出现 47.8 米 / 秒阵风、35.7 米 / 秒最大平均风速。大风给汕头市大部分地区作物生长及未成熟收割的早稻带来严重影响，同时，汕头市多个区域停电。

2016 年 4 月 24 日 16 时 35 分许，广东省汕头市潮阳区金灶镇突发龙卷风，阳美、何厝、石鼓 3 个村共有 545 间房屋受损，7 人受伤，涉及 1 840 余人，402 户。10 月 21—22 日，受 1622 号超强台风"海马"影响，广东省共有 24 县（市）出现暴雨以上量级降水，广东东部沿海地区和岛屿局地风力达 11 ~ 14 级。据统计，"海马"造成汕头、惠州、梅州等 7 市 38 个县（市、区）202.2 万人受灾，农作物受灾面积 24.4 万公顷，直接经济损失达 46 亿元。

2017 年 9 月 2—3 日，受 1716 号强热带风暴影响，汕头市南澳县最大平均风速 24.7 米 / 秒

（10 级），最大阵风 30.2 米 / 秒（11 级）。汕头市停课 1 天。

3. 雷电

1996 年 10 月 8 日和 24 日，广东省汕头市澄海市新西下头河豪华家具厂遭雷击引起火灾，烧毁家具，经济损失约 200 万元。

2000 年 7 月 27 日，粤东的龙川、河源、汕头、澄海、潮安、惠来等县（市）的部分地区遭遇雷击。15 时 30 分至 16 时 30 分，澄海县莲上镇及湾头镇遭雷击，莲上镇死亡 3 人，伤 3 人，湾头镇死亡 2 人，伤 1 人。

4. 冰雹

1978 年 3 月 9 日 05 时 20 分，广东省汕头市饶平县的上饶、东风、建饶、三饶、新丰等 5 个公社降冰雹 3 分钟，较严重的有建饶和新丰两个公社，在降冰雹的同时伴有旋转大风，小麦大部分倒伏，部分房屋被揭瓦顶。

5. 大雾

1994 年 1 月 31 日，"三行 2002"轮在南澳岛附近因雾大，碰沉"南澳 31063"渔船，失踪 3 人。

遮浪海洋站

第一章 概况

第一节 基本情况

遮浪海洋站（简称遮浪站）位于广东省汕尾市（图1.1-1）。汕尾市位于广东省东南部沿海，珠江三角洲东岸，东邻揭阳，西连惠州，北接河源，南濒南海。境内地形为北部高丘山地，中部多丘陵、台地，南部沿海多为台地、平原，大陆海岸线长约455千米，有海岛880余个，大陆架内海域面积2.39万平方千米，是南海优良渔场，全市户籍人口约356.2万人。

遮浪站始建于1959年8月，隶属于广东省气象局。1966年1月隶属国家海洋局南海分局，2019年6月后隶属自然资源部南海局，由汕尾中心站管辖。站址位于红海湾开发区遮浪街道南澳山。测点位于红海湾与碣石湾交接的遮浪半岛，东北邻碣石湾，西北紧靠红海湾，南临南海。近岸海底多为泥沙，两侧近岸水较浅。

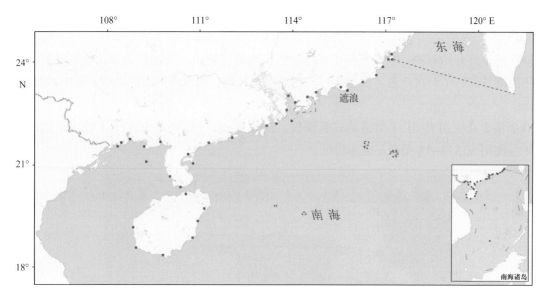

图1.1-1 遮浪站地理位置示意

遮浪站观测项目有潮汐、海浪、表层海水温度、表层海水盐度、气温、气压、相对湿度、风和降水等。2002年前，主要为人工观测或使用简易设备观测，2002年开始使用CZY1-1型海洋站自动观测系统，多数观测项目实现了自动化观测、数据存储和传输。

遮浪沿海为不正规日潮特征，海平面7月最低，10月最高，年变幅为29厘米，平均海平面为174厘米，平均高潮位为211厘米，平均低潮位为132厘米；全年海况以0～4级为主，年均平均波高为1.2米，年均平均周期为4.3秒，历史最大波高最大值为9.5米，历史平均周期最大值为11.8秒，常浪向为E，强浪向为SE；年均表层海水温度为21.7～23.7℃，9月最高，均值为27.8℃，2月最低，均值为15.7℃，历史水温最高值为32.7℃，历史水温最低值为9.9℃；年均表层海水盐度为30.68～33.98，4月最高，均值为33.15，7月最低，均值为31.58，历史盐度最高值为36.18，历史盐度最低值为15.90；海发光主要为火花型，9月出现频率最高，6月最低，1级海发光最多，出现的最高级别为4级。

遮浪站主要受海洋性季风气候影响，年均气温为 21.2 ～ 23.5℃，7 月最高，均值为 28.0℃，1 月和 2 月最低，均为 14.8℃，历史最高气温为 37.2℃，历史最低气温为 2.8℃；年均气压为 1 010.5 ～ 1 013.1 百帕，1 月和 12 月最高，均为 1 019.2 百帕，8 月最低，均值为 1 004.3 百帕；年均相对湿度为 78.2% ～ 84.6%，5 月最大，均值为 87.9%，12 月最小，均值为 73.1%；年均风速为 6.0 ～ 8.0 米 / 秒，10 月最大，均值为 7.7 米 / 秒，8 月最小，均值为 5.3 米 / 秒，1 月盛行风向为 NNE—ESE（顺时针，下同），4 月盛行风向为 NE—ESE，7 月盛行风向为 SSW—W，10 月盛行风向为 NNE—ESE；平均年降水量为 1 548.1 毫米，6 月平均降水量最多，占全年的 19.8%；平均年雾日数为 15.0 天，3 月最多，均值为 4.7 天，9—11 月未出现；平均年雷暴日数为 39.6 天，8 月最多，均值为 7.5 天，1 月、11 月和 12 月最少，均为 0.1 天；年均能见度为 14.4 ～ 27.9 千米，7 月最大，均值为 27.6 千米，3 月最小，均值为 15.1 千米；年均总云量为 6.0 ～ 7.6 成，6 月最多，均值为 8.3 成，10 月最少，均值为 5.0 成。

第二节　观测环境和观测仪器

1. 潮汐

2002 年 2 月开始观测。验潮室位于红海湾遮浪街道南澳山，验潮井为岸式钢筋混凝土结构，2006 年验潮井进行了两次改造（图 1.2-1）。测点视域开阔，很少受到海况影响，有泥沙淤积，定期清淤。

2002 年 2 月使用 HCJ1-1 型滚筒式验潮仪，2002 年 10 月起使用 SCA11-1 型浮子式水位计，2010 年后使用 SCA11-3A 型浮子式水位计。

图1.2-1　遮浪站验潮室（摄于2002年1月16日）

2. 海浪

遮浪站测波室位于红海湾遮浪街道南澳山（图 1.2-2）。测波点位于测波室东面海面，距离测波室约 650 米，附近海域视野开阔，水深约 20 米，由于地形将东面和西面的浪分开，浪向观测受到一定影响。

2004 年前为目测，2004 年 8 月起使用 SZF 型浮标观测，2009 年、2015—2019 年浮标有故障时为目测。海况和波型为目测。

图1.2-2　遮浪站测波室（摄于2004年8月2日）

3. 表层海水温度、盐度和海发光

1959年10月开始观测。2002年验潮井建成后，温盐测点与验潮测点在同处，附近无入海河流，与外海畅通。

建站初期，使用表层水温表测量水温，使用比重计和氯度滴定管测定盐度。2002年起使用YZY4-1型温盐传感器，2011年后使用YZY4-2型温盐传感器。

海发光为每日天黑后人工目测。

4. 气象要素

遮浪站气象观测场位于南澳山南部（图1.2-3）。2010年观测场扩建，四周开阔，无障碍物。

建站初期，观测仪器主要有干湿球温度表、水银气压表、维尔达测风仪、EL型电接风向风速计和雨量筒等。2002年起使用CZY1-1型海洋站自动观测系统及YZY5-2型温湿度传感器和270型气压传感器等。2015年后使用的传感器主要有HMP155型温湿度传感器、278型气压传感器、XFY3-1型风传感器和SL3-1型雨量传感器等。

图1.2-3　遮浪站气象观测场（摄于2012年11月16日）

第二章 潮位

第一节 潮汐

1. 潮汐类型

利用遮浪站2002—2019年验潮资料分析的调和常数，计算出潮汐系数 $(H_{K_1}+H_{O_1})/H_{M_2}$ 为2.77。按我国潮汐类型分类标准，遮浪沿海为不正规日潮，每月约1/5的天数，每个潮汐日（大约24.8小时）有一次高潮和一次低潮，其余天数为每个潮汐日有两次高潮和两次低潮，高潮日不等现象和低潮日不等现象均较明显。

2002—2019年，遮浪站 M_2 分潮振幅呈增大趋势，增大速率为0.40毫米/年；迟角呈增大趋势，增大速率为0.25°/年。K_1 分潮振幅呈增大趋势，增大速率为0.25毫米/年，迟角无明显变化趋势；O_1 分潮振幅和迟角均无明显变化趋势。

2. 潮汐特征值

由2002—2019年资料统计分析得出：遮浪站平均高潮位为211厘米，平均低潮位为132厘米，平均潮差为79厘米；平均高高潮位为229厘米，平均低低潮位为120厘米，平均大的潮差为109厘米。平均涨潮历时8小时29分钟，平均落潮历时6小时45分钟，两者相差1小时44分钟。

累年各月潮汐特征值见表2.1-1。

表2.1-1 累年各月潮汐特征值（2002—2019年） 单位：厘米

月份	平均高潮位	平均低潮位	平均潮差	平均高高潮位	平均低低潮位	平均大的潮差
1	215	130	85	235	118	117
2	207	127	80	226	118	108
3	205	125	80	219	116	103
4	202	122	80	214	112	102
5	204	126	78	220	113	107
6	200	126	74	222	112	110
7	198	123	75	221	111	110
8	205	128	77	224	119	105
9	220	141	79	233	133	100
10	231	149	82	245	138	107
11	225	144	81	243	131	112
12	222	137	85	242	124	118
年	211	132	79	229	120	109

注：潮位值均以验潮零点为基面；2002年、2004年和2005年数据有缺测。

平均高潮位10月最高，为231厘米，7月最低，为198厘米，年较差为33厘米；平均低潮位10月最高，为149厘米，4月最低，为122厘米，年较差为27厘米（图2.1-1）；平均高高潮位10月最高，为245厘米，4月最低，为214厘米，年较差为31厘米；平均低低潮位10月最高，为 138 厘米，7 月最低，为 111 厘米，年较差为 27 厘米。平均潮差 1 月和 12 月最大，6 月最小，年较差为 11 厘米；平均大的潮差 12 月最大，9 月最小，年较差为 18 厘米（图2.1-2）。

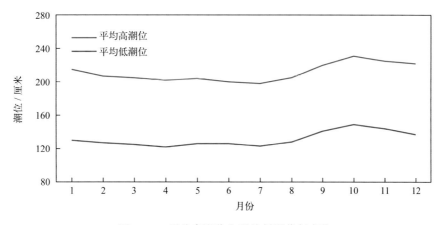

图2.1-1　平均高潮位和平均低潮位年变化

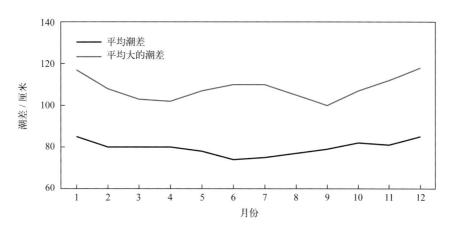

图2.1-2　平均潮差和平均大的潮差年变化

2002—2019 年，遮浪站平均高潮位变化趋势不明显。平均高潮位最高值出现在 2012 年，为 215 厘米；最低值出现在 2015 年，为 206 厘米。遮浪站平均低潮位呈显著上升趋势，上升速率为 9.42 毫米 / 年。平均低潮位最高值出现在 2016 年，为 141 厘米；最低值出现在 2005 年，为 122 厘米。

2002—2019 年，遮浪站平均潮差呈显著减小趋势，减小速率为 8.73 毫米 / 年。平均潮差最大值出现在 2005 年，为 88 厘米；最小值出现在 2016 年，为 72 厘米（图2.1-3）。

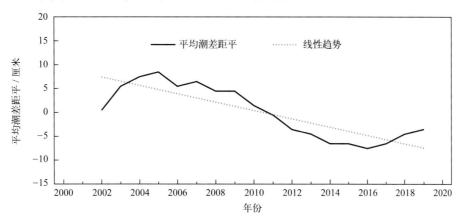

图2.1-3　2002—2019年平均潮差距平变化

第二节 极值潮位

遮浪站年最高潮位和年最低潮位的各月发生频率见表2.2-1。年最高潮位出现时间主要集中在1月、6月和8—11月，其中1月和9月发生频率最高，均为22%；10月次之，为17%。年最低潮位主要出现在1月、5—7月和12月，其中6月发生频率最高，为33%；7月次之，为28%。

2002—2019年，遮浪站年最高潮位呈上升趋势，上升速率为16.79毫米/年（线性趋势未通过显著性检验）。历年的最高潮位均高于278厘米，其中高于320厘米的有3年；历史最高潮位为381厘米，出现在2013年9月22日，正值1319号超强台风"天兔"影响期间。遮浪站年最低潮位呈上升趋势，上升速率为10.84毫米/年。历年最低潮位均低于90厘米，其中低于70厘米的有5年；历史最低潮位出现在2004年7月4日，为58厘米（表2.2-1）。

表2.2-1 最高潮位和最低潮位及年极值出现频率（2002—2019年）

	1月	2月	3月	4月	5月	6月	7月	8月	9月	10月	11月	12月
最高潮位值/厘米	301	305	281	263	333	292	288	320	381	318	314	311
年最高潮位出现频率/%	22	0	0	0	6	11	0	11	22	17	11	0
最低潮位值/厘米	70	68	66	69	65	64	58	69	87	101	84	70
年最低潮位出现频率/%	17	0	0	0	11	33	28	0	0	0	0	11

第三节 增减水

受地形和气候特征的影响，遮浪站出现30厘米以上增水的频率明显高于同等强度减水的频率，超过40厘米的增水平均约15天出现一次，而超过40厘米的减水平均约724天出现一次（表2.3-1）。

表2.3-1 不同强度增减水平均出现周期（2002—2019年）

范围/厘米	出现周期/天	
	增水	减水
>30	3.69	22.54
>40	14.60	723.63
>50	38.54	—
>60	94.39	—
>70	191.55	—
>80	383.10	—
>90	500.97	—
>100	723.63	—
>120	1 628.17	—

"—"表示无数据。

遮浪站70厘米以上的增水主要出现在8—10月，40厘米以上的减水多发生在9月和11月，这些大的增减水过程主要与该海域夏、秋季受热带气旋和温带气旋等影响有关（表2.3-2）。

表 2.3-2　各月不同强度增减水出现频率（2002—2019 年）

月份	增水 / %					减水 / %			
	>30 厘米	>50 厘米	>70 厘米	>90 厘米	>100 厘米	>10 厘米	>20 厘米	>30 厘米	>40 厘米
1	0.20	0.00	0.00	0.00	0.00	11.72	1.99	0.10	0.01
2	0.97	0.00	0.00	0.00	0.00	15.17	1.95	0.03	0.00
3	0.96	0.00	0.00	0.00	0.00	17.43	2.73	0.22	0.01
4	0.32	0.00	0.00	0.00	0.00	20.30	1.31	0.02	0.00
5	1.82	0.11	0.01	0.00	0.00	8.50	0.27	0.00	0.00
6	1.39	0.02	0.00	0.00	0.00	9.24	0.55	0.00	0.00
7	0.74	0.08	0.00	0.00	0.00	20.91	2.39	0.04	0.00
8	1.04	0.13	0.02	0.00	0.00	24.91	3.74	0.16	0.00
9	2.58	0.41	0.19	0.09	0.07	19.89	3.86	0.24	0.02
10	2.76	0.52	0.05	0.02	0.00	15.76	2.69	0.14	0.00
11	0.33	0.00	0.00	0.00	0.00	27.35	7.45	0.90	0.03
12	0.33	0.00	0.00	0.00	0.00	19.25	4.49	0.39	0.00

2002—2019 年，遮浪站年最大增水多出现在 7—10 月，其中 9 月出现频率最高，为 39%；10 月次之，为 27%。遮浪站年最大减水主要出现在 3 月、7 月和 9 月至翌年 1 月，其中 11 月出现频率最高，为 22%；1 月次之，为 17%（表 2.3-3）。

2002—2019 年，遮浪站年最大增水呈增大趋势，增大速率为 21.82 毫米 / 年（线性趋势未通过显著性检验）。历史最大增水出现在 2013 年 9 月 22 日，为 156 厘米；2018 年最大增水也较大，为 142 厘米；2008 年和 2016 年最大增水均超过或达到了 90 厘米。遮浪站年最大减水变化趋势不明显。历史最大减水发生在 2010 年 9 月 21 日，为 45 厘米；2005 年、2009 年、2013 年和 2018 年最大减水均超过了 40 厘米。

表 2.3-3　最大增水和最大减水及年极值出现频率（2002—2019 年）

	1 月	2 月	3 月	4 月	5 月	6 月	7 月	8 月	9 月	10 月	11 月	12 月
最大增水值 / 厘米	39	45	48	45	78	52	62	90	156	97	45	42
年最大增水出现频率 / %	0	0	6	0	6	0	11	11	39	27	0	0
最大减水值 / 厘米	41	34	42	31	25	30	35	36	45	40	44	36
年最大减水出现频率 / %	17	0	11	0	0	0	11	6	11	11	22	11

第三章 海浪

第一节 海况

遮浪站全年及各月各级海况的频率见图3.1-1。全年海况以 0 ~ 4 级为主，频率为89.12%，其中 0 ~ 2 级海况频率为30.05%。全年 5 级及以上海况频率为10.88%，最大频率出现在 10 月，为17.60%。全年 7 级及以上海况频率为0.28%，最大频率出现在 9 月，为0.57%。

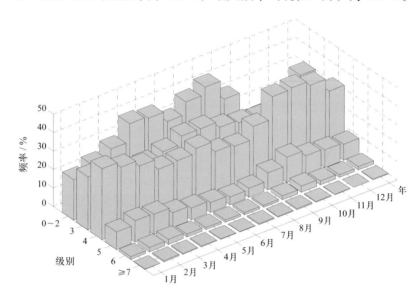

图3.1-1　全年及各月各级海况频率（1960—2019年）

第二节 波型

遮浪站风浪频率和涌浪频率的年变化见表3.2-1。全年以风浪为主，频率为99.65%，涌浪频率为35.49%。各月的风浪频率相差不大，涌浪频率差异较大。涌浪在 7 月和 8 月较多，其中 8 月最多，频率为46.78%；在 10 月和 11 月较少，其中 10 月最少，频率为26.62%。

表3.2-1　各月及全年风浪涌浪频率（1960—2019 年）

	1月	2月	3月	4月	5月	6月	7月	8月	9月	10月	11月	12月	年
风浪 / %	99.77	99.71	99.23	99.57	99.47	99.61	99.62	99.52	99.74	99.81	99.94	99.85	99.65
涌浪 / %	33.89	33.85	33.97	37.50	34.27	34.43	43.04	46.78	35.35	26.62	30.94	34.91	35.49

注：风浪包含F、FU、F/U和U/F波型；涌浪包含U、FU、F/U和U/F波型。

第三节 波向

1. 各向风浪频率

遮浪站各月及全年各向风浪频率见图3.3-1。1—5月、9月和10月 E 向风浪居多，ENE 向次之。6月SW向风浪居多,E向次之。7月和8月SW向风浪居多,WSW向次之。11月和12月E向风浪居多,NNE向次之。全年E向风浪居多,频率为21.54%;ENE向次之,频率为17.15%;NNW向最少,频率为0.34%。

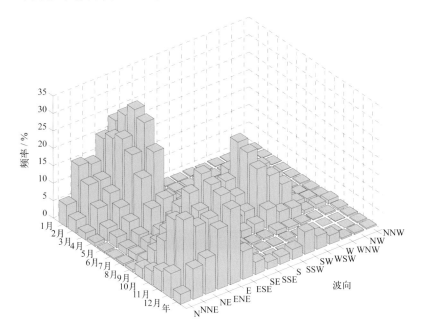

图3.3-1 各月及全年各向风浪频率(1960—2019年)

2. 各向涌浪频率

遮浪站各月及全年各向涌浪频率见图3.3-2。1—3月和10—12月ESE向涌浪居多,E向次之。4月、5月和9月ESE向涌浪居多,SE向次之。6月ESE向涌浪居多,SW向次之。7月SW向涌浪居多,SE向次之。8月S向涌浪居多,SE向次之。全年ESE向涌浪居多,频率为14.59%;SE向次之,频率为5.34%;N向和NNW向最少,频率均为0.01%。

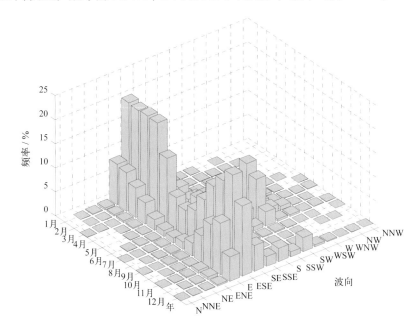

图3.3-2 各月及全年各向涌浪频率(1960—2019年)

第四节　波高

1. 平均波高和最大波高

遮浪站波高的年变化见表3.4-1。月平均波高的年变化不明显，为1.0～1.4米。历年的平均波高为0.7～1.7米。

月最大波高比月平均波高的变化幅度大，极大值出现在8月，为9.5米，极小值出现在4月，为4.4米，变幅为5.1米。历年的最大波高为2.6～9.5米，不小于8.0米的有7年，其中最大波高的极大值9.5米出现在1979年8月2日，正值7908号超强台风"荷贝"影响期间，波向为SE，对应平均风速为20米/秒，对应平均周期为9.1秒，《南海区海洋站海洋水文气候志》中有详细记载。

表 3.4-1　波高年变化（1960—2019年）　　　　　　　　　　单位：米

	1月	2月	3月	4月	5月	6月	7月	8月	9月	10月	11月	12月	年
平均波高	1.3	1.3	1.3	1.1	1.0	1.1	1.1	1.1	1.2	1.4	1.4	1.4	1.2
最大波高	4.8	4.9	4.5	4.4	7.0	7.3	8.3	9.5	8.6	9.0	5.5	4.8	9.5

2. 各向平均波高和最大波高

全年及各季代表月各向波高的分布见表3.4-2、图3.4-1和图3.4-2。全年各向平均波高为0.9～1.6米，大值主要分布于NNW—E向，其中ENE向最大。全年各向最大波高SE向最大，为9.5米；ESE向次之，为9.0米；NW向最小，为3.1米。

表 3.4-2　全年各向平均波高和最大波高（1960—2019年）　　　　　　单位：米

	N	NNE	NE	ENE	E	ESE	SE	SSE	S	SSW	SW	WSW	W	WNW	NW	NNW
平均波高	1.4	1.3	1.3	1.6	1.5	1.0	0.9	0.9	0.9	1.0	1.0	1.1	0.9	0.9	0.9	1.3
最大波高	4.6	6.5	8.0	7.4	7.6	9.0	9.5	8.0	8.0	5.8	8.3	4.8	4.5	7.2	3.1	5.7

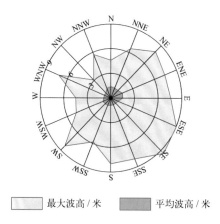

最大波高/米　　　平均波高/米

图3.4-1　全年各向平均波高和最大波高（1960—2019年）

1月平均波高NNW向最大，为1.8米；SW向、WSW向和W向最小，均为0.6米。最大波高E向最大，为4.8米；ENE向次之，为4.4米；WSW向最小，为1.0米。

4月平均波高 NNW 向最大，为 1.6 米；WSW 向、W 向和 WNW 向最小，均为 0.6 米。最大波高 ENE 向和 E 向最大，均为 4.4 米；ESE 向次之，为 4.3 米；WNW 向最小，为 1.4 米。

7月平均波高 NNW 向最大，为 1.6 米；SSE 向和 S 向最小，均为 0.9 米。最大波高 SW 向最大，为 8.3 米；WNW 向次之，为 7.2 米；N 向最小，为 1.8 米。

10月平均波高 ENE 向和 NNW 向最大，均为 1.7 米；SW 向和 NW 向最小，均为 0.8 米。最大波高 ESE 向最大，为 9.0 米；E 向次之，为 5.9 米；NW 向最小，为 1.6 米。

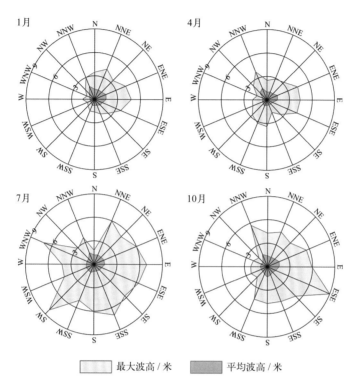

图3.4-2　四季代表月各向平均波高和最大波高（1960—2019年）

第五节　周期

1. 平均周期和最大周期

遮浪站周期的年变化见表 3.5-1。月平均周期的年变化不明显，为 4.1 ~ 4.4 秒。月最大周期的年变化幅度较大，极大值出现在 10 月，为 11.8 秒，极小值出现在 12 月，为 6.9 秒。历年的平均周期为 3.0 ~ 5.0 秒（1965 年数据均一性较差，未纳入统计），其中 1992 年、2012 年、2013 年和 2014 年均为最大，1961 年最小。历年的最大周期均不小于 4.7 秒，大于 10.0 秒的有 4 年，其中最大周期的极大值 11.8 秒出现在 2016 年 10 月 21 日，波向为 ESE。

表 3.5-1　周期年变化（1960—2019年）　　　　　单位：秒

	1月	2月	3月	4月	5月	6月	7月	8月	9月	10月	11月	12月	年
平均周期	4.3	4.4	4.4	4.2	4.1	4.1	4.2	4.2	4.2	4.3	4.4	4.3	4.3
最大周期	8.0	7.4	7.8	7.4	9.4	8.5	9.0	10.1	11.1	11.8	7.0	6.9	11.8

2. 各向平均周期和最大周期

全年及各季代表月各向周期的分布见表 3.5-2、图 3.5-1 和图 3.5-2。全年各向平均周期为 4.0 ~ 4.5 秒，E 向和 ENE 向周期值较大。全年各向最大周期 ESE 向最大，为 11.8 秒；SSW 向和 SW 向次之，均为 10.5 秒；N 向、NW 向和 NNW 向最小，均为 7.0 秒。

表 3.5-2　全年各向平均周期和最大周期（1960—2019 年）　　　　　　　单位：秒

	N	NNE	NE	ENE	E	ESE	SE	SSE	S	SSW	SW	WSW	W	WNW	NW	NNW
平均周期	4.1	4.2	4.2	4.4	4.5	4.3	4.3	4.2	4.2	4.1	4.0	4.2	4.2	4.3	4.3	4.2
最大周期	7.0	8.0	9.2	9.0	8.5	11.8	9.3	10.4	9.1	10.5	10.5	7.1	8.0	8.0	7.0	7.0

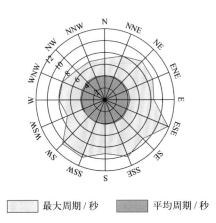

图3.5-1　全年各向平均周期和最大周期（1960—2019年）

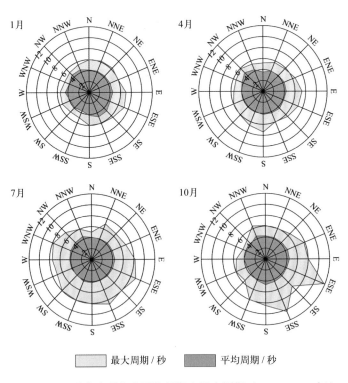

图3.5-2　四季代表月各向平均周期和最大周期（1960—2019年）

1月平均周期SE向和SSE向最大，均为4.8秒；SSW向最小，为3.6秒。最大周期ESE向最大，为7.2秒；E向次之，为7.0秒；SSW向、SW向和WNW向最小，均为5.0秒。

4月平均周期NW向最大，为4.9秒；N向最小，为3.6秒。最大周期S向最大，为7.4秒；E向次之，为7.3秒；N向最小，为5.2秒。

7月平均周期NNW向最大，为4.6秒；SW向最小，为4.0秒。最大周期ESE向最大，为9.0秒；SSE向次之，为8.8秒；N向最小，为5.0秒。

10月平均周期S向最大，为4.6秒；WSW向最小，为3.7秒。最大周期ESE向最大，为11.8秒；SSE向次之，为10.4秒；WNW向最小，为4.6秒。

第四章　表层海水温度、盐度和海发光

第一节　表层海水温度

1. 平均水温、最高水温和最低水温

遮浪站月平均水温的年变化具有峰谷明显的特点，9月最高，为27.8℃，2月最低，为15.7℃，年较差为12.1℃。3—9月为升温期，10月至翌年2月为降温期。月最高水温和月最低水温的年变化特征与月平均水温相似（图4.1-1）。

历年的平均水温为21.7～23.7℃，其中2002年最高，1970年和1984年均为最低。累年平均水温为22.6℃。

历年的最高水温均不低于30.0℃，其中大于31.5℃的有19年，大于32.0℃的有4年，出现时间为6—9月，7月最多，占统计年份的39%。水温极大值为32.7℃，出现在1986年9月14日和15日。

历年的最低水温均不高于16.5℃，其中小于13.0℃的有13年，小于12.0℃的有6年，出现时间为12月至翌年3月，2月最多，占统计年份的56%。水温极小值为9.9℃，出现在1973年12月25日。

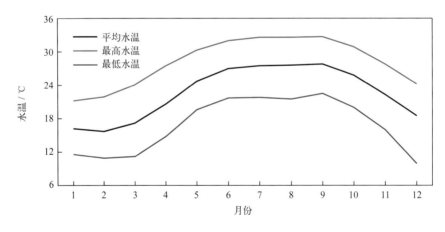

图4.1-1　水温年变化（1960—2019年）

2. 日平均水温稳定通过界限温度的日期

采用五日滑动平均方法求出稳定通过各个界限温度的日期，见表4.1-1。日平均水温全年均稳定通过15℃，稳定通过20℃的有236天，稳定通过25℃的初日为5月22日，终日为10月22日，共154天。

表4.1-1　日平均水温稳定通过界限温度的日期（1960—2019年）

	15℃	20℃	25℃
初日	1月1日	4月21日	5月22日
终日	12月31日	12月3日	10月22日
天数	365	236	154

3. 长期趋势变化

1960—2019 年，年平均水温和年最低水温均呈波动上升趋势，上升速率分别为 0.17℃ /（10 年）和 0.31℃ /（10 年），年最高水温无明显变化趋势，其中 1986 年最高水温为 1960 年以来的第一高值，1981 年和 2016 年最高水温均为 1960 年以来的第二高值，1973 年和 1968 年最低水温分别为 1960 年以来的第一低值和第二低值。

十年平均水温变化显示，2000—2009 年平均水温最高，1970—1979 年平均水温最低，2000—2009 年平均水温较上一个十年升幅最大，升幅为 0.4℃（图 4.1-2）。

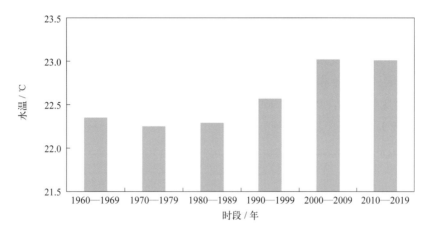

图4.1-2　十年平均水温变化

第二节　表层海水盐度

1. 平均盐度、最高盐度和最低盐度

遮浪站月平均盐度 3—5 月和 10—11 月较高，其他月份较低，最高值出现在 4 月，为 33.15，最低值出现在 7 月，为 31.58，年较差为 1.57。月最高盐度 8 月最大，2 月最小。月最低盐度 3 月最大，8 月最小（图 4.2-1）。

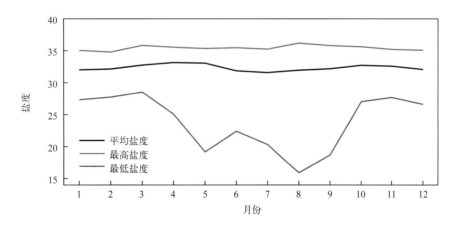

图4.2-1　盐度年变化（1960—2019年）

历年（1960 年、1996 年、1997 年、2000 年、2004—2006 年数据有缺测）的平均盐度为 30.68 ~ 33.98，其中 1963 年最高，2016 年最低。累年平均盐度为 32.34。

历年的最高盐度均大于 33.20，其中大于 35.00 的有 13 年，大于 36.00 的有 2 年。年最高盐度一年四季均有出现，其中多出现在 7—8 月，占统计年份的 35%。盐度极大值为 36.18，出现在 1980 年 8 月 17 日。

历年的最低盐度均小于 31.60，其中小于 24.00 的有 14 年，小于 22.00 的有 8 年。年最低盐度主要出现在 6—8 月，占统计年份的 75%。盐度极小值为 15.90，出现在 1974 年 8 月 5 日。

2. 长期趋势变化

1961—2019 年，年平均盐度和年最高盐度均呈波动下降趋势，下降速率分别为 0.22/（10 年）和 0.18/（10 年），年最低盐度无明显变化趋势。1980 年和 1992 年最高盐度分别为 1961 年以来的第一高值和第二高值；1974 年和 1970 年最低盐度分别为 1961 年以来的第一低值和第二低值。

十年平均盐度变化显示，1961—1969 年平均盐度最高，2010—2019 年平均盐度最低，两者相差 1.33（图 4.2-2）。

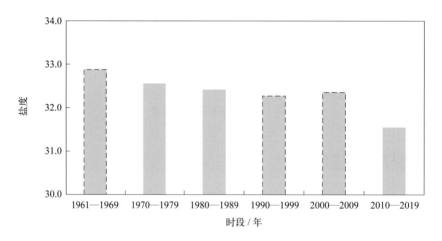

图 4.2-2　十年平均盐度变化（数据不足十年加虚线框表示，下同）

第三节　海发光

1960—2019 年，遮浪站观测到的海发光主要为火花型（H），其次是闪光型（S），弥漫型（M）最少，观测到 10 次。海发光以 1 级海发光为主，占海发光次数的 77.2%；2 级海发光次之，占 20.3%；3 级海发光占 2.3%；4 级海发光最少，占 0.2%。

各月及全年海发光频率见表 4.3-1 和图 4.3-1。9 月海发光频率最高，6 月最低。累年平均海发光频率为 32.7%。

历年海发光频率为 1.1% ~ 93.9%，其中 1964 年最大，2013 年最小。

表 4.3-1　各月及全年海发光频率（1960—2019 年）

	1月	2月	3月	4月	5月	6月	7月	8月	9月	10月	11月	12月	年
频率 / %	35.0	35.0	31.1	35.9	29.3	22.6	23.4	31.5	40.7	36.5	36.2	35.7	32.7

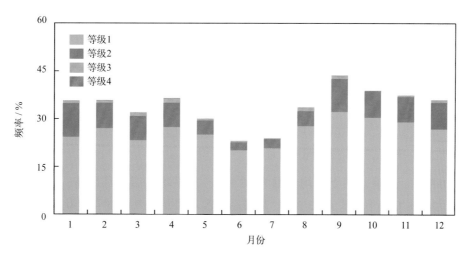

图4.3-1　各月各级海发光频率（1960—2019年）

第五章 海洋气象

第一节 气温

1. 平均气温、最高气温和最低气温

1960—2019年，遮浪站累年平均气温为22.1℃。月平均气温7月最高，为28.0℃，1月和2月最低，均为14.8℃，年较差为13.2℃。月最高气温和月最低气温的年变化特征与月平均气温相似，月最高气温极大值出现在8月，月最低气温极小值出现在2月（表5.1-1，图5.1-1）。

表5.1-1 气温年变化（1960—2019年） 单位：℃

	1月	2月	3月	4月	5月	6月	7月	8月	9月	10月	11月	12月	年
平均气温	14.8	14.8	17.1	20.9	24.7	27.1	28.0	27.9	27.3	24.8	21.0	16.9	22.1
最高气温	25.4	26.1	27.9	29.9	31.6	33.5	36.5	37.2	35.0	32.7	31.6	27.5	37.2
最低气温	3.2	2.8	3.8	9.0	15.4	19.0	18.7	21.0	13.0	12.5	7.3	3.8	2.8

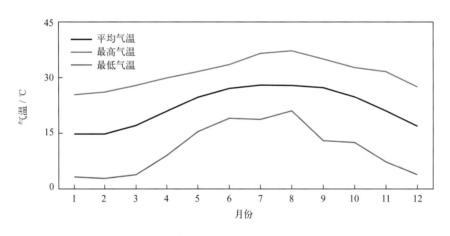

图5.1-1 气温年变化（1960—2019年）

历年的平均气温为21.2～23.5℃，其中2017年最高，1976年、1984年和2011年均为最低。

历年的最高气温均高于31.0℃，其中高于34.0℃的有15年，高于36.0℃的有4年。最早出现时间为6月20日（1978年），最晚出现时间为10月14日（1998年）。7月最高气温出现频率最高，占统计年份的34%，8月次之，占33%（图5.1-2）。极大值为37.2℃，出现在2015年8月8日。

历年的最低气温均低于10.5℃，其中低于6.0℃的有25年，低于4.0℃的有7年。最早出现时间为12月7日（1987年），最晚出现时间为3月3日（1988年）。1月最低气温出现频率最高，占统计年份的41%，12月次之，占30%（图5.1-2）。极小值为2.8℃，出现在1974年2月26日。

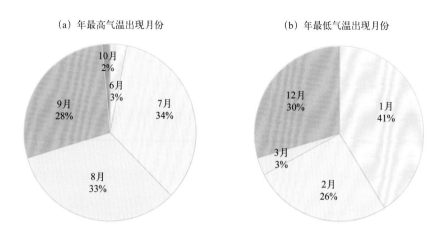

(a) 年最高气温出现月份　　　　　　　(b) 年最低气温出现月份

图5.1-2　年最高、最低气温出现月份及频率（1960—2019年）

2. 长期趋势变化

1960—2019年，年平均气温、年最高气温和年最低气温均呈波动上升趋势，上升速率分别为0.21℃/（10年）、0.18℃/（10年）（线性趋势未通过显著性检验）和0.39℃/（10年）。

十年平均气温变化显示，2000—2009年和2010—2019年平均气温最高，均为22.6℃，1970—1979年平均气温最低，为21.7℃。1990年前的十年平均气温变化不大，1990—1999年上升明显，2000—2009年比上一个十年升幅最大，升幅为0.5℃（图5.1-3）。

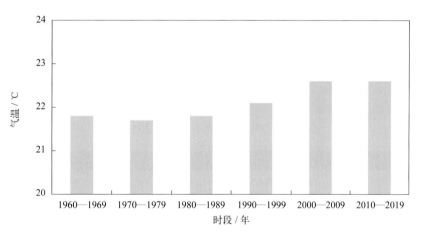

图5.1-3　十年平均气温变化

3. 常年自然天气季节和大陆度

利用遮浪站1965—2019年气温累年日平均数据计算五日滑动平均气温，根据《气候季节划分》（QX/T 152—2012）中的气候季节划分指标和本志季节起止日确定方法，遮浪站平均春季时间从2月7日至4月23日，共76天；平均夏季时间从4月24日至11月11日，共202天；平均秋季时间从11月12日至翌年2月6日，共87天。夏季时间最长，全年无冬季（图5.1-4）。

遮浪站焦金斯基大陆度指数为27.6%，属海洋性季风气候。

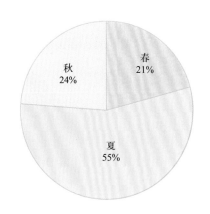

图5.1-4　各季平均日数百分率（1965—2019年）

第二节　气压

1. 平均气压、最高气压和最低气压

1965—2019年，遮浪站累年平均气压为1 012.0百帕。月平均气压1月和12月最高，均为1 019.2百帕，8月最低，为1 004.3百帕，年较差为14.9百帕。月最高气压1月最大，8月最小。月最低气压12月最大，9月最小（表5.2-1，图5.2-1）。

历年的平均气压为1 010.5 ~ 1 013.1百帕，其中1983年最高，2012年最低。

历年的最高气压均高于1 026.0百帕，其中高于1 030.0百帕的有15年，高于1 032.0百帕的有3年。极大值为1 036.1百帕，出现在2016年1月24日。

历年的最低气压均低于998.0百帕，其中低于980.0百帕的有13年，低于970.0百帕的有5年。极小值为933.0百帕，出现在2013年9月22日，正值1319号超强台风"天兔"影响期间。

表5.2-1　气压年变化（1965—2019年）　　　　　　　　　　　　　　　　单位：百帕

	1月	2月	3月	4月	5月	6月	7月	8月	9月	10月	11月	12月	年
平均气压	1 019.2	1 017.7	1 015.4	1 012.3	1 008.5	1 005.5	1 004.7	1 004.3	1 008.0	1 013.1	1 016.6	1 019.2	1 012.0
最高气压	1 036.1	1 031.1	1 032.6	1 027.1	1 019.2	1 015.4	1 015.3	1 015.1	1 018.4	1 023.8	1 030.8	1 031.6	1 036.1
最低气压	1 002.5	1 003.8	1 003.0	999.2	987.0	968.7	963.8	952.3	933.0	974.4	1 000.7	1 005.7	933.0

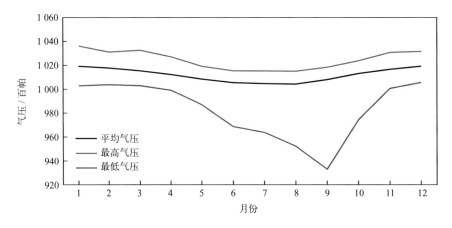

图5.2-1　气压年变化（1965—2019年）

2. 长期趋势变化

1965—2019 年，年平均气压和年最低气压均呈下降趋势，下降速率分别为 0.12 百帕／（10 年）和 1.35 百帕／（10 年）（线性趋势未通过显著性检验），年最高气压呈上升趋势，上升速率为 0.15 百帕／（10 年）（线性趋势未通过显著性检验）。

十年平均气压变化显示，遮浪站 1980—1989 年和 1990—1999 年十年平均气压最高，均为 1 012.3 百帕，2000—2009 年平均气压明显下降，降幅为 0.6 百帕（图5.2-2）。

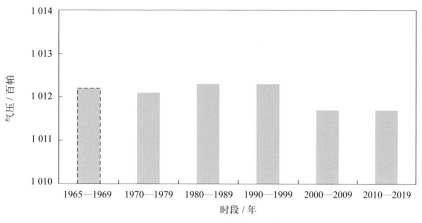

图5.2-2　十年平均气压变化

第三节　相对湿度

1. 平均相对湿度和最小相对湿度

1960—2019 年，遮浪站累年平均相对湿度为 81.8%。月平均相对湿度 5 月最大，为 87.9%，12 月最小，为 73.1%。平均月最小相对湿度 7 月最大，为 62.5%，12 月最小，为 32.0%。最小相对湿度的极小值为 2%，出现在 2005 年 12 月 22 日（表 5.3-1，图 5.3-1）。

表 5.3-1　相对湿度年变化（1960—2019 年）

	1月	2月	3月	4月	5月	6月	7月	8月	9月	10月	11月	12月	年
平均相对湿度／%	76.9	82.7	85.0	87.1	87.9	87.8	86.2	85.9	80.2	75.0	74.3	73.1	81.8
平均最小相对湿度／%	36.1	45.3	46.1	50.4	52.7	61.5	62.5	58.8	49.0	41.9	36.2	32.0	47.7
最小相对湿度／%	14	11	18	24	33	44	44	39	27	25	11	2	2

注：平均最小相对湿度为各月最小相对湿度的累年平均值及其年平均值。

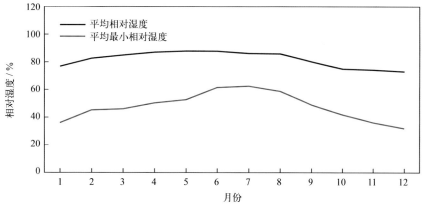

图5.3-1　相对湿度年变化（1960—2019年）

2. 长期趋势变化

1960—2019 年，年平均相对湿度为 78.2% ~ 84.6%，其中 2016 年最大，1963 年最小；年平均相对湿度呈上升趋势，上升速率为 0.18%/（10 年）（线性趋势未通过显著性检验）。十年平均相对湿度变化显示，1960—1969 年平均相对湿度最小，2010—2019 年平均相对湿度最大，比上一个十年升幅最大，升幅为 1.2%（图 5.3-2）。

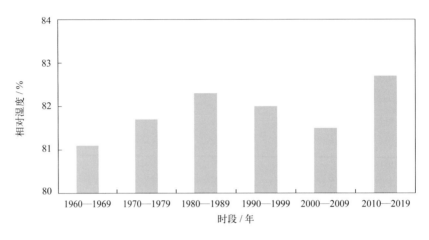

图5.3-2　十年平均相对湿度变化

3. 温湿指数

根据《人居环境气候舒适度评价》（GB/T 27963—2011）的温湿指数统计方法和气候舒适度等级划分方法，统计遮浪站各月温湿指数，结果显示：1—3 月和 12 月温湿指数为 14.7 ~ 16.9，感觉为冷；4 月、5 月、10 月和 11 月温湿指数为 20.0 ~ 24.0，感觉为舒适；6—9 月温湿指数为 25.9 ~ 27.0，感觉为热（表 5.3-2）。

表 5.3-2　温湿指数年变化（1960—2019 年）

	1月	2月	3月	4月	5月	6月	7月	8月	9月	10月	11月	12月
温湿指数	14.7	14.8	16.9	20.5	24.0	26.2	27.0	26.8	25.9	23.3	20.0	16.5
感觉程度	冷	冷	冷	舒适	舒适	热	热	热	热	舒适	舒适	冷

第四节　风

1. 平均风速和最大风速

遮浪站风速的年变化见表 5.4-1 和图 5.4-1。累年平均风速为 6.5 米 / 秒，月平均风速 10 月最大，为 7.7 米 / 秒，8 月最小，为 5.3 米 / 秒。平均最大风速 9 月最大，为 22.0 米 / 秒，1 月最小，为 17.0 米 / 秒。最大风速月最大值对应风向多为 ENE 向（5 个月）。极大风速的最大值为 60.6 米 / 秒，出现在 2013 年 9 月 22 日，正值 1319 号超强台风"天兔"影响期间，对应风向为 W。

表 5.4-1　风速年变化（1960—2019 年）　　　　　　　　　单位：米/秒

		1月	2月	3月	4月	5月	6月	7月	8月	9月	10月	11月	12月	年
平均风速		7.2	7.2	6.8	6.0	5.8	5.8	5.4	5.3	6.3	7.7	7.6	7.3	6.5
最大风速	平均值	17.0	17.8	18.6	17.6	17.7	18.1	21.0	20.3	22.0	19.1	18.0	17.6	18.7
	最大值	24.0	24.0	28.0	29.7	40.0	34.0	38.0	61.0	48.6	40.0	26.7	24.0	61.0
	最大值对应风向	N/E/ENE	ENE	ENE	E	S	SSE/NNE	SW	NE	WSW	SSE	ENE	ENE/NE/E/N	NE
极大风速	最大值	23.1	21.6	24.3	31.0	30.3	39.4	40.4	45.9	60.6	43.7	24.3	25.1	60.6
	最大值对应风向	NNE	ENE	NNE	W	NE	W	E	ENE	W	NE	ENE	E	W

注：1960年、1964年、2006年数据有缺测；极大风速的统计时间为1995—2019年，其中1995—2002年数据有缺测。

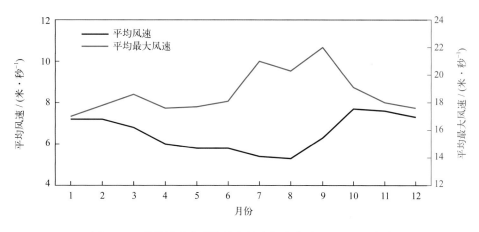

图5.4-1　平均风速和平均最大风速年变化（1960—2019年）

历年的平均风速为 6.0 ~ 8.0 米/秒，其中 1961 年最大，有 4 年均为最小。历年的最大风速均大于等于 18.9 米/秒，其中大于等于 28.0 米/秒的有 28 年，大于等于 38.0 米/秒的有 7 年。最大风速的最大值为 61.0 米/秒，风向为 NE，出现在 1979 年 8 月 2 日，正值 7908 号超强台风"荷贝"影响期间。年最大风速出现在 9 月的频率最高，1 月和 12 月未出现（图 5.4-2）。

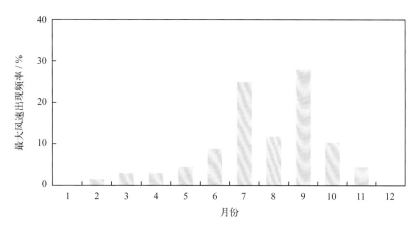

图5.4-2　年最大风速出现频率（1960—2019年）

2. 各向风频率

全年 E 向风最多，频率为 20.6%，ENE 向次之，频率为 19.5%，NW 向和 NNW 向最少，频率均为 0.9%（图 5.4-3）。

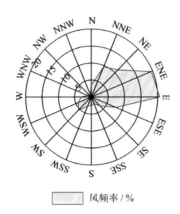

图5.4-3　全年各向风频率（1965—2019年）

1 月盛行风向为 NNE—ESE，频率和为 89.8%；4 月盛行风向为 NE—ESE，频率和为 68.3%；7 月盛行风向为 SSW—W，频率和为 46.3%；10 月盛行风向为 NNE—ESE，频率和为 85.2%（图 5.4-4）。

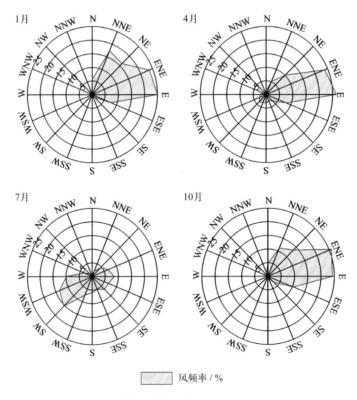

图5.4-4　四季代表月各向风频率（1965—2019年）

3. 各向平均风速和最大风速

全年各向平均风速 E 向最大，为 7.6 米／秒，ENE 向次之，为 7.3 米／秒，NW 向最小，为 1.9 米 / 秒（图 5.4-5）。1 月、4 月和 7 月平均风速均为 E 向最大，分别为 8.1 米 / 秒、7.4 米 / 秒和 6.3 米 / 秒；10 月平均风速 ENE 向最大，为 8.7 米 / 秒，E 向次之，为 8.6 米 / 秒（图 5.4-6）。

全年各向最大风速 NE 向最大，为 61.0 米 / 秒，WSW 向次之，为 48.6 米 / 秒，NW 向最小，为 25.7 米 / 秒（图 5.4-5）。1 月和 4 月 E 向最大风速最大，分别为 24.0 米 / 秒和 29.7 米 / 秒；7 月 SW 向最大风速最大，为 38.0 米 / 秒；10 月 NE 向最大风速最大，为 33.3 米 / 秒（图 5.4-6），《南海区海洋站海洋水文气候志》记载 SSE 向最大风速曾超过 40.0 米 / 秒（1964 年）。

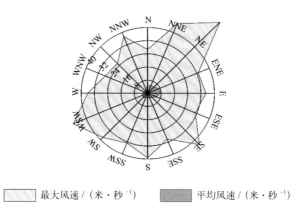

最大风速 /（米·秒⁻¹）　　平均风速 /（米·秒⁻¹）

图5.4-5　全年各向平均风速和最大风速（1965—2019年）

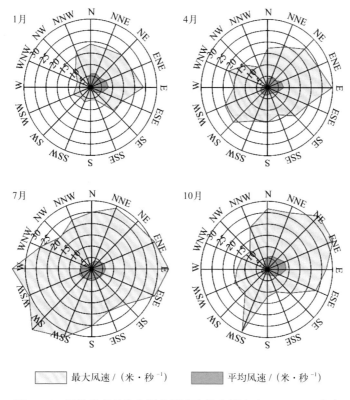

最大风速 /（米·秒⁻¹）　　平均风速 /（米·秒⁻¹）

图5.4-6　四季代表月各向平均风速和最大风速（1965—2019年）

4. 大风日数

风力大于等于 6 级的大风日数 12 月最多，为 18.6 天，占全年的 11.3%，11 月次之，为 18.1 天（表 5.4-2，图 5.4-7）。平均年大风日数为 164.9 天（表 5.4-2）。历年大风日数 1992 年最多，为 251 天，1975 年最少，为 55 天。

风力大于等于 8 级的大风日数 3 月、9 月和 10 月最多，均为 2.1 天，5 月最少，为 1.1 天。历年大风日数 1992 年最多，为 93 天，有 7 年均出现 2 天。

风力大于等于 6 级的月大风日数最多为 29 天，出现在 1988 年 10 月和 1992 年 10 月；最长连续大于等于 6 级大风日数为 46 天，出现在 1992 年 10 月 4 日至 11 月 18 日（表 5.4-2）。

表 5.4-2 各级大风日数年变化（1960—2019 年）   单位：天

	1月	2月	3月	4月	5月	6月	7月	8月	9月	10月	11月	12月	年
大于等于 6 级大风平均日数	17.9	16.0	16.2	11.9	10.7	9.8	8.6	8.9	10.9	17.3	18.1	18.6	164.9
大于等于 7 级大风平均日数	7.0	7.5	8.5	6.0	4.6	3.9	4.0	4.2	5.1	7.9	7.4	7.6	73.7
大于等于 8 级大风平均日数	1.2	1.6	2.1	1.6	1.1	1.2	1.7	1.4	2.1	2.1	1.7	1.5	19.3
大于等于 6 级大风最多日数	28	24	27	23	22	22	18	24	19	29	26	27	251
最长连续大于等于 6 级大风日数	22	23	30	11	11	11	13	12	12	28	46	21	46

注：1960 年、1964 年和 2006 年数据有缺测；大于等于 6 级大风统计时间为 1960—2019 年，大于等于 7 级和大于等于 8 级大风统计时间为 1965—2019 年。

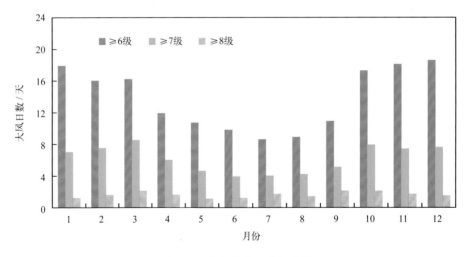

图5.4-7 各级大风日数年变化

第五节 降水

1. 降水量和降水日数

（1）降水量

遮浪站降水量的年变化见表 5.5-1 和图 5.5-1。平均年降水量为 1 548.1 毫米，6—8 月降水量为 803.9 毫米，占全年的 51.9%，3—5 月为 399.3 毫米，占全年的 25.8%，9—11 月为 263.1 毫米，占全年的 17.0%，12 月至翌年 2 月为 81.8 毫米，占全年的 5.3%。6 月平均降水量最多，为 306.9 毫米，占全年的 19.8%。

历年年降水量为 815.0 ～ 2 496.0 毫米，其中 1968 年最多，1963 年最少。

最大日降水量超过 100 毫米的有 48 年，超过 150 毫米的有 21 年，超过 200 毫米的有 7 年。最大日降水量为 345.6 毫米，出现在 1995 年 8 月 13 日。

表 5.5-1　降水量年变化（1960—2019 年）　　　　　单位：毫米

	1月	2月	3月	4月	5月	6月	7月	8月	9月	10月	11月	12月	年
平均降水量	22.4	34.4	57.2	129.4	212.7	306.9	228.9	268.1	174.9	57.3	30.9	25.0	1 548.1
最大日降水量	53.8	63.7	99.4	199.5	313.6	233.8	214.6	345.6	193.0	260.4	112.2	141.5	345.6

（2）降水日数

平均年降水日数为 115.6 天。平均月降水日数 6 月最多，为 16.7 天，11 月最少，为 4.3 天（图 5.5-2 和图 5.5-3）。日降水量大于等于 10 毫米的平均年日数为 38.1 天，各月均有出现；日降水量大于等于 50 毫米的平均年日数为 7.7 天，各月均有出现；日降水量大于等于 100 毫米的平均年日数为 1.8 天，出现在 4—12 月；日降水量大于等于 150 毫米的平均年日数为 0.41 天，出现在 4—10 月；日降水量大于等于 200 毫米的平均年日数为 0.13 天，出现在 5—8 月和 10 月（图 5.5-3）。

最多年降水日数为 165 天，出现在 2016 年；最少年降水日数为 74 天，出现在 2004 年。最长连续降水日数为 22 天，出现在 2014 年 7 月 7—28 日；最长连续无降水日数为 91 天，出现在 2004 年 11 月 1 日至 2005 年 1 月 30 日。

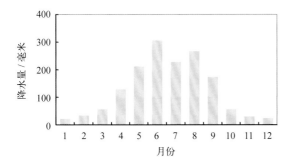

图5.5-1　降水量年变化（1960—2019年）

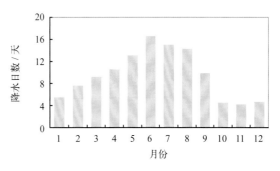

图5.5-2　降水日数年变化（1965—2019年）

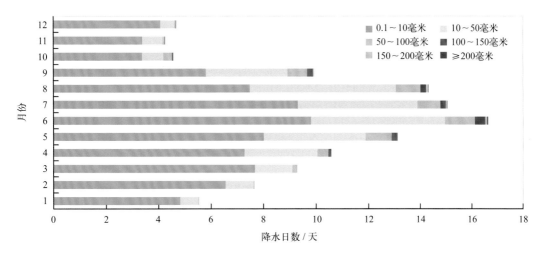

图5.5-3　各月各级平均降水日数分布（1960—2019年）

2. 长期趋势变化

1960—2019 年，年降水量无明显变化趋势。十年平均年降水量变化显示，1990—1999 年平均年降水量最大，1960—1969 年最小，2010—2019 年比 1990—1999 年减少 267.1 毫米（图 5.5-4）。年最大日降水量呈下降趋势，下降速率为 3.56 毫米 /（10 年）（线性趋势未通过显著性检验）。

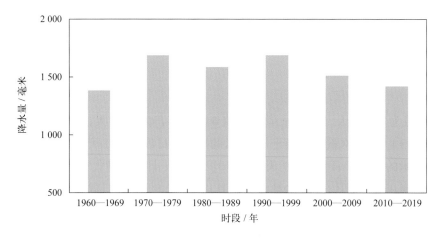

图5.5-4 十年平均年降水量变化

1965—2019 年，年降水日数和最长连续无降水日数均无明显变化趋势；最长连续降水日数呈增加趋势，增加速率为 0.56 天 /（10 年）。

第六节 雾及其他天气现象

1. 雾

遮浪站雾日数的年变化见表 5.6-1、图 5.6-1 和图 5.6-2。1965—2019 年，平均年雾日数为 15.0 天。平均月雾日数 3 月最多，为 4.7 天，9—11 月未出现；月雾日数最多为 16 天，出现在 2016 年 4 月；最长连续雾日数为 9 天，出现在 2010 年 2 月 24 日至 3 月 4 日。

表 5.6-1 雾日数年变化（1965—2019 年） 单位：天

	1月	2月	3月	4月	5月	6月	7月	8月	9月	10月	11月	12月	年
平均雾日数	1.0	2.7	4.7	4.5	1.4	0.1	0.1	0.2	0.0	0.0	0.0	0.3	15.0
最多雾日数	8	9	13	16	7	1	4	1	0	0	0	4	30
最长连续雾日数	4	5	9	6	5	1	3	1	0	0	0	4	9

1965—2019 年，年雾日数呈下降趋势，下降速率为 2.11 天 /（10 年）。1980 年雾日数最多，为 30 天，2004 年最少，为 1 天。

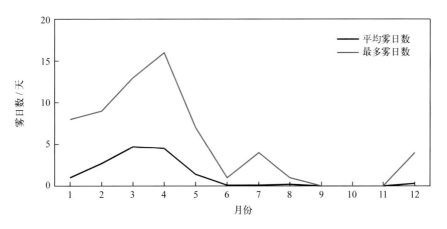

图5.6-1 平均雾日数和最多雾日数年变化（1965—2019年）

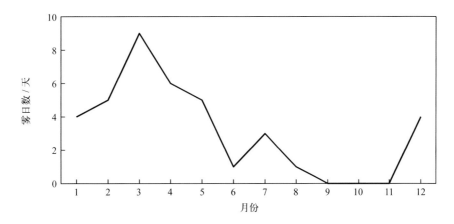

图5.6-2 最长连续雾日数年变化（1965—2019年）

十年平均年雾日数变化显示，1980—2009年十年平均年雾日数呈阶梯减少，2000—2009年平均年雾日数最少，为8.3天（图5.6-3）。

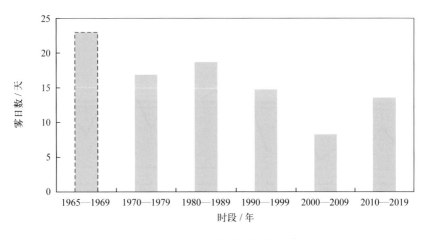

图5.6-3 十年平均年雾日数变化

2. 轻雾

遮浪站轻雾日数的年变化见表5.6-2和图5.6-4。1965—1995年，平均年轻雾日数为45.6天。平均月轻雾日数4月最多，为10.1天，9月最少，为0.5天。最多月轻雾日数为18天，出现在1986年4月。

1965—1994年，年轻雾日数呈上升趋势，上升速率为9.76天/（10年）。1982年轻雾日数最多，为88天，1971年最少，为17天（图5.6-5）。

表5.6-2　轻雾日数年变化（1965—1995年）　　　　　　　单位：天

	1月	2月	3月	4月	5月	6月	7月	8月	9月	10月	11月	12月	年
平均轻雾日数	5.5	6.5	9.3	10.1	5.0	0.9	1.0	1.5	0.5	0.7	0.9	3.7	45.6
最多轻雾日数	16	15	16	18	12	4	4	6	3	5	4	9	88

注：1995年7月停测。

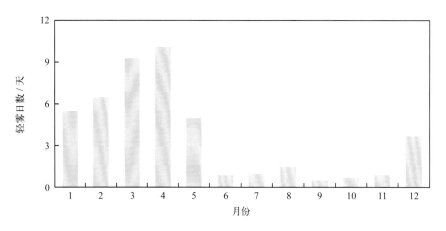

图5.6-4　轻雾日数年变化（1965—1995年）

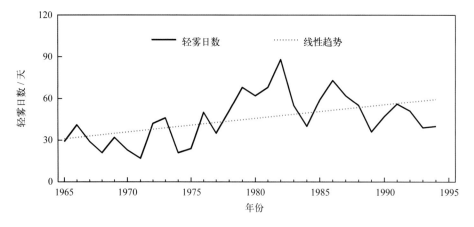

图5.6-5　1965—1994年轻雾日数变化

　轻雾

3. 雷暴

遮浪站雷暴日数的年变化见表 5.6-3 和图 5.6-6。1960—1995 年，平均年雷暴日数为 39.6 天。雷暴主要出现在 4—9 月，其中 8 月最多，为 7.5 天，1 月、11 月和 12 月最少，均为 0.1 天。雷暴最早初日为 1 月 16 日（1978 年），最晚终日为 12 月 11 日（1968 年）。月雷暴日数最多为 19 天，出现在 1977 年 7 月。

表 5.6-3　雷暴日数年变化（1960—1995 年）　　　　　　　　　　　单位：天

	1月	2月	3月	4月	5月	6月	7月	8月	9月	10月	11月	12月	年
平均雷暴日数	0.1	0.6	1.9	4.3	6.5	6.6	6.5	7.5	4.7	0.7	0.1	0.1	39.6
最多雷暴日数	1	7	12	12	15	18	19	15	11	4	1	2	70

注：1995 年 7 月停测。

1960—1994 年，年雷暴日数变化趋势不明显。1977 年雷暴日数最多，为 70 天，1962 年最少，为 17 天（图 5.6-7）。

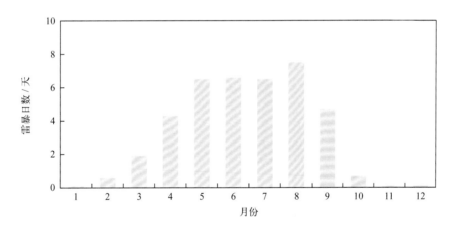

图5.6-6　雷暴日数年变化（1960—1995年）

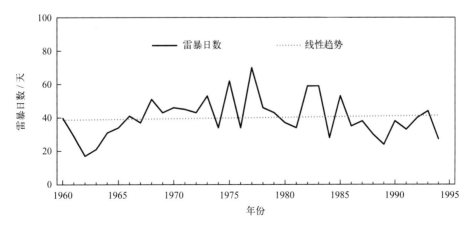

图5.6-7　1960—1994年雷暴日数变化

第七节　能见度

1965—2019 年，遮浪站累年平均能见度为 19.8 千米。7 月平均能见度最大，为 27.6 千米，3 月最小，为 15.1 千米。能见度小于 1 千米的平均年日数为 10.5 天，3 月最多，为 3.4 天，9 月和 11 月未出现，10 月出现 2 天（表 5.7-1，图 5.7-1 和图 5.7-2）。

表 5.7-1　能见度年变化（1965—2019 年）

	1月	2月	3月	4月	5月	6月	7月	8月	9月	10月	11月	12月	年
平均能见度/千米	16.1	15.9	15.1	15.2	19.4	25.4	27.6	24.1	22.2	20.1	19.5	17.5	19.8
能见度小于 1 千米平均日数/天	0.6	2.0	3.4	3.0	0.9	0.1	0.2	0.1	0.0	0.0	0.0	0.2	10.5

注：1979—1981 年数据缺测，2006 年数据有缺测。

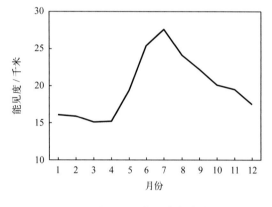

图5.7-1　能见度年变化

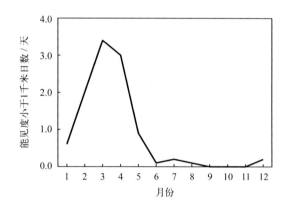

图5.7-2　能见度小于1千米日数年变化

历年平均能见度为 14.4 ~ 27.9 千米，1965 年最高，2005 年最低。能见度小于 1 千米的日数 1969 年和 2016 年最多，均为 21 天，2004 年最少，为 1 天（图 5.7-3）。

1982—2019 年，年平均能见度变化趋势不明显。

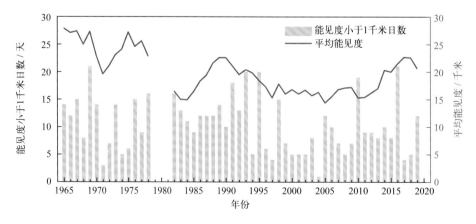

图5.7-3　能见度小于1千米年日数和平均能见度变化

第八节 云

1965—1995年，遮浪站累年平均总云量为6.8成，6月平均总云量最多，为8.3成，10月最少，为5.0成；累年平均低云量为5.3成，3月平均低云量最多，为7.2成，10月最少，为3.4成（表5.8-1，图5.8-1）。

表5.8-1 总云量和低云量年变化（1965—1995年）

	1月	2月	3月	4月	5月	6月	7月	8月	9月	10月	11月	12月	年
平均总云量/成	6.0	7.4	7.9	8.0	7.9	8.3	7.3	7.0	6.2	5.0	5.2	5.2	6.8
平均低云量/成	5.2	6.7	7.2	6.8	6.4	6.2	4.7	4.9	4.5	3.4	3.6	4.1	5.3

注：1995年7月停测。

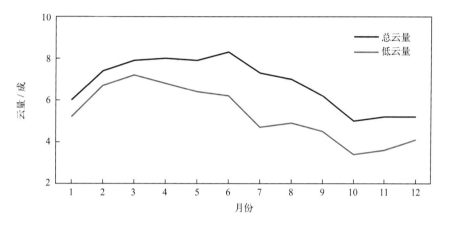

图5.8-1 总云量和低云量年变化（1965—1995年）

1965—1994年，年平均总云量呈减少趋势，减少速率为0.19成/（10年）（线性趋势未通过显著性检验），1984年最多，为7.6成，1971年最少，为6.0成（图5.8-2）；年平均低云量呈增加趋势，增加速率为0.11成/（10年）（线性趋势未通过显著性检验），1984年最多，为6.3成，1977年最少，为4.3成（图5.8-3）。

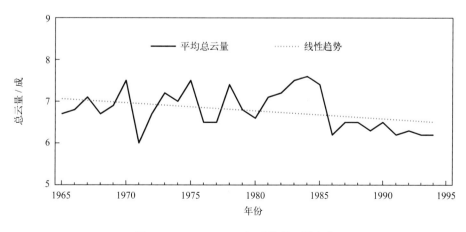

图5.8-2 1965—1994年平均总云量变化

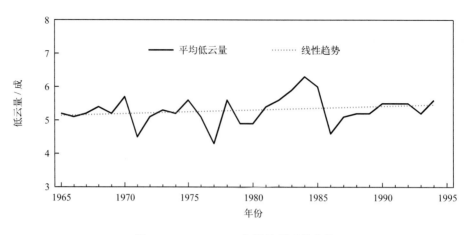

图5.8-3　1965—1994年平均低云量变化

第六章　海平面

1. 年变化

遮浪沿海海平面年变化特征明显，7月最低，10月最高，年变幅为29厘米（图6-1），平均海平面在验潮基面上174厘米。

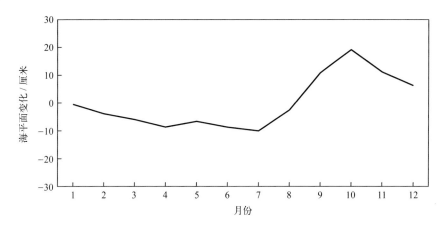

图6-1　海平面年变化（2002—2019年）

2. 长期趋势变化

2002—2019年，遮浪沿海海平面上升显著，上升速率为5.4毫米/年，2012年、2016年和2017年海平面较高，分别为观测以来的第三高、第二高和最高。遮浪沿海2010—2019年平均海平面比2002—2009年平均海平面高48毫米。

第七章 灾害

第一节 海洋灾害

1. 风暴潮

1979年8月1日前后，7908号超强台风影响广东沿海，引发严重潮灾。汕尾站、赤湾站最大增水超过1米。粤东地区受灾县市38个，死伤1 400余人，其中死亡93人。该台风破坏性大，影响范围广，给海丰县带来30余年来最严重的一次风暴潮灾害，风暴潮增水接近历史最大风暴潮增水。风暴潮使汕尾港水位20分钟内就上涨0.8米（《中国海洋灾害四十年资料汇编》《中国气象灾害大典·广东卷》）。

1981年9月22日04时，8116号超强台风在广东省陆丰县碣石乡登陆，中心附近最大风力11～12级，潮水位比正常潮水位高出1.5～2米。汕头地区渔民死4人，伤32人，部分堤围冲坏，养殖生产遭受严重灾害，经济损失382万元（《中国气象灾害大典·广东卷》）。

1995年7月31日前后，广东省澄海市与饶平县之间沿海出现灾害性风暴潮，汕尾市由于受暴雨和潮水双重影响，市区内一片汪洋，水深达1.5米，使50余个镇48万人受灾，死亡4人，受伤18人，直接经济损失达4.11亿元。8月12日，广东省惠阳市沿海出现灾害性风暴潮，珠江口以东沿海的海堤破损严重，部分地段海潮漫过堤围。8月31日，受风暴潮影响，汕尾、汕头、惠州、梅州、潮州等22个市、县（区）有941万人受灾，直接经济损失达36.5亿元，广汕公路汕尾路段无法通车，汕尾市交通、供电、通信均中断（《1995年中国海洋灾害公报》）。

2013年9月22日前后，1319号超强台风"天兔"在广东省汕尾市附近沿海登陆，遮浪站最大增水超过100厘米。广东省受灾人口579.32万人，房屋、水产养殖、渔船、码头、防波堤、海堤护岸、农田等受损严重，直接经济损失达58.57亿元（《2013年中国海洋灾害公报》）。

2016年10月，广东沿海处于季节性高海平面期，海平面异常偏高，1622号超强台风"海马"于21日在汕尾市登陆，台风风暴潮给广东沿海水产养殖、交通和堤防设施等带来损失，直接经济损失达7.59亿元（《2016年中国海平面公报》）。

2. 海浪

1979年8月2日，遮浪站受7908号超强台风袭击，11时海浪无法目测，近岸14时目测海浪最大波高达9.5米（《南海区海洋站海洋水文气候志》）。

1995年8月11—12日，受台风浪袭击，广东省汕尾市沉没及失踪渔船930艘；31日，汕尾市沿海有7米高的狂浪，东闸海堤被冲出8个决口，渔船被卷上海滩，碰撞沉没渔船总计1 631艘，使当地蒙受较大的经济损失（《1995年中国海洋灾害公报》）。

1999年6月6日前后，9903号台风袭击广东沿海。受其影响，珠江口沿海出现5～6米的巨浪。受风暴潮和巨浪的综合影响，汕尾市有3个县（市）的39个乡镇受灾，经济损失5.6亿元，死亡2人（《1999年中国海洋灾害公报》）。

2005年8月11—13日，受0510号强热带风暴"珊瑚"影响，南海东北海面形成4～6米台风浪，广东汕尾海水浴场实测最大波高3.0米（《2005年中国海洋灾害公报》）。

2006 年 5 月 13—18 日，受 0601 号强台风"珍珠"影响，南海中部、北部海面形成 9 ~ 12 米的台风浪，遮浪海洋站实测最大波高 7.5 米。受"珍珠"台风浪影响，广东省沿海部分海堤与渔船损毁严重，海洋水产养殖损失惨重（《2006 年中国海洋灾害公报》）。

3. 海啸

2011 年 3 月 11 日 13 时 46 分，日本东北部近海发生 9.0 级强烈地震并引发特大海啸，地震发生 6 ~ 8 小时后海啸波到达我国大陆东南沿海，广东监测到的海啸波波幅为 10 ~ 26 厘米，其中遮浪站海啸波幅为 12 厘米（《2011 年中国海洋灾害公报》）。

第二节　灾害性天气

根据《中国气象灾害大典·广东卷》（1949—2000 年）和《中国气象灾害年鉴》（2000 年后）及《南海区海洋站海洋水文气候志》记载，遮浪站周边发生的主要灾害性天气有暴雨洪涝、大风、雷电、冰雹和大雾。

1. 暴雨洪涝

1953 年 9 月 2 日，受 5315 号超强台风影响，广州、深圳、惠阳、海丰和陆丰等地出现较大降水，其中海丰日降雨量达 96.7 毫米。沿海潮水上涨，海丰县二马路可以撑船，新港渔民死亡 71 人，渔船毁坏 208 艘，其中全毁 42 艘，住家艇全毁 506 艘。

1957 年 9 月 22—25 日，受 5719 号强台风影响，广东省海丰县和陆丰县等地过程降雨量达到 435.8 毫米。

1961 年 4 月中旬至下旬初，广东省北部、中部、西南部和东江中下游连降大雨至大暴雨，陆丰和阳春等地过程雨量达 400 毫米以上。

1975 年 10 月 14 日，受 7514 号超强台风影响，广东省海丰县和陆丰县等地出现特大暴雨，降雨量高达 450.5 毫米。

1977 年 5 月 27—31 日，广东省东部、北部和中部普降暴雨，粤东沿海陆丰一带为暴雨中心，陆丰县白石门水库过程雨量达 1 461 毫米。正值大潮期间，海潮顶托洪水上涨，造成洪涝灾害。清远县、佛冈县山洪暴发，淹浸农田面积 400 公顷，冲毁桥梁 76 座和水陂等水利设施 2 000 余宗；惠来县和陆丰县受淹农田面积 2 万公顷，陆丰县死亡 11 人，受伤 27 人，冲坏一批水利工程设施，广汕公路中断通车达 10 小时。

1987 年 5 月 19—23 日，广东省除西南部地区外普降大到暴雨，局部降特大暴雨，全省共有 76 个县（市）降大到暴雨，在该过程中汕尾站日降水量大于等于 200 毫米。

1988 年 9 月 22 日，受 8817 号台风影响，虽然台风生存时间短，但暴雨强度大，汕尾部分地区山洪暴发，内涝积水，城镇受淹。

1990 年 7 月 31 日，9009 号台风在海丰县与陆丰县之间登陆。受其影响，汕尾市日降雨量高达 311 毫米。

1992 年 5 月 14—18 日，粤东南和粤西南先后降暴雨到大暴雨，个别地区出现了特大暴雨。部分地区山洪暴发，江河和水库水位急剧上涨。汕尾市公平水库水位达 15.31 米，超警戒水位 2.81 米，汕尾、阳江两市的经济损失达 2.31 亿元，其中水利工程损失 2 594 万元。

1995 年 7 月 31 日，受 9504 号强热带风暴影响，广东省汕尾市出现暴雨，降雨量达 200 毫米以上。8月上旬，受9504号强热带风暴低压环流和华南切变线影响，广东省各地连续降雨，汕尾市区一片汪洋，盐屿、后径、城西等村庄水深1.5米。8月31日，受9509号台风影响，汕尾市出现大暴雨，导致洪水泛滥。

1996年6月21—25日，广东省出现大面积降水，局部地区降大暴雨到特大暴雨。20—22日，暴雨先后出现在清远、韶关、河源、广州、佛山、汕尾等市，暴雨导致部分地区山洪暴发，水位上涨。受灾的有惠州、梅州、江门、揭阳、汕尾等5个市、11个县（区），死亡3人，倒塌房屋2 100间，损坏房屋1 560间，经济总损失2.44亿元。

1997年7月1日08时至10日08时，受低压槽和西南季风的影响，广东省汕尾市普降暴雨到大暴雨，局部特大暴雨，造成局部地区山洪暴发，汕尾市累计降雨量达353毫米。8月2—3日，受9710号强热带风暴影响，汕尾出现暴雨，由于降雨强度大，造成中小河流水位暴涨，又适逢大潮期，村庄、农田被洪水淹浸的情况十分严重。全市6个县（市、区）均不同程度受灾，受灾人口107.02万人，曾被洪水围困32.3万人。全市损坏房屋1.42万间，倒塌房屋0.66万间，受浸农作物面积3.9万公顷，毁坏公路189千米、公路桥涵170处，损坏一批水利设施，直接经济损失达6亿元，其中水利工程损失0.54亿元。

1999年8月21日—25日，受9908号台风影响，广东省大部分地区普降大雨，珠江三角洲及其附近地区降暴雨到大暴雨。24日08时至25日08时，汕尾市海丰县降雨量达345.1毫米，海丰县城浸水最深处达1～2米，广州市也大面积遭水浸。

2003年9月2—4日，受0313号强台风"杜鹃"影响，广东省29个县普降暴雨到大暴雨。据统计，广东省广州、深圳、汕尾等14个市不同程度受灾，受灾人口1 629万人，死亡44人，伤298人，紧急转移安置174万人；倒塌房屋7 800间，损坏房屋5.2万间；农作物受灾面积26.0万公顷，成灾面积13.9万公顷，绝收面积8 700公顷；直接经济损失达24.9亿元，其中农业损失达11.5亿元。

2004年7月29日，0411号热带风暴导致汕尾市最大日降雨量为212毫米。

2005年7月29—30日，受0508号强热带风暴"天鹰"影响，汕尾市降雨量在100毫米以上。

2008年7月6—10日，广东省大部地区出现大到暴雨，强降水导致粤东沿海地区洪涝灾害严重，造成珠海、汕头、汕尾、潮州、揭阳等5个市21个县290余万人受灾，死亡3人，紧急转移安置21.9万人；倒塌房屋2 828间，损坏小型水库8座，堤防决口66处，损毁水电站5座；造成直接经济损失18.6亿元。7月28日，受0808号强台风"凤凰"影响，广东省普降暴雨到大暴雨，强降雨造成河源、揭阳、梅州、惠州、汕尾、汕头等地不同程度受灾。据统计，广东省全省有106.5万人受灾，3万人被洪水围困，死亡3人，失踪4人，紧急转移10.3万人；农作物受灾面积4.5万公顷；倒塌房屋1.5万间；直接经济损失达6.8亿元。

2013年5月14—17日，广东清远、韶关和汕尾等局地累计降雨量达250～409毫米。9月22日19时40分，1319号超强台风"天兔"在汕尾市登陆，该台风是2013年登陆我国大陆地区强度最强的台风，也是近40年来登陆粤东沿海的最强台风。粤东4市（潮州、揭阳、汕头、汕尾）的平均雨量达117毫米。广东省16个地市电网受损，其中汕尾、揭阳、汕头、惠州等市低压线路大面积受损。

2015年4月19—21日，粤东大部分县市出现大到暴雨，汕尾等地出现冰雹。7月9日12时05分，1510号台风"莲花"在广东省汕尾市陆丰市甲东镇沿海登陆，揭阳、汕尾和汕头等市出现大到暴雨，汕尾市多个地区停电。10月4日，受1522号强台风"彩虹"影响，汕尾市出现强降水。

2016年5月20—21日，汕尾市出现暴雨到大暴雨。10月17—20日，受1621号超强台风"莎莉嘉"外围环流影响，汕尾市出现暴雨。10月21日12时40分，1622号超强台风"海马"在汕尾市海丰县鲘门镇登陆，广东东部部分地区降水达100～250毫米。

2017年6月12—13日，受1702号强热带风暴"苗柏"影响，汕尾市出现暴雨，局地降水超过250毫米，出现道路积水、交通受阻、断电、幼儿园和中小学校停课等情况。9月3日21时30分，1716号强热带风暴"玛娃"在汕尾市陆丰市甲西镇沿海地区登陆，粤东市县出现了大雨到暴雨，局部大暴雨。

2018年8月27日至9月1日，受季风低压影响，广东省出现了持续强降水过程（即"18.8"特大暴雨洪涝灾害过程），汕尾市连续3天都出现了大暴雨，受灾严重。

2. 大风

1953年9月2日，最大风力达12级以上的5315号台风在广东省海丰县与惠来县之间登陆，登陆时测得50米/秒的极大风速，伴随96.7毫米暴雨。受其影响，遮浪站附近海域潮水上涨，海丰县二马路可以撑船，新港渔民死亡71人，渔船毁坏208艘，其中全毁42艘，住家艇全毁506艘。

1979年8月2日，受7908号超强台风影响，遮浪海洋站09时58分至10时08分之间的10分钟平均风速达61.0米/秒，风将两根钢筋混凝土风向杆刮倒，目测风力持续增大。

1988年7月19日16时30分，8805号超强台风在广东省惠来县登陆，汕尾市风力很大，且降雨量在100毫米以上。陆丰县经济损失1亿元以上。

1989年8月17日，广东省陆丰县出现严重龙卷风并伴有冰雹，此次龙卷风发生于县城东面约4千米处的广汕公路南沿，也就是在螺河大桥西面150米处的陆丰县化肥厂。当日14时40分，该厂上空一团漆黑，刹那间狂风大作，雷雨交加，风力在12级以上，厂内一棵直径25厘米、高10余米的大树被连根拔起，另一棵直径35厘米的大树被拦腰折断。化肥厂硫酸车间厂房960平方米的金字架铁皮瓦连同铁筋支架等物约29.07吨，被龙卷风掀起，刮出40余米远。

1995年8月31日15时前后，9509号强台风在广东省惠东县与海丰县之间的沿海地区登陆，登陆时风力在12级以上，汕尾市遮浪站测得最大风速超过55米/秒，极大风速65米/秒，汕尾市10级以上大风持续时间长达10个小时。广东省沿海地区出现严重的风暴潮灾害。

3. 雷电

1996年6月16日00时30分，广东省陆丰市部分地区遭遇雷击。湖东镇竹湖管区南洲村一村民家因雷击伤2人，死1人，家中电器和房屋均被击坏，直接经济损失为4.5万元。碣石镇龙泉宾馆损坏内部小总机、电脑计数器、8台电话机和1台4千瓦的抽水电机，直接经济损失为4.79万元。陆丰市证券公司损坏30余台电脑，经济损失约80万元。

2014年4月1日16时00分，广东省汕尾市陆丰市东海镇霞湖高速公路进出口收费站遭雷击，击坏3台交换机、6个监控摄像头，14台设备受损，直接经济损失约190万元，间接经济损失约10万元。

4. 冰雹

1985年2月上旬，廉江、阳春、电白、茂名、高州、吴川、化州、开平、新兴、英德、翁源、龙川、陆丰、揭阳、揭西等15个县（市）遭受不同程度的冰雹、龙卷风的袭击。冰雹密度大而危害重，一般有鸡蛋大。龙卷风来势猛，风力强，风力一般有10级，阵风11～12级。

1989 年 8 月 17 日，陆丰县出现严重龙卷风并伴有冰雹。这次冰雹最大的直径 3 厘米，有鸽子蛋那么大，降冰雹范围长约 6 千米、宽约 4 千米。

5. 大雾

1976 年 2 月，遮浪站附近主航道连续发生两起因海雾影响导致的大型海轮严重相撞事故，其中一艘万吨级油轮被撞毁，造成大面积海域受石油污染。

1978 年 3 月 5 日，"汕海 006"轮在莱屿岛附近，因雾触礁沉没，2 人失踪。

1983 年 4 月 27 日，陆丰县甲子渔业 8 大队的"2811"号帆船因浓雾在 22°45.5′N，116°11.3′E 处被"红旗 126"轮撞沉，失踪 2 人。

汕尾海洋站

第一章　概况

第一节　基本情况

汕尾海洋站（简称汕尾站）位于广东省汕尾市（图1.1-1）。汕尾市位于广东省东南部沿海，珠江三角洲东岸，毗邻港澳，接壤太平洋国际航线，是连接粤东、珠三角与港澳的重要交通枢纽。大陆海岸线长约455千米，自然条件优越，海陆资源十分丰富。

汕尾站始建于1955年6月，用于观测潮位，隶属于中国人民解放军海军南海舰队，1959年7月后由广东省气象局汕尾气象站管理。1966年1月后隶属国家海洋局南海分局，2019年6月后隶属自然资源部南海局，由汕尾中心站管辖。2012年前站址位于汕尾市凤照街106号，2012年后迁址汕尾市金湖路新林地段。

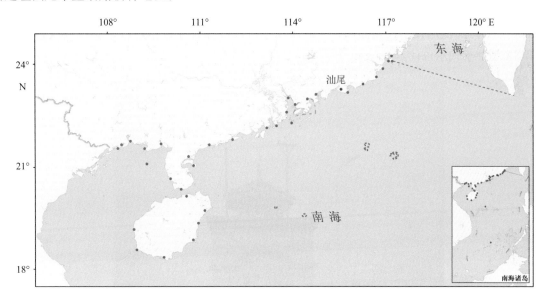

图1.1-1　汕尾站地理位置示意

汕尾站观测项目有潮汐、海浪、气温、气压、相对湿度、风和降水等。1995年7月前以人工观测为主，1995年7月开始使用我国自主研发的第一代自动观测设备，2002年后使用我国自主研发的自动观测系统，多数观测项目实现了自动观测、数据存储和传输。

汕尾沿海为不正规日潮特征，海平面7月最低，10月最高，年变幅为27厘米，平均海平面为135厘米，平均高潮位为177厘米，平均低潮位为86厘米；全年海况以0～2级为主，年均平均波高为0.2米，年均平均周期为1.5秒，历史最大波高最大值为3.4米，历史平均周期最大值为5.8秒，常浪向为ESE，强浪向为SW。

汕尾站主要受海洋性季风气候影响，年均气温为21.6～22.7℃，7月最高，均值为28.2℃，1月最低，均值为14.4℃，历史最高气温为38.5℃，历史最低气温为1.6℃；年均气压为1 012.0～1 013.9百帕，1月最高，均值为1 020.5百帕，8月最低，均值为1 005.0百帕；年均相对湿度为73.8%～80.6%，6月最大，均值为86.7%，12月最小，均值为69.2%；年均风速为2.2～4.1米/秒，10月最大，均值为3.7米/秒，12月最小，均值为3.2米/秒，1月盛行风向为

NE—SE（顺时针，下同），4月盛行风向为 ENE—SE，7月盛行风向为 SW—W 和 E—SE，10月盛行风向为 NE—SE；平均年降水量为 1 897.2 毫米，6月平均降水量最多，占全年的 20.3%；平均年雾日数为 7.0 天，3月最多，均值为 2.6 天，6—9月和11月未出现；平均年雷暴日数为 63.6 天，8月最多，均值为 13.8 天，1月和12月最少，均为 0.1 天；年均能见度为 20.4 ~ 25.3 千米，7月最大，均值为 27.5 千米，3月最小，均值为 17.7 千米；年均总云量为 5.0 ~ 6.1 成，6月最多，均值为 6.6 成，12月最少，均值为 3.8 成。

第二节　观测环境和观测仪器

1. 潮汐

1955 年 6 月开始观测，多次停测变址。1973 年启用新验潮井，验潮井为岛式钢筋混凝土结构，水深大于 1.5 米，近岸为细沙，潮间带为泥沙，表层为淤泥，下层为沙砾，无淤积（图 1.2-1）。资料起始时间为 1971 年。

2002 年 6 月前使用瓦尔代验潮仪，之后使用 SCA11-1 型浮子式水位计，2017 年 4 月后使用 SCA11-3A 型浮子式水位计。

图1.2-1　汕尾站验潮室（摄于2019年12月31日）

2. 海浪

2006 年 4 月开始观测。测波点位于验潮室旁，四周视野开阔，无明显遮挡物（图 1.2-2）。附近海域属于内海湾，三面环山，且为汕尾港航道，地形和船只对波浪观测有一定影响。

海浪观测为目测。

图1.2-2　汕尾站测波点（摄于2019年12月31日）

3. 气象要素

观测场位于验潮室屋顶东南角，气压传感器安装在验潮室内，风传感器安装在验潮室屋顶的风杆上，可能会受附近山峰和居民楼房的影响（图1.2-3）。部分资料起始时间为1971年。

2002年6月前，观测仪器主要为空盒式气压计、动槽式水银气压表和EL型电接风向风速计。2002年7月后使用270型气压传感器和XFY3-1型风传感器，2017年4月后使用278型气压传感器。

图1.2-3　汕尾站气象观测场（摄于2016年1月5日）

第二章 潮位

第一节 潮汐

1. 潮汐类型

利用汕尾站近 19 年（2001—2019 年）验潮资料分析的调和常数，计算出潮汐系数 $(H_{K_1}+H_{O_1})/H_{M_2}$ 为 2.16。按我国潮汐类型分类标准，汕尾沿海为不正规日潮，每月约 1/8 的天数，每个潮汐日（大约 24.8 小时）有一次高潮和一次低潮，其余天数为每个潮汐日有两次高潮和两次低潮，高潮日不等现象和低潮日不等现象均较明显。

1971—2019 年，汕尾站 M_2 分潮振幅呈减小趋势，减小速率为 0.11 毫米 / 年；迟角呈增大趋势，增大速率为 0.13°/ 年。K_1 和 O_1 分潮振幅和迟角均无明显变化趋势。

2. 潮汐特征值

由 1971—2019 年资料统计分析得出：汕尾站平均高潮位为 177 厘米，平均低潮位为 86 厘米，平均潮差为 91 厘米；平均高高潮位为 198 厘米，平均低低潮位为 73 厘米，平均大的潮差为 125 厘米。平均涨潮历时 6 小时 58 分钟，平均落潮历时 5 小时 52 分钟，两者相差 1 小时 6 分钟。

累年各月潮汐特征值见表 2.1-1。

表 2.1-1 累年各月潮汐特征值（1971—2019 年）　　　　单位：厘米

月份	平均高潮位	平均低潮位	平均潮差	平均高高潮位	平均低低潮位	平均大的潮差
1	176	85	91	203	71	132
2	174	81	93	197	72	125
3	172	78	94	190	71	119
4	170	77	93	185	67	118
5	170	80	90	189	65	124
6	168	78	90	193	61	132
7	165	75	90	191	61	130
8	170	81	89	192	70	122
9	185	94	91	201	84	117
10	198	106	92	214	91	123
11	191	102	89	212	84	128
12	182	95	87	209	76	133
年	177	86	91	198	73	125

注：潮位值均以验潮零点为基面。

平均高潮位 10 月最高，为 198 厘米，7 月最低，为 165 厘米，年较差为 33 厘米；平均低潮位 10 月最高，为 106 厘米，7 月最低，为 75 厘米，年较差为 31 厘米（图 2.1–1）；平均高高潮位 10 月最高，为 214 厘米，4 月最低，为 185 厘米，年较差为 29 厘米；平均低低潮位 10 月最高，为 91 厘米，6 月和 7 月最低，均为 61 厘米，年较差为 30 厘米。平均潮差 3 月最大，12 月最小，年较差为 7 厘米；平均大的潮差 12 月最大，9 月最小，年较差为 16 厘米（图 2.1–2）。

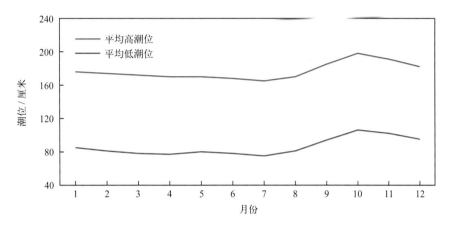

图2.1–1　平均高潮位和平均低潮位年变化

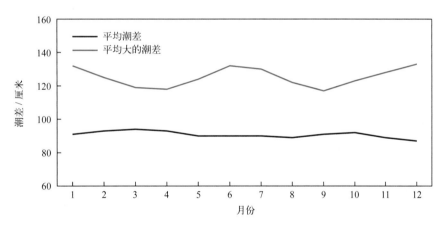

图2.1–2　平均潮差和平均大的潮差年变化

1971—2019 年，汕尾站平均高潮位呈上升趋势，上升速率为 2.62 毫米／年。受天文潮长周期变化影响，平均高潮位存在微弱的准 19 年周期变化，振幅为 0.92 厘米。平均高潮位最高值出现在 2012 年和 2017 年，均为 186 厘米；最低值出现在 1972 年，为 168 厘米。汕尾站平均低潮位呈上升趋势，上升速率为 3.28 毫米／年。平均低潮位准 19 年周期变化较为明显，振幅为 2.38 厘米。平均低潮位最高值出现在 2017 年，为 99 厘米；最低值出现在 1972 年，为 76 厘米。

1971—2019 年，汕尾站平均潮差略呈减小趋势，减小速率为 0.66 毫米／年（线性趋势未通过显著性检验）。平均潮差准 19 年周期变化明显，振幅为 3.29 厘米。平均潮差最大值出现在 1986 年，为 97 厘米；最小值出现在 2014 年，为 84 厘米（图 2.1–3）。

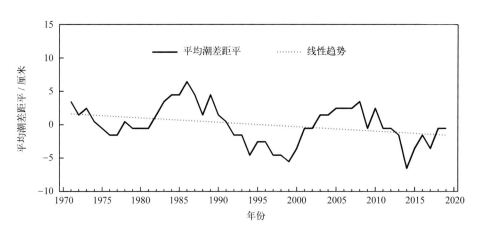

图2.1-3　1971—2019年平均潮差距平变化

第二节　极值潮位

汕尾站年最高潮位和年最低潮位的各月发生频率见表2.2-1。年最高潮位出现时间主要集中在7—11月，其中10月发生频率最高，为25%；11月次之，为15%。年最低潮位主要出现在5—7月，其中6月发生频率最高，为33%；7月次之，为27%。

1971—2019年，汕尾站年最高潮位呈上升趋势，上升速率为3.15毫米/年（线性趋势未通过显著性检验）。历年的最高潮位均高于251厘米，其中高于320厘米的有4年；历史最高潮位为350厘米，出现在2013年9月22日，正值1319号超强台风"天兔"影响期间。汕尾站年最低潮位呈上升趋势，上升速率为2.98毫米/年。历年最低潮位均低于38厘米，其中低于10厘米的有6年；历史最低潮位出现在2004年7月4日，为3厘米（表2.2-1）。

表2.2-1　最高潮位和最低潮位及年极值出现频率（1971—2019年）

	1月	2月	3月	4月	5月	6月	7月	8月	9月	10月	11月	12月
最高潮位值/厘米	276	285	260	244	283	272	337	304	350	305	286	288
年最高潮位出现频率/%	8	6	0	0	2	6	10	12	10	25	15	6
最低潮位值/厘米	6	7	18	19	9	8	3	12	29	39	26	14
年最低潮位出现频率/%	10	6	0	0	12	33	27	4	0	0	0	8

第三节　增减水

受地形和气候特征的影响，汕尾站出现30厘米以上增水的频率明显高于同等强度减水的频率，超过50厘米的增水平均约24天出现一次，而超过50厘米的减水平均约890天出现一次（表2.3-1）。

汕尾站100厘米以上的增水主要出现在7—10月，50厘米以上的减水多发生在3月、9—10月和12月，这些大的增减水过程主要与该海域受热带气旋和温带气旋等影响有关（表2.3-2）。

表 2.3-1　不同强度增减水平均出现周期（1971—2019 年）

范围 / 厘米	出现周期 / 天	
	增水	减水
>30	2.47	10.34
>40	8.56	123.60
>50	23.86	889.89
>60	50.56	17 797.71
>70	101.12	—
>80	181.61	—
>90	355.95	—
>100	574.12	—
>120	1 617.97	—

"—" 表示无数据。

表 2.3-2　各月不同强度增减水出现频率（1971—2019 年）

月份	增水 / %					减水 / %				
	>30 厘米	>50 厘米	>70 厘米	>100 厘米	>120 厘米	>10 厘米	>20 厘米	>30 厘米	>40 厘米	>50 厘米
1	0.50	0.00	0.00	0.00	0.00	16.26	3.21	0.32	0.02	0.00
2	1.18	0.02	0.00	0.00	0.00	15.75	3.06	0.20	0.01	0.00
3	1.20	0.02	0.00	0.00	0.00	20.78	4.39	0.42	0.01	0.01
4	0.99	0.04	0.00	0.00	0.00	24.90	3.33	0.10	0.00	0.00
5	1.52	0.07	0.00	0.00	0.00	12.62	1.07	0.04	0.00	0.00
6	2.36	0.22	0.04	0.00	0.00	10.06	0.66	0.01	0.00	0.00
7	1.94	0.47	0.17	0.03	0.01	17.07	2.04	0.08	0.00	0.00
8	1.72	0.23	0.10	0.01	0.00	24.30	4.93	0.45	0.02	0.00
9	3.12	0.37	0.10	0.03	0.02	23.10	5.15	0.50	0.09	0.03
10	4.36	0.61	0.07	0.01	0.00	16.90	4.13	0.55	0.08	0.01
11	0.77	0.01	0.00	0.00	0.00	26.15	7.33	0.98	0.09	0.00
12	0.53	0.01	0.01	0.00	0.00	23.41	6.92	1.17	0.08	0.01

　　1971—2019 年，汕尾站年最大增水多出现在 6—10 月，其中 7 月和 9 月出现频率最高，均为 25%；10 月次之，为 18%。除 5 月和 6 月外，汕尾站年最大减水在其余各月均有出现，其中 11 月出现频率最高，为 25%；10 月次之，为 15%（表 2.3-3）。

　　1971—2019 年，汕尾站年最大增水呈增大趋势，增大速率为 0.64 毫米 / 年（线性趋势未通过显著性检验）。历史最大增水出现在 2018 年 9 月 16 日，为 174 厘米；1971 年、2001 年、2013 年和 2016 年最大增水均超过或达到了 120 厘米。汕尾站年最大减水无明显变化趋势。历史最大减水发生在 1981 年 9 月 2 日，为 62 厘米；1971 年和 2017 年最大减水均超过了 52 厘米。

表 2.3-3　最大增水和最大减水及年极值出现频率（1971—2019 年）

	1月	2月	3月	4月	5月	6月	7月	8月	9月	10月	11月	12月
最大增水值 / 厘米	45	65	74	61	69	92	150	116	174	120	53	82
年最大增水出现频率 / %	0	0	2	2	2	10	25	14	25	18	0	2
最大减水值 / 厘米	48	48	52	38	36	33	41	51	62	52	54	56
年最大减水出现频率 / %	10	6	12	2	0	0	4	8	10	15	25	8

第三章　海浪

第一节　海况

　　汕尾站全年及各月各级海况的频率见图 3.1–1。全年海况以 0 ~ 2 级为主，频率为 82.04%，3 级海况频率为 14.83%。全年 5 级及以上海况频率为 0.07%，出现在 4 月、6 月和 8—10 月，其中 8 月频率最大，为 0.29%。全年未出现 7 级及以上海况。

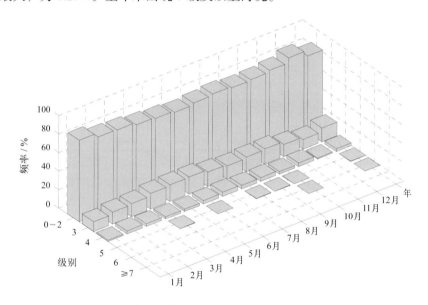

图3.1–1　全年及各月各级海况频率（2006—2019年）

第二节　波型

　　汕尾站风浪频率和涌浪频率的年变化见表 3.2–1。全年以风浪为主，频率为 99.99%，涌浪出现少，频率为 0.05%。

表 3.2–1　各月及全年风浪涌浪频率（2006—2019 年）

	1月	2月	3月	4月	5月	6月	7月	8月	9月	10月	11月	12月	年
风浪 / %	100.00	100.00	99.94	100.00	100.00	100.00	99.94	100.00	100.00	100.00	99.94	100.00	99.99
涌浪 / %	0.00	0.07	0.06	0.06	0.00	0.00	0.12	0.29	0.00	0.00	0.06	0.00	0.05

　　注：风浪包含F、FU、F/U和U/F波型；涌浪包含U、FU、F/U和U/F波型；2006年时有缺测。

第三节　波向

1. 各向风浪频率

　　汕尾站各月及全年各向风浪频率见图 3.3–1。1 月 ESE 向风浪居多，ENE 向次之。2—4 月、9 月和 11 月 ESE 向风浪居多，E 向次之。5 月 ESE 向风浪居多，WSW 向次之。6 月和 7 月

WSW 向风浪居多，SW 向次之。8 月 WSW 向风浪居多，ESE 向次之。10 月 E 向风浪居多，ESE 向次之。12 月 E 向风浪居多，ENE 向次之。全年 ESE 向风浪居多，频率为 21.03%；E 向次之，频率为 18.04%；N 向最少，频率为 0.25%。

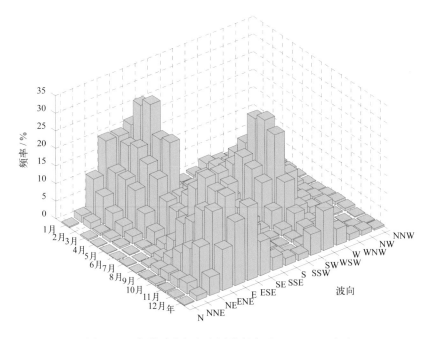

图3.3-1　各月及全年各向风浪频率（2006—2019年）

2. 各向涌浪频率

汕尾站各月及全年各向涌浪频率见图3.3-2。1月、5月、6月、9月、10月和12月未出现涌浪（11月出现1次，无对应浪向）。2月、3月和4月出现涌浪各1次，对应浪向分别为ESE、NE和WNW。7月出现涌浪2次，对应浪向为SW（其中1次无浪向）。8月出现涌浪5次，对应浪向为SE、SSE和SW。

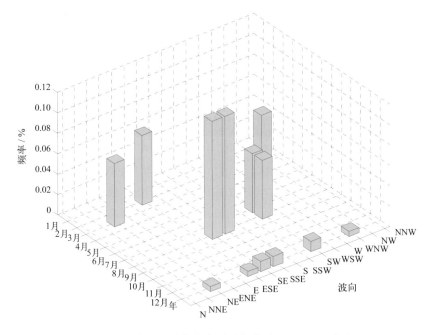

图3.3-2　各月及全年各向涌浪频率（2006—2019年）

第四节　波高

1. 平均波高和最大波高

汕尾站波高的年变化见表 3.4-1。月平均波高的年变化不明显，均为 0.2 米。历年的平均波高为 0.2 ~ 0.3 米。

月最大波高比月平均波高的变化幅度大，极大值出现在 10 月，为 3.4 米，极小值出现在 5 月和 12 月，均为 0.9 米，变幅为 2.5 米。历年的最大波高为 0.9 ~ 3.4 米，不小于 2.0 米的有 4 年，其中最大波高的极大值 3.4 米出现在 2016 年 10 月 21 日，正值 1622 号超强台风"海马"影响期间，波向为 SW，对应平均风速为 12.1 米 / 秒，对应平均周期为 2.9 秒。

表 3.4-1　波高年变化（2006—2019 年）　　　　　　　　　　　单位：米

	1月	2月	3月	4月	5月	6月	7月	8月	9月	10月	11月	12月	年
平均波高	0.2	0.2	0.2	0.2	0.2	0.2	0.2	0.2	0.2	0.2	0.2	0.2	0.2
最大波高	1.1	1.3	1.1	1.4	0.9	1.5	1.2	3.0	3.0	3.4	1.1	0.9	3.4

2. 各向平均波高和最大波高

全年及各季代表月各向波高的分布见表 3.4-2、图 3.4-1 和图 3.4-2。全年各向平均波高为 0.1 ~ 0.2 米，各向值相差较小。全年各向最大波高 SW 向最大，为 3.4 米；SSW 向次之，为 3.2 米；NNW 向最小，为 0.6 米。

表 3.4-2　全年各向平均波高和最大波高（2006—2019 年）　　　　单位：米

	N	NNE	NE	ENE	E	ESE	SE	SSE	S	SSW	SW	WSW	W	WNW	NW	NNW
平均波高	0.2	0.1	0.1	0.1	0.2	0.2	0.2	0.2	0.2	0.2	0.2	0.2	0.2	0.1	0.2	0.1
最大波高	0.7	0.7	0.7	2.6	2.5	3.0	2.1	3.0	1.0	3.2	3.4	1.4	1.0	0.7	1.3	0.6

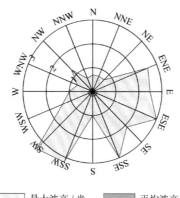

☐ 最大波高 / 米　　▨ 平均波高 / 米

图3.4-1　全年各向平均波高和最大波高（2006—2019年）

1 月各向平均波高为 0.1 ~ 0.2 米。最大波高 ESE 向最大，为 1.1 米；SE 向次之，为 1.0 米；SSW 向最小，为 0.2 米。

4 月平均波高 S 向最大，为 0.3 米；NE 向、ENE 向、WNW 向和 NNW 向最小，均为 0.1 米。

最大波高 ESE 向最大，为 1.4 米；E 向次之，为 1.2 米；N 向和 NNW 向最小，均为 0.3 米。

7 月平均波高 ESE 向最大，为 0.3 米；NNE 向、ENE 向和 WNW 向最小，均为 0.1 米。最大波高 SW 向最大，为 1.2 米；ESE 向次之，为 1.0 米；NNE 向最小，为 0.2 米。

10 月平均波高 SE 向和 SSW 向最大，均为 0.3 米；NNE 向、NE 向、W 向、WNW 向、NW 向和 NNW 向最小，均为 0.1 米。最大波高 SW 向最大，为 3.4 米；SSW 向次之，为 3.2 米；NW 向最小，为 0.3 米。

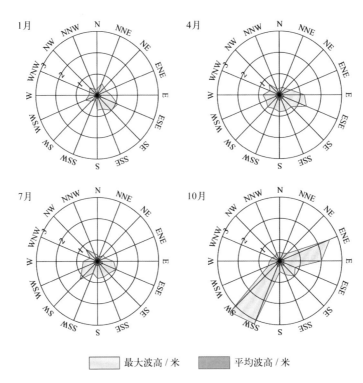

图3.4-2　四季代表月各向平均波高和最大波高（2006—2019年）

第五节　周期

1. 平均周期和最大周期

汕尾站周期的年变化见表 3.5-1。月平均周期的年变化不明显，为 1.4 ~ 1.5 秒。月最大周期的年变化幅度较大，极大值出现在 9 月，为 5.8 秒，极小值出现在 3 月，为 2.6 秒。历年的平均周期为 1.4 ~ 1.6 秒（2006 年因数据较少未纳入统计），其中 2007—2009 年均为 1.6 秒，其余年份均为 1.4 秒。历年的最大周期均不小于 2.3 秒，大于 4.0 秒的有 3 年，其中最大周期的极大值 5.8 秒出现在 2018 年 9 月 16 日，波向为 ESE。

表 3.5-1　周期年变化（2006—2019年）　　　　　　　　　　　单位：秒

	1月	2月	3月	4月	5月	6月	7月	8月	9月	10月	11月	12月	年
平均周期	1.4	1.4	1.4	1.5	1.5	1.5	1.5	1.5	1.5	1.4	1.4	1.4	1.5
最大周期	2.8	3.1	2.6	3.6	3.3	3.5	3.0	5.7	5.8	4.2	3.5	3.0	5.8

2. 各向平均周期和最大周期

全年及各季代表月各向周期的分布见表 3.5-2、图 3.5-1 和图 3.5-2。全年各向平均周期为 1.3 ～ 1.6 秒。全年各向最大周期 ESE 向最大，为 5.8 秒；SSE 向次之，为 5.7 秒；NNW 向最小，为 1.9 秒。

表 3.5-2 全年各向平均周期和最大周期（2006—2019 年）　　　　　　单位：秒

	N	NNE	NE	ENE	E	ESE	SE	SSE	S	SSW	SW	WSW	W	WNW	NW	NNW
平均周期	1.4	1.3	1.4	1.4	1.4	1.6	1.5	1.4	1.5	1.4	1.5	1.5	1.3	1.3	1.3	1.3
最大周期	3.3	3.3	3.3	3.0	4.6	5.8	5.5	5.7	3.2	2.8	3.5	3.2	3.0	2.4	2.9	1.9

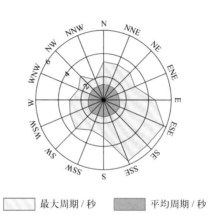

　最大周期 / 秒　　　　　　　平均周期 / 秒

图3.5-1　全年各向平均周期和最大周期（2006—2019年）

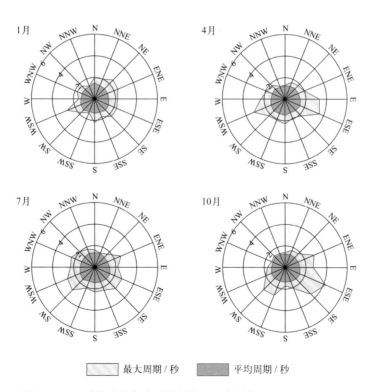

　最大周期 / 秒　　　　　　　平均周期 / 秒

图3.5-2　四季代表月各向平均周期和最大周期（2006—2019年）

　　1 月平均周期 N 向、ESE 向、SE 向和 SW 向最大，均为 1.5 秒；NNE 向、SSE 向、S 向、SSW 向、W 向、WNW 向、NW 向和 NNW 向最小，均为 1.3 秒。最大周期 WSW 向最大，为 2.8 秒；NE 向次之，为 2.5 秒；NNW 向最小，为 1.3 秒。

　　4 月平均周期 ESE 向最大，为 1.6 秒；NNW 向最小，为 1.2 秒。最大周期 ESE 向最大，为 3.6 秒；E 向次之，为 3.3 秒；N 向和 NNW 向最小，均为 1.3 秒。

　　7 月平均周期 ESE 向、SE 向和 SW 向最大，均为 1.6 秒；NE 向、ENE 向、WNW 向和 NW 向最小，均为 1.3 秒。最大周期 SW 向最大，为 3.0 秒；ESE 向、SE 向和 WSW 向次之，均为 2.8 秒；NNE 向最小，为 1.4 秒。

　　10 月平均周期 ESE 向最大，为 1.6 秒；N 向、NNE 向、NE 向、S 向、W 向、WNW 向、NW 向和 NNW 向最小，均为 1.3 秒。最大周期 ESE 向最大，为 4.2 秒；SE 向次之，为 3.5 秒；N 向、WNW 向和 NNW 向最小，均为 1.4 秒。

第四章　海洋气象

第一节　气温

1. 平均气温、最高气温和最低气温

1960—1983年，汕尾站累年平均气温为22.1℃。月平均气温7月最高，为28.2℃，1月最低，为14.4℃，年较差为13.8℃。月最高气温和月最低气温的年变化特征与月平均气温相似，月最高气温极大值出现在7月，月最低气温极小值出现在1月（表4.1-1，图4.1-1）。

表4.1-1　气温年变化（1960—1983年）　　　　　　　　　　　　单位：℃

	1月	2月	3月	4月	5月	6月	7月	8月	9月	10月	11月	12月	年
平均气温	14.4	14.9	18.0	21.8	25.1	26.8	28.2	27.9	27.1	24.3	20.4	16.2	22.1
最高气温	25.7	26.7	31.1	33.0	33.3	34.2	38.5	36.1	35.4	33.1	31.3	28.0	38.5
最低气温	1.6	2.4	5.3	8.2	14.9	18.2	21.4	18.4	18.0	8.9	5.8	3.0	1.6

注：1970年数据缺测，1980年数据有缺测，1984年停测。

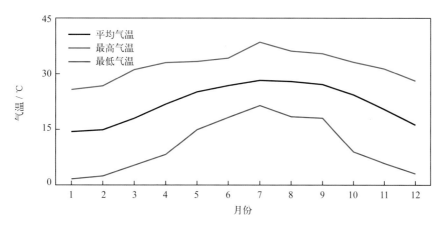

图4.1-1　气温年变化（1960—1983年）

历年的平均气温为21.6 ~ 22.7℃，其中1966年最高，1976年最低。

历年的最高气温均高于33.0℃，其中高于34.0℃的有17年，高于36.0℃的有5年。最早出现时间为6月11日（1974年），最晚出现时间为10月5日（1973年）。7月和8月最高气温出现频率最高，均占统计年份的38%，9月次之，占12%（图4.1-2）。极大值为38.5℃，出现在1982年7月29日。

历年的最低气温均低于6.5℃，其中低于5.0℃的有16年，低于3.0℃的有3年。最早出现时间为12月16日（1975年），最晚出现时间为2月26日（1974年）。1月最低气温出现频率最高，占统计年份的44%，2月次之，占30%（图4.1-2）。极小值为1.6℃，出现在1967年1月17日。

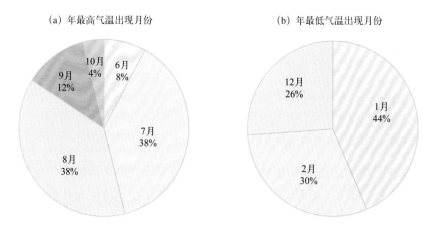

(a) 年最高气温出现月份   (b) 年最低气温出现月份

图4.1-2　年最高、最低气温出现月份及频率（1960—1983年）

2. 长期趋势变化

1960—1983年，年平均气温呈波动下降趋势，下降速率为0.09℃／（10年）（线性趋势未通过显著性检验）；年最高气温无明显变化趋势；年最低气温呈波动上升趋势，上升速率为0.17℃／（10年）（线性趋势未通过显著性检验）。

3. 常年自然天气季节和大陆度

利用汕尾站1971—1983年气温累年日平均数据计算五日滑动平均气温，根据《气候季节划分》（QX/T 152—2012）中的气候季节划分指标和本志季节起止日确定方法，汕尾站平均春季时间从2月11日至4月14日，共63天；平均夏季时间从4月15日至11月9日，共209天；平均秋季时间从11月10日至翌年2月10日，共93天。夏季时间最长，全年无冬季（图4.1-3）。

汕尾站焦金斯基大陆度指数为29.3%，属海洋性季风气候。

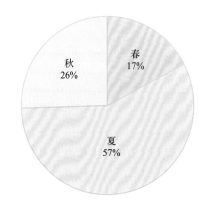

图4.1-3　各季平均日数百分率（1971—1983年）

第二节　气压

1. 平均气压、最高气压和最低气压

1971—2019年，汕尾站累年平均气压为1 013.0百帕。月平均气压1月最高，为1 020.5百帕，

8月最低，为1 005.0百帕，年较差为15.5百帕。月最高气压1月最大，7月最小。月最低气压12月最大，9月最小（表4.2-1，图4.2-1）。

历年的平均气压为1 012.0～1 013.9百帕，其中2015年最高，2012年最低。

历年的最高气压均高于1 027.5百帕，其中高于1 030.0百帕的有19年，高于1 032.0百帕的有4年。极大值为1 038.2百帕，出现在2016年1月24日。

历年的最低气压均低于998.5百帕，其中低于990.0百帕的有12年，低于980.0百帕的有3年。极小值为935.5百帕，出现在2013年9月22日，正值1319号超强台风"天兔"影响期间。

表4.2-1 气压年变化（1971—2019年）　　　　　　　　　　　　　　　　单位：百帕

	1月	2月	3月	4月	5月	6月	7月	8月	9月	10月	11月	12月	年
平均气压	1 020.5	1 018.7	1 016.7	1 013.2	1 009.5	1 006.2	1 005.6	1 005.0	1 009.1	1 014.1	1 017.6	1 020.3	1 013.0
最高气压	1 038.2	1 031.6	1 033.8	1 026.3	1 019.4	1 015.2	1 014.2	1 015.6	1 019.8	1 024.2	1 029.3	1 030.8	1 038.2
最低气压	1 003.8	1 005.8	1 005.7	1 000.2	990.4	992.5	977.3	981.4	935.5	976.1	1 001.1	1 007.1	935.5

注：1980年、2002年和2003年数据有缺测，1984—2001年停测。

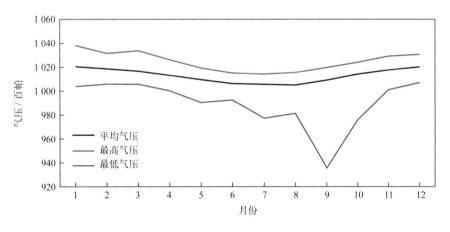

图4.2-1　气压年变化（1971—2019年）

2. 长期趋势变化

2003—2019年，年平均气压和年最高气压均呈上升趋势，上升速率分别为0.21百帕/（10年）（线性趋势未通过显著性检验）和0.41百帕/（10年）（线性趋势未通过显著性检验），年最低气压呈下降趋势，下降速率为6.02百帕/（10年）（线性趋势未通过显著性检验）。

第三节　相对湿度

1. 平均相对湿度和最小相对湿度

1960—1983年，汕尾站累年平均相对湿度为78.6%。月平均相对湿度6月最大，为86.7%，12月最小，为69.2%。平均月最小相对湿度6月和7月最大，均为49.6%，12月最小，为20.9%。最小相对湿度的极小值为3%，出现在1963年1月6日（表4.3-1，图4.3-1）。

表4.3-1 相对湿度年变化（1960—1983年）

	1月	2月	3月	4月	5月	6月	7月	8月	9月	10月	11月	12月	年
平均相对湿度 / %	71.3	77.2	80.1	82.1	84.8	86.7	84.1	84.1	79.7	73.7	69.9	69.2	78.6
平均最小相对湿度 / %	23.1	32.9	33.6	38.7	42.0	49.6	49.6	48.8	42.0	33.8	25.8	20.9	36.7
最小相对湿度 / %	3	10	12	22	12	32	37	38	20	22	15	7	3

注：平均最小相对湿度为各月最小相对湿度的累年平均值及其年平均值。1970年数据缺测，1980年数据有缺测，1984年停测。

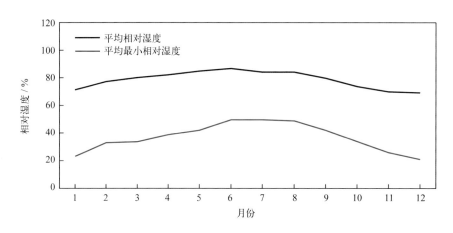

图4.3-1 相对湿度年变化（1960—1983年）

2. 长期趋势变化

1960—1983年，年平均相对湿度为73.8% ~ 80.6%，其中1982年最大，1963年最小。年平均相对湿度呈上升趋势，上升速率为1.39%/（10年）。

3. 温湿指数

根据《人居环境气候舒适度评价》（GB/T 27963—2011）的温湿指数统计方法和气候舒适度等级划分方法，统计汕尾站各月温湿指数，结果显示：1—2月和12月温湿指数为14.4 ~ 15.9，感觉为冷；3—5月、10月和11月温湿指数为17.6 ~ 24.2，感觉为舒适；6—9月温湿指数为25.7 ~ 26.9，感觉为热（表4.3-2）。

表4.3-2 温湿指数年变化（1960—1983年）

	1月	2月	3月	4月	5月	6月	7月	8月	9月	10月	11月	12月
温湿指数	14.4	14.8	17.6	21.1	24.2	25.9	26.9	26.7	25.7	22.9	19.4	15.9
感觉程度	冷	冷	舒适	舒适	舒适	热	热	热	热	舒适	舒适	冷

第四节 风

1. 平均风速和最大风速

汕尾站风速的年变化见表4.4-1和图4.4-1。累年平均风速为3.5米/秒，月平均风速10月最大，为3.7米/秒，12月最小，为3.2米/秒。平均最大风速8月和9月最大，均为14.9米/秒，12月最小，为10.6米/秒。最大风速月最大值对应风向多为E向（6个月）。极大风速的最大值为 76.4 米 / 秒，出现在 2011 年 11 月 18 日，对应风向为 NNE。

表 4.4-1　风速年变化（1960—2019 年）

单位：米 / 秒

		1月	2月	3月	4月	5月	6月	7月	8月	9月	10月	11月	12月	年
平均风速		3.4	3.6	3.6	3.5	3.5	3.6	3.5	3.4	3.5	3.7	3.4	3.2	3.5
最大风速	平均值	10.9	11.4	12.2	11.7	11.8	12.3	14.8	14.9	14.9	11.9	11.4	10.6	12.4
	最大值	14.2	15.1	17.3	16./	20.0	24.1	30.0	45.0	34.0	28.0	33.6	14.0	45.0
	最大值对应风向	E/SE	E	SE	ESE	E	NE	NW	E	ENE/E	E	NNE	E	E
极大风速	最大值	17.0	17.8	19.0	28.8	32.0	32.7	28.6	34.7	42.4	35.8	76.4	14.6	76.4
	最大值对应风向	E	E	NW	WNW	NNW	NE	ENE	ESE	E	SW	NNE	E	NNE

注：1970年数据缺测，2003年数据有缺测；极大风速的统计时间为1996—2019年，其中1996年和2000—2003年数据有缺测。

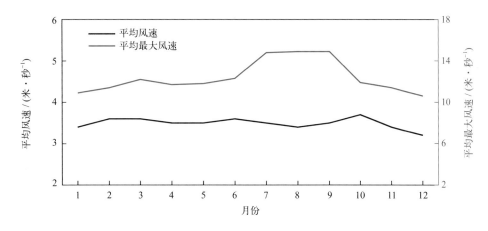

图4.4-1　平均风速和平均最大风速年变化（1960—2019年）

历年的平均风速为 2.2 ~ 4.1 米 / 秒，其中 1997 年、1999 年和 2000 年均为最大，1969 年最小。历年的最大风速均大于等于 12.0 米 / 秒，其中大于等于 28.0 米 / 秒的有 7 年，大于等于 32.0 米 / 秒的有 5 年。最大风速的最大值为 45.0 米 / 秒，出现在 1979 年 8 月 2 日，风向为 E，正值 7908 号超强台风"荷贝"影响期间。年最大风速出现在 7 月和 9 月的频率最高，1 月和 12 月未出现（图 4.4-2）。

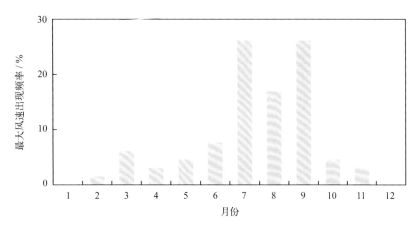

图4.4-2　年最大风速出现频率（1960—2019年）

2. 各向风频率

全年 ESE 向风最多，频率为 16.9%，E 向次之，频率为 16.5%，NNW 向最少，频率为 0.5%（图 4.4-3）。

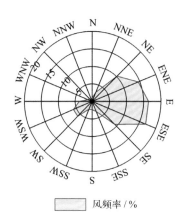

图4.4-3　全年各向风频率（1971—2019年）

1 月盛行风向为 NE—SE，频率和为 84.5%；4 月盛行风向为 ENE—SE，频率和为 61.3%；7 月盛行风向为 SW—W 和 E—SE，频率和分别为 41.4% 和 25.7%；10 月盛行风向为 NE—SE，频率和为 82.7%（图 4.4-4）。

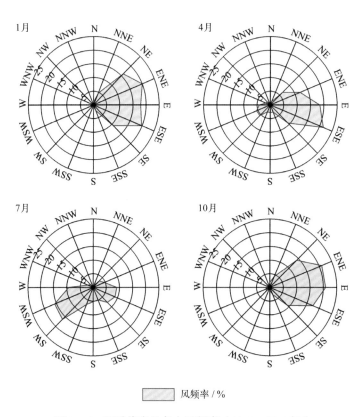

图4.4-4　四季代表月各向风频率（1971—2019年）

3. 各向平均风速和最大风速

全年各向平均风速 ESE 向最大，为 4.7 米 / 秒，E 向次之，为 4.0 米 / 秒，NNW 向最小，为 1.5 米 / 秒（图 4.4-5）。1 月、4 月、7 月和 10 月平均风速均为 ESE 向最大，分别为 4.4 米 / 秒、4.8 米 / 秒、4.5 米 / 秒和 4.9 米 / 秒（图 4.4-6）。

全年各向最大风速 E 向最大，为 45.0 米 / 秒，WSW 向次之，为 42.0 米 / 秒，N 向最小，为 15.3 米 / 秒（图 4.4-5）。1 月 E 向和 SE 向最大风速最大，均为 14.2 米 / 秒；4 月 ESE 向最大，为 16.7 米 / 秒；7 月 NW 向最大，为 30.0 米 / 秒；10 月 NNE 向最大，为 20.0 米 / 秒（图 4.4-6），《南海区海洋站海洋水文气候志》记载 1964 年 E 向最大风速为 28.0 米 / 秒。

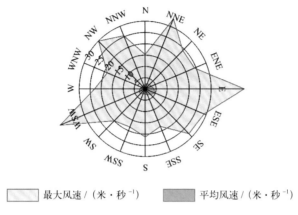

▢ 最大风速 /（米·秒 $^{-1}$）　　▨ 平均风速 /（米·秒 $^{-1}$）

图4.4-5　全年各向平均风速和最大风速（1971—2019年）

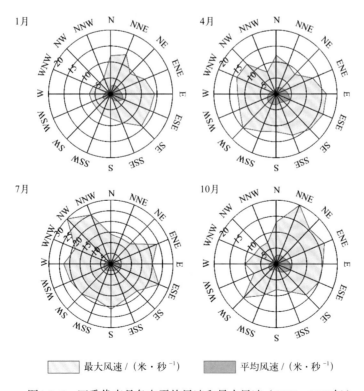

▢ 最大风速 /（米·秒 $^{-1}$）　　▨ 平均风速 /（米·秒 $^{-1}$）

图4.4-6　四季代表月各向平均风速和最大风速（1971—2019年）

4. 大风日数

风力大于等于 6 级的大风日数 7 月最多，为 2.8 天，占全年的 12.1%，3 月次之，为 2.6 天（表 4.4-2，图 4.4-7）。平均年大风日数为 23.1 天（表 4.4-2）。历年大风日数 2003 年最多，为 61 天，1975 年最少，为 1 天。

风力大于等于 8 级的大风日数 7 月和 9 月最多，均为 0.4 天，1 月、2 月、4 月和 12 月未出现，3 月、5 月、10 月和 11 月均出现 1 天。历年大风日数 1980 年、1991 年和 2005 年最多，均为 4 天，有 19 年未出现。

风力大于等于 6 级的月大风日数最多为 13 天，出现在 1980 年 10 月；最长连续大于等于 6 级大风日数为 7 天，出现在 1990 年 10 月 14—20 日（表 4.4-2）。

表 4.4-2   各级大风日数年变化（1960—2019 年）   单位: 天

	1月	2月	3月	4月	5月	6月	7月	8月	9月	10月	11月	12月	年
大于等于 6 级大风平均日数	1.1	2.1	2.6	2.4	1.6	1.8	2.8	2.4	2.3	2.1	1.0	0.9	23.1
大于等于 7 级大风平均日数	0.0	0.2	0.2	0.3	0.2	0.4	1.1	0.9	0.7	0.3	0.1	0.0	4.4
大于等于 8 级大风平均日数	0.0	0.0	0.0	0.0	0.0	0.1	0.4	0.2	0.4	0.0	0.0	0.0	1.1
大于等于 6 级大风最多日数	3	11	9	12	10	8	9	11	10	13	4	5	61
最长连续大于等于 6 级大风日数	3	3	5	4	4	6	6	4	5	7	2	2	7

注：1970年数据缺测，2003年数据有缺测。大于等于6级大风统计时间为1960—2019年，大于等于7级和大于等于8级大风统计时间为1971—2019年。

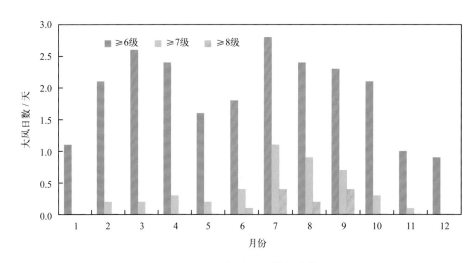

图4.4-7   各级大风日数年变化

第五节　降水

1. 降水量和降水日数

（1）降水量

汕尾站降水量的年变化见表 4.5-1 和图 4.5-1。平均年降水量为 1 897.2 毫米，6—8 月降水量为 948.3 毫米，占全年的 50.0%，3—5 月降水量为 526.3 毫米，占全年的 27.7%，9—11 月降水量为 331.2 毫米，占全年的 17.5%，12 月至翌年 2 月降水量为 91.4 毫米，占全年的 4.8%。6 月平均降水量最多，为 385.6 毫米，占全年的 20.3%。

历年年降水量为 894.7 ~ 2 953.9 毫米，其中 1983 年最多，1963 年最少。

最大日降水量超过 100 毫米的有 21 年，超过 150 毫米的有 15 年，超过 200 毫米的有 9 年。最大日降水量为 475.7 毫米，出现在 1983 年 6 月 18 日。

表 4.5-1　降水量年变化（1960—1983 年）　　　　　　　　　单位：毫米

	1月	2月	3月	4月	5月	6月	7月	8月	9月	10月	11月	12月	年
平均降水量	27.9	38.7	69.8	155.5	301.0	385.6	285.0	277.7	195.0	105.0	31.2	24.8	1 897.2
最大日降水量	37.7	43.2	78.3	246.1	253.3	475.7	263.6	169.3	194.4	438.2	95.8	87.3	475.7

注：1970年数据缺测，1980年数据有缺测，1984年停测。

（2）降水日数

平均年降水日数为 138.7 天。平均月降水日数 6 月最多，为 18.0 天，11 月最少，为 4.3 天（图 4.5-2 和图 4.5-3）。日降水量大于等于 10 毫米的平均年日数为 42.3 天，各月均有出现；日降水量大于等于 50 毫米的平均年日数为 9.8 天，出现在 3—12 月；日降水量大于等于 100 毫米的平均年日数为 2.8 天，出现在 4—10 月；日降水量大于等于 150 毫米的平均年日数为 1.01 天，出现在 4—10 月；日降水量大于等于 200 毫米的平均年日数为 0.42 天，出现在 4—7 月和 10 月（图 4.5-3）。

最多年降水日数为 171 天，出现在 1975 年；最少年降水日数为 105 天，出现在 1971 年，《南海区海洋站海洋水文气候志》记载 1963 年降水日数为 92 天。最长连续降水日数为 17 天，出现在 1976 年 7 月 23 日至 8 月 8 日和 1978 年 3 月 28 日至 4 月 13 日；最长连续无降水日数为 67 天，出现在 1983 年 10 月 23 日至 12 月 28 日。

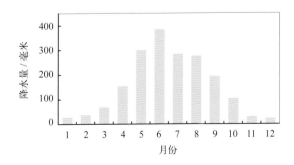

图4.5-1　降水量年变化（1960—1983 年）

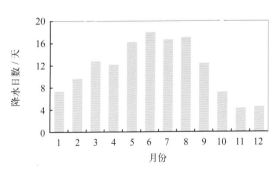

图4.5-2　降水日数年变化（1971—1983 年）

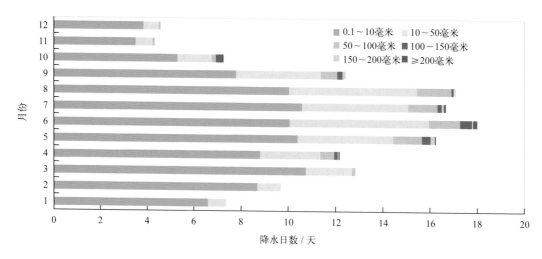

图4.5-3　各月各级平均降水日数分布（1960—1983年）

2. 长期趋势变化

1960—1983年，年降水量呈上升趋势，上升速率为233.09毫米/（10年）（线性趋势未通过显著性检验）；年最大日降水量呈上升趋势，上升速率为33.74毫米/（10年）（线性趋势未通过显著性检验）。

1971—1983年，年降水日数呈增加趋势，增加速率为18.93天/（10年）（线性趋势未通过显著性检验）；最长连续降水日数呈减少趋势，减少速率为1.98天/（10年）（线性趋势未通过显著性检验）；最长连续无降水日数呈增加趋势，增加速率为11.21天/（10年）（线性趋势未通过显著性检验）。

第六节　雾及其他天气现象

1. 雾

汕尾站雾日数的年变化见表4.6-1、图4.6-1和图4.6-2。1971—1983年，平均年雾日数为7.0天。平均月雾日数3月最多，为2.6天，6—9月和11月未出现；月雾日数最多为7天，出现在1978年3月；最长连续雾日数为4天，出现在1983年3月21—24日。

表4.6-1　雾日数年变化（1971—1983年）　　　　　　　　　　　　单位：天

	1月	2月	3月	4月	5月	6月	7月	8月	9月	10月	11月	12月	年
平均雾日数	0.6	1.5	2.6	1.7	0.3	0.0	0.0	0.0	0.0	0.1	0.0	0.2	7.0
最多雾日数	2	3	7	5	2	0	0	0	0	1	0	1	15
最长连续雾日数	1	2	4	2	1	0	0	0	0	1	0	1	4

注：1980年数据有缺测，1984年停测。

1971—1983年，年雾日数呈上升趋势，上升速率为3.45天/（10年）（线性趋势未通过显著性检验）。1978年雾日数最多，为15天，1981年最少，为1天。

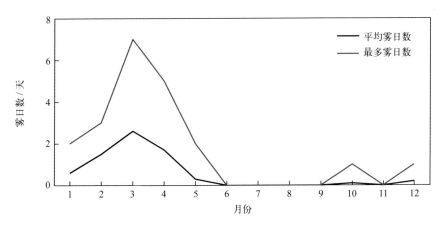

图4.6-1 平均雾日数和最多雾日数年变化（1971—1983年）

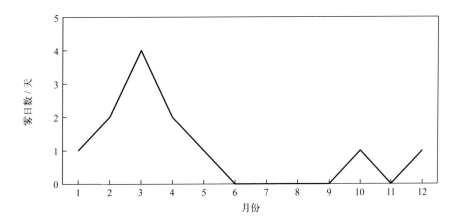

图4.6-2 最长连续雾日数年变化（1971—1983年）

2. 轻雾

汕尾站轻雾日数的年变化见表 4.6-2 和图 4.6-3。1971—1983 年，平均年轻雾日数为 57.5 天。平均月轻雾日数 3 月最多，为 11.5 天，7 月最少，为 0.8 天。最多月轻雾日数为 21 天，出现在 1978 年 3 月。

1971—1983 年，年轻雾日数呈上升趋势，上升速率为 36.89 天 /（10 年）。1978 年轻雾日数最多，为 96 天，1971 年最少，为 20 天（图 4.6-4）。

表 4.6-2　轻雾日数年变化（1971—1983年）　　　　　单位：天

	1月	2月	3月	4月	5月	6月	7月	8月	9月	10月	11月	12月	年
平均轻雾日数	6.8	6.7	11.5	11.3	8.0	2.3	0.8	2.3	1.1	1.0	1.1	4.6	57.5
最多轻雾日数	13	11	21	20	16	6	4	8	7	6	6	12	96

注：1980年数据有缺测，1984年停测。

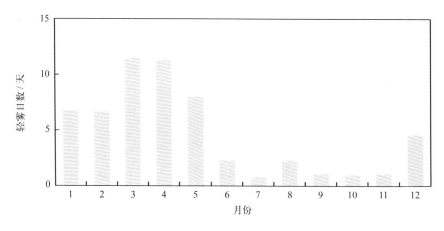

图4.6-3 轻雾日数年变化（1971—1983年）

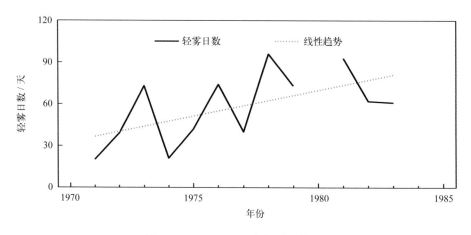

图4.6-4 1971—1983年轻雾日数变化

3. 雷暴

汕尾站雷暴日数的年变化见表4.6-3和图4.6-5。1960—1983年，平均年雷暴日数为63.6天。雷暴主要出现在4—9月，其中8月最多，为13.8天，1月和12月最少，均为0.1天。雷暴最早初日为1月16日（1978年），最晚终日为12月21日（1972年）。月雷暴日数最多为20天，出现在1977年7月。

表4.6-3 雷暴日数年变化（1960—1983年）　　　　　　　　　　　　　　单位：天

	1月	2月	3月	4月	5月	6月	7月	8月	9月	10月	11月	12月	年
平均雷暴日数	0.1	0.6	2.9	5.2	9.3	10.6	11.0	13.8	8.1	1.7	0.2	0.1	63.6
最多雷暴日数	2	6	12	15	19	16	20	19	17	6	2	2	89

注：1970年数据缺测，1980年数据有缺测，1984年停测。

1960—1983年，年雷暴日数呈上升趋势，上升速率为4.66天/（10年）（线性趋势未通过显著性检验）。1975年雷暴日数最多，为89天，1981年最少，为44天（图4.6-6）。

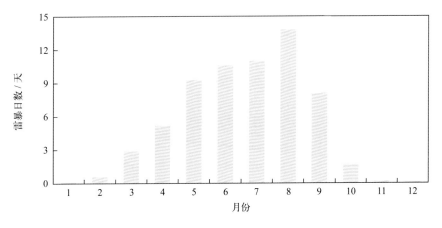

图4.6-5　雷暴日数年变化（1960—1983年）

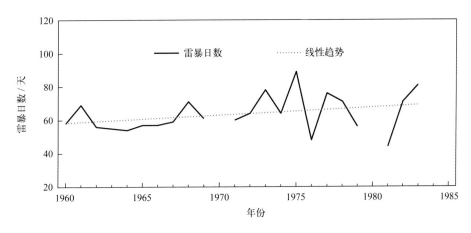

图4.6-6　1960—1983年雷暴日数变化

4. 霜

1960—1983年（1970年数据缺测，1980年数据有缺测），汕尾站在1963年1月28日、1982年12月28—29日3天有霜出现。

第七节　能见度

1971—1978年，汕尾站累年平均能见度为21.9千米。7月平均能见度最大，为27.5千米，3月最小，为17.7千米。能见度小于1千米的平均年日数为3.4天，3月最多，为1.6天，6—12月未出现（表4.7-1，图4.7-1和图4.7-2）。

表4.7-1　能见度年变化（1971—1978年）

	1月	2月	3月	4月	5月	6月	7月	8月	9月	10月	11月	12月	年
平均能见度/千米	18.9	18.5	17.7	18.7	20.8	24.1	27.5	25.3	25.9	24.2	21.3	19.3	21.9
能见度小于1千米平均日数/天	0.4	1.0	1.6	0.1	0.3	0.0	0.0	0.0	0.0	0.0	0.0	0.0	3.4

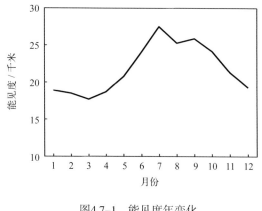

图4.7-1 能见度年变化

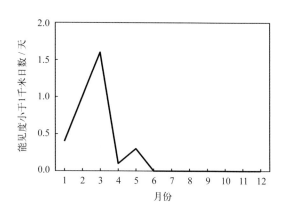

图4.7-2 能见度小于1千米日数年变化

1971—1978年,历年平均能见度为20.4～25.3千米,1971年最高,1978年最低。能见度小于1千米的日数1978年最多,为11天,1971年和1974年最少,均为1天(图4.7-3)。

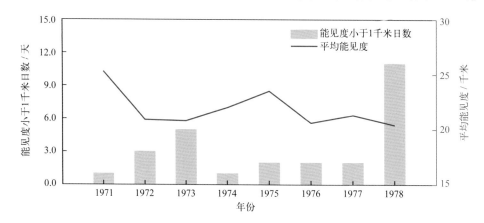

图4.7-3 能见度小于1千米年日数和平均能见度变化

第八节　云

1971—1983年,汕尾站累年平均总云量为5.5成,6月平均总云量最多,为6.6成,12月最少,为3.8成;累年平均低云量为3.7成,3月平均低云量最多,为5.4成,12月最少,为2.3成(表4.8-1,图4.8-1)。

1971—1983年,年平均总云量呈减少趋势,减少速率为0.25成/(10年)(线性趋势未通过显著性检验),1975年最多,为6.1成,1971年最少,为5.0成(图4.8-2);年平均低云量呈减少趋势,减少速率为0.15成/(10年)(线性趋势未通过显著性检验),1973年最多,为4.2成,1977年最少,为3.0成(图4.8-3)。

表4.8-1　总云量和低云量年变化(1971—1983年)

	1月	2月	3月	4月	5月	6月	7月	8月	9月	10月	11月	12月	年
平均总云量/成	4.6	5.8	6.0	6.4	6.5	6.6	6.0	6.1	5.4	4.6	4.3	3.8	5.5
平均低云量/成	3.6	5.1	5.4	5.0	4.8	4.3	3.0	3.0	2.7	2.8	2.6	2.3	3.7

注:1980年数据有缺测,1984年停测。

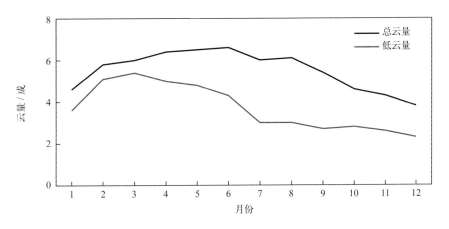

图4.8-1　总云量和低云量年变化（1971—1983年）

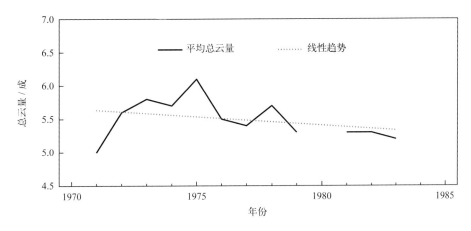

图4.8-2　1971—1983年平均总云量变化

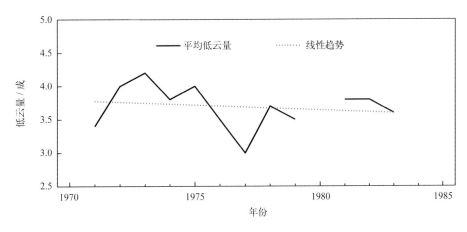

图4.8-3　1971—1983年平均低云量变化

第九节　蒸发量

　　1960—1978年，汕尾站平均年蒸发量为1 825.2毫米。7月蒸发量最大，为185.3毫米，2月蒸发量最小，为108.8毫米（表4.9-1，图4.9-1）。

表4.9-1　蒸发量年变化（1960—1978年）　　　　　　　　　　　　　　　单位：毫米

	1月	2月	3月	4月	5月	6月	7月	8月	9月	10月	11月	12月	年
平均蒸发量	126.9	108.8	128.4	137.3	161.7	146.7	185.3	177.1	181.2	184	154.3	133.5	1 825.2

注：1968—1972年数据缺测，1967年、1973年和1977年数据有缺测。

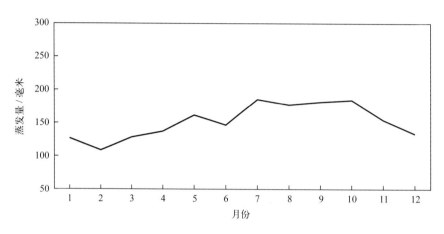

图4.9-1　蒸发量年变化（1960—1978年）

第五章　海平面

1. 年变化

汕尾沿海海平面年变化特征明显，7月最低，10月最高，年变幅为27厘米（图5-1），平均海平面在验潮基面上135厘米。

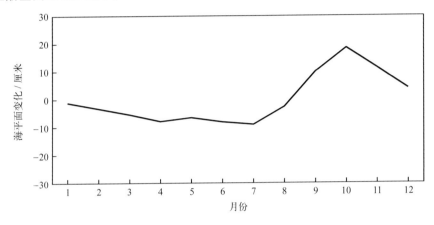

图5-1　海平面年变化（1971—2019年）

2. 长期趋势变化

汕尾沿海海平面变化总体呈波动上升趋势。1971—2019年，汕尾沿海海平面上升速率为2.6毫米/年；1993—2019年，沿海海平面上升速率为3.3毫米/年，低于同期中国沿海3.9毫米/年的平均水平。1971—1995年，汕尾沿海海平面上升趋势不明显；1999—2001年海平面在达到一次高位后回落；2002—2019年海平面上升较快，上升速率为4.9毫米/年，其中2017年海平面达到有观测记录以来的最高位。

汕尾沿海十年平均海平面总体上升。1971—1979年平均海平面和1980—1989年平均海平面基本持平，均处于观测以来的最低位；1990年之后，十年平均海平面呈梯度上升，1990—1999年平均海平面较1980—1989年平均海平面高33毫米，2000—2009年平均海平面较1990—1999年平均海平面高28毫米，2010—2019年平均海平面处于近50年来的最高位，比2000—2009年平均海平面高37毫米，比1980—1989年平均海平面高98毫米（图5-2）。

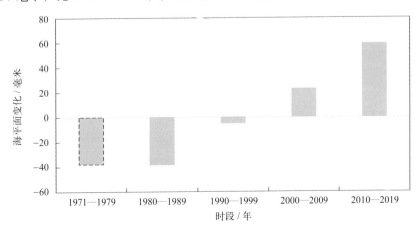

图5-2　十年平均海平面变化

3. 周期性变化

1971—2019 年，汕尾沿海海平面存在准 2 年、准 9 年和 14 ~ 16 年的显著变化周期，振荡幅度为 1 ~ 2 厘米。1999—2001 年和 2017 年前后，汕尾沿海海平面处于准 2 年、准 9 年和 14 ~ 16 年周期性振荡的高位，几个主要周期性振荡高位叠加，抬高了同时段海平面的高度（图 5-3）。

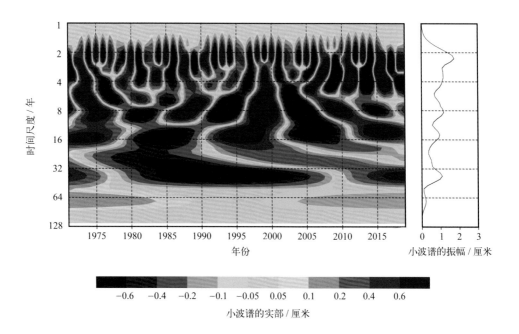

图5-3　年均海平面的小波（wavelet）变换

第六章　灾害

第一节　海洋灾害

1. 风暴潮

1965 年 7 月 15 日前后，6508 号超强台风影响广东沿海，正遇农历六月十七天文大潮期，引发特大潮灾。汕尾站最大增水超过 0.5 米（《中国海洋灾害四十年资料汇编》）。

1971 年 7 月 22 日前后，7114 号超强台风影响广东沿海，正值高潮期间，最大增水发生在汕尾站，为 1.69 米，汕尾港 08 时 25 分至 11 时 30 分潮位超过警戒水位达 3 个多小时，大面积区域受海潮浸淹，水深 30 ~ 100 厘米，财产遭受严重损失（《中国风暴潮灾害史料集》《南海区海洋站海洋水文气候志》）。

1979 年 8 月 1 日前后，7908 号超强台风影响广东沿海，引发严重潮灾。汕尾站、赤湾站最大增水超过 1 米。粤东地区受灾县市 38 个，死伤 1 400 余人，其中死亡 93 人，大亚湾范和港大浪卷到两岸房顶上，附近海堤冲垮 46 处。该台风破坏性大，影响范围广，给海丰县带来 30 余年来最严重的一次风暴潮灾害，风暴潮增水接近历史最大风暴潮增水。风暴潮使汕尾港水位 20 分钟内就上涨 0.8 米。当时无法观测波高，其后观测到的海浪仍达 9.5 米高（《中国海洋灾害四十年资料汇编》《南海区海洋站海洋水文气候志》）。

1980 年 7 月 23 日前后，8007 号强台风影响广东湛江，引发特大潮灾。汕尾站最大增水超过 0.5 米。此次风暴潮来得猛，来得快，许多人来不及躲避，造成较大损失（《中国海洋灾害四十年资料汇编》）。

1981 年 9 月 22 日 04 时，8116 号台风在广东省陆丰县碣石乡登陆，中心附近最大风力 11 ~ 12 级。登陆时潮水位比正常潮水位高出 1.5 ~ 2 米。汕头地区损毁机船 157 艘、木帆渔船 643 艘，渔民死 4 人、伤 32 人，损坏房屋 185 间，部分堤围被冲坏，养殖生产遭受严重灾害，经济损失 382 万元（《中国气象灾害大典·广东卷》）。

1995 年 7 月 31 日前后，广东省澄海市与饶平县之间沿海出现灾害性风暴潮，汕尾市由于受暴雨和潮水双重影响，市区内一片汪洋，水深达 1.5 米，使 50 余个镇 48 万人受灾，死亡 4 人，受伤 18 人，房屋倒塌 516 间、损坏 1 723 间，直接经济损失达 4.11 亿元。8 月 12 日，惠阳市沿海出现灾害性风暴潮，珠江口以东沿海的海堤破损严重，部分地段海潮漫过堤围。汕尾站增水超过 100 厘米，受其影响，汕尾、惠州、梅州、深圳、潮州、汕头等 8 市共 31 个县（区）有 503 万人受灾，直接经济损失达 13.3 亿元。8 月 31 日，受风暴潮影响，汕尾市海丰县的防潮堤漫顶，护卫着 6 700 余公顷农田的东闸海堤被海潮冲出 8 个决口，海水涌入内陆，农田被淹，民房受损，低洼地区受浸，广汕公路汕尾路段无法通车，汕尾市交通、供电、通信均中断（《1995 年中国海洋灾害公报》）。

1999 年 6 月 6 日 22 时，9903 号台风在广东省惠来县神泉镇登陆。汕尾港 6 月 6 日 12 时 49 分实测最高风暴潮位 211 厘米，台风过程汕尾港最大增水 58 厘米。汕尾市受灾严重，损失达 5.57 亿元（《中国气象灾害大典·广东卷》）。

2013 年 9 月，广东沿海处于季节性高海平面期，1319 号超强台风"天兔"于 22 日在汕尾市沿海登陆，其间恰逢天文大潮，汕尾站水位超过警戒潮位 39 厘米，最大增水超过 100 厘米，风暴潮、暴雨、洪涝和高海平面形成综合效应，造成广东沿海堤防、房屋、渔业和农业等损失严重，综合经济损失超过 235 亿元（《2013 年中国海平面公报》《2013 年中国海洋灾害公报》）。

2016 年 10 月，广东沿海处于季节性高海平面期，海平面异常偏高，1622 号超强台风"海马"于 21 日在汕尾市登陆，台风风暴潮给广东沿海水产养殖、交通和堤防设施等带来损失，直接经济损失达 7.59 亿元（《2016 年中国海平面公报》）。

2017 年 8 月 23 日前后，1713 号强台风"天鸽"在广东省珠海市金湾区沿海登陆，为 1965 年以来登陆珠江口的最强台风。该台风登陆前强度迅速增强，24 小时内由强热带风暴加强为强台风，并几乎在巅峰状态登陆。汕尾站最高潮位达到当地黄色警戒潮位。广东省受灾人口 112.86 万人，房屋、水产养殖设施、渔船、港口、渔港、码头、防波堤、海堤护岸，以及道路等损毁严重（《2017 年中国海洋灾害公报》）。

2018 年 9 月 16 日前后，1822 号超强台风"山竹"在广东省台山市登陆，为 2018 年登陆我国的最强台风。汕尾站最大增水超过 100 厘米，最高潮位达到当地橙色警戒潮位。受台风风暴潮和近岸浪共同作用，广东省直接经济损失达 23.7 亿元（《2018 年中国海洋灾害公报》）。

2. 海浪

1979 年 8 月 2 日前后，7908 号超强台风影响海丰县和陆丰县等地，当时无法观测波高，其后观测到的海浪仍达 9.5 米高（《中国海洋灾害四十年资料汇编》）。

1995 年 8 月 11—12 日，受台风浪袭击，汕尾市沉没及失踪渔船 930 艘；31 日，汕尾市沿海有 7 米高的狂浪，东闸海堤被冲出 8 个决口，渔船被卷上海滩，碰撞沉没渔船总计 1 631 艘，使当地蒙受较大的经济损失（《1995 年中国海洋灾害公报》）。

1999 年 6 月 6 日前后，9903 号台风袭击广东沿海。受其影响，珠江口沿海出现 5～6 米的巨浪。受风暴潮和巨浪的综合影响，广东省揭阳、汕尾、潮州 3 市损失严重，汕尾市有 3 个县（市）的 39 个乡镇受灾，经济损失 5.6 亿元，死亡 2 人（《1999 年中国海洋灾害公报》）。

2005 年 8 月 11—13 日，受 0510 号强热带风暴"珊瑚"影响，南海东北部海面形成 4～6 米台风浪，广东汕尾海水浴场实测最大波高 3.0 米（《2005 年中国海洋灾害公报》）。

2006 年 8 月 2 日，受气旋浪影响，"汕尾 12437"号渔船在广东汕尾外海失踪，造成 3 人死亡（含失踪），直接经济损失达 120 万元（《2006 年中国海洋灾害公报》）。

2012 年 2 月 2 日，受冷空气影响，广东汕尾附近海域出现了 3.5～5.0 米的大浪到巨浪，受其影响，1 艘广东籍渔船在距汕尾遮浪角东南 23 海里处沉没，直接经济损失达 76.60 万元，14 名船员落水，其中 3 人死亡，7 人失踪（《2012 年中国海洋灾害公报》）。

3. 赤潮

2006 年 12 月 3—23 日，广东省汕尾港海域发生赤潮，最大面积约 45 平方千米，主要赤潮生物为球形棕囊藻，有零星死鱼现象（《2006 年中国海洋灾害公报》）。

2007 年 9 月 7—21 日，广东省汕尾港区及附近海域发生赤潮，最大面积约 30 平方千米，主要赤潮生物为棕囊藻，直接经济损失达 100 万元（《2007 年中国海洋灾害公报》）。

2016 年 2 月 17—29 日，惠州平海湾、东山海附近至汕尾小漠镇对出海域发生赤潮，优势种为红色赤潮藻，最大面积 215 平方千米（《2016 年中国海洋灾害公报》）。

4. 海啸

2010 年 2 月 27 日 14 时，智利中部近岸发生里氏 8.8 级强烈地震并引发海啸，28 日 16 时起，

海啸波在穿越整个太平洋后进入我国东南沿海，广东省南澳、汕头和汕尾站监测到 0.09 ～
0.11 米的海啸波幅（《2010 年中国海洋灾害公报》）。

2011 年 3 月 11 日 13 时 46 分，日本东北部近海发生 9.0 级强烈地震并引发特大海啸，地震
发生 6 ～ 8 小时后海啸波到达我国大陆东南沿海，广东监测到的海啸波波幅为 10 ～ 26 厘米，其
中汕尾站海啸波幅为 26 厘米（《2011 年中国海洋灾害公报》）。

第二节　灾害性天气

根据《中国气象灾害大典·广东卷》（1949—2000 年）和《中国气象灾害年鉴》（2000 年后）
及《南海区海洋站海洋水文气候志》记载，汕尾站周边发生的主要灾害性天气有暴雨洪涝、大风、
雷电、冰雹和大雾。

1. 暴雨洪涝

1953 年 9 月 2 日，受 5315 号超强台风影响，广州、深圳、惠阳、海丰和陆丰等地出现较
大降水，其中海丰日降雨量达 96.7 毫米。沿海潮水上涨，海丰县二马路可以撑船，新港渔民死
亡 71 人，渔船毁坏 208 艘（全毁 42 艘），住家艇全毁 506 艘。

1957 年 9 月 22—25 日，受 5719 号强台风影响，广东海丰县和陆丰县等地过程降雨量达到
435.8 毫米。

1961 年 4 月中旬至下旬初，广东省北部、中部、西南部和东江中下游连降大雨至大暴雨，陆
丰和阳春等地过程雨量达 400 毫米以上。

1975 年 10 月 14 日，受 7514 号超强风影响，广东海丰县和陆丰县等地出现特大暴雨，降
雨量高达 450.5 毫米。

1977 年 5 月 27—31 日，广东省东部、北部和中部普降暴雨，粤东沿海陆丰一带为暴雨中心，
陆丰县白石门水库过程雨量达 1 461 毫米。正值大潮期间，海潮顶托洪水上涨，造成洪涝灾
害。清远县、佛冈县山洪暴发，淹浸农田面积 400 公顷，冲毁桥梁 76 座、水陂等水利设施
2 000 余宗；惠来县、陆丰县受淹农田面积 2 万公顷，陆丰县死亡 11 人，受伤 27 人，冲坏一批
水利工程设施，广汕公路中断通车达 10 小时。

1987 年 5 月 19—23 日，广东省除西南部地区外普降大到暴雨，局部降特大暴雨，全省共有
76 个县（市）降大到暴雨，在该过程中汕尾站日降雨量大于等于 200 毫米。

1988 年 9 月 22 日，受 8817 号台风影响，广东省汕尾市部分地区山洪暴发，内涝积水，城
镇受淹。

1990 年 7 月 31 日，9009 号台风在广东省海丰县与陆丰县之间登陆。受其影响，汕尾市日降
雨量高达 311 毫米。

1992 年 5 月 14—18 日，粤东南和粤西南先后降暴雨到大暴雨，个别地区出现特大暴雨。部
分地区山洪暴发，江河和水库水位急剧上涨。汕尾市公平水库水位达 15.31 米，超警戒水位 2.81 米。
汕尾、阳江两市的经济损失达 2.31 亿元，其中水利工程损失 2 594 万元。

1995 年 7 月 31 日，受 9504 号强热带风暴影响，广东省汕尾市出现暴雨，降雨量达 200 毫米
以上。8 月上旬，受 9504 号强热带风暴低压环流和华南切变线影响，广东省各地连续降雨，汕尾
市区一片汪洋，盐屿、后径、城西等村庄水深 1.5 米。8 月 31 日，受 9509 号台风影响，汕尾市
出现大暴雨，导致洪水泛滥。

1996年6月21—25日，广东省出现大面积降水，局部地区降大暴雨到特大暴雨。21—22日，暴雨先后出现在清远、韶关、河源、广州、佛山、汕尾等市，导致部分地区山洪暴发，水位上涨。受灾的有惠州、梅州、江门、揭阳、汕尾等5个市、11个县（区），死亡3人，倒塌房屋2 100间，损坏房屋1 560间，经济总损失2.44亿元。

1997年7月1日08时至10日08时，受低压槽和西南季风的影响，广东省汕尾市普降暴雨到大暴雨，局部特大暴雨，造成局部地区山洪暴发，汕尾市累计降雨量达353毫米。8月2—3日，受9710号强热带风暴影响，汕尾出现暴雨，由于降雨强度大，造成中小河流水位暴涨，又适逢大潮期，村庄、农田被洪水淹浸的情况十分严重。全市6个县（市、区）均不同程度受灾，受灾人口107.02万人，曾被洪水围困32.3万人。全市损坏房屋1.42万间，倒塌房屋0.66万间，受浸农作物面积3.9万公顷，毁坏公路189千米、公路桥涵170处，损坏一批水利设施，直接经济损失达6亿元，其中水利工程损失0.54亿元。

1999年8月24日08时至25日08时，受9908号台风影响，汕尾市海丰县降雨量达345.1毫米，海丰县城一度受浸，浸水最深处达1～2米，广州市也大面积遭水浸。

2003年9月2—4日，受0313号强台风"杜鹃"影响，广东省29个县普降暴雨到大暴雨。据统计，广东省广州、深圳、汕尾等14个市不同程度受灾，受灾人口1 629万人，死亡44人，伤298人，紧急转移安置174万人；倒塌房屋7 800间，损坏房屋5.2万间；农作物受灾面积26.0万公顷，成灾面积13.9万公顷，绝收面积8 700公顷；直接经济损失达24.9亿元，其中农业损失达11.5亿元。

2004年7月29日，0411号热带风暴导致汕尾市最大日降雨量为212毫米。

2005年7月29—30日，受0508号强热带风暴"天鹰"影响，汕尾市降雨量在100毫米以上。

2008年7月6—10日，广东省大部地区出现大到暴雨，强降水导致粤东沿海地区洪涝灾害严重，造成珠海、汕头、汕尾、潮州、揭阳等5个市21个县290余万人受灾，死亡3人，紧急转移安置21.9万人；倒塌房屋2 828间，损坏小型水库8座，堤防决口66处，损坏水电站5座；造成直接经济损失18.6亿元。7月28日，受0808号强台风"凤凰"影响，广东地区普降暴雨到大暴雨，强降雨造成河源、揭阳、梅州、惠州、汕尾、汕头等地不同程度受灾。据统计，广东省全省有106.5万人受灾，3万人被洪水围困，死亡3人，失踪4人，紧急转移10.3万人；农作物受灾面积4.5万公顷；倒塌房屋1.5万间；直接经济损失达6.8亿元。

2013年5月14—17日，广东清远、韶关和汕尾等局地累计降雨量达250～409毫米。9月22日19时40分，1319号超强台风"天兔"在汕尾市登陆，该台风是2013年登陆我国大陆地区强度最强的台风，也是近40年来登陆粤东沿海的最强台风。粤东4市（潮州、揭阳、汕头、汕尾）的平均雨量达117毫米。广东省16个地市电网受损，其中汕尾、揭阳、汕头、惠州等市低压线路大面积受损。

2015年4月19—21日，粤东大部分县市出现大到暴雨，汕尾等地出现冰雹。7月9日12时05分，1510号台风"莲花"在广东省汕尾市陆丰市甲东镇沿海登陆，揭阳、汕尾和汕头等市出现大到暴雨，汕尾市多个地区停电。10月4日，受1522号强台风"彩虹"影响，汕尾市出现强降水。

2016年5月20—21日，汕尾市出现暴雨到大暴雨。10月17—20日，受1621号超强台风"莎莉嘉"外围环流影响，汕尾市出现暴雨。10月21日12时40分，1622号超强台风"海马"在汕尾市海丰县鲘门镇登陆，广东东部部分地区降水达100～250毫米。

2017 年 6 月 12—13 日，受 1702 号强热带风暴"苗柏"影响，汕尾市出现暴雨，局地降水超过 250 毫米，出现道路积水、交通受阻、断电、幼儿园和中小学校停课等情况。9 月 3 日 21 时 30 分，1716 号强热带风暴"玛娃"在汕尾市陆丰市甲西镇沿海登陆，粤东市县出现了大雨到暴雨，局部大暴雨。

2018 年 8 月 27 日至 9 月 1 日，受季风低压影响，广东省出现了持续强降水过程（即"18.8"特大暴雨洪涝灾害过程），汕尾市连续 3 天都出现了大暴雨，受灾严重。

2. 大风

1953 年 9 月 2 日，最大风力达 12 级以上的 5315 号超强台风在广东省海丰县与惠来县之间登陆，沿西江谷地入广西。登陆时测得 50.0 米 / 秒的极大风速，伴随 96.7 毫米暴雨。受其影响，沿海潮水上涨，海丰县二马路可以撑船，新港渔民死亡 71 人，渔船毁坏 208 艘，其中全毁 42 艘，住家艇全毁 506 艘。

1961 年 5 月 19 日，6103 号南海台风在香港登陆，经惠阳、梅县地区入闽出海，海丰县、陆丰县等地阵风达 40.0 米 / 秒。正值抽穗的"矮脚南特"水稻受损极大。

1971 年 7 月 22 日，7114 号超强台风影响海丰县和陆丰县等地，10 分钟平均风速达 25.0 米 / 秒，瞬时极大风速达 40.0 米 / 秒。8 月 17 日，7118 号超强台风在番禺沿海登陆，登陆时中心风力 11 级，阵风 12 级以上。8 月 16 日，海丰县汕尾镇 30 艘渔船共有 355 人，在返汕尾港避风途中于龟灵岛东北附近海面遭突发性大海潮袭击，有 27 艘渔船和 320 人遇险，其中沉毁 9 艘，严重损坏 18 艘，被救回渔民 295 人，死亡 25 人。

1978 年 7 月 27 日 10 时，海丰县向阳公社出现龙卷风，宽约 30 厘米，从东南方向西西北方向移动，移速约 35 千米 / 小时，树木被连根拔起，其中有一树杈重约 100 千克，被腾空卷起飞行 1 千米，倒塌房屋 126 间。

1979 年 8 月 2 日 13 时 30 分前后，7908 号超强台风在深圳大鹏公社登陆，8 级以上大风自 09 时 10 分至 12 时 40 分持续了 3 个半小时，极大风速 55 ~ 60 米 / 秒持续约半个小时。其中 11 时前后，10 分钟平均最大风速为 45.0 米 / 秒，瞬时极大风速达 60.4 米 / 秒，11 时海平面气压最低为 968.8 百帕。这次台风风力之强，群众反映为近 70 年所罕见。海丰县受其影响，共倒塌房屋 6 272 间，大小渔船受损（包括沉没）1 119 艘，堤围缺口 164 处，总长近万米，农田受海潮浸淹近万亩，死亡 23 人，伤 396 人。

1988 年 7 月 19 日 16 时 30 分，8805 号超强台风在广东省惠来县登陆，汕尾市最大风速 22.7 米 / 秒。陆丰县经济损失 1 亿元以上。

1989 年 8 月 17 日，广东省陆丰县出现严重龙卷风并伴有冰雹，此次龙卷风发生于陆丰县化肥厂。龙卷风发生时狂风大作，雷雨交加，风力在 12 级以上。厂内一棵直径 25 厘米、高 10 余米的大树被连根拔起，另一棵直径 35 厘米的大树被拦腰折断。化肥厂硫酸车间原料工段厂房 960 平方米的金字架铁皮瓦连同铁筋支架等物约 29.07 吨，被龙卷风掀起，刮出 40 余米远。

1995 年 8 月 31 日 15 时前后，9509 号强台风在广东省惠东县与海丰县之间的沿海地区登陆，登陆时风力在 12 级以上，汕尾市 10 级以上大风持续时间长达 10 个小时。

1999 年 6 月 6 日 22 时，9903 号台风在广东省惠来县神泉镇沿海地区登陆。在台风影响期间，汕尾海洋站测得最大风速 24.1 米 / 秒，极大风速 32.7 米 / 秒。

2000 年 9 月 1 日 04 时，0013 号强热带风暴"玛莉亚"在广东省海丰县与惠东县交界处（红海湾）登陆，正面袭击广东沿海地区，登陆时海丰县风力为 10 级，风速达 25.0 米 / 秒，阵风达 12 级。大风致使抢险队伍一度无法进入灾区；在海丰县金厢镇洲子海面，一艘来自浙江省的 500 吨货船被刮沉，4 名船员失踪。

2004 年 5 月 8 日 11 时 40 分，陆丰市东甲镇出现龙卷风，造成 2 人死亡，60 余人受伤。

2013 年 9 月 22 日 19 时 40 分，1319 号超强台风"天兔"在汕尾市沿海登陆，陆丰市测得最大风速达 60.7 米 / 秒（17 级）。受台风影响，汕尾市低压线路大面积受损。

2015 年 7 月 9 日 12 时 05 分，1510 号台风"莲花"在陆丰市沿海登陆，受其影响，汕尾市出现 9 ~ 12 级、阵风 14 ~ 15 级的大风。大风给汕尾市大部分地区作物生长及未成熟收割的早稻带来严重影响，同时，汕尾市多个区域停电。

2016 年 10 月 21—22 日，受 1622 号超强台风"海马"影响，广东省共有 24 个县（市）出现暴雨以上量级降水，广东东部沿海地区和岛屿局地风力达 11 ~ 14 级，广东汕尾浮标站阵风达 16 级（52.9 米 / 秒）。

2017 年 9 月 3 日 21 时 30 分，1716 号强热带风暴"玛娃"在陆丰市沿海地区登陆，陆丰市最大风力 8 级（20.0 米 / 秒）。汕尾市发布停课一天通知，所有景点均有专人把守，禁止游客进入。

3. 雷电

1996 年 6 月 16 日 00 时 30 分，陆丰市部分地区遭遇雷击。湖东镇竹湖管区南洲村一村民家因雷击伤 2 人，死 1 人，家中电器和房屋均被击坏，直接经济损失为 4.5 万元。碣石镇龙泉宾馆损坏内部总机、电脑计数器、8 台电话机和 1 台 4 千瓦的抽水电机，直接经济损失为 4.79 万元。陆丰市证券公司损坏 30 余台电脑，经济损失约 80 万元。

2014 年 4 月 1 日 16 时 00 分，广东省汕尾市陆丰市东海镇霞湖高速公路进出口收费站遭雷击，击坏 3 台交换机、6 个监控摄像头，14 台设备受损。直接经济损失约 190 万元，间接经济损失约 10 万元。

4. 冰雹

1979 年 4 月 2 日 10 时 45 分至 11 时，海丰县和陆丰县等地出现冰雹，并伴有瞬时风速 24.1 米 / 秒的雷雨大风。雹粒最大直径 3.4 厘米。

1985 年 2 月上旬，广东省廉江、阳春、电白、茂名、高州、吴川、化州、开平、新兴、英德、翁源、龙川、陆丰、揭阳、揭西等 15 个县（市）遭受不同程度的冰雹、龙卷风的袭击。冰雹密度大而危害重，一般有鸡蛋大。龙卷风来势猛，风力强，风力一般有 10 级，阵风 11 ~ 12 级。

1989 年 8 月 17 日，广东省陆丰县出现严重龙卷风并伴有冰雹。冰雹最大的直径 3 厘米，有鸽子蛋那么大，降冰雹范围长约 6 千米，宽约 4 千米。

5. 大雾

1978 年 3 月 5 日，"汕海 006"轮在莱屿岛附近，因雾触礁沉没，2 人失踪。

1983 年 4 月 27 日，广东省陆丰县甲子渔业 8 大队的"2811"号帆船因浓雾在 22°45.5′N，116°11.3′E 处被"红旗 126"轮撞沉，失踪 2 人。

赤湾海洋站

第一章 概况

第一节 基本情况

赤湾海洋站（简称赤湾站）位于广东省深圳市（图1.1-1）。深圳市位于广东省中南部，珠江口东岸，东临大亚湾和大鹏湾，西濒珠江口和伶仃洋，南边深圳河与香港相连，北部与东莞、惠州两城市接壤，是全国经济中心城市、科技创新中心、区域金融中心、商贸物流中心。深圳市海域辽阔，连接南海和太平洋，海岸线总长约260.5千米。

赤湾站建于1985年10月，隶属国家海洋局南海分局，2019年6月后隶属自然资源部南海局，由深圳中心站管辖。建站初期站址位于深圳市蛇口区赤湾左炮台，2013年1月迁址重建，2015年10月迁址到深圳市南山区沿山路21-1号。测点位于深圳市南山区赤湾突堤多用途码头。

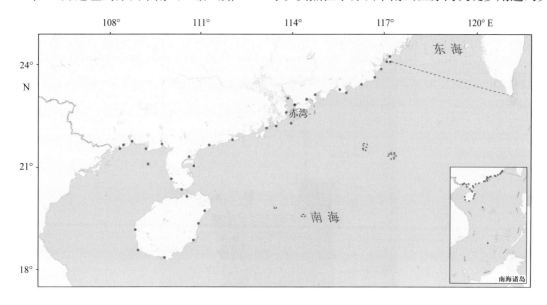

图1.1-1 赤湾站地理位置示意

赤湾站观测项目有潮汐、表层海水温度、表层海水盐度、气温、气压、相对湿度、风和降水等。2012年10月启用自动观测系统，多数观测项目实现了自动化观测、数据存储和传输。

赤湾沿海为不正规半日潮特征，海平面3月最低，10月最高，年变幅为26厘米，平均海平面为271厘米，平均高潮位为340厘米，平均低潮位为202厘米；年均表层海水温度为23.2 ~ 25.3℃，7月和8月最高，均为28.9℃，2月最低，均值为17.7℃，历史水温最高值为32.3℃，历史水温最低值为14.0℃；年均表层海水盐度为20.04 ~ 25.41，12月最高，均值为30.20，7月最低，均值为10.88，历史盐度最高值为34.99，历史盐度最低值为0.60；海发光主要为火花型，3月出现频率最高，7月最低，1级海发光最多，出现的最高级别为4级。

赤湾站主要受海洋性季风气候影响，年均气温为22.1 ~ 24.8℃，7月最高，均值为28.7℃，1月最低，均值为15.8℃，历史最高气温为39.1℃，历史最低气温为1.6℃；年均气压为1 011.1 ~ 1 013.2百帕，12月最高，均值为1 020.1百帕，8月最低，均值为1 004.5百帕；年均相对湿度为69.1% ~ 79.8%，6月最大，均值为82.9%，12月最小，均值为65.4%；年均风速为 1.9 ~ 4.7 米 / 秒，6 月和 7 月最大，均为 4.3 米 / 秒，12 月最小，均值为 3.1 米 / 秒，1 月盛行风向为 N—E（顺时针，下同），4 月盛行风向为 NE—E，7 月盛行风向为 S—SW，10 月盛行风向为 N—E；平均年降水量为 1 700.8 毫米，6 月平均降水量最多，占全年的 16.8%；平均年雾日数为 6.2 天，2 月和 3 月最多，均为 1.6 天，6—11 月未出现；平均年雷暴日数为 43.1 天，8 月最多，均值为 9.3 天，1 月、11 月和 12 月未出现；年均能见度为 12.6 ~ 19.6 千米，7 月最大，均值为 23.7 千米，12 月最小，均值为 9.7 千米；年均总云量为 6.4 ~ 7.0 成，3 月最多，均值为 8.3 成，10 月最少，均值为 4.9 成。

第二节　观测环境和观测仪器

1. 潮汐

1986 年 1 月开始观测。测点位于珠江口海域赤湾壳牌油码头北端。2012 年 10 月迁至深圳市南山区赤湾突堤多用途码头。验潮井为岛式钢筋混凝土结构，底质为泥沙，水深为 8 ~ 12 米（图 1.2-1）。

观测仪器为 HCJ1-1 型滚筒式验潮仪，2012 年 10 月后使用 SCA11-3A 型浮子式水位计。

图1.2-1　赤湾站验潮室（摄于2013年1月）

2. 表层海水温度、盐度和海发光

1986 年 1 月开始观测。测点位于赤湾集装箱码头顶端。2002 年 10 月至 2012 年 12 月停测，2012 年底迁至深圳市南山区赤湾突堤多用途码头，与外海畅通，周边海域富营养化情况较重，藻类及贝壳类繁殖旺盛，温盐传感器和浮子易被附着。

建站初期，使用水温表测量水温，使用 WUS 型感应式盐度计测定盐度。2013 年后使用 YZY4-3 型温盐传感器。

海发光为每日天黑后人工目测。2002 年 10 月停测。

3. 气象要素

1986 年 1 月开始观测。气象观测场位于炮台山顶微波楼房顶。2012 年 10 月迁至验潮室屋顶。观测场附近有集装箱码头楼梯间，北侧 30 米处为赤湾港货柜堆场（图 1.2-2）。

1986 年 1 月至 2002 年 9 月，观测仪器主要有干湿球温度表、最高最低温度表、温度计、湿度计、动槽式水银气压表、气压计、EL 型电接风向风速计和雨量筒等，能见度和雾等天气现象为人工目测。2012 年底开始使用 HMP45 型温湿度传感器、278 型气压传感器、XFY3-1 型风传感器和 SL3-1 型雨量传感器，2018 年 3 月后使用 HMP155 型温湿度传感器。

图1.2-2 赤湾站气象观测场（摄于2013年1月）

第二章 潮位

第一节 潮汐

1. 潮汐类型

利用赤湾站近 19 年（2001—2019 年）验潮资料分析的调和常数，计算出潮汐系数 $(H_{K_1}+H_{O_1})/H_{M_2}$ 为 1.24。按我国潮汐类型分类标准，赤湾沿海为不正规半日潮，每个潮汐日（大约 24.8 小时）有两次高潮和两次低潮，高潮日不等现象和低潮日不等现象均较明显。

1986—2019 年，赤湾站 M_2 分潮振幅呈减小趋势，减小速率为 0.22 毫米 / 年（线性趋势未通过显著性检验）；迟角变化趋势不明显。K_1 和 O_1 分潮振幅均呈减小趋势，减小速率分别为 0.22 毫米 / 年和 0.13 毫米 / 年；K_1 分潮迟角无明显变化趋势，O_1 分潮迟角呈增大趋势，增大速率为 0.05°/ 年。

2. 潮汐特征值

由 1986—2019 年资料统计分析得出：赤湾站平均高潮位为 340 厘米，平均低潮位为 202 厘米，平均潮差为 138 厘米；平均高高潮位为 368 厘米，平均低低潮位为 173 厘米，平均大的潮差为 195 厘米。平均涨潮历时 6 小时 21 分钟，平均落潮历时 6 小时 26 分钟，两者相差 5 分钟。

累年各月潮汐特征值见表 2.1-1。

表 2.1-1 累年各月潮汐特征值（1986—2019 年） 单位：厘米

月份	平均高潮位	平均低潮位	平均潮差	平均高高潮位	平均低低潮位	平均大的潮差
1	330	203	127	365	171	194
2	331	196	135	359	173	186
3	334	191	143	356	170	186
4	336	190	146	358	164	194
5	338	197	141	366	166	200
6	337	201	136	373	164	209
7	337	200	137	374	165	209
8	343	200	143	373	172	201
9	354	208	146	374	182	192
10	360	218	142	376	189	187
11	348	213	135	373	180	193
12	336	210	126	370	175	195
年	340	202	138	368	173	195

注：潮位值均以验潮零点为基面。

平均高潮位 10 月最高，为 360 厘米，1 月最低，为 330 厘米，年较差为 30 厘米；平均低潮位 10 月最高，为 218 厘米，4 月最低，为 190 厘米，年较差为 28 厘米（图 2.1-1）；平均高高潮位 10 月最高，为 376 厘米，3 月最低，为 356 厘米，年较差为 20 厘米；平均低低潮位 10 月最高，为 189 厘米，4 月和 6 月最低，均为 164 厘米，年较差为 25 厘米。平均潮差 4 月和 9 月均为最大，12 月最小，年较差为 20 厘米；平均大的潮差 6 月和 7 月均为最大，2 月和 3 月均为最小，年较差为 23 厘米（图 2.1-2）。

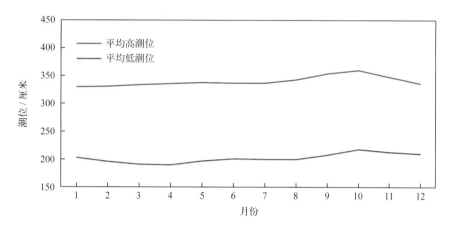

图2.1-1　平均高潮位和平均低潮位年变化

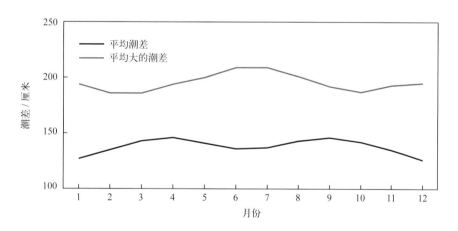

图2.1-2　平均潮差和平均大的潮差年变化

1986—2019 年，赤湾站平均高潮位呈上升趋势，上升速率为 1.75 毫米 / 年。受天文潮长周期变化影响，平均高潮位存在显著的准 19 年周期变化，振幅为 3.06 厘米。平均高潮位最高值出现在 2017 年和 2019 年，均为 348 厘米；最低值出现在 1993 年和 2005 年，均为 334 厘米。赤湾站平均低潮位呈上升趋势，上升速率为 3.81 毫米 / 年。平均低潮位准 19 年周期变化明显，振幅为 2.32 厘米。平均低潮位最高值出现在 2017 年和 2019 年，均为 212 厘米；最低值出现在 1987 年和 1993 年，均为 194 厘米。

1986—2019 年，赤湾站平均潮差呈减小趋势，减小速率为 2.06 毫米 / 年。平均潮差准 19 年周期变化较弱，振幅为 1.16 厘米。平均潮差最大值出现在 1987 年，为 143 厘米；最小值出现在 2009 年、2010 年和 2011 年，均为 134 厘米（图 2.1-3）。

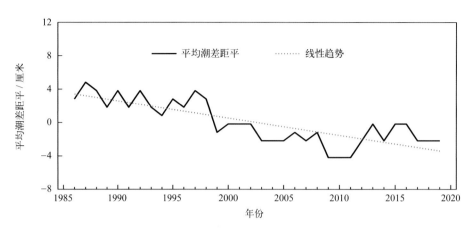

图2.1-3　1986—2019年平均潮差距平变化

第二节　极值潮位

赤湾站年最高潮位和年最低潮位的各月发生频率见表2.2-1。年最高潮位出现时间主要集中在6—10月，其中6月发生频率最高，为22%；7月、9月和10月次之，均为16%。年最低潮位主要出现在1—2月和6—7月，其中6月发生频率最高，为28%；7月次之，为19%。

1986—2019年，赤湾站年最高潮位呈上升趋势，上升速率为8.52毫米/年（线性趋势未通过显著性检验）。历年的最高潮位均高于425厘米，其中高于500厘米的有5年；历史最高潮位为559厘米，出现在2017年8月23日，正值1713号强台风"天鸽"影响期间。赤湾站年最低潮位呈上升趋势，上升速率为6.99毫米/年。历年最低潮位均低于127厘米，其中低于95厘米的有5年；历史最低潮位出现在2004年7月4日，为84厘米（表2.2-1）。

表2.2-1　最高潮位和最低潮位及年极值出现频率（1986—2019年）

	1月	2月	3月	4月	5月	6月	7月	8月	9月	10月	11月	12月
最高潮位值/厘米	444	456	420	418	435	452	501	559	544	451	450	448
年最高潮位出现频率/%	3	3	0	0	3	22	16	12	16	16	9	0
最低潮位值/厘米	87	88	105	99	95	92	84	98	111	126	107	99
年最低潮位出现频率/%	16	13	0	9	9	28	19	0	0	0	0	6

第三节　增减水

受地形和气候特征的影响，赤湾站出现30厘米以上增水的频率明显高于同等强度减水的频率，超过50厘米的增水平均约31天出现一次，而超过50厘米的减水平均约447天出现一次（表2.3-1）。

赤湾站100厘米以上的增水主要出现在6—9月，50厘米以上的减水多发生在1月、3月和11月，这些大的增减水过程主要与该海域受热带气旋和温带气旋等影响有关（表2.3-2）。

表 2.3-1　不同强度增减水平均出现周期（1986—2019 年）

范围 / 厘米	出现周期 / 天	
	增水	减水
>30	3.06	10.35
>40	10.93	74.12
>50	30.66	447.44
>60	56.72	1 725.85
>70	96.65	—
>80	137.28	—
>90	208.29	—
>100	309.77	—
>120	483.24	—
>150	1 098.27	

"—"表示无数据。

表 2.3-2　各月不同强度增减水出现频率（1986—2019 年）

月份	增水 / %					减水 / %				
	>30 厘米	>50 厘米	>70 厘米	>100 厘米	>120 厘米	>10 厘米	>20 厘米	>30 厘米	>40 厘米	>50 厘米
1	0.59	0.00	0.00	0.00	0.00	16.22	3.91	0.84	0.14	0.02
2	1.56	0.03	0.00	0.00	0.00	15.62	2.97	0.26	0.01	0.00
3	1.23	0.00	0.00	0.00	0.00	20.13	3.70	0.50	0.13	0.05
4	1.03	0.03	0.00	0.00	0.00	23.32	3.28	0.25	0.01	0.00
5	1.26	0.04	0.02	0.00	0.00	12.45	1.31	0.04	0.00	0.00
6	1.36	0.11	0.04	0.02	0.02	6.26	0.38	0.00	0.00	0.00
7	1.41	0.40	0.18	0.04	0.02	11.46	0.83	0.06	0.00	0.00
8	1.38	0.33	0.03	0.01	0.01	20.48	2.42	0.17	0.00	0.00
9	2.00	0.45	0.22	0.08	0.05	21.44	3.54	0.24	0.02	0.00
10	3.36	0.20	0.02	0.00	0.00	12.15	2.30	0.20	0.01	0.00
11	0.65	0.03	0.00	0.00	0.00	24.15	6.65	1.35	0.21	0.03
12	0.48	0.00	0.00	0.00	0.00	22.27	5.75	0.94	0.13	0.00

　　1986—2019 年，赤湾站年最大增水多出现在 7—10 月，其中 9 月出现频率最高，为 28%；10 月次之，为 25%。赤湾站年最大减水主要出现在 3 月和 11 月至翌年 1 月，其中 12 月出现频率最高，为 31%；11 月次之，为 28%（表 2.3-3）。

　　1986—2019 年，赤湾站年最大增水呈增大趋势，增大速率为 11.99 毫米 / 年（线性趋势未通过显著性检验）。历史最大增水出现在 2018 年 9 月 16 日，为 237 厘米；1993 年、2012 年和 2017 年最大增水均超过了 150 厘米。赤湾站年最大减水呈增大趋势，增大速率为 6.49 毫米/年（线性趋势未通过显著性检验）。历史最大减水发生在 2009 年 3 月 13 日，为 69 厘米；1990 年、1995 年、1997 年和 2018 年最大减水均超过或达到了 55 厘米。

表 2.3-3　最大增水和最大减水及年极值出现频率（1986—2019 年）

	1月	2月	3月	4月	5月	6月	7月	8月	9月	10月	11月	12月
最大增水值/厘米	92	74	52	72	83	165	153	171	237	76	74	47
年最大增水出现频率/%	0	0	0	3	3	3	19	19	28	25	0	0
最大减水值/厘米	65	45	69	45	37	33	51	38	48	43	56	51
年最大减水出现频率/%	10	0	16	6	3	0	3	0	3	0	28	31

第三章　表层海水温度、盐度和海发光

第一节　表层海水温度

1. 平均水温、最高水温和最低水温

赤湾站月平均水温的年变化具有峰谷明显的特点，7月和8月最高，均为28.9℃，2月最低，为17.7℃，年较差为11.2℃。3—7月为升温期，9月至翌年2月为降温期。月最高水温和月最低水温的年变化特征与月平均水温相似（图3.1–1）。

历年（2002年数据有缺测，2003—2012年停测）的平均水温为23.2～25.3℃，其中2019年最高，1992年最低。累年平均水温为24.1℃。

历年的最高水温均不低于30.0℃，其中大于31.5℃的有9年，出现时间为6—9月，7月和8月最多，均占统计年份的38%。水温极大值为32.3℃，出现在1986年9月1日。

历年的最低水温均不高于18.3℃，其中小于15.0℃的有8年，出现时间为12月至翌年3月，2月最多，占统计年份的48%。水温极小值为14.0℃，出现在1986年3月3日。

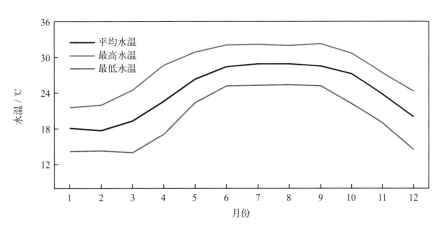

图3.1–1　水温年变化（1986—2019年）

2. 日平均水温稳定通过界限温度的日期

采用五日滑动平均方法求出稳定通过各个界限温度的日期，见表3.1–1。日平均水温全年均稳定通过15℃，稳定通过20℃的有267天，稳定通过25℃的初日为5月1日，终日为11月4日，共188天。

表3.1–1　日平均水温稳定通过界限温度的日期（1986—2019年）

	15℃	20℃	25℃
初日	1月1日	3月23日	5月1日
终日	12月31日	12月14日	11月4日
天数	365	267	188

3. 长期趋势变化

1986—2019 年,年平均水温和年最低水温均呈波动上升趋势,上升速率分别为 0.27℃ /（10 年）和 0.45℃ /（10 年）,年最高水温呈波动下降趋势,下降速率为 0.25℃ /（10 年）,其中 1986 年和 2000 年最高水温分别为 1986 年以来的第一高值和第二高值,1986 年和 1993 年最低水温分别为 1986 年以来的第一低值和第二低值。

第二节　表层海水盐度

1. 平均盐度、最高盐度和最低盐度

赤湾站月平均盐度 11 月至翌年 2 月较高、6—7 月较低,最高值出现在 12 月, 为 30.20,最低值出现在 7 月,为 10.88,年较差为 19.32。月最高盐度 2 月最大,6 月最小。月最低盐度 1 月最大,5 月最小（图 3.2-1）。

历年（2002 年数据有缺测,2003—2012 年停测）的平均盐度为 20.04 ~ 25.41,其中 2018 年最高,1997 年最低。累年平均盐度为 22.58。

历年的最高盐度均大于 31.55,其中大于 33.50 的有 7 年。年最高盐度主要出现在 2 月和 12 月,占统计年份的 67.0%。盐度极大值为 34.99,出现在 1996 年 2 月 19 日。

历年的最低盐度均小于 9.95,其中小于 2.00 的有 4 年。年最低盐度主要出现在 6 月和 7 月,占统计年份的 72.0%。盐度极小值为 0.60,出现在 2019 年 5 月 26 日,当日降水量为 22.0 毫米。

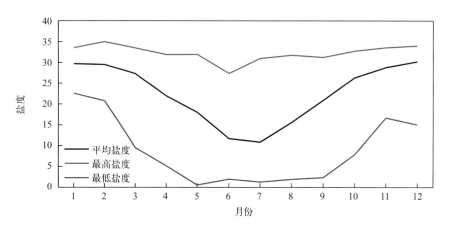

图3.2-1　盐度年变化（1986—2019年）

2. 长期趋势变化

1986—2019 年,年平均盐度和年最高盐度均无明显变化趋势,年最低盐度呈波动上升趋势,上升速率为 0.83/（10 年）。1996 年和 1995 年最高盐度分别为 1986 年以来的第一高值和第二高值；2019 年和 1997 年最低盐度分别为 1986 年以来的第一低值和第二低值。

第三节　海发光

1986—2002 年,赤湾站观测到的海发光主要为火花型（H）,闪光型（S）和弥漫型（M）均观测到 1 次。海发光以 1 级海发光为主,占海发光次数的 88.1%；2 级次之,占 10.3%；3 级占 1.4%；

4 级最少，观测到 2 次。

各月及全年海发光频率见表 3.3-1 和图 3.3-1。海发光频率 1—6 月较高，7—10 月较低，3 月海发光频率最高，7 月海发光频率最低。累年平均海发光频率为 54.2%。

历年（1995 年和 2002 年数据有缺测）海发光频率为 5.5% ~ 98.8%，其中 1991 年最大，2001 年最小。

表 3.3-1　各月及全年海发光频率（1986—2002 年）

	1月	2月	3月	4月	5月	6月	7月	8月	9月	10月	11月	12月	年
频率 / %	54.4	65.4	68.3	62.8	57.6	54.5	41.6	45.8	46.5	45.6	49.8	52.4	54.2

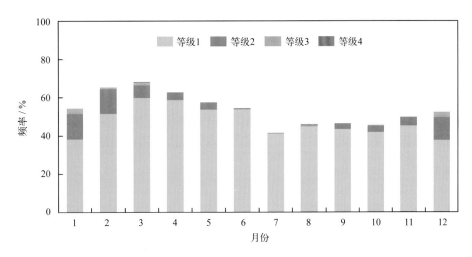

图3.3-1　各月各级海发光频率（1986—2002年）

第四章　海洋气象

第一节　气温

1. 平均气温、最高气温和最低气温

1987—2019 年，赤湾站累年平均气温为 23.1℃。月平均气温 7 月最高，为 28.7℃，1 月最低，为 15.8℃，年较差为 12.9℃。月最高气温和月最低气温的年变化特征与月平均气温相似，月最高气温极大值出现在 8 月，月最低气温极小值出现在 12 月（表 4.1-1，图 4.1-1）。

表 4.1-1　气温年变化（1987—2019 年）　　　　　　　　　单位：℃

	1月	2月	3月	4月	5月	6月	7月	8月	9月	10月	11月	12月	年
平均气温	15.8	16.2	19.2	22.8	26.0	28.1	28.7	28.5	27.7	25.5	21.6	17.3	23.1
最高气温	28.4	28.9	30.7	33.6	35.2	36.0	36.8	39.1	36.3	34.3	31.8	28.9	39.1
最低气温	2.2	2.9	7.0	8.8	15.4	19.3	20.7	21.8	17.4	13.1	4.9	1.6	1.6

注：2002年数据有缺测，2003—2012年停测。

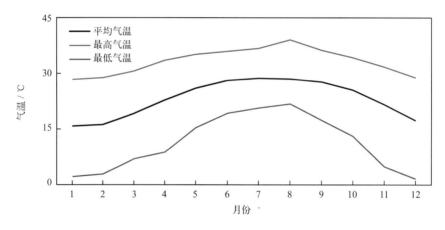

图4.1-1　气温年变化（1987—2019年）

历年的平均气温为 22.1 ~ 24.8℃，其中 2019 年最高，1988 年最低。

历年的最高气温均高于 34.0℃，其中高于 36.0℃的有 5 年。最早出现时间为 5 月 30 日（1995 年），最晚出现时间为 9 月 27 日（2016 年）。7 月最高气温出现频率最高，占统计年份的 38%，8 月次之，占 33%（图 4.1-2）。极大值为 39.1℃，出现在 2017 年 8 月 22 日。

历年的最低气温均低于 10.0℃，其中低于 3.0℃的有 4 年。最早出现时间为 11 月 30 日（1987 年），最晚出现时间为 3 月 4 日（1988 年）。1 月最低气温出现频率最高，占统计年份的 45%，2 月和 12 月次之，均占 23%（图 4.1-2）。极小值为 1.6℃，出现在 1991 年 12 月 29 日。

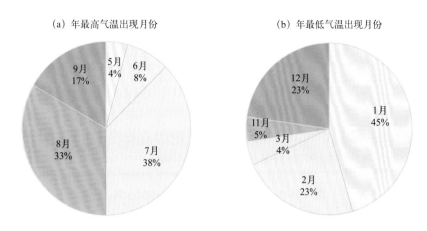

(a) 年最高气温出现月份　　　　　　　(b) 年最低气温出现月份

图4.1-2　年最高、最低气温出现月份及频率（1987—2019年）

2. 长期趋势变化

1987—2001年，年平均气温和年最低气温呈波动上升趋势，上升速率分别为0.39℃/（10年）（线性趋势未通过显著性检验）和0.28℃/（10年）（线性趋势未通过显著性检验）；年最高气温变化呈下降趋势，下降速率为0.09℃/（10年）（线性趋势未通过显著性检验）。

3. 常年自然天气季节和大陆度

利用赤湾站1987—2019年气温累年日平均数据计算五日滑动平均气温，根据《气候季节划分》（QX/T 152—2012）中的气候季节划分指标和本志季节起止日确定方法，赤湾站平均春季时间从1月29日至4月16日，共78天；平均夏季时间从4月17日至11月12日，共210天；平均秋季时间从11月13日至翌年1月28日，共77天。夏季时间最长，全年无冬季（图4.1-3）。

赤湾站焦金斯基大陆度指数为26.8%，属海洋性季风气候。

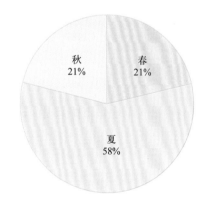

图4.1-3　各季平均日数百分率（1987—2019年）

第二节　气压

1. 平均气压、最高气压和最低气压

1987—2019年，赤湾站累年平均气压为1 012.2百帕。月平均气压12月最高，为1 020.1百

帕，8月最低，为1 004.5百帕，年较差为15.6百帕。月最高气压1月最大，6月最小。月最低气压12月最大，8月最小（表4.2-1，图4.2-1）。

历年的平均气压为1 011.1 ～ 1 013.2百帕，其中1993年和1995年均为最高，2016年最低。

历年的最高气压均高于1 028.0百帕，其中高于1 031.0百帕的有10年。极大值为1 036.9百帕，出现在2016年1月24日。

历年的最低气压均低于1 002.0百帕，其中低于990.0百帕的有8年。极小值为974.0百帕，出现在1997年8月3日，正值9710号强热带风暴影响期间。

表4.2-1 气压年变化（1987—2019年）　　　　　　　　　　　　　　单位：百帕

	1月	2月	3月	4月	5月	6月	7月	8月	9月	10月	11月	12月	年
平均气压	1 019.4	1 018.4	1 015.2	1 012.0	1 008.6	1 005.4	1 004.6	1 004.5	1 008.0	1 013.3	1 017.0	1 020.1	1 012.2
最高气压	1 036.9	1 031.8	1 028.0	1 027.7	1 018.9	1 012.6	1 013.8	1 013.9	1 017.8	1 024.9	1 031.7	1 033.5	1 036.9
最低气压	1 005.8	1 006.5	1 002.6	999.1	995.7	983.5	981.0	974.0	974.4	990.1	1 004.1	1 009.4	974.0

注：2002年数据有缺测，2003—2012年停测。

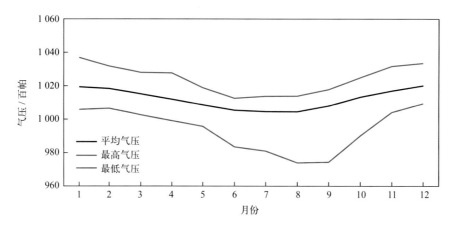

图4.2-1 气压年变化（1987—2019年）

2. 长期趋势变化

1987—2001年，年平均气压和年最低气压均呈下降趋势，下降速率分别为0.50百帕/（10年）（线性趋势未通过显著性检验）和6.82百帕/（10年）（线性趋势未通过显著性检验），年最高气压呈上升趋势，上升速率为0.38百帕/（10年）（线性趋势未通过显著性检验）。

第三节　相对湿度

1. 平均相对湿度和最小相对湿度

1987—2019年，赤湾站累年平均相对湿度为76.2%。月平均相对湿度6月最大，为82.9%，12月最小，为65.4%。平均月最小相对湿度7月最大，为51.7%，12月最小，为25.4%。最小相对湿度的极小值为11%，出现在2017年3月2日（表4.3-1，图4.3-1）。

表4.3-1 相对湿度年变化（1987—2019年）

	1月	2月	3月	4月	5月	6月	7月	8月	9月	10月	11月	12月	年
平均相对湿度/%	71.9	75.3	79.4	81.4	82.0	82.9	81.4	81.9	76.5	68.7	67.3	65.4	76.2
平均最小相对湿度/%	31.3	32.0	34.5	40.3	45.9	50.4	51.7	50.2	40.8	33.2	28.0	25.4	38.6
最小相对湿度/%	13	12	11	18	31	24	41	35	29	16	16	12	11

注：平均最小相对湿度为各月最小相对湿度的累年平均值及其年平均值。2002年数据有缺测，2003—2012年停测。

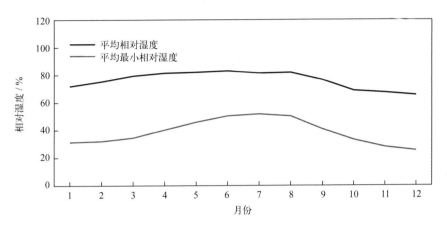

图4.3-1 相对湿度年变化（1987—2019年）

2. 长期趋势变化

1987—2019年，年平均相对湿度为69.1%～79.8%，其中1994年最大，2013年最小。1987—2001年，年平均相对湿度呈下降趋势，下降速率为0.62%/（10年）（线性趋势未通过显著性检验）。

3. 温湿指数

根据《人居环境气候舒适度评价》（GB/T 27963—2011）的温湿指数统计方法和气候舒适度等级划分方法，统计赤湾站各月温湿指数，结果显示：1—2月和12月温湿指数为15.6～16.8，感觉为冷；3—5月、10—11月温湿指数为18.7～24.9，感觉为舒适；6—9月温湿指数为26.0～27.3，感觉为热（表4.3-2）。

表4.3-2 温湿指数年变化（1987—2019年）

	1月	2月	3月	4月	5月	6月	7月	8月	9月	10月	11月	12月
温湿指数	15.6	16.0	18.7	22.0	24.9	26.9	27.3	27.1	26.0	23.6	20.3	16.8
感觉程度	冷	冷	舒适	舒适	舒适	热	热	热	热	舒适	舒适	冷

第四节 风

1. 平均风速和最大风速

赤湾站风速的年变化见表4.4-1和图4.4-1。累年平均风速为3.6米/秒，月平均风速6月和7月最大，均为4.3米/秒，12月最小，为3.1米/秒。平均最大风速7月最大，为17.6米/秒，

12 月最小，为 10.2 米 / 秒。最大风速月最大值对应风向多为 ESE 向（5 个月）。极大风速的最大值为 40.6 米 / 秒，出现在 2018 年 9 月 16 日，正值 1822 号超强台风"山竹"影响期间，对应风向为 E。

表 4.4-1　风速年变化（1986—2019 年）　　　　　　　　　　　　　　单位：米 / 秒

		1月	2月	3月	4月	5月	6月	7月	8月	9月	10月	11月	12月	年
平均风速		3.2	3.4	3.6	3.7	3.8	4.3	4.3	3.7	3.5	3.4	3.3	3.1	3.6
最大风速	平均值	10.7	11.0	12.6	13.3	13.4	14.7	17.6	16.9	15.4	11.4	10.6	10.2	13.2
	最大值	21.7	16.0	19.0	23.9	23.0	27.3	28.0	27.0	33.0	22.3	18.0	15.0	33.0
	最大值对应风向	NNW	ENE	ESE	W	ESE	ESE	SE	S	ESE	ESE	N	N	ESE
极大风速	最大值	14.8	15.3	19.4	20.7	30.2	20.2	28.2	34.9	40.6	24	15.5	15.5	40.6
	最大值对应风向	E	E	E	NNE	W	SW	ENE	E	E	NNW	E	NE	E

注：2002年和2003年数据有缺测；极大风速的统计时间为2013—2019年。

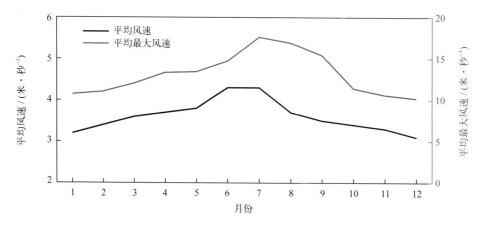

图4.4-1　平均风速和平均最大风速年变化（1986—2019年）

历年的平均风速为 1.9 ~ 4.7 米 / 秒，其中 1987 年和 1989 年均为最大，2011 年最小。历年的最大风速均大于等于 14.0 米 / 秒，其中大于等于 24.0 米 / 秒的有 11 年，大于等于 28.0 米 / 秒的有 3 年。最大风速的最大值为 33.0 米 / 秒，出现在 1993 年 9 月 17 日，正值 9316 号台风"贝姬"影响期间，风向为 ESE。年最大风速出现在 7 月的频率最高，1—3 月和 10—12 月未出现（图 4.4-2）。

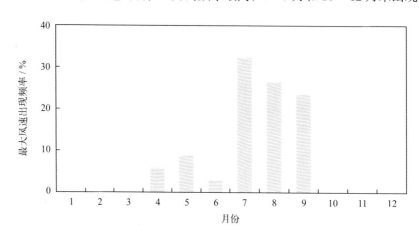

图4.4-2　年最大风速出现频率（1986—2019年）

2. 各向风频率

全年 E 向风最多，频率为 16.5%，ENE 向次之，频率为 13.5%，WNW 向最少，频率为 1.8%（图 4.4–3）。

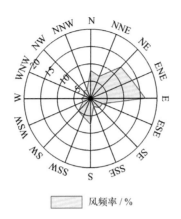

图4.4-3　全年各向风频率（1986—2019年）

1月盛行风向为 N—E，频率和为 73.1%；4月盛行风向为 NE—E，频率和为 47.0%；7月盛行风向为 S—SW，频率和为 42.0%；10月盛行风向为 N—E，频率和为 75.2%（图 4.4-4）。

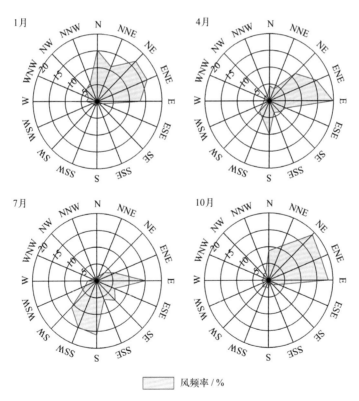

图4.4-4　四季代表月各向风频率（1986—2019年）

3. 各向平均风速和最大风速

全年各向平均风速 ENE 向最大，为 3.9 米 / 秒，E 向次之，为 3.7 米 / 秒，W 向和 WNW 向最小，均为 2.4 米 / 秒（图 4.4-5）。1月和10月平均风速均为 ENE 向最大，分别为 3.8 米 / 秒和 3.9 米 / 秒；4月平均风速 S 向最大，为 4.3 米 / 秒；7月平均风速 SSW 向最大，为 4.6 米 / 秒（图 4.4-6）。

全年各向最大风速 ESE 向最大，为 33.0 米 / 秒，E 向次之，为 28.5 米 / 秒，WNW 向最小，为 21.3 米 / 秒（图 4.4–5）。1 月 NNW 向最大风速最大，为 21.7 米 / 秒；4 月 W 向最大风速最大，为 23.9 米 / 秒；7 月 SE 向最大风速最大，为 28.0 米 / 秒；10 月 ESE 向最大风速最大，为 22.3 米 / 秒（图 4.4–6）。

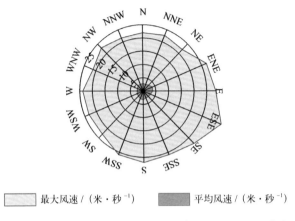

图4.4-5　全年各向平均风速和最大风速（1986—2019年）

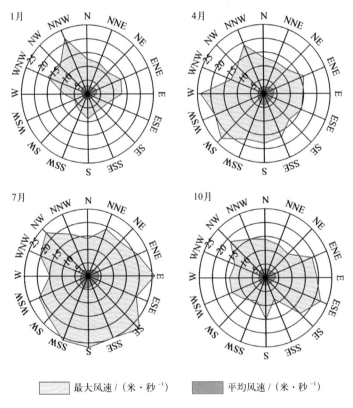

图4.4-6　四季代表月各向平均风速和最大风速（1986—2019年）

4. 大风日数

风力大于等于 6 级的大风日数 7 月最多，为 6.4 天，占全年的 18.2%，6 月次之，为 5.8 天（表 4.4–2，图 4.4–7）。平均年大风日数为 35.2 天（表 4.4–2）。历年大风日数 1987 年最多，为 88 天，2012 年最少，为 2 天。

风力大于等于8级的大风日数7月和8月最多，均为0.6天，1月出现1天，2月和12月未出现。历年大风日数1986年和1993年最多，均为8天，有6年未出现。

风力大于等于6级的月大风日数最多为16天，出现在1987年7月和2003年8月；最长连续大于等于6级大风日数为12天，出现在1994年6月6—17日（表4.4-2）。

表4.4-2　各级大风日数年变化（1986—2019年）　　　　　　　　　单位：天

	1月	2月	3月	4月	5月	6月	7月	8月	9月	10月	11月	12月	年
大于等于6级大风平均日数	0.9	1.2	2.9	3.1	3.4	5.8	6.4	5.5	2.7	1.4	1.2	0.7	35.2
大于等于7级大风平均日数	0.1	0.1	0.8	0.6	0.8	1.6	2.2	2.0	0.9	0.4	0.2	0.1	9.8
大于等于8级大风平均日数	0.0	0.0	0.1	0.1	0.2	0.3	0.6	0.6	0.4	0.1	0.1	0.0	2.5
大于等于6级大风最多日数	6	6	13	11	12	15	16	16	9	6	8	3	88
最长连续大于等于6级大风日数	3	2	11	6	5	12	9	7	7	4	4	2	12

注：2002年和2003年数据有缺测。

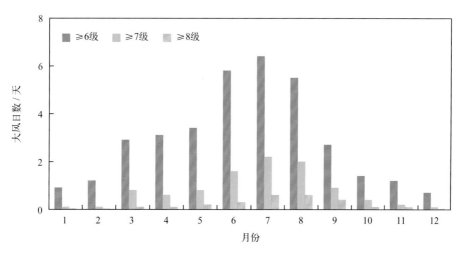

图4.4-7　各级大风日数年变化

第五节　降水

1. 降水量和降水日数

（1）降水量

赤湾站降水量的年变化见表4.5-1和图4.5-1。平均年降水量为1 700.8毫米，6—8月降水量为847.3毫米，占全年降水量的49.8%，3—5月降水量为462.2毫米，占全年的27.2%，9—11月降水量为269.9毫米，占全年的15.9%，12月至翌年2月降水量为121.4毫米，占全年的7.1%。6月平均降水量最多，为285.4毫米，占全年的16.8%。

历年年降水量为1 051.8 ~ 2 434.5毫米，其中2001年最多，1991年最少。

最大日降水量超过100毫米的有21年，超过150毫米的有10年，超过200毫米的有4年。

最大日降水量为 463.2 毫米，出现在 2000 年 4 月 14 日。

表 4.5-1　降水量年变化（1987—2019 年）　　　　　　　　单位：毫米

	1月	2月	3月	4月	5月	6月	7月	8月	9月	10月	11月	12月	年
平均降水量	40.5	40.2	73.8	159.7	228.7	285.4	280.3	281.6	174.0	53.3	42.6	40.7	1 700.8
最大日降水量	112.2	60.3	167.3	463.2	189.3	185.8	343.7	142.0	180.6	98.4	277.2	88.1	463.2

注：2002年数据有缺测，2003—2012年停测。

（2）降水日数

平均年降水日数为 128.1 天。平均月降水日数 6 月最多，为 16.2 天，11 月最少，为 4.7 天（图 4.5-2 和图 4.5-3）。日降水量大于等于 10 毫米的平均年日数为 42.1 天，各月均有出现；日降水量大于等于 50 毫米的平均年日数为 7.3 天，各月均有出现；日降水量大于等于 100 毫米的平均年日数为 2.1 天，出现在 1 月、3—9 月和 11 月；日降水量大于等于 150 毫米的平均年日数为 0.66 天，出现在 3—7 月、9 月和 11 月；日降水量大于等于 200 毫米的平均年日数为 0.18 天，出现在 4 月、7 月和 11 月（图 4.5-3）。

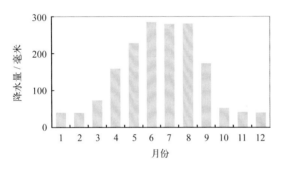

图4.5-1　降水量年变化（1987—2019年）

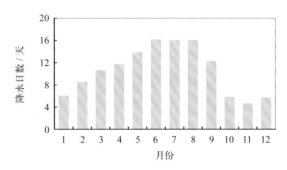

图4.5-2　降水日数年变化（1987—2019年）

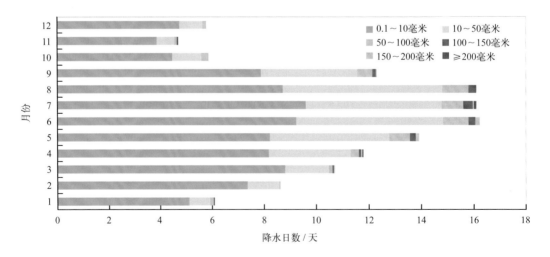

图4.5-3　各月各级平均降水日数分布（1987—2019年）

最多年降水日数为 152 天，出现在 2016 年；最少年降水日数为 107 天，出现在 2015 年。最长连续降水日数为 19 天，出现在 1993 年 6 月 2—20 日；最长连续无降水日数为 67 天，出现在 2019 年 10 月 15 日至 12 月 20 日。

2. 长期趋势变化

1987—2001年，年降水量呈上升趋势，上升速率为544.12毫米/（10年）（线性趋势未通过显著性检验）；年最大日降水量呈上升趋势，上升速率为68.21毫米/（10年）（线性趋势未通过显著性检验）。

1987—2001年，年降水日数呈增加趋势，增加速率为10.36天/（10年）（线性趋势未通过显著性检验）；最长连续降水日数和最长连续无降水日数均无明显变化趋势。

第六节　雾及其他天气现象

1. 雾

赤湾站雾日数的年变化见表4.6-1、图4.6-1和图4.6-2。1987—2002年，平均年雾日数为6.2天。平均月雾日数2月和3月最多，均为1.6天，6—11月未出现；月雾日数最多为6天，出现在1992年3月和2001年2月；最长连续雾日数为5天，出现在2001年2月3—7日。

表4.6-1　雾日数年变化（1987—2002年）　　　　　　　　　　单位：天

	1月	2月	3月	4月	5月	6月	7月	8月	9月	10月	11月	12月	年
平均雾日数	0.9	1.6	1.6	1.4	0.1	0.0	0.0	0.0	0.0	0.0	0.0	0.6	6.2
最多雾日数	4	6	6	5	1	0	0	0	0	0	0	3	17
最长连续雾日数	3	5	3	2	1	0	0	0	0	0	0	3	5

注：2002年10月停测。

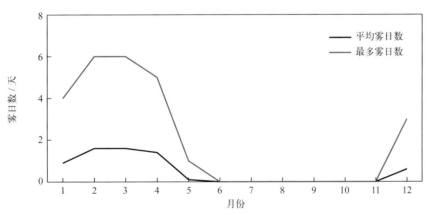

图4.6-1　平均雾日数和最多雾日数年变化（1987—2002年）

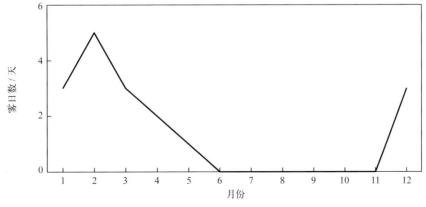

图4.6-2　最长连续雾日数年变化（1987—2002年）

1987—2001 年，年雾日数呈下降趋势，下降速率为 2.00 天 /（10 年）（线性趋势未通过显著性检验）。1992 年雾日数最多，为 17 天，1993 年和 1997 年最少，均为 1 天。

2. 轻雾

赤湾站轻雾日数的年变化见表 4.6-2 和图 4.6-3。1987—1995 年，平均年轻雾日数为 153.6 天。平均月轻雾日数 12 月最多，为 19.9 天，7 月最少，为 3.1 天。最多月轻雾日数为 29 天，出现在 1990 年 12 月。

1987—1994 年，年轻雾日数为 84 ~ 205 天，1990 年最多，1987 年最少（图 4.6-4）。

表 4.6-2　轻雾日数年变化（1987—1995 年）　　　　　单位：天

	1月	2月	3月	4月	5月	6月	7月	8月	9月	10月	11月	12月	年
平均轻雾日数	18.4	16.4	15.1	14.6	10.3	4.4	3.1	8.9	14.1	13.6	14.8	19.9	153.6
最多轻雾日数	24	23	21	19	15	10	8	17	23	26	21	29	205

注：1995年7月停测。

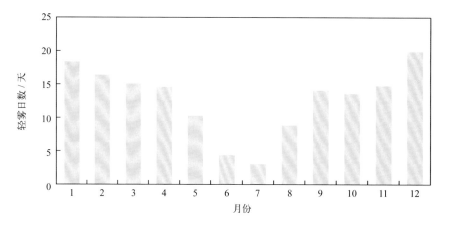

图4.6-3　轻雾日数年变化（1987—1995年）

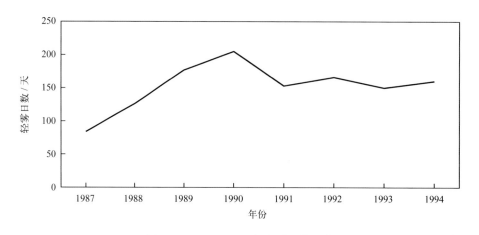

图4.6-4　1987—1994年轻雾日数变化

3. 雷暴

赤湾站雷暴日数的年变化见表4.6-3和图4.6-5。1987—1995年，平均年雷暴日数为43.1天。雷暴主要出现在4—9月，其中8月最多，为9.3天，1月、11月和12月未出现。雷暴最早初日为2月7日（1992年），最晚终日为10月15日（1987年）。月雷暴日数最多为15天，出现在1987年7月和1989年8月。

表4.6-3　雷暴日数年变化（1987—1995年）　　　　　　　单位：天

	1月	2月	3月	4月	5月	6月	7月	8月	9月	10月	11月	12月	年
平均雷暴日数	0.0	0.7	1.7	5.0	5.6	6.4	8.1	9.3	5.9	0.4	0.0	0.0	43.1
最多雷暴日数	0	4	5	10	10	13	15	15	10	2	0	0	64

注：1995年7月停测。

1987—1994年，年雷暴日数为31～64天，1987年最多，1991年最少（图4.6-6）。

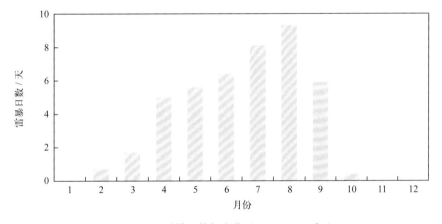

图4.6-5　雷暴日数年变化（1987—1995年）

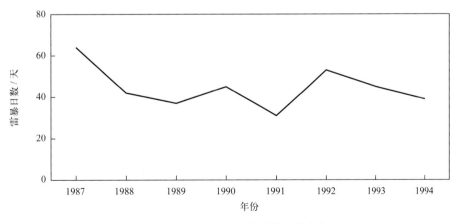

图4.6-6　1987—1994年雷暴日数变化

第七节　能见度

1987—2002年，赤湾站累年平均能见度为15.3千米。7月平均能见度最大，为23.7千米，12月最小，为9.7千米。能见度小于1千米的平均年日数为4.5天，3月最多，为1.3天，6月、

10 月和 11 月未出现（表 4.7-1，图 4.7-1 和图 4.7-2）。

表 4.7-1　能见度年变化（1987—2002 年）

	1月	2月	3月	4月	5月	6月	7月	8月	9月	10月	11月	12月	年
平均能见度 / 千米	10.8	12.2	13.2	15.3	17.6	22.9	23.7	19.9	14.1	12.6	11.8	9.7	15.3
能见度小于 1 千米平均日数 / 天	0.6	1.1	1.3	0.8	0.1	0.0	0.1	0.1	0.1	0.0	0.0	0.3	4.5

注：2002年10月停测。

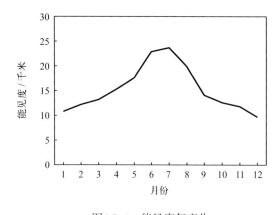

图4.7-1　能见度年变化

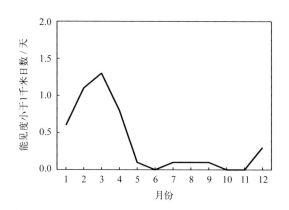

图4.7-2　能见度小于1千米日数年变化

　　历年平均能见度为 12.6 ~ 19.6 千米，1987 年最高，2001 年最低。能见度小于 1 千米的日数 1992 年最多，为 11 天，1993 年和 1997 年最少，均为 1 天（图 4.7-3）。

　　1987—2001 年，年平均能见度呈下降趋势，下降速率为 2.17 千米 /（10 年）。

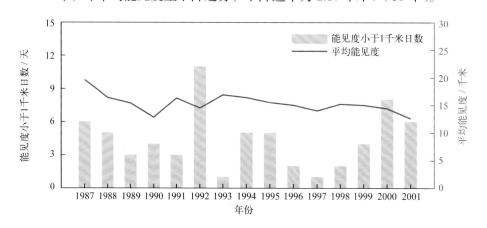

图4.7-3　能见度小于1千米年日数和平均能见度变化

第八节　云

　　1987—1995 年，赤湾站累年平均总云量为 6.8 成，3 月平均总云量最多，为 8.3 成，10 月最少，为 4.9 成；累年平均低云量为 5.6 成，3 月平均低云量最多，为 7.7 成，10 月最少，为 3.8 成（表 4.8-1，图 4.8-1）。

表 4.8-1　总云量和低云量年变化（1987—1995 年）

	1月	2月	3月	4月	5月	6月	7月	8月	9月	10月	11月	12月	年
平均总云量 / 成	6.1	7.2	8.3	7.9	7.7	7.9	7.1	7.2	6.8	4.9	5.0	5.0	6.8
平均低云量 / 成	5.5	6.6	7.7	7.2	6.4	6.2	5.2	5.2	5.3	3.8	4.1	4.3	5.6

注：1995年7月停测。

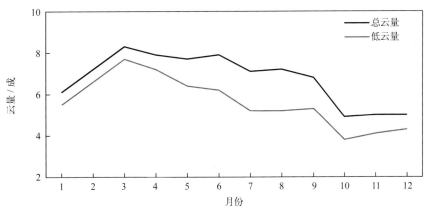

图4.8-1　总云量和低云量年变化（1987—1995年）

1987—1994 年，年平均总云量为 6.4 ~ 7.0 成，其中 1987 年和 1988 年均为最多，1992 年最少（图 4.8-2）；年平均低云量为 5.0 ~ 6.1 成，其中 1994 年最多，1992 年最少（图 4.8-3）。

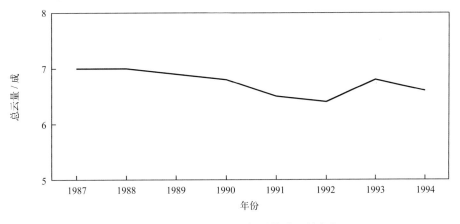

图4.8-2　1987—1994年平均总云量变化

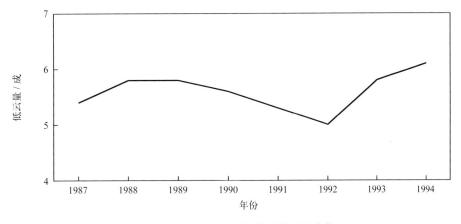

图4.8-3　1987—1994年平均低云量变化

第五章 海平面

1. 年变化

赤湾沿海海平面年变化特征明显，3月最低，10月最高，年变幅为26厘米（图5-1），平均海平面在验潮基面上271厘米。

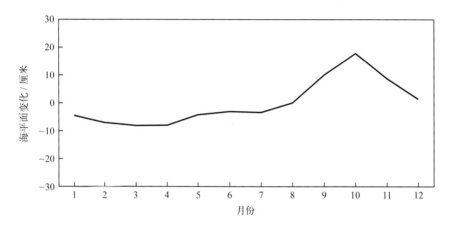

图5-1 海平面年变化（1986—2019年）

2. 长期趋势变化

赤湾沿海海平面变化总体呈波动上升趋势。1986—2019年，赤湾沿海海平面上升速率为4.2毫米/年；1993—2019年，赤湾沿海海平面上升速率为5.2毫米/年，高于同期中国沿海3.9毫米/年的平均水平。1986—1995年，赤湾沿海海平面上升趋势不明显；1999—2011年海平面在达到一次高位之后回落，2011年之后海平面上升较快，2017年和2019年海平面分别为观测以来的最高和第二高。

赤湾沿海十年平均海平面总体上升。1986—1989年平均海平面处于观测以来的最低位；1990—1999年平均海平面上升不显著；2000—2009年平均海平面较1990—1999年平均海平面高16毫米；2010—2019年海平面上升较快，处于近30余年来的最高位，比2000—2009年平均海平面高80毫米，比1986—1989年平均海平面高102毫米（图5-2）。

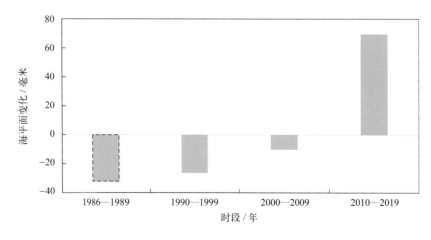

图5-2 十年平均海平面变化

第六章 灾害

第一节 海洋灾害

1. 风暴潮

1964 年 7 月 2 日前后，6403 号强台风影响广东沿海，引发严重潮灾。赤湾站最大增水超过 0.5 米。9 月 5 日前后，6415 号强台风登陆广东珠海，引发较大潮灾。赤湾站最大增水超过 1 米。宝安县全县水稻受灾面积 11.86 万亩，冲崩山塘 12 个，鱼塘受冲崩或过堤 464 亩，打烂农艇 11 只；新兴县冲崩山塘 1 个，坡坝 198 条（《中国海洋灾害四十年资料汇编》）。

1965 年 7 月 15 日前后，6508 号超强台风影响广东沿海，正遇农历六月十七天文大潮期，引发特大潮灾。赤湾站最大增水超过 1 米，最高潮位超过当地警戒潮位（《中国海洋灾害四十年资料汇编》）。

1969 年 7 月 28 日前后，6903 号超强台风登陆广东汕头，正遇农历六月十五天文大潮期，引发特大潮灾。赤湾站最大增水超过 0.5 米。粤东地区风灾空前，大海潮罕见（《中国海洋灾害四十年资料汇编》）。

1972 年 11 月 8 日前后，7220 号强台风影响广东沿海，正遇农历十月初三天文大潮期，引发严重潮灾。赤湾站最大增水超过 0.5 米，最高潮位超过警戒潮位（《中国海洋灾害四十年资料汇编》）。

1979 年 8 月 1 日前后，7908 号超强台风影响广东沿海，引发严重潮灾。汕尾站、赤湾站最大增水超过 1 米。粤东地区受灾县市 38 个，死伤 1 400 余人，其中死亡 93 人，大亚湾范和港大浪卷到两岸房顶上，附近海堤冲垮 46 处。该台风破坏性大，影响范围广，在珠江口沿海造成巨大风暴潮，给深圳带来 30 多年来最严重的一次风暴潮灾害，深圳的风暴潮增水接近历史最大风暴潮增水（《中国海洋灾害四十年资料汇编》《中国气象灾害大典·广东卷》）。

1980 年 7 月 23 日前后，8007 号强台风影响广东湛江，引发特大潮灾。赤湾站最大增水超过 1 米。此次风暴潮来得猛，来得快，造成较大影响（《中国海洋灾害四十年资料汇编》）。

1986 年 9 月 5 日前后，8616 号强台风影响广东沿海，正逢农历八月初二天文大潮期，引发特大潮灾。赤湾站最大增水超过 0.5 米。在台风和风暴潮的双重影响下，雷州半岛东岸的海堤几乎毁坏殆尽，淹没了 44 万余亩晚稻（《中国海洋灾害四十年资料汇编》）。

1989 年 7 月 18 日，8908 号超强台风在广东省阳西县沙扒镇登陆，此时天文潮高潮几乎与过程最大增水重合，从珠江口的黄埔到阳西县的闸坡，多个验潮站实测潮位超过当地警戒潮位，赤湾站实测最高潮位超过当地历史最高潮位。这是自 1949 年以来发生在珠江口地区最严重的一次大范围的特大风暴潮灾害（《1989 年中国海洋灾害公报》）。

1991 年 7 月 24 日，9108 号台风在珠江口西部沿海登陆，正值月天文大潮期，最大增水又恰叠加在当日高潮时刻，沿岸遭受较大风暴潮灾，赤湾站潮位超过当地警戒潮位（《1991 年中国海洋灾害公报》）。

1993 年 6 月 27 日前后，台山市到阳江市之间沿海地区遭受风暴潮灾，广东省汕头市至阳江市沿海各站有 50 厘米以上增水，其中深圳市至台山市沿海各站的增水显著，阳江市大部分海堤崩塌和损坏。9月17日前后，珠江口沿海地区发生较为严重的风暴潮灾害，这次潮灾适逢天文大潮期，风助潮势，潮借风威，造成深圳市赤湾站最高潮位超过了历史最高值。这次风暴潮潮位高，风雨交加，并受向岸巨浪冲击，造成沿海一些海堤漫顶进水或溃决，灾害严重（《1993年中国海洋灾害公报》）。

1995年8月12日前后，广东省惠阳市沿海出现灾害性风暴潮，珠江口以东沿海的海堤破损严重，部分地段海潮漫过堤围，受其影响，汕尾、惠州、梅州、深圳、潮州、汕头等8市共31个县（区）有503万人受灾，直接经济损失达13.3亿元（《1995年中国海洋灾害公报》）。

2009年9月，广东沿海海平面异常偏高，0915号台风"巨爵"影响广东时适逢天文大潮，受风暴潮增水、天文大潮和海平面异常偏高的共同影响，珠江口附近沿海多个海洋站出现超过警戒潮位的高潮位，超过百万人受灾，直接经济损失超过20亿元（《2009年中国海平面公报》）。

2017年8月23日前后，1713号强台风"天鸽"在广东省珠海市金湾区沿海登陆，为1965年以来登陆珠江口的最强台风。该台风登陆前强度迅速增强，24小时内由强热带风暴加强为强台风，并几乎在巅峰状态登陆。赤湾站最大增水超过2米，最高潮位达到当地红色警戒潮位，破历史最高潮位纪录。广东省受灾人口112.86万人，房屋、水产养殖设施、渔船、港口、渔港、码头、防波堤、海堤护岸以及道路等损毁严重（《2017年中国海洋灾害公报》）。

2018年9月16日前后，1822号超强台风"山竹"在广东省台山市登陆，为2018年登陆我国的最强台风。赤湾站最大增水超过2米，最高潮位达到当地红色警戒潮位。受台风风暴潮和近岸浪共同作用，广东省直接经济损失达23.7亿元（《2018年中国海洋灾害公报》）。

2. 海浪

2003年4月11日，受海浪袭击，琼"临高12148"轮在广东大亚湾附近海面沉没，造成10人死亡（含失踪），直接经济损失约800万元（《2003年中国海洋灾害公报》）。

3. 赤潮

1989年监测结果表明，广东省深圳市沿海发生过赤潮（《1989年中国海洋灾害公报》）。

1990年3月19日，在南海执行任务的"中国海监71"号船发现广东省大鹏湾口附近海域发生赤潮，海面出现粉红色漂浮物，这种现象持续了1天之久。4月9日，赤湾附近海域发现大面积赤潮，最大宽度为200米，呈条状，绵延5～6海里，退潮时已影响到桂山岛附近海域，这次赤潮持续到10日上午才逐渐消失。5月上旬，深圳附近海域发生赤潮，使南海水产研究所试验基地的几十万尾鱼苗死亡（《1990年中国海洋灾害公报》）。

1991年3月20日前后，广东省大鹏湾盐田镇到盐田港长千千米的沿岸水域首次发生褐藻赤潮。海水呈锈褐色，海面出现死鱼，据不完全统计，水产养殖基地及个体养殖户几十万尾鱼苗死亡（《1991年中国海洋灾害公报》）。

1992年4月22日前后，广东省深圳市大鹏湾盐田附近海域发生由夜光藻引起的大面积赤潮（《1992年中国海洋灾害公报》）。

1999年3月14—15日，广东大鹏湾南澳海域发生小范围的赤潮；3月25—29日，大亚湾衙前海域和大鹏湾盐田海域发生数平方千米的赤潮；5月20—26日，大亚湾惠州港间断发生小范围赤潮（《1999年中国海洋灾害公报》）。

2000年8月17日，广东深圳坝光至惠阳澳头海域发生约20平方千米赤潮，网箱养殖鱼类和部分底栖生物死亡，直接经济损失超过200万元；9月6日，广东大亚湾海域发生约30平方千米赤潮，养殖鱼类死亡，直接经济损失超过 100 万元（《2000 年中国海洋灾害公报》）。

2002 年 6 月 4—13 日，广东省深圳市西部的赤湾港至桂山岛海域出现块状赤潮，赤潮藻种为中肋骨条藻和无纹环沟藻。赤潮最大面积达到 500 平方千米（《2002 年中国海洋灾害公报》）。

4. 海岸侵蚀

2002—2013 年，广东深圳金沙湾浴场岸段侵蚀面积超过 1.4 万平方米，约占浴场沙滩面积的25%。2010—2014 年，深圳惠深沿海高速公路土洋收费站附近 283 米长的岸段发生海岸侵蚀，最大侵蚀距离为 18.71 米，平均侵蚀距离为 9.47 米，建在岸边的篮球场完全消失（《2014 年中国海平面公报》）。

2017 年，广东深圳土洋收费站岸段最大侵蚀距离 7.6 米，平均侵蚀距离 3 米（《2017 年中国海平面公报》）。

2018 年，广东深圳土洋收费站岸段年最大侵蚀距离 10.9 米，年平均侵蚀距离 10 米，侵蚀程度较 2017 年加重（《2018 年中国海平面公报》）。

2019 年，广东深圳土洋收费站砂质海岸侵蚀岸线长度 0.2 千米，平均侵蚀速率 1.0 米 / 年，年最大侵蚀距离 1.8 米，侵蚀距离较 2018 年减小（《2019 年中国海洋灾害公报》《2019 年中国海平面公报》）。

2020 年，广东深圳土洋收费站岸段年最大侵蚀距离 0.3 米，年平均侵蚀距离 0.1 米，侵蚀程度较 2019 年减轻（《2020 年中国海平面公报》）。

第二节　灾害性天气

根据《中国气象灾害大典·广东卷》（1949—2000 年）和《中国气象灾害年鉴》（2000 年后）及《南海区海洋站海洋水文气候志》记载，赤湾站周边发生的主要灾害性天气有暴雨洪涝、大风、雷电、冰雹和大雾。

1. 暴雨洪涝

1957 年 7 月 16 日，5708 号强台风在广东省惠阳—深圳登陆，16—18 日深圳雨量达到 271.3 毫米。9 月 22 日，受 5719 号台风影响，深圳 22 日 08 时到 23 日 08 时雨量达 254.3 毫米。

1967 年 8 月 16—18 日，受 6710 号强热带风暴影响，广东深圳降雨量达 199.7 毫米。

1988 年 7 月 19 日，8805 号超强台风在广东省惠来县登陆，台风影响期间，深圳最大日降雨量达 153.2 毫米。

1993 年 9 月 26—27 日，受台风影响，深圳市出现特大暴雨，市内出现严重水浸，多个路段水深超过 1 米，车辆停行，以船代车。

1994 年 7 月 17—26 日，广东省境内降雨历时 10 天，全省过程雨量达 100 毫米以上的有38 个县（市），其中珠海市 645 毫米，深圳市 373 毫米。8 月 6 日，受 9413 号强热带风暴影响，深圳市日降雨量高达 312 毫米，超过历史最大值，受灾严重。

1998 年 5 月 22—24 日，深圳市先后普降暴雨到大暴雨，局部降特大暴雨。深圳市罗湖区、盐田区、南山区大面积受淹，其中罗湖区塘路水深 0.5 ~ 0.8 米，经水浸的围墙倒塌，造成 3 人死亡。新段村住宅区水深 2 米，盐田区沙头角街水浸 0.3 ~ 0.6 米，住宅小区水深 0.5 ~ 1.0 米。深圳市水库流量超过 500 立方米 / 秒，水位急剧上涨，达到 27.27 米，超过防限水位 0.27 米，被迫排洪。全市因这场大暴雨造成6人死亡、2人失踪、6人受伤，直接经济损失达1.83亿元。

1999年8月21—25日，受9908号台风影响，广东省大部分地区普降大雨，珠江三角洲及其附近地区降暴雨到大暴雨。21日08时到24日08时，深圳降雨量为472.3毫米。此次台风造成广东省惠州、深圳、汕尾、广州、珠海等10个市33个县（市）221个乡镇受灾。

2000年4月13—15日，深圳市出现一次较大的降水过程，降雨量高达373.7毫米，内涝渍水严重，房屋受浸倒塌，山体滑坡，农田受淹，造成11人死亡。

2003年9月2日20时50分，0313号强台风"杜鹃"在深圳市东部沿海登陆，并伴有暴雨，台风首先对深圳市东部龙岗区造成严重破坏，然后从东向西横扫该市全境。受其影响，深圳市22人死亡，150人受伤，其中宝安区公明镇西田村一在建厂房倒塌，造成16人死亡，20人受伤。

2005年8月19—20日，广东省普遍降雨，暴雨洪涝灾害造成东莞、深圳、茂名等3市的61.4万人不同程度受灾，因灾死亡5人，紧急转移安置1.3万人；倒塌房屋500余间，损坏房屋2400余间；农作物受灾面积达1.2万公顷，绝收4100余公顷；直接经济损失达2.4亿元。

2017年6月12日23时前后，1702号强热带风暴"苗柏"在深圳大鹏半岛登陆，12—13日深圳局地降雨超过250毫米，造成道路积水、交通阻断、断电、幼儿园和中小学停课。

2018年6月8日，受1804号热带风暴"艾云尼"影响，深圳市内涝严重。8月28日至9月1日，深圳、珠海、汕头等14市27个县（市、区）遭受洪涝灾害。共造成180万人受灾，2人死亡，2人失踪，9.8万人紧急转移安置；直接经济损失达20.3亿元。9月16日，受1822号超强台风"山竹"影响，深圳南澳街道七星湾11时的最大1小时雨量为92.1毫米，深圳地铁全线停运，机场航班全部取消。

2. 大风

1957年7月16日，5708号强台风在广东省惠阳—深圳登陆，台风登陆时最大风速达20.0～24.0米/秒，阵风大于40.0米/秒。

1961年5月19日，6103号台风在香港登陆，深圳最大风速35.0米/秒。正值抽穗的"矮脚南特"受损失极大。

1966年7月13日，6605号强热带风暴在珠海登陆，深圳最大风速达30.0米/秒，伴随暴雨，给夏收造成不利影响。

1968年8月21日，6808号台风在香港登陆，深圳宝安最大风速35.0米/秒。台风导致珠江三角洲内涝严重。

1971年8月17日，7118号超强台风在广东省番禺县沿海登陆，登陆时中心风力11级，阵风12级以上，深圳最大风速达40.0米/秒。沿海被冲毁海堤170余千米，受淹鱼塘200余公顷，新湾渔港全部受淹。

1979年8月2日13时30分前后，7908号超强台风在深圳大鹏公社登陆，登陆时风速55.0米/秒，在台风登陆时及登陆后5～6小时内，台风中心附近的最大风速仍有40.0米/秒。该台风破坏性大，影响范围广，在珠江口沿海造成巨大风暴潮，给深圳带来30余年来最严重的一次风暴潮灾害，深圳的风暴潮增水接近历史最大风暴潮增水。

1992年7月18日早晨，9206号强热带风暴在珠海市登陆后折向东北再入珠江口，深圳赤湾站测得最大风速28.0米/秒。此次强热带风暴影响深圳市西部海区，蛇口渔港有7艘蚝业养殖船损毁，13艘损坏，19只小蚝艇被打烂报废，50个吊蚝养殖排受损，200米渔港护坡堤损坏严重，直接经济损失达100万元。

1995 年 8 月 12 日 09 时，9505 号强热带风暴在广东省惠阳市沿海地区登陆，12—13 日，珠江口以东海面风力 7～9 级，阵风 11 级，强热带风暴中心所经过的深圳、惠州等市风力 10 级，阵风 11～12 级。广东省汕尾、揭阳、深圳、潮州、汕头、惠州、韶关等 9 个市共 41 个县（市）受灾。

2006 年 8 月 3 日 19 时 20 分，0606 号台风"派比安"在广东省阳西县与电白县之间沿海登陆，深圳沿海陆地出现 7～9 级大风。深圳宝安机场总共有 53 个航班延误，25 个航班取消，11 个航班被迫在广州、厦门等地降落；深圳至海口的长途客车全部停运；蛇口码头和福永码头取消了前往澳门和香港机场码头的轮渡。

2007 年 5 月 18 日，深圳市遭受强龙卷风袭击。宝安区福永街道 107 国道旁的博皇集团福永国际家具博览中心的家私城 A 馆顶部因灾发生坍塌，坍塌面积 2 500 平方米，造成 1 人死亡，5 人受伤，财产损失约 100 万元。

2014 年 9 月 16 日，受 1415 号台风"海鸥"影响，深圳极大风速达 25.3 米 / 秒，深圳机场 38 个进出港航班被取消。

2018 年 9 月 16 日，受 1822 号超强台风"山竹"影响，深圳站测得最大平均风速 28.5 米 / 秒，极大风速 40.6 米 / 秒。强风造成深圳市树木大量倒伏，户外广告牌、公共交通标识及部分基础设施和建筑物受损，地铁全部停运，机场航班全部取消。

3. 雷电

1997 年 5 月 16 日，深圳市部分地区遭受雷击。

1999 年 7 月 19 日、7 月 24—25 日、8 月 4—5 日，深圳市部分地区遭受雷击。

2003 年 5 月 14 日 20 时 45 分，深圳市区两座智能大厦的弱电系统遭雷击，直接经济损失超过 100 万元。6 月 14 日，深圳市 6 个建筑物内的电子设备系统遭雷击受损，直接经济损失超过 300 万元。

2005 年 8 月 19 日，深圳市宝安区一公司遭雷击，造成 2 人死亡。

2009 年 3 月 5 日 16—17 时，深圳市机场遭雷击，造成航班延误和取消，直接经济损失 800 万元，间接经济损失 5 800 万元。

4. 冰雹

1981 年 3—4 月，广州、深圳等地共 25 个县（市）先后遭受冰雹袭击，冰雹粒径一般为 1～2 厘米，大的似鸡蛋、拳头、口盅大小。

5. 大雾

1998 年 2 月 4 日 09 时 15 分，在深圳机场客运码头 1 号、2 号浮灯附近，由于浓雾能见度差，"宇航 2 号"高速客船与"潮供油 8 号"油船碰撞。

2003 年 2 月 8 日，受大雾天气影响，深圳机场有 113 个进出港航班延误。

珠海海洋站

第一章 概况

第一节 基本情况

珠海海洋站（简称珠海站）位于广东省珠海市（图1.1-1）。珠海市位于广东省中南部，濒临南海，地处珠江口西岸，东水连香港，南壤接澳门，是中国最早实行对外开放政策的4个经济特区之一，是珠三角中海洋面积最大、岛屿最多、海岸线最长的城市，海洋资源丰富，大陆岸线长约224.5千米，全市常住人口约244万人。

珠海站于1998年6月建成，7月开始观测潮位，2002年7月正式成立，隶属国家海洋局南海分局，2019年6月后隶属自然资源部南海局，由珠海中心站管辖。站址位于珠海市香洲区吉大情侣中路31号，测点位于珠海海滨泳场防波堤边。

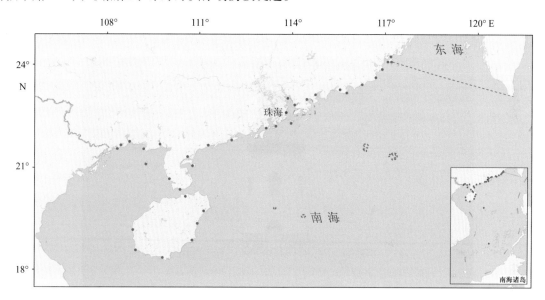

图1.1-1 珠海站地理位置示意

珠海站观测项目有潮汐、海浪、表层海水温度、表层海水盐度、气温、气压、相对湿度和风等。2002年前，主要为人工目测或使用简易设备观测，2002年安装使用自动观测系统，多数项目实现了自动化观测、数据存储和传输。

珠海沿海为不正规半日潮特征，海平面4月最低，10月最高，年变幅为26厘米，平均海平面为243厘米，平均高潮位为299厘米，平均低潮位为178厘米；全年海况以0～3级为主，年均平均波高为0.4米，年均平均周期为3.2秒，历史最大波高最大值为5.3米，历史平均周期最大值为8.5秒，常浪向为NE，强浪向为SW；年均表层海水温度为23.1～24.8℃，8月最高，均值为29.9℃，1月最低，均值为15.9℃，历史水温最高值为33.8℃，历史水温最低值为9.3℃。

珠海站主要受海洋性季风气候影响，年均气温为23.1～24.8℃，8月最高，均值为30.0℃，1月最低，均值为15.9℃，历史最高气温为38.9℃，历史最低气温为3.1℃；年均气压为1 009.1～1 012.7百帕，1月最高，均值为1 018.6百帕，8月最低，均值为1 002.7百帕；年均相对湿度为69.9%～80.9%，4月最大，均值为82.8%，12月最小，均值为66.7%；年均风速为 2.1 ~ 3.2 米 / 秒，12 月最大，均值为 3.9 米 / 秒，6 月最小，均值为 1.9 米 / 秒，1 月盛行风向为 N—NNE（顺时针，下同），4 月无明显盛行风向，最多风向为 SE 向，7 月盛行风向为 SW—WSW，10 月盛行风向为 N—NE；平均年雾日数为 4.8 天，3 月最多，均值为 1.8 天，5—10 月未出现；年均能见度为 11.5 ~ 20.7 千米，7 月最大，均值为 27.0 千米，3 月最小，均值为 8.6 千米。

第二节　观测环境和观测仪器

1. 潮汐

1998 年 7 月开始观测。验潮室位于珠海市海滨泳场防波堤边，2012 年 11 月对验潮室进行改造，2018 年 3 月迁至海滨泳场西北新建验潮室，验潮井为岸式钢筋混凝土结构，海域开阔，无侵蚀和淤积（图 1.2-1）。

1998 年 7 月起使用 SCA11-1 型浮子式水位计，水位计故障期间使用 HCJ1 型滚筒式验潮仪，2010 年 8 月后使用 SCA11-3A 型浮子式水位计。

图1.2-1　珠海站验潮室（摄于2018年3月）

2. 海浪

2006 年 4 月开始观测。测波室位于珠海中心站办公楼 6 楼。测波点位于海滨泳场东面海域，视野开阔，水深约 10 米。

观测初期为目测，2010 年 3 月后使用 SZF 型浮标观测，受航道影响，2013 年 10 月浮标向离岸近的位置迁移，2016 年 11 月新浮标投放在拱北湾内，2019 年 3 月后浮标迁移至桂山岛附近海域。海况和波型为目测。

3. 表层海水温度、盐度和海发光

表层海水温度资料始于 1996 年，2018 年 4 月开始观测表层海水盐度。初期测点位于海滨泳场防波堤边的验潮井内，附近有排污口，2018 年测点迁至海滨泳场西北验潮室内，附近无入海河流，与外海畅通。

观测初期使用表层水温表测量水温，2007年8月后使用YZY4-2型温盐传感器。2018年4月后使用YZY4-3型温盐传感器。

海发光为每日天黑后人工目测，观测时间为2000年1月至2002年7月。

4. 气象要素

2002年12月开始气压和风观测，2006年4月开始能见度和雾观测，2008年2月开始气温和相对湿度观测。观测场位于珠海中心站办公楼，气压传感器位于4楼，温湿度传感器和风向风速传感器位于楼顶，能见度仪位于6楼，站南面100米左右有高楼，其他方向视野开阔（图1.2-2）。

2002年12月开始使用270型气压传感器和XFY3-1型风传感器，2008年2月后使用HMP45A型温湿度传感器，2010年8月后使用278型气压传感器，2015年8月后使用HMP155型温湿度传感器。雾和能见度为目测。

图1.2-2　珠海站气象观测场（摄于2010年2月）

第二章　潮位

第一节　潮汐

1. 潮汐类型

利用珠海站近19年（2001—2019年）验潮资料分析的调和常数，计算出潮汐系数 $(H_{K_1}+H_{O_1})/H_{M_2}$ 为1.43。按我国潮汐类型分类标准，珠海沿海为不正规半日潮，每个潮汐日（大约24.8小时）有两次高潮和两次低潮，高潮日不等和低潮日不等现象均较明显。

1999—2019年，珠海站 M_2 分潮振幅呈增大趋势，增大速率为0.19毫米/年（线性趋势未通过显著性检验）；迟角呈增大趋势，增大速率为0.12°/年。K_1 分潮振幅呈增大趋势，增大速率为0.19毫米/年；O_1 分潮振幅呈减小趋势，减小速率为0.07毫米/年（线性趋势未通过显著性检验）；K_1 和 O_1 分潮迟角均无明显变化趋势。

2. 潮汐特征值

由1999—2019年资料统计分析得出：珠海站平均高潮位为299厘米，平均低潮位为178厘米，平均潮差为121厘米；平均高高潮位为324厘米，平均低低潮位为152厘米，平均大的潮差为172厘米。平均涨潮历时6小时54分钟，平均落潮历时6小时15分钟，两者相差39分钟。

累年各月潮汐特征值见表2.1-1。

表2.1-1　累年各月潮汐特征值（1999—2019年）　　　　　　　单位：厘米

月份	平均高潮位	平均低潮位	平均潮差	平均高高潮位	平均低低潮位	平均大的潮差
1	291	178	113	323	148	175
2	292	171	121	317	150	167
3	294	168	126	314	149	165
4	294	167	127	312	145	167
5	296	173	123	320	146	174
6	292	175	117	324	142	182
7	291	174	117	324	142	182
8	298	175	123	325	150	175
9	312	185	127	330	165	165
10	320	194	126	335	170	165
11	310	189	121	333	160	173
12	297	185	112	328	152	176
年	299	178	121	324	152	172

注：潮位值均以验潮零点为基面。

平均高潮位 10 月最高，为 320 厘米，1 月和 7 月最低，均为 291 厘米，年较差为 29 厘米；平均低潮位 10 月最高，为 194 厘米，4 月最低，为 167 厘米，年较差为 27 厘米（图 2.1–1）；平均高高潮位 10 月最高，为 335 厘米，4 月最低，为 312 厘米，年较差为 23 厘米；平均低低潮位 10 月最高，为 170 厘米，6 月和 7 月最低，均为 142 厘米，年较差为 28 厘米。平均潮差 4 月和 9 月均为最大，12 月最小，年较差为 15 厘米；平均大的潮差 6 月和 7 月均为最大，3 月、9 月和 10 月均为最小，年较差为 17 厘米（图 2.1–2）。

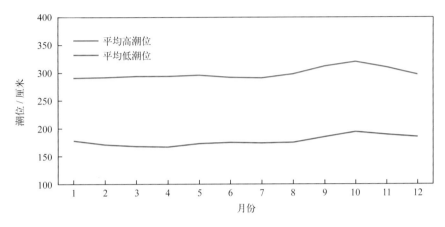

图2.1–1　平均高潮位和平均低潮位年变化

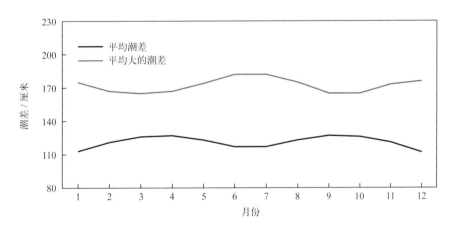

图2.1–2　平均潮差和平均大的潮差年变化

　　1999—2019 年，珠海站平均高潮位呈上升趋势，上升速率为 4.52 毫米 / 年。受天文潮长周期变化影响，平均高潮位存在微弱的准 19 年周期变化，振幅为 0.53 厘米。平均高潮位最高值出现在 2012 年，为 306 厘米；最低值出现在 2002 年和 2005 年，均为 293 厘米。珠海站平均低潮位呈上升趋势，上升速率为 4.92 毫米 / 年。平均低潮位准 19 年周期变化明显，振幅为 4.02 厘米。平均低潮位最高值出现在 2017 年，为 187 厘米；最低值出现在 2007 年，为 170 厘米。

　　1999—2019 年，珠海站平均潮差略呈减小趋势，减小速率为 0.40 毫米 / 年（线性趋势未通过显著性检验）。平均潮差准 19 年周期变化较为明显，振幅为 3.79 厘米。平均潮差最大值出现在 2006 年和 2007 年，为 126 厘米；最小值出现在 2000 年，为 117 厘米（图 2.1–3）。

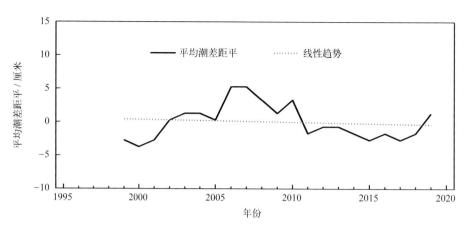

图2.1-3　1999—2019年平均潮差距平变化

第二节　极值潮位

珠海站年最高潮位和年最低潮位的各月发生频率见表 2.2-1。年最高潮位出现时间主要集中在 7—11 月，其中 9 月发生频率最高，为 24%；7 月和 10 月次之，均为 19%。年最低潮位主要出现在 5—7 月和 12 月至翌年 2 月，其中 6 月发生频率最高，为 24%；5 月和 7 月次之，均为 19%。

1999—2019 年，珠海站年最高潮位呈上升趋势，上升速率为 31.78 毫米 / 年（线性趋势未通过显著性检验）。历年的最高潮位均高于 380 厘米，其中高于 440 厘米的有 4 年；历史最高潮位为 626 厘米，出现在 2017 年 8 月 23 日，正值 1713 号强台风"天鸽"影响期间。珠海站年最低潮位呈上升趋势，上升速率为 12.21 毫米 / 年。历年最低潮位均低于 92 厘米，其中低于 65 厘米的有 4 年；历史最低潮位出现在 2004 年 7 月 4 日，为 54 厘米（表 2.2-1）。

表 2.2-1　最高潮位和最低潮位及年极值出现频率（1999—2019 年）

	1月	2月	3月	4月	5月	6月	7月	8月	9月	10月	11月	12月
最高潮位值 / 厘米	394	412	376	374	394	450	452	626	471	416	399	406
年最高潮位出现频率 / %	5	5	0	0	0	5	19	14	24	19	9	0
最低潮位值 / 厘米	68	69	76	82	63	68	54	61	101	100	85	65
年最低潮位出现频率 / %	14	10	0	0	19	24	19	5	0	0	0	9

第三节　增减水

受地形和气候特征的影响，珠海站出现 30 厘米以上增水的频率明显高于同等强度减水的频率，超过 50 厘米的增水平均约 20 天出现一次，而超过 50 厘米的减水平均约 425 天出现一次（表 2.3-1）。

珠海站 100 厘米以上的增水主要出现在 7—9 月，50 厘米以上的减水多发生在 1 月、3—4 月、9 月和 12 月，这些大的增减水过程主要与该海域受热带气旋和温带气旋等影响有关（表 2.3-2）。

表 2.3-1　不同强度增减水平均出现周期（1999—2019 年）

范围 / 厘米	出现周期 / 天	
	增水	减水
>30	2.62	12.72
>40	8.59	119.44
>50	20.33	424.67
>60	34.13	7 644.12
>70	58.35	—
>80	91.00	—
>90	127.40	—
>100	173.73	—
>120	477.76	—

"—"表示无数据。

表 2.3-2　各月不同强度增减水出现频率（1999—2019 年）

月份	增水 / %					减水 / %				
	>30 厘米	>50 厘米	>70 厘米	>100 厘米	>120 厘米	>10 厘米	>20 厘米	>30 厘米	>40 厘米	>50 厘米
1	0.44	0.00	0.00	0.00	0.00	14.03	2.08	0.21	0.06	0.03
2	1.75	0.04	0.00	0.00	0.00	16.96	2.46	0.17	0.01	0.00
3	1.54	0.00	0.00	0.00	0.00	22.14	5.28	0.79	0.13	0.04
4	1.12	0.06	0.00	0.00	0.00	28.57	5.48	0.39	0.05	0.01
5	2.21	0.05	0.00	0.00	0.00	13.59	1.40	0.10	0.01	0.00
6	2.09	0.20	0.00	0.00	0.00	7.97	0.38	0.01	0.00	0.00
7	1.92	0.44	0.21	0.10	0.06	14.52	1.79	0.10	0.00	0.00
8	1.66	0.56	0.21	0.04	0.01	23.66	3.23	0.10	0.00	0.00
9	2.65	0.72	0.37	0.15	0.03	20.42	3.77	0.31	0.04	0.01
10	2.86	0.39	0.07	0.00	0.00	14.01	3.20	0.20	0.00	0.00
11	0.38	0.00	0.00	0.00	0.00	25.58	6.22	0.83	0.04	0.00
12	0.48	0.00	0.00	0.00	0.00	23.02	5.51	0.70	0.08	0.03

　　1999—2019 年，珠海站年最大增水多出现在 3 月和 7—10 月，其中 9 月出现频率最高，为 33%；8 月次之，为 24%。珠海站年最大减水主要出现在 9 月和 11—12 月，其中 11 月出现频率最高，为 29%；12 月次之，为 24%（表 2.3-3）。

　　1999—2019 年，珠海站年最大增水呈增大趋势，增大速率为 26.34 毫米 / 年（线性趋势未通过显著性检验）。历史最大增水出现在 2017 年 8 月 23 日，为 259 厘米；2008 年、2012 年和 2018 年最大增水均超过了 160 厘米。珠海站年最大减水变化趋势不明显。历史最大减水发生在

2009 年 3 月 13 日，为 69 厘米；2003 年、2012 年和 2018 年最大减水均超过或达到了 55 厘米。

表 2.3-3　最大增水和最大减水及年极值出现频率（1999—2019 年）

	1月	2月	3月	4月	5月	6月	7月	8月	9月	10月	11月	12月
最大增水值 / 厘米	48	60	50	59	58	70	167	259	162	93	46	49
年最大增水出现频率 / %	0	0	10	5	0	0	14	24	33	14	0	0
最大减水值 / 厘米	59	46	69	54	44	32	35	38	53	39	48	55
年最大减水出现频率 / %	9	0	5	9	5	0	0	0	14	5	29	24

第三章 海浪

第一节 海况

珠海站全年及各月各级海况的频率见图3.1-1。全年海况以0～3级为主，频率为92.28%，其中0～2级海况频率为71.07%。全年5级及以上海况频率为0.63%，最大频率出现在9月，为1.48%。全年7级及以上海况频率为0.05%，出现在9月和12月，频率分别为0.49%和0.08%。

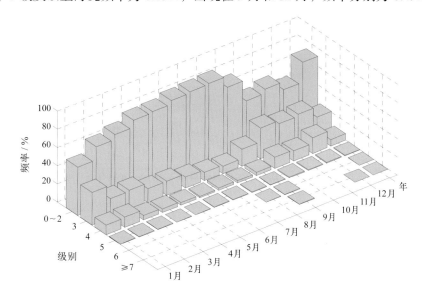

图3.1-1 全年及各月各级海况频率（2010—2019年）

第二节 波型

珠海站风浪频率和涌浪频率的年变化见表3.2-1。全年风浪和涌浪频率相差不大，风浪频率为99.68%，涌浪频率为99.86%。各月的风浪和涌浪频率均相差不大。风浪11月最多，8月最少。涌浪9月最少，频率为98.93%。

表3.2-1 各月及全年风浪涌浪频率（2010—2019年）

	1月	2月	3月	4月	5月	6月	7月	8月	9月	10月	11月	12月	年
风浪/%	99.60	99.64	99.59	99.58	99.92	99.67	99.68	99.44	99.59	99.84	100.00	99.68	99.68
涌浪/%	100.00	100.00	100.00	100.00	100.00	100.00	100.00	99.92	98.93	99.60	100.00	99.92	99.86

注：风浪包含F、FU、F/U和U/F波型；涌浪包含U、FU、F/U和U/F波型。

第三节 波向

1. 各向风浪频率

珠海站各月及全年各向风浪频率见图3.3-1。1月、2月和10—12月N向风浪居多，NNE向次之。3月N向风浪居多，SE向次之。4月、5月和9月SE向风浪居多，N向次之。6月

SW 向风浪居多，SE 向次之。7 月和 8 月 SE 向风浪居多，SW 向次之。全年 N 向风浪居多，频率为 23.25%；SE 向次之，频率为 14.16%；WNW 向最少，频率为 1.25%。

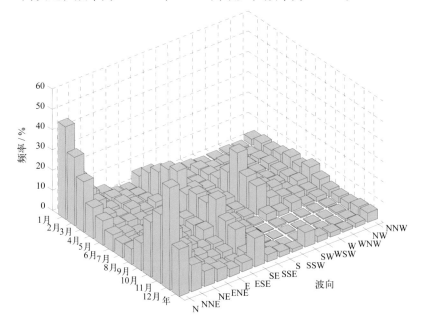

图3.3-1　各月及全年各向风浪频率（2010—2019年）

2. 各向涌浪频率

珠海站各月及全年各向涌浪频率见图 3.3-2。1 月 NNE 向和 NE 向涌浪居多，ENE 向次之。2 月和 11 月 NE 向涌浪居多，NNE 向次之。3 月 ENE 向涌浪居多，NE 向次之。4 月和 10 月 NE 向涌浪居多，ENE 向次之。5 月 E 向涌浪居多，ESE 向次之。6 月 S 向涌浪居多，SE 向次之。7 月 E 向涌浪居多，S 向次之。8 月 SE 向涌浪居多，S 向次之。9 月 NE 向涌浪居多，E 向次之。12 月 NNE 向涌浪居多，NE 向次之。全年 NE 向涌浪居多，频率为 15.56%；ENE 向次之，频率为 13.37%；WNW 向最少，频率为 1.32%。

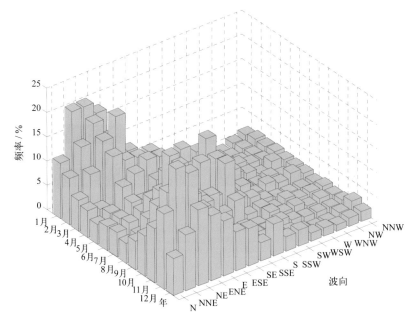

图3.3-2　各月及全年各向涌浪频率（2010—2019年）

第四节　波高

1. 平均波高和最大波高

珠海站波高的年变化见表 3.4–1。月平均波高的年变化不明显，为 0.3 ~ 0.5 米。历年的平均波高为 0.3 ~ 0.6 米。

月最大波高比月平均波高的变化幅度大，极大值出现在 9 月，为 5.3 米，极小值出现在 5 月，为 1.6 米，变幅为 3.7 米。历年的最大波高为 2.3 ~ 5.3 米，大于 3.0 米的有 4 年，其中最大波高的极大值 5.3 米出现在 2018 年 9 月 16 日，正值 1822 号超强台风"山竹"影响期间，波向为 SW，对应平均周期为 6.0 秒。

表 3.4-1　波高年变化（2010—2019 年）　　　　　　　　　　　　　　单位：米

	1月	2月	3月	4月	5月	6月	7月	8月	9月	10月	11月	12月	年
平均波高	0.5	0.5	0.4	0.3	0.3	0.3	0.3	0.3	0.3	0.4	0.4	0.5	0.4
最大波高	2.4	2.0	2.3	1.8	1.6	3.0	3.8	2.5	5.3	3.0	2.3	2.8	5.3

2. 各向平均波高和最大波高

全年及各季代表月各向波高的分布见表 3.4-2、图 3.4–1 和图 3.4–2。全年各向平均波高为 0.3 ~ 0.5 米，大值主要分布于 N 向和 NNE 向。全年各向最大波高 SW 向最大，为 5.3 米；SE 向次之，为 5.0 米；WNW 向最小，为 1.7 米。

表 3.4-2　全年各向平均波高和最大波高（2010—2019 年）　　　　　　单位：米

	N	NNE	NE	ENE	E	ESE	SE	SSE	S	SSW	SW	WSW	W	WNW	NW	NNW
平均波高	0.5	0.5	0.4	0.4	0.3	0.4	0.4	0.3	0.3	0.3	0.3	0.3	0.3	0.3	0.4	0.4
最大波高	3.0	2.9	3.8	4.9	2.4	4.7	5.0	2.8	2.5	2.0	5.3	1.9	1.8	1.7	2.4	2.9

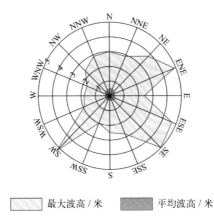

　　　　　　　　　□ 最大波高 / 米　　　▨ 平均波高 / 米

图3.4-1　全年各向平均波高和最大波高（2010—2019年）

1 月平均波高 N 向最大，为 0.7 米；E 向、ESE 向和 W 向最小，均为 0.3 米。最大波高 SE 向最大，为 2.4 米；N 向次之，为 2.1 米；ESE 向和 SSW 向最小，均为 1.2 米。

4 月平均波高 N 向、ENE 向、ESE 向、SE 向和 NW 向最大，均为 0.4 米；SSW 向最小，为 0.2 米。

最大波高 NW 向最大，为 1.8 米；N 向、NNE 向和 E 向次之，均为 1.7 米；SW 向最小，为 0.8 米。

7 月平均波高 SE 向最大，为 0.4 米；SSW 向最小，为 0.2 米。最大波高 NE 向最大，为 3.8 米；NNE 向次之，为 2.9 米；WNW 向最小，为 0.6 米。

10 月平均波高 N 向和 SW 向最大，均为 0.6 米；WNW 向最小，为 0.3 米。最大波高 N 向最大，为 3.0 米；NNW 向次之，为 2.9 米；WNW 向最小，为 1.3 米。

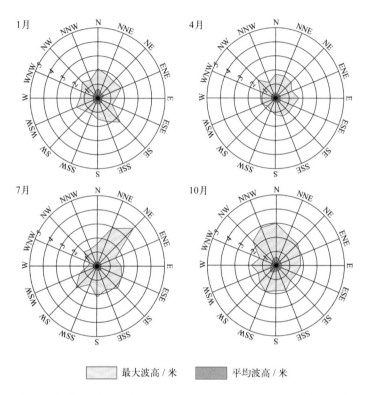

图3.4-2　四季代表月各向平均波高和最大波高（2010—2019年）

第五节　周期

1. 平均周期和最大周期

珠海站周期的年变化见表 3.5-1。月平均周期的年变化不明显，为 3.1 ~ 3.3 秒。月最大周期的年变化幅度较大，极大值出现在 10 月，为 8.5 秒，极小值出现在 4 月、5 月和 7 月，均为 5.0 秒。历年的平均周期为 3.1 ~ 3.5 秒，其中 2010 年最大，2012 年、2015 年和 2016 年均为最小。历年的最大周期均不小于 4.5 秒，不小于 6.5 秒的有 4 年，其中最大周期的极大值 8.5 秒出现在 2010 年 10 月 26 日，波向为 NE。

表 3.5-1　周期年变化（2010—2019年）　　　　　　　　　　　　单位：秒

	1月	2月	3月	4月	5月	6月	7月	8月	9月	10月	11月	12月	年
平均周期	3.3	3.3	3.3	3.1	3.2	3.2	3.2	3.2	3.1	3.2	3.2	3.2	3.2
最大周期	6.0	5.9	5.4	5.0	5.0	6.6	5.0	6.0	7.0	8.5	5.5	5.5	8.5

2. 各向平均周期和最大周期

全年及各季代表月各向周期的分布见表 3.5-2、图 3.5-1 和图 3.5-2。全年各向平均周期为 3.1 ~ 3.3 秒，其中 N 向最大。全年各向最大周期 NE 向最大，为 8.5 秒；SE 向次之，为 7.0 秒；NW 向最小，为 4.5 秒。

表 3.5-2　全年各向平均周期和最大周期（2010—2019 年）　　　　　　　　　　单位：秒

	N	NNE	NE	ENE	E	ESE	SE	SSE	S	SSW	SW	WSW	W	WNW	NW	NNW
平均周期	3.3	3.2	3.2	3.2	3.2	3.2	3.2	3.2	3.2	3.2	3.1	3.1	3.1	3.1	3.1	3.2
最大周期	6.0	6.0	8.5	6.5	5.5	6.5	7.0	6.6	6.2	6.0	6.0	5.0	6.0	5.5	4.5	5.5

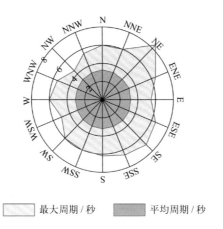

图3.5-1　全年各向平均周期和最大周期（2010—2019年）

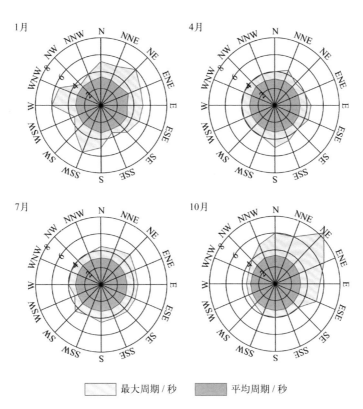

图3.5-2　四季代表月各向平均周期和最大周期（2010—2019年）

　　1月平均周期 ENE 向最大，为 3.6 秒；SSW 向和 WSW 向最小，均为 3.0 秒。最大周期 NE 向、SSW 向和 W 向最大，均为 6.0 秒；WNW 向次之，为 5.5 秒；SSE 向、WSW 向和 NW 向最小，均为 3.5 秒。

　　4月平均周期 ENE 向、E 向、ESE 向、SE 向和 NW 向最大，均为 3.2 秒；SW 向最小，为 3.0 秒。最大周期 S 向最大，为 5.0 秒；NNE 向、E 向、ESE 向和 SSE 向次之，均为 4.5 秒；NE 向最小，为 3.7 秒。

　　7月各向平均周期为 3.1 ~ 3.2 秒。最大周期 NE 向最大，为 5.0 秒；N 向、NNE 向、ENE 向、E 向、ESE 向、SE 向、S 向和 SW 向次之，均为 4.5 秒；WSW 向最小，为 3.5 秒。

　　10月平均周期 N 向最大，为 3.4 秒；WSW 向、W 向和 WNW 向最小，均为 3.0 秒。最大周期 NE 向最大，为 8.5 秒；ENE 向次之，为 6.5 秒；SW 向、WSW 向、W 向和 WNW 向最小，均为 3.5 秒。

第四章　表层海水温度

1. 平均水温、最高水温和最低水温

珠海站月平均水温的年变化具有峰谷明显的特点，8月最高，为29.9℃，1月最低，为15.9℃，年较差为14.0℃。2—8月为升温期，9月至翌年1月为降温期。月最高水温和月最低水温的年变化特征与月平均水温相似（图4-1）。

历年（2005年和2006年数据有缺测）的平均水温为23.1 ~ 24.8℃，其中2019年最高，2000年最低。累年平均水温为23.8℃。

历年的最高水温均不低于31.4℃，其中大于32.0℃的有19年，大于33.0℃的有8年，出现时间为7—9月，8月最多，占统计年份的52%。水温极大值为33.8℃，出现在2009年8月29日。

历年的最低水温均不高于14.1℃，其中小于13.0℃的有17年，小于11.0℃的有7年，出现时间为12月至翌年2月，1月最多，占统计年份的45%。水温极小值为9.3℃，出现在2016年1月25日。

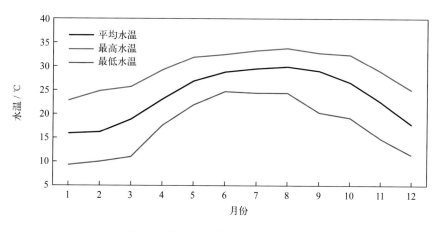

图4-1　水温年变化（1996—2019年）

2. 日平均水温稳定通过界限温度的日期

采用五日滑动平均方法求出稳定通过各个界限温度的日期，见表4-1。日平均水温全年均稳定通过10℃，稳定通过15℃的有361天，稳定通过20℃的有248天，稳定通过25℃的有183天，稳定通过30℃的初日为8月19日，终日为8月27日，共9天。

表4-1　日平均水温稳定通过界限温度的日期（1996—2019年）

	15℃	20℃	25℃	30℃
初日	1月30日	3月29日	4月30日	8月19日
终日	1月25日	12月1日	10月29日	8月27日
天数	361	248	183	9

3. 长期趋势变化

1996—2019 年，年平均水温呈波动上升趋势，上升速率为 0.38℃ /(10 年)，年最高水温和年最低水温均无明显变化趋势，其中 2009 年最高水温为 1996 年以来的第一高值，2016 年和 2018 年最高水温均为 1996 年以来的第二高值，2016 年和 2004 年最低水温分别为 1996 年以来的第一低值和第二低值。

第五章　海洋气象

第一节　气温

1. 平均气温、最高气温和最低气温

2009—2019年，珠海站累年平均气温为23.9℃。月平均气温8月最高，为30.0℃，1月最低，为15.9℃，年较差为14.1℃。月最高气温和月最低气温的年变化特征与月平均气温相似，月最高气温极大值出现在7月，月最低气温极小值出现在1月（表5.1-1，图5.1-1）。

表5.1-1　气温年变化（2009—2019年）　　　　　　　　　　　　单位：℃

	1月	2月	3月	4月	5月	6月	7月	8月	9月	10月	11月	12月	年
平均气温	15.9	17.1	19.4	23.1	26.9	29.3	29.9	30.0	29.1	26.4	22.3	17.5	23.9
最高气温	26.1	26.7	29.1	32.5	36.5	36.0	38.9	38.3	36.8	33.9	31.3	28.8	38.9
最低气温	3.1	5.6	8.3	12.2	18.7	21.0	24.2	24.0	22.4	16.3	8.1	5.3	3.1

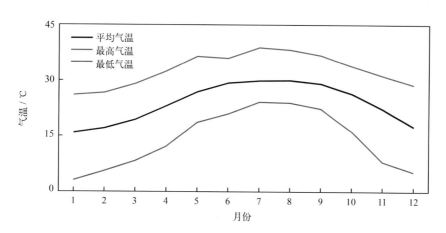

图5.1-1　气温年变化（2009—2019年）

历年的平均气温为23.1～24.8℃，其中2019年最高，2011年最低。

历年的最高气温均高于36.0℃，其中高于38.0℃的有4年。最早出现时间为5月30日（2018年），最晚出现时间为9月19日（2010年）。8月最高气温出现频率最高，占统计年份的46%，7月次之，占36%（图5.1-2）。极大值为38.9℃，出现在2017年7月30日。

历年的最低气温均低于10.0℃，其中低于6.0℃的有5年。最早出现时间为11月18日（2020年），最晚出现时间为2月12日（2014年）。1月最低气温出现频率最高，占统计年份的50%，2月次之，占25%（图5.1-2）。极小值为3.1℃，出现在2016年1月24日。

(a) 年最高气温出现月份　　　　　　(b) 年最低气温出现月份

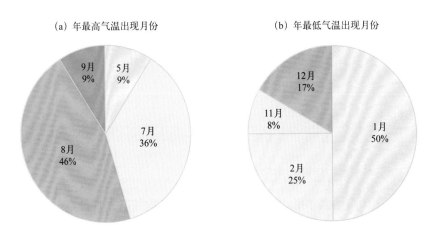

图5.1-2　年最高、最低气温出现月份及频率（2009—2019年）

2. 长期趋势变化

2009—2019 年，年平均气温、年最高气温和年最低气温均呈波动上升趋势，上升速率分别为 1.08℃ /（10 年）、1.27℃ /（10 年）（线性趋势未通过显著性检验）和 1.65℃ /（10 年）（线性趋势未通过显著性检验）。

3. 常年自然天气季节和大陆度

利用珠海站 2009—2019 年气温累年日平均数据计算五日滑动平均气温，根据《气候季节划分》（QX/T 152—2012）中的气候季节划分指标和本志季节起止日确定方法，珠海站平均春季时间从 1 月 28 日至 4 月 10 日，共 73 天；平均夏季时间从 4 月 11 日至 11 月 19 日，共 223 天；平均秋季时间从 11 月 20 日至翌年 1 月 27 日，共 69 天。夏季时间最长，全年无冬季（图 5.1-3）。

珠海站焦金斯基大陆度指数为 31.8%，属海洋性季风气候。

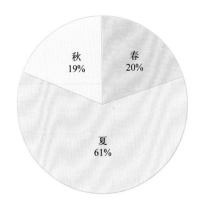

图5.1-3　各季平均日数百分率（2009—2019年）

第二节　气压

1. 平均气压、最高气压和最低气压

2003—2019 年，珠海站累年平均气压为 1 010.7 百帕。月平均气压 1 月最高，为 1 018.6 百帕，

8 月最低，为 1 002.7 百帕，年较差为 15.9 百帕。月最高气压和月最低气压均为 1 月最大，8 月最小（表 5.2-1，图 5.2-1）。

历年的平均气压为 1 009.1 ~ 1 012.7 百帕，其中 2003 年最高，2012 年最低。

历年的最高气压均高于 1 026.0 百帕，其中高于 1 030.0 百帕的有 5 年。极大值为 1 036.5 百帕，出现在 2016 年 1 月 24 日。

历年的最低气压均低于 995.0 百帕，其中低于 985.0 百帕的有 4 年。极小值为 964.8 百帕，出现在 2017 年 8 月 23 日，正值 1713 号强台风"天鸽"影响期间。

表 5.2-1　气压年变化（2003—2019 年）　　　　　　　　　　　　　　单位：百帕

	1月	2月	3月	4月	5月	6月	7月	8月	9月	10月	11月	12月	年
平均气压	1 018.6	1 016.5	1 014.4	1 010.8	1 007.0	1 003.6	1 003.7	1 002.7	1 006.6	1 012.0	1 015.0	1 018.0	1 010.7
最高气压	1 036.5	1 029.1	1 032.7	1 024.3	1 016.1	1 014.2	1 013.4	1 012.4	1 019.6	1 022.3	1 026.7	1 030.8	1 036.5
最低气压	1 006.3	1 003.4	1 003.1	996.4	997.7	990.2	977.8	964.8	970.0	991.7	1 003.5	1 005.7	964.8

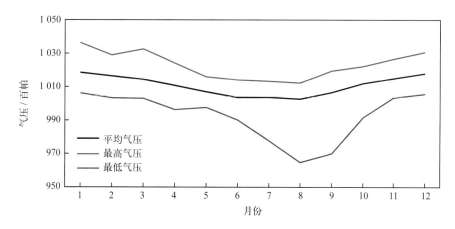

图5.2-1　气压年变化（2003—2019年）

2. 长期趋势变化

2003—2019 年，年平均气压、年最高气压和年最低气压均呈下降趋势，下降速率分别为 0.91 百帕 /(10 年)、1.08 百帕 /(10 年)（线性趋势未通过显著性检验）和 6.50 百帕 /(10 年)（线性趋势未通过显著性检验）。

第三节　相对湿度

1. 平均相对湿度和最小相对湿度

2009—2019 年，珠海站累年平均相对湿度为 76.1%。月平均相对湿度 4 月最大，为 82.8%，12 月最小，为 66.7%。平均月最小相对湿度 6 月最大，为 47.8%，12 月最小，为 26.7%。最小相对湿度的极小值为 17%，出现在 2014 年 1 月 22 日和 2015 年 4 月 14 日（表 5.3-1，图 5.3-1）。

表 5.3-1　相对湿度年变化（2009—2019 年）

	1月	2月	3月	4月	5月	6月	7月	8月	9月	10月	11月	12月	年
平均相对湿度 /%	72.7	78.2	81.2	82.8	82.2	79.5	77.5	76.6	74.5	68.7	72.5	66.7	76.1
平均最小相对湿度 /%	30.1	40.4	34.5	42.3	43.6	47.8	45.1	42.7	42.0	34.9	34.7	26.7	38.7
最小相对湿度 /%	17	20	21	17	21	35	38	34	27	24	20	19	17

注：平均最小相对湿度为各月最小相对湿度的累年平均值及其年平均值。

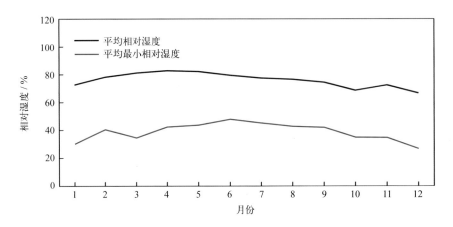

图5.3-1　相对湿度年变化（2009—2019年）

2. 长期趋势变化

2009—2019 年，年平均相对湿度为 69.9% ~ 80.9%，其中 2015 年最大，2011 年最小。年平均相对湿度呈上升趋势，上升速率为 7.78%/（10 年）。

3. 温湿指数

根据《人居环境气候舒适度评价》（GB/T 27963—2011）的温湿指数统计方法和气候舒适度等级划分方法，统计珠海站各月温湿指数，结果显示：1—2 月和 12 月温湿指数为 15.7 ~ 16.9，感觉为冷；3—4 月和 10—11 月温湿指数为 18.9 ~ 24.3，感觉为舒适；5 月和 9 月温湿指数分别为 25.7 和 27.0，感觉为热；6—8 月温湿指数为 27.6 ~ 28.0，感觉为闷热（表 5.3-2）。

表 5.3-2　温湿指数年变化（2009—2019 年）

	1月	2月	3月	4月	5月	6月	7月	8月	9月	10月	11月	12月
温湿指数	15.7	16.8	18.9	22.3	25.7	27.6	28.0	28.0	27.0	24.3	21.1	16.9
感觉程度	冷	冷	舒适	舒适	热	闷热	闷热	闷热	热	舒适	舒适	冷

第四节　风

1. 平均风速和最大风速

珠海站风速的年变化见表 5.4-1 和图 5.4-1。累年平均风速为 2.8 米 / 秒，月平均风速 12 月最大，为 3.9 米 / 秒，6 月最小，为 1.9 米 / 秒。平均最大风速 8 月最大，为 14.6 米 / 秒，5 月和 6 月最小，均为 9.9 米 / 秒。最大风速月最大值对应风向多为 NNE 向（5 个月）。极大风速的最大值为 48.0 米 / 秒，出现在 2017 年 8 月 23 日，正值 1713 号强台风"天鸽"影响期间，对应风向为 NE。

表 5.4-1　风速年变化（2003—2019 年）　　　　　　　　　　　　单位：米 / 秒

		1月	2月	3月	4月	5月	6月	7月	8月	9月	10月	11月	12月	年
平均风速		3.4	2.9	2.5	2.3	2.3	1.9	2.1	2.1	3.0	3.6	3.7	3.9	2.8
最大风速	平均值	11.6	10.7	11.2	10.7	9.9	9.9	12.7	14.6	14.3	11.4	11.4	12.4	11.7
	最大值	17.5	12.5	13.8	14.7	13.5	15.0	25.7	35.2	29.4	16.5	15.1	14.7	35.2
	最大值对应风向	NNE	NNE	NNE	SE	N	NE	SE	ENE	ENE	NNE	NNE	N	ENE
极大风速	最大值	22.0	16.7	18.8	20.1	21.2	22.7	33.6	48.0	40.4	23.3	19.0	19.7	48.0
	最大值对应风向	NNE	NNE	SE	SE	N	WSW	SSE	NE	SE	SE	SE	NNE	NE

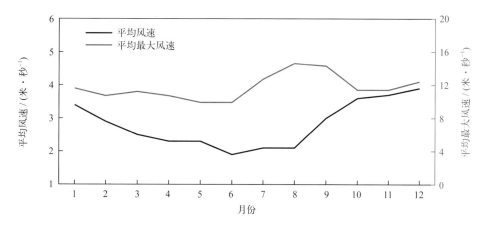

图5.4-1　平均风速和平均最大风速年变化（2003—2019年）

　　历年的平均风速为 2.1 ~ 3.2 米 / 秒，其中 2005 年最大，2003 年最小。历年最大风速均大于等于 14.1 米 / 秒，其中大于等于 21.0 米 / 秒的有 4 年。最大风速的最大值为 35.2 米 / 秒，出现在 2017 年 8 月 23 日，风向为 ENE。年最大风速出现在 9 月的频率最高，8 月次之，2—6 月和 11 月未出现（图 5.4-2）。

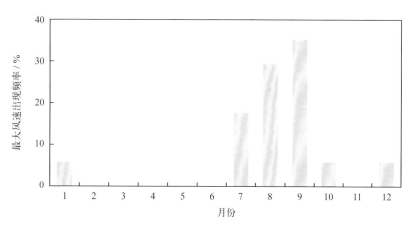

图5.4-2　年最大风速出现频率（2003—2019年）

2. 各向风频率

全年 N 向风最多,频率为 21.2%,SE 向次之,频率为 12.9%,S 向最少,频率为 2.4%(图 5.4-3)。

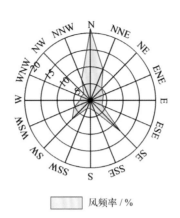

风频率 / %

图5.4-3 全年各向风频率(2003—2019年)

1 月盛行风向为 N—NNE,频率和为 57.5%;4 月无明显盛行风向,最多风向为 SE 向,频率为 16.5%;7 月盛行风向为 SW—WSW,频率和为 30.7%;10 月盛行风向为 N—NE,频率和为 45.7%(图 5.4-4)。

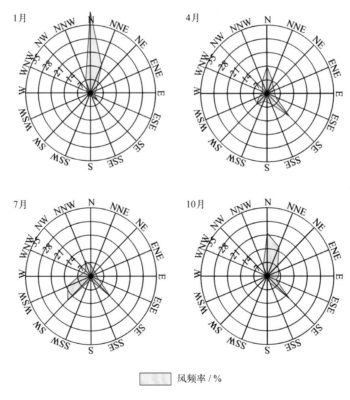

风频率 / %

图5.4-4 四季代表月各向风频率(2003—2019年)

3. 各向平均风速和最大风速

全年各向平均风速 NNE 向最大,为 3.7 米 / 秒,N 向次之,为 3.4 米 / 秒,W 向最小,为 0.9 米 / 秒(图 5.4-5)。1 月平均风速 N 向最大,为 4.4 米 / 秒;4 月和 7 月均为 SE 向最大,分别为 3.3 米 / 秒和 3.5 米 / 秒；10 月 NNE 向最大，为 4.9 米 / 秒（图 5.4-6）。

全年各向最大风速 ENE 向最大，为 35.2 米 / 秒，NNE 向次之，为 31.2 米 / 秒，S 向最小，为 7.4 米 / 秒（图 5.4-5）。1 月 NNE 向最大风速最大，为 17.5 米 / 秒；4 月和 7 月均为 SE 向最大，分别为 14.7 米 / 秒和 25.7 米 / 秒；10 月 NNE 向最大，为 16.5 米 / 秒（图 5.4-6）。

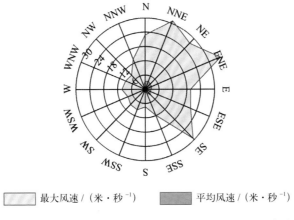

图5.4-5 全年各向平均风速和最大风速（2003—2019年）

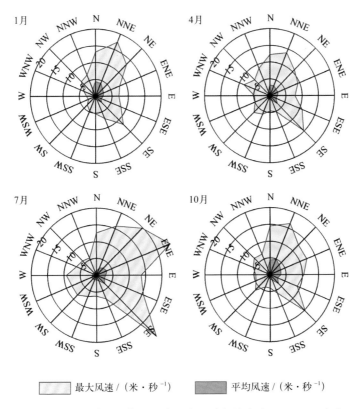

图5.4-6 四季代表月各向平均风速和最大风速（2003—2019年）

4. 大风日数

风力大于等于 6 级的大风日数 12 月最多，为 3.1 天，占全年的 19.6%，11 月次之，为 2.1 天（表 5.4-2，图 5.4-7）。平均年大风日数为 15.8 天（表 5.4-2）。历年大风日数 2005 年最多，为 31 天，2003 年最少，为 7 天。

风力大于等于 8 级的大风日数 8 月和 9 月最多，均为 0.3 天，2—6 月和 10—12 月未出现。历年大风日数 2008 年最多，为 3 天，有 6 年未出现。

风力大于等于 6 级的月大风日数最多为 8 天，出现在 2005 年 1 月；最长连续大于等于 6 级大风日数为 4 天，出现在 2004 年 12 月 29 日至 2005 年 1 月 1 日和 2005 年 9 月 23—26 日（表 5.4-2）。

表 5.4-2　各级大风日数年变化（2003—2019 年）　　　　单位：天

	1月	2月	3月	4月	5月	6月	7月	8月	9月	10月	11月	12月	年
大于等于 6 级大风平均日数	1.9	0.7	1.1	0.4	0.3	0.3	1.2	1.9	1.4	1.4	2.1	3.1	15.8
大于等于 7 级大风平均日数	0.2	0.0	0.0	0.1	0.0	0.1	0.3	0.8	0.6	0.1	0.1	0.3	2.6
大于等于 8 级大风平均日数	0.1	0.0	0.0	0.0	0.0	0.0	0.1	0.3	0.3	0.0	0.0	0.0	0.8
大于等于 6 级大风最多日数	8	3	4	1	3	2	3	5	4	4	6	7	31
最长连续大于等于 6 级大风日数	4	2	2	1	2	2	3	3	4	3	3	3	4

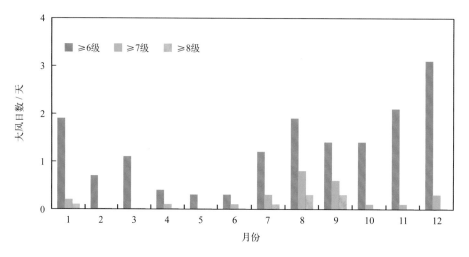

图5.4-7　各级大风日数年变化

第五节　雾

珠海站雾日数的年变化见表 5.5-1、图 5.5-1 和图 5.5-2。2007—2019 年，平均年雾日数为 4.8 天。平均月雾日数 3 月最多，为 1.8 天，5—10 月未出现；月雾日数最多为 6 天，出现在 2016 年 4 月；最长连续雾日数为 3 天，出现 5 次。

表 5.5-1　雾日数年变化（2007—2019 年）　　　　单位：天

	1月	2月	3月	4月	5月	6月	7月	8月	9月	10月	11月	12月	年
平均雾日数	0.4	1.2	1.8	1.1	0.0	0.0	0.0	0.0	0.0	0.0	0.1	0.2	4.8
最多雾日数	2	5	4	6	0	0	0	0	0	0	1	2	17
最长连续雾日数	2	3	3	2	0	0	0	0	0	0	1	2	3

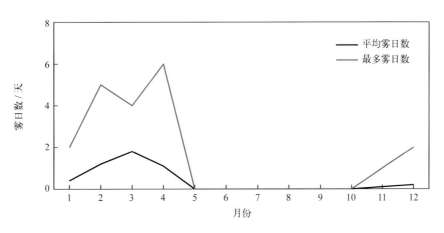

图5.5-1 平均雾日数和最多雾日数年变化（2007—2019年）

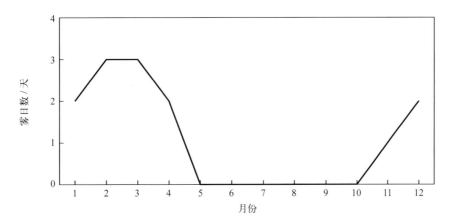

图5.5-2 最长连续雾日数年变化（2007—2019年）

2007—2019年，年雾日数无明显变化趋势。2016年雾日数最多，为17天，2017年和2019年最少，均为1天。

第六节 能见度

2006—2019年，珠海站累年平均能见度为15.3千米。7月平均能见度最大，为27.0千米，3月最小，为8.6千米。能见度小于1千米的平均年日数为3.1天，其中3月最多，为1.5天，5—10月未出现（表5.6-1，图5.6-1和图5.6-2）。

表5.6-1 能见度年变化（2006—2019年）

	1月	2月	3月	4月	5月	6月	7月	8月	9月	10月	11月	12月	年
平均能见度／千米	9.5	9.7	8.6	10.3	16.0	24.6	27.0	24.0	18.5	13.0	11.7	10.8	15.3
能见度小于1千米平均日数／天	0.1	0.7	1.5	0.6	0.0	0.0	0.0	0.0	0.0	0.0	0.1	0.1	3.1

注：2006年数据有缺测。

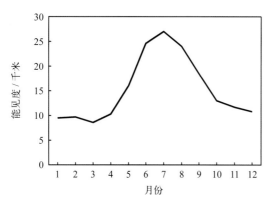

图5.6-1 能见度年变化

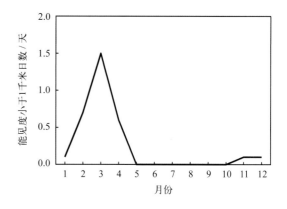

图5.6-2 能见度小于1千米日数年变化

历年平均能见度为 11.5 ~ 20.7 千米，2018 年最高，2008 年最低。能见度小于 1 千米的日数 2016 年最多，为 11 天，2015 年、2017 年和 2019 年最少，均为 1 天（图 5.6-3）。

2007—2019 年，年平均能见度呈上升趋势，上升速率为 6.89 千米 /(10 年)。

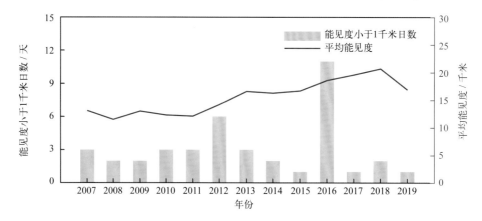

图5.6-3 能见度小于1千米年日数和平均能见度变化

第六章　海平面

1. 年变化

珠海沿海海平面年变化特征明显，4 月最低，10 月最高，年变幅为 26 厘米（图 6-1），平均海平面在验潮基面上 243 厘米。

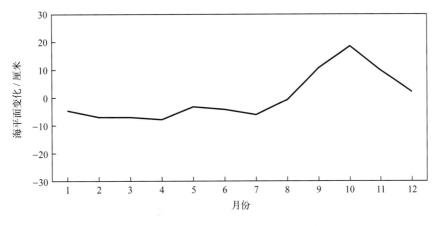

图6-1　海平面年变化（2002—2019年）

2. 长期趋势变化

珠海沿海海平面变化总体呈波动上升趋势。2002—2019 年，珠海沿海海平面上升速率为 6.8 毫米 / 年。2011—2019 年海平面一直处于高位，其中 2012 年和 2017 年海平面均为有观测记录以来的最高位。珠海沿海 2010—2019 年平均海平面比 2002—2009 年平均海平面高 64 毫米。

第七章 灾害

第一节 海洋灾害

1. 风暴潮

1964 年 9 月 5 日前后，6415 号强台风在广东珠海沿海登陆，引发较大潮灾，造成广东、香港人员伤亡（含失踪）152 人（《中国风暴潮灾害史料集》《中国海洋灾害四十年资料汇编》）。

1971 年 6 月 18 日前后，7108 号台风在广东珠海沿海登陆，造成广东、香港人员伤亡（含失踪）4 人（《中国风暴潮灾害史料集》）。

1983 年 9 月 9 日前后，8309 号超强台风在广东珠海沿海登陆，风力在 12 级以上（最大风速达 40.0 米/秒，阵风风速 50.0 米/秒以上），造成广东、香港人员伤亡（含失踪）86 人，直接经济损失达 86 亿元。台风袭击珠江口时恰逢天文大潮期的涨潮时段，珠江口东半部很多潮位站的实测潮位突破了当地有实测记录以来的历史最高潮位。风暴潮使珠海、番禺、中山、东莞等市县所属的海堤普遍漫顶、溃决，在短短的一两个小时内，近 13.34 万公顷田野和大片村庄被淹，一片汪洋（《中国风暴潮灾害史料集》《中国气象灾害大典·广东卷》）。

1987 年 10 月 28 日前后，8719 号超强台风在广东珠海沿海登陆，给广东、福建两省沿海带来较大损失（《中国风暴潮灾害史料集》）。

1989 年 7 月 18 日，8908 号超强台风在广东省阳西县沙扒镇登陆，此时天文潮高潮几乎与过程最大增水重合，从珠江口的黄埔到阳西县的闸坡，多个验潮站实测潮位超过当地警戒潮位。这是自 1949 年以来发生在珠江口地区最严重的一次大范围的特大风暴潮灾害。7 月 18 日凌晨，特大海潮和台风浪袭击珠海市时，市内积水深达 0.5 米，海水漫过海堤直淹到与澳门隔海相望的拱北宾馆，珠海市香洲区集装箱码头全部被淹（《1989 年中国海洋灾害公报》）。

1991 年 7 月 24 日，9108 号台风在珠江口西部沿海登陆，台风登陆时正值月天文大潮期，最大增水又恰叠加在当日高潮时刻，沿岸遭受较大风暴潮灾，珠海市共有 172 处围堤漫顶过水，水闸下沉，冲毁海堤 37.6 千米。广东、香港人员伤亡（含失踪）23 人，广东省直接经济损失达 6.78 亿元（《1991 年中国海洋灾害公报》《中国风暴潮灾害史料集》）。

1993 年 9 月 17 日前后，广东省珠江口沿海地区发生较为严重的风暴潮灾害，这次潮灾适逢天文大潮期，珠海西区三灶湾大堤全面过水，一片汪洋，与澳门隔海相望的湾仔港大街上水深齐腰，全市有多人受伤，1 人死亡（《1993 年中国海洋灾害公报》）。

1995 年 7 月 31 日前后，广东省澄海市与饶平县之间沿海出现灾害性风暴潮，珠海站最大增水 134 厘米（《1995 年中国海洋灾害公报》）。

1996 年 9 月 9 日前后，受 9615 号强台风风暴潮影响，粤西沿海产生 150 ～ 200 厘米的增水，江门、阳江、茂名、湛江、珠海、中山等市严重受灾（《1996 年中国海洋灾害公报》）。

2008 年 9 月 24 日前后，0814 号强台风"黑格比"引发的风暴潮影响广东沿海，珠海市香洲区海霞新村淹水深度近 2 米（《2008 年中国海洋灾害公报》）。

2009 年 9 月，广东沿海海平面异常偏高，9 月 15 日前后，0915 号台风"巨爵"影响广东时适逢天文大潮，受风暴潮增水、天文大潮和海平面异常偏高的共同影响，珠江口附近沿海多个海洋站出现超过警戒潮位的高潮位，珠海市多处低洼地区被淹，堤防设施被冲毁，雷蛛垦区万亩鱼塘被淹，超百万人受灾，直接经济损失超过 20 亿元（《2009 年中国海洋灾害公报》《2009 年中国海平面公报》）。

2011 年 9—11 月为广东沿海季节性高海平面期，9 月 29 日，1117 号强台风"纳沙"登陆期间又恰逢天文大潮期，在季节性高海平面、天文大潮、风暴增水和强降雨的共同作用下，广东沿海遭受严重损失，经济损失超过 12 亿元，其中电白县经济损失近 2 亿元，受灾人口超 8 万人（《2011 年中国海平面公报》）。

2012 年 7 月 24 日前后，1208 号台风"韦森特"影响广东沿海，珠海站最高潮位超过当地警戒潮位，广东省受灾人口 38.42 万人，死亡（含失踪）9 人，房屋、农田、水产养殖设施和防波堤受损，直接经济损失达 3.85 亿元（《2012 年中国海洋灾害公报》）。

2017 年 8 月 23 日前后，1713 号强台风"天鸽"在珠海登陆，为 1965 年以来登陆珠江口的最强台风。该台风登陆前强度迅速增强，24 小时内由强热带风暴加强为强台风，并几乎在巅峰状态登陆。台风登陆时恰逢天文大潮，广东省多个岸段的最高潮位超过红色警戒潮位，沿海监测到的最大风暴增水为 279 厘米，发生在珠海站，珠海站最高潮位达到当地红色警戒潮位，破历史最高潮位纪录。广东省受灾人口 112.86 万人，房屋、水产养殖设施、渔船、港口、渔港、码头、防波堤、海堤护岸以及道路等损毁严重，直接经济损失超过 50 亿元（《2017 年中国海洋灾害公报》《2017 年中国海平面公报》）。

2018 年 9 月，为广东沿海季节性高海平面期，珠江口沿海海平面较常年高 220 毫米，处于 1980 年以来同期第三高位，1822 号超强台风"山竹"影响期间，沿海出现超过 300 厘米的风暴增水，高海平面加剧台风风暴潮致灾程度，广东省直接经济损失超过 23 亿元（《2018 年中国海平面公报》）。

2. 赤潮

1998 年 3 月中旬至 4 月上旬，在珠江口广东和香港海域发现密氏裸甲藻赤潮。3 月 18 日，珠江口附近海域相继发生特大赤潮。受赤潮影响，广东、香港两地的水产养殖业损失 3.5 亿元（《1998 年中国海洋灾害公报》）。

2011 年 8 月 15—26 日，广东省珠海渔女浴场、海滨泳场及九洲列岛附近海域发生赤潮，最大面积 89 平方千米，赤潮优势种为双胞旋沟藻，直接经济损失 316 万元（《2011 年中国海洋灾害公报》）。

第二节　灾害性天气

根据《中国气象灾害大典·广东卷》（1949—2000 年）、《中国气象灾害年鉴》（2000 年后）和《南海区海洋站海洋水文气候志》记载，珠海站周边发生的主要灾害性天气有暴雨洪涝、大风、雷电、冰雹和大雾。

1. 暴雨洪涝

1967 年 8 月 17 日，受 6710 号强热带风暴影响，广东省珠海县日降雨量达到 211 毫米。

1968 年 8 月 22 日，受 6808 号台风影响，广东省珠海县和斗门县日降雨量分别达 236.6 毫米和 205.8 毫米，珠江三角洲内涝严重。

1973年5月5—14日，广东省除湛江地区西部外，其余地区降大雨，珠海、潮阳、惠东等15个县（市）过程降雨量达150～272毫米。

1988年7月19日16时30分，8805号超强台风在广东省惠来县登陆，受其影响，广东省除西南部和东北部外，普降大到暴雨，其中珠海过程降雨量达324毫米，最大日降雨量为279.7毫米。

1994年7月18—23日，受热带低压影响，广东省各地普降大到暴雨，局部大暴雨到特大暴雨，珠海市过程降雨量为741毫米，斗门县523毫米，肇庆、茂名、清远、深圳、珠海等市受灾较为严重。

1996年5月5—7日，广东省大部分地区普降大到暴雨，局部降大暴雨。暴雨中心珠海市过程降雨量达到420毫米，全市有6 000余公顷农田、500余公顷鱼塘被淹，1 000余家企业因水浸而停工，三灶镇2 000余人的住宅受浸，珠海机场的候机楼浸水，飞机停航。全市直接经济损失超过1亿元。

1997年6月13—17日，广东省出现较大范围的暴雨，暴雨区主要分布在东北部和珠江三角洲地区，珠海市过程降雨量超过200毫米。受其影响，全省共有珠海、梅州、河源3市和11个县的近百个乡镇受灾，受灾人口达52.75万人，直接经济损失达1.08亿元。

1999年8月21—25日，受9908号台风影响，广东省大部分地区普降大雨，珠江三角洲及其附近地区降暴雨到大暴雨。21日08时至24日08时，珠海市过程降雨量为408.6毫米，斗门县418.5毫米。此次台风造成广东省惠州、深圳、东莞、汕尾、广州、珠海、中山、河源、梅州和潮州等10个市33个县（市）221个乡镇受灾。

2000年4月13—14日，珠海市出现特大暴雨，24小时降雨量高达634.5毫米，降雨量为历史罕见，暴雨使珠海、深圳、中山3市成灾，多处低洼地区内涝渍水严重，房屋受浸倒塌，山体滑坡，农田受淹，城镇交通、供电大受影响，珠海市直接经济损失高达1.4亿元。

2005年9月3日08时至4日08时，受0513号超强台风"泰利"影响，珠海市斗门区24小时降雨量为282.2毫米（其中1小时最大降雨量为72.6毫米）。

2013年5月19—22日，华南等地出现大到暴雨，福建、广东等省局部出现大暴雨或特大暴雨。22日珠海日降雨量达331毫米，1小时降雨量达118.7毫米。此次强降水过程造成广东、福建、江西、云南4省共有145.1万人受灾，10人死亡，农作物受灾面积7.5万公顷，直接经济损失达28.8亿元。

2017年8月23日12时50分前后，1713号强台风"天鸽"在珠海南部沿海登陆，是历史上影响珠海最严重的台风之一，珠江三角洲市县普降暴雨到大暴雨，局部特大暴雨，风雨潮共同影响，造成本市2人死亡，275间房屋倒塌，全市农作物受灾面积3万亩，大部分地区停水停电，部分道路因为树木倒伏通行受阻，直接经济损失达55亿元。8月26日20时至27日20时，1714号台风"帕卡"在珠海登陆，全市平均降雨量为66毫米，全市最大降雨量为120.1毫米。9月3日，受1716号台风"玛娃"影响，深圳、珠海、东莞等地出现水浸街，多路段交通中断。

2018年8月10—16日早晨，受1816号强热带风暴"贝碧嘉"外围环流影响，珠海局地出现特大暴雨。珠海市金湾区三灶镇出现广东省最大过程降雨量（677.6毫米），珠海站记录最大1小时（11日16时）降雨量112.3毫米及最大日降雨量477.9毫米（11日）。广东省部分地区遭受暴雨洪涝灾害，据统计，共造成珠海、江门、湛江等6市41万人受灾，4人死亡，2人失踪，紧急转移安置13.2万人；近千间房屋倒塌；农作物受灾面积9.7万公顷；直接经济损失达19.4亿元。

2. 大风

1961 年 5 月 19 日，6103 号台风在香港登陆，珠海最大风速 35.0 米 / 秒，正值抽穗的 "矮脚南特" 水稻损失极大。

1964 年 5 月 28 日，6402 号台风在斗门县登陆，珠海最大风速 30.0 米 / 秒，对早稻影响很大。

1966 年 7 月 13 日，6605 号强热带风暴在珠海登陆，珠海极大风速达 40.0 米 / 秒，伴随暴雨，对夏收造成不利影响。

1971 年 6 月 18 日，7108 号台风在珠海登陆，极大风速超过 40.0 米 / 秒。早稻倒伏，损失严重。

1986 年 5 月 11 日，珠海市先后有 3 个龙卷风产生，其中第三个龙卷风发生时，距该地 300 米的珠海市气象台测得的阵风达 20.0 米 / 秒，使停在市政府门前的 3 辆汽车互相碰撞，造成严重破坏。珠海市倒塌房屋 1 825 平方米，受浸水稻 0.389 万公顷、甘蔗 0.22 万公顷，经济损失约 110 万元。

1991 年 7 月 24 日上 07 时 30 分，9108 号台风在珠海市西部沿海地区登陆，中心附近最大风速达 35 米 / 秒。

1993 年 9 月 17 日 10 时 30 分，9316 号台风在广东省斗门县与台山市之间沿海登陆，受其影响，珠江三角洲地区出现风力 8 ～ 10 级、阵风 11 级以上的大风，其中珠海市最大风速达 45 米 / 秒，斗门县达 40 米 / 秒。

1995 年 10 月 1 日 20 时开始至 4 日 02 时，受 9515 号台风及冷空气的影响，广东省内部分地区先后出现 6 级以上的大风和阵风。风力达到 10 级的有珠海、阳江、上川岛等地。受风暴影响，珠江口以西沿岸发生 70 厘米以上的增水。阳江、茂名、江门、中山、珠海等 9 个市有 35 个县（市、区）受灾。

2006 年 8 月 3 日 19 时 20 分，0606 号台风 "派比安" 在广东省阳西县与电白县之间沿海登陆，珠海沿海陆地出现 7 ～ 9 级大风，珠海站测得 31.1 米 / 秒的极大风速。受大风影响，珠海市香洲区共有 1 460 余棵树木倾倒或断枝，109 个灯罩掉落，24 支灯杆被吹断，前山桥 100 余米护栏被吹倒。

2013 年 8 月 5 日上午，珠海市金湾区三灶海域出现龙卷风，持续时间近 40 分钟。

3. 雷电

1996 年 4 月 18 日 20 时至 19 日 22 时，在锋面低槽的影响下，茂名、阳江、云浮、清远、江门、珠海、中山、惠州和汕头等地区近 70 个县（市）先后出现强对流天气，广州、中山、电白、台山、江门和珠海等地遭遇雷击。

1997 年 4 月中旬，珠海市三门岛石场荷电房遭雷击，发生爆炸，直接经济损失超过 100 万元。

2003 年 5 月 18 日 03 时 20 分，珠海市鸿宝源化工有限公司厂房遭雷击，造成直接经济损失 100 余万元。

2004 年 6 月 30 日，珠海市前山镇造贝游乐场发生直接雷击，造成 3 人当场昏厥，1 位伤势重者经急救后脱险。

4. 冰雹

1996 年 4 月 18—20 日，广东省大部分市县降大雨至暴雨，其中茂名、阳江、云浮、清远、江门、肇庆、东莞、中山、珠海和梅州 10 个市先后遭受暴雨、冰雹和龙卷风的袭击。

5. 大雾

1975 年 2 月 4 日,"海运 104"轮因大雾在位于珠海西南端的荷包岛附近触礁。

1979 年 1 月 31 日,载有 4 220 吨电石的希腊籍"阿里比奥"轮在珠江口牛头角因雾搁礁爆炸,死亡和失踪 21 人。

1984 年 2 月 9 日,香港流动渔船"M62933A"在外伶仃岛以东 5 海里处,因雾与"惠民"轮碰撞而沉没,死亡、失踪各 1 人。

1993 年 2 月 5 日,"新会 01066"渔船在 21°11′N,113°11′E 处因雾与新加坡"HONG HWA"轮碰撞而沉没,救起 3 人,失踪 4 人。

2016 年 2 月 13—14 日,广东省受雾影响,南方航空在珠海、汕头机场起降的航班均出现大规模延误。

大万山海洋站

第一章　概况

第一节　基本情况

大万山海洋站（简称大万山站）位于广东省珠海市万山群岛的大万山岛（图 1.1-1）。珠海市位于广东省中南部，是珠三角中海洋面积最大、岛屿最多、海岸线最长的城市，海洋资源丰富，大陆岸线长约 224.5 千米，全市常住人口约 244 万人。万山群岛地处珠江入海口，背靠珠海市区，面向浩瀚的南海和太平洋，东连香港，西接澳门，是珠三角乃至华南腹地海上出入的咽喉要道，是粤港澳大湾区的核心和门户。大万山岛位于万山群岛南端，为万山群岛主岛，也是最大岛屿，西北距大陆约 30.6 千米，岸线长约 14.5 千米。

大万山站始建于 1972 年 10 月，隶属国家海洋局南海分局，2019 年 6 月后隶属自然资源部南海局，由珠海中心站管辖。大万山站位于珠海市万山镇，测点位于大万山港。

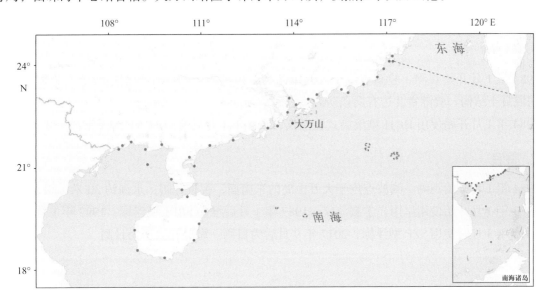

图1.1-1　大万山站地理位置示意

大万山站观测项目有潮汐、海浪、表层海水温度、表层海水盐度、气温、气压、相对湿度、风和降水等。2006 年前，主要为人工观测或使用简易设备观测，2006 年安装使用自动观测系统，多数项目实现了自动化观测、数据存储和传输。

大万山附近海域为不正规半日潮特征，海平面 4 月最低，10 月最高，年变幅为 27 厘米，平均海平面为 211 厘米，平均高潮位为 265 厘米，平均低潮位为 152 厘米；全年海况以 0 ~ 3 级为主，年均平均波高为 1.3 米，年均平均周期为 5.1 秒，历史最大波高最大值为 11.9 米，历史平均周期最大值为 12.6 秒，常浪向为 SE，强浪向为 SSW；年均表层海水温度为 23.0 ~ 25.1℃，7 月最高，均值为 29.2℃，2 月最低，均值为 17.2℃，历史水温最高值为 32.8℃，历史水温最低值为 13.3℃；年均表层海水盐度为 25.24 ~ 32.03，3 月最高，均值为 33.02，7 月最低，均值为 21.19，历史盐度最高值为 35.50，历史盐度最低值为 2.39；海发光主要为火花型，2 月出现频率最高，7 月最低，1 级海发光最多，出现的最高级别为 4 级。

大万山站主要受海洋性季风气候影响，年均气温为 21.5 ~ 24.0℃，7 月最高，均值为 28.2℃，1 月最低，均值为 15.4℃，历史最高气温为 35.0℃，历史最低气温为 2.6℃；年均气压为 1 003.8 ~ 1 006.5 百帕，12 月最高，均值为 1 012.1 百帕，8 月最低，均值为 997.4 百帕；年均相对湿度为 80.1% ~ 86.7%，4 月最大，均值为 89.5%，12 月最小，均值为 72.9%；年均风速为 4.1 ~ 7.4 米 / 秒，1 月最大，均值为 6.8 米 / 秒，8 月最小，均值为 3.6 米 / 秒，1 月盛行风向为 N—ESE（顺时针，下同），4 月盛行风向为 ENE—SE，7 月盛行风向为 E—SSE，10 月盛行风向为 ENE—SE；平均年降水量为 1 834.0 毫米，8 月平均降水量最多，占全年的 16.7%；平均年雾日数为 15.1 天，3 月最多，均值为 5.7 天，8 月和 10 月未出现；平均年雷暴日数为 42.0 天，8 月最多，均值为 7.3 天，12 月未出现；年均能见度为 14.0 ~ 29.3 千米，7 月最大，均值为 31.0 千米，3 月最小，均值为 13.4 千米；年均总云量为 6.6 ~ 7.6 成，3 月最多，均值为 8.6 成，12 月最少，均值为 5.1 成；平均年蒸发量为 2 219.8 毫米，11 月最大，均值为 233.7 毫米，3 月最小，均值为 127.9 毫米。

第二节　观测环境和观测仪器

1. 潮汐

1984 年 1 月开始观测。验潮室位于大万山岛大万山港内，2011 年验潮室改造，验潮井为岸式钢筋混凝土结构。验潮室北边有两条防波堤，底质为沙质。

1984 年 1 月开始使用 HCJ1 型滚筒式验潮仪，2006 年 1 月后使用 SCA11-3A 型浮子式水位计。

2. 海浪

1984 年 1 月开始观测。测波点位于大万山岛的东南面，视野开阔，水深约 30 米（图 1.2-1）。

1984 年 1 月开始使用岸用光学测波仪，1987 年 1 月后增加 SBF1 型浮标，1993 年 1 月后为目测，2010 年 3 月后使用 SZF 型浮标，2017 年 9 月后为目测。海况和波型为目测。

图1.2-1　大万山站测波点（摄于2011年7月）

3. 表层海水温度、盐度和海发光

1973年9月开始观测。测点位于大万山岛大万山港内验潮室。验潮室北有大万山港防波堤，海水交换减慢，验潮室南有一条山水沟，大雨时有大量淡水流入。

1973年9月起使用表层水温表测量水温，使用氯度滴定管和感应式盐度计测定盐度，2004年7月后使用SYA2-2型实验室盐度计，2006年1月后使用EC250型温盐传感器，2009年10月后使用YZY4-3型温盐传感器。

海发光为每日天黑后人工目测。

4. 气象要素

1973年9月开始观测。观测场位于大万山站通信值班室背后约15米的山坡上。观测场地处半山坡上，地形较开阔，四周有较高山峰（图1.2-2）。

观测仪器主要有干湿球温度表、温度计、湿度计、动槽水银气压表、气压计、EL型电接风向风速计和雨量筒等。2006年1月后使用270型气压传感器和XFY3-1型风传感器。雾和能见度为目测。

图1.2-2　大万山站气象观测场（摄于2011年7月）

第二章 潮位

第一节 潮汐

1. 潮汐类型

利用大万山站近19年（2001—2019年）验潮资料分析的调和常数，计算出潮汐系数 $(H_{K_1}+H_{O_1})/H_{M_2}$ 为1.60。按我国潮汐类型分类标准，大万山附近海域为不正规半日潮，每月中约有1/4的天数，每个潮汐日（大约24.8小时）有一次高潮和一次低潮，其余天数为每个潮汐日有两次高潮和两次低潮，高潮日不等现象和低潮日不等现象均较明显。

1984—2019年，大万山站 M_2 分潮振幅呈减小趋势，减小速率为0.18毫米/年；迟角呈增大趋势，增大速率为0.05°/年。K_1 和 O_1 分潮振幅和迟角均无明显变化趋势。

2. 潮汐特征值

由1984—2019年资料统计分析得出：大万山站平均高潮位为265厘米，平均低潮位为152厘米，平均潮差为113厘米；平均高高潮位为287厘米，平均低低潮位为132厘米，平均大的潮差为155厘米。平均涨潮历时7小时40分钟，平均落潮历时6小时37分钟，两者相差1小时3分钟。

累年各月潮汐特征值见表2.1-1。

表2.1-1 累年各月潮汐特征值（1984—2019年）　　　　单位：厘米

月份	平均高潮位	平均低潮位	平均潮差	平均高高潮位	平均低低潮位	平均大的潮差
1	260	152	108	288	129	159
2	260	147	113	281	130	151
3	260	144	116	276	129	147
4	260	142	118	277	124	153
5	260	145	115	282	124	158
6	258	147	111	286	122	164
7	257	146	111	287	122	165
8	263	150	113	287	132	155
9	275	160	115	290	145	145
10	284	169	115	298	151	147
11	276	162	114	298	141	157
12	266	158	108	296	134	162
年	265	152	113	287	132	155

注：潮位值均以验潮零点为基面。

平均高潮位 10 月最高，为 284 厘米，7 月最低，为 257 厘米，年较差为 27 厘米；平均低潮位 10 月最高，为 169 厘米，4 月最低，为 142 厘米，年较差为 27 厘米（图 2.1-1）；平均高高潮位 10 月和 11 月最高，均为 298 厘米，3 月最低，为 276 厘米，年较差为 22 厘米；平均低低潮位 10 月最高，为 151 厘米，6 月和 7 月最低，均为 122 厘米，年较差为 29 厘米。平均潮差 4 月最大，1 月和 12 月最小，年较差为 10 厘米；平均大的潮差 7 月最大，9 月最小，年较差为 20 厘米（图 2.1-2）。

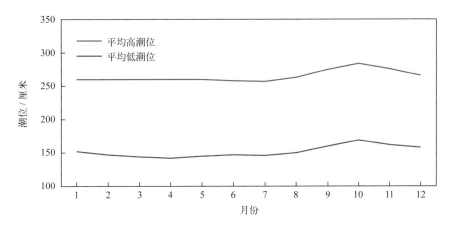

图2.1-1　平均高潮位和平均低潮位年变化

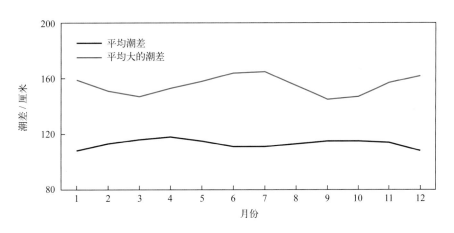

图2.1-2　平均潮差和平均大的潮差年变化

1984—2019 年，大万山站平均高潮位呈上升趋势，上升速率为 3.52 毫米 / 年。受天文潮长周期变化影响，平均高潮位存在较为明显的准 19 年周期变化，振幅为 3.40 厘米。平均高潮位最高值出现在 2006 年、2008 年、2012 年、2017 年和 2019 年，均为 273 厘米；最低值出现在 1995 年，为 256 厘米。大万山站平均低潮位呈明显上升趋势，上升速率为 5.48 毫米 / 年。平均低潮位准 19 年周期变化较为明显，振幅为 4.94 厘米。平均低潮位最高值出现在 2017 年，为 166 厘米；最低值出现在 1987 年，为 139 厘米。

1984—2019 年，大万山站平均潮差呈减小趋势，减小速率为 1.96 毫米 / 年。平均潮差准 19 年周期变化显著，振幅为 8.34 厘米。平均潮差最大值出现在 2006 年，为 124 厘米；最小值出现在 1995 年，为 105 厘米（图 2.1-3）。

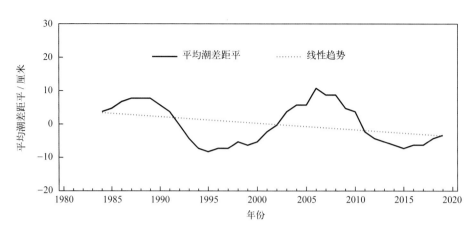

图2.1-3 1984—2019年平均潮差距平变化

第二节 极值潮位

大万山站年最高潮位和年最低潮位的各月发生频率见表2.2-1。年最高潮位出现时间主要集中在8—11月,其中10月发生频率最高,为29%;9月次之,为17%。年最低潮位主要出现在1月和5—7月,其中7月发生频率最高,为29%;6月次之,为26%。

1984—2019年,大万山站年最高潮位呈上升趋势,上升速率为9.19毫米/年。历年的最高潮位均高于341厘米,其中高于415厘米的有4年;历史最高潮位为447厘米,出现在2008年9月24日,正值0814号强台风"黑格比"影响期间。大万山站年最低潮位呈上升趋势,上升速率为5.09毫米/年。历年最低潮位均低于85厘米,其中低于50厘米的有4年;历史最低潮位出现在2004年7月4日,为44厘米(表2.2-1)。

表2.2-1 最高潮位和最低潮位及年极值出现频率(1984—2019年)

	1月	2月	3月	4月	5月	6月	7月	8月	9月	10月	11月	12月
最高潮位值/厘米	359	373	341	364	369	360	416	426	447	384	363	372
年最高潮位出现频率/%	9	3	0	0	3	3	6	15	17	29	12	3
最低潮位值/厘米	45	53	65	59	54	49	44	49	76	93	72	57
年最低潮位出现频率/%	12	6	0	0	15	26	29	3	0	0	0	9

第三节 增减水

受地形和气候特征的影响,大万山站出现30厘米以上增水的频率明显高于同等强度减水的频率,超过40厘米的增水平均约13天出现一次,而超过40厘米的减水平均约532天出现一次(表2.3-1)。

大万山站90厘米以上的增水主要出现在6—7月和9月,40厘米以上的减水多发生在1月、3月和11月,这些大的增减水过程主要与该海域受热带气旋和温带气旋等影响有关(表2.3-2)。

表 2.3-1 不同强度增减水平均出现周期（1984—2019 年）

范围 / 厘米	出现周期 / 天	
	增水	减水
>30	3.86	32.88
>40	12.87	531.58
>50	33.49	—
>60	68.22	—
>70	132.90	—
>80	245.35	—
>90	375.23	—
>100	490.69	—
>120	1 159.81	—

"—"表示无数据。

表 2.3-2 各月不同强度增减水出现频率（1984—2019 年）

月份	增水 / %					减水 / %			
	>30 厘米	>50 厘米	>70 厘米	>90 厘米	>120 厘米	>10 厘米	>20 厘米	>30 厘米	>40 厘米
1	0.15	0.00	0.00	0.00	0.00	9.90	1.31	0.08	0.01
2	0.62	0.00	0.00	0.00	0.00	10.43	1.00	0.03	0.00
3	0.43	0.00	0.00	0.00	0.00	14.10	2.20	0.16	0.01
4	0.95	0.09	0.01	0.00	0.00	16.18	0.95	0.02	0.00
5	0.82	0.06	0.01	0.00	0.00	8.12	0.63	0.02	0.00
6	1.09	0.10	0.03	0.02	0.00	4.08	0.14	0.01	0.00
7	0.81	0.19	0.06	0.01	0.00	9.10	0.83	0.04	0.00
8	0.94	0.19	0.01	0.00	0.00	15.28	1.60	0.05	0.00
9	1.11	0.30	0.13	0.06	0.03	15.23	2.02	0.04	0.00
10	2.18	0.17	0.02	0.00	0.00	9.42	1.51	0.03	0.00
11	0.26	0.00	0.00	0.00	0.00	17.93	4.19	0.54	0.06
12	0.13	0.00	0.00	0.00	0.00	15.00	2.97	0.10	0.00

1984—2019 年，大万山站年最大增水多出现在 7—10 月，其中 10 月出现频率最高，为 20%；7 月、8 月和 9 月次之，均为 18%。除 6 月外，大万山站年最大减水在其余各月均有出现，其中 11 月出现频率最高，为 34%；3 月次之，为 18%（表 2.3-3）。

1984—2019 年，大万山站年最大增水呈增大趋势，增大速率为 6.54 毫米 / 年（线性趋势未通过显著性检验）。历史最大增水出现在 2018 年 9 月 16 日，为 168 厘米；1993 年、2008 年最大增水均超过了 120 厘米。大万山站年最大减水无明显变化趋势。历史最大减水发生在 2010 年 11 月

22 日,为 48 厘米;1992 年、1995 年、2009 年、2012 年和 2018 年最大减水均超过或达到了 40 厘米。

表 2.3-3　最大增水和最大减水及年极值出现频率（1984—2019 年）

	1月	2月	3月	4月	5月	6月	7月	8月	9月	10月	11月	12月
最大增水值/厘米	41	53	49	85	76	125	100	101	168	87	48	41
年最大增水出现频率/%	3	0	6	6	3	8	18	18	18	20	0	0
最大减水值/厘米	41	37	45	33	37	33	35	35	39	33	48	37
年最大减水出现频率/%	6	6	18	3	6	0	6	3	6	6	34	6

第三章 海浪

第一节 海况

大万山站全年及各月各级海况的频率见图3.1-1。全年海况以0 ~ 3级为主，频率为81.11%，其中0 ~ 2级海况频率为44.46%。全年5级及以上海况频率为1.47%，最大频率出现在8月，为2.56%。全年7级及以上海况频率为0.02%，最大频率出现在7月和8月，均为0.09%，1—5月和10—12月未出现。

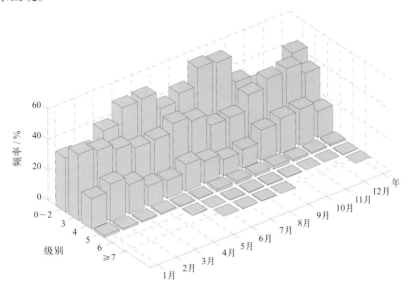

图3.1-1 全年及各月各级海况频率（1984—2019年）

第二节 波型

大万山站风浪频率和涌浪频率的年变化见表3.2-1。全年风浪和涌浪频率相差不大，风浪频率为99.98%，涌浪频率为99.86%。各月的风浪和涌浪频率均相差不大。风浪在3—5月、8月、10月和12月频率均为100%，涌浪在2月、3月和12月频率均为100%。

表 3.2-1 各月及全年风浪涌浪频率（1984—2019 年）

	1月	2月	3月	4月	5月	6月	7月	8月	9月	10月	11月	12月	年
风浪 / %	99.98	99.97	100.00	100.00	100.00	99.98	99.91	100.00	99.98	100.00	99.98	100.00	99.98
涌浪 / %	99.96	100.00	100.00	99.88	99.60	99.84	99.53	99.96	99.68	99.93	99.93	100.00	99.86

注：风浪包含F、FU、F/U和U/F波型；涌浪包含U、FU、F/U和U/F波型。

第三节 波向

1. 各向风浪频率

大万山站各月及全年各向风浪频率见图 3.3-1。1月和10—12月 N 向风浪居多，E 向次之。

2月E向风浪居多，N向次之。3月和4月E向风浪居多，ESE向次之。5—9月SE向风浪居多，ESE向次之。全年E向风浪居多，频率为17.92%；SE向次之，频率为17.36%；WNW向最少，频率为0.21%。

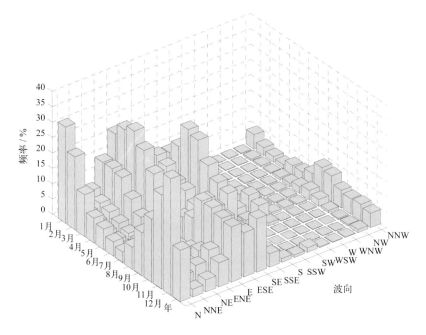

图3.3-1　各月及全年各向风浪频率（1984—2019年）

2.各向涌浪频率

大万山站各月及全年各向涌浪频率见图3.3-2。1—4月和10—12月SE向涌浪居多，ESE向次之。5月SE向涌浪居多，S向次之。6月S向涌浪居多，SW向次之。7月SW向涌浪居多，S向次之。8月S向涌浪居多，SE向次之。9月SE向涌浪居多，SSE向次之。全年SE向涌浪居多，频率为48.18%；ESE向次之，频率为19.16%；NW向最少，频率为0.01%。

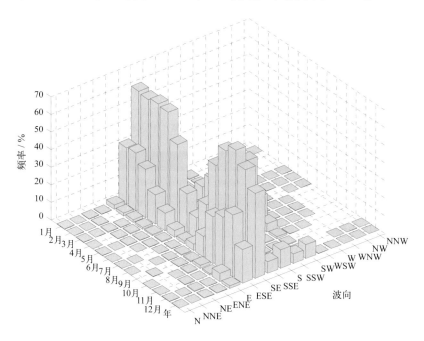

图3.3-2　各月及全年各向涌浪频率（1984—2019年）

第四节 波高

1. 平均波高和最大波高

大万山站波高的年变化见表 3.4-1。月平均波高的年变化不明显，为 1.1 ~ 1.4 米。历年的平均波高为 1.1 ~ 1.7 米。

月最大波高比月平均波高的变化幅度大，极大值出现在 7 月，为 11.9 米，极小值出现在 1 月，为 4.3 米，变幅为 7.6 米。历年的最大波高为 3.0 ~ 11.9 米，大于 9.0 米的有 4 年，其中最大波高的极大值 11.9 米出现在 1986 年 7 月 12 日，正值 8607 号超强台风"蓓姬"影响期间，波向为 SSW，对应平均风速为 17 米 / 秒，对应平均周期为 12.6 秒。

表 3.4-1 波高年变化（1984—2019 年）　　　　单位：米

	1月	2月	3月	4月	5月	6月	7月	8月	9月	10月	11月	12月	年
平均波高	1.3	1.3	1.3	1.1	1.2	1.3	1.4	1.2	1.2	1.3	1.3	1.3	1.3
最大波高	4.3	7.7	7.9	5.4	10.0	7.0	11.9	7.9	9.5	7.6	4.8	5.1	11.9

2. 各向平均波高和最大波高

全年及各季代表月各向波高的分布见表 3.4-2、图 3.4-1 和图 3.4-2。全年各向平均波高为 1.1 ~ 1.5 米，大值主要分布于 N 向、ENE 向、E 向和 NNW 向，小值主要分布于 WNW 向和 NW 向。全年各向最大波高 SSW 向最大，为 11.9 米；SE 向次之，为 10.0 米；NW 向最小，为 2.7 米。

表 3.4-2 全年各向平均波高和最大波高（1984—2019 年）　　　　单位：米

	N	NNE	NE	ENE	E	ESE	SE	SSE	S	SSW	SW	WSW	W	WNW	NW	NNW
平均波高	1.5	1.2	1.4	1.5	1.5	1.3	1.2	1.2	1.2	1.3	1.4	1.2	1.2	1.1	1.1	1.5
最大波高	7.9	4.7	8.5	6.7	8.7	9.5	10.0	9.5	7.5	11.9	4.9	8.2	3.4	4.8	2.7	4.6

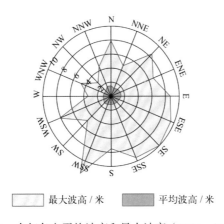

图3.4-1 全年各向平均波高和最大波高（1984—2019年）

1 月平均波高 N 向和 ENE 向最大，均为 1.6 米；WSW 向、W 向和 WNW 向最小，均为 1.0 米。最大波高 ESE 向最大，为 4.3 米；E 向次之，为 3.6 米；W 向最小，为 1.2 米。未出现 SSW 向波高有效样本。

　　4 月平均波高 ENE 向和 E 向最大，均为 1.5 米；NW 向最小，为 0.7 米。最大波高 E 向最大，为 5.4 米；SE 向次之，为 5.1 米；NW 向最小，为 1.4 米。

　　7 月平均波高 NE 向最大，为 2.6 米；W 向最小，为 1.1 米。最大波高 SSW 向最大，为 11.9 米；NE 向次之，为 8.5 米；NW 向最小，为 2.1 米。

　　10 月平均波高 ENE 向最大，为 1.7 米；SW 向最小，为 0.9 米。最大波高 SE 向最大，为 7.6 米；ESE 向次之，为 5.6 米；WNW 向最小，为 2.1 米。

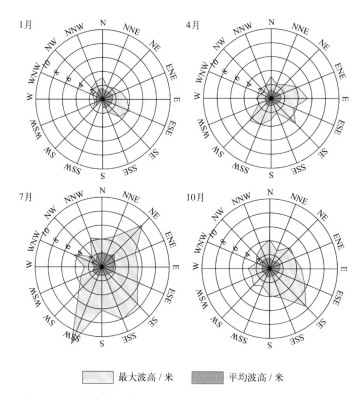

最大波高／米　　　　平均波高／米

图3.4-2　四季代表月各向平均波高和最大波高（1984—2019年）

第五节　周期

1. 平均周期和最大周期

　　大万山站周期的年变化见表 3.5-1。月平均周期的年变化不明显，为 4.9 ~ 5.3 秒。月最大周期的年变化幅度较大，极大值出现在 7 月，为 12.6 秒，极小值出现在 1 月，为 7.7 秒。历年的平均周期为 4.1 ~ 6.3 秒，其中 1985 年最大，1992 年最小。历年的最大周期均不小于 6.6 秒，不小于 11.0 秒的有 3 年，其中最大周期的极大值 12.6 秒出现在 1986 年 7 月 12 日，波向为 SSW。

表3.5-1　周期年变化（1984—2019年）　　　　　　　　　　单位：秒

	1月	2月	3月	4月	5月	6月	7月	8月	9月	10月	11月	12月	年
平均周期	5.2	5.2	5.1	5.0	4.9	5.2	5.2	5.2	5.0	5.2	5.3	5.3	5.1
最大周期	7.7	10.0	7.8	8.0	9.8	11.0	12.6	9.9	11.8	9.8	9.5	9.1	12.6

2. 各向平均周期和最大周期

全年及各季代表月各向周期的分布见表 3.5-2、图 3.5-1 和图 3.5-2。全年各向平均周期为 4.7 ～ 5.5 秒，NNW 向和 N 向均为最大。全年各向最大周期 SSW 向最大，为 12.6 秒；SE 向次之，为 11.8 秒；NW 向最小，为 6.5 秒。

表 3.5-2 全年各向平均周期和最大周期（1984—2019 年）　　　　　　　单位：秒

	N	NNE	NE	ENE	E	ESE	SE	SSE	S	SSW	SW	WSW	W	WNW	NW	NNW
平均周期	5.5	5.0	5.2	5.1	5.1	5.1	5.2	5.0	5.1	5.2	5.2	4.7	4.8	5.0	5.1	5.5
最大周期	8.1	7.0	7.0	8.2	10.4	9.6	11.8	11.7	11.0	12.6	10.6	7.5	8.0	7.2	6.5	9.5

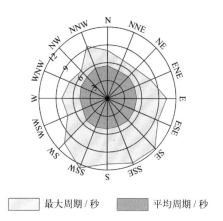

最大周期 / 秒　　　平均周期 / 秒

图3.5-1　全年各向平均周期和最大周期（1984—2019年）

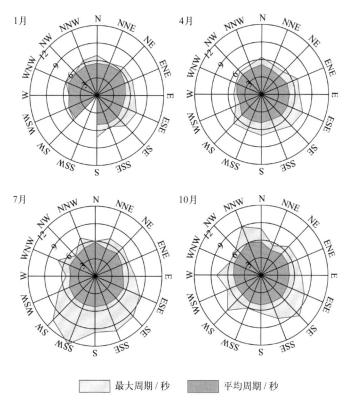

最大周期 / 秒　　　平均周期 / 秒

图3.5-2　四季代表月各向平均周期和最大周期（1984—2019年）

1月平均周期 NE 向最大，为 5.9 秒；ESE 向、S 向和 W 向最小，均为 5.0 秒。最大周期 ESE 向最大，为 7.7 秒；SE 向次之，为 7.3 秒。未出现 SSW 向周期有效样本。

4月平均周期 N 向和 ESE 向最大，均为 5.1 秒；WSW 向最小，为 4.2 秒。最大周期 ESE 向最大，为 8.0 秒；SE 向次之，为 7.6 秒；WSW 向、W 向和 WNW 向最小，均为 5.0 秒。

7月平均周期 N 向最大，为 5.8 秒；W 向最小，为 4.5 秒。最大周期 SSW 向最大，为 12.6 秒；SW 向次之，为 10.6 秒；NW 向最小，为 5.0 秒。

10月平均周期 NNW 向最大，为 6.1 秒；NNE 向最小，为 4.6 秒。最大周期 SE 向最大，为 9.8 秒；NNW 向次之，为 9.0 秒；NNE 向最小，为 5.5 秒。

第四章　表层海水温度、盐度和海发光

第一节　表层海水温度

1. 平均水温、最高水温和最低水温

大万山站月平均水温的年变化具有峰谷明显的特点，7月最高，为29.2℃，2月最低，为17.2℃，年较差为12.0℃。3—7月为升温期，8月至翌年2月为降温期。月最高水温和月最低水温的年变化特征与月平均水温相似（图4.1-1）。

历年的平均水温为23.0 ~ 25.1℃，其中2019年最高，1984年最低。累年平均水温为23.9℃。

历年的最高水温均不低于30.7℃，其中大于32.0℃的有15年，大于32.5℃的有4年，出现时间为5—9月，7月最多，占统计年份的48%。水温极大值为32.8℃，出现在1991年7月18日和2014年7月9日。

历年的最低水温均不高于17.7℃，其中小于15.0℃的有14年，小于14.0℃的有4年，出现时间为12月至翌年3月，2月最多，占统计年份的51%。水温极小值为13.3℃，出现在1984年2月7日。

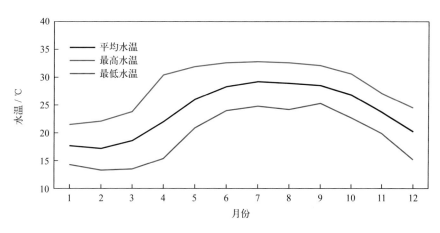

图4.1-1　水温年变化（1974—2019年）

2. 日平均水温稳定通过界限温度的日期

采用五日滑动平均方法求出稳定通过各个界限温度的日期，见表4.1-1。日平均水温全年均稳定通过15℃，稳定通过20℃的有261天，稳定通过25℃的初日为5月7日，终日为11月3日，共181天。

表4.1-1　日平均水温稳定通过界限温度的日期（1974—2019年）

	15℃	20℃	25℃
初日	1月1日	3月31日	5月7日
终日	12月31日	12月16日	11月3日
天数	365	261	181

3. 长期趋势变化

1974—2019 年，年平均水温、年最高水温和年最低水温均呈波动上升趋势，上升速率分别为 0.25℃ /(10 年)、0.12℃ /(10 年) 和 0.27℃ /(10 年)，其中 1991 年和 2014 年最高水温均为 1974 年以来的第一高值，1989 年最高水温为 1974 年以来的第二高值，1984 年和 1977 年最低水温分别为 1974 年以来的第一低值和第二低值。

十年平均水温变化显示，2010—2019 年平均水温最高，1980—1989 年平均水温最低，1990—1999 年平均水温较上一个十年升幅最大，升幅为 0.48℃（图 4.1-2）。

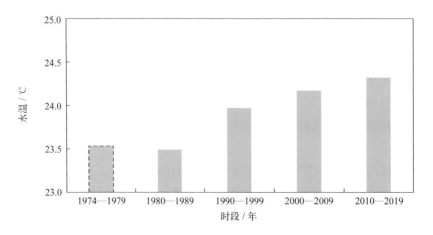

图4.1-2 十年平均水温变化（数据不足十年加虚线框表示，下同）

第二节 表层海水盐度

1. 平均盐度、最高盐度和最低盐度

大万山站月平均盐度 10 月至翌年 4 月较高，5—9 月较低，最高值出现在 3 月，为 33.02，最低值出现在 7 月，为 21.19，年较差为 11.83。月最高盐度 3 月最大，7 月最小。月最低盐度 12 月最大，7 月最小（图 4.2-1）。

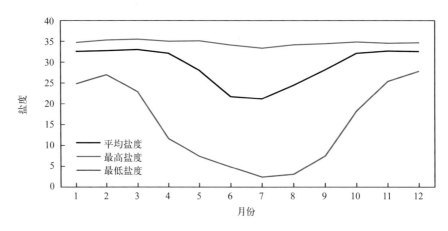

图4.2-1 盐度年变化（1974—2019年）

历年的平均盐度为 25.24 ~ 32.03，其中 2011 年最高，2014 年最低。累年平均盐度为 29.28。

历年的最高盐度均大于 32.70，其中大于 34.50 的有 13 年，大于 35.00 的有 2 年。年最高盐度多出现在 3 月和 4 月，占统计年份的 48%。盐度极大值为 35.50，出现在 2019 年 3 月 2 日。

历年的最低盐度均小于 24.35，其中小于 6.00 的有 12 年，小于 5.00 的有 3 年。年最低盐度多出现在 6 月和 7 月，占统计年份的 78%。盐度极小值为 2.39，出现在 1974 年 7 月 31 日。

2. 长期趋势变化

1974—2019 年，年平均盐度呈波动下降趋势，下降速率为 0.31/（10 年），年最高盐度和年最低盐度均无明显变化趋势。2019 年和 2018 年最高盐度分别为 1974 年以来的第一高值和第二高值；1974 年和 1976 年最低盐度分别为 1974 年以来的第一低值和第二低值。

十年平均盐度变化显示，1980—1989 年平均盐度最高，2010—2019 年平均盐度最低，两者相差 1.32（图 4.2-2）。

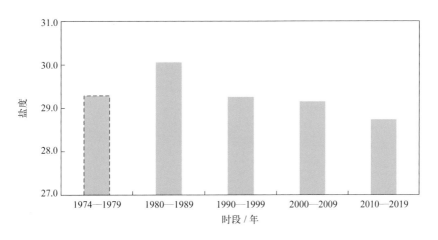

图4.2-2　十年平均盐度变化

第三节　海发光

1974—2019 年，大万山站观测到的海发光主要为火花型（H），闪光型（S）和弥漫型（M）少有出现。海发光以 1 级海发光为主，占海发光次数的 76.6%；2 级海发光次之，占 22.0%；3 级海发光占 1.4%；4 级海发光出现 1 次。

各月及全年海发光频率见表 4.3-1 和图 4.3-1。全年各月海发光频率均低于 42%，其中 2 月海发光频率最高，7 月海发光频率最低。累年平均海发光频率为 31.1%。

历年海发光频率均不高于 95.6%，其中 1983 年海发光频率最大，1999—2004 年和 2006—2019 年未观测到海发光。

表 4.3-1　各月及全年海发光频率（1974—2019 年）

	1月	2月	3月	4月	5月	6月	7月	8月	9月	10月	11月	12月	年
频率 / %	38.3	41.4	39.4	39.2	32.8	13.3	7.1	28.4	32.2	32.6	32.2	33.6	31.1

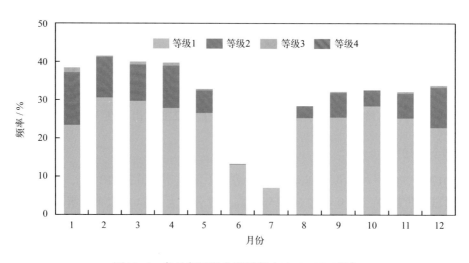

图4.3-1　各月各级海发光频率（1974—2019年）

第五章　海洋气象

第一节　气温

1. 平均气温、最高气温和最低气温

1973—2019 年，大万山站累年平均气温为 22.6℃。月平均气温 7 月最高，为 28.2℃，1 月最低，为 15.4℃，年较差为 12.8℃。月最高气温和月最低气温的年变化特征与月平均气温相似，月最高气温极大值出现在 7 月，月最低气温极小值出现在 2 月（表 5.1–1，图 5.1–1）。

表 5.1-1　气温年变化（1973—2019 年）　　　　　　　　　单位：℃

	1月	2月	3月	4月	5月	6月	7月	8月	9月	10月	11月	12月	年
平均气温	15.4	16.0	18.6	22.1	25.4	27.5	28.2	28.0	27.2	24.9	21.1	17.2	22.6
最高气温	26.6	26.5	29.2	31.4	34.1	34.2	35.0	34.8	34.7	32.7	30.1	27.5	35.0
最低气温	2.7	2.6	3.7	11.0	16.6	18.2	19.0	20.9	16.8	12.8	7.2	3.1	2.6

注：1973年数据有缺测。

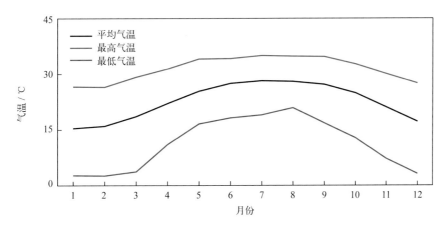

图5.1-1　气温年变化（1973—2019年）

历年的平均气温为 21.5 ~ 24.0℃，其中 2019 年最高，1984 年最低。

历年的最高气温均高于 31.5℃，其中高于 34.0℃的有 18 年，高于 34.5℃的有 5 年。最早出现时间为 5 月 29 日（2018 年），最晚出现时间为 9 月 27 日（2016 年）。7 月最高气温出现频率最高，占统计年份的 37%，8 月次之，占 29%（图 5.1–2）。极大值为 35.0℃，出现在 1982 年 7 月 29 日。

历年的最低气温均低于 11.0℃，其中低于 5.0℃的有 10 年，低于 4.0℃的有 4 年。最早出现时间为 11 月 30 日（1987 年），最晚出现时间为 3 月 6 日（1992 年）。1 月最低气温出现频率最高，占统计年份的 40%，2 月次之，占 29%（图 5.1–2）。极小值为 2.6℃，出现在 1974 年 2 月 25 日。

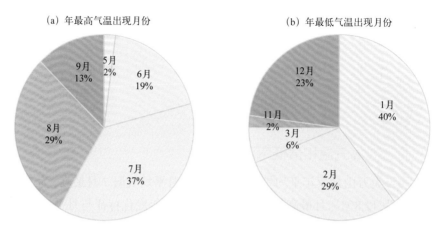

图5.1-2　年最高、最低气温出现月份及频率（1973—2019年）

2. 长期趋势变化

1974—2019年，年平均气温、年最高气温和年最低气温均呈波动上升趋势，上升速率分别为0.33℃/(10年)、0.09℃/(10年)（线性趋势未通过显著性检验）和0.65℃/(10年)。

十年平均气温变化显示，1980—2019年十年平均气温呈阶梯上升，2010—2019年平均气温最高，为23.2℃，比1980—1989年上升1.0℃（图5.1-3）。

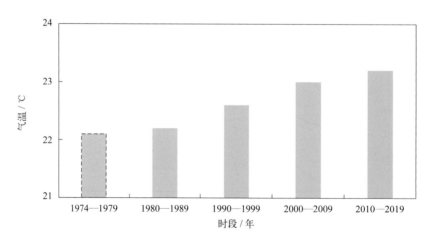

图5.1-3　十年平均气温变化

3. 常年自然天气季节和大陆度

利用大万山站1973—2019年气温累年日平均数据计算五日滑动平均气温，根据《气候季节划分》（QX/T 152—2012）中的气候季节划分指标和本志季节起止日确定方法，大万山站平均春季时间从1月28日至4月17日，共80天；平均夏季时间从4月18日至11月12日，共209天；平均秋季时间从11月13日至翌年1月27日，共76天。夏季时间最长，全年无冬季（图5.1-4）。

大万山站焦金斯基大陆度指数为27.2%，属海洋性季风气候。

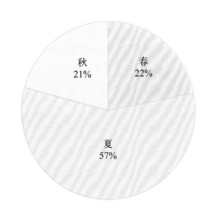

图5.1-4　各季平均日数百分率（1973—2019年）

第二节　气压

1. 平均气压、最高气压和最低气压

1973—2019年，大万山站累年平均气压为1 004.9百帕。月平均气压12月最高，为1 012.1百帕，8月最低，为997.4百帕，年较差为14.7百帕。月最高气压1月最大，6月最小。月最低气压2月最大，8月最小（表5.2-1，图5.2-1）。

历年的平均气压为1 003.8 ~ 1 006.5百帕，其中1996年最高，1974年最低。

历年的最高气压均高于1 018.0百帕，其中高于1 022.0百帕的有19年，高于1 025.0百帕的有3年。极大值为1 029.5百帕，出现在2016年1月24日。

历年的最低气压均低于994.0百帕，其中低于980.0百帕的有15年，低于970.0百帕的有5年。极小值为947.7百帕，出现在2017年8月23日，正值1713号强台风"天鸽"影响期间。

表5.2-1　气压年变化（1973—2019年）　　　　　　　　　　　　　　　　　单位：百帕

	1月	2月	3月	4月	5月	6月	7月	8月	9月	10月	11月	12月	年
平均气压	1 011.8	1 010.3	1 007.9	1 004.9	1 001.5	998.4	998.1	997.4	1 001.3	1 006.1	1 009.5	1 012.1	1 004.9
最高气压	1 029.5	1 024.5	1 025.3	1 019.1	1 011.5	1 007.4	1 007.8	1 009.3	1 011.5	1 016.0	1 022.9	1 025.4	1 029.5
最低气压	995.2	996.5	995.1	992.1	969.7	975.4	966.1	947.7	957.9	984.2	993.8	995.2	947.7

注：1973年数据有缺测。

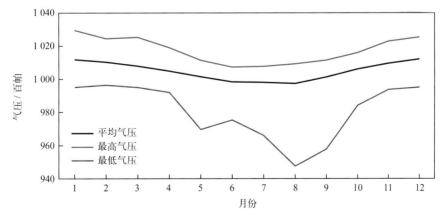

图5.2-1　气压年变化（1973—2019年）

2. 长期趋势变化

1974—2019 年，年平均气压变化趋势不明显，年最高气压呈上升趋势，上升速率为 0.47 百帕 /(10 年)，年最低气压呈下降趋势，下降速率为 1.74 百帕 /(10 年)（线性趋势未通过显著性检验)。

十年平均气压变化显示，1990—1999 年平均气压最高，为 1 005.3 百帕，2000—2009 年平均气压比上一个十年下降 0.3 百帕，2010—2019 年与上一个十年基本持平（图 5.2-2)。

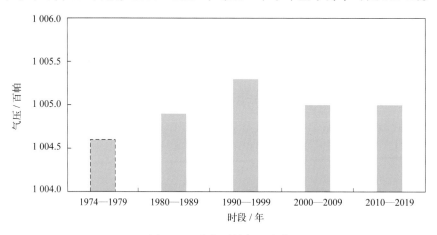

图5.2-2　十年平均气压变化

第三节　相对湿度

1. 平均相对湿度和最小相对湿度

1973—2019 年，大万山站累年平均相对湿度为 83.0%。月平均相对湿度 4 月最大，为 89.5%，12 月最小，为 72.9%。平均月最小相对湿度 7 月最大，为 61.1%，12 月最小，为 33.0%。最小相对湿度的极小值为 13%，出现在 1973 年 12 月 30 日（表 5.3-1，图 5.3-1)。

表 5.3-1　相对湿度年变化（1973—2019 年）

	1月	2月	3月	4月	5月	6月	7月	8月	9月	10月	11月	12月	年
平均相对湿度 /%	78.2	83.8	87.5	89.5	89.0	87.9	85.9	86.2	82.4	77.0	75.3	72.9	83.0
平均最小相对湿度 /%	36.5	43.0	44.6	50.2	53.8	60.2	61.1	58.2	50.7	44.6	36.0	33.0	47.7
最小相对湿度 /%	18	19	15	26	35	36	30	41	34	26	17	13	13

注：平均最小相对湿度为各月最小相对湿度的累年平均值及其年平均值。1973年数据有缺测。

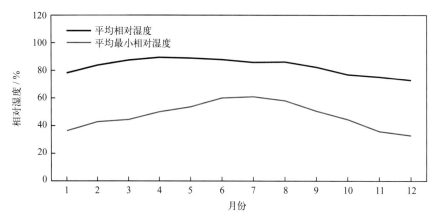

图5.3-1　相对湿度年变化（1973—2019年）

2. 长期趋势变化

1974—2019 年，年平均相对湿度为 80.1% ~ 86.7%，其中 2012 年最大，1977 年最小。年平均相对湿度无明显变化趋势。

十年平均相对湿度变化显示，1980—1989 年和 1990—1999 年平均相对湿度最大，均为 83.3%，2000—2009 年相对湿度比上一个十年下降 0.6%，2010—2019 年比上一个十年上升 0.5%（图 5.3-2）。

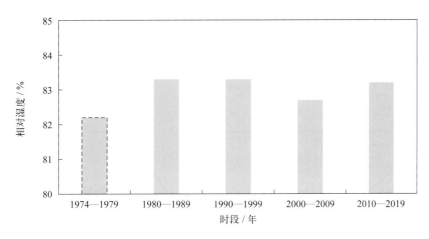

图5.3-2　十年平均相对湿度变化

3. 温湿指数

根据《人居环境气候舒适度评价》（GB/T 27963—2011）的温湿指数统计方法和气候舒适度等级划分方法，统计大万山站各月温湿指数，结果显示：1—2 月和 12 月温湿指数为 15.3 ~ 16.8，感觉为冷；3—5 月、10—11 月温湿指数为 18.3 ~ 24.7，感觉为舒适；6—9 月温湿指数为 25.9 ~ 27.1，感觉为热（表 5.3-2）。

表 5.3-2　温湿指数年变化（1973—2019 年）

	1月	2月	3月	4月	5月	6月	7月	8月	9月	10月	11月	12月
温湿指数	15.3	15.8	18.3	21.7	24.7	26.6	27.1	26.9	25.9	23.6	20.2	16.8
感觉程度	冷	冷	舒适	舒适	舒适	热	热	热	热	舒适	舒适	冷

第四节　风

1. 平均风速和最大风速

大万山站风速的年变化见表 5.4-1 和图 5.4-1。累年平均风速为 5.3 米 / 秒，月平均风速 1 月最大，为 6.8 米 / 秒，8 月最小，为 3.6 米 / 秒。平均最大风速 9 月最大，为 20.6 米 / 秒，5 月最小，为 14.9 米 / 秒。极大风速的最大值为 45.5 米 / 秒，出现在 2018 年 9 月 16 日，正值 1822 号超强台风"山竹"影响期间，对应风向为 SE。

表 5.4-1　风速年变化（1973—2019 年）　　　　　　　　单位：米 / 秒

		1月	2月	3月	4月	5月	6月	7月	8月	9月	10月	11月	12月	年
平均风速		6.8	6.6	6.1	5.2	4.4	4.0	3.9	3.6	4.7	5.7	6.1	6.5	5.3
最大风速	平均值	19.5	18.1	18.2	16.7	14.9	15.2	18.0	18.0	20.6	18.2	18.4	20.4	18.0
	最大值	32.0	30.7	27.0	25.0	31.0	38.0	30.0	29.0	40.0	43.0	29.0	30.0	43.0
	最大值对应风向	NNE	NNW	N	NNW	E	ESE	SE	E	NNW/ESE	NW	N	N	NW
极大风速	最大值	28.6	26.0	28.6	31.4	30.2	26.5	43.8	38.1	45.5	32.0	27.0	29.8	45.5
	最大值对应风向	N	N	N	N	N	ESE	SE	SE	SE	NNW	N	N	SE

注：1973年数据有缺测；极大风速的统计时间为2006—2019年。

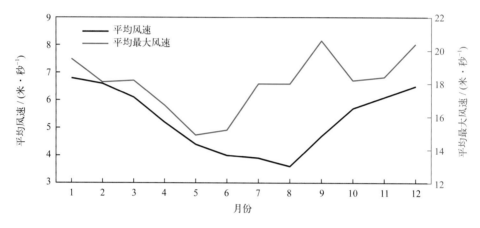

图5.4-1　平均风速和平均最大风速年变化（1973—2019年）

　　历年的平均风速为 4.1 ~ 7.4 米 / 秒，其中 1974 年最大，有 5 年均为最小。历年的最大风速均大于等于 16.2 米 / 秒，其中大于等于 32.0 米 / 秒的有 8 年，大于等于 38.0 米 / 秒的有 4 年。最大风速的最大值为 43.0 米 / 秒，风向为 NW，出现在 1975 年 10 月 14 日，正值 7514 号超强台风影响期间。年最大风速出现在 9 月的频率最高，3 月未出现（图 5.4-2）。

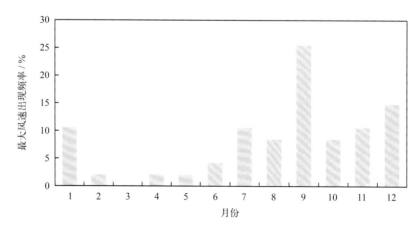

图5.4-2　年最大风速出现频率（1973—2019年）

2. 各向风频率

全年 E 向风最多,频率为 18.1%,SE 向次之,频率为 16.4%,W 向和 WNW 向最少,频率均为 0.4%(图 5.4-3)。

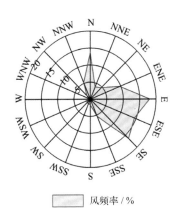

图5.4-3　全年各向风频率(1973—2019年)

1 月盛行风向为 N—ESE,频率和为 86.9%;4 月盛行风向为 ENE—SE,频率和为 74.0%;7 月盛行风向为 E—SSE,频率和为 66.1%;10 月盛行风向为 ENE—SE,频率和为 63.9%(图 5.4-4)。

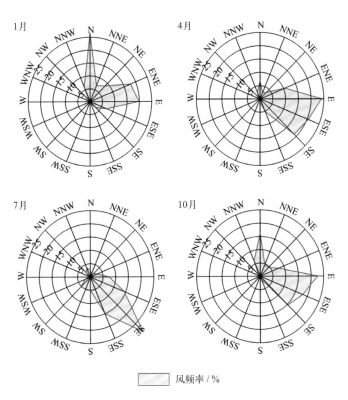

图5.4-4　四季代表月各向风频率(1973—2019年)

3. 各向平均风速和最大风速

全年各向平均风速 N 向最大,为 6.5 米 / 秒,NNW 向次之,为 5.5 米 / 秒,W 向最小,为

0.9 米／秒（图 5.4-5）。1 月、4 月和 10 月平均风速均为 N 向最大，分别为 8.8 米／秒、6.8 米／秒和 7.0 米／秒；7 月平均风速 ESE 向最大，为 4.4 米／秒（图 5.4-6）。

全年各向最大风速 NW 向最大，为 43.0 米／秒，ESE 向和 NNW 向次之，均为 40.0 米／秒，W 向最小，为 8.3 米／秒（图 5.4-5）。1 月 NNE 向最大风速最大，为 32.0 米／秒；4 月 NNW 向最大，为 25.0 米／秒；7 月 SE 向最大，为 30.0 米／秒；10 月 NW 向最大，为 43.0 米／秒（图 5.4-6）。

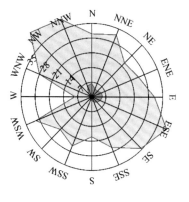

□ 最大风速／（米·秒⁻¹）　　■ 平均风速／（米·秒⁻¹）

图5.4-5　全年各向平均风速和最大风速（1973—2019年）

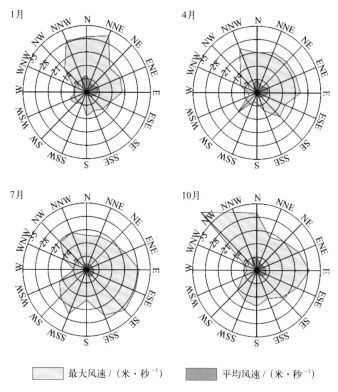

□ 最大风速／（米·秒⁻¹）　　■ 平均风速／（米·秒⁻¹）

图5.4-6　四季代表月各向平均风速和最大风速（1973—2019年）

4. 大风日数

风力大于等于 6 级的大风日数 1 月最多，为 15.3 天，占全年的 14.2%，2 月次之，为 14.0 天（表 5.4-2，图 5.4-7）。平均年大风日数为 107.7 天（表 5.4-2）。历年大风日数 1984 年最多，为 203 天，2015 年最少，为 33 天。

风力大于等于 8 级的大风日数 1 月最多，为 2.2 天，6 月最少，为 0.2 天。历年大风日数 1979 年最多，为 38 天，2007 年未出现。

风力大于等于 6 级的月大风日数最多为 29 天，出现在 1989 年 1 月；最长连续大于等于 6 级大风日数为 48 天，出现在 1985 年 2 月 7 日至 3 月 26 日（表 5.4-2）。

表 5.4-2　各级大风日数年变化（1973—2019 年）　　　　　　单位：天

	1月	2月	3月	4月	5月	6月	7月	8月	9月	10月	11月	12月	年
大于等于 6 级大风平均日数	15.3	14.0	12.9	8.1	5.4	4.1	4.4	4.0	6.6	9.1	11.0	12.8	107.7
大于等于 7 级大风平均日数	7.4	6.5	6.0	3.3	1.8	1.3	1.9	1.8	2.4	3.8	4.7	6.0	46.9
大于等于 8 级大风平均日数	2.2	1.8	1.3	0.8	0.5	0.2	0.8	0.9	0.9	1.1	1.3	2.0	13.8
大于等于 6 级大风最多日数	29	27	28	22	18	15	12	12	19	23	26	25	203
最长连续大于等于 6 级大风日数	22	23	48	19	8	8	7	7	12	11	17	19	48

注：1973年数据有缺测。

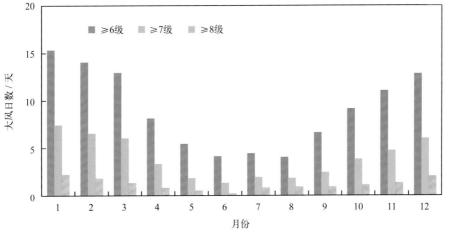

图5.4-7　各级大风日数年变化

第五节　降水

1. 降水量和降水日数

（1）降水量

大万山站降水量的年变化见表 5.5-1 和图 5.5-1。平均年降水量为 1 834.0 毫米，6—8 月降水量为 856.5 毫米，占全年降水量的 46.7%，3—5 月为 476.1 毫米，占全年的 26.0%，9—11 月为 404.2 毫米，占全年的 22.0%，12 月至翌年 2 月为 97.2 毫米，占全年的 5.3%。8 月平均降水量最多，为 305.6 毫米，占全年的 16.7%，6 月次之，占全年的 16.0%。

历年年降水量为 966.0 ~ 2 602.1 毫米，其中 1982 年最多，2004 年最少。

最大日降水量超过 100 毫米的有 39 年，超过 150 毫米的有 26 年，超过 200 毫米的有 14 年。最大日降水量为 332.2 毫米，出现在 1999 年 8 月 23 日。

表 5.5-1　降水量年变化（1973—2019 年）　　　　　　　　　　　　　　　单位：毫米

	1 月	2 月	3 月	4 月	5 月	6 月	7 月	8 月	9 月	10 月	11 月	12 月	年
平均降水量	25.5	43.3	63.6	160.4	252.1	293.9	257.0	305.6	253.1	102.1	49.0	28.4	1 834.0
最大日降水量	100.4	78.0	92.2	269.2	293.6	308.3	252.0	332.2	280.2	196.3	145.4	100.2	332.2

注：1973 年数据有缺测。

（2）降水日数

平均年降水日数为 127.8 天。平均月降水日数 6 月最多，为 15.6 天，12 月最少，为 4.9 天（图 5.5-2 和图 5.5-3）。日降水量大于等于 10 毫米的平均年日数为 41.5 天，各月均有出现；日降水量大于等于 50 毫米的平均年日数为 9.6 天，各月均有出现；日降水量大于等于 100 毫米的平均年日数为 2.6 天，出现在 1 月和 4—12 月；日降水量大于等于 150 毫米的平均年日数为 0.86 天，出现在 4—10 月；日降水量大于等于 200 毫米的平均年日数为 0.35 天，出现在 4—9 月（图 5.5-3）。

最多年降水日数为 161 天，出现在 1975 年；最少年降水日数为 97 天，出现在 2004 年。最长连续降水日数为 21 天，出现在 1994 年 7 月 13 日至 8 月 2 日；最长连续无降水日数为 62 天，出现在 1983 年 10 月 27 日至 12 月 27 日。

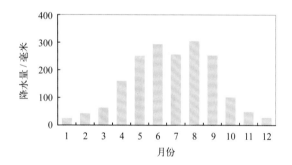

图5.5-1　降水量年变化（1973—2019 年）

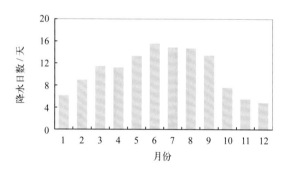

图5.5-2　降水日数年变化（1973—2019 年）

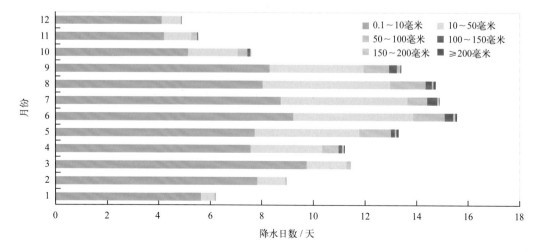

图5.5-3　各月各级平均降水日数分布（1973—2019 年）

2. 长期趋势变化

1974—2019年，年降水量呈下降趋势，下降速率为12.30毫米/(10年)（线性趋势未通过显著性检验）。十年平均年降水量变化显示，1990—1999年平均年降水量最大，为1 983.6毫米，2000—2009年平均年降水量最小，为1 745.4毫米，2010—2019年比1990—1999年减少171.9毫米（图5.5-4）。年最大日降水量呈下降趋势，下降速率为3.02毫米/(10年)（线性趋势未通过显著性检验）。

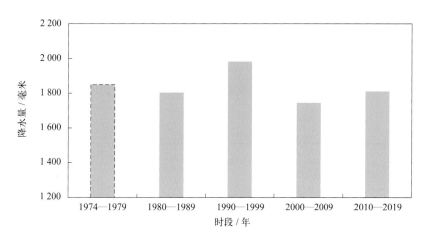

图5.5-4 十年平均年降水量变化

1974—2019年，年降水日数呈减少趋势，减少速率为2.69天/(10年)（线性趋势未通过显著性检验）；最长连续降水日数和最长连续无降水日数均无明显变化趋势。

第六节 雾及其他天气现象

1. 雾

大万山站雾日数的年变化见表5.6-1、图5.6-1和图5.6-2。1973—2019年，平均年雾日数为15.1天。平均月雾日数3月最多，为5.7天，6月和9月均出现1天，8月和10月未出现；月雾日数最多为16天，出现在1987年3月；最长连续雾日数为12天，出现在1984年3月31日至4月11日。

表5.6-1 雾日数年变化（1973—2019年） 单位：天

	1月	2月	3月	4月	5月	6月	7月	8月	9月	10月	11月	12月	年
平均雾日数	0.9	2.9	5.7	4.0	1.0	0.0	0.1	0.0	0.0	0.0	0.1	0.4	15.1
最多雾日数	4	12	16	14	5	1	3	0	1	0	1	3	41
最长连续雾日数	4	8	10	12	4	1	3	0	1	0	1	2	12

注：1973年数据有缺测。

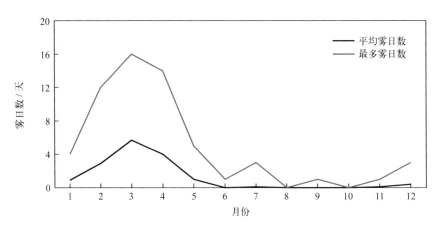

图5.6-1　平均雾日数和最多雾日数年变化（1973—2019年）

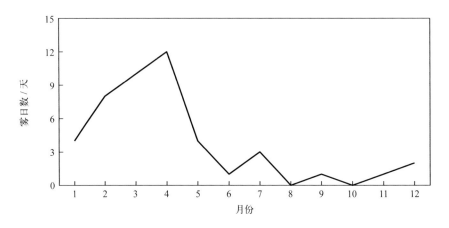

图5.6-2　最长连续雾日数年变化（1973—2019年）

1974—2019年，年雾日数呈下降趋势，下降速率为4.70天/(10年)。1984年雾日数最多，为41天，1999年最少，为1天。

十年平均年雾日数变化显示，1980—2009年十年平均年雾日数呈阶梯下降，1980—1989年平均年雾日数最多，为25.1天，2000—2009年比1980—1989年下降16.1天，2010—2019年平均年雾日数与2000—2009年基本持平（图5.6-3）。

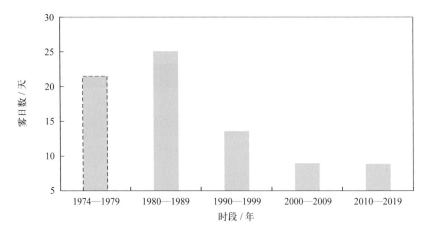

图5.6-3　十年平均雾日数变化

2. 轻雾

大万山站轻雾日数的年变化见表 5.6-2 和图 5.6-4。1973—1995 年，平均年轻雾日数为 27.3 天。平均月轻雾日数 3 月最多，为 9.0 天，7 月、9 月和 10 月未出现。最多月轻雾日数为 16 天，出现在 1980 年 3 月。

1974—1994 年，年轻雾日数呈上升趋势，上升速率为 4.16 天 /(10 年)（线性趋势未通过显著性检验）。1992 年轻雾日数最多，为 50 天，1981 年最少，为 13 天（图 5.6-5）。

表 5.6-2　轻雾日数年变化（1973—1995 年）　　　　　　　　　单位：天

	1月	2月	3月	4月	5月	6月	7月	8月	9月	10月	11月	12月	年
平均轻雾日数	2.5	4.8	9.0	7.5	2.0	0.1	0.0	0.1	0.0	0.0	0.3	1.0	27.3
最多轻雾日数	7	12	16	14	6	1	0	2	0	0	4	7	50

注：1973年数据有缺测，1995年7月停测。

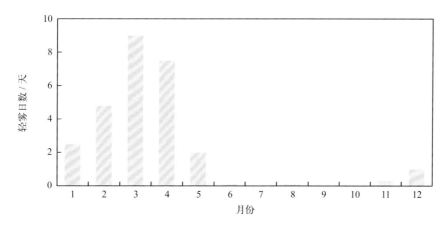

图5.6-4　轻雾日数年变化（1973—1995年）

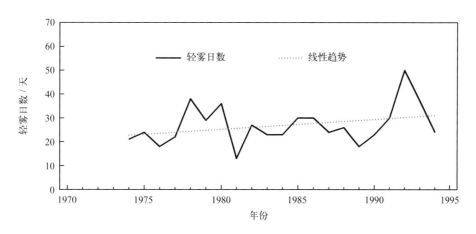

图5.6-5　1974—1994年轻雾日数变化

3. 雷暴

大万山站雷暴日数的年变化见表 5.6-3 和图 5.6-6。1973—1995 年，平均年雷暴日数为 42.0 天。雷暴主要出现在 4—9 月，其中 8 月最多，为 7.3 天，1 月出现 1 天，12 月未出现。雷暴最早初日为 1 月 3 日（1995 年），最晚终日为 11 月 18 日（1982 年）。月雷暴日数最多为 14 天，出现在 1993 年 6 月。

表 5.6-3 雷暴日数年变化（1973—1995 年） 单位：天

	1月	2月	3月	4月	5月	6月	7月	8月	9月	10月	11月	12月	年
平均雷暴日数	0.0	1.2	2.1	5.4	6.6	6.4	5.6	7.3	6.6	0.6	0.2	0.0	42.0
最多雷暴日数	1	6	12	13	12	14	10	12	12	3	3	0	65

注：1973年数据有缺测，1995年7月停测。

1974—1994 年，年雷暴日数呈上升趋势，上升速率为 2.61 天 /(10 年)（线性趋势未通过显著性检验）。1992 年雷暴日数最多，为 65 天，1983 年次之，为 64 天，1976 年最少，为 30 天（图 5.6-7）。

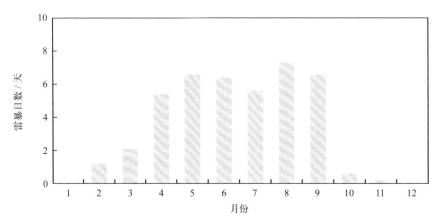

图5.6-6 雷暴日数年变化（1973—1995年）

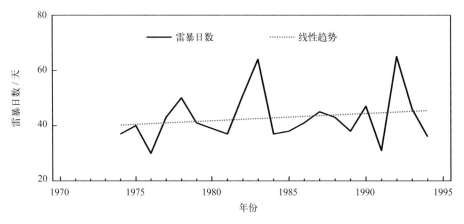

图5.6-7 1974—1994年雷暴日数变化

第七节 能见度

1973—2019 年，大万山站累年平均能见度为 20.5 千米。7 月平均能见度最大，为 31.0 千米，3 月最小，为 13.4 千米。能见度小于 1 千米的平均年日数为 10.4 天，3 月最多，为 4.1 天，6 月、10 月和 11 月均不超过 2 天，8 月未出现（表 5.7-1，图 5.7-1 和图 5.7-2）。

表 5.7-1　能见度年变化（1973—2019 年）

	1 月	2 月	3 月	4 月	5 月	6 月	7 月	8 月	9 月	10 月	11 月	12 月	年
平均能见度 / 千米	15.8	14.3	13.4	14.8	21.5	27.9	31.0	27.5	23.8	19.9	19.2	16.7	20.5
能见度小于 1 千米平均日数 / 天	0.5	1.8	4.1	2.9	0.6	0.0	0.1	0.0	0.1	0.0	0.0	0.3	10.4

注：1973 年数据有缺测，1979—1981 年停测。

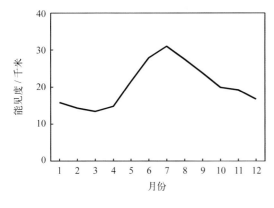

图5.7-1　能见度年变化

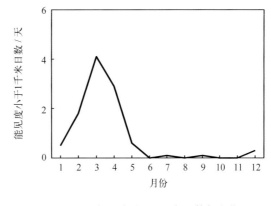

图5.7-2　能见度小于1千米日数年变化

历年平均能见度为 14.0 ~ 29.3 千米，1974 年最高，2006 年最低。能见度小于 1 千米的日数 1984 年最多，为 34 天，1999 年和 2017 年最少，均为 1 天（图 5.7-3）。

1982—2019 年，年平均能见度呈下降趋势，下降速率为 3.51 千米 /(10 年)。

图5.7-3　能见度小于1千米年日数和平均能见度变化

第八节　云

1973—1995 年，大万山站累年平均总云量为 7.0 成，3 月平均总云量最多，为 8.6 成，12 月最少，为 5.1 成；累年平均低云量为 5.9 成，3 月平均低云量最多，为 8.3 成，11 月最少，为 4.3 成（表 5.8-1，图 5.8-1）。

1974—1994 年，年平均总云量呈减少趋势，减少速率为 0.15 成 /(10 年)（线性趋势未通过显著性检验），1975 年最多，为 7.6 成，1986 年和 1992 年最少，均为 6.6 成（图 5.8-2）；年平均低云量呈增加趋势，增加速率为 0.39 成 /(10 年)，1989 年和 1990 年最多，均为 6.4 成，1977 年最少，为 5.0 成（图 5.8-3）。

表 5.8-1　总云量和低云量年变化（1973—1995 年）

	1月	2月	3月	4月	5月	6月	7月	8月	9月	10月	11月	12月	年
平均总云量 / 成	6.2	7.6	8.6	8.4	8.0	8.3	7.3	7.3	6.5	5.7	5.3	5.1	7.0
平均低云量 / 成	5.7	7.2	8.3	7.6	6.7	6.3	5.2	5.2	4.9	4.6	4.3	4.6	5.9

注：1973年数据有缺测，1995年7月停测。

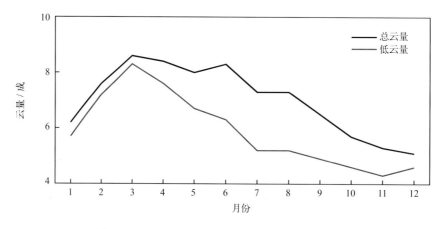

图5.8-1　总云量和低云量年变化（1973—1995年）

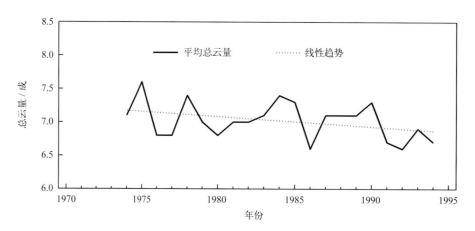

图5.8-2　1974—1994年平均总云量变化

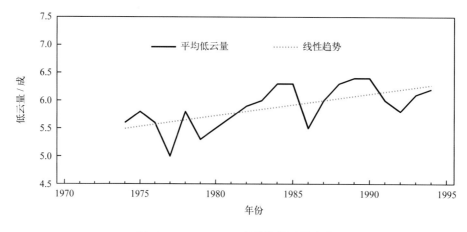

图5.8-3　1974—1994年平均低云量变化

第九节 蒸发量

1975—1978 年，大万山站平均年蒸发量为 2 219.8 毫米。11 月蒸发量最大，为 233.7 毫米，3 月蒸发量最小，为 127.9 毫米（表 5.9-1，图 5.9-1）。

表 5.9-1 蒸发量年变化（1975—1978 年） 单位：毫米

	1月	2月	3月	4月	5月	6月	7月	8月	9月	10月	11月	12月	年
平均蒸发量	173.8	139.4	127.9	139.0	176.1	186.0	215.2	196.3	213.6	227.4	233.7	191.4	2 219.8

注：1975年数据有缺测。

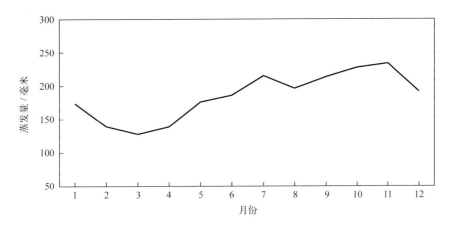

图5.9-1 蒸发量年变化（1975—1978年）

第六章 海平面

1. 年变化

大万山附近海域海平面年变化特征明显，4月最低，10月最高，年变幅为27厘米（图6-1），平均海平面在验潮基面上211厘米。

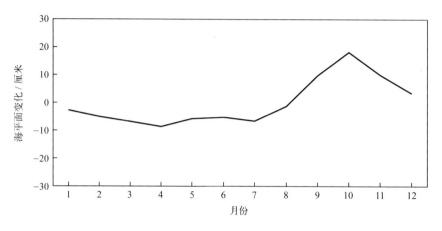

图6-1 海平面年变化（1984—2019年）

2. 长期趋势变化

大万山附近海域海平面变化总体呈波动上升趋势。1984—2019年，大万山附近海域海平面上升速率为4.9毫米/年；1993—2019年，海平面上升速率为5.4毫米/年，高于中国沿海3.9毫米/年的平均水平。2012年、2016年、2017年和2019年海平面偏高，其中2017年海平面为观测以来的最高位。

大万山附近海域十年平均海平面持续上升。1984—1989年平均海平面处于观测以来的最低位；1990—1999年平均海平面较1984—1989年高28毫米；2000—2009年平均海平面较1990—1999年高50毫米；2010—2019年平均海平面处于近40年来的最高位，比1984—1989年平均海平面高138毫米（图6-2）。

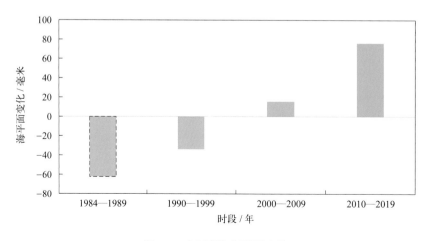

图6-2 十年平均海平面变化

第七章 灾害

第一节 海洋灾害

1. 风暴潮

1989 年 7 月 18 日，8908 号超强台风在广东省阳西县沙扒镇登陆，此时天文潮高潮几乎与过程最大增水重合，从珠江口的黄埔到阳西县的闸坡，多个验潮站实测潮位超过当地警戒潮位，大万山站实测最高潮位超过当地历史最高水位。这是自 1949 年以来发生在珠江口地区最严重的一次大范围的特大风暴潮灾害。珠海市内积水深达 0.5 米，海水漫过海堤直淹到与澳门隔海相望的拱北宾馆，珠海市香洲区集装箱码头全部被淹（《1989 年中国海洋灾害公报》）。

1993 年 9 月 17 日前后，广东省珠江口沿海地区发生较为严重的风暴潮灾害。适逢天文大潮期，珠海西区三灶湾大堤全面过水，一片汪洋，与澳门隔海相望的湾仔港大街上水深齐腰，全市有多人受伤，1 人死亡（《1993 年中国海洋灾害公报》）。

1996 年 9 月 9 日前后，9615 号强台风风暴潮影响期间，粤西沿海产生 150 ～ 200 厘米的增水，江门、阳江、茂名、湛江、珠海、中山等市严重受灾（《1996 年中国海洋灾害公报》）。

2008 年 9 月，广东西部沿海海平面异常偏高，24 日前后，0814 号强台风"黑格比"登陆广东，引起百年一遇高潮位，造成江水漫堤倒灌、堤防受损，珠海市香洲区海霞新村淹水深度近 2 米，数百万人受灾，直接经济损失超过百亿元（《2008 年中国海平面公报》《2008 年中国海洋灾害公报》）。

2009 年 9 月，广东沿海海平面异常偏高，15 日前后，0915 号台风"巨爵"影响广东时适逢天文大潮，受风暴潮增水、天文大潮和海平面异常偏高的共同影响，珠江口附近沿海多个海洋站出现超过警戒潮位的高潮位，珠海市多处低洼地区被淹，堤防设施被冲毁，雷蛛垦区万亩鱼塘被淹，超过百万人受灾，直接经济损失超过 20 亿元（《2009 年中国海平面公报》《2009 年中国海洋灾害公报》）。

2017 年 8 月 23 日，1713 号强台风"天鸽"在珠海登陆，其间恰逢天文大潮，广东多个岸段的最高潮位超过红色警戒潮位，台风风暴潮给广东珠江三角洲地区水产养殖、渔船和堤防设施等带来严重损失，直接经济损失超过 50 亿元（《2017 年中国海平面公报》）。

2018 年 9 月，为广东沿海季节性高海平面期，珠江口沿海海平面较常年高 220 毫米，处于1980 年以来同期第三高位，1822 号超强台风"山竹"影响期间，沿海出现超过 300 厘米的风暴增水，高海平面加剧台风风暴潮致灾程度，广东省直接经济损失超过 23 亿元（《2018 年中国海平面公报》）。

2. 赤潮

1998 年 3 月中旬至 4 月上旬，在珠江口广东和香港海域发现密氏裸甲藻赤潮。3 月 18 日，珠江口附近海域相继发生特大赤潮。受赤潮影响，广东、香港两地的水产养殖业损失 3.5 亿元（《1998 年中国海洋灾害公报》）。

2011 年 8 月 15—26 日，广东省珠海市渔女浴场、海滨泳场、九洲列岛附近海域发生赤潮，最大面积 89 平方千米，赤潮优势种为双胞旋沟藻，直接经济损失达 316 万元（《2011 年中国海洋灾害公报》)。

3. 海啸

2011 年 3 月 11 日 13 时 46 分，日本东北部近海发生 9.0 级强烈地震并引发特大海啸，地震发生 6 ~ 8 小时海啸波到达我国大陆东南沿海，广东监测到的海啸波波幅为 10 ~ 26 厘米，其中大万山站海啸波波幅为 10 厘米（《2011 年中国海洋灾害公报》)。

第二节　灾害性天气

根据《中国气象灾害大典·广东卷》(1949—2000 年) 和《中国气象灾害年鉴》(2000 年后) 及《南海区海洋站海洋水文气候志》记载，大万山站周边发生过大风灾害。

2006 年 8 月 3 日 19 时 20 分，0606 号台风"派比安"在广东省阳西县与电白县之间沿海登陆，大万山沿海陆地出现 7 ~ 9 级大风，大万山海洋站测得 38.1 米 / 秒的极大风速。受大风影响，珠海市香洲区共有 1 460 余棵树木倾倒或断枝，109 个灯罩掉落，24 支灯杆被吹断，前山桥 100 余米护栏被吹倒。

闸坡海洋站

第一章 概况

第一节 基本情况

闸坡海洋站（简称闸坡站）位于广东省阳江市海陵岛。阳江市位于广东省西南沿海，是广东省海洋大市，港湾众多，海洋资源丰富，拥有多个国家级渔港，海岸线总长约470.2千米。海陵岛位于阳江市西南部，地处广东、广西、海南等省区水陆交通要道，毗邻港澳，贴近珠三角地区，是国内外不可多得的自然生态海岛，拥有众多自然和人文景观。

闸坡站建于1957年4月，名为闸坡海洋水文气象服务站，隶属于广东省水产厅。1966年1月更名为闸坡海洋站，隶属国家海洋局南海分局，2019年6月后隶属自然资源部南海局，由珠海中心站管辖。闸坡站测点位于海陵岛闸坡镇闸坡港（图1.1-1）。

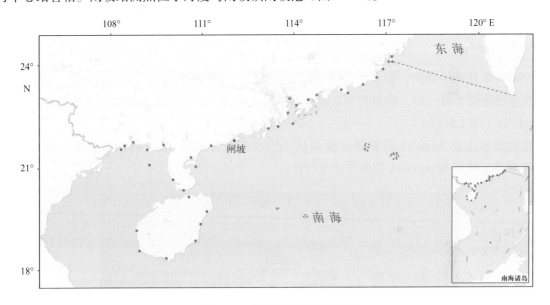

图1.1-1 闸坡站地理位置示意

闸坡站观测项目有潮汐、海浪、表层海水温度、表层海水盐度、气温、气压、相对湿度、风和降水等。2002年前，主要为人工观测或使用简易设备观测，2002年安装使用自动观测系统，多数项目实现了自动化观测、数据存储和传输。

闸坡附近海域为不正规半日潮特征，海平面7月最低，10月最高，年变幅为32厘米，平均海平面为213厘米，平均高潮位为291厘米，平均低潮位为137厘米；全年海况以0～3级为主，年均平均波高为0.4米，年均平均周期为3.8秒，历史最大波高最大值为5.6米，历史平均周期最大值为14.5秒，常浪向为NNE；年均表层海水温度为22.8～25.1℃，7月最高，均值为29.2℃，1月最低，均值为16.3℃，历史水温最高值为33.3℃，历史水温最低值为8.7℃；年均表层海水盐度为27.04～30.89，2月最高，均值为30.88，6月最低，均值为26.16，历史盐度最高值为34.96，历史盐度最低值为8.07；海发光主要为火花型，11月出现频率最高，6月最低，1级海发光最多，出现的最高级别为4级。

闸坡站主要受海洋性季风气候影响，年均气温为22.2～24.6℃，7月最高，均值为28.6℃，

1月最低，均值为 15.5℃，历史最高气温为 37.1℃，历史最低气温为 1.5℃；年均气压为 1 009.1～1 011.4 百帕，12 月最高，均值为 1 018.0 百帕，8 月最低，均值为 1 002.9 百帕；年均相对湿度为 76.8%～83.9%，4 月最大，均值为 88.2%，12 月最小，均值为 69.6%；年均风速为 3.7～6.0 米/秒，11 月最大，均值为 5.3 米/秒，8 月最小，均值为 3.5 米/秒，1 月盛行风向为 N—NE（顺时针，下同），4 月盛行风向为 E—SE，7 月盛行风向为 ESE—SW，10 月盛行风向为 NNE—ESE；平均年降水量为 1 766.2 毫米，8 月平均降水量最多，占全年的 16.8%；平均年雾日数为 10.0 天，3 月最多，均值为 3.4 天，7—9 月未出现；平均年雷暴日数为 61.5 天，8 月最多，均值为 11.9 天，12 月未出现；年均能见度为 12.3～32.0 千米，7 月最大，均值为 30.5 千米，3 月最小，均值为 12.5 千米；年均总云量为 6.5～8.0 成，4 月和 6 月最多，均为 8.8 成，11 月最少，均值为 5.2 成；平均年蒸发量为 2 210.2 毫米，6 月最大，均值为 254.4 毫米，2 月最小，均值为 117.6 毫米。

第二节 观测环境和观测仪器

1. 潮汐

1959 年 1 月开始观测，验潮室位于阳江市海陵岛闸坡镇闸坡港蝴蝶洲的东岸边，1984 年迁至闸坡港防波堤靠海一侧，验潮井为岛式钢筋混凝土结构，附近底质为泥沙，与外海水交换好，避浪条件好（图 1.2-1）。

观测仪器主要为 HCJ1 型滚筒式验潮仪，2002 年 6 月后使用 SCA11-1 型浮子式水位计，2010 年 8 月后使用 SCA11-3A 型浮子式水位计。

图1.2-1 闸坡站验潮室（摄于2011年6月）

2. 海浪

1959 年 9 月开始观测，1961 年 6 月停测，2002 年恢复定时观测。测波点位于山坡顶的气象观测场，视域开阔（图 1.2-2）。2006 年 4 月开始连续观测，浮标布放点位于闸坡港 5 号航标处，2015 年 12 月布设点迁至闸坡港航道上 7 号航标处，有进出港湾渔船，2019 年 5 月 SZF 型浮标停测。

1959 年 9 月起使用岸用光学测波仪，2003 年 4 月后使用 SZF2-1 型浮标，2017 年 11 月后增加 OSB-W7 型浮标。海况和波型为目测。

图1.2-2　闸坡站人工测波点（摄于2010年2月）

3. 表层海水温度、盐度和海发光

1959年9月开始观测。测点位于闸坡港验潮室旁，温盐井靠近验潮井，水流交换好。测点东北向距漠阳江入海口约30千米。

1959年9月开始使用表层水温表测量水温，使用比重计、氯度滴定管和感应式盐度计测定盐度，2001年12月开始使用SYA2-2型实验室盐度计，2011年后使用YZY4-3型温盐传感器。

海发光为每日天黑后人工目测。

4. 气象要素

1959年9月开始观测。观测场位于闸坡站部旁的山坡顶上，四周无高大障碍物阻挡，视野开阔，2016年11月观测场改造，新建风观测塔（图1.2-3）。

观测仪器主要有干湿球温度表、最高最低温度表、空盒式气压计、水银气压表、维尔达测风仪、EL型电接风向风速计和雨量筒等。2002年6月后，使用YZY5-1型温湿度传感器、270型气压传感器、XFY3-1型风传感器和SL3-1型雨量传感器，2010年8月后使用HMP45A型温湿度传感器和278型气压传感器，2017年12月后使用HMP155型温湿度传感器。雾和能见度为目测。

图1.2-3　闸坡站气象观测场（摄于2016年12月）

第二章　潮位

第一节　潮汐

1. 潮汐类型

利用闸坡站近 19 年（2001—2019 年）验潮资料分析的调和常数，计算出潮汐系数 $(H_{K_1}+H_{O_1})/H_{M_2}$ 为 1.19。按我国潮汐类型分类标准，闸坡附近海域为不正规半日潮，一般每个潮汐日（约 24.8 小时）有两次高潮和两次低潮，高潮日不等和低潮日不等现象均较明显；在太阳赤纬较大月份（冬至和夏至前后）有 1 ~ 4 天每日出现一次高潮和一次低潮的现象。

1959—2019 年，闸坡站 M_2 分潮振幅呈减小趋势，减小速率为 0.56 毫米 / 年；迟角无明显变化趋势。K_1 和 O_1 分潮振幅均呈减小趋势，减小速率分别为 0.15 毫米 / 年和 0.12 毫米 / 年；K_1 分潮迟角呈减小趋势，减小速率为 0.01°/ 年，O_1 分潮迟角变化趋势不明显。

2. 潮汐特征值

由 1959—2019 年资料统计分析得出：闸坡站平均高潮位为 291 厘米，平均低潮位为 137 厘米，平均潮差为 154 厘米；平均高高潮位为 327 厘米，平均低低潮位为 109 厘米，平均大的潮差为 218 厘米。平均涨潮历时 6 小时 32 分钟，平均落潮历时 6 小时 20 分钟，两者相差 12 分钟。

累年各月潮汐特征值见表 2.1-1。

表 2.1-1　累年各月潮汐特征值（1959—2019 年）　　　　　　　　　单位：厘米

月份	平均高潮位	平均低潮位	平均潮差	平均高高潮位	平均低低潮位	平均大的潮差
1	284	135	149	327	103	224
2	286	130	156	321	108	213
3	289	127	162	317	108	209
4	288	127	161	317	103	214
5	286	133	153	323	104	219
6	281	133	148	325	99	226
7	280	129	151	325	98	227
8	289	131	158	326	107	219
9	306	143	163	334	121	213
10	315	155	160	339	129	210
11	302	151	151	335	118	217
12	289	144	145	331	108	223
年	291	137	154	327	109	218

注：潮位值均以验潮零点为基面。

平均高潮位 10 月最高，为 315 厘米，7 月最低，为 280 厘米，年较差为 35 厘米；平均低潮位 10 月最高，为 155 厘米，3 月和 4 月最低，均为 127 厘米，年较差为 28 厘米（图 2.1–1）；平均高高潮位 10 月最高，为 339 厘米，3 月和 4 月最低，均为 317 厘米，年较差为 22 厘米；平均低低潮位 10 月最高，为 129 厘米，7 月最低，为 98 厘米，年较差为 31 厘米。平均潮差 9 月最大，12 月最小，年较差为 18 厘米；平均大的潮差 7 月最大，3 月最小，年较差为 18 厘米（图 2.1–2）。

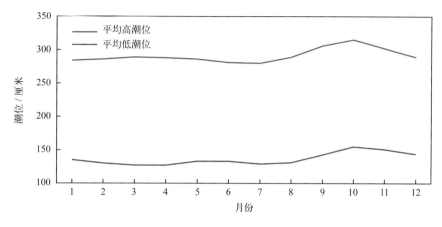

图2.1–1　平均高潮位和平均低潮位年变化

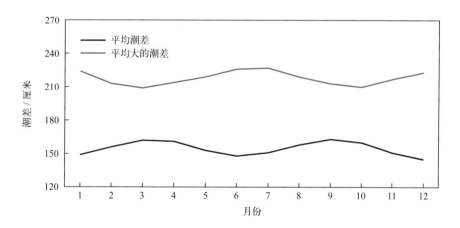

图2.1–2　平均潮差和平均大的潮差年变化

1959—2019 年，闸坡站平均高潮位呈上升趋势，上升速率为 2.36 毫米 / 年。受天文潮长周期变化影响，平均高潮位存在微弱的准 19 年周期变化，振幅为 0.20 厘米。平均高潮位最高值出现在 2017 年和 2019 年，均为 301 厘米；最低值出现在 1962 年，为 278 厘米。闸坡站平均低潮位呈上升趋势，上升速率为 2.97 毫米 / 年。平均低潮位准 19 年周期变化较为明显，振幅为 1.73 厘米。平均低潮位最高值出现在 2012 年和 2017 年，均为 150 厘米；最低值出现在 1963 年，为 120 厘米。

1959—2019 年，闸坡站平均潮差略呈减小趋势，减小速率为 0.60 毫米 / 年。平均潮差准 19 年周期变化较为明显，振幅为 1.88 厘米。平均潮差最大值出现在 1965 年，为 160 厘米；最小值出现在 2012 年和 2013 年，均为 150 厘米（图 2.1–3）。

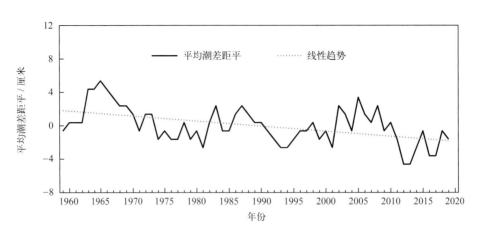

图2.1-3　1959—2019年平均潮差距平变化

第二节　极值潮位

闸坡站年最高潮位和年最低潮位的各月发生频率见表 2.2-1。年最高潮位出现时间主要集中在 1 月和 7—11 月，其中 7 月发生频率最高，为 19%；10 月次之，为 15%。年最低潮位主要出现在 12 月至翌年 1 月和 6—7 月，其中 1 月发生频率最高，为 26%；6 月次之，为 25%。

1959—2019 年，闸坡站年最高潮位呈上升趋势，上升速率为 3.26 毫米 / 年（线性趋势未通过显著性检验）。历年的最高潮位均高于 392 厘米，其中高于 455 厘米的有 4 年；历史最高潮位为529 厘米，出现在 2008 年 9 月 24 日，正值 0814 号强台风"黑格比"影响期间。闸坡站年最低潮位呈上升趋势，上升速率为 2.92 毫米 / 年。历年最低潮位均低于 58 厘米，其中低于 12 厘米的有 6 年；历史最低潮位出现在 1960 年 7 月 10 日，为 7 厘米（表 2.2-1）。

表 2.2-1　最高潮位和最低潮位及年极值出现频率（1959—2019 年）

	1月	2月	3月	4月	5月	6月	7月	8月	9月	10月	11月	12月
最高潮位值 / 厘米	418	410	390	400	419	423	493	447	529	450	461	421
年最高潮位出现频率 / %	10	2	0	0	8	5	19	11	11	15	11	8
最低潮位值 / 厘米	9	20	31	33	24	8	7	13	38	50	34	14
年最低潮位出现频率 / %	26	5	0	0	8	25	23	3	0	0	0	10

第三节　增减水

受地形和气候特征的影响，闸坡站出现 30 厘米以上增水的频率明显高于同等强度减水的频率，超过 50 厘米的增水平均约 15 天出现一次，而超过 50 厘米的减水平均约 674 天出现一次（表 2.3-1）。

闸坡站 100 厘米以上的增水主要出现在 6—11 月，50 厘米以上的减水多发生在 4 月、8—10 月和 12 月，这些大的增减水过程主要与该海域受热带气旋和温带气旋等影响有关（表 2.3-2）。

表 2.3-1　不同强度增减水平均出现周期（1959—2019 年）

范围 / 厘米	出现周期 / 天	
	增水	减水
>30	2.06	11.36
>40	6.01	120.31
>50	14.75	674.49
>60	29.68	11 129.10
>70	49.46	—
>80	72.50	—
>90	111.85	—
>100	161.29	—
>120	397.47	—
>150	927.43	—

"—"表示无数据。

表 2.3-2　各月不同强度增减水出现频率（1959—2019 年）

月份	增水 / %					减水 / %				
	>30 厘米	>50 厘米	>70 厘米	>100 厘米	>120 厘米	>10 厘米	>20 厘米	>30 厘米	>40 厘米	>50 厘米
1	0.58	0.00	0.00	0.00	0.00	15.00	2.29	0.25	0.05	0.00
2	1.23	0.01	0.00	0.00	0.00	13.77	1.64	0.08	0.00	0.00
3	1.15	0.02	0.00	0.00	0.00	20.89	3.70	0.31	0.02	0.00
4	1.02	0.08	0.00	0.00	0.00	28.08	4.41	0.20	0.03	0.01
5	2.30	0.17	0.00	0.00	0.00	15.32	1.59	0.05	0.00	0.00
6	3.21	0.36	0.07	0.03	0.00	10.85	0.93	0.03	0.01	0.00
7	2.55	0.70	0.29	0.11	0.07	17.09	2.15	0.16	0.00	0.00
8	2.20	0.54	0.20	0.04	0.00	27.46	6.16	0.60	0.03	0.01
9	3.57	0.64	0.23	0.08	0.03	23.89	6.57	0.64	0.15	0.03
10	4.94	0.79	0.18	0.05	0.01	15.41	3.59	0.48	0.04	0.01
11	0.91	0.06	0.03	0.01	0.01	24.47	5.97	0.78	0.06	0.00
12	0.52	0.00	0.00	0.00	0.00	22.90	5.92	0.80	0.04	0.01

　　1959—2019 年，闸坡站年最大增水多出现在 7—10 月，其中 8 月、9 月和 10 月出现频率最高，均为 21%；7 月次之，为 20%。除 5 月外，闸坡站年最大减水在其余各月均有出现，其中 12 月出现频率最高，为 17%；1 月和 11 月次之，均为 13%（表 2.3-3）。

　　1959—2019 年，闸坡站年最大增水呈增大趋势，增大速率为 2.37 毫米 / 年（线性趋势未通过显著性检验）。历史最大增水出现在 2008 年 9 月 24 日，为 217 厘米；1965 年、1980 年和 2014 年最大增水均超过了 190 厘米。闸坡站年最大减水无明显变化趋势。历史最大减水发生在 1978 年 10 月 28 日，为 66 厘米；1962 年和 2009 年最大减水均超过了 55 厘米。

表 2.3-3 最大增水和最大减水及年极值出现频率（1959—2019 年）

	1月	2月	3月	4月	5月	6月	7月	8月	9月	10月	11月	12月
最大增水值 / 厘米	46	64	61	71	73	116	193	127	217	133	136	47
年最大增水出现频率 / %	0	0	3	2	2	8	20	21	21	21	2	0
最大减水值 / 厘米	55	42	60	56	37	43	42	53	55	66	56	52
年最大减水出现频率 / %	13	2	11	8	0	2	7	11	8	8	13	17

第三章 海浪

第一节 海况

闸坡站全年及各月各级海况的频率见图 3.1-1。全年海况以 0 ~ 3 级为主，频率为 89.64%，其中 0 ~ 2 级海况频率为 62.31%。全年 5 级及以上海况频率为 1.27%，最大频率出现在 12 月，为 2.42%。全年 7 级及以上海况频率为 0.01%，出现在 8 月。

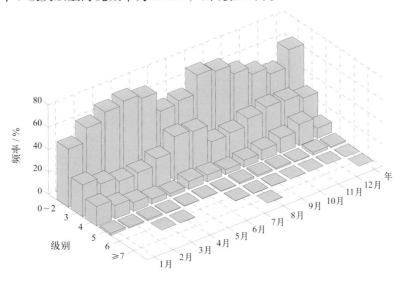

图3.1-1 全年及各月各级海况频率（2006—2019年）

第二节 波型

闸坡站风浪频率和涌浪频率的年变化见表 3.2-1。全年以风浪为主，频率为 99.57%，涌浪频率为 37.25%。各月的风浪频率相差不大，涌浪频率差异较大。涌浪在 6 月和 7 月较多，其中 6 月最多，频率为 78.76%；在 1 月、2 月和 12 月较少，其中 12 月最少，频率为 10.08%。

表 3.2-1 各月及全年风浪涌浪频率（2006—2019 年）

	1月	2月	3月	4月	5月	6月	7月	8月	9月	10月	11月	12月	年
风浪 / %	99.75	99.80	99.69	98.75	99.48	99.11	99.54	99.43	99.76	99.83	99.87	99.88	99.57
涌浪 / %	10.11	11.60	21.04	33.29	54.86	78.76	77.25	65.79	43.62	18.20	14.04	10.08	37.25

注：风浪包含F、FU、F/U和U/F波型；涌浪包含U、FU、F/U和U/F波型。

第三节 波向

1. 各向风浪频率

闸坡站各月及全年各向风浪频率见图 3.3-1。1 月、2 月和 12 月 NNE 向风浪居多，NE 向次之。3 月 NNE 向风浪居多，SE 向次之。4 月 SE 向风浪居多，NNE 向次之。5 月和 7 月 S 向风浪居多，

SE 向次之。6 月 S 向风浪居多，SSW 向次之。8 月 S 向风浪居多，SW 向次之。9 月、10 月和 11 月 NE 向风浪居多，NNE 向次之。全年 NNE 向风浪居多，频率为 19.45%；NE 向次之，频率为 17.52%；WNW 向最少，频率为 0.44%。

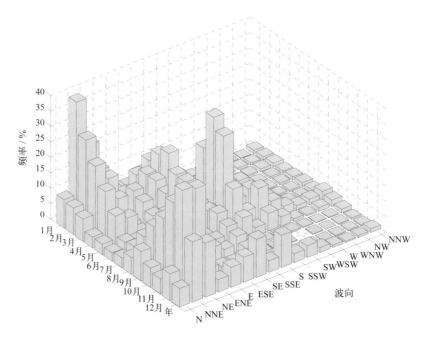

图3.3-1 各月及全年各向风浪频率（2006—2019年）

2. 各向涌浪频率

闸坡站各月及全年各向涌浪频率见图 3.3-2。1 月、2 月和 9 月 S 向涌浪居多，SW 向次之。3 月、4 月、10 月和 11 月 S 向涌浪居多，SSW 向次之。5 月和 8 月 SW 向涌浪居多，S 向次之。6 月和 7 月 SW 向涌浪居多，SSW 向次之。12 月 SSW 向涌浪居多，S 向次之。全年 S 向涌浪居多，频率为 10.98%；SW 向次之，频率为 10.23%；NW 向最少，频率为 0.08%。

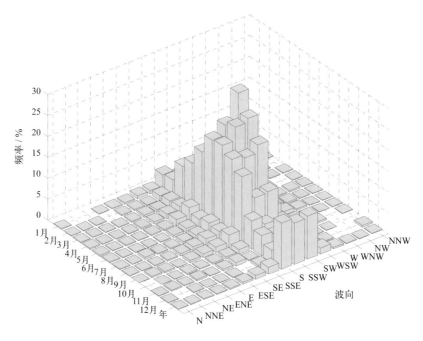

图3.3-2 各月及全年各向涌浪频率（2006—2019年）

第四节　波高

1. 平均波高和最大波高

闸坡站波高的年变化见表3.4-1。月平均波高的年变化不明显，为0.3～0.6米。历年的平均波高为0.3～0.5米。

月最大波高比月平均波高的变化幅度大，极大值出现在9月，为5.6米，极小值出现在11月，为2.0米，变幅为3.6米。历年的最大波高为2.2～5.6米，大于4.0米的有5年，其中最大波高的极大值5.6米出现在2008年9月24日，正值0814号强台风"黑格比"影响期间，无观测波向，对应平均风速为27.2米/秒，对应平均周期为6.0秒。

表3.4-1　波高年变化（2006—2019年）　　　　　　　　　　　　　　　　单位：米

	1月	2月	3月	4月	5月	6月	7月	8月	9月	10月	11月	12月	年
平均波高	0.3	0.3	0.3	0.4	0.4	0.6	0.6	0.5	0.4	0.3	0.3	0.3	0.4
最大波高	3.5	4.2	2.7	4.6	4.8	5.5	4.7	4.4	5.6	2.5	2.0	2.7	5.6

2. 各向平均波高和最大波高

全年及各季代表月各向波高的分布见表3.4-2、图3.4-1和图3.4-2。全年各向平均波高为0.3～0.6米，大值主要分布于S—WSW向，其中SW向最大。全年各向最大波高SSW向最大，为5.5米；S向和SW向次之，均为4.8米；SSE向和NNW向最小，均为3.1米。

表3.4-2　全年各向平均波高和最大波高（2006—2019年）　　　　　　　　单位：米

	N	NNE	NE	ENE	E	ESE	SE	SSE	S	SSW	SW	WSW	W	WNW	NW	NNW
平均波高	0.4	0.4	0.4	0.3	0.3	0.3	0.3	0.3	0.5	0.5	0.6	0.5	0.4	0.4	0.3	0.3
最大波高	3.3	3.5	3.5	3.6	3.5	3.8	4.4	3.1	4.8	5.5	4.8	3.7	3.3	3.4	3.6	3.1

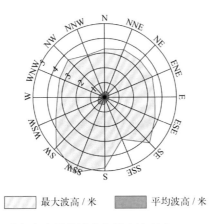

最大波高/米　　　平均波高/米

图3.4-1　全年各向平均波高和最大波高（2006—2019年）

1月平均波高NNE向最大，为0.5米；E向、ESE向、SE向、SSE向、S向、SW向、WSW向、W向和WNW向最小，均为0.2米。最大波高NNE向最大，为3.5米；N向次之，为3.3米；W向最小，为0.3米。

4月平均波高SSW向和SW向最大,均为0.5米;W向最小,为0.2米。最大波高SSW向最大,为4.6米;NW向次之,为3.6米;W向最小,为0.9米。

7月平均波高SSW向和SW向最大,均为0.7米;NNW向最小,为0.3米。最大波高SW向最大,为4.7米;SE向次之,为4.4米;NNW向最小,为0.9米。

10月平均波高N向、NNE向、NE向和SW向最大,均为0.4米;SE向和WNW向最小,均为0.2米。最大波高ENE向最大,为2.5米;WSW向次之,为2.4米;WNW向最小,为0.3米。

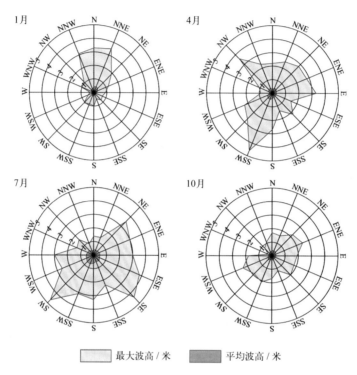

图3.4-2 四季代表月各向平均波高和最大波高(2006—2019年)

第五节 周期

1. 平均周期和最大周期

闸坡站周期的年变化见表3.5-1。月平均周期的年变化不明显,为3.5 ~ 4.4秒。月最大周期的年变化幅度较大,极大值出现在9月,为14.5秒,极小值出现在1月、3月和11月,均为7.0秒。历年的平均周期为2.9 ~ 4.4秒(2006年数据有缺测,未纳入统计),其中2014年最大,2018年最小。历年的最大周期均不小于6.0秒,不小于13.0秒的有3年,其中最大周期的极大值14.5秒出现在2014年9月5日,波向为WNW。

表3.5-1 周期年变化(2006—2019年) 单位:秒

	1月	2月	3月	4月	5月	6月	7月	8月	9月	10月	11月	12月	年
平均周期	3.5	3.5	3.5	3.7	3.9	4.2	4.4	4.3	4.0	3.6	3.7	3.6	3.8
最大周期	7.0	9.0	7.0	9.5	11.5	13.0	12.5	13.0	14.5	10.5	7.0	14.0	14.5

2. 各向平均周期和最大周期

全年及各季代表月各向周期的分布见表 3.5-2、图 3.5-1 和图 3.5-2。全年各向平均周期为 3.5～4.3 秒，S—W 向周期值较大。全年各向最大周期 WNW 向最大，为 14.5 秒；NE 向和 SSE 向次之，均为 14.0 秒；NW 向最小，为 7.0 秒。

表 3.5-2　全年各向平均周期和最大周期（2006—2019 年）　　　　　　　单位：秒

	N	NNE	NE	ENE	E	ESE	SE	SSE	S	SSW	SW	WSW	W	WNW	NW	NNW
平均周期	3.6	3.5	3.5	3.6	3.6	3.7	3.7	3.9	4.1	4.3	4.3	4.1	4.0	3.9	3.7	3.8
最大周期	12.5	10.0	14.0	11.5	11.5	11.5	13.0	14.0	13.0	12.5	13.0	11.0	11.5	14.5	7.0	9.5

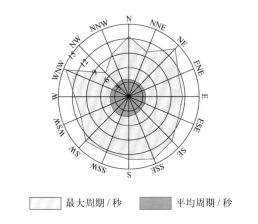

□ 最大周期 / 秒　　■ 平均周期 / 秒

图3.5-1　全年各向平均周期和最大周期（2006—2019年）

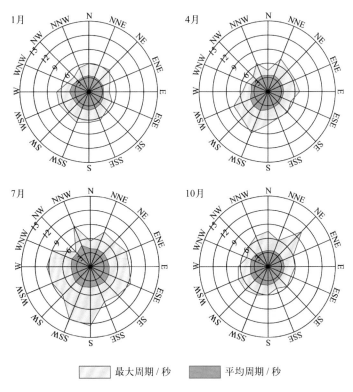

□ 最大周期 / 秒　　■ 平均周期 / 秒

图3.5-2　四季代表月各向平均周期和最大周期（2006—2019年）

1月平均周期 W 向最大，为 4.2 秒；E 向最小，为 3.2 秒。最大周期 SSW 向、WSW 向和 W 向最大，均为 7.0 秒；NE 向、SSE 向、S 向和 SW 向次之，均为 6.5 秒；E 向和 NW 向最小，均为 4.5 秒。

4月平均周期 SSW 向和 SW 向最大，均为 4.3 秒；N 向和 ESE 向最小，均为 3.4 秒。最大周期 SSW 向最大，为 9.5 秒；SW 向和 WSW 向次之，均为 8.0 秒；N 向和 NW 向最小，均为 4.5 秒。

7月平均周期 NNW 向最大，为 4.9 秒；N 向最小，为 3.9 秒。最大周期 S 向最大，为 12.5 秒；SSW 向次之，为 12.0 秒；NW 向最小，为 4.5 秒。

10月平均周期 SSW 向、SW 向和 WSW 向最大，均为 4.1 秒；NNW 向最小，为 3.4 秒。最大周期 NE 向最大，为 10.5 秒；N 向次之，为 7.5 秒；SSE 向和 WNW 向最小，均为 5.0 秒。

第四章　表层海水温度、盐度和海发光

第一节　表层海水温度

1. 平均水温、最高水温和最低水温

闸坡站月平均水温的年变化具有峰谷明显的特点，7月最高，为29.2℃，1月最低，为16.3℃，年较差为12.9℃。2—7月为升温期，8月至翌年1月为降温期。月最高水温和月最低水温的年变化特征与月平均水温相似（图4.1-1）。

历年的平均水温为22.8 ~ 25.1℃，其中2019年最高，1976年和1984年均为最低。累年平均水温为23.7℃。

历年的最高水温均不低于31.1℃，其中大于32.5℃的有18年，大于33.0℃的有7年，出现时间为6—9月，8月最多，占统计年份的41%。水温极大值为33.3℃，出现4天。

历年的最低水温均不高于15.4℃，其中小于12.0℃的有22年，小于10.5℃的有6年，出现时间为12月至翌年3月，2月最多，占统计年份的39%。水温极小值为8.7℃，出现在1980年2月9日和10日。

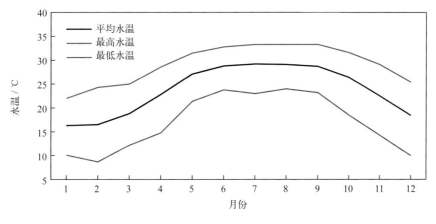

图4.1-1　水温年变化（1960—2019年）

2. 日平均水温稳定通过界限温度的日期

采用五日滑动平均方法求出稳定通过各个界限温度的日期，见表4.1-1。日平均水温全年均稳定通过15℃，稳定通过20℃的有248天，稳定通过25℃的初日为4月29日，终日为10月28日，共183天。

表4.1-1　日平均水温稳定通过界限温度的日期（1960—2019年）

	15℃	20℃	25℃
初日	1月1日	3月29日	4月29日
终日	12月31日	12月1日	10月28日
天数	365	248	183

3. 长期趋势变化

1960—2019年，年平均水温和年最低水温均呈波动上升趋势，上升速率分别为0.18℃/（10年）和0.48℃/（10年），年最高水温变化趋势不明显，其中1965年、1979年、1980年和1982年最高水温均为1960年以来的第一高值，1966年最高水温为1960年以来的第二高值，1980年和1975年最低水温分别为1960年以来的第一低值和第二低值。

十年平均水温变化显示，2010—2019年平均水温最高，1970—1979年平均水温最低，2000—2009年平均水温较上一个十年升幅最大，升幅为0.36℃（图4.1-2）。

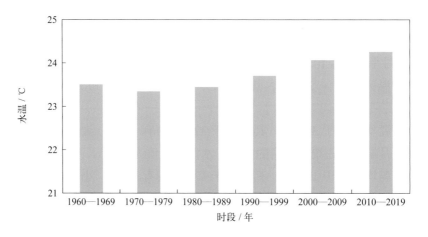

图4.1-2　十年平均水温变化

第二节　表层海水盐度

1. 平均盐度、最高盐度和最低盐度

闸坡站月平均盐度12月至翌年3月较高，4月至10月较低，最高值出现在2月，为30.88，最低值出现在6月，为26.16，年较差为4.72。月最高盐度12月最大，2月最小。月最低盐度12月最大，6月最小（图4.2-1）。

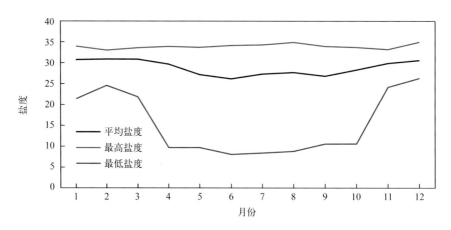

图4.2-1　盐度年变化（1960—2019年）

历年（2005 年数据有缺测）的平均盐度为 27.04 ~ 30.89，其中 1963 年最高，2001 年最低。累年平均盐度为 28.83。

历年的最高盐度均大于 31.25，其中大于 33.50 的有 23 年，大于 34.00 的有 7 年。年最高盐度多出现在 7 月和 8 月，占统计年份的 61%。盐度极大值为 34.96，出现在 1991 年 12 月 10 日。

历年的最低盐度均小于 22.25，其中小于 12.00 的有 13 年，小于 10.00 的有 5 年。年最低盐度多出现在 5—9 月，6 月最多，占统计年份的 25%。盐度极小值为 8.07，出现在 1987 年 6 月 7 日，当日降水量为 34.9 毫米。

2. 长期趋势变化

1960—2019 年，年平均盐度、年最高盐度和年最低盐度均无明显变化趋势。1991 年和 2016 年最高盐度分别为 1960 年以来的第一高值和第二高值；1987 年和 1998 年最低盐度分别为 1960 年以来的第一低值和第二低值。

十年平均盐度变化显示，1960—1969 年平均盐度最高，为 29.44（图 4.2-2）。

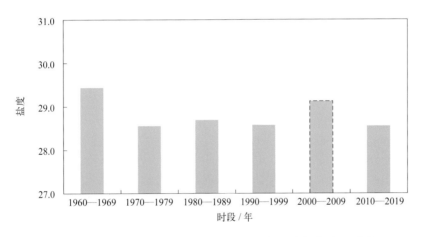

图4.2-2　十年平均盐度变化（数据不足十年加虚线框表示，下同）

第三节　海发光

1960—2019 年，闸坡站观测到的海发光主要为火花型（H），闪光型（S）和弥漫型（M）很少。海发光以 1 级海发光为主，占海发光次数的 87.5%；2 级次之，占 11.0%；3 级占 1.4%；4 级占 0.1%。

各月及全年海发光频率见表 4.3-1 和图 4.3-1。海发光频率 11 月最高，6 月最低。累年平均海发光频率为 90.5%。

历年海发光频率为 72.2% ~ 99.3%，其中 1966 年最大，2005 年最小。

表 4.3-1　各月及全年海发光频率（1960—2019 年）

	1月	2月	3月	4月	5月	6月	7月	8月	9月	10月	11月	12月	年
频率/%	93.3	93.7	94.3	95.4	90.2	73.0	74.1	93.3	93.6	95.5	95.8	93.2	90.5

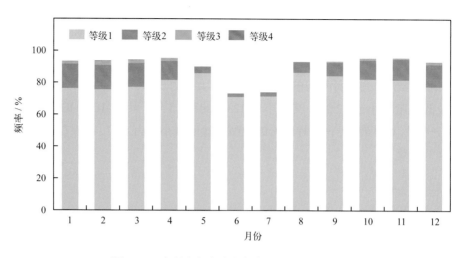

图4.3-1　各月各级海发光频率（1960—2019年）

第五章 海洋气象

第一节 气温

1. 平均气温、最高气温和最低气温

1960—2019 年，闸坡站累年平均气温为 23.0℃。月平均气温 7 月最高，为 28.6℃，1 月最低，为 15.5℃，年较差为 13.1℃。月最高气温和月最低气温的年变化特征与月平均气温相似，月最高气温极大值出现在 8 月，月最低气温极小值出现在 12 月（表 5.1-1，图 5.1-1）。

表 5.1-1　气温年变化（1960—2019 年）　　　　　　　　　　　　　　　单位：℃

	1月	2月	3月	4月	5月	6月	7月	8月	9月	10月	11月	12月	年
平均气温	15.5	16.2	19.1	22.9	26.5	28.1	28.6	28.4	27.5	25.1	21.3	17.3	23.0
最高气温	28.2	29.3	30.5	33.0	34.7	35.8	36.2	37.1	36.2	34.4	32.3	29.2	37.1
最低气温	3.0	3.7	5.3	10.0	16.6	19.4	18.7	21.4	16.7	13.1	7.6	1.5	1.5

注：1960年数据有缺测。

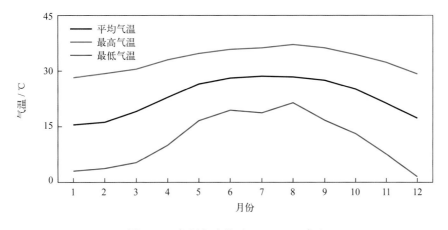

图5.1-1　气温年变化（1960—2019年）

历年的平均气温为 22.2 ~ 24.6℃，其中 2019 年最高，1967 年、1976 年和 1984 年均为最低。

历年的最高气温均高于 33.0℃，其中高于 35.0℃ 的有 28 年，高于 36.0℃ 的有 5 年。最早出现时间为 6 月 6 日（1999 年），最晚出现时间为 9 月 27 日（1969 年）。7 月最高气温出现频率最高，占统计年份的 41%，8 月次之，占 33%（图 5.1-2）。极大值为 37.1℃，出现在 2015 年 8 月 8 日。

历年的最低气温均低于 10.5℃，其中低于 5.0℃ 的有 14 年，低于 4.0℃ 的有 4 年。最早出现时间为 11 月 18 日（2009 年），最晚出现时间为 3 月 4 日（1988 年）。1 月最低气温出现频率最高，占统计年份的 45%，2 月次之，占 27%（图 5.1-2）。极小值为 1.5℃，出现在 1975 年 12 月 14 日。

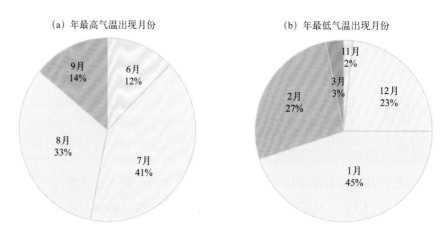

（a）年最高气温出现月份　　　　　　（b）年最低气温出现月份

图5.1-2　年最高、最低气温出现月份及频率（1960—2019年）

2. 长期趋势变化

1961—2019 年，年平均气温和年最低气温均呈波动上升趋势，上升速率分别为 0.23℃ /(10 年)
和 0.37℃ /(10 年)；年最高气温变化趋势不明显。

十年平均气温变化显示，1970—2009 年十年平均气温呈阶梯上升，1970—1979 年平均气温
最低，为 22.6℃，2000—2009 年平均气温较 1970—1979 年上升 1.0℃，2010—2019 年平均气温与
2000—2009 年持平（图 5.1-3 ）。

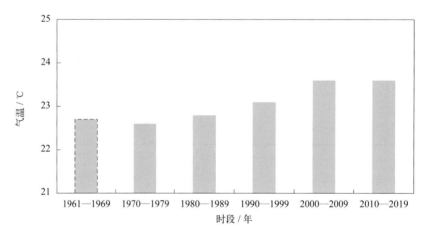

图5.1-3　十年平均气温变化

3. 常年自然天气季节和大陆度

利用闸坡站 1965—2019 年气温累年日平均数据计算五日滑动平均气温，根据《气候季节划分》
（QX/T 152—2012 ）中的气候季节划分指标和本志季节起止日确定方法，闸坡站平均春季时间从
2 月 6 日至 4 月 10 日，共 64 天；平均夏季时间从 4 月 11 日至 11 月 13 日，共 217 天；平均秋季
时间从 11 月 14 日至翌年 2 月 5 日，共 84 天。夏季时间最长，全年无冬季（图 5.1-4 ）。

闸坡站焦金斯基大陆度指数为 28.5%，属海洋性季风气候。

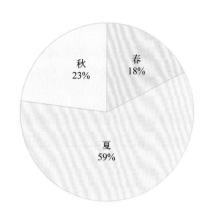

图5.1-4 各季平均日数百分率（1965—2019年）

第二节 气压

1. 平均气压、最高气压和最低气压

1965—2019 年，闸坡站累年平均气压为 1 010.5 百帕。月平均气压 12 月最高，为 1 018.0 百帕，8 月最低，为 1 002.9 百帕，年较差为 15.1 百帕。月最高气压 1 月最大，7 月最小。月最低气压 2 月最大，9 月最小（表 5.2-1，图 5.2-1）。

历年的平均气压为 1 009.1 ~ 1 011.4 百帕，其中 1969 年和 2017 年均为最高，2012 年最低。

历年的最高气压均高于 1 024.5 百帕，其中高于 1 030.0 百帕的有 7 年。极大值为 1 036.1 百帕，出现在 2016 年 1 月 24 日。

历年的最低气压均低于 997.5 百帕，其中低于 980.0 百帕的有 11 年，低于 970.0 百帕的有 6 年。极小值为 954.0 百帕，出现在 2008 年 9 月 24 日，正值 0814 号强台风"黑格比"影响期间。

表 5.2-1 气压年变化（1965—2019 年）   单位：百帕

	1月	2月	3月	4月	5月	6月	7月	8月	9月	10月	11月	12月	年
平均气压	1 017.7	1 016.0	1 013.5	1 010.3	1 006.6	1 003.5	1 003.0	1 002.9	1 006.8	1 011.9	1 015.5	1 018.0	1 010.5
最高气压	1 036.1	1 029.2	1 033.1	1 026.2	1 016.8	1 013.0	1 012.1	1 013.8	1 017.0	1 022.7	1 029.7	1 031.5	1 036.1
最低气压	1 000.3	1 001.4	999.5	993.8	992.2	971.6	967.9	966.3	954.0	990.8	994.6	1 000.1	954.0

注：1996年数据有缺测。

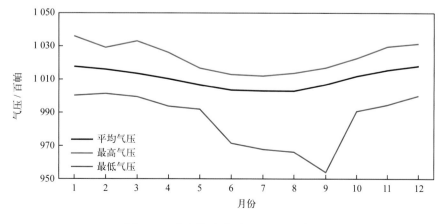

图5.2-1 气压年变化（1965—2019年）

2. 长期趋势变化

1965—2019 年，年平均气压无明显变化趋势，年最高气压呈上升趋势，上升速率为 0.30 百帕 /（10 年）（线性趋势未通过显著性检验），年最低气压呈下降趋势，下降速率为 1.05 百帕 /（10 年）（线性趋势未通过显著性检验）。

十年平均气压变化显示，1970—2009 年十年平均气压阶梯上升，2000—2009 年平均气压比 1970—1979 年上升 0.3 百帕，2010—2019 年比上一个十年下降 0.3 百帕（图 5.2-2）。

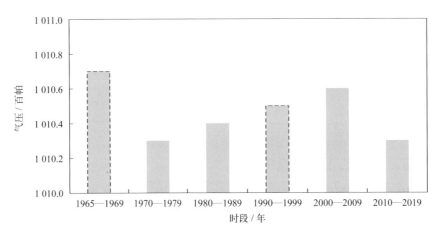

图5.2-2 十年平均气压变化

第三节 相对湿度

1. 平均相对湿度和最小相对湿度

1960—2019 年，闸坡站累年平均相对湿度为 81.2%。月平均相对湿度 4 月最大，为 88.2%，12 月最小，为 69.6%。平均月最小相对湿度 6 月最大，为 60.8%，12 月最小，为 27.8%。最小相对湿度的极小值为 12%，出现在 1980 年 12 月 23 日和 2005 年 12 月 22 日（表 5.3-1，图 5.3-1）。

2. 长期趋势变化

1961—2019 年，年平均相对湿度为 76.8% ~ 83.9%，其中 2012 年最大，1963 年最小，年平均相对湿度变化趋势不明显。

十年平均相对湿度变化显示，1970—1999 年十年平均相对湿度呈阶梯上升，1990—1999 年比 1970—1979 年上升 1.0%，2000—2009 年比上一个十年下降 1.5%，2010—2019 年比上一个十年上升 1.5%（图 5.3-2）。

表 5.3-1 相对湿度年变化（1960—2019 年）

	1月	2月	3月	4月	5月	6月	7月	8月	9月	10月	11月	12月	年
平均相对湿度 /%	75.2	82.2	86.4	88.2	86.7	86.6	85.1	85.7	81.6	75.3	71.6	69.6	81.2
平均最小相对湿度 /%	31.2	38.4	42.5	50.1	53.9	60.8	59.8	58.3	49.1	38.2	32.3	27.8	45.2
最小相对湿度 /%	15	18	15	24	24	36	42	39	29	19	16	12	12

注：平均最小相对湿度为各月最小相对湿度的累年平均值及其年平均值。1960年数据有缺测。

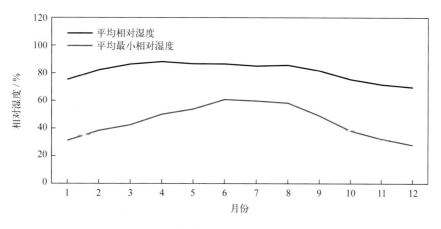

图5.3-1 相对湿度年变化（1960—2019年）

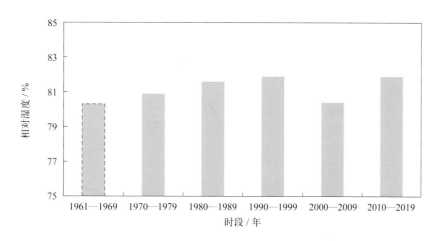

图5.3-2 十年平均相对湿度变化

3. 温湿指数

根据《人居环境气候舒适度评价》（GB/T 27963—2011）的温湿指数统计方法和气候舒适度等级划分方法，统计闸坡站各月温湿指数，结果显示：1—2月和12月温湿指数为15.4 ~ 16.8，感觉为冷；3—4月和10—11月温湿指数为18.7 ~ 23.7，感觉为舒适；5—9月温湿指数为25.6 ~ 27.5，感觉为热（表5.3-2）。

表5.3-2 温湿指数年变化（1960—2019年）

	1月	2月	3月	4月	5月	6月	7月	8月	9月	10月	11月	12月
温湿指数	15.4	16.0	18.7	22.3	25.6	27.1	27.5	27.3	26.2	23.7	20.2	16.8
感觉程度	冷	冷	舒适	舒适	热	热	热	热	热	舒适	舒适	冷

第四节　风

1. 平均风速和最大风速

闸坡站风速的年变化见表5.4-1和图5.4-1。累年平均风速为4.4米/秒，月平均风速11月最大，为5.3米/秒，8月最小，为3.5米/秒。平均最大风速7月最大，为17.1米/秒，5月最小，为 12.6 米 / 秒。最大风速月最大值对应风向多为 NE 向（4 个月）。极大风速的最大值为 55.2 米 / 秒，出现在 2008 年 9 月 24 日，正值 0814 号强台风"黑格比"影响期间，对应风向为 NNE。

表 5.4-1 风速年变化（1960—2019 年）　　　　　　　　单位：米 / 秒

		1月	2月	3月	4月	5月	6月	7月	8月	9月	10月	11月	12月	年
平均风速		5.1	5.0	4.6	4.1	3.8	3.8	4.0	3.5	4.1	4.9	5.3	5.1	4.4
最大风速	平均值	14.2	14.1	14.3	13.9	12.6	14.0	17.1	16.3	16.2	15.1	14.7	14.7	14.8
	最大值	20.0	18.0	19.0	20.3	20.0	32.0	41.0	35.0	36.0	26.0	24.0	24.0	41.0
	最大值对应风向	N	N/NE/NNE	NE	S	NNW/N	ENE	E	ENE	NE	ENE	NNE	NE	E
极大风速	最大值	23.8	20.3	24.4	35.2	23.7	27.5	43.0	43.0	55.2	37.8	21.2	33.5	55.2
	最大值对应风向	NNE	NE	N	E	WSW	NNE	NE	ENE	NNE	ESE	NNW	NE	NNE

注：1960年和2002年数据有缺测；极大风速的统计时间为1995—2019年，1995—2002年数据有缺测。

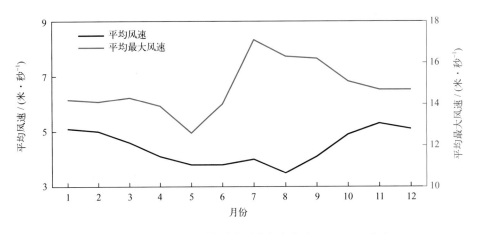

图5.4-1　平均风速和平均最大风速年变化（1960—2019年）

历年的平均风速为 3.7 ~ 6.0 米 / 秒，其中 1964 年最大，2015 年和 2019 年均为最小。历年的最大风速均大于等于 14.5 米 / 秒，其中大于等于 28.0 米 / 秒的有 14 年，大于等于 32.0 米 / 秒的有 8 年。最大风速的最大值为 41.0 米 / 秒，出现在 1974 年 7 月 22 日，风向为 E，正值 7411 号超强台风影响期间。年最大风速出现在 7 月的频率最高，3 月未出现（图 5.4-2）。

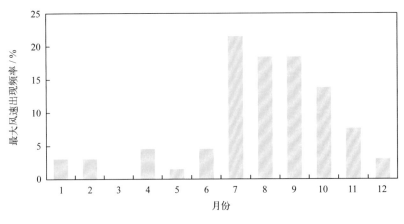

图5.4-2　年最大风速出现频率（1960—2019年）

2. 各向风频率

全年 NE 向风最多，频率为 18.4%，NNE 向次之，频率为 16.4%，WNW 向最少，频率为 0.4%（图 5.4–3）。

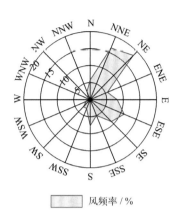

图5.4–3 全年各向风频率（1965—2019年）

1 月盛行风向为 N—NE，频率和为 65.2%；4 月盛行风向为 E—SE，频率和为 47.9%；7 月盛行风向为 ESE—SW，频率和为 73.4%；10 月盛行风向为 NNE—ESE，频率和为 77.7%（图 5.4–4）。

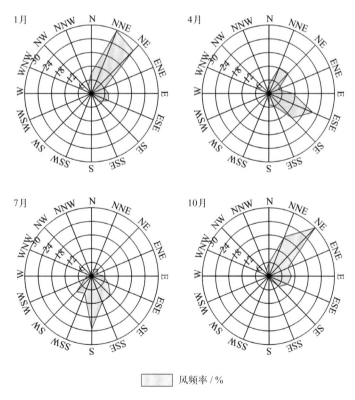

图5.4–4 四季代表月各向风频率（1965—2019年）

3. 各向平均风速和最大风速

全年各向平均风速 NE 向最大，为 5.0 米 / 秒，NNE 向次之，为 4.4 米 / 秒，WNW 向最小，为 1.2 米 / 秒（图 5.4–5）。1 月、4 月和 10 月平均风速均为 NE 向最大，分别为 5.8 米 / 秒、4.9 米 / 秒和 5.6 米 / 秒；7 月平均风速 WSW 向最大，为 4.4 米 / 秒（图 5.4-6）。

全年各向最大风速 E 向最大，为 41.0 米 / 秒，NE 向次之，为 36.0 米 / 秒，W 向最小，为 22.0 米 / 秒（图 5.4-5）。1 月 N 向最大风速最大，为 20.0 米 / 秒；4 月 S 向最大，为 20.3 米 / 秒；7 月 E 向最大，为 41.0 米 / 秒；10 月 ENE 向最大，为 26.0 米 / 秒（图 5.4-6）。

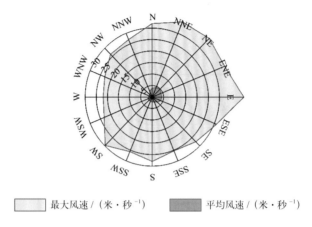

图5.4-5　全年各向平均风速和最大风速（1965—2019年）

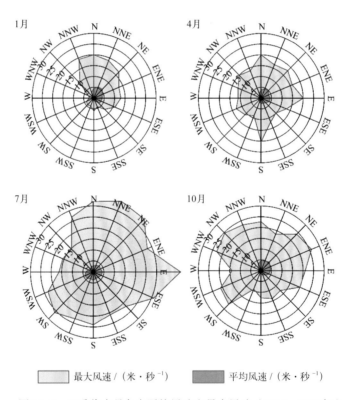

图5.4-6　四季代表月各向平均风速和最大风速（1965—2019年）

4. 大风日数

风力大于等于 6 级的大风日数 1 月和 12 月最多，均为 6.3 天，2 月次之，为 5.6 天（表 5.4-2，图 5.4-7）。平均年大风日数为 46.3 天（表 5.4-2）。历年大风日数 1985 年最多，为 97 天，1971 年最少，为 13 天。

风力大于等于 8 级的大风日数 7 月、8 月和 9 月最多，均为 0.4 天，1—6 月各月均为 0.1 天。历年大风日数 1993 年最多，为 11 天，有 9 年未出现。

风力大于等于 6 级的月大风日数最多为 16 天，出现在 1995 年 1 月和 1983 年 2 月；最长连续大于等于 6 级大风日数为 15 天，出现在 1995 年 1 月 23 日至 2 月 6 日（表 5.4-2）。

表 5.4-2　各级大风日数年变化（1960—2019 年）　　　　　　　　单位：天

	1月	2月	3月	4月	5月	6月	7月	8月	9月	10月	11月	12月	年
大于等于 6 级大风平均日数	6.3	5.6	4.1	2.5	1.5	2.1	2.4	2.8	3.0	4.2	5.5	6.3	46.3
大于等于 7 级大风平均日数	1.2	1.2	1.0	0.5	0.4	0.7	1.0	1.1	1.0	1.2	1.2	1.2	11.7
大于等于 8 级大风平均日数	0.1	0.1	0.1	0.1	0.1	0.1	0.4	0.4	0.4	0.3	0.2	0.2	2.5
大于等于 6 级大风最多日数	16	16	13	9	5	7	10	9	14	14	14	14	97
最长连续大于等于 6 级大风日数	12	15	7	5	4	3	4	4	5	8	7	9	15

注：1960年和2002年数据有缺测。大于等于6级大风统计时间为1960—2019年，大于等于7级和大于等于8级大风统计时间为1965—2019年。

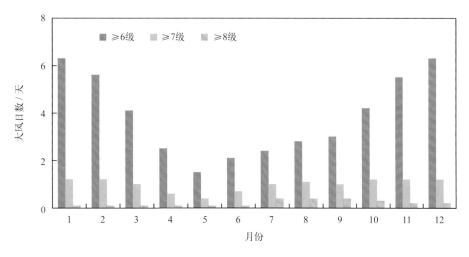

图5.4-7　各级大风日数年变化

第五节　降水

1. 降水量和降水日数

（1）降水量

闸坡站降水量的年变化见表 5.5-1 和图 5.5-1。平均年降水量为 1 766.2 毫米，6—8 月降水量为 777.3 毫米，占全年的 44.0%，3—5 月为 489.2 毫米，占全年的 27.7%，9—11 月为 409.5 毫米，占全年的 23.2%，12 月至翌年 2 月为 90.2 毫米，占全年的 5.1%。8 月平均降水量最多，为 296.7 毫米，占全年的 16.8%。

历年年降水量为 959.0 ~ 3 224.8 毫米, 其中 2001 年最多, 2014 年最少。

最大日降水量超过 100 毫米的有 52 年, 超过 150 毫米的有 33 年, 超过 200 毫米的有 19 年。最大日降水量为 342.0 毫米, 出现在 1964 年 9 月 6 日, 正值 6415 号强台风影响期间。

表 5.5-1 降水量年变化 (1960—2019 年)   单位: 毫米

	1月	2月	3月	4月	5月	6月	7月	8月	9月	10月	11月	12月	年
平均降水量	30.0	36.1	59.2	145.8	284.2	265.5	215.1	296.7	240.9	127.7	40.9	24.1	1 766.2
最大日降水量	97.7	67.0	79.6	218.4	325.5	318.4	230.1	283.5	342.0	302.1	157.7	94.2	342.0

注: 1960 年数据有缺测。

（2）降水日数

平均年降水日数为 126.6 天。平均月降水日数 6 月最多, 为 15.7 天, 12 月最少, 为 4.3 天（图 5.5-2 和图 5.5-3）。日降水量大于等于 10 毫米的平均年日数为 40.4 天, 各月均有出现; 日降水量大于等于 50 毫米的平均年日数为 9.4 天, 各月均有出现; 日降水量大于等于 100 毫米的平均年日数为 2.5 天, 出现在 4—11 月; 日降水量大于等于 150 毫米的平均年日数为 0.81 天, 出现在 4—11 月; 日降水量大于等于 200 毫米的平均年日数为 0.38 天, 出现在 4—10 月（图 5.5-3）。

最多年降水日数为 167 天, 出现在 1975 年; 最少年降水日数为 98 天, 出现在 2004 年。最长连续降水日数为 18 天, 出现在 1973 年 8 月 21 日至 9 月 7 日; 最长连续无降水日数为 89 天, 出现在 1980 年 11 月 20 日至 1981 年 2 月 16 日。

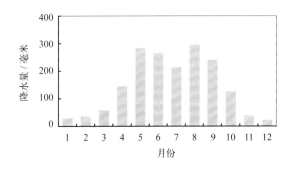

图5.5-1 降水量年变化（1960—2019年）

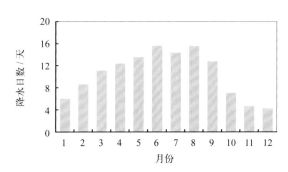

图5.5-2 降水日数年变化（1965—2019年）

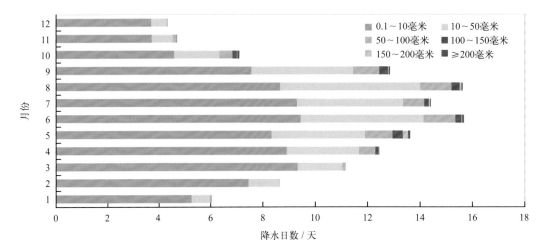

图5.5-3 各月各级平均降水日数分布（1960—2019年）

2. 长期趋势变化

1961—2019 年，年降水量呈上升趋势，上升速率为 30.69 毫米 /（10 年）（线性趋势未通过显著性检验）。十年平均年降水量变化显示，1970—1979 年平均年降水量最大，为 1 937.6 毫米，2000—2009 年次之，为 1 930.8 毫米，2010—2019 年平均年降水量比上一个十年下降明显，降幅为 234.3 毫米（图 5.5-4）。年最大日降水量呈下降趋势，下降速率为 4.25 毫米 /（10 年）（线性趋势未通过显著性检验）。

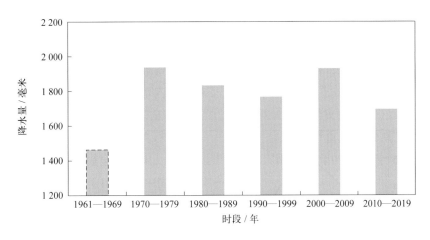

图5.5-4 十年平均年降水量变化

1965—2019 年，年降水日数呈减少趋势，减少速率为 2.54 天 /（10 年）；最长连续降水日数和最长连续无降水日数均呈减少趋势，减少速率分别为 0.30 天 /（10 年）（线性趋势未通过显著性检验）和 1.54 天 /（10 年）（线性趋势未通过显著性检验）。

第六节　雾及其他天气现象

1. 雾

闸坡站雾日数的年变化见表 5.6-1、图 5.6-1 和图 5.6-2。1965—2019 年，平均年雾日数为 10.0 天。平均月雾日数 3 月最多，为 3.4 天，6 月和 10 月均出现 1 天，7—9 月未出现；月雾日数最多为 11 天，出现在 1978 年 3 月；最长连续雾日数为 5 天，出现在 2012 年 3 月 15—19 日。

1965—2019 年，年雾日数呈下降趋势，下降速率为 0.70 天 /（10 年）（线性趋势未通过显著性检验）。1978 年雾日数最多，为 22 天，2019 年最少，为 1 天。

表 5.6-1　雾日数年变化（1965—2019 年）　　　　　　　　　　单位：天

	1月	2月	3月	4月	5月	6月	7月	8月	9月	10月	11月	12月	年
平均雾日数	1.1	2.5	3.4	2.1	0.1	0.0	0.0	0.0	0.0	0.0	0.2	0.6	10.0
最多雾日数	5	7	11	9	2	1	0	0	0	1	2	3	22
最长连续雾日数	4	4	5	4	2	1	0	0	0	1	2	3	5

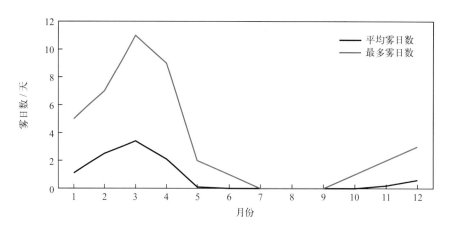

图5.6-1 平均雾日数和最多雾日数年变化（1965—2019年）

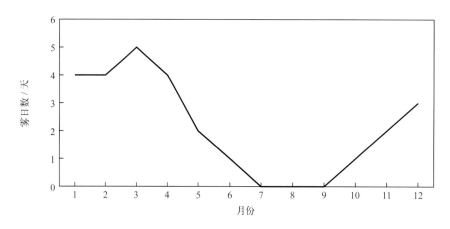

图5.6-2 最长连续雾日数年变化（1965—2019年）

十年平均年雾日数变化显示，闸坡站 2000—2009 年平均年雾日数最少，为 8.5 天，比 1980—1989 年减少 2.9 天，2010—2019 年平均年雾日数比上一个十年增加 1.2 天（图 5.6-3）。

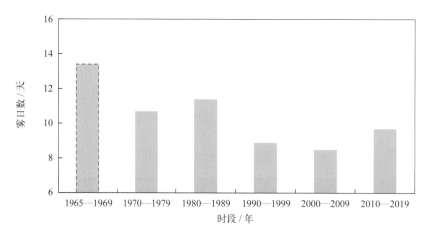

图5.6-3 十年平均年雾日数变化

2. 轻雾

闸坡站轻雾日数的年变化见表 5.6-2 和图 5.6-4。1965—1995 年，平均年轻雾日数为 113.6 天。

平均月轻雾日数 3 月最多，为 17.4 天，7 月最少，为 0.4 天。最多月轻雾日数为 30 天，出现在 1994 年 11 月。

1965—1994 年，年轻雾日数呈上升趋势，上升速率为 68.96 天 /（10 年）。1991 年轻雾日数最多，为 226 天，1971 年最少，为 29 天（图 5.6-5）。

表 5.6-2　轻雾日数年变化（1965—1995 年）　　　　　　　　　　　单位：天

	1月	2月	3月	4月	5月	6月	7月	8月	9月	10月	11月	12月	年
平均轻雾日数	16.5	15.2	17.4	14.3	5.3	1.8	0.4	2.8	4.7	9.6	11.3	14.3	113.6
最多轻雾日数	29	26	28	25	15	7	3	19	22	27	30	28	226

注：1995年7月停测。

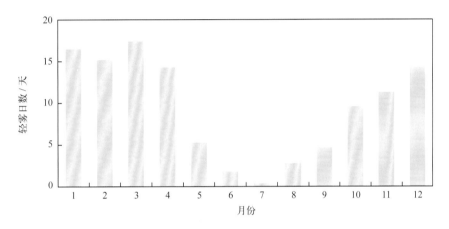

图5.6-4　轻雾日数年变化（1965—1995年）

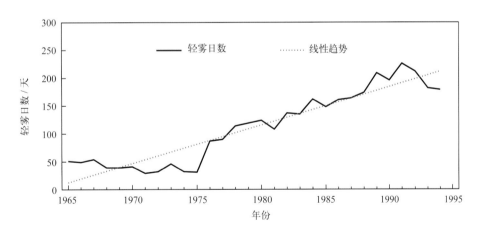

图5.6-5　1965—1994年轻雾日数变化

3. 雷暴

闸坡站雷暴日数的年变化见表 5.6-3 和图 5.6-6。1960—1995 年，平均年雷暴日数为 61.5 天。雷暴主要出现在 4—9 月，其中 8 月最多，为 11.9 天，12 月未出现。雷暴最早初日为 1 月 6 日（1989 年），最晚终日为 11 月 19 日（1965 年）。月雷暴日数最多为 26 天，出现在 1960 年 8 月。

表5.6-3　雷暴日数年变化（1960—1995年）　　　　　　　　　　单位: 天

	1月	2月	3月	4月	5月	6月	7月	8月	9月	10月	11月	12月	年
平均雷暴日数	0.1	1.1	2.5	5.9	9.9	9.7	8.7	11.9	9.4	2.0	0.3	0.0	61.5
最多雷暴日数	2	8	9	14	23	16	16	26	19	6	3	0	94

注: 1960年数据有缺测，1995年7月停测。

　　1961—1994年，年雷暴日数呈下降趋势，下降速率为3.29天/（10年）（线性趋势未通过显著性检验）。1975年雷暴日数最多，为94天，1991年最少，为36天（图5.6-7）。

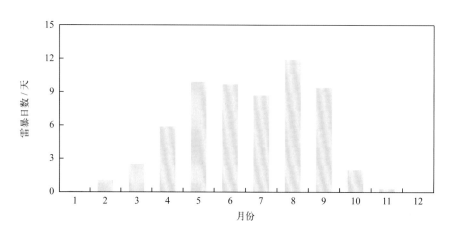

图5.6-6　雷暴日数年变化（1960—1995年）

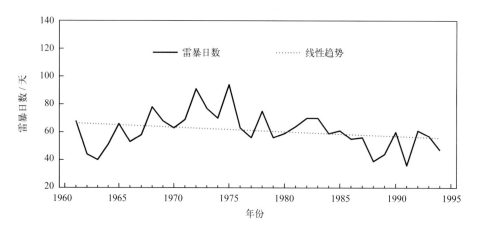

图5.6-7　1961—1994年雷暴日数变化

第七节　能见度

　　1965—2019年，闸坡站累年平均能见度为18.9千米。7月平均能见度最大，为30.5千米，3月最小，为12.5千米。能见度小于1千米的平均年日数为6.3天，3月最多，为2.0天，6月出现2天，7月和10月未出现（表5.7-1，图5.7-1和图5.7-2）。

表 5.7-1　能见度年变化（1965—2019 年）

	1月	2月	3月	4月	5月	6月	7月	8月	9月	10月	11月	12月	年
平均能见度/千米	12.8	13.3	12.5	14.6	22.4	27.7	30.5	25.6	20.8	17.0	16.0	13.9	18.9
能见度小于1千米平均日数/天	0.7	1.6	2.0	1.4	0.1	0.0	0.0	0.1	0.1	0.0	0.1	0.2	6.3

注：1979—1981年停测，2005年数据有缺测。

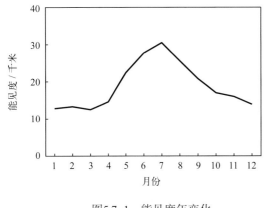

图5.7-1　能见度年变化

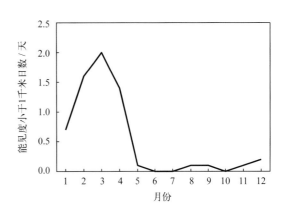

图5.7-2　能见度小于1千米日数年变化

历年平均能见度为 12.3 ~ 32.0 千米，1975 年最高，2004 年最低。能见度小于 1 千米的日数 2010 年最多，为 14 天，2019 年未出现（图 5.7-3）。

1982—2019 年，年平均能见度呈下降趋势，下降速率为 1.59 千米 /（10 年）。

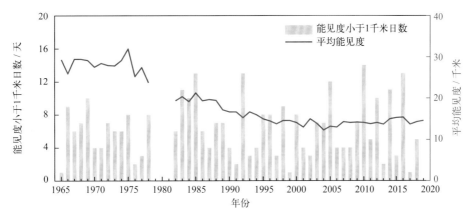

图5.7-3　能见度小于1千米年日数和平均能见度变化

第八节　云

1965—1995 年，闸坡站累年平均总云量为 7.4 成，4 月和 6 月平均总云量最多，均为 8.8 成，11 月最少，为 5.2 成；累年平均低云量为 5.5 成，3 月平均低云量最多，为 8.0 成，11 月最少，为 3.2 成（表 5.8-1，图 5.8-1）。

1965—1994 年，年平均总云量无明显变化趋势，1975 年最多，为 8.0 成，1971 年最少，为 6.5 成（图 5.8-2）；年平均低云量呈减少趋势，减少速率为 0.04 成 /（10 年）（线性趋势未通过显著性检验），1975 年最多，为 6.1 成，1971 年最少，为 4.6 成（图 5.8-3）。

表5.8-1 总云量和低云量年变化（1965—1995年）

	1月	2月	3月	4月	5月	6月	7月	8月	9月	10月	11月	12月	年
平均总云量/成	6.6	8.1	8.7	8.8	8.5	8.8	8.0	7.8	6.7	5.7	5.2	5.6	7.4
平均低云量/成	5.4	7.3	8.0	7.5	6.3	6.3	5.3	5.1	4.4	3.5	3.2	4.0	5.5

注：1995年7月停测。

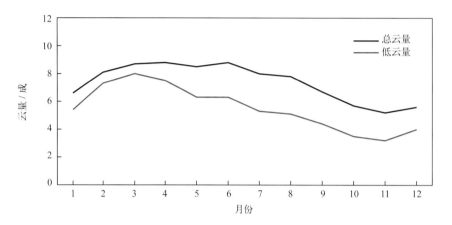

图5.8-1 总云量和低云量年变化（1965—1995年）

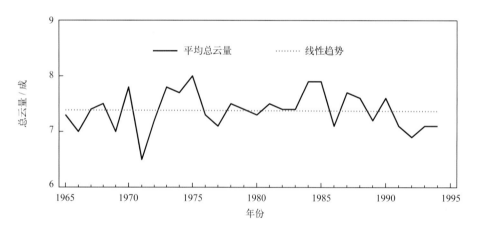

图5.8-2 1965—1994年平均总云量变化

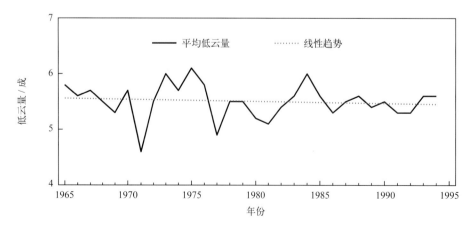

图5.8-3 1965—1994年平均低云量变化

第九节 蒸发量

1961 年，闸坡站年蒸发量为 2 210.2 毫米。6 月蒸发量最大，为 254.4 毫米，10 月次之，为 246.3 毫米，2 月蒸发量最小，为 117.6 毫米（表 5.9-1，图 5.9-1）。

表 5.9-1 蒸发量年变化（1961 年）　　　　　　　　　　　单位：毫米

	1月	2月	3月	4月	5月	6月	7月	8月	9月	10月	11月	12月	年
平均蒸发量	175.6	117.6	124.4	128.8	215.5	254.4	204.9	183.6	191.6	246.3	192.2	175.3	2 210.2

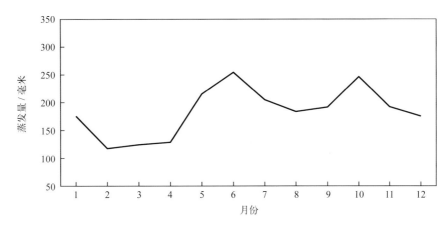

图5.9-1 蒸发量年变化（1961年）

第六章 海平面

1. 年变化

闸坡附近海域海平面年变化特征明显，7 月最低，10 月最高，年变幅为 32 厘米（图 6-1），平均海平面在验潮基面上 213 厘米。

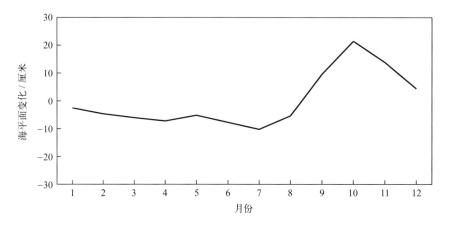

图6-1 海平面年变化（1959—2019年）

2. 长期趋势变化

闸坡附近海域海平面变化总体呈波动上升趋势。1959—2019 年，闸坡附近海域海平面上升速率为 2.5 毫米 / 年；1980—2019 年，海平面上升速率为 3.3 毫米 / 年；1993—2019 年，海平面上升速率为 3.4 毫米 / 年，低于同期中国沿海 3.9 毫米 / 年的平均水平。1962—1963 年，闸坡附近海域海平面处于有观测记录以来的最低位，2016—2019 年海平面处于高位，其中 2017 年海平面为观测以来的最高位（图 6-2）。

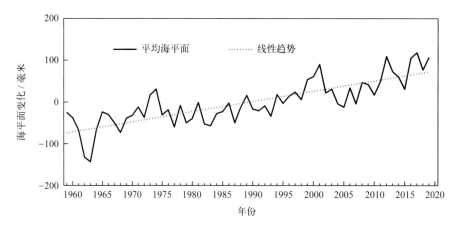

图6-2 1959—2019年闸坡附近海域海平面变化

闸坡附近海域十年平均海平面总体上升。1960—1969 年十年平均海平面处于近 60 年来最低位；1970—1979 年平均海平面较 1960—1969 年高 46 毫米，1980—1989 年平均海平面较 1970—

1979 年略有下降，之后十年平均海平面呈梯度上升，2010—2019 年平均海平面处于有观测记录以来的最高位，比 2000—2009 年平均海平面高 44 毫米，比 1980—1989 年高 100 毫米，比 1960—1969 年高 141 毫米（图 6-3）。

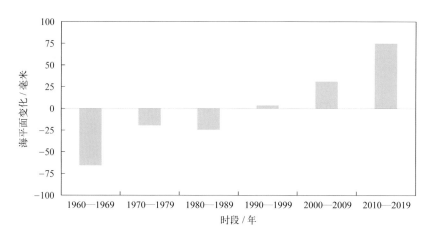

图6-3　十年平均海平面变化

3. 周期性变化

1959—2019 年，闸坡附近海域海平面有准 2 年、4 年、11 年和 15 年的显著变化周期，振荡幅度均为 1 ~ 2 厘米。1974 年、2001 年和 2017 年前后，海平面均处于准 2 年、4 年、11 年和 15 年周期性振荡的高位，几个主要周期性振荡高位叠加，抬升了同时段海平面的高度（图 6-4）。

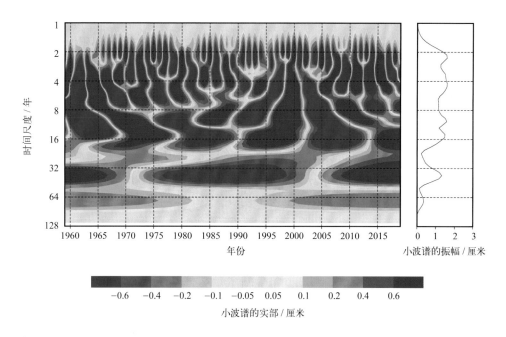

图6-4　年均海平面的小波（wavelet）变换

第七章 灾害

第一节 海洋灾害

1. 风暴潮

1963 年 8 月 16 日前后，6309 号超强台风影响广东沿海，正遇农历七月十七天文大潮期，引发严重潮灾。闸坡站最大增水超过 0.5 米（《中国海洋灾害四十年资料汇编》）。

1964 年 7 月 2 日前后，6403 号强台风影响广东沿海，引发严重潮灾。闸坡站最大增水超过 1 米。广东省徐闻县受灾人数 53 754 人，渔船、运输船被打烂和漂失 160 只，死亡 21 人，受伤 148 人（《中国海洋灾害四十年资料汇编》）。

1965 年 7 月 15 日前后，6508 号超强台风影响广东沿海，正遇农历六月十七天文大潮期，引发特大潮灾。闸坡站最大增水超过 2 米，最高潮位达到历史最高值，超过当地警戒潮位。闸坡镇低洼处，海潮侵入，水深超 2 米（《中国海洋灾害四十年资料汇编》）。

1969 年 7 月 28 日前后，6903 号超强台风登陆广东汕头，正遇农历六月十五天文大潮期，引发特大潮灾。闸坡站最大增水超过 50 厘米。粤东地区风灾空前，大海潮罕见（《中国海洋灾害四十年资料汇编》）。

1972 年 11 月 8 日前后，7220 号强台风影响广东沿海，正遇农历十月初三天文大潮期，引发严重潮灾。闸坡站最大增水超过 1 米，最高潮位超过当地警戒潮位。广东湛江及佛山沿海风灾及风暴潮灾害严重（《中国海洋灾害四十年资料汇编》）。

1980 年 7 月 23 日前后，8007 号强台风影响广东沿海，引发特大潮灾。硇洲站最大增水超过 3 米。闸坡站最大增水超过 2 米。此次风暴潮来得猛，来得快，许多人来不及躲避，造成的损失是灾难性的（《中国海洋灾害四十年资料汇编》）。

1986 年 9 月 5 日前后，8616 号强台风影响广东沿海，正逢农历八月初二天文大潮期，引发特大潮灾。闸坡站最大增水超过 0.5 米，最高潮位超过当地警戒潮位（《中国海洋灾害四十年资料汇编》）。

1989 年 7 月 18 日，8908 号超强台风在广东省阳西县沙扒镇登陆，此时天文潮高潮几乎与过程最大增水重合，致使从珠江口的黄埔到阳西县的闸坡，多个验潮站实测潮位超过当地警戒潮位。这是自 1949 年以来发生在珠江口地区最严重的一次大范围的特大风暴潮灾害（《1989 年中国海洋灾害公报》）。

1993 年 6 月 27 日前后，广东省台山市与阳江市之间沿海地区遭受风暴潮灾，汕头市至阳江市沿海各站有 50 厘米以上增水，其中深圳市至台山市沿海各站的增水显著，阳江市大部分海堤崩塌和损坏。8 月 21 日前后，阳江沿海地区发生风暴潮灾，由于正处天文大潮期，恰好又是台风登陆时间，沿海各站潮位较高，给粤西沿海地区造成严重的损失（《1993 年中国海洋灾害公报》）。

1995 年 10 月 3 日前后，广东省电白县与阳西县之间沿海发生了灾害性风暴潮，阳江、茂名、江门、中山等 4 市的 17 个县（区）有 398 万人受灾，沿海地区受灾较重，房屋等基础设施损毁，直接经济损失达 13.22 亿元（《1995 年中国海洋灾害公报》）。

1996 年 9 月 9 日前后，9615 号强台风风暴潮影响期间，粤西沿海有 150 ~ 200 厘米的增水，广东省闸坡站出现了超过当地警戒潮位的高潮位［实测最高风暴潮位 449 厘米（当地水尺），台风过程最大增水 159 厘米, 风暴潮位超过当地警戒潮位 30 厘米]。受这次风暴潮袭击, 江门、阳江、茂名、湛江、珠海、中山等市严重受灾 (《1996 年中国海洋灾害公报》《中国气象灾害大典·广东卷》)。

1997 年 8 月 22 日 13 时 30 分, 9713 号强热带风暴在湛江市雷州市登陆。受其影响, 湛江实测最大风速达 33.0 ~ 38.0 米 / 秒, 闸坡镇在 22 日 10 时测出阵风达 12 级。由于强热带风暴登陆时正遇上天文大潮期, 致使湛江港潮位出现 1980 年以来最高潮位, 闸坡港最大增水 127 厘米 (《中国气象灾害大典·广东卷》)。

1998 年 8 月 11 日前后, 9803 号强热带风暴登陆广东省阳江市, 受其影响, 广东省珠江口到雷州半岛东岸均出现较大增水, 最大增水出现在闸坡站 (98 厘米)。这次台风登陆时风力虽然不大, 但阵风风力较强, 登陆时潮位较高, 在风暴潮、巨浪的袭击下造成一定的损失, 其中海水养殖等损失较重 (《1998 年中国海洋灾害公报》)。

2001 年 7 月 26 日前后, 0107 号台风 "玉兔" 影响广东沿海, 最大增水发生在闸坡站, 为 0.96 米, 此次过程给广东沿海带来较大损失 (《中国风暴潮灾害史料集》)。

2008 年 9 月 24 日前后, 0814 号强台风 "黑格比" 引发的风暴潮影响广东沿海, 珠海市香洲区海霞新村淹水深度近 2 米, 阳江市海陵大堤 7 处溃决, 海陵岛内交通、电力、供水和通信一度中断 (《2008 年中国海洋灾害公报》)。

2011 年 9 月 29 日前后, 1117 号强台风 "纳沙" 影响广东沿海, 闸坡站最大增水超过 100 厘米, 广东省受灾严重, 因灾直接经济损失达 12.63 亿元 (《2011 年中国海洋灾害公报》)。

2012 年 8 月 17 日前后, 1213 号台风 "启德" 在广东省湛江市麻章区湖光镇登陆, 闸坡站最大增水超过 100 厘米, 最高潮位超过当地警戒潮位。受风暴潮和近岸浪的共同影响, 广东省受灾人口 165.60 万人, 房屋、农田、水产养殖设施、船只、堤防等损毁, 直接经济损失达 13.58 亿元 (《2012 年中国海洋灾害公报》)。

2014 年 9 月 16 日前后, 1415 号台风 "海鸥" 在广东省湛江市徐闻县沿海登陆, 闸坡站最大增水超过 200 厘米, 广东省受灾人口 258.98 万人, 房屋、水产养殖设施、渔船、港口、码头、防波堤、海堤、护岸等受损严重, 直接经济损失达 29.85 亿元 (《2014 年中国海洋灾害公报》)。

2015 年 10 月 4 日前后, 1522 号强台风 "彩虹" 在广东省湛江市坡头区沿海登陆, 是 1949 年以来 10 月登陆广东的最强台风, 闸坡站最大增水超过 100 厘米, 广东省受灾人口 334.99 万人, 死亡 (含失踪) 5 人, 房屋、水产养殖设施、渔船、码头、防波堤, 以及海堤、护岸等损毁严重, 直接经济损失达 26.28 亿元 (《2015 年中国海洋灾害公报》)。

2018 年 9 月 16 日前后, 1822 号超强台风 "山竹" 在广东省台山市登陆, 为 2018 年登陆我国最强台风, 闸坡站最大增水超过 100 厘米。受台风风暴潮和近岸浪共同作用, 广东省直接经济损失达 23.7 亿元 (《2018 年中国海洋灾害公报》)。

2. 海浪

1989 年, 8908 号超强台风卷起的 8 米狂浪袭击广东省阳江市海岸, 致使海岸防护工程遭到严重破坏, 阳江市海陵大堤标高 4.5 米、堤面宽 10 米, 在台风浪的冲击下, 堤面只剩下 2 米, 全市的大部分海堤被毁 (《1989 年中国海洋灾害公报》)。

1992 年 7 月 23 日前后, 9207 号台风在广东省湛江市沿海登陆, 雷州半岛西部沿海出现了 5 ~ 6 米的巨浪 ~ 狂浪, 其间湛江、阳江、茂名等 3 市共 16 个县不同程度受灾, 损坏机动船 147 艘 (8 803 马力)、风帆船 540 艘, 海岸防护工程和水利工程受到严重破坏, 据不完全统计共损失 7.08 亿元（《1992 年中国海洋灾害公报》）。

1993 年 9 月 26 日，广东省沿海受到巨大波浪袭击，给沿海造成较大的经济损失。据有关部门统计：阳江、恩平、台山、江门等地共有 133 个乡镇的 138.77 万人受灾，损坏、倒塌房屋 3.1 万间，受灾农作物 1 775 万公顷，近海有 10 艘船舶被风浪击沉，1 艘失踪（《1993 年中国海洋灾害公报》）。

1995 年 10 月 3 日，受台风浪影响，广东省阳江市有 1 艘渔船沉没、12 艘渔船受损（《1995 年中国海洋灾害公报》）。

1996 年 9 月 9 日前后，受特大台风浪影响，广东雷州半岛东部沿海出现了 5 ～ 6 米的巨浪，给湛江、茂名、阳江 3 市造成了较大的经济损失，是 1991 年以来损失最严重的一次（《1996 年中国海洋灾害公报》）。

2005 年 3 月 13 日，受冷空气浪影响，一艘渔运船在广东闸坡近海沉没，造成 2 人死亡（含失踪），直接经济损失达 25 万元；9 月 16—19 日，热带风暴"韦森特"在南海形成 4 ～ 6 米的台风浪，广东阳江海水浴场实测最大波高 3.8 米（《2005 年中国海洋灾害公报》）。

3. 海水入侵

2009 年，广东省阳江市部分区域居民区的饮用水井和农用灌溉水井已受海水入侵影响（《2009 年中国海洋灾害公报》）。

2010 年，广东阳江和湛江等沿海地区海水入侵程度和范围有所增加，部分近岸农用水井和饮用水井已明显受到海水入侵的影响（《2010 年中国海洋灾害公报》）。

4. 海啸

2011 年 3 月 11 日 13 时 46 分，日本东北部近海发生 9.0 级强烈地震并引发特大海啸，地震发生 6 ～ 8 小时海啸波到达我国大陆东南沿海，广东监测到的海啸波波幅为 10 ～ 26 厘米，其中闸坡站海啸波波幅为 11 厘米（《2011 年中国海洋灾害公报》）。

第二节　灾害性天气

根据《中国气象灾害大典·广东卷》（1949—2000 年）和《中国气象灾害年鉴》（2000 年后）及《南海区海洋站海洋水文气候志》记载，闸坡站周边发生的主要灾害性天气有暴雨洪涝、大风（龙卷风）和冰雹。

1. 暴雨洪涝

1965 年 4 月下旬，漠阳江一带降特大暴雨，漠阳江出现 40 年一遇洪水。

1992 年 5 月 14—18 日，受高空低压槽影响，粤西南先后降暴雨到大暴雨，个别地区出现特大暴雨。部分地区山洪暴发，江河和水库水位急剧上涨。汕尾、阳江两市的经济损失达 2.31 亿元，其中水利工程损失 2 594 万元。

1995 年 6 月 5—8 日，阳江市连遭大暴雨和特大暴雨袭击，6—8 日降雨量分别为 238.9 毫米、453.3 毫米和 102.9 毫米，受灾严重；8 月上旬，受 9504 号强热带风暴低压环流和华南切变线影响，连续的降雨引发阳江市漠阳江沿岸地区山洪暴发，江河水位急剧上涨，阳江市区低洼地带被洪水淹没，茂名、阳江、湛江、云浮、江门等 5 市共有 17 个县（区）186 个乡（镇）3 784 个村庄 257.49 万人受灾，直接经济损失达 4.85 亿元。

1996 年 6 月 15—16 日，广东省南部沿海和中部部分地区遭受暴雨袭击，阳江市 16 日降特大暴雨，雨量达 266.3 毫米。暴雨导致局部地区山洪暴发，江河水位上涨。阳江市和茂名市的 4 个县（区）37 个镇 59.32 万人受灾，46 个村庄 3.3 万人被洪水围困，死亡 1 人，损坏房屋 1 160 间，倒塌房屋 210 间，农作物受灾面积达 3.26 万公顷，水产养殖损失 4 660 公顷，广湛公路多处水淹，经济总损失 1.42 亿元。

2000 年 5 月 8—11 日，受弱冷空气和暖湿气流共同影响，粤西南普降暴雨到大暴雨，5 月 9 日 08 时至 10 日 08 时阳江市降雨量达 115.9 毫米，漠阳江水位急升，阳江市石河水库溢洪。阳江市的阳西县、阳东县、江城区和阳春市 15 个镇因暴雨受灾，受灾人口达 25 万人，紧急转移 1.5 万余人，死亡 7 人。全市直接经济损失达 1.85 亿元。

2003 年 7 月 24 日，受 0307 号强台风"伊布都"影响，阳江市大部分地区出现暴雨到大暴雨，其中阳春市的降雨量达到 142 毫米。8 月 25 日，0312 号台风"科罗旺"风力强、范围广、持续时间长、来势猛，给广东西部沿海地区带来严重的灾害。据统计，广东省直接经济损失约 11.0 亿元。

2009 年 6 月 7—17 日，广东省阳江市有持续性降水，在该过程期间阳江市降雨量为 522 毫米。8 月 3 日 08 时至 10 日 08 时，受 0907 号热带风暴"天鹅"影响，阳江市降雨量为 550.1 毫米，其中，8 月 5 日 08 时至 6 日 08 时阳江市降雨量高达 326.3 毫米。

2013 年 5 月 6—10 日，广东省阳江市出现大范围的强降雨过程，10 日降雨量达 304.0 毫米，阳江城区最大 1 小时降雨量达 117.1 毫米。

2015 年 10 月 4 日 08 时至 7 日 08 时，受 1522 号强台风"彩虹"影响，阳江市出现大暴雨，累计降雨量高达 577.9 毫米。

2. 大风和龙卷风

1953 年 8 月 8 日 09 时，广东省阳江县城区有龙卷风出现。

1959 年 2 月某日 08 时前后，广东省阳江县北津港附近有 5 条龙卷风从海上呼啸而来，龙卷风持续 10 ~ 15 分钟。龙卷风把一条木船卷起几十米，飞行 500 米左右后落下；把两只废弃在淤泥里的小船也卷至岸上，一棵大榕树也被吹倒；北津村 90% 的屋顶瓦面严重吹毁。

1965 年 4 月 24 日，广东省阳西县塘口一带发生龙卷风。

1973 年 5 月 5 日 02 时，广东省阳江县塘坪公社圹角大队突然受旋风（龙卷风）袭击，风后有雨。受灾 10 个队约 122 户、644 人，倒塌房屋 20 间，揭去房屋瓦面 320 间，倒树 300 棵。5 月 8 日，阳江县新洲公社下六大队大面古村和老村两个村出现龙卷风，揭去房屋瓦面 39 间。5 月 28 日，阳江县塘坪、平岗、合山、新洲、上洋等公社出现龙卷风。

1980 年 5 月 7 日 10 时前后，广东省阳西县程村公社长富大队出现龙卷风，宽 30 米左右，估计风力 11 ~ 12 级，176 间房屋被损，两人受伤。

1985 年 2 月 7 日 18 时 30 分前后，广东省阳春县卫国、合水、春湾、附城等区部分村遭受龙卷风和冰雹袭击，雷雨时龙卷风 12 级以上。造成重伤 1 人，轻伤 1 人，倒塌房屋 20 间，损坏农作物 47.1 公顷，经济损失达 31.11 万元。

1987 年 4 月 26 日 22 时许，广东省阳西县塘口镇 7 个管区遭受龙卷风、冰雹袭击。龙卷风范围较小，时间短（约 20 分钟），但风力强，估计 12 级以上。所遇的山林、电杆、民房无不被折断、吹毁。损失约 700 万元以上。端午节前某日 09 时前后，阳江县市郊东村发生龙卷风，龙卷风把东村已洗干净搁在岸上"晒龙骨"的龙船卷落地面，并向阳江县市区石觉头方向移动，龙舟为红木构成，宽约 1 米，长 20 余米，估计重 2 吨有余。

1990 年 4 月 9 日 13 时 20—50 分，阳江市的部分乡镇遭受龙卷风和大如拳头的冰雹的袭击。龙卷风和冰雹所到之处树木、电话线杆倒断，房舍被毁。岗列乡渡船被打翻，船上人员落水，其中死亡 13 人，失踪 8 人，经抢救生还 18 人。尖山车渡船被风掀上码头，马岗水库的管理船被抛上山岗。此次过程共死亡 18 人，失踪 10 人，伤 225 人，房屋倒塌 568 间、损坏 8 724 间，船只损坏 75 艘、翻沉 19 艘，高、低压线杆倒断 971 根，变压器损坏 5 台，水利工程损毁 343 宗，直接经济损失超过 1 000 万元。

1993 年 8 月 20 日，9309 号台风逼近粤西海面，21 日 04 时 30 分在阳江市阳西县登陆，登陆时风力达 12 级，风速达 35 米 / 秒。这次台风风力大、降雨强度大、影响范围广，又遇上天文大潮期，故破坏力强、损失较大、灾情严重。9 月 26 日 15 时，9318 号台风在台山市镇海湾登陆，闸坡海洋站测得最大风速 22.7 米 / 秒。

1996 年 9 月 9 日，受 9615 号强台风影响，南海北部海面、珠江口以西沿海海面先后出现 8 ~ 10 级大风，其中台风中心经过的附近海面出现 11 ~ 12 级大风，上川岛、闸坡、沙扒、电白、吴川、湛江、遂溪都出现了 12 级以上的旋转风。该台风的特强风力，尤其是中心附近的强烈旋转风，给湛江、茂名、阳江 3 个市带来特别惨重的损失，阳江市闸坡港海洋局潮位观测站，9 月 9 日 09 时实测最高风暴潮位 449 厘米（当地水尺），台风过程最大增水 159 厘米，风暴潮位超过当地警戒潮位 30 厘米。这是 1950 年以来广东省遭受的最严重的一次风灾，受灾损失超过 1994 年 100 年一遇的特大洪涝灾害。湛江、茂名、阳江直接经济总损失达 175.7 亿元。

2003 年 7 月 24 日 10 时，0307 号强台风"伊布都"在广东省阳西县到电白县一带沿海登陆，登陆时中心附近最大风力有 13 级（38.0 米 / 秒），闸坡海洋站测得极大风速达 43.0 米 / 秒，阳江市沿海出现 9 ~ 11 级、阵风 12 级大风。由于台风强度大、移动快、雨势集中，叠加上天文高潮期，致使阳江市大部分地区发生海堤决口、海水倒灌，停水停电，12 条县级公路中断，326 家大型工矿企业停产；阳西县损坏堤围 500 余处，长度超过 80 千米。8 月 25 日 04 时，0312 号台风"科罗旺"在海南省文昌市翁田镇登陆，阳江市海面出现 8 ~ 11 级大风。阳江市 49 家大型工矿企业停产，损坏堤防 308 处、水闸 17 座、灌溉设施 23 处。

2009 年 4 月 13 日，广东省阳江市阳东县遭受龙卷风袭击，红丰一印刷厂屋顶许多瓦片被吹落，房顶被砸破，一个用来堆放废纸的重达千余斤的竹棚被吹翻，1 人受伤，直接经济损失约 1 万元。

2013 年 3 月 30 日，广东省阳江市阳春市、阳东县共 11 个镇出现强降雨，局部伴有冰雹、龙卷风等强对流天气。全市受灾人口 3.75 万人，农作物受灾面积 1 600 余公顷，损坏房屋近 4 000 间，直接经济损失达 4 950 万元。8 月 14 日 15 时 50 分前后，1311 号超强台风"尤特"在阳江市阳西县附近沿海登陆，登陆时中心附近最大风力有 14 级（42.0 米 / 秒），阳江市阳东县东平镇测得最大平均风速 47.8 米 / 秒（15 级），最大阵风 60.5 米 / 秒（17 级）。该强台风的大风过程造成阳江电网倾斜倒杆（塔）3 950 根，损毁线路 509 千米。

3. 冰雹

1985 年 2 月 7 日 18 时 30 分前后，广东省阳江市阳春县卫国、合水、春湾、附城等区部分村遭受冰雹和龙卷风袭击，冰雹大如杯口，小如拇指，堆积厚度 10 厘米。造成重伤 1 人，轻伤 1 人，倒塌房屋 20 间，损坏农作物 47.1 公顷，经济损失达 31.11 万元。

1986 年 4 月 18—20 日，受锋面低槽影响，广东省共有 22 个县（市）出现强对流天气，包括阳江、茂名等地。有些地方冰雹密度 300 ~ 400 粒 / 平方米，阵风超过 9 级甚至 10 级。受灾农作物面积超过 0.13 万公顷，其中水稻 800 公顷，倒塌房屋 106 间，损坏 16 461 间，经济损失 1 200 万元。

1987 年 4 月 26 日 22 时许，阳江市阳西县塘口镇 7 个管区遭受龙卷风、冰雹袭击，其中 4 个管区的民房和水稻受到严重破坏。

1990 年 4 月 9 日 13 时 20—50 分，阳江市的部分乡镇遭受龙卷风和大如拳头的冰雹的袭击。龙卷风和冰雹所到之处树木、电话线杆倒断，房舍被毁。

1992 年 4 月 4 日，阳江市阳春县八甲、三甲、石望、春城等地遭受冰雹的袭击，经济损失 5 698 万元。

1996 年 4 月 18 日 20 时到 19 日 22 时，在锋面低槽的影响下，茂名、阳江、惠州和汕头等地区近 70 个县（市）先后出现强对流天气。有 17 个县（市）出现雷雨大风和冰雹，其中冰雹和龙卷风集中在西南部地区，并出现在夜间，雷雨大风集中在中南部地区。

2010 年 4 月 29 日 09 时，阳江市阳东县新洲镇遭受龙卷风、冰雹及暴雨袭击，造成房屋毁坏 79 间，西瓜、尖椒、花生、水稻、甘蔗、蔬菜等受灾面积 541 公顷，其中绝收面积 170 公顷，直接经济损失达 1 556 万元。

2013 年 3 月 30 日，阳江市阳春市、阳东县共 11 个镇出现强降雨，局部伴有冰雹、龙卷风等强对流天气。全市受灾人口 3.75 万人，农作物受灾面积 1 600 余公顷，损坏房屋近 4 000 间，直接经济损失 4 950 万元。

硇洲海洋站

第一章 概况

第一节 基本情况

硇洲海洋站（简称硇洲站）位于广东省湛江市硇洲岛（图 1.1-1）。湛江市位于广东省西南部，东濒南海，南隔琼州海峡与海南省相望，西临北部湾，西北与广西壮族自治区的合浦县、博白县、陆川县毗邻，东北与广东省茂名市接壤，是中国西南各省的主要出海口，亦是中国大陆通往东南亚、非洲、欧洲和大洋洲海上航道最短的重要口岸。湛江市岸线资源丰富，海岛众多，海岸线总长约 2 325.9 千米。硇洲岛位于湛江市东南约 40 千米处，北傍东海岛，西依雷州湾，东南是南海，总面积约 56 平方千米。

硇洲站建于 1959 年 10 月，名为湛江市硇洲海洋水文气象服务站，隶属于湛江专区水文气象局。1966 年 1 月更名为硇洲岛海洋站，隶属国家海洋局南海分局，2001 年 12 月开始使用现名，2019 年 6 月后隶属自然资源部南海局，由珠海中心站管辖。硇洲站建站时位于硇洲岛北港管区后角村，1996 年迁至硇洲镇宋皇管区招屋村东侧。

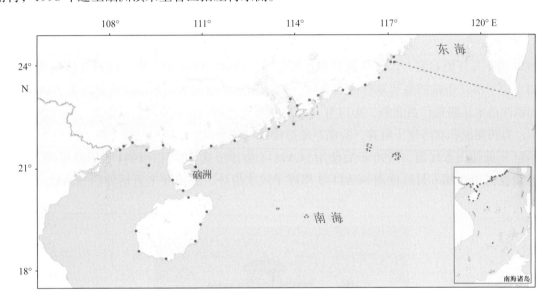

图1.1-1 硇洲站地理位置示意

硇洲站观测项目有潮汐、海浪、表层海水温度、表层海水盐度、气温、气压、相对湿度、风和降水等。2002 年前，主要为人工观测或使用简易设备观测，2002 年安装使用自动观测系统，多数项目实现了自动化观测、数据存储和传输。

硇洲附近海域为不正规半日潮特征，海平面 7 月最低，10 月最高，年变幅为 38 厘米，平均海平面为 217 厘米，平均高潮位为 311 厘米，平均低潮位为 129 厘米；全年海况以 0 ~ 4 级为主，年均平均波高为 1.0 米，年均平均周期为 4.3 秒，历史最大波高最大值为 9.8 米，历史平均周期最大值为 14.5 秒，常浪向为 ENE，强浪向为 N；年均表层海水温度为 23.5 ~ 25.5℃，7 月和 8 月最高，均为 29.3℃，1 月和 2 月最低，均为 17.7℃，历史水温最高值为 34.3℃，历史水温最低值为 11.9℃；年均表层海水盐度为 27.11 ~ 31.50，7 月最高，均值为 30.71，10 月最低，均值为 27.76，历史盐度最高值为 35.01，历史盐度最低值为 12.25；海发光主要为火花型，2 月出现频率最高，7 月最低，1 级海发光最多，出现的最高级别为 4 级。

硇洲站主要受海洋性季风气候影响，年均气温为 22.8 ~ 25.2℃，7 月最高，均值为 28.9℃，1 月最低，均值为 16.5℃，历史最高气温为 37.8℃，历史最低气温为 4.4℃；年均气压为 1 008.4 ~ 1 010.9 百帕，12 月最高，均值为 1 017.3 百帕，7 月最低，均值为 1 002.3 百帕；年均相对湿度为 80.3% ~ 88.8%，3 月最大，均值为 90.7%，11 月最小，均值为 77.7%；年均风速为 2.6 ~ 5.7 米 / 秒，10 月和 11 月最大，均为 4.3 米 / 秒，8 月最小，均值为 3.2 米 / 秒，1 月盛行风向为 N—ESE（顺时针，下同），4 月盛行风向为 NE—SSE，7 月盛行风向为 E—S，10 月盛行风向为 NNE—SE；平均年降水量为 1 301.9 毫米，8 月平均降水量最多，占全年的 16.6%；平均年雾日数为 31.3 天，3 月最多，均值为 10.7 天，6 月和 9—10 月未出现；平均年雷暴日数为 84.2 天，5 月最多，均值为 16.0 天，12 月未出现；年均能见度为 18.6 ~ 31.9 千米，7 月最大，均值为 39.0 千米，3 月最小，均值为 13.0 千米；年均总云量为 5.7 ~ 8.3 成，6 月最多，均值为 8.4 成，11 月最少，均值为 5.6 成；平均年蒸发量为 1 777.4 毫米，7 月最大，均值为 199.7 毫米，2 月最小，均值为 78.5 毫米。

第二节　观测环境和观测仪器

1. 潮汐

1954 年 1 月开始观测，1964 年后数据连续稳定，1984—1989 年停测，1990 年恢复观测。建站时测点位于湛江市硇洲岛北港管区后角村，1967 年迁至硇洲岛东部潭北村东海头，1990 年迁至硇洲镇津前水运修理厂西北侧，2014 年 4 月启用测点北侧的新验潮井。验潮井为岛式钢筋混凝土结构，有污泥淤积和海蛎子附着，验潮室通过栈桥与陆地相连，四周开阔（图 1.2-1）。

1984 年前使用水尺组，1990 年后使用 SCA11-1 型浮子式水位计，1994 年后使用 HCJ1 型滚筒式验潮仪，2002 年 6 月后使用 SCA11-3 型浮子式水位计，2010 年 8 月后使用 SCA11-3A 型浮子式水位计。

图1.2-1　硇洲站验潮室（摄于2014年4月）

2. 海浪

1959 年 10 月开始观测。测波室位于硇洲岛东部潭北管区的那洞湾东北侧，视野开阔，潜标处水深 5.9 米（图 1.2-2）。

1960 年 9 月前使用网格测波器，1960 年 9 月后使用岸用光学测波仪，2002 年 6 月后使用 SBA3-2 型声学测波仪，2016 年后增加 HAB-2 型岸用光学测波仪。海况和波型为目测。

图1.2-2 砣洲站测波点（摄于2009年8月）

3. 表层海水温度、盐度和海发光

1959 年 10 月开始观测。建站时测点位于砣洲岛北港管区后角村，1967 年迁至砣洲岛东部潭北村东海头，1990 年后位于验潮井东北角，2014 年 4 月迁至新验潮室。测点海域开阔，潮流顺畅。

观测仪器有表层水温表、比重计、氯度滴定管、感应式盐度计、实验室盐度计等，2002 年 6 月后使用 YZY4-1 型温盐传感器，同时使用 SWY1-2 型或 SWL1-1 型表层水温表、SYC2-2 型电极盐度计或 SYA2-2 型实验室盐度计，2011 年 9 月后使用 YZY4-3 型温盐传感器。

海发光为每日天黑后人工目测。

4. 气象要素

1959 年 10 月开始观测。观测场位于砣洲岛宋皇管区招屋村东侧，地势较高，四周农田距离观测场较远（图 1.2-3）。

观测仪器主要有干湿球温度表、最高最低温度表、空盒式气压计、水银气压表、维尔达测风仪、EL 型电接风向风速计、虹吸式雨量计和雨量筒等。2002 年 6 月后使用 YZY5-1 型温湿度传感器，2010 年 8 月后使用 278 型气压传感器、XFY3-1 型风传感器和 SL3-1 型雨量传感器，2012 年后使用 HMP45A 型温湿度传感器，2014 年 7 月后使用 HMP155 型温湿度传感器和 270 型气压传感器。雾和能见度为目测。

图1.2-3 砣洲站气象观测场（摄于2002年12月）

第二章 潮位

第一节 潮汐

1. 潮汐类型

利用硇洲站近19年（2001—2019年）验潮资料分析的调和常数，计算出潮汐系数 $(H_{K_1}+H_{O_1})/H_{M_2}$ 为1.04。按我国潮汐类型分类标准，硇洲附近海域为不正规半日潮，一般每个潮汐日（约24.8小时）有两次高潮和两次低潮，高潮日不等和低潮日不等现象均较明显；月赤纬较大时，有1～2天每日出现一次高潮和一次低潮。

1964—2019年，硇洲站 M_2、K_1 和 O_1 分潮振幅均呈减小趋势，减小速率分别为0.52毫米/年、0.10毫米/年和0.07毫米/年；M_2、K_1 和 O_1 分潮迟角均无明显变化趋势。

2. 潮汐特征值

由1964—2019年资料统计分析得出：硇洲站平均高潮位为311厘米，平均低潮位为129厘米，平均潮差为182厘米；平均高高潮位为350厘米，平均低低潮位为106厘米，平均大的潮差为244厘米。平均涨潮历时6小时44分钟，平均落潮历时5小时52分钟，两者相差52分钟。

累年各月潮汐特征值见表2.1-1。

表2.1-1　累年各月潮汐特征值（1964—2019年）　　　　　　　单位：厘米

月份	平均高潮位	平均低潮位	平均潮差	平均高高潮位	平均低低潮位	平均大的潮差
1	306	130	176	351	103	248
2	306	124	182	344	106	238
3	308	119	189	340	106	234
4	306	119	187	339	100	239
5	305	123	182	345	99	246
6	299	118	181	344	92	252
7	297	115	182	344	89	255
8	304	116	188	346	97	249
9	325	134	191	359	115	244
10	337	152	185	369	128	241
11	326	150	176	364	121	243
12	314	142	172	359	112	247
年	311	129	182	350	106	244

注：潮位值均以验潮零点为基面。1984—1989年停测，下同。

平均高潮位 10 月最高，为 337 厘米，7 月最低，为 297 厘米，年较差为 40 厘米；平均低潮位 10 月最高，为 152 厘米，7 月最低，为 115 厘米，年较差为 37 厘米（图 2.1-1）；平均高高潮位 10 月最高，为 369 厘米，4 月最低，为 339 厘米，年较差为 30 厘米；平均低低潮位 10 月最高，为 128 厘米，7 月最低，为 89 厘米，年较差为 39 厘米。平均潮差 9 月最大，12 月最小，年较差为 19 厘米；平均大的潮差 7 月最大，3 月最小，年较差为 21 厘米（图 2.1-2）。

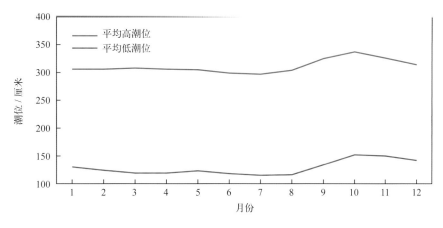

图2.1-1　平均高潮位和平均低潮位年变化

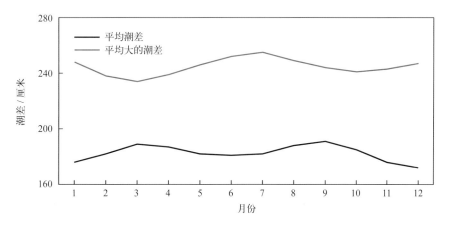

图2.1-2　平均潮差和平均大的潮差年变化

1964—2019 年，砣洲站平均高潮位呈上升趋势，上升速率为 2.50 毫米 / 年。受天文潮长周期变化影响，平均高潮位存在微弱的准 19 年周期变化，振幅为 0.70 厘米。平均高潮位最高值出现在 2012 年，为 325 厘米；最低值出现在 1972 年和 1990 年，均为 304 厘米。砣洲站平均低潮位呈上升趋势，上升速率为 3.58 毫米 / 年。平均低潮位准 19 年周期变化较为明显，振幅为 1.36 厘米。平均低潮位最高值出现在 2012 年，为 146 厘米；最低值出现在 1968 年，为 118 厘米。

1964—2019 年，砣洲站平均潮差呈减小趋势，减小速率为 1.09 毫米 / 年。平均潮差准 19 年周期变化较为明显，振幅为 0.66 厘米。平均潮差最大值出现在 1965 年，为 188 厘米；最小值出现在 2017 年，为 178 厘米（图 2.1-3）。

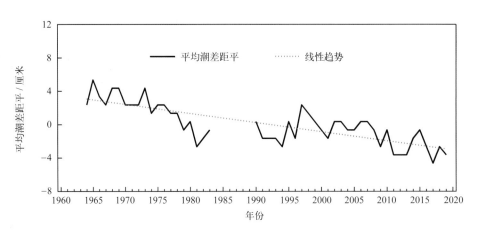

图2.1-3　1964—2019年平均潮差距平变化

第二节　极值潮位

　　硇洲站年最高潮位和年最低潮位的各月发生频率见表2.2-1。年最高潮位出现时间主要集中在7—8月和10—12月，其中10月发生频率最高，为20%；11月次之，为16%。年最低潮位主要出现在1月和6—7月，其中6月和7月发生频率最高，均为30%；1月次之，为24%。

　　1964—2019年，硇洲站年最高潮位呈上升趋势，上升速率为9.87毫米/年。历年的最高潮位均高于433厘米，其中高于530厘米的有6年；历史最高潮位为749厘米，出现在2014年9月16日，正值1415号台风"海鸥"影响期间。硇洲站年最低潮位呈上升趋势，上升速率为4.77毫米/年。历年最低潮位均低于48厘米，其中低于5厘米的有6年；历史最低潮位出现在1974年6月21日，为–2厘米（表2.2-1），《南海区海洋站海洋水文气候志》记载1960年6月11日潮位为–9厘米。

表2.2-1　最高潮位和最低潮位及年极值出现频率（1964—2019年）

	1月	2月	3月	4月	5月	6月	7月	8月	9月	10月	11月	12月
最高潮位值/厘米	461	487	441	438	454	465	555	536	749	564	474	466
年最高潮位出现频率/%	8	2	0	0	4	6	12	14	8	20	16	10
最低潮位值/厘米	2	12	22	24	6	–2	0	2	20	30	29	12
年最低潮位出现频率/%	24	2	2	2	4	30	30	0	0	0	0	6

第三节　增减水

　　受地形和气候特征的影响，硇洲站出现30厘米以上增水的频率明显高于同等强度减水的频率，超过60厘米的增水平均约12天出现一次，而超过60厘米的减水平均约552天出现一次（表2.3-1）。

　　硇洲站100厘米以上的增水主要出现在6—11月，50厘米以上的减水多发生在3月和8—11月，这些大的增减水过程主要与该海域受热带气旋和温带气旋等影响有关（表2.3-2）。

表 2.3-1　不同强度增减水平均出现周期（1964—2019 年）

范围 / 厘米	出现周期 / 天	
	增水	减水
>30	1.23	4.21
>40	3.14	29.21
>50	6.81	104.16
>60	12.29	552.37
>70	19.37	—
>100	61.17	—
>120	116.10	—
>150	284.82	—
>180	520.81	—
>200	701.09	—

"—"表示无数据。

表 2.3-2　各月不同强度增减水出现频率（1964—2019 年）

月份	增水 / %					减水 / %				
	>30 厘米	>50 厘米	>70 厘米	>100 厘米	>150 厘米	>20 厘米	>30 厘米	>40 厘米	>50 厘米	>60 厘米
1	1.12	0.01	0.00	0.00	0.00	3.54	0.35	0.02	0.00	0.00
2	2.27	0.08	0.00	0.00	0.00	2.90	0.21	0.00	0.00	0.00
3	2.30	0.05	0.00	0.00	0.00	5.20	0.76	0.09	0.01	0.00
4	1.71	0.15	0.03	0.00	0.00	5.58	0.34	0.00	0.00	0.00
5	2.70	0.34	0.04	0.00	0.00	2.35	0.15	0.00	0.00	0.00
6	3.49	0.55	0.18	0.04	0.02	1.75	0.12	0.01	0.00	0.00
7	3.22	0.98	0.44	0.19	0.05	3.31	0.28	0.01	0.00	0.00
8	2.70	0.93	0.41	0.15	0.03	8.06	1.44	0.17	0.02	0.01
9	4.91	1.35	0.44	0.13	0.04	8.45	1.83	0.39	0.07	0.00
10	5.75	1.36	0.54	0.13	0.00	5.74	1.27	0.38	0.25	0.06
11	1.85	0.18	0.04	0.02	0.00	7.78	1.64	0.23	0.03	0.00
12	1.22	0.03	0.00	0.00	0.00	6.90	1.31	0.10	0.00	0.00

1964—2019 年，砌洲站年最大增水多出现在 7—10 月，其中 7 月、8 月和 9 月出现频率最高，均为 24%；10 月次之，为 18%。年最大减水多出现在 1 月和 8—11 月，其中 8 月和 9 月出现频率最高，均为 20%；11 月次之，为 16%（表 2.3-3）。

1964—2019 年，砌洲站年最大增水呈增大趋势，增大速率为 1.35 毫米 / 年（线性趋势未通过显著性检验）。历史最大增水出现在 2014 年 9 月 16 日，为 428 厘米；1965 年、1974 年、1991 年、

2003 年和 2011 年最大增水均超过了 210 厘米。硇洲站年最大减水无明显变化趋势。历史最大减水发生在 1972 年 11 月 8 日和 2013 年 8 月 14 日，均为 68 厘米；1964 年和 1981 年最大减水均超过或达到了 65 厘米。

表 2.3-3　最大增水和最大减水及年极值出现频率（1964—2019 年）

	1月	2月	3月	4月	5月	6月	7月	8月	9月	10月	11月	12月
最大增水值 / 厘米	66	74	63	111	88	211	280	237	428	172	156	58
年最大增水出现频率 / %	0	2	0	4	0	2	24	24	24	18	2	0
最大减水值 / 厘米	45	43	55	40	40	55	49	68	65	66	68	51
年最大减水出现频率 / %	10	8	4	0	0	2	2	20	20	12	16	6

第三章　海浪

第一节　海况

砗洲站全年及各月各级海况的频率见图3.1-1。全年海况以0～4级为主，频率为94.64%，其中0～3级海况频率为56.21%。全年5级及以上海况频率为5.36%，最大频率出现在10月，为12.27%。全年7级及以上海况频率为0.14%，最大频率出现在9月，为0.43%，1—3月、5月和12月未出现。

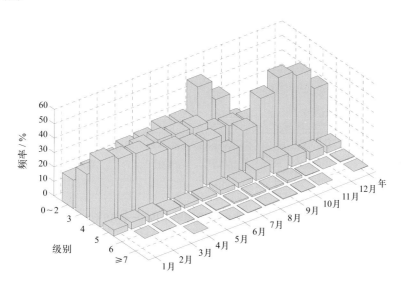

图3.1-1　全年及各月各级海况频率（1960—2019年）

第二节　波型

砗洲站风浪频率和涌浪频率的年变化见表3.2-1。全年以风浪为主，频率为99.96%，涌浪频率为19.62%。各月的风浪频率相差不大，涌浪频率差异较大。涌浪在1月、2月、8月和12月较多，其中2月最多，频率为24.34%；在5—7月较少，其中5月最少，频率为13.98%。

表3.2-1　各月及全年风浪涌浪频率（1960—2019年）

	1月	2月	3月	4月	5月	6月	7月	8月	9月	10月	11月	12月	年
风浪 / %	99.97	99.98	99.93	99.81	99.99	99.97	99.97	99.99	99.94	99.95	99.99	99.97	99.96
涌浪 / %	23.66	24.34	20.40	17.63	13.98	14.68	14.82	23.66	21.70	19.30	18.18	23.77	19.62

注：风浪包含F、FU、F/U和U/F波型；涌浪包含U、FU、F/U和U/F波型。

第三节　波向

1. 各向风浪频率

砗洲站各月及全年各向风浪频率见图3.3-1。1月、11月和12月ENE向风浪居多，NE向次之。2月、3月、9月和10月ENE向风浪居多，E向次之。4月E向风浪居多，ENE向次之。5月SE向风浪居多，E向次之。6月SSE向风浪居多，S向次之。7月SSE向风浪居多，SE向次之。8月SE向风浪居多，SSE向次之。全年ENE向风浪居多，频率为23.69%；E向次之，频率为15.92%；NW向最少，频率为0.35%。

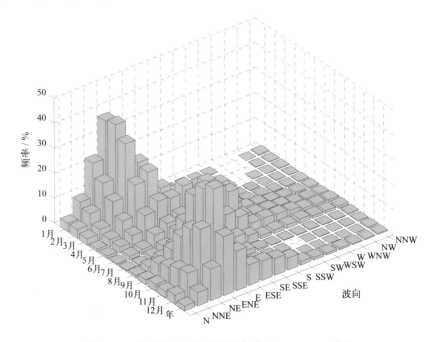

图3.3-1　各月及全年各向风浪频率（1960—2019年）

2. 各向涌浪频率

硇洲站各月及全年各向涌浪频率见图3.3-2。1—5月和9—11月SE向涌浪居多，ESE向次之。6—8月SE向涌浪居多，SSE向次之。12月ESE向涌浪居多，SE向次之。全年SE向涌浪居多，频率为9.98%；ESE向次之，频率为6.78%；WSW—N向最少，频率均为0.01%。

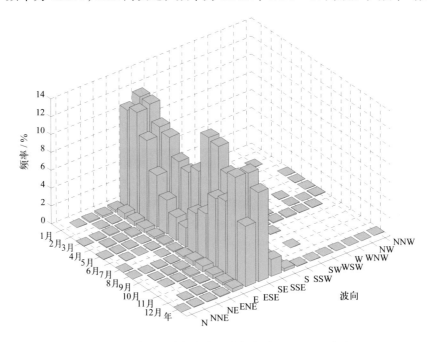

图3.3-2　各月及全年各向涌浪频率（1960—2019年）

第四节　波高

1. 平均波高和最大波高

硇洲站波高的年变化见表3.4-1。月平均波高的年变化不明显，为 0.6 ~ 1.3 米。历年的平均波高为 0.7 ~ 1.3 米。

月最大波高比月平均波高的变化幅度大，极大值出现在 7 月，为 9.8 米，极小值出现在 12 月，为 4.4 米，变幅为 5.4 米。历年的最大波高为 2.5 ~ 9.8 米，大于 8.0 米的有 4 年，其中最大波高的极大值 9.8 米出现在 1965 年 7 月 15 日，正值 6508 号超强台风（Freda）影响期间，波向为 N，对应平均风速为 24 米 / 秒，对应平均周期为 5.4 秒。

表 3.4-1　波高年变化（1960—2019 年）　　　　　　　　　　单位：米

	1月	2月	3月	4月	5月	6月	7月	8月	9月	10月	11月	12月	年
平均波高	1.2	1.1	1.0	0.9	0.8	0.7	0.7	0.6	0.8	1.2	1.3	1.3	1.0
最大波高	5.0	4.6	4.9	5.8	4.6	4.6	9.8	7.1	9.0	7.0	8.1	4.4	9.8

2. 各向平均波高和最大波高

全年及各季代表月各向波高的分布见表3.4-2、图3.4-1和图3.4-2。全年各向平均波高为 0.4 ~ 1.2 米，大值主要分布于 NE 向和 ENE 向，小值主要分布于 WSW—NW 向，其中 WNW 向最小。全年各向最大波高 N 向最大，为 9.8 米；ESE 向次之，为 8.9 米；WNW 向最小，为 3.0 米。

表 3.4-2　全年各向平均波高和最大波高（1960—2019 年）　　　　单位：米

	N	NNE	NE	ENE	E	ESE	SE	SSE	S	SSW	SW	WSW	W	WNW	NW	NNW
平均波高	1.0	1.1	1.2	1.2	1.0	0.9	0.8	0.7	0.7	0.6	0.6	0.5	0.5	0.4	0.5	0.7
最大波高	9.8	8.1	7.0	7.5	7.1	8.9	7.0	6.1	7.3	4.5	8.1	4.3	4.8	3.0	4.6	8.4

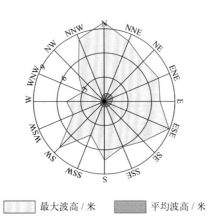

最大波高 / 米　　　平均波高 / 米

图3.4-1　全年各向平均波高和最大波高（1960—2019年）

1 月平均波高 NE 向和 ENE 向最大，均为 1.2 米；SSW 向最小，为 0.1 米。最大波高 NE 向最大，为 4.9 米；ENE 向次之，为 4.2 米；SSW 向和 WSW 向最小，均为 0.2 米。未出现 SW 向和 W—NW 向波高有效样本。

4月平均波高NE向和ENE向最大，均为1.1米；W向最小，为0.3米。最大波高E向最大，为4.2米；ENE向次之，为4.0米；W向最小，为0.7米。

7月平均波高N向最大，为1.7米；WNW向最小，为0.4米。最大波高N向最大，为9.8米；SW向次之，为8.1米；SSW向最小，为2.0米。

10月平均波高NE向、ENE向和SSW向最大，均为1.3米；NW向最小，为0.5米。最大波高ENE向最大，为7.0米；NE向次之，为5.7米；SW向最小，为1.8米。

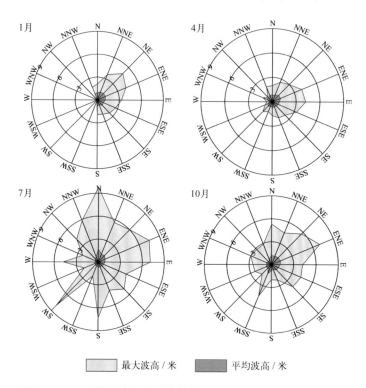

图3.4-2　四季代表月各向平均波高和最大波高（1960—2019年）

第五节　周期

1. 平均周期和最大周期

硇洲站周期的年变化见表3.5-1。月平均周期的年变化不明显，为3.7～4.8秒。月最大周期的年变化幅度较大，极大值出现在10月，为14.5秒，极小值出现在4月，为11.0秒。历年的平均周期为2.5～4.9秒，其中1999年和2005年均为最大，1962年和1965年均为最小。历年的最大周期均不小于5.5秒，不小于13.0秒的有5年，其中最大周期的极大值14.5秒出现在2015年10月4日，波向为ENE。

表3.5-1　周期年变化（1960—2019年）　　　　　　　　　单位：秒

	1月	2月	3月	4月	5月	6月	7月	8月	9月	10月	11月	12月	年
平均周期	4.7	4.5	4.3	4.1	3.8	3.7	3.8	4.0	4.2	4.7	4.7	4.8	4.3
最大周期	12.2	12.2	12.8	11.0	11.1	11.3	13.1	14.1	12.9	14.5	12.9	13.7	14.5

2. 各向平均周期和最大周期

全年及各季代表月各向周期的分布见表3.5-2、图3.5-1和图3.5-2。全年各向平均周期为3.3～4.4秒，NE向和SE向周期值较大。全年各向最大周期ENE向最大，为14.5秒；SE向次之，为13.8秒；N向和NNE向最小，均为9.7秒。

表 3.5-2　全年各向平均周期和最大周期（1960—2019年）　　　　　　　　　　单位：秒

	N	NNE	NE	ENE	E	ESE	SE	SSE	S	SSW	SW	WSW	W	WNW	NW	NNW
平均周期	3.8	4.1	4.4	4.1	3.9	4.1	4.3	3.7	3.5	3.6	3.6	3.3	3.4	3.6	3.8	3.6
最大周期	9.7	9.7	13.7	14.5	12.5	12.5	13.8	12.3	13.0	10.0	9.9	11.3	10.2	11.4	11.7	11.0

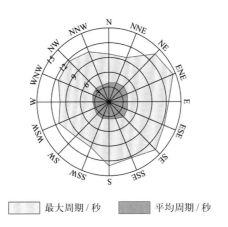

图3.5-1　全年各向平均周期和最大周期（1960—2019年）

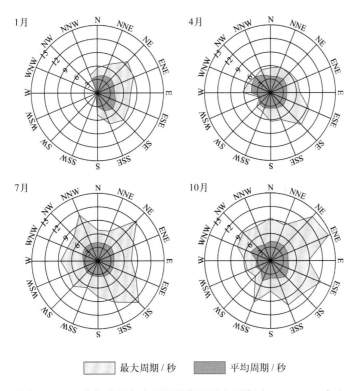

图3.5-2　四季代表月各向平均周期和最大周期（1960—2019年）

  1月平均周期SE向最大，为4.9秒；SSW向最小，为0.7秒。最大周期NE向最大，为9.8秒；ENE向次之，为8.9秒。未出现SW向和W—NW向周期有效样本。

  4月平均周期NW向最大，为4.9秒；WSW向最小，为2.5秒。最大周期SE向最大，为10.0秒；ESE向次之，为9.6秒；WSW向最小，为2.7秒。

  7月平均周期NE向最大，为4.3秒；W向最小，为3.3秒。最大周期SE向最大，为13.1秒；NE向次之，为12.5秒；SSW向最小，为6.4秒。

  10月平均周期SE向最大，为5.0秒；SW向最小，为3.1秒。最大周期ENE向最大，为14.5秒；NE向次之，为13.7秒；SW向最小，为4.9秒。

第四章　表层海水温度、盐度和海发光

第一节　表层海水温度

1. 平均水温、最高水温和最低水温

砗洲站月平均水温的年变化具有峰谷明显的特点，7月和8月最高，均为29.3℃，1月和2月最低，均为17.7℃，年较差为11.6℃。3—7月为升温期，9月至翌年1月为降温期。月最高水温和月最低水温的年变化特征与月平均水温相似（图4.1-1）。

历年的平均水温为23.5～25.5℃，其中2015年最高，1976年、1984年和1985年均为最低。累年平均水温为24.4℃。

历年的最高水温均不低于30.5℃，其中大于32.0℃的有18年，大于32.5℃的有8年，出现时间为5—9月，其中8月最多，占统计年份的41%。水温极大值为34.3℃，出现在1963年7月17日。

历年的最低水温均不高于17.3℃，其中小于14.0℃的有14年，小于13.0℃的有6年，出现时间为12月至翌年3月，其中2月最多，占统计年份的44%。水温极小值为11.9℃，出现在1967年1月12日。

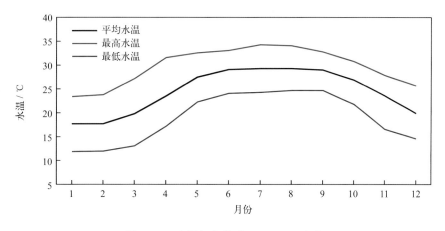

图4.1-1　水温年变化（1960—2019年）

2. 日平均水温稳定通过界限温度的日期

采用五日滑动平均方法求出稳定通过各个界限温度的日期，见表4.1-1。日平均水温全年均稳定通过15℃，稳定通过20℃的有272天，稳定通过25℃的初日为4月25日，终日为11月3日，共193天。

表 4.1-1　日平均水温稳定通过界限温度的日期（1960—2019 年）

	15℃	20℃	25℃
初日	1月1日	3月18日	4月25日
终日	12月31日	12月14日	11月3日
天数	365	272	193

3. 长期趋势变化

1960—2019 年，年平均水温和年最低水温均呈波动上升趋势，上升速率分别为 0.18℃ /（10 年）和 0.36℃ /（10 年），年最高水温呈波动下降趋势，下降速率为 0.19℃ /（10 年），其中 1963 年和 1964 年最高水温分别为 1960 年以来的第一高值和第二高值，1967 年和 1964 年最低水温分别为 1960 年以来的第一低值和第二低值。

十年平均水温变化显示，2010—2019 年平均水温最高，1970—1979 年平均水温最低，1990—1999 年平均水温较上一个十年升幅最大，升幅为 0.5℃（图 4.1-2）。

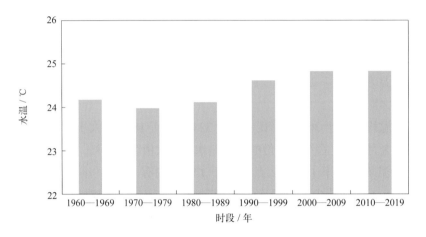

图4.1-2　十年平均水温变化

第二节　表层海水盐度

1. 平均盐度、最高盐度和最低盐度

硇洲站月平均盐度的年变化具有双峰双谷的特点，最高值出现在 7 月，为 30.71，最低值出现在 10 月，为 27.76，年较差为 2.95。月最高盐度 7 月最大，11 月最小。月最低盐度 12 月最大，1 月最小（图 4.2-1）。

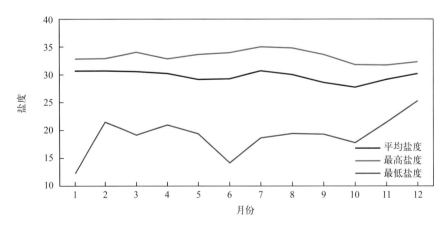

图4.2-1　盐度年变化（1960—2019年）

历年（2005 年数据有缺测）的平均盐度为 27.11 ~ 31.50，其中 1963 年最高，2013 年最低。累年平均盐度为 29.76。

历年的最高盐度均大于 30.70，其中大于 33.50 的有 18 年，大于 34.00 的有 4 年。年最高盐度多出现在 6—8 月，占统计年份的 82%。盐度极大值为 35.01，出现在 2002 年 7 月 23 日。

历年的最低盐度均小于 28.00，其中小于 22.00 的有 17 年，小于 19.00 的有 5 年。年最低盐度多出现在 5—10 月，8 月最多，占统计年份的 21%。盐度极小值为 12.25，出现在 1977 年 1 月 5 日，1 月 4 日降水量为 39.6 毫米。《南海区海洋站海洋水文气候志》记载，最低盐度为 10.72，出现在 1963 年 7 月 22 日 20 时，受 6307 号台风暴雨影响。

2. 长期趋势变化

1960—2019 年，年平均盐度和年最高盐度均呈波动下降趋势，下降速率分别为 0.27/（10 年）和 0.26/（10 年），年最低盐度无明显变化趋势。2002 年和 1993 年最高盐度分别为 1960 年以来的第一高值和第二高值；1977 年和 2002 年最低盐度分别为 1960 年以来的第一低值和第二低值。

十年平均盐度变化显示，1960—1969 年平均盐度最高，2010—2019 年平均盐度最低，2010—2019 年平均盐度较上一个十年降幅最大，降幅为 0.77（图 4.2-2）。

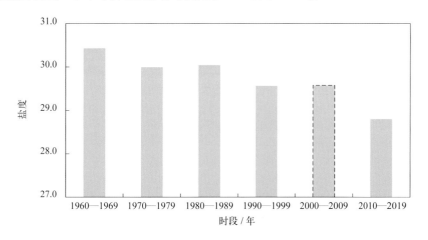

图4.2-2　十年平均盐度变化（数据不足十年加虚线框表示，下同）

第三节　海发光

1960—2019 年，硇洲站观测到的海发光主要为火花型（H），其次是闪光型（S），弥漫型（M）观测到 1 次。海发光以 1 级海发光为主，占海发光次数的 84.2%；2 级海发光次之，占 13.5%；3 级海发光占 2.3%；4 级和 0 级海发光均观测到 1 次。

各月及全年海发光频率见表 4.3-1 和图 4.3-1。海发光频率 1—4 月较高，2 月最高，5—7 月较低，7 月最低。累年平均海发光频率为 26.3%。

历年海发光频率均不高于 96.2%，其中 1963 年海发光频率最大，2013 年、2015 年和 2018 年未观测到海发光。

表 4.3-1　各月及全年海发光频率（1960—2019 年）

	1月	2月	3月	4月	5月	6月	7月	8月	9月	10月	11月	12月	年
频率/%	35.2	40.8	38.2	39.3	18.9	13.4	10.0	21.7	30.1	22.0	22.4	23.4	26.3

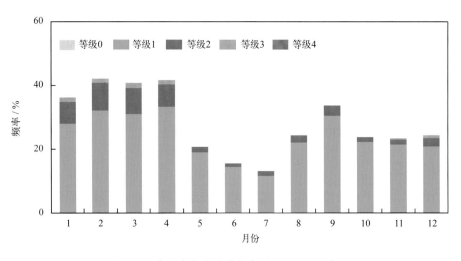

图4.3-1 各月各级海发光频率（1960—2019年）

第五章　海洋气象

第一节　气温

1. 平均气温、最高气温和最低气温

1960—2019年，硇洲站累年平均气温为23.7℃。月平均气温7月最高，为28.9℃，1月最低，为16.5℃，年较差为12.4℃。月最高气温和月最低气温的年变化特征与月平均气温相似，月最高气温极大值出现在8月，月最低气温极小值出现在1月（表5.1-1，图5.1-1）。

表5.1-1　气温年变化（1960—2019年）　　　　　　　　　　单位：℃

	1月	2月	3月	4月	5月	6月	7月	8月	9月	10月	11月	12月	年
平均气温	16.5	17.0	19.6	23.4	27.1	28.6	28.9	28.6	27.8	25.7	22.3	18.4	23.7
最高气温	28.3	31.0	31.6	34.8	36.8	37.1	37.6	37.8	36.3	35.5	33.2	32.6	37.8
最低气温	4.4	5.1	6.0	9.3	16.3	17.2	19.1	19.7	18.0	15.2	8.3	4.5	4.4

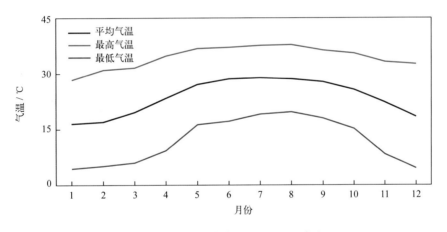

图5.1-1　气温年变化（1960—2019年）

历年的平均气温为22.8 ~ 25.2℃，其中2019年最高，1976年和1984年均为最低。

历年的最高气温均高于33.5℃，其中高于36.0℃的有20年，高于37.0℃的有3年。最早出现时间为5月7日（2001年），最晚出现时间为9月1日（1986年）。7月最高气温出现频率最高，占统计年份的39%，6月次之，占26%（图5.1-2）。极大值为37.8℃，出现在2015年8月24日。

历年的最低气温均低于10.5℃，其中低于6.0℃的有8年。最早出现时间为12月8日（1987年），最晚出现时间为3月4日（1988年）。1月最低气温出现频率最高，占统计年份的44%，12月次之，占27%（图5.1-2）。极小值为4.4℃，出现在2016年1月25日。

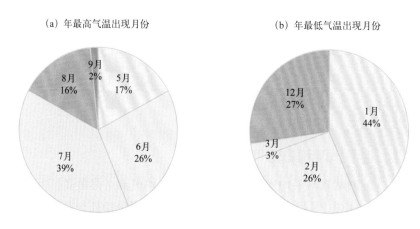

（a）年最高气温出现月份　　　　　　　（b）年最低气温出现月份

图5.1-2　年最高、最低气温出现月份及频率（1960—2019年）

2. 长期趋势变化

1960—2019年，年平均气温呈波动上升趋势，上升速率为0.18℃/（10年）；年最高气温无明显变化趋势；年最低气温呈波动上升趋势，上升速率为0.18℃/（10年）（线性趋势未通过显著性检验）。

十年平均气温变化显示，2010—2019年平均气温最高，为24.4℃，1970—1979年平均气温最低，为23.3℃，2010—2019年平均气温比上一个十年升幅最大，升幅为0.7℃，2010—2019年平均气温比1960—1969年上升0.9℃（图5.1-3）。

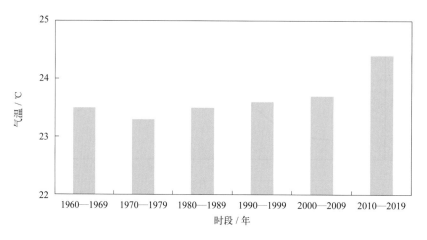

图5.1-3　十年平均气温变化

3. 常年自然天气季节和大陆度

利用硇洲站1965—2019年气温累年日平均数据计算五日滑动平均气温，根据《气候季节划分》（QX/T 152—2012）中的气候季节划分指标和本志季节起止日确定方法，硇洲站平均春季时间从2月5日至4月8日，共63天；平均夏季时间从4月9日至11月19日，共225天；平均秋季时间从11月20日至翌年2月4日，共77天。夏季时间最长，全年无冬季（图5.1-4）。

硇洲站焦金斯基大陆度指数为27.1%，属海洋性季风气候。

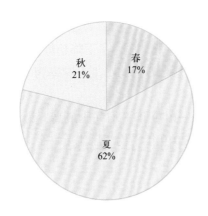

图5.1-4　各季平均日数百分率（1965—2019年）

第二节　气压

1. 平均气压、最高气压和最低气压

1965—2019年，砂洲站累年平均气压为1 009.7百帕。月平均气压12月最高，为1 017.3百帕，7月最低，为1 002.3百帕，年较差为15.0百帕。月最高气压1月最大，7月最小。月最低气压12月最大，7月最小（表5.2-1，图5.2-1）。

历年的平均气压为1 008.4 ~ 1 010.9百帕，其中1977年最高，2009年最低。

历年的最高气压均高于1 024.5百帕，其中高于1 028.0百帕的有20年，高于1 030.0百帕的有5年。极大值为1 035.2百帕，出现在2016年1月24日。

历年的最低气压均低于998.0百帕，其中低于980.0百帕的有14年，低于975.0百帕的有5年。极小值为965.9百帕，出现在2001年7月2日，正值0103号台风"榴莲"影响期间。

表5.2-1　气压年变化（1965—2019年）　　　　　　　　　　　　单位：百帕

	1月	2月	3月	4月	5月	6月	7月	8月	9月	10月	11月	12月	年
平均气压	1 017.0	1 015.1	1 012.3	1 009.2	1 005.7	1 002.7	1 002.3	1 002.4	1 006.2	1 011.2	1 014.8	1 017.3	1 009.7
最高气压	1 035.2	1 028.9	1 031.8	1 025.8	1 016.5	1 011.8	1 011.4	1 012.2	1 017.1	1 026.3	1 028.9	1 031.6	1 035.2
最低气压	1 000.2	999.8	996.4	996.5	993.9	977.3	965.9	969.6	970.2	970.6	983.1	1 002.3	965.9

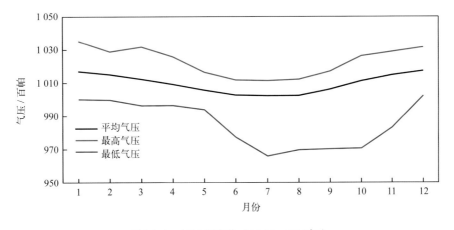

图5.2-1　气压年变化（1965—2019年）

2. 长期趋势变化

1965—2019 年，年平均气压和年最低气压均呈下降趋势，下降速率分别为 0.11 百帕 /（10 年）和 1.28 百帕 /（10 年），年最高气压呈上升趋势，上升速率为 0.21 百帕 /（10 年）（线性趋势未通过显著性检验）。

十年平均气压变化显示，1970—1979 年平均气压最高，为 1 010.0 百帕，2000—2009 年平均气压最低，为 1 009.2 百帕，2010—2019 年平均气压比上一个十年上升 0.4 百帕（图 5.2-2）。

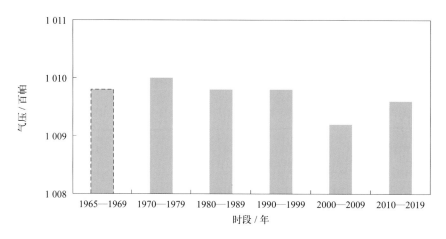

图5.2-2　十年平均气压变化

第三节　相对湿度

1. 平均相对湿度和最小相对湿度

1960—2019 年，硇洲站累年平均相对湿度为 84.4%。月平均相对湿度 3 月最大，为 90.7%，11 月最小，为 77.7%。平均月最小相对湿度 4 月最大，为 57.6%，12 月最小，为 37.8%。最小相对湿度的极小值为 16%，出现在 2013 年 12 月 30 日（表 5.3-1，图 5.3-1）。

表 5.3-1　相对湿度年变化（1960—2019 年）

	1月	2月	3月	4月	5月	6月	7月	8月	9月	10月	11月	12月	年
平均相对湿度 /%	83.7	88.4	90.7	90.3	86.7	85.5	84.6	85.2	82.5	78.8	77.7	78.4	84.4
平均最小相对湿度 /%	42.1	49.8	53.0	57.6	54.0	54.7	54.2	54.0	50.3	44.4	41.1	37.8	49.4
最小相对湿度 /%	17	23	27	31	31	31	39	36	31	26	24	16	16

注：平均最小相对湿度为各月最小相对湿度的累年平均值及其年平均值。

2. 长期趋势变化

1960—2019 年，年平均相对湿度为 80.3% ~ 88.8%，其中 2015 年最大，2011 年最小。年平均相对湿度无明显变化趋势。

十年平均相对湿度变化显示，1980—1989 年平均相对湿度最大，为 85.2%，2000—2009 年平均相对湿度最小，为 83.3%，2010—2019 年平均相对湿度比上一个十年上升 1.2%（图 5.3-2）。

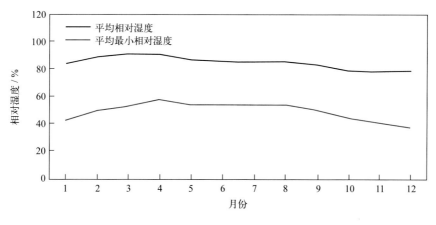

图5.3-1　相对湿度年变化（1960—2019年）

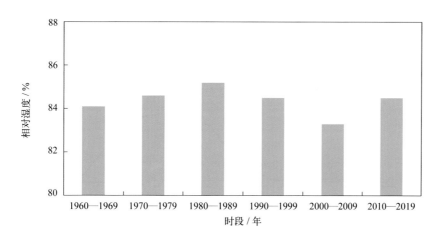

图5.3-2　十年平均相对湿度变化

3. 温湿指数

根据《人居环境气候舒适度评价》（GB/T 27963—2011）的温湿指数统计方法和气候舒适度等级划分方法，统计砠洲站各月温湿指数，结果显示：1月和2月温湿指数分别为16.3和16.8，感觉为冷；3—4月和10—12月温湿指数为18.0 ~ 24.4，感觉为舒适；5—6月和8—9月温湿指数为26.2 ~ 27.4，感觉为热；7月温湿指数为27.6，感觉为闷热（表5.3-2）。

表5.3-2　温湿指数年变化（1960—2019年）

	1月	2月	3月	4月	5月	6月	7月	8月	9月	10月	11月	12月
温湿指数	16.3	16.8	19.3	22.9	26.2	27.4	27.6	27.4	26.5	24.4	21.3	18.0
感觉程度	冷	冷	舒适	舒适	热	热	闷热	热	热	舒适	舒适	舒适

第四节　风

1. 平均风速和最大风速

砠洲站风速的年变化见表5.4-1和图5.4-1。累年平均风速为3.9米/秒，月平均风速10月和 11 月最大，均为 4.3 米 / 秒，8 月最小，为 3.2 米 / 秒。平均最大风速 8 月最大，为 14.5 米 / 秒，12 月最小，为 9.9 米 / 秒。极大风速的最大值为 35.7 米 / 秒，出现在 2014 年 9 月 16 日，正值 1415 号台风"海鸥"影响期间，对应风向为 NNE。

表 5.4-1　风速年变化（1960—2019 年）　　　　　　　　　　　　单位：米 / 秒

		1月	2月	3月	4月	5月	6月	7月	8月	9月	10月	11月	12月	年
平均风速		3.9	4.0	4.0	3.9	3.7	3.6	3.7	3.2	3.7	4.3	4.3	4.1	3.9
最大风速	平均值	10.1	10.2	10.6	10.5	10.5	11.6	13.8	14.5	14.4	13.1	10.8	9.9	11.7
	最大值	16.0	16.7	19.7	19.7	20.0	30.0	38.7	31.0	32.0	47.0	31.0	14.0	47.0
	最大值对应风向	NE/NW	S	NE	E	SSE	SSW	ENE	ESE	E	W	NW	NE/ENE	W
极大风速	最大值	15.5	16.0	19.3	28.5	20.2	21.7	34.3	28.2	35.7	25.6	19.6	18.9	35.7
	最大值对应风向	E	E	NNE	NE	SSW	W	W	SE	NNE	N	NNW	NE	NNE

注：2002年和2015年数据有缺测。极大风速的统计时间为2002—2019年。

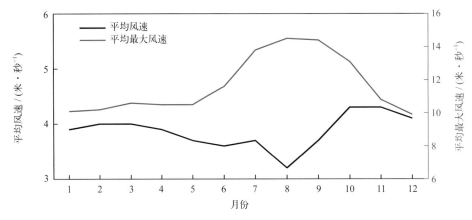

图5.4-1　平均风速和平均最大风速年变化（1960—2019年）

历年的平均风速为 2.6 ~ 5.7 米 / 秒，其中 1963 年和 1971 年均为最大，2012 年最小。历年的最大风速均大于等于 10.0 米 / 秒，其中大于等于 28.0 米 / 秒的有 11 年，大于等于 32.0 米 / 秒的有 3 年。最大风速的最大值为 47.0 米 / 秒，出现在 2015 年 10 月 4 日，正值 1522 号强台风"彩虹"影响期间，风向为 W。年最大风速出现在 8 月的频率最高，12 月未出现（图 5.4-2）。

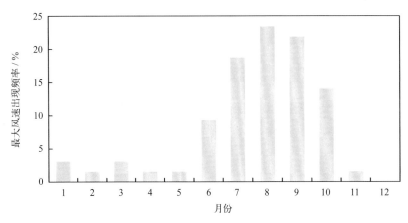

图5.4-2　年最大风速出现频率（1960—2019年）

2. 各向风频率

全年 ENE 向风最多，频率为 16.3%，E 向次之，频率为 15.5%，WNW 向最少，频率为 1.2%（图 5.4-3）。

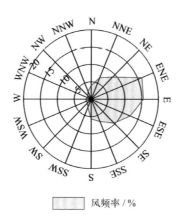

风频率 / %

图5.4-3　全年各向风频率（1965—2019年）

1 月盛行风向为 N—ESE，频率和为 88.4%；4 月盛行风向为 NE—SSE，频率和为 80.5%；7 月盛行风向为 E—S，频率和为 67.7%；10 月盛行风向为 NNE—SE，频率和为 81.2%（图 5.4-4）。

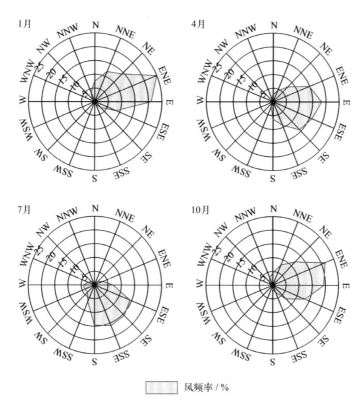

风频率 / %

图5.4-4　四季代表月各向风频率（1965—2019年）

3. 各向平均风速和最大风速

全年各向平均风速 ENE 向最大，为 4.1 米 / 秒，E 向次之，为 3.7 米 / 秒，WNW 向最小，为1.4米／秒（图5.4-5）。1月、4月和10月平均风速均为ENE向最大，分别为4.1米／秒、4.1米／秒和4.7米／秒；7月平均风速ENE向、ESE向和SE向最大，均为3.8米／秒（图5.4-6）。

全年各向最大风速W向最大，为47.0米／秒，ENE向次之，为38.7米／秒，NNW向最小，为19.3米／秒（图5.4-5）。1月NW向最大风速最大，为16.0米／秒；4月E向最大，为19.7米／秒；7月ENE向最大，为38.7米／秒；10月W向最大，为47.0米／秒（图5.4-6）。

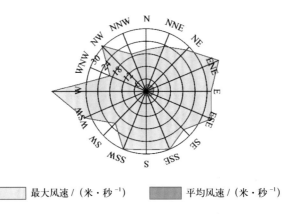

图5.4-5　全年各向平均风速和最大风速（1965—2019年）

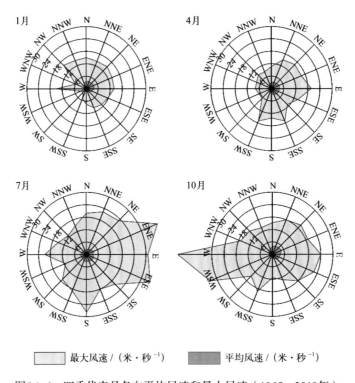

图5.4-6　四季代表月各向平均风速和最大风速（1965—2019年）

4. 大风日数

风力大于等于6级的大风日数9月最多，为2.2天，占全年的16.3%，10月次之，为1.8天（表5.4-2，图5.4-7）。平均年大风日数为13.5天（表5.4-2）。历年大风日数1995年最多，为58天，1999年未出现。

风力大于等于 8 级的大风日数 7 月、8 月和 9 月最多，均为 0.3 天，3 月、4 月和 5 月均出现 1 天，1 月、2 月和 12 月未出现。历年大风日数 1995 年最多，为 7 天，有 19 年未出现。

风力大于等于 6 级的月大风日数最多为 13 天，出现在 1998 年 1 月；最长连续大于等于 6 级大风日数为 7 天，出现在 1998 年 1 月 13—19 日（表 5.4-2）。

表 5.4-2　各级大风日数年变化（1960—2019 年）　　　　　　　　单位：天

	1月	2月	3月	4月	5月	6月	7月	8月	9月	10月	11月	12月	年
大于等于 6 级大风平均日数	0.7	0.8	1.0	0.7	0.9	1.0	1.5	1.6	2.2	1.8	0.9	0.4	13.5
大于等于 7 级大风平均日数	0.1	0.1	0.1	0.2	0.1	0.3	0.7	0.7	0.7	0.6	0.1	0.0	3.7
大于等于 8 级大风平均日数	0.0	0.0	0.0	0.0	0.0	0.2	0.3	0.3	0.3	0.2	0.1	0.0	1.4
大于等于 6 级大风最多日数	13	9	6	8	7	7	7	8	10	10	6	6	58
最长连续大于等于 6 级大风日数	7	3	3	3	4	5	3	3	4	4	3	3	7

注：大于等于6级大风统计时间为1960—2019年，大于等于7级和大于等于8级大风统计时间为1965—2019年。

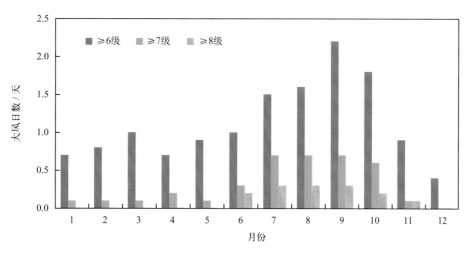

图5.4-7　各级大风日数年变化

第五节　降水

1. 降水量和降水日数

（1）降水量

砣矶站降水量的年变化见表 5.5-1 和图 5.5-1。平均年降水量为 1 301.9 毫米，6—8 月为 546.1 毫米，占全年降水量的 41.9%，3—5 月为 284.2 毫米，占全年的 21.8%，9—11 月为 394.1 毫米，占全年的 30.3%，12 月至翌年 2 月为 77.5 毫米，占全年的 6.0%。8 月平均降水量最多，为 216.6 毫米，占全年的 16.6%。

历年年降水量为 640.7 ~ 2 020.7 毫米，其中 1985 年最多，1987 年最少。

最大日降水量超过 100 毫米的有 47 年，超过 150 毫米的有 16 年，超过 200 毫米的有 4 年。最大日降水量为 320.9 毫米，出现在 2015 年 10 月 4 日。

表 5.5-1　降水量年变化（1960—2019 年）　　　　　　　　　　单位：毫米

	1月	2月	3月	4月	5月	6月	7月	8月	9月	10月	11月	12月	年
平均降水量	21.8	30.6	46.4	105.5	132.3	174.3	155.2	216.6	211.8	129.6	52.7	25.1	1 301.9
最大日降水量	66.1	68.0	109.1	129.8	140.2	199.4	286.2	182.2	167.0	320.9	263.2	101.1	320.9

（2）降水日数

平均年降水日数为 120.8 天。平均月降水日数 8 月最多，为 13.8 天，12 月最少，为 5.4 天（图 5.5-2 和图 5.5-3）。日降水量大于等于 10 毫米的平均年日数为 32.8 天，各月均有出现；日降水量大于等于 50 毫米的平均年日数为 6.0 天，各月均有出现；日降水量大于等于 100 毫米的平均年日数为 1.4 天，出现在 3—12 月；日降水量大于等于 150 毫米的平均年日数为 0.33 天，出现在 6—11 月；日降水量大于等于 200 毫米的平均年日数为 0.08 天，出现在 7 月、10 月和 11 月（图 5.5-3）。

最多年降水日数为 159 天，出现在 1972 年；最少年降水日数为 78 天，出现在 1991 年。最长连续降水日数为 18 天，出现在 1990 年 2 月 17 日至 3 月 6 日；最长连续无降水日数为 59 天，出现在 1983 年 10 月 31 日至 12 月 28 日。

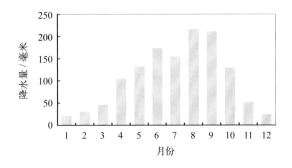

图5.5-1　降水量年变化（1960—2019年）

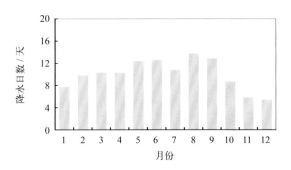

图5.5-2　降水日数年变化（1965—2019年）

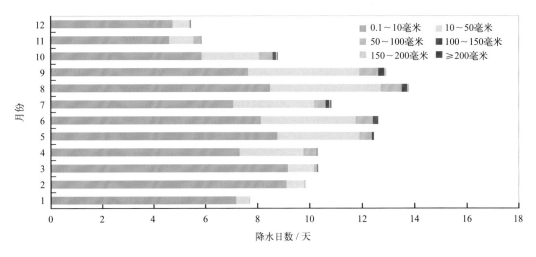

图5.5-3　各月各级平均降水日数分布（1960—2019年）

2. 长期趋势变化

1960—2019 年，年降水量呈上升趋势，上升速率为 21.31 毫米 /（10 年）（线性趋势未通过显著性检验）。十年平均年降水量变化显示，1970—1979 年平均年降水量最大，为 1 487.9 毫米，1960—1969 年平均年降水量最小，为 1 098.0 毫米，2010—2019 年平均年降水量比上一个十年增加 179.0 毫米（图 5.5-4）。年最大日降水量呈下降趋势，下降速率为 1.86 毫米 /（10 年）（线性趋势未通过显著性检验）。

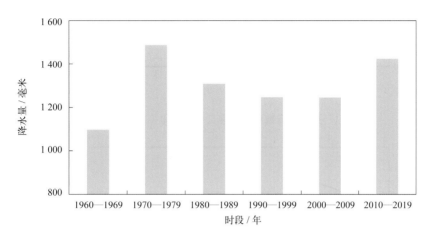

图5.5-4 十年平均年降水量变化

1965—2019 年，年降水日数总体呈减少趋势，减少速率为 2.24 天 /（10 年）（线性趋势未通过显著性检验）；最长连续降水日数和最长连续无降水日数均无明显变化趋势。

第六节 雾及其他天气现象

1. 雾

砠洲站雾日数的年变化见表 5.6-1、图 5.6-1 和图 5.6-2。1965—2019 年，平均年雾日数为 31.3 天。平均月雾日数 3 月最多，为 10.7 天，7 月和 8 月均出现 1 天，6 月和 9—10 月未出现；月雾日数最多为 19 天，出现在 1978 年 3 月和 1998 年 3 月；最长连续雾日数为 12 天，出现在 1969 年 3 月 18—29 日。

表 5.6-1 雾日数年变化（1965—2019 年） 单位：天

	1月	2月	3月	4月	5月	6月	7月	8月	9月	10月	11月	12月	年
平均雾日数	4.8	7.7	10.7	5.9	0.5	0.0	0.0	0.0	0.0	0.0	0.2	1.5	31.3
最多雾日数	17	16	19	14	6	0	1	1	0	0	4	6	58
最长连续雾日数	10	11	12	10	4	0	1	1	0	0	2	4	12

1965—2019 年，年雾日数总体无明显变化趋势。2005 年雾日数最多，为 58 天，2019 年最少，为 7 天。

十年平均年雾日数变化显示，1990—1999 年平均年雾日数最多，为 34.5 天，2010—2019 年平均年雾日数最少，为 27.9 天，比 1990—1999 年少 6.6 天（图 5.6-3）。

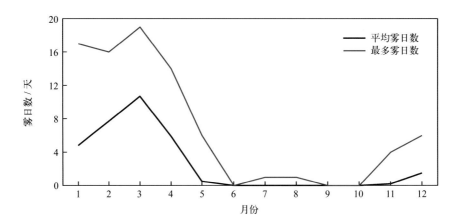

图5.6-1　平均雾日数和最多雾日数年变化（1965—2019年）

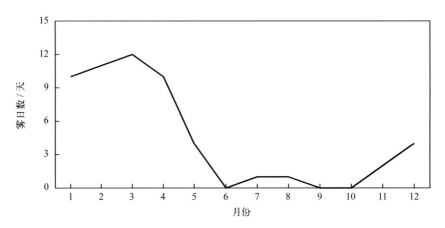

图5.6-2　最长连续雾日数年变化（1965—2019年）

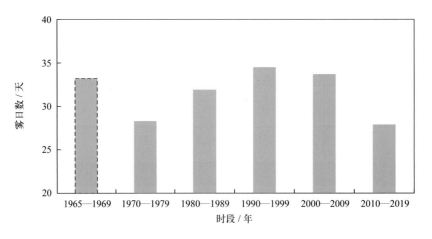

图5.6-3　十年平均雾日数变化

2. 轻雾

　　硇洲站轻雾日数的年变化见表 5.6-2 和图 5.6-4。1965—1995 年，平均年轻雾日数为 91.3 天。平均月轻雾日数 3 月最多，为 20.0 天，7 月未出现。最多月轻雾日数为 30 天，出现在 1984 年 1 月。

1965—1994 年，年轻雾日数呈上升趋势，上升速率为 39.09 天 /（10 年）。1984 年轻雾日数最多，为 152 天，1967 年最少，为 35 天（图 5.6-5）。

表 5.6-2　轻雾日数年变化（1965—1995 年）　　　　　　　　　　　　单位：天

	1月	2月	3月	4月	5月	6月	7月	8月	9月	10月	11月	12月	年
平均轻雾日数	15.6	16.0	20.0	14.0	2.0	0.2	0.0	0.6	1.3	3.1	5.6	12.9	91.3
最多轻雾日数	30	27	29	28	8	2	0	4	6	13	17	29	152

注：1995年7月停测。

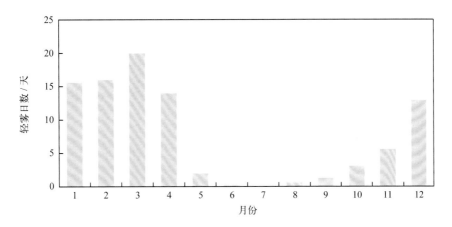

图5.6-4　轻雾日数年变化（1965—1995年）

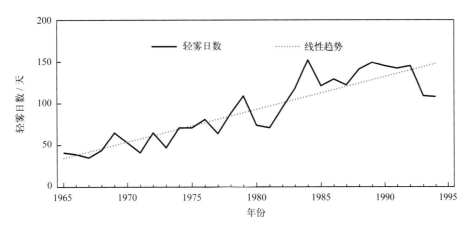

图5.6-5　1965—1994年轻雾日数变化

3. 雷暴

雷暴日数的年变化见表 5.6-3 和图 5.6-6。1960—1995 年，平均年雷暴日数为 84.2 天。雷暴主要出现在 4—9 月，其中 5 月最多，为 16.0 天，12 月未出现。雷暴最早初日为 1 月 5 日（1992 年），最晚终日为 11 月 28 日（1982 年）。月雷暴日数最多为 29 天，出现在 1975 年 5 月。

1960—1994 年，年雷暴日数呈下降趋势，下降速率为 8.98 天 /（10 年）。1970 年和 1975 年雷暴日数最多，均为 114 天，1989 年和 1994 年最少，均为 58 天（图 5.6-7）。

表5.6-3 雷暴日数年变化（1960—1995年） 单位：天

	1月	2月	3月	4月	5月	6月	7月	8月	9月	10月	11月	12月	年
平均雷暴日数	0.1	1.1	2.2	8.0	16.0	14.9	13.5	15.3	9.7	2.7	0.7	0.0	84.2
最多雷暴日数	2	10	9	19	29	24	26	27	18	9	9	0	114

注：1995年7月停测。

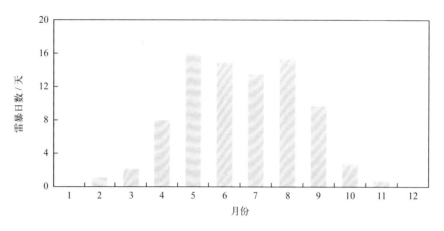

图5.6-6 雷暴日数年变化（1960—1995年）

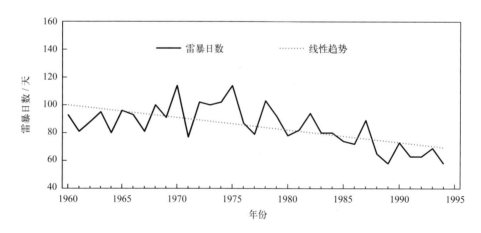

图5.6-7 1960—1994年雷暴日数变化

第七节 能见度

1965—2019年，硇洲站累年平均能见度为24.8千米。7月平均能见度最大，为39.0千米，3月最小，为13.0千米。能见度小于1千米的平均年日数为25.2天，3月最多，为8.4天，6月、9月和11月最少，均为0.1天（表5.7-1，图5.7-1和图5.7-2）。

表5.7-1 能见度年变化（1965—2019年）

	1月	2月	3月	4月	5月	6月	7月	8月	9月	10月	11月	12月	年
平均能见度/千米	15.0	13.5	13.0	19.0	32.4	37.0	39.0	34.1	29.4	24.4	22.9	18.1	24.8
能见度小于1千米平均日数/天	3.7	6.1	8.4	4.5	0.5	0.1	0.2	0.2	0.1	0.2	0.1	1.1	25.2

注：1979—1981年停测。

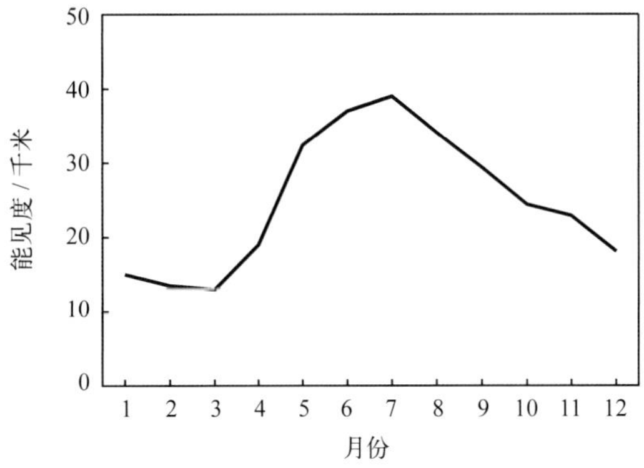

图5.7-1　能见度年变化

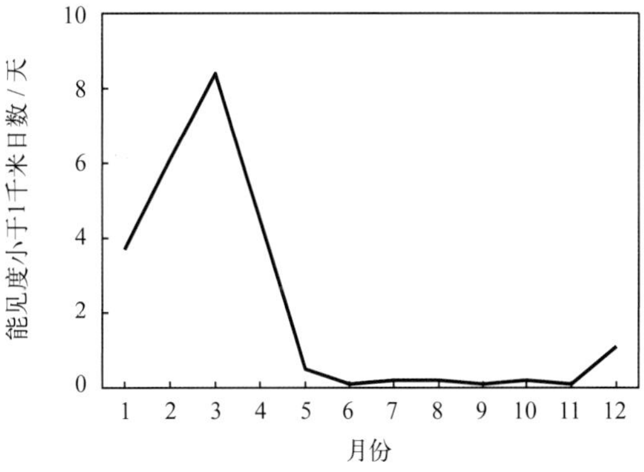

图5.7-2　能见度小于1千米日数年变化

历年平均能见度为 18.6 ~ 31.9 千米，1965 年最高，2007 年最低。能见度小于 1 千米的日数 2005 年最多，为 48 天，1973 年和 2019 年最少，均为 6 天（图 5.7-3）。

1982—2019 年，年平均能见度总体呈下降趋势，下降速率为 0.68 千米 /（10 年）（线性趋势未通过显著性检验）。

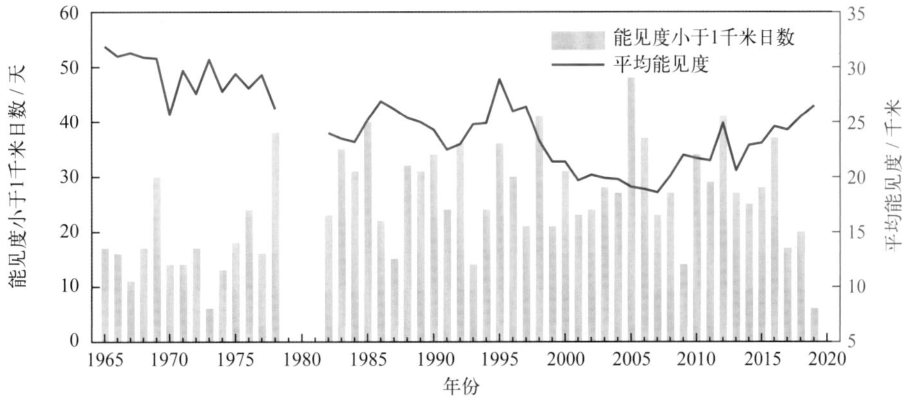

图5.7-3　能见度小于1千米年日数和平均能见度变化

第八节　云

1965—1995 年，硇洲站累年平均总云量为 7.2 成，6 月平均总云量最多，为 8.4 成，11 月最少，为 5.6 成；累年平均低云量为 5.3 成，3 月平均低云量最多，为 7.6 成，7 月最少，为 3.9 成（表 5.8-1，图 5.8-1）。

表 5.8-1　总云量和低云量年变化（1965—1995 年）

	1月	2月	3月	4月	5月	6月	7月	8月	9月	10月	11月	12月	年
平均总云量 / 成	6.9	8.0	8.1	7.7	7.9	8.4	7.6	7.8	6.7	6.1	5.6	6.0	7.2
平均低云量 / 成	6.2	7.5	7.6	6.2	5.1	4.9	3.9	4.5	4.3	4.3	4.0	4.9	5.3

注：1995年7月停测。

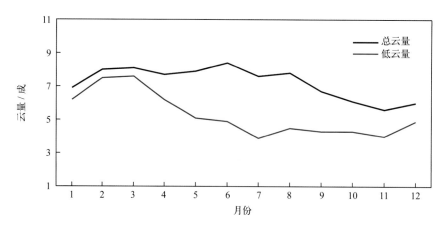

图5.8-1　总云量和低云量年变化（1965—1995年）

1965—1994 年，年平均总云量呈减少趋势，减少速率为 0.28 成 /（10 年），1970 年最多，为 8.3 成，1965 年最少，为 5.7 成（图 5.8-2）；年平均低云量呈增加趋势，增加速率为 0.16 成 /（10 年）（线性趋势未通过显著性检验），1970 年最多，为 6.0 成，1965 年最少，为 3.8 成（图 5.8-3）。

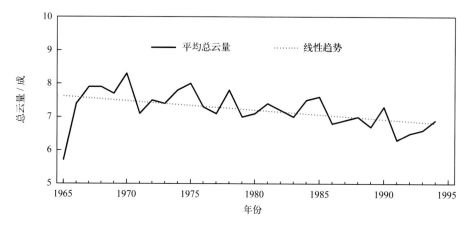

图5.8-2　1965—1994年平均总云量变化

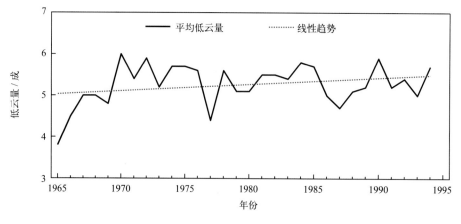

图5.8-3　1965—1994年平均低云量变化

第九节 蒸发量

1960—1978年，砌洲站平均年蒸发量为1 777.4毫米。7月蒸发量最大，为199.7毫米，10月次之，为194.3毫米，2月蒸发量最小，为78.5毫米（表5.9-1，图5.9-1）。

表5.9-1 蒸发量年变化（1960—1978年）　　　　　　　　　单位：毫米

	1月	2月	3月	4月	5月	6月	7月	8月	9月	10月	11月	12月	年
平均蒸发量	100.2	78.5	89.0	121.8	179.1	170.8	199.7	182.6	186.6	194.3	153.2	121.6	1 777.4

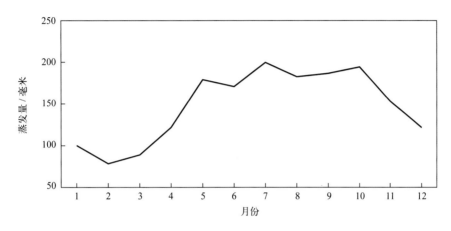

图5.9-1 蒸发量年变化（1960—1978年）

第六章　海平面

1. 年变化

涸洲附近海域海平面年变化特征明显，7月最低，10月最高，年变幅为38厘米（图6-1），平均海平面在验潮基面上217厘米。

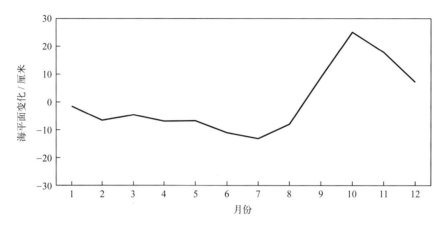

图6-1　海平面年变化（1959—2019年）

2. 长期趋势变化

涸洲附近海域海平面变化总体呈波动上升趋势。1959—2019年，涸洲附近海域海平面上升速率为2.8毫米/年；1993—2019年，海平面上升速率为4.1毫米/年，略高于同期中国沿海3.9毫米/年的平均水平。涸洲附近海域海平面在1974年、1997年和2012年前后经历了3次小高峰，其中2012年海平面达到观测以来的最高，2012—2019年海平面一直处于高位。

涸洲附近海域十年平均海平面总体上升。1960—1969年平均海平面处于有观测记录以来的最低位；1970—1979年平均海平面上升较快，较1960—1969年高49毫米；1980—1989年平均海平面与1970—1979年平均海平面基本持平；2010—2019年平均海平面处于有观测记录以来的最高位，比2000—2009年高73毫米，比1960—1969年高166毫米（图6-2）。

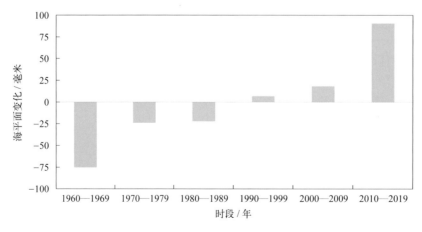

图6-2　十年平均海平面变化

第七章　灾害

第一节　海洋灾害

1. 风暴潮

1955 年 9 月 25 日前后，5526 号超强台风影响广东沿海，最大增水发生在硇洲站，为 3.13 米，此次过程造成广东、广西、海南 65 人死亡（含失踪）（《中国风暴潮灾害史料集》）。

1963 年 8 月 16 日前后，6309 号超强台风影响广东沿海，正遇农历七月十七天文大潮期，引发严重潮灾。硇洲站最大增水超过 1 米。湛江 12 个公社受灾，严重的有 10 个，共崩塌房屋 911 间，损失 13 136 间，打坏渔船 29 只，漂失 35 只，冲坏水利工程 484 处，其他物资损失计 24.6 万元，人畜均有伤亡（《中国海洋灾害四十年资料汇编》）。

1965 年 7 月 15 日前后，6508 号超强台风影响广东沿海，正遇农历六月十七天文大潮期，引发特大潮灾。湛江地区受潮水侵袭的有 60 个公社，人口 60 余万人，49 个村庄被潮水淹没，约有 7 万人无家可归（《中国海洋灾害四十年资料汇编》）。

1972 年 11 月 8 日前后，7220 号强台风影响广东沿海，正遇农历十月初三天文大潮期，引发严重潮灾。粤西沿海出现较大风暴潮，硇洲最大增水超过 1 米。湛江受台风正面袭击，渔业损失严重。全区（含电白县、阳江县）死亡渔民 55 人，打坏渔船 2 947 艘，不少渔港的灯桩、航标、海堤和码头被毁。在硇洲港避风的 200 余艘黄花鱼作业渔船被打上岸边礁丛中（《中国海洋灾害四十年资料汇编》《中国气象灾害大典·广东卷》）。

1980 年 7 月 22 日 20 时，8007 号强台风在雷州半岛南端徐闻县登陆，风速达 42 米 / 秒，造成雷州半岛东海岸及海南岛海口市沿海有 2.0 ～ 5.9 米增水，是中国近百年间最严重的一次。此次风暴潮来得猛，来得快，许多人来不及躲避。湛江港内一艘 2 万吨级的外轮被抛到防波堤边。湛江市区进水水深 1.0 ～ 1.5 米，许多商店被浸泡（《中国气象灾害大典·广东卷》《中国海洋灾害四十年资料汇编》）。

1989 年 7 月 18 日，8908 号超强台风在广东省阳西县沙扒镇登陆，此时天文潮高潮几乎与台风过程最大增水重合，致使从珠江口的黄埔到阳西县的闸坡，多个验潮站实测潮位超过当地警戒潮位。这是自 1949 年以来发生在珠江口地区最严重的一次大范围的特大风暴潮灾害（《1989 年中国海洋灾害公报》）。

1993 年 8 月 21 日前后，阳江沿海地区发生风暴潮灾，由于正处天文大潮期，恰好又是台风登陆时间，沿海各站潮位较高，给粤西沿海地区造成严重的损失（《1993 年中国海洋灾害公报》）。

1996 年 9 月 9 日前后，9615 号强台风风暴潮影响期间，粤西沿海形成 150 ～ 200 厘米的增水，受这次风暴潮袭击，湛江市死亡 79 人，农作物 21.84 万公顷、水产养殖 1.17 万公顷受损，冲毁江海堤 135.3 千米、桥涵 168 座，损坏船只 2 286 艘，沉毁 1 175 艘。9 月 20 日，9618 号台风风暴潮影响期间，湛江市徐闻县、雷州市和坡头区共 37 个乡镇受灾，受灾人口 93.5 万人，农作物和水产养殖受灾，房屋、公路和堤防等被毁坏，直接经济损失达 7.96 亿元（《1996 年中国海洋灾害公报》）。

1997 年 8 月 22 日前后，9713 号强热带风暴登陆广东时正值天文大潮期，湛江港和雷州半岛东岸的潮位比正常潮位高出 2 米,湛江港最高潮位达 3.64 米,超过警戒潮位 1.64 米,为 1980 年以来的最高潮位。湛江全市 80% 的海堤漫顶,损坏堤防 326.6 千米,海水大面积倒灌,霞山区有 1 176 户住宅被海水浸泡,海水深达 1.2 ~ 1.8 米,全市死亡 6 人,沿海鱼塘、虾塘部分漫顶受浸,直接经济损失达 21 亿元(《1997 年中国海洋灾害公报》)。

2005 年 9 月 18 日前后,0516 号热带风暴"韦森特"影响广东沿海,广东省多个站潮位超过警戒潮位,雷州半岛沿海 8 个县市受灾,直接经济损失达 0.55 亿元。9 月 26 日前后,0518 号超强台风"达维"影响广东沿海,湛江、茂名等 5 市 75.46 万人受灾(《2005 年中国海洋灾害公报》)。

2007 年 9 月 24 日前后,0714 号热带风暴"范斯高"影响广东沿海,过程期间最大风暴增水发生在硇洲站,达 109 厘米(《2007 年中国海洋灾害公报》)。

2008 年 9 月,广东西部沿海海平面异常偏高,0814 号强台风"黑格比"登陆广东,引起百年一遇高潮位,造成江水漫堤倒灌、堤防受损,数百万人受灾,直接经济损失超过百亿元(《2008 年中国海平面公报》)。

2012 年 8 月,广东西部沿海海平面明显偏高,1213 号台风"启德"于 17 日在湛江沿海登陆,其间恰逢天文大潮,硇洲站最大增水超过 100 厘米,造成湛江、茂名等地超过 165 万人受灾,直接经济损失近 13.6 亿元(《2012 年中国海平面公报》《2012 年中国海洋灾害公报》)。

2014 年 7 月 18 日前后,1409 号超强台风"威马逊"先后在海南文昌、广东湛江、广西防城港登陆,是 1949 年以来登陆我国的最强台风,硇洲站最大增水超过 200 厘米,广东省受灾人口 256.01 万人,房屋、水产养殖、渔船、码头、海堤和护岸受损,直接经济损失达 28.82 亿元。2014 年 9 月,广东沿海处于季节性高海平面期,1415 号台风"海鸥"于 16 日在湛江徐闻登陆,其间恰逢天文大潮,硇洲站最大增水超过 300 厘米,广东沿海水产养殖、渔船和堤防设施等遭受严重损失,直接经济损失近 30 亿元(《2014 年中国海洋灾害公报》《2014 年中国海平面公报》)。

2015 年 10 月,广东沿海处于季节性高海平面期,1522 号强台风"彩虹"于 4 日登陆湛江,是 1949 年以来 10 月登陆广东的最强台风,风暴潮与海浪造成农田被淹、基础设施受损和船只毁坏,海洋渔业损失严重,广东省受灾人口近 335 万人,直接经济损失超过 26 亿元(《2015 年中国海平面公报》《2015 年中国海洋灾害公报》)。

2017 年 10 月,广东沿海处于季节性高海平面期,1720 号强台风"卡努"于 16 日在湛江徐闻登陆,台风风暴潮给湛江水产养殖、渔船和堤防设施等带来直接经济损失约 1.5 亿元(《2017 年中国海平面公报》)。

2. 海浪

1980 年 7 月 21 日前后,受 8007 号强台风影响,南海东部及巴士海峡形成波高为 6 米以上的狂浪区,过程维持约 48 小时。据不完全统计,这次台风浪灾害,冲毁广东雷州半岛沿海堤坝 454 处,并摧毁耗资 130 万元的新建油库一座,湛江港内 2 万吨外轮被浪抛到防波堤边,沉损船共计 3 133 艘,死亡 414 人,伤 645 人,直接经济损失达 4 亿元(《中国海洋灾害四十年资料汇编》)。

1992 年 7 月 23 日前后,9207 号台风在广东省湛江市沿海登陆,雷州半岛西部沿海出现了 5 ~ 6 米的巨浪或狂浪,硇洲站 23 日观测到 2.5 ~ 2.7 米的偏东向浪,湛江市海康县雷高海堤被海浪冲毁挡土墙 8 段,长 1 260 米,冲毁排洪防潮涵闸 3 座,湛江市保护东海岛的西湾大堤多处堤段被冲毁。其间湛江、阳江和茂名 3 市共 16 个县不同程度受灾,损坏机动船 147 艘(8 803 马力)、风帆船 540 艘,海岸防护工程和水利工程受到严重破坏,据不完全统计共损失 7.08 亿元(《1992 年中国海洋灾害公报》)。

1996 年 9 月 9 日前后，受特大台风浪影响，广东雷州半岛东部沿海出现了 5 ~ 6 米的巨浪或狂浪，给湛江、茂名、阳江 3 市造成了较大的经济损失，是 1991 年以来损失最严重的一次，其中湛江市损坏、冲毁江海堤围 135.3 千米（《1996 年中国海洋灾害公报》）。

2005 年 9 月 16—19 日，0516 号热带风暴"韦森特"在南海形成 4 ~ 6 米的台风浪，广东湛江海水浴场实测最大波高 4.8 米（《2005 年中国海洋灾害公报》）。

2006 年 8 月 20 日，受气旋浪影响，"桂北渔 30339"号在距广东砺洲岛 10 海里处沉没，造成 3 人死亡（含失踪），直接经济损失约 120 万元（《2006 年中国海洋灾害公报》）。

3. 赤潮

1992 年 4 月 6 日前后，广东省雷州半岛附近海域发生了由蓝藻引起的赤潮（《1992 年中国海洋灾害公报》）。

2013 年 8 月 9—13 日，广东湛江港湾近岸海域发生赤潮，赤潮优势种为中肋骨条藻，最大面积 113 平方千米（《2013 年中国海洋灾害公报》）。

2014 年 7 月 21 日至 8 月 13 日，湛江流沙湾至乌石港渔业增养殖水域发生赤潮，赤潮优势种为中肋骨条藻，最大面积 140 平方千米（《2014 年中国海洋灾害公报》）。

2016 年 3 月 28 日至 4 月 8 日，湛江鉴江河口以南至东海岛龙海天对出海域发生赤潮，优势种为红色赤潮藻，最大面积 300 平方千米；4 月 22 日至 5 月 4 日，湛江雷州半岛西南沿岸海域发生赤潮，优势种为夜光藻，最大面积 200 平方千米（《2016 年中国海洋灾害公报》）。

2017 年 3 月 14—31 日，湛江海湾大桥以南至金沙湾附近海域发生赤潮，优势种为球形棕囊藻，最大面积 175 平方千米。3 月 23 日至 4 月 6 日，湛江雷州半岛水尾以南至角尾对出海域发生赤潮，优势种为球形棕囊藻，最大面积 118 平方千米；湛江东海岛通明出海口以东至东南码头附近海域发生赤潮，优势种为球形棕囊藻，最大面积 100 平方千米（《2017 年中国海洋灾害公报》）。

4. 海岸侵蚀

2012 年，广东雷州市赤坎村砂质岸段侵蚀长度 0.2 千米，平均侵蚀速率 3.0 米 / 年（《2012 年中国海洋灾害公报》）。

2013 年，广东雷州市赤坎村砂质岸段侵蚀长度 0.4 千米，平均侵蚀速率 2.0 米 / 年（《2013 年中国海洋灾害公报》）。

2014 年，广东雷州市赤坎村砂质岸段侵蚀长度 0.8 千米，平均侵蚀速率 5.0 米 / 年（《2014 年中国海洋灾害公报》）。

2015 年，广东雷州市赤坎村砂质岸段侵蚀长度 0.6 千米，平均侵蚀速率 3.7 米 / 年（《2015 年中国海洋灾害公报》）。

2016 年，广东雷州市赤坎村砂质岸段侵蚀长度 0.6 千米，平均侵蚀速率 1.9 米 / 年（《2016 年中国海洋灾害公报》）。

2017 年，广东雷州市赤坎村砂质岸段侵蚀长度 0.5 千米，平均侵蚀速率 3.3 米 / 年（《2017 年中国海洋灾害公报》）。

5. 海水入侵

2010 年，广东阳江和湛江等沿海地区海水入侵程度和范围有所增加，部分近岸农用水井和饮用水井已明显受到海水入侵的影响（《2010 年中国海洋灾害公报》）。

2012 年，广东茂名和湛江滨海地区部分站位氯度呈增加趋势，其中湛江世乔断面轻度海水入侵距离 1.78 千米（《2012 年中国海洋灾害公报》）。

2013 年，广东湛江湖光镇世乔村断面轻度海水入侵距离 1.40 千米（《2013 年中国海洋灾害公报》）。

2014 年，广东湛江监测区海水入侵范围略有增加，个别站位氯离子含量明显升高，其中湛江世乔断面重度海水入侵距离 1.64 千米，轻度海水入侵距离超过 3.77 千米（《2014 年中国海洋灾害公报》）。

2015 年，广东湛江世乔断面重度海水入侵距离 1.47 千米，轻度海水入侵距离超过 2.41 千米（《2015 年中国海洋灾害公报》）。

2016 年，广东湛江世乔断面重度海水入侵距离 1.0 千米，轻度海水入侵距离超过 2.13 千米（《2016 年中国海洋灾害公报》）。

2017 年，广东湛江世乔断面重度海水入侵距离 1.34 千米，轻度海水入侵距离超过 2.20 千米（《2017 年中国海洋灾害公报》）。

2018 年，广东湛江世乔断面重度海水入侵距离 1.35 千米，轻度海水入侵距离超过 2.21 千米（《2018 年中国海洋灾害公报》）。

第二节　灾害性天气

根据《中国气象灾害大典·广东卷》（1949—2000 年）和《中国气象灾害年鉴》（2000 年后）及《南海区海洋站海洋水文气候志》记载，硇洲站周边发生的主要灾害性天气有暴雨洪涝、大风（龙卷风）、雷电、冰雹和大雾。

1. 暴雨洪涝

1968 年 9 月 9 日 00 时 30 分，6811 号超强台风在湛江市郊至海康县之间登陆，粤西南普遍出现较大降水过程，湛江出现大暴雨，渔业损失惨重，其中又以湛江市郊、海康、遂溪 3 个县（市、区）渔业损失最重，渔船沉毁 473 艘、损坏 673 艘、失踪 32 艘，渔民死亡 220 人，伤 438 人，失踪 35 人。

1973 年 8 月 12 日，受 7307 号台风影响，湛江市出现暴雨，其中吴川县单日降雨量高达 367.6 毫米，湛江地区交通和通信设施损坏严重，死亡 41 人，受伤 226 人，倒塌房屋 36.3 万间，受灾农作物面积 23.9 万公顷。

1976 年 9 月 20 日，7619 号台风在湛江市登陆，受到多次冷空气南下的影响，台风路径曲折多变，影响时间长，风雨范围广、强度大，造成的灾害特别严重。鉴江流域出现大洪水，其中吴川县受淹耕地面积达 1.73 万公顷。湛江市受浸鱼塘 0.16 万公顷（其中冲毁 260 公顷），毁坏水库鱼栅 176 宗，损失鱼产量 2 675 吨。

1985 年 9 月 22 日，8517 号强热带风暴在湛江市登陆，登陆后，即与冷空气相遇，致使风、雨加剧，造成大面积降水。湛江、茂名、江门、肇庆 4 个地区受灾最为严重，受灾农作物面积 26.3 万公顷，其中水稻 16.3 万公顷、经济农作物 10 万公顷，鱼塘漫顶 0.13 万公顷，受灾 89 万人，损坏房屋 9.72 万间、桥梁 446 座、公路 262 千米，崩溃水库 23 座，损坏小水电站 117 座，经济损失达 2.1 亿元。

1992 年 7 月 23 日 02 时 30 分，9207 号台风在湛江市东海岛登陆，全市普降大到暴雨，其中徐闻县 23 日降 268.2 毫米的特大暴雨，廉江县 23 日和 24 日分别降 98.9 毫米和 130.8 毫米的大暴雨。湛江、阳江和茂名 3 市共 16 个县受灾，受灾人口 298 万人，共计损失 8.08 亿元。

2000 年 5 月 8—11 日，受弱冷空气和暖湿气流共同影响，粤西南普降暴雨到大暴雨，其中湛江市 5 月 9 日 08 时至 10 日 08 时降雨量高达 292.8 毫米，暴雨造成城市内涝、房屋倒塌、企业停工、公路损坏等，全市直接经济损失达 0.228 亿元。

2003 年 8 月 25 日，受 0312 号台风"科罗旺"影响，湛江市徐闻县日降雨量高达 162.2 毫米，由于"科罗旺"风力强、范围广、持续时间长、来势猛，给广东西部沿海地区带来严重的灾害。据统计，广东省湛江、茂名和阳江 3 市共有 20 个县（市、区）200 个乡镇 465 万人受灾，直接经济损失约 11.0 亿元。

2005 年 9 月 17 日，受 0516 号热带风暴"韦森特"影响，湛江市吴川市的日降雨量高达 99.2 毫米，据不完全统计，湛江市有 8 个县（市、区）61 个乡（镇）28.2 万人受灾。

2006 年 6 月 29 日 07 时 40 分，0602 号热带风暴"杰拉华"在湛江市坡头区登陆，受其影响，雷州半岛普降大到暴雨、局部大暴雨，其中徐闻苞西盐场 6 月 28 日 08 时至 29 日 08 时降雨量为 161.4 毫米。受"杰拉华"影响，琼州海峡全线封航，海安港和粤海铁路北港共滞留 3 000 余名游客、700 辆汽车。

2007 年 8 月 8—11 日，受 0707 号强热带风暴"帕布"影响，雷州半岛南部遭遇了超百年一遇的特大暴雨袭击，雷州市龙门镇、乌石镇和徐闻县曲界镇的过程降雨量分别为 798.1 毫米、661.9 毫米、509.2 毫米，龙门镇录得最大日降雨量 674.9 毫米，是湛江市有气象记录以来的最强降水。特大暴雨导致部分地区发生洪涝，雷州市东吴、龙门、大湾等 5 个水库发生超警戒水位，大湾水库出现严重险情，207 国道一桥梁被洪水冲塌，有 20 多个乡（镇）130 多个村庄严重受淹，部分地点水深达 4 ~ 6 米。广东省有 116.48 万人受灾，直接经济损失达 22.89 亿元。

2009 年 10 月 11 日 08 时至 16 日 08 时，受 0917 号超强台风"芭玛"影响，广东西南部出现大雨到大暴雨，过程降雨量一般在 50 毫米以上，其中雷州半岛部分地区有 100 ~ 200 毫米，局部超过 200 毫米。湛江市一些乡镇受灾，农作物受灾面积 1 000 余公顷，直接经济损失近 70 万元。

2013 年 7 月 2 日 05 时 30 分，1306 号强热带风暴"温比亚"在广东省湛江市麻章区湖光镇沿海登陆，粤西、珠江三角洲、粤东出现了大雨到暴雨，其中雷州半岛普降大暴雨，徐闻县 7 月 2 日降水量最大，为 195.2 毫米。据统计，广东省肇庆、茂名和湛江 3 市 19 个县（区、市）共 166.0 万人受灾，直接经济损失达 10.6 亿元。11 月 10—12 日，受 1330 号超强台风"海燕"影响，广东省出现大范围降水，部分市县出现了暴雨到大暴雨，局部出现特大暴雨，其中湛江市廉江市过程降雨量为 223.9 毫米，为全省最大。据统计，"海燕"共造成广东省湛江市 6 个县（市、区）19.5 万人受灾，直接经济损失达 8 900 余万元。

2014 年 7 月 18 日 08 时至 19 日 16 时，受 1409 号超强台风"威马逊"影响，粤西地区出现暴雨到大暴雨，其中湛江市徐闻县降雨量为 260.9 毫米。"威马逊"带来的强降水造成多地出现洪涝灾害。

2015 年 10 月 4 日 14 时 10 分前后，1522 号强台风"彩虹"在广东省湛江市坡头区沿海登陆，粤西地区出现暴雨到大暴雨。"彩虹"对广东省西南部地区养殖业、渔业、热带水果造成巨大损失。强风暴雨造成多地出现洪涝灾害，部分农田被淹、被毁，土壤肥力流失，水产养殖设施被冲毁，养殖的虾、蟹、鱼等被冲走。

2016 年 8 月 18 日 15 时 40 分前后，1608 号强热带风暴"电母"在广东湛江雷州市东里镇登陆，受其影响，8 月 16—19 日，广东南部沿海县（市）出现了暴雨到大暴雨，雷州半岛部分地区出现了特大暴雨，徐闻县迈陈镇出现全省最大累计雨量344.8毫米，广东省共有5.7万人受灾，直接经济损失达1.9亿元。

2018年9月13日08时30分前后，1823号强热带风暴"百里嘉"在广东省湛江市坡头区沿海登陆，受其影响，12—13日粤西、粤东市县和梅州出现了中到大雨、局部暴雨，其余市县局地出现了阵雨、局部大雨。据统计，本次降水有6.3万人受灾，直接经济损失约0.5亿元。

2. 大风和龙卷风

1954年8月30日02时，5413号超强台风在湛江—海康之间登陆，最大风速大于等于40.0米/秒（湛江气象台风速仪被吹断），估计极大风速为60.0米/秒。台风登陆过程恰逢天文大潮，8月29日，湛江专区除徐闻县外，共沉毁渔船548艘，损坏2 064艘，失踪159艘。此次台风过程受灾人口100万人，死亡878人，损坏房屋70.18万间，倒塌房屋20.93万间。

1955年9月24—29日，受登陆海南琼东的5526号超强台风影响，湛江专区飓风、暴雨成灾，沿海风力在10级以上，其中徐闻、雷东、湛江风力达12级。全区倒塌房屋38 387间，死24人，伤296人，渔船沉没48艘，损坏218艘。

1965年7月15日，6508号超强台风在湛江—海康之间登陆，平均风力10级，阵风大于40.0米/秒，湛江阵风达44.0米/秒。

1967年11月8日，6720号超强台风在硇洲登陆，硇洲最大风速30.0米/秒。

1968年9月9日00时30分，6811号超强台风在湛江市郊至海康县之间登陆，风力达12级。登陆时湛江阵风41.0米/秒。受台风影响，粤西南地区出现大风降水过程和严重灾情，其中以湛江市郊、海康、遂溪3个县（市、区）渔业损失最重，渔船沉毁473艘，损坏673艘，失踪32艘，渔民死亡220人，伤438人，失踪35人。

1972年11月8日，7220号强台风登陆广东省湛江地区电白县，登陆后深入肇庆和韶关地区，极大风速超过40.0米/秒。台风登陆时恰逢天文大潮，粤西沿海出现较大风暴潮。湛江受台风正面袭击，渔业损失严重。全区（含电白县、阳江县）死亡渔民55人，打坏渔船2 947艘，不少渔港的灯桩、航标、海堤、码头被毁。在硇洲港避风的200余艘黄花鱼作业渔船被打上岸边礁丛中。

1973年8月12日，7307号台风在湛江地区电白县登陆，吴川县极大风速超过40.0米/秒。湛江地区交通和通信设施破坏严重，死亡41人，受伤226人，倒塌房屋36.3万间，受灾农作物面积23.9万公顷。

1980年7月22日20时，8007号强台风在雷州半岛南端徐闻县登陆，风速达42米/秒，造成雷州半岛东海岸及海南岛海口市沿海有2.0 ~ 5.9米增水，是中国近百年间最严重的一次。

1981年5月1日18时30分至19时，徐闻县西廉公社六潭大队出现龙卷风，受伤9人。5月10日04时，一股强烈的海龙卷袭击电白县放鸡渔场，将43条渔船打坏打碎，受难渔民145人，其中救生116人，失踪11人，死亡18人，造成财产物资损失超10万元。

1982年9月15日，8217号台风在广东省徐闻县登陆，全省22个县市出现暴雨，14个县市出现大风，徐闻极大风速达43米/秒。台风致广东省16人死亡，243人受伤，倒房3.6万间，损坏房屋18.26万间，受灾农作物9.12万公顷。

1992年7月23日02时30分，9207号台风在湛江市东海岛登陆。登陆时中心最大风力10级，阵风12级，并伴有大海潮和大暴雨。

1994年8月27日22时，9419号台风在徐闻县外罗镇登陆，然后转向西南偏西方向移动，横扫徐闻县，28日02时移入北部湾海面，28日中午发展成台风，当天夜间在越南北部沿海地区再次登陆。受其影响，徐闻县、雷州市、东海岛平均风力 10 级，阵风 11 ~ 12 级，其中砌洲岛的阵风最大达 39 米 / 秒。

1997 年 8 月 22 日 13 时 30 分，9713 号强热带风暴在湛江市雷州市登陆。受其影响，湛江实测最大风速达 33.0 ~ 38.0 米 / 秒，闸坡镇在 22 日 10 时测出阵风达 12 级。

2003 年 4 月 20 日下午，湛江市雷州市调风镇圩区及 4 个村委会遭龙卷风袭击。龙卷风持续约 40 分钟，风力达 12 级以上，影响范围宽 60 ~ 150 米，长约 3.5 千米。灾害导致 1 325 人受灾，29 人受伤，793 间房屋受损，直接经济损失达 2 386 万元。6 月 11 日上午，湛江市廉江市营仔镇下洋村委会仁墩村遭龙卷风袭击，造成 231 人受灾，2 人受伤。

2005 年 7 月 13 日下午，湛江市徐闻县下桥镇南华农场砖厂出现龙卷风，阵风风力 12 级以上。据现场调查，有 1 幢厂房被摧毁，7 人受伤，1 台手扶拖拉机从坡地卷到稻田里，田边装袋的稻谷被卷到 10 余米远的地方。7 月 29—31 日，受 0508 号强热带风暴影响，湛江市吴川市出现了 6 级、阵风 8 ~ 9 级大风，造成直接经济损失 550 万元。

2006 年 8 月 10 日下午，湛江市遂溪县草潭镇遭龙卷风袭击，1 艘渔船沉没，7 艘渔船和捕虾小船受损。

2008 年 5 月 6 日，雷州市南兴镇和松竹镇遭龙卷风袭击，风力达 11 级以上，一辆 2 吨重的拖拉机被卷离原地 10 余米远。此次龙卷风共造成 160 余人受灾，2 人受伤，78 间房屋被毁；直接经济损失达 114 万元。

2009 年 8 月 6 日，湛江市出现龙卷风天气，252 人受伤，7 人轻伤，损坏房屋 200 多间。

2010 年 8 月 17 日 15 时 40 分，湛江市徐闻县前山镇深水村、曲界镇渔桥村和后寮村遭受龙卷风袭击。受灾人口 997 人，直接经济损失达 1 062 万元。

2013 年 3 月 14 日，湛江市廉江市河唇洪湖农场遭受雷雨大风、龙卷风和冰雹灾害，荔枝、龙眼、香蕉受灾面积 125 公顷，直接经济损失近 500 万元。5 月 7 日 16 时 40 分前后，湛江市雷州市雷高镇题桥村委会和品题村委会遭受龙卷风袭击，持续时间约 8 分钟，最大风力约 11 级，阵风 12 级以上，直接经济损失约 100 万元。8 月 14 日 15 时 50 分前后，1311 号超强台风 "尤特"在阳江市阳西县附近沿海登陆，登陆时中心附近最大风力有 14 级（42.0 米 / 秒），湛江市陆地和海面出现了 9 ~ 12 级大风。11 月 11 日 07 时 0—12 分，受 1330 号超强台风 "海燕"影响，湛江市徐闻县前山镇复兴村、后岭村、麟角村出现龙卷风，目测估计平均最大风力 10 级，阵风 12 级，直接经济损失为 36 万元。

2015 年 10 月 3—4 日，受 1522 号强台风 "彩虹"影响，湛江市陆域及海面出现 12 ~ 15 级大风，阵风 16 ~ 17 级，其中湛江市麻章区湖光镇录得平均风速 46.4 米 / 秒（15 级），阵风最大风速为 67.2 米 / 秒（超过 17 级）。

2017 年 8 月 16 日 15 时，湛江市雷州市调风镇企树、官昌、草朗、水尾 4 个村遭受龙卷风袭击，持续时间 10 多分钟，估计风力达 12 级以上。风灾造成 20 公顷香蕉、40 公顷甘蔗折断倒伏，估计直接经济损失超过 300 万元。

3. 冰雹

1973 年 4 月 21 日，雷州半岛的海康县局部地区降冰雹。下午，南部英利、龙门两公社境内一些大队和附近的兵团农场先后降雹，持续 30 ~ 50 分钟，最大的冰雹直径 14 厘米，积雹厚度 10 厘米左右，降雹时伴有大风。20 时前后，又有一些大队再次降雹，大的如手指头，时间几分钟。

1978 年 3 月 9 日 02—23 时，湛江地区 8 个县（市）38 个公社先后受冰雹袭击，在冰雹袭击时有 8 ~ 9 级大风，阵风 10 级，冰雹直径 15 ~ 30 毫米，受冰雹袭击死亡 4 人，受伤 1 491 人，其中重伤的 305 人，打伤耕牛 12 头，打死生猪 129 头，打坏房屋 132 840 间（未含廉江县、化州县、电白县南海公社），船只 75 条，大量农作物也不同程度受损。

1982 年 4 月 28 日 07—08 时，湛江市电白县八甲公社常塘等 6 个大队降冰雹，大的有碗口大，打烂房屋 519 间，伤 1 人，受灾农作物面积 391 公顷。

2013 年 3 月 14 日，湛江市廉江市河唇洪湖农场遭受雷雨大风、龙卷风和冰雹灾害。

4. 雷电

1997 年 4 月 23 日 20 时 30 分，雷州市白沙镇麻扶炮竹厂遭雷击引起爆炸，厂房仓库被夷为平地，100 多米远的民房玻璃窗受损，受伤 16 人，其中重伤 1 人，直接经济损失超过 60 万元。

1998 年 7 月 25 日至 8 月 2 日，广东省西南偏西部地区频遭雷击，人员伤亡严重。其中廉江死亡 6 人，徐闻、湛江各死亡 2 人，各伤 1 人。1998 年湛江市因雷击造成邮电通信设备损失近 400 万元，间接经济损失超过 1 000 万元。

2004 年 9 月 8 日，广东省湛江市出现雷雨天气，雷击造成 2 人死亡，1 人受伤。9 月 18 日，广东省湛江市出现雷雨天气，雷击造成 11 人受伤。

2007 年 5 月 27 日 12 时前后，广东省湛江市廉江市良桐镇新华洪村龙塘果场遭雷击，在屋内的 3 名女工被击伤脸部和颈部；6 月 3 日 14 时前后，广东省湛江市霞山区欧亚标准板有限公司遭雷击，砖砌围墙倒塌 39.4 米，砖块倾覆到傍墙而建的砖瓦工棚，造成 3 人死亡，6 人受伤。

2013 年 5 月 10 日 15 时，广东省湛江市吴川市塘缀镇塘莲村委会新屋村多名男村民在岭头遭雷击，造成 1 人身亡，3 人受伤。

2015 年 6 月 11 日 14 时 18 分，广东省湛江市吴川市振文镇 4 名正在 4 楼天面从事绑扎钢筋工作的人员遭雷击，造成 2 人死亡，2 人受伤。

2016 年 5 月 3 日 14 时 00 分，广东省湛江市雷州市调风镇 30 多名菠萝采摘工冒雨在空旷的田野上采摘菠萝时遭雷击，造成 1 人身亡，3 人受伤；6 月 10 日 17 时 00 分，广东省湛江市麻章区太平镇东岸村第五村民小组一厕所遭雷击，造成厕所内及附近的 1 人身亡，3 人受伤，击毁屋角 1 个；7 月 31 日 14 时 25 分，广东省湛江市雷州市广东省盐业集团雷州盐场有限公司遭雷击，造成正在盐巴结晶池盖塑料薄膜的工人 1 人身亡，3 人受伤。

5. 大雾

1981 年 2 月 12 日，"电白 3067"号渔船在 21°02′N，110°02′E 处因雾与"红旗 124"轮碰撞而沉没。

1985 年 1 月 23 日，"红旗 205"轮在琼州海峡中水道 1 ~ 2 灯浮间因雾大，与洪都拉斯籍"安新"轮碰撞。

1987 年 4 月 23 日，徐闻县"徐新 79 号"船在海口港外因雾大，能见度差，被一不知名的货轮撞沉，失踪 3 人。

2000 年 3 月 16 日 03 时 17 分，琼州海峡大雾弥漫，能见度低。从海口市新港开往广州的 350 吨位的"临海 306"轮与从湛江开往海口的 600 吨位的"银海 8 号"在琼州海峡北部外罗门航道附近水域相撞，载有 118 吨化肥的"银海 8 号"随即沉没。

北海海洋站

第一章　概况

第一节　基本情况

北海海洋站（简称北海站）位于广西壮族自治区北海市（图1.1-1）。北海市位于广西南部，北部湾东北岸，地势从北向南倾斜，东北、西北为丘陵，南部沿海为台地和平原。北海市海岸线总长约668.98千米，港湾、河口众多，拥有海岛64个，海洋生物多样性丰富，拥有海草床、红树林、珊瑚礁等典型海洋生态系统，渔业资源丰富。

北海站建于1959年9月，名为北海海洋站，隶属于湛江专区气象局。1965年1月后隶属国家海洋局南海分局，2019年6月后隶属自然资源部南海局，由北海中心站管辖。北海站建站时测点位于北海市中山东路游泳场，1977年迁至港务局码头，2005年迁至石步岭深水港码头。

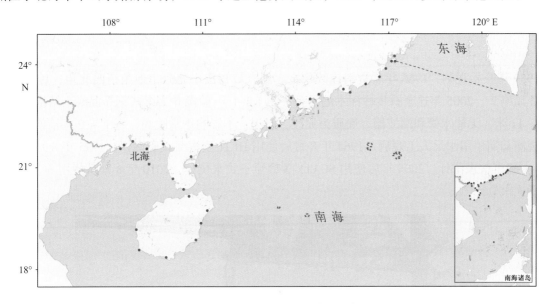

图1.1-1　北海站地理位置示意

北海站观测项目有潮汐、海浪、表层海水温度、表层海水盐度、气温、气压、相对湿度、风和降水等。2005年前，主要为人工观测或使用简易设备观测，2005年5月安装使用自动观测系统，多数项目实现了自动化观测、数据存储和传输。

北海沿海为正规日潮特征，海平面2月最低，10月最高，年变幅为23厘米，平均海平面为258厘米，平均高潮位为391厘米，平均低潮位为139厘米；全年海况以0～3级为主，年均平均波高为0.3米，年均平均周期为2.4秒，历史最大波高最大值为4.0米，历史平均周期最大值为6.4秒，常浪向为NNE，强浪向为S；年均表层海水温度为22.8～25.5℃，7月最高，均值为30.2℃，1月最低，均值为15.7℃，历史水温最高值为35.7℃，历史水温最低值为6.5℃；年均表层海水盐度为25.53～30.04，3月最高，均值为29.30，8月最低，均值为24.77，历史盐度最高值为34.96，历史盐度最低值为2.00；海发光主要为火花型，9月出现频率最高，2月最低，1级海发光最多，出现的最高级别为4级。

北海站主要受海洋性季风气候影响，年均气温为21.8～25.9℃，7月最高，均值为29.2℃，

1 月最低，均值为 14.6℃，历史最高气温为 38.9℃，历史最低气温为 2.0℃；年均气压为 1 009.9 ~ 1 012.3 百帕，12 月最高，均值为 1 018.9 百帕，7 月最低，均值为 1 003.1 百帕；年均相对湿度为 72.2% ~ 86.1%，3 月最大，均值为 85.5%，12 月最小，均值为 73.5%；年均风速为 1.7 ~ 4.1 米 / 秒，1 月和 2 月最大，均为 3.3 米 / 秒，8 月最小，均值为 2.5 米 / 秒，1 月盛行风向为 N—NE（顺时针，下同），4 月盛行风向为 N—NE 和 ESE—SE，7 月盛行风向为 ESE—SW，10 月盛行风向为 N—NE；平均年降水量为 1 726.4 毫米，8 月平均降水量最多，占全年的 24.0%；平均年雾日数为 8.9 天，3 月最多，均值为 2.3 天，7 月最少，出现 1 天；平均年雷暴日数为 82.0 天，8 月最多，均值为 19.7 天，12 月未出现；平均年霜日数为 0.5 天，霜出现在 12 月至翌年 2 月，1 月最多，均值为 0.3 天；年均能见度为 11.6 ~ 21.8 千米，7 月最大，均值为 23.7 千米，3 月最小，均值为 11.6 千米；年均总云量为 5.4 ~ 6.2 成，6 月最多，均值为 6.6 成，11 月最少，均值为 4.5 成；平均年蒸发量为 1 848.3 毫米，5 月最大，均值为 200.2 毫米，2 月最小，均值为 95.4 毫米。

第二节　观测环境和观测仪器

1. 潮汐

1959 年开始观测，1966 年后资料连续稳定。测点最初位于北海市地角镇西北角，1977 年迁至港务局码头，2005 年迁至石步岭深水港码头（图 1.2-1）。验潮井为岸式钢筋混凝土结构，水深为 6 ~ 11 米，无输水管和消波器。底质为泥沙、淤泥，不影响正常验潮，每 1 ~ 2 年清淤一次。

观测初期使用水尺人工观测，1964 年 8 月后使用 HCJ1 型滚筒式验潮仪，1995 年 8 月后使用 SCA6-1 型声学水位计，2005 年后使用 SCA11-3 型浮子式水位计，2010 年 8 月后使用 SCA11-3A 型浮子式水位计。

图1.2-1　北海站验潮室（摄于2020年12月）

2. 海浪

2006 年 3 月开始观测。测点位于北海市银滩公园内（图 1.2-2）。测点处为沙滩海岸，坡度较小，附近海域水深较浅，海底平坦，海面视野开阔，无岛屿、暗礁、沙洲及水产养殖或捕捞区。

海浪观测为目测。

图1.2-2　北海站测波点（摄于2016年12月）

3. 表层海水温度、盐度和海发光

1959年9月开始观测。测点最初位于北海市地角镇西北角，1977年迁至港务局码头，2005年迁至石步岭深水港码头的验潮室旁。测点处底质为沙质，周围无排污管道或小溪入口，码头经常有货轮停靠。

水温使用SWL1-1型水温表测量，盐度使用氯度滴定管、感应式盐度计和实验室盐度计等测定，2005年6月后使用YZY4-1型温盐传感器，2009年后使用YZY4-3型温盐传感器，2018年4月后使用A7CT-CAR型温盐传感器。

海发光为每日天黑后人工目测。2011年8月停测。

4. 气象要素

1959年9月开始观测。观测场最初位于北海市地角镇西北角，1977年迁至港务局码头，2005年迁至北海市银滩公园内。观测场四周开阔，没有障碍物（图1.2-3）。

自动观测系统安装前观测仪器主要有EL型电接风向风速计等。2005年5月后使用YZY5-1型温湿度传感器、270型气压传感器、XFY3-1型风传感器和SL3-1型雨量传感器，2010年8月后使用HMP45A型温湿度传感器和278型气压传感器，2014年5月后使用HMP155型温湿度传感器。能见度为目测。

图1.2-3　北海站气象观测场（摄于2020年12月）

第二章 潮位

第一节 潮汐

1. 潮汐类型

利用北海站近 19 年（2001—2019 年）验潮资料分析的调和常数，计算出潮汐系数 $(H_{K_1}+H_{O_1})/H_{M_2}$ 为 4.20。按我国潮汐类型分类标准，北海沿海为正规日潮，每月有超过 2/3 的天数每个潮汐日（约 24.8 小时）出现一次高潮和一次低潮，其余天数每日有两次高潮和两次低潮，高潮日不等和低潮日不等现象均较显著。

1966—2019 年，北海站 M_2 分潮振幅呈增大趋势，增大速率为 0.54 毫米 / 年；迟角呈增大趋势，增大速率为 0.01°/ 年（线性趋势未通过显著性检验）。K_1 和 O_1 分潮振幅均呈增大趋势，增大速率分别为 0.88 毫米 / 年和 0.98 毫米 / 年；K_1 分潮迟角无明显变化趋势，O_1 分潮迟角呈减小趋势，减小速率为 0.01°/ 年。

2. 潮汐特征值

由 1966—2019 年资料统计分析得出：北海站平均高潮位为 391 厘米，平均低潮位为 139 厘米，平均潮差为 252 厘米；平均高高潮位为 425 厘米，平均低低潮位为 118 厘米，平均大的潮差为 307 厘米。平均涨潮历时 10 小时 44 分钟，平均落潮历时 8 小时 23 分钟，两者相差 2 小时 21 分钟。

累年各月潮汐特征值见表 2.1-1。

表 2.1-1 累年各月潮汐特征值（1966—2019 年） 单位：厘米

月份	平均高潮位	平均低潮位	平均潮差	平均高高潮位	平均低低潮位	平均大的潮差
1	392	130	262	421	114	307
2	368	140	228	412	122	290
3	365	142	223	410	119	291
4	379	136	243	414	113	301
5	394	131	263	427	112	315
6	405	132	273	434	115	319
7	404	140	264	436	119	317
8	388	148	240	431	125	306
9	387	151	236	427	123	304
10	400	152	248	432	124	308
11	404	141	263	430	121	309
12	406	128	278	427	114	313
年	391	139	252	425	118	307

注：潮位值均以验潮零点为基面。

平均高潮位 12 月最高，为 406 厘米，3 月最低，为 365 厘米，年较差为 41 厘米；平均低潮位 10 月最高，为 152 厘米，12 月最低，为 128 厘米，年较差为 24 厘米（图 2.1-1）；平均高高潮位 7 月最高，为 436 厘米，3 月最低，为 410 厘米，年较差为 26 厘米；平均低低潮位 8 月最高，为 125 厘米，5 月最低，为 112 厘米，年较差为 13 厘米。平均潮差 12 月最大，3 月最小，年较差为 55 厘米；平均大的潮差 6 月最大，2 月最小，年较差为 29 厘米（图 2.1-2）。

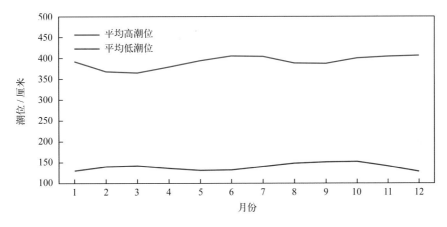

图2.1-1　平均高潮位和平均低潮位年变化

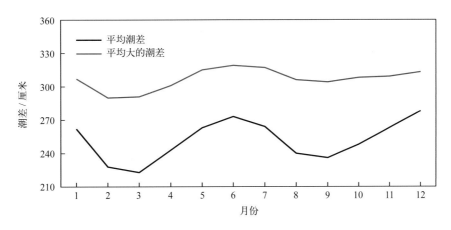

图2.1-2　平均潮差和平均大的潮差年变化

1966—2019 年，北海站平均高潮位呈上升趋势，上升速率为 1.21 毫米 / 年（线性趋势未通过显著性检验）。受天文潮长周期变化影响，平均高潮位存在明显的准 19 年周期变化，振幅为 12.73 厘米。平均高潮位最高值出现在 2006 年，为 408 厘米；最低值出现在 1978 年，为 367 厘米。北海站平均低潮位呈上升趋势，上升速率为 2.56 毫米 / 年。平均低潮位准 19 年周期变化较为明显，振幅为 11.64 厘米。平均低潮位最高值出现在 2017 年，为 155 厘米；最低值出现在 1968 年，为 122 厘米。

1966—2019 年，北海站平均潮差略呈减小趋势，减小速率为 1.35 毫米 / 年（线性趋势未通过显著性检验）。平均潮差准 19 年周期变化显著，振幅为 24.37 厘米。平均潮差最大值出现在 2006 年，为 279 厘米；最小值出现在 1977 年和 1978 年，均为 223 厘米（图 2.1-3）。

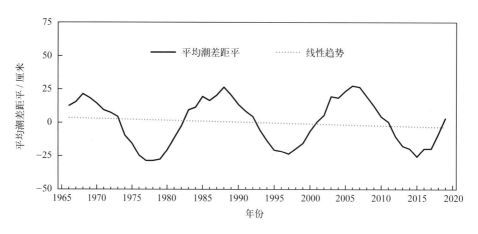

图2.1-3　1966—2019年平均潮差距平变化

第二节　极值潮位

北海站年最高潮位和年最低潮位的各月发生频率见表2.2-1。年最高潮位出现时间主要集中在6—7月和11月至翌年1月，其中12月发生频率最高，为30%；7月次之，为18%。年最低潮位主要出现在1月、3月和12月，其中1月发生频率最高，为28%；12月次之，为21%。

1966—2019年，北海站年最高潮位呈上升趋势，上升速率为2.66毫米/年（线性趋势未通过显著性检验）。历年的最高潮位均高于505厘米，其中高于555厘米的有7年；历史最高潮位为593厘米，出现在1986年7月21日，正值8609号热带风暴影响期间。北海站年最低潮位变化趋势不明显。历年最低潮位均低于53厘米，其中低于–5厘米的有5年；历史最低潮位出现在2005年9月26日，为–35厘米（表2.2-1）。

表2.2-1　最高潮位和最低潮位及年极值出现频率（1966—2019年）

	1月	2月	3月	4月	5月	6月	7月	8月	9月	10月	11月	12月
最高潮位值/厘米	552	522	493	526	550	558	593	558	550	555	560	559
年最高潮位出现频率/%	11	0	0	0	2	13	18	2	2	7	15	30
最低潮位值/厘米	–11	–8	–17	9	4	5	6	6	–35	8	–6	–8
年最低潮位出现频率/%	28	2	13	7	9	7	0	2	2	0	9	21

第三节　增减水

受地形和气候特征的影响，北海站出现30～130厘米减水的频率明显高于同等强度增水的频率，如超过50厘米的减水平均约7天出现一次，超过50厘米的增水平均约40天出现一次；而140厘米以上增水的频率高于同等强度减水的频率（表2.3-1）。

北海站100厘米以上的增水主要出现在7月、9月和11月，120厘米以上的减水多发生在8—11月，这些大的增减水过程主要与该海域受热带气旋和温带气旋等影响有关（表2.3-2）。

表 2.3-1 不同强度增减水平均出现周期（1966—2019 年）

范围 / 厘米	出现周期 / 天	
	增水	减水
>30	4.30	1.56
>40	16.29	3.27
>50	39.95	6.88
>60	74.54	14.00
>70	138.96	27.75
>80	226.21	55.90
>90	389.08	105.16
>100	810.58	198.51
>120	3 890.80	884.27
>130	9 727.00	4 863.50
>140	9 727.00	19 454.00
>160	19 454.00	—

"—"表示无数据。

表 2.3-2 各月不同强度增减水出现频率（1966—2019 年）

月份	增水 / %					减水 / %				
	>30 厘米	>50 厘米	>70 厘米	>100 厘米	>120 厘米	>30 厘米	>50 厘米	>70 厘米	>100 厘米	>120 厘米
1	0.67	0.00	0.00	0.00	0.00	3.80	0.55	0.10	0.00	0.00
2	0.90	0.00	0.00	0.00	0.00	2.87	0.56	0.10	0.01	0.00
3	0.69	0.02	0.00	0.00	0.00	3.04	0.86	0.25	0.03	0.00
4	0.24	0.00	0.00	0.00	0.00	2.57	0.79	0.21	0.02	0.00
5	0.31	0.01	0.00	0.00	0.00	1.67	0.29	0.04	0.00	0.00
6	0.53	0.08	0.02	0.00	0.00	0.46	0.11	0.06	0.02	0.00
7	1.16	0.32	0.11	0.03	0.01	0.40	0.09	0.04	0.00	0.00
8	0.80	0.18	0.03	0.00	0.00	0.76	0.23	0.08	0.03	0.01
9	0.88	0.16	0.05	0.01	0.00	1.95	0.41	0.09	0.03	0.01
10	2.09	0.20	0.04	0.00	0.00	2.69	0.60	0.20	0.06	0.02
11	1.12	0.10	0.04	0.01	0.00	3.85	0.86	0.17	0.02	0.01
12	0.90	0.03	0.01	0.00	0.00	4.20	1.07	0.26	0.02	0.00

　　1966—2019 年，北海站年最大增水多出现在 7—10 月，其中 7 月出现频率最高，为 30%；9 月次之，为 20%。北海站年最大减水在各月均有出现，其中 4 月出现频率最高，为 16%；3 月、

10 月和 12 月次之，均为 15%（表 2.3-3）。

  1966—2019 年，北海站年最大增水呈减小趋势，减小速率为 2.81 毫米 / 年（线性趋势未通过显著性检验）。历史最大增水出现在 2014 年 7 月 19 日，为 173 厘米；1966 年、1984 年和 1996 年最大增水均超过了 120 厘米。北海站年最大减水呈减小趋势，减小速率为 3.05 毫米 / 年（线性趋势未通过显著性检验）。历史最大减水发生在 1990 年 11 月 10 日，为 145 厘米；1972 年、1985 年、1996 年和 2005 年最大减水均超过或达到了 130 厘米。

表 2.3-3 最大增水和最大减水及年极值出现频率（1966—2019 年）

	1月	2月	3月	4月	5月	6月	7月	8月	9月	10月	11月	12月
最大增水值 / 厘米	52	65	79	50	70	100	173	93	122	107	105	82
年最大增水出现频率 /%	2	0	4	2	2	7	30	16	20	15	0	2
最大减水值 / 厘米	103	106	130	124	82	120	94	132	131	130	145	116
年最大减水出现频率 /%	4	2	15	16	5	4	4	4	9	15	7	15

第三章　海浪

第一节　海况

北海站全年及各月各级海况的频率见图3.1-1。全年海况以 0 ~ 3 级为主，频率为 90.81%，其中 0 ~ 2 级海况频率为 49.88%。全年 5 级及以上海况频率为 1.12%，最大频率出现在 7 月，为 4.24%。全年未出现 7 级及以上海况。

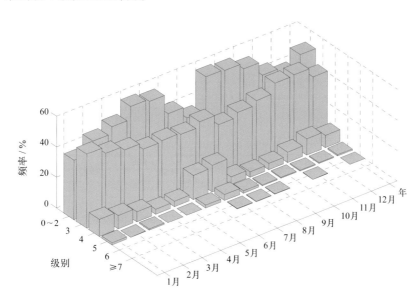

图3.1-1　全年及各月各级海况频率（2006—2019年）

第二节　波型

北海站风浪频率和涌浪频率的年变化见表 3.2-1。全年以风浪为主，频率为 99.97%，涌浪频率为 1.70%。各月的风浪频率相差不大，涌浪频率差异较大。涌浪在 5—8 月较多，其中 6 月最多，频率为 8.06%；1 月、2 月和 12 月未出现。

表 3.2-1　各月及全年风浪涌浪频率（2006—2019 年）

	1月	2月	3月	4月	5月	6月	7月	8月	9月	10月	11月	12月	年
风浪 / %	100.00	100.00	100.00	100.00	100.00	99.74	100.00	99.94	100.00	100.00	100.00	100.00	99.97
涌浪 / %	0.00	0.00	0.06	0.49	3.91	8.06	3.82	3.24	0.62	0.29	0.06	0.00	1.70

注：风浪包含F、FU、F/U和U/F波型；涌浪包含U、FU、F/U和U/F波型。

第三节　波向

1. 各向风浪频率

北海站各月及全年各向风浪频率见图 3.3-1。1—3 月、11 月和 12 月 NNE 向风浪居多，

ESE 向次之。4 月 ESE 向风浪居多，NNE 向次之。5 月 ESE 向风浪居多，SSE 向次之。6 月和 7 月 SW 向风浪居多，SSW 向次之。8 月 SW 向风浪居多，ESE 向次之。9 月和 10 月 NNE 向风浪居多，NE 向次之。全年 NNE 向风浪居多，频率为 19.45%；ESE 向次之，频率为 14.32%；NW 向最少，频率为 0.54%。

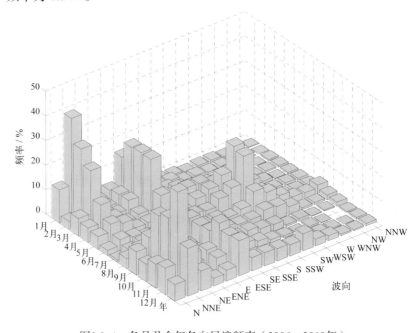

图3.3-1　各月及全年各向风浪频率（2006—2019年）

2. 各向涌浪频率

北海站各月及全年各向涌浪频率见图 3.3-2。1 月、2 月和 12 月未出现涌浪。3 月和 11 月均出现 1 次涌浪，对应浪向分别为 SW 和 SSW。4—9 月 SW 向涌浪居多，SSW 向次之。10 月 SSW 向涌浪居多，SW 向次之。全年 SW 向涌浪居多，频率为 1.36%；SSW 向次之，频率为 0.28%；WNW—E 向未出现。

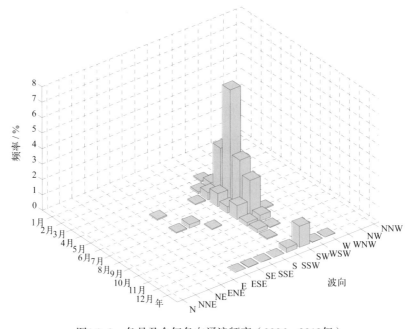

图3.3-2　各月及全年各向涌浪频率（2006—2019年）

第四节 波高

1. 平均波高和最大波高

北海站波高的年变化见表 3.4-1。月平均波高的年变化不明显，为 0.3 ~ 0.4 米。历年的平均波高为 0.2 ~ 0.4 米。

月最大波高比月平均波高的变化幅度大，极大值出现在 7 月，为 4.0 米，极小值出现在 4 月，为 1.1 米，变幅为 2.9 米。历年的最大波高为 1.2 ~ 4.0 米，最大波高的极大值 4.0 米出现在 2014 年 7 月 19 日 08 时和 11 时，正值 1409 号超强台风"威马逊"影响期间，波向均为 S，对应平均风速分别为 16.3 米 / 秒和 16.7 米 / 秒，对应平均周期分别为 6.3 秒和 6.4 秒。

表 3.4-1 波高年变化（2006—2019 年）　　　　　单位：米

	1月	2月	3月	4月	5月	6月	7月	8月	9月	10月	11月	12月	年
平均波高	0.3	0.3	0.3	0.3	0.3	0.4	0.4	0.3	0.3	0.3	0.3	0.3	0.3
最大波高	1.3	1.3	1.2	1.1	1.6	1.8	4.0	1.8	1.7	1.5	1.5	1.5	4.0

2. 各向平均波高和最大波高

全年及各季代表月各向波高的分布见表 3.4-2、图 3.4-1 和图 3.4-2。全年各向平均波高为 0.2 ~ 0.4 米，大值主要分布于 NNE 向、SSW 向和 SW 向。全年各向最大波高 S 向最大，为 4.0 米；SSW 向次之，为 3.8 米；ENE 向最小，为 0.8 米。

表 3.4-2 全年各向平均波高和最大波高（2006—2019 年）　　　　　单位：米

	N	NNE	NE	ENE	E	ESE	SE	SSE	S	SSW	SW	WSW	W	WNW	NW	NNW
平均波高	0.3	0.4	0.3	0.2	0.3	0.3	0.3	0.3	0.3	0.4	0.4	0.3	0.3	0.3	0.3	0.3
最大波高	1.3	1.5	1.1	0.8	1.2	1.7	1.7	1.8	4.0	3.8	2.0	2.3	1.7	1.9	1.8	1.5

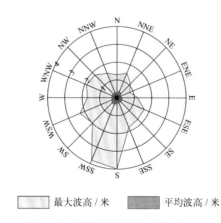

▢ 最大波高 / 米　　▨ 平均波高 / 米

图3.4-1　全年各向平均波高和最大波高（2006—2019年）

1 月各向平均波高为 0.2 ~ 0.4 米。最大波高 NNE 向最大，为 1.3 米；ESE 向次之，为 1.0 米；SW 向、NW 向和 NNW 向最小，均为 0.3 米。

4 月各向平均波高为 0.2 ~ 0.3 米。最大波高 NNE 向和 ESE 向最大，均为 1.1 米；N 向次之，为 0.9 米；WNW 向最小，为 0.5 米。

7月平均波高 SSW 向最大，为 0.6 米；N 向、NNE 向、NE 向、ENE 向、E 向、W 向、NW 向和 NNW 向均为 0.3 米。最大波高 S 向最大，为 4.0 米；SSW 向次之，为 3.8 米；N 向最小，为 0.6 米。

10月各向平均波高为 0.2 ~ 0.4 米。最大波高 NNW 向最大，为 1.5 米；NNE 向、ESE 向和SSE 向次之，均为 1.3 米；WSW 向最小，为 0.3 米。

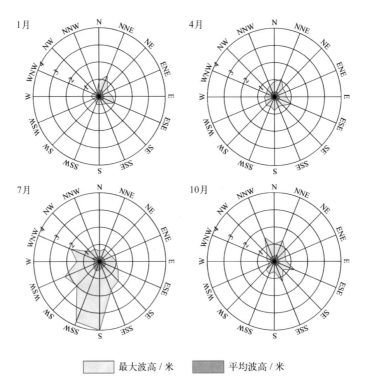

图3.4-2 四季代表月各向平均波高和最大波高（2006—2019年）

第五节 周期

1. 平均周期和最大周期

北海站周期的年变化见表 3.5-1。月平均周期的年变化不明显，为 2.1 ~ 2.7 秒。月最大周期的年变化幅度较大，极大值出现在 7 月，为 6.4 秒，极小值出现在 1 月、3 月和 4 月，均为 4.5 秒。历年的平均周期为 1.9 ~ 3.0 秒，其中 2008 年最大，2012 年最小。历年的最大周期均不小于 4.0 秒，不小于 5.0 秒的有 4 年，其中最大周期的极大值 6.4 秒出现在 2014 年 7 月 19 日，波向为 S。

表 3.5-1 周期年变化（2006—2019年）　　　　　　　　　　　单位：秒

	1月	2月	3月	4月	5月	6月	7月	8月	9月	10月	11月	12月	年
平均周期	2.5	2.4	2.3	2.1	2.3	2.7	2.7	2.3	2.1	2.2	2.3	2.4	2.4
最大周期	4.5	5.5	4.5	4.5	5.0	5.6	6.4	4.7	4.7	4.6	5.9	5.0	6.4

2. 各向平均周期和最大周期

全年及各季代表月各向周期的分布见表 3.5-2、图 3.5-1 和图 3.5-2。全年各向平均周期为2.2 ~ 2.9 秒，SW 向周期值最大。全年各向最大周期 S 向最大，为 6.4 秒；SSW 向次之，为 6.3 秒；

ENE 向最小，为 4.0 秒。

表 3.5-2　全年各向平均周期和最大周期（2006—2019 年）　　　　　　　　单位：秒

	N	NNE	NE	ENE	E	ESE	SE	SSE	S	SSW	SW	WSW	W	WNW	NW	NNW
平均周期	2.5	2.7	2.4	2.2	2.4	2.6	2.6	2.4	2.5	2.7	2.9	2.4	2.4	2.6	2.7	2.6
最大周期	5.5	5.0	5.0	4.0	5.0	5.0	5.0	4.6	6.4	6.3	5.6	4.5	4.5	5.0	4.5	4.6

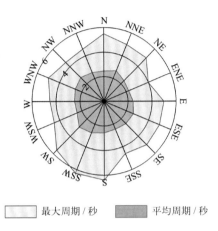

□ 最大周期／秒　　■ 平均周期／秒

图3.5-1　全年各向平均周期和最大周期（2006—2019年）

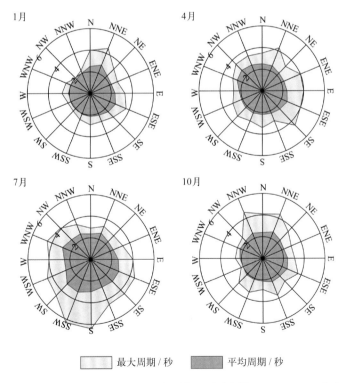

□ 最大周期／秒　　■ 平均周期／秒

图3.5-2　四季代表月各向平均周期和最大周期（2006—2019年）

　　1 月平均周期 NNE 向最大，为 2.9 秒；SW 向和 NW 向最小，均为 1.9 秒。最大周期 NNE 向最大，为 4.5 秒；N 向次之，为 4.0 秒；NW 向最小，为 2.0 秒。

4月平均周期NW向最大，为2.7秒；WSW向最小，为2.1秒。最大周期SE向最大，为4.5秒；NNE向次之，为4.3秒；W向最小，为2.7秒。

7月平均周期SSW向最大，为3.3秒；NE向和ENE向最小，均为2.3秒。最大周期S向最大，为6.4秒；SSW向次之，为6.3秒；N向最小，为2.9秒。

10月平均周期NNE向最大，为2.6秒；WSW向最小，为2.0秒。最大周期NNW向最大，为4.6秒；NNE向次之，为4.4秒；WSW向最小，为2.2秒。

第四章 表层海水温度、盐度和海发光

第一节 表层海水温度

1. 平均水温、最高水温和最低水温

北海站月平均水温的年变化具有峰谷明显的特点，7月最高，为30.2℃，1月最低，为15.7℃，年较差为14.5℃。2—7月为升温期，8月至翌年1月为降温期。月最高水温和月最低水温的年变化特征与月平均水温相似（图4.1-1）。

历年（2003年数据有缺测）的平均水温为22.8 ~ 25.5℃，其中2019年最高，1967年最低。累年平均水温为24.0℃。

历年的最高水温均不低于32.0℃，其中大于34.0℃的有9年，出现时间为5—9月，7月最多，占统计年份的36%。水温极大值为35.7℃，出现在1964年5月20日。

历年的最低水温均不高于14.0℃，其中小于8.0℃的有5年，出现时间为12月至翌年3月，1月最多，占统计年份的44%。水温极小值为6.5℃，出现在1964年2月21日。

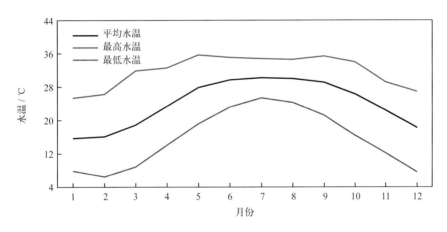

图4.1-1 水温年变化（1960—2019年）

2. 日平均水温稳定通过界限温度的日期

采用五日滑动平均方法求出稳定通过各个界限温度的日期，见表4.1-1。日平均水温全年均稳定通过15℃，稳定通过20℃的有246天，稳定通过25℃的有187天，稳定通过30℃的初日为7月2日，终日为7月23日，共22天。

表4.1-1 日平均水温稳定通过界限温度的日期（1960—2019年）

	15℃	20℃	25℃	30℃
初日	1月1日	3月29日	4月23日	7月2日
终日	12月31日	11月29日	10月26日	7月23日
天数	365	246	187	22

3. 长期趋势变化

1960—2019 年，年平均水温和年最低水温均呈波动上升趋势，上升速率分别为 0.15℃ /（10 年）和 0.61℃ /（10 年），年最高水温呈波动下降趋势，下降速率为 0.23℃ /（10 年），其中 1964 年和 1963 年最高水温分别为 1960 年以来的第一高值和第二高值，1964 年和 1975 年最低水温分别为 1960 年以来的第一低值和第二低值。

十年平均水温变化显示，2010—2019 年平均水温最高，1970—1979 年平均水温最低，两者相差 0.79℃（图 4.1-2）。

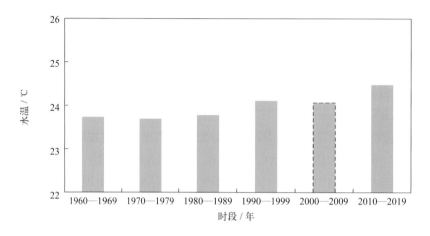

图4.1-2　十年平均水温变化（数据不足十年加虚线框表示，下同）

第二节　表层海水盐度

1. 平均盐度、最高盐度和最低盐度

北海站月平均盐度的年变化具有峰谷明显的特点，最高值出现在 3 月，为 29.30，最低值出现在 8 月，为 24.77，年较差为 4.53。月最高盐度 2 月最大，9 月最小。月最低盐度 3 月最大，7 月最小（图 4.2-1）。

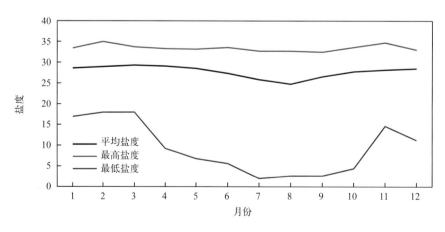

图4.2-1　盐度年变化（1960—2019年）

历年（2003 年数据有缺测）的平均盐度为 25.53 ~ 30.04，其中 1963 年最高，2009 年最低。累年平均盐度为 27.78。

历年的最高盐度均大于 30.85，其中大于 33.50 的有 5 年。年最高盐度多出现在 3—5 月，占统计年份的 54%。盐度极大值为 34.96，出现在 1996 年 2 月 11 日，《南海区海洋站海洋水文气候志》记载 1966 年 5 月 11 日 20 时盐度为 35.4。

历年的最低盐度均小于 21.80，其中小于 4.00 的有 6 年。年最低盐度多出现在 7—8 月，占统计年份的 61%。盐度极小值为 2.00，出现在 1987 年 7 月 31 日。

2. 长期趋势变化

1960—2019 年，年平均盐度和年最高盐度均无明显变化趋势，年最低盐度呈波动上升趋势，上升速率为 0.94/（10 年）。1996 年和 2006 年最高盐度分别为 1960 年以来的第一高值和第二高值；1987 年最低盐度为 1960 年以来的第一低值，1961 年和 1970 年最低盐度均为 1960 年以来的第二低值。

十年平均盐度变化显示，1980—1989 年平均盐度最高，2010—2019 年平均盐度最低，1970—1979 年平均盐度较上一个十年升幅最大，升幅为 0.72（图 4.2-2）。

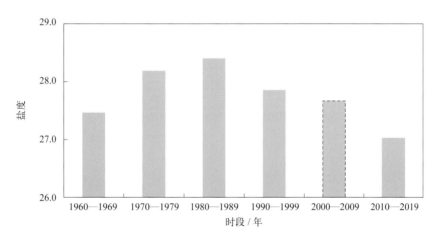

图4.2-2 十年平均盐度变化

第三节 海发光

1960—2011 年，北海站观测到的海发光主要为火花型（H），其次是闪光型（S），弥漫型（M）最少，观测到 13 次。海发光以 1 级海发光为主，占海发光次数的 90.3%；2 级海发光次之，占 9.5%；3 级海发光占 0.3%；4 级和 0 级海发光最少，各观测到 1 次。

各月及全年海发光频率见表 4.3-1 和图 4.3-1。9 月海发光频率最高，为 95.4%，2 月最低，为 75.4%。累年平均海发光频率为 86.9%。

历年（2003 年数据有缺测，2011 年 8 月停测）海发光频率均不低于 32.8%，其中 1996 年和 1998—2011 年海发光频率为 100%，1994 年最小。

表 4.3-1 各月及全年海发光频率（1960—2011 年）

	1月	2月	3月	4月	5月	6月	7月	8月	9月	10月	11月	12月	年
频率 / %	76.4	75.4	86.7	93.8	86.8	84.3	84.5	90.6	95.4	93.6	88.0	86.7	86.9

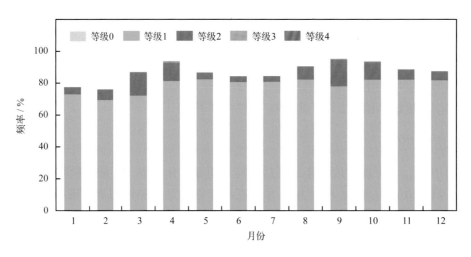

图4.3-1　各月各级海发光频率（1960—2011年）

第五章 海洋气象

第一节 气温

1. 平均气温、最高气温和最低气温

1960—2019 年，北海站累年平均气温为 23.1℃。月平均气温 7 月最高，为 29.2℃，1 月最低，为 14.6℃，年较差为 14.6℃。月最高气温和月最低气温的年变化特征与月平均气温相似，月最高气温极大值出现在 8 月，月最低气温极小值出现在 1 月和 12 月（表 5.1-1，图 5.1-1）。

表 5.1-1 气温年变化（1960—2019 年） 单位：℃

	1月	2月	3月	4月	5月	6月	7月	8月	9月	10月	11月	12月	年
平均气温	14.6	15.9	19.5	23.5	27.2	28.7	29.2	28.7	27.7	25.0	20.9	16.7	23.1
最高气温	28.5	29.3	31.7	34.3	38.3	37.7	38.0	38.9	37.2	35.5	32.5	28.8	38.9
最低气温	2.0	2.5	6.6	9.2	15.4	19.2	20.2	21.4	16.2	12.5	6.9	2.0	2.0

注：1983年1月至2004年8月停测，2005年数据有缺测。

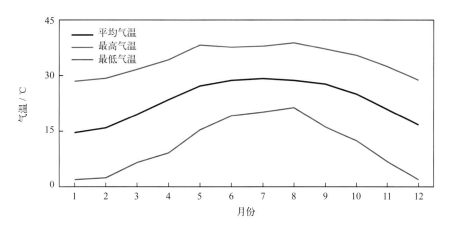

图5.1-1 气温年变化（1960—2019年）

历年的平均气温为 21.8 ~ 25.9℃，其中 2019 年最高，1967 年最低。

历年的最高气温均高于 32.5℃，其中高于 36.0℃的有 8 年。最早出现时间为 5 月 13 日（1966 年），最晚出现时间为 9 月 28 日（2016 年）。8 月最高气温出现频率最高，占统计年份的 48%，7 月次之，占 25%（图 5.1-2）。极大值为 38.9℃，出现在 2019 年 8 月 29 日。

历年的最低气温均低于 9.5℃，其中低于 3.0℃的有 6 年。最早出现时间为 12 月 14 日（1975 年），最晚出现时间为 3 月 14 日（2006 年）。1 月最低气温出现频率最高，占统计年份的 51%，2 月次之，占 24%（图 5.1-2）。极小值为 2.0℃，出现在 1975 年 12 月 14 日和 1977 年 1 月 31 日。

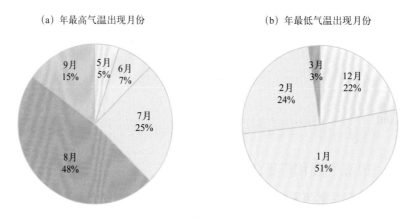

(a) 年最高气温出现月份　　　　　　　(b) 年最低气温出现月份

图5.1-2　年最高、最低气温出现月份及频率（1960—2019年）

2. 长期趋势变化

1960—1982年，年平均气温变化趋势不明显；年最高气温呈下降趋势，下降速率为 0.43℃ /（10 年）
（线性趋势未通过显著性检验）；年最低气温呈上升趋势，上升速率为 0.31℃ /（10 年）（线性趋势
未通过显著性检验）。2005—2019年，年平均气温和年最高气温均呈上升趋势，上升速率分别为
1.04℃ /（10 年）和 1.29℃ /（10 年）；年最低气温变化趋势不明显。

3. 常年自然天气季节和大陆度

利用北海站 1965—2019 年气温累年日平均数据计算五日滑动平均气温，根据《气候季节划分》
（QX/T 152—2012）中的气候季节划分指标和本志季节起止日确定方法，北海站平均春季时间从
1 月 11 日至 4 月 7 日，共 87 天；平均夏季时间从 4 月 8 日至 11 月 13 日，共 220 天；平均秋季时
间从 11 月 14 日至翌年 1 月 10 日，共 58 天。夏季时间最长，全年无冬季（图 5.1-3）。

北海站焦金斯基大陆度指数为 34.9%，属海洋性季风气候。

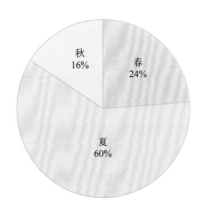

图5.1-3　各季平均日数百分率（1965—2019年）

第二节　气压

1. 平均气压、最高气压和最低气压

1965—2019 年，北海站累年平均气压为 1 011.1 百帕。月平均气压 12 月最高，为 1 018.9 百

帕，7月最低，为1 003.1百帕，年较差为15.8百帕。月最高气压1月最大，6月最小。月最低气压12月最大，7月最小（表5.2-1，图5.2-1）。

历年的平均气压为1 009.9 ~ 1 012.3百帕，其中1977年最高，2009年最低。

历年的最高气压均高于1 026.5百帕，其中高于1 030.0百帕的有9年。极大值为1 039.4百帕，出现在2016年1月24日。

历年的最低气压均低于999.0百帕，其中低于985.0百帕的有7年。极小值为954.2百帕，出现在2014年7月19日，正值1409号超强台风"威马逊"影响期间。

表5.2-1　气压年变化（1965—2019年）　　　　　　　　　　　　　单位：百帕

	1月	2月	3月	4月	5月	6月	7月	8月	9月	10月	11月	12月	年
平均气压	1 018.8	1 016.8	1 013.8	1 010.6	1 006.8	1 003.7	1 003.1	1 003.4	1 007.7	1 012.8	1 016.5	1 018.9	1 011.1
最高气压	1 039.4	1 031.4	1 031.6	1 028.7	1 018.9	1 012.1	1 012.2	1 012.7	1 018.7	1 025.2	1 030.3	1 031.8	1 039.4
最低气压	1 001.1	999.5	998.7	997.6	995.8	987.7	954.2	973.0	971.3	991.2	1 002.3	1 004.9	954.2

注：1983年1月至2004年8月停测，1965年和2005年数据有缺测。

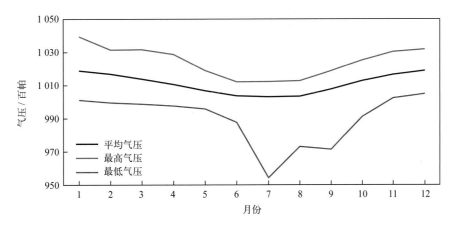

图5.2-1　气压年变化（1965—2019年）

2. 长期趋势变化

1966—1982年，年平均气压、年最高气压和年最低气压变化趋势均不明显。2005—2019年，年平均气压和年最高气压均呈上升趋势，上升速率分别为0.65百帕/（10年）和1.93百帕/（10年）（线性趋势未通过显著性检验）；年最低气压变化趋势不明显。

第三节　相对湿度

1. 平均相对湿度和最小相对湿度

1960—2019年，北海站累年平均相对湿度为80.7%。月平均相对湿度3月最大，为85.5%，12月最小，为73.5%。平均月最小相对湿度7月最大，为52.2%，12月最小，为27.8%。最小相对湿度的极小值为5%，出现在1963年2月27日（表5.3-1，图5.3-1）。

表 5.3-1　相对湿度年变化（1960—2019 年）

	1月	2月	3月	4月	5月	6月	7月	8月	9月	10月	11月	12月	年
平均相对湿度 / %	78.2	82.5	85.5	84.5	82.2	83.1	82.5	84.1	80.3	76.2	75.3	73.5	80.7
平均最小相对湿度 / %	29.8	38.1	43.0	44.7	45.4	51.7	52.2	50.8	42.5	33.9	31.3	27.8	40.9
最小相对湿度 / %	10	5	12	22	23	29	32	31	26	15	15	15	5

注：平均最小相对湿度为各月最小相对湿度的累年平均值及其年平均值。1983年1月至2004年8月停测，2005年数据有缺测。

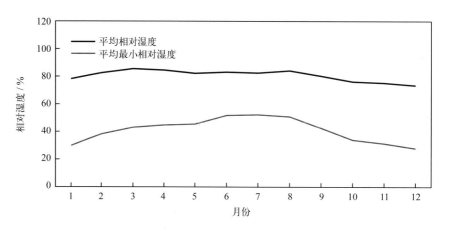

图5.3-1　相对湿度年变化（1960—2019年）

2. 长期趋势变化

1960—2019 年，年平均相对湿度为 72.2% ~ 86.1%，其中 2006 年最大，2011 年最小。1960—1982 年，年平均相对湿度无明显变化趋势；2005—2019 年，年平均相对湿度呈下降趋势，下降速率为 3.58%/（10 年）（线性趋势未通过显著性检验）。

3. 温湿指数

根据《人居环境气候舒适度评价》（GB/T 27963—2011）的温湿指数统计方法和气候舒适度等级划分方法，统计北海站各月温湿指数，结果显示：1—2月和12月温湿指数为 14.6 ~ 16.4，感觉为冷；3—4月和10—11月温湿指数为 19.1 ~ 23.7，感觉为舒适；5—6月和8—9月温湿指数为 26.0 ~ 27.4，感觉为热；7月温湿指数为 27.7，感觉为闷热（表 5.3-2）。

表 5.3-2　温湿指数年变化（1960—2019 年）

	1月	2月	3月	4月	5月	6月	7月	8月	9月	10月	11月	12月
温湿指数	14.6	15.8	19.1	22.7	26.0	27.4	27.7	27.4	26.3	23.7	20.0	16.4
感觉程度	冷	冷	舒适	舒适	热	热	闷热	热	热	舒适	舒适	冷

第四节　风

1. 平均风速和最大风速

北海站风速的年变化见表 5.4-1 和图 5.4-1。累年平均风速为 2.9 米 / 秒，月平均风速 1 月和 2 月最大，均为 3.3 米 / 秒，8 月最小，为 2.5 米 / 秒。平均最大风速 7 月最大，为 12.5 米 / 秒，

10月最小，为9.3米/秒。最大风速月最大值对应风向多为N向（5个月）。极大风速的最大值为41.1米/秒，对应风向为ENE，出现在2014年7月19日，正值1409号超强台风"威马逊"影响期间。

表5.4-1　风速年变化（1960—2019年）　　　　　　　　　　　　单位：米/秒

		1月	2月	3月	4月	5月	6月	7月	8月	9月	10月	11月	12月	年
平均风速		3.3	3.3	3.0	2.8	2.7	2.9	3.1	2.5	2.6	2.9	3.1	3.1	2.9
最大风速	平均值	9.7	9.8	9.8	10.1	9.4	10.7	12.5	12.3	10.7	9.3	9.7	9.7	10.3
	最大值	18.6	20.7	19.0	20.0	21.0	23.5	28.1	28.0	29.0	17.0	17.0	17.0	29.0
	最大值对应风向	N	NNW	N	N	SE	NW	SSW	E/ESE	SE	N	N	SE	SE
极大风速	最大值	18.8	19.5	18.5	20.0	15.6	22.2	41.1	32.9	34.9	20.6	22.1	21.0	41.1
	最大值对应风向	N	NNE	NNE	N	NNE	W	ENE	E	SE	NW	ESE	NNE	ENE

注：1983年4月至1985年12月、1995年4月至2004年8月停测，2005年数据有缺测，极大风速的统计时间为2004—2019年。

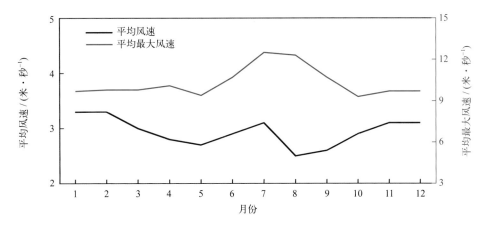

图5.4-1　平均风速和平均最大风速年变化（1960—2019年）

历年的平均风速为1.7～4.1米/秒，其中1976年最大，1993年最小。历年的最大风速均大于等于10.2米/秒，其中大于等于21.0米/秒的有8年，大于等于28.0米/秒的有5年。最大风速的最大值为29.0米/秒，对应风向为SE，出现在1982年9月15日，正值8217号台风影响期间。年最大风速出现在7月的频率最高，2月和3月未出现（图5.4-2）。

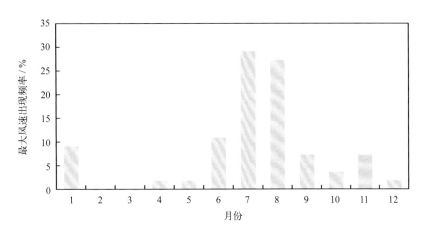

图5.4-2　年最大风速出现频率（1960—2019年）

2. 各向风频率

全年 NNE 向风最多，频率为 14.1%，ESE 向次之，频率为 13.3%，WNW 向和 NW 向最少，频率均为 1.8%（图 5.4-3）。

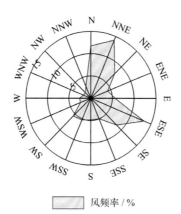

图5.4-3　全年各向风频率（1965—2019年）

1 月盛行风向为 N—NE，频率和为 52.2%；4 月盛行风向为 N—NE 和 ESE—SE，频率和分别为 27.8% 和 31.1%；7 月盛行风向为 ESE—SW，频率和为 70.7%；10 月盛行风向为 N—NE，频率和为 46.6%（图 5.4-4）。

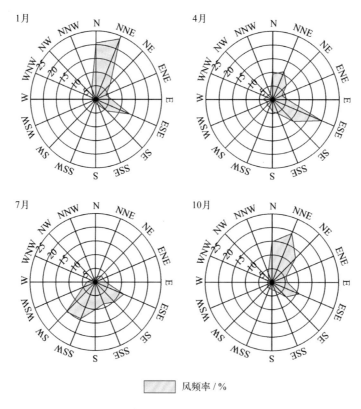

图5.4-4　四季代表月各向风频率（1965—2019年）

3. 各向平均风速和最大风速

全年各向平均风速 N 向最大，为 3.2 米／秒，ESE 向次之，为 3.1 米／秒，WSW 向最小，为

1.7 米 / 秒（图 5.4-5）。1 月、4 月和 10 月平均风速均为 N 向最大，分别为 3.8 米 / 秒、3.5 米 / 秒和 3.5 米 / 秒；7 月平均风速 SSW 向最大，为 3.7 米 / 秒（图 5.4-6）。

全年各向最大风速 SE 向最大，为 29.0 米 / 秒，SSW 向次之，为 28.1 米 / 秒，NE 向最小，为 16.9 米 / 秒（图 5.4-5）。1 月 N 向最大风速最大，为 18.6 米 / 秒；4 月 N 向最大风速最大，为 20.0 米 / 秒；7 月 SSW 向最大风速最大，为 28.1 米 / 秒；10 月 N 向最大风速最大，为 17.0 米 / 秒（图 5.4-6）。

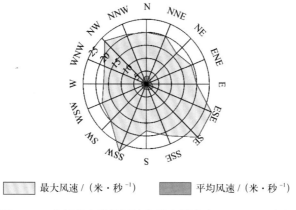

最大风速 /（米·秒⁻¹）　　　平均风速 /（米·秒⁻¹）

图 5.4-5　全年各向平均风速和最大风速（1965—2019 年）

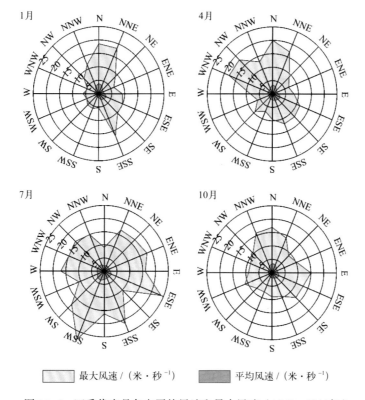

最大风速 /（米·秒⁻¹）　　　平均风速 /（米·秒⁻¹）

图 5.4-6　四季代表月各向平均风速和最大风速（1965—2019 年）

4. 大风日数

风力大于等于 6 级的大风日数 7 月最多，为 1.3 天，占全年的 14.0%，8 月和 11 月次之，均为 1.0 天（表 5.4-2，图 5.4-7）。平均年大风日数为 9.3 天（表 5.4-2）。历年大风日数 1976 年最多，为 75 天，1993 年未出现。

　　风力大于等于 8 级的大风日数 9 月最多，出现 5 天，7 月和 8 月次之，均出现 4 天，4 月和 6 月均出现 3 天，1 月、2 月、3 月和 5 月均出现 1 天，10—12 月未出现。历年大风日数 1976 年和 1980 年最多，均为 5 天，有 31 年未出现。

　　风力大于等于 6 级的月大风日数最多为 15 天，出现在 1977 年 1 月；最长连续大于等于 6 级大风日数为 10 天，出现在 2015 年 7 月 21—30 日（表 5.4-2）。

表 5.4-2　各级大风日数年变化（1960—2019 年）　　　　　　　单位：天

	1月	2月	3月	4月	5月	6月	7月	8月	9月	10月	11月	12月	年
大于等于6级大风平均日数	0.8	0.5	0.6	0.7	0.4	0.9	1.3	1.0	0.7	0.6	1.0	0.8	9.3
大于等于7级大风平均日数	0.2	0.1	0.2	0.2	0.1	0.2	0.5	0.3	0.3	0.2	0.3	0.3	2.9
大于等于8级大风平均日数	0.0	0.0	0.0	0.1	0.0	0.1	0.1	0.1	0.1	0.0	0.0	0.0	0.5
大于等于6级大风最多日数	15	8	9	8	6	5	12	7	8	11	10	11	75
最长连续大于等于6级大风日数	5	5	3	2	3	4	10	3	5	6	5	8	10

　　注：1983年4月至1985年12月、1995年4月至2004年8月停测，2005年数据有缺测；大于等于6级大风统计时间为1960—2019年，大于等于7级和大于等于8级大风统计时间为1965—2019年。

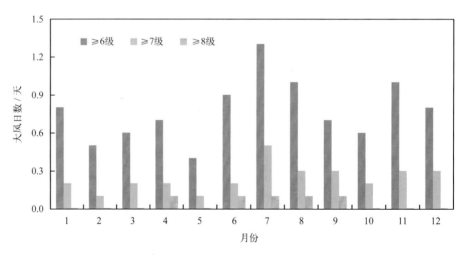

图5.4-7　各级大风日数年变化

第五节　降水

1. 降水量和降水日数

（1）降水量

　　北海站降水量的年变化见表 5.5-1 和图 5.5-1。平均年降水量为 1 726.4 毫米，6—8 月为 1 011.1 毫米，占全年降水量的 58.6%，3—5 月为 280.1 毫米，占全年的 16.2%，9—11 月为 347.1 毫米，占全年的 20.1%，12 月至翌年 2 月为 88.1 毫米，占全年的 5.1%。8 月平均降水量最多，为 414.0 毫米，占全年的 24.0%。

历年年降水量为 849.1 ~ 2 640.1 毫米，其中 2008 年最多，1962 年最少。

最大日降水量超过 100 毫米的有 38 年，超过 150 毫米的有 26 年，超过 200 毫米的有 13 年。最大日降水量为 509.2 毫米，出现在 1981 年 7 月 24 日，正值 8107 号强热带风暴影响期间。

表 5.5-1　降水量年变化（1960—2019 年）　　　　　　　　单位：毫米

	1月	2月	3月	4月	5月	6月	7月	8月	9月	10月	11月	12月	年
平均降水量	37.4	27.4	49.3	92.2	138.6	265.7	331.4	414.0	215.9	78.8	52.4	23.3	1 726.4
最大日降水量	191.2	40.0	135.7	190.0	380.6	266.5	509.2	218.9	269.0	173.5	276.9	71.1	509.2

注：1983年1月至2004年8月停测，1965年和2005年数据有缺测。

（2）降水日数

平均年降水日数为 136.4 天。平均月降水日数 8 月最多，为 18.7 天，11 月最少，为 6.3 天（图 5.5-2 和图 5.5-3）。日降水量大于等于 10 毫米的平均年日数为 38.8 天，各月均有出现；日降水量大于等于 50 毫米的平均年日数为 8.7 天，出现在 1 月和 3—12 月；日降水量大于等于 100 毫米的平均年日数为 2.7 天，出现在 1 月和 3—11 月；日降水量大于等于 150 毫米的平均年日数为 1.17 天，出现在 1 月和 4—11 月；日降水量大于等于 200 毫米的平均年日数为 0.47 天，出现在 5—9 月和 11 月（图 5.5-3）。

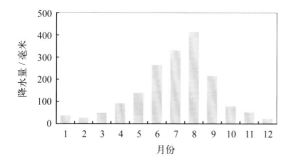

图5.5-1　降水量年变化（1960—2019年）

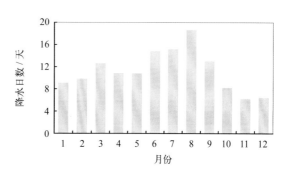

图5.5-2　降水日数年变化（1965—2019年）

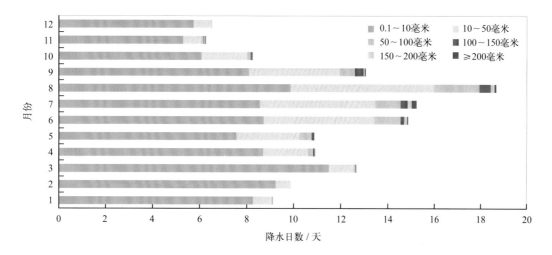

图5.5-3　各月各级平均降水日数分布（1960—2019年）

最多年降水日数为 164 天，出现在 1972 年；最少年降水日数为 109 天，出现在 2006 年。最长连续降水日数为 18 天，出现在 1972 年 7 月 31 至 8 月 17 日；最长连续无降水日数为 39 天，出现在 1981 年 11 月 26 日至 1982 年 1 月 3 日。

2. 长期趋势变化

1960—1982 年，年降水量和年最大日降水量均呈上升趋势，上升速率分别为 186.48 毫米 /（10 年）（线性趋势未通过显著性检验）和 28.54 毫米 /（10 年）（线性趋势未通过显著性检验）。2006—2019 年，年降水量呈上升趋势，上升速率为 59.82 毫米 /（10 年）（线性趋势未通过显著性检验）；年最大日降水量无明显变化趋势。

1966—1982 年，年降水日数呈增加趋势，增加速率为 8.06 天 /（10 年）（线性趋势未通过显著性检验）；最长连续降水日数无明显变化趋势；最长连续无降水日数呈增加趋势，增加速率为 11.00 天 /（10 年）。2006—2019 年，年降水日数和最长连续降水日数均无明显变化趋势；最长连续无降水日数呈增加趋势，增加速率为 2.09 天 /（10 年）（线性趋势未通过显著性检验）。

第六节　雾及其他天气现象

1. 雾

北海站雾日数的年变化见表 5.6-1、图 5.6-1 和图 5.6-2。1965—2019 年，平均年雾日数为 8.9 天。平均月雾日数 3 月最多，为 2.3 天，7 月最少，出现 1 天；月雾日数最多为 9 天，出现在 1969 年 1 月；最长连续雾日数为 4 天，出现在 1966 年 2 月 1—4 日和 1969 年 1 月 18—21 日。

表 5.6-1　雾日数年变化（1965—2019 年）　　　　　　　　　　　　单位：天

	1月	2月	3月	4月	5月	6月	7月	8月	9月	10月	11月	12月	年
平均雾日数	1.4	2.0	2.3	1.3	0.1	0.1	0.0	0.1	0.1	0.3	0.4	0.8	8.9
最多雾日数	9	7	7	5	1	1	1	1	1	2	3	3	24
最长连续雾日数	4	4	3	3	1	1	1	1	1	2	2	3	4

注：1965 年数据有缺测，1983—2008 年停测。

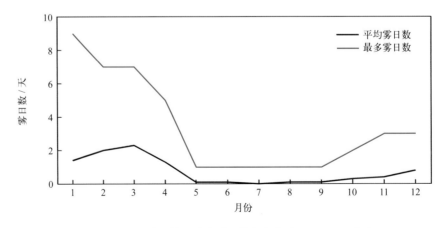

图5.6-1　平均雾日数和最多雾日数年变化（1965—2019年）

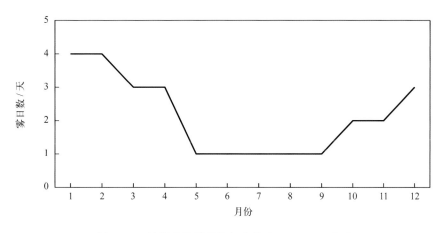

图5.6-2　最长连续雾日数年变化（1965—2019年）

1966年和1969年雾日数最多，均为24天，2011年、2016年和2017年未出现。1966—1982年，年雾日数呈下降趋势，下降速率为3.87天/（10年）（线性趋势未通过显著性检验）。2009—2019年，年雾日数呈下降趋势，下降速率为3.91天/（10年）（线性趋势未通过显著性检验）。

2. 轻雾

北海站轻雾日数的年变化见表5.6-2和图5.6-3。1965—1982年，平均年轻雾日数为99.2天。平均月轻雾日数3月最多，为13.6天，6月最少，为4.1天。最多月轻雾日数为24天，出现在1980年11月。

表5.6-2　轻雾日数年变化（1965—1982年）　　　　　　　　　　单位：天

	1月	2月	3月	4月	5月	6月	7月	8月	9月	10月	11月	12月	年
平均轻雾日数	11.9	9.6	13.6	10.0	6.9	4.1	5.3	5.2	6.0	7.8	8.6	10.2	99.2
最多轻雾日数	19	17	23	17	10	9	9	10	11	17	24	22	141

注：1965年数据有缺测，1966年11月至1970年10月停测。

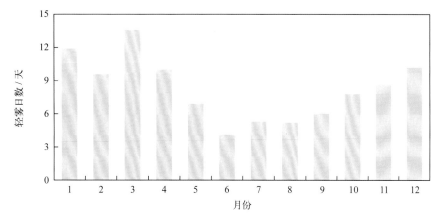

图5.6-3　轻雾日数年变化（1965—1982年）

1971—1982 年，年轻雾日数呈上升趋势，上升速率为 36.33 天 /（10 年）（线性趋势未通过显著性检验）。1979 年轻雾日数最多，为 141 天，1971 年最少，为 53 天（图 5.6-4）。

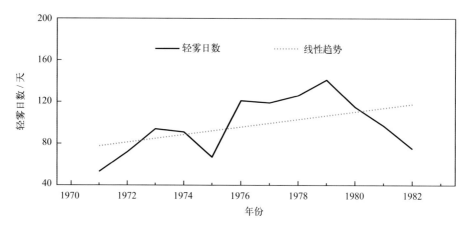

图5.6-4　1971—1982年轻雾日数变化

3. 雷暴

北海站雷暴日数的年变化见表 5.6-3 和图 5.6-5。1960—1982 年，平均年雷暴日数为 82.0 天。雷暴主要出现在 4—10 月，其中 8 月最多，为 19.7 天，12 月未出现。雷暴最早初日为 1 月 21 日（1969 年），最晚终日为 11 月 29 日（1965 年）。月雷暴日数最多为 26 天，出现在 1970 年 8 月。

表5.6-3　雷暴日数年变化（1960—1982 年）　　　　　　　　　　　　单位: 天

	1月	2月	3月	4月	5月	6月	7月	8月	9月	10月	11月	12月	年
平均雷暴日数	0.2	0.7	2.5	5.7	8.4	13.3	15.9	19.7	11.6	3.5	0.5	0.0	82.0
最多雷暴日数	4	6	6	11	17	19	23	26	18	10	5	0	96

1960—1982 年，年雷暴日数呈下降趋势，下降速率为 3.49 天 /（10 年）（线性趋势未通过显著性检验）。1963 年雷暴日数最多，为 96 天，1977 年最少，为 65 天（图 5.6-6）。

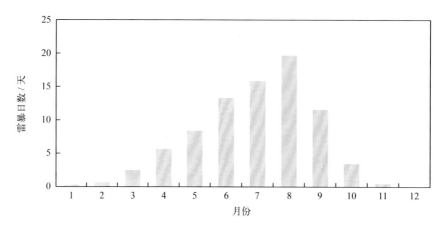

图5.6-5　雷暴日数年变化（1960—1982年）

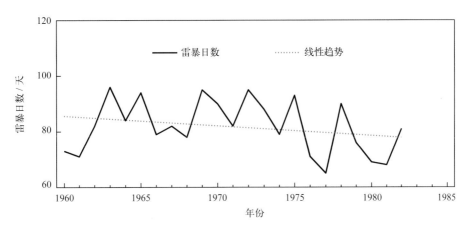

图5.6-6　1960—1982年雷暴日数变化

4. 霜

北海站霜日数的年变化见表5.6-4。1960—1982年，平均年霜日数为0.5天，霜出现在12月至翌年2月，1月最多，平均日数为0.3天。月霜日数最多为3天，出现在1974年1月。霜最早初日为12月23日（1975年），最晚终日为2月8日（1969年）。

1960—1982年，北海站有6年出现霜，其中1974年最多，为3天。

表5.6-4　霜日数年变化（1960—1982年）　　　　　　　　　　单位：天

	1月	2月	3月	4月	5月	6月	7月	8月	9月	10月	11月	12月	年
平均霜日数	0.3	0.0	0.0	0.0	0.0	0.0	0.0	0.0	0.0	0.0	0.0	0.2	0.5
最多霜日数	3	1	0	0	0	0	0	0	0	0	0	2	3

第七节　能见度

1965—2019年，北海站累年平均能见度为16.7千米。7月平均能见度最大，为23.7千米，3月最小，为11.6千米。能见度小于1千米的平均年日数为4.9天，2月和3月最多，均为1.3天，5月、6月和8月均出现1天，7月和9月未出现（表5.7-1，图5.7-1和图5.7-2）。

历年平均能见度为11.6～21.8千米，1971年最高，2017年最低。能见度小于1千米的日数1969年最多，为13天，有4年未出现（图5.7-3）。

1966—1978年，年平均能见度无明显变化趋势；2007—2019年，年平均能见度呈下降趋势，下降速率为3.27千米/（10年）。

表5.7-1　能见度年变化（1965—2019年）

	1月	2月	3月	4月	5月	6月	7月	8月	9月	10月	11月	12月	年
平均能见度/千米	11.7	11.7	11.6	14.1	19.8	21.8	23.7	21.4	19.5	16.9	14.6	13.1	16.7
能见度小于1千米平均日数/天	1.0	1.3	1.3	0.6	0.0	0.0	0.0	0.0	0.0	0.1	0.2	0.4	4.9

注：1965年数据有缺测，1979—1981年和1983年1月至2006年4月停测。

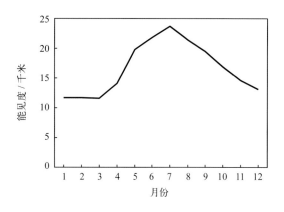

图5.7-1 能见度年变化

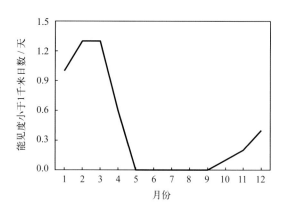

图5.7-2 能见度小于1千米日数年变化

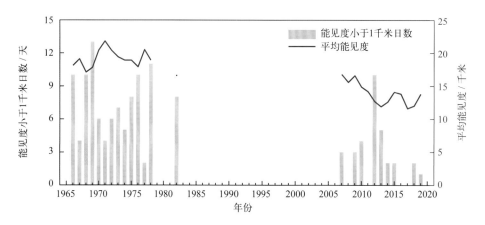

图5.7-3 能见度小于1千米年日数和平均能见度变化

第八节 云

1965—1982年，北海站累年平均总云量为5.7成，6月平均总云量最多，为6.6成，11月最少，为4.5成；累年平均低云量为3.8成，2月平均低云量最多，为5.8成，9月、10月和11月最少，均为2.8成（表5.8-1，图5.8-1）。

1966—1982年，年平均总云量变化趋势不明显，1970年和1975年最多，均为6.2成，1971年和1980年最少，均为5.4成（图5.8-2）；年平均低云量变化趋势不明显，1970年、1972年、1976年和1982年平均低云量均为4.2成，1977年最少，为3.3成（图5.8-3）。

表5.8-1 总云量和低云量年变化（1965—1982年）

	1月	2月	3月	4月	5月	6月	7月	8月	9月	10月	11月	12月	年
平均总云量/成	5.6	6.3	6.2	6.1	5.8	6.6	6.3	6.5	5.4	4.8	4.5	4.7	5.7
平均低云量/成	4.9	5.8	5.7	4.7	3.1	3.4	3.0	3.5	2.8	2.8	2.8	3.6	3.8

注：1965年数据有缺测。

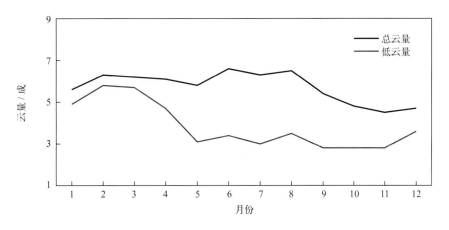

图5.8-1 总云量和低云量年变化（1965—1982年）

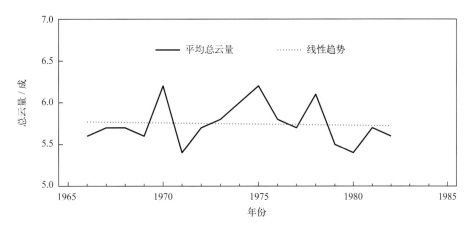

图5.8-2 1966—1982年平均总云量变化

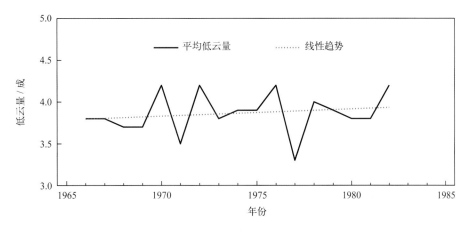

图5.8-3 1966—1982年平均低云量变化

第九节 蒸发量

1960—1978年，北海站平均年蒸发量为1 848.3毫米。5月蒸发量最大，为200.2毫米，2月蒸发量最小，为95.4毫米（表5.9-1，图5.9-1）。

表 5.9-1　蒸发量年变化（1960—1978 年）　　　　　　　　　　　　　　单位：毫米

	1月	2月	3月	4月	5月	6月	7月	8月	9月	10月	11月	12月	年
平均蒸发量	109.7	95.4	117.6	135.8	200.2	178.9	194.2	176.5	182.7	184.4	147.6	125.3	1 848.3

注：1968年和1971年数据有缺测。

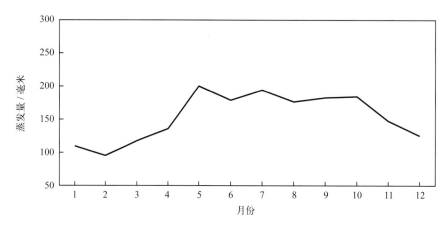

图5.9-1　蒸发量年变化（1960—1978年）

第六章　海平面

1. 年变化

北海沿海海平面年变化特征明显，2月最低，10月最高，年变幅为23厘米（图6-1），平均海平面在验潮基面上258厘米。

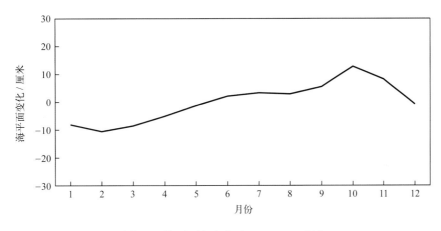

图6-1　海平面年变化（1966—2019年）

2. 长期趋势变化

1966—2019年，北海沿海海平面呈波动上升趋势，上升速率为2.0毫米/年；1993—2019年，北海沿海海平面上升速率为1.9毫米/年，低于同期中国沿海3.9毫米/年的平均水平。1966—1970年，沿海海平面总体较低，其中1968年海平面处于有观测记录以来的最低位，1971年海平面明显抬升，之后波动上升，2012年海平面为有观测记录以来的最高位。

北海沿海十年平均海平面总体上升。1966—1969年，北海沿海海平面处于有观测记录以来的最低位，1970—1979年海平面上升较快，平均海平面较1966—1969年高27毫米，1980—2019年，平均海平面以每十年20～25毫米的幅度上升，2010—2019年平均海平面处于观测以来的最高位，比1966—1969年平均海平面高103毫米（图6-2）。

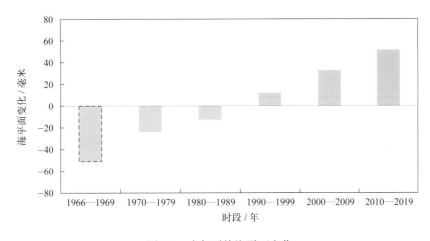

图6-2　十年平均海平面变化

3. 周期性变化

1966—2019 年，北海沿海海平面有准 2 年、4 年、7 年和准 19 年的显著变化周期，振荡幅度 1 ~ 2 厘米。1971 年、2001 年和 2012 年前后海平面处于准 2 年、7 年和准 19 年周期性振荡的高位，几个主要周期性振荡高位叠加，抬高了同时段海平面的高度（图 6-3）。

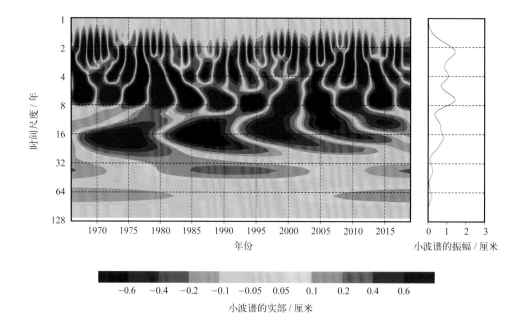

图6-3　年均海平面的小波（wavelet）变换

第七章 灾害

第一节 海洋灾害

1. 风暴潮

1955年9月25日前后，5526号超强台风登陆海南琼东，引发较大潮灾。北海站最大增水超过1米（《中国海洋灾害四十年资料汇编》）。

1964年7月2日前后，6403号强台风登陆海南琼海，引发严重潮灾。北海站最大增水超过1米（《中国海洋灾害四十年资料汇编》）。

1965年7月15日前后，6508号超强台风影响广西沿海，台风登陆时正遇农历六月十七天文大潮期，引发特大潮灾。北海站最大增水超过1米。广西沿海受其影响，合浦县海堤冲垮，淹没农田几万亩，这次台风风力大，范围广，风灾重，海潮高。合浦县沙田公社，受淹农田800亩；山口公社受淹农田2 200余亩；南康公社石头埠大队，全大队堤围都垮了，总长3 300米，受淹农田1 000余亩，崩屋52间；合浦北暮盐场，损失2 000余吨盐（《中国海洋灾害四十年资料汇编》）。

1986年7月19—22日，8609号热带风暴登陆广西合浦，台风登陆时为农历六月十五天文大潮期，引发特大潮灾。北海站最大增水超过0.5米，最高潮位超过当地警戒潮位。广西沿海海堤遭到毁灭性的袭击，1 000余千米的海堤80%以上被高潮巨浪漫顶破坏，造成极为严重的损失。据不完全统计，此次损失约3.9亿元，其中风暴潮损失占80%（《中国海洋灾害四十年资料汇编》）。

1992年6月29日前后，受9204号台风影响，广西沿海全线出现超过当地警戒潮位的高潮位，北海站29日15时45分记录到最高潮位5.58米，超过当地警戒潮位3厘米，高潮增水90厘米（《1992年中国海洋灾害公报》）。

2003年7月24日前后，0307号强台风"伊布都"影响广西沿海，北海受灾人口69.1万人，倒塌房屋870间，直接经济损失达2.47亿元（《2003年中国海洋灾害公报》）。

2005年9月26日前后，0518号超强台风"达维"在海南省万宁县山根镇一带沿海登陆，北海、钦州、防城港等市受灾人口37.8万人（《2005年中国海洋灾害公报》）。

2006年8月3日前后，0606号台风"派比安"影响广西沿海，北海、钦州、防城港3市受灾人口167.75万人，死亡1人，海洋水产养殖损失0.57万公顷，损毁海堤35.735千米，直接经济损失达7.037亿元（《2006年中国海洋灾害公报》）。

2007年7月5日前后，0703号热带风暴"桃芝"在广西壮族自治区东兴市东兴镇一带沿海登陆。广西受灾人口10.98万人，堤防损毁5.72千米，船只损毁16艘，海洋灾害造成直接经济损失0.55亿元。北海市损坏海堤12处3.20千米，损坏小艇10艘，沉没4艘（《2007年中国海洋灾害公报》）。

2008年9月，广西沿海海平面较常年偏高，24日前后，0814号强台风"黑格比"影响广西沿海，北海、防城港、钦州3市受灾人口242.97万人，海洋水产养殖受损面积3 899公顷，房屋损毁0.29万间，堤防损坏166.06千米，船只毁坏146艘，直接经济损失达13.97亿元（《2008年中国海平面公报》《2008年中国海洋灾害公报》）。

2009 年 9 月 15 日前后，0915 号台风"巨爵"影响广西沿海，北海、钦州和防城港沿海 3 市受灾人口 6.91 万人，海洋水产养殖损失 283 吨，堤防损坏 0.42 千米，护岸损坏 7 处，直接经济损失为 0.10 亿元（《2009 年中国海洋灾害公报》）。

2011 年 9—11 月，广西沿海为季节性高海平面期，9 月 29 日至 10 月 3 日，1117 号强台风"纳沙"过境期间恰为天文大潮期，季节性高海平面、天文大潮和风暴增水叠加，造成 50 多万人受灾，经济损失超过 1 亿元（《2011 年中国海平面公报》）。

2013 年 6 月 23—24 日，1305 号热带风暴"贝碧嘉"影响广西沿海期间，恰逢天文大潮期，各验潮站的最高潮位均超过当地警戒潮位，造成经济损失 367 万元。11 月为广西沿海高海平面期，强台风"海燕"于 11 日影响广西沿海，造成水产养殖和堤防设施等经济损失 2.66 亿元（《2013 年中国海平面公报》）。

2014 年 7 月 18 日前后，1409 号超强台风"威马逊"先后在海南文昌、广东湛江、广西防城港登陆，是 1949 年以来登陆我国的最强台风。广西受灾人口 155.43 万人，水产养殖受灾面积 0.75 万公顷，养殖设施、设备损失 6 100 个，毁坏船只 216 艘，损毁海堤、护岸 49.03 千米，直接经济损失达 24.66 亿元。9 月，广西沿海处于季节性高海平面期，台风"海鸥"影响广西沿海期间恰逢天文大潮，广西受灾人口 69.35 万人，水产养殖受损面积 1.3 公顷，毁坏防波堤 18.14 千米，毁坏海堤、护岸 8.8 千米，淹没农田 3.37 公顷，直接经济损失达 3.64 亿元（《2014 年中国海洋灾害公报》《2014 年中国海平面公报》）。

2015 年 10 月，广西沿海处于季节性高海平面期，1522 号强台风"彩虹"于 4—5 日影响广西沿海，其间恰逢天文大潮，水产养殖和堤防设施等遭到破坏，直接经济损失超过 0.4 亿元（《2015 年中国海平面公报》）。

2016 年 10 月，广西沿海处于季节性高海平面期，1621 号超强台风"莎莉嘉"于 19 日在东兴市登陆，广西沿海出现了不同程度的风暴潮灾害，农林、水产和堤防设施等遭受损失，直接经济损失超过 2 亿元（《2016 年中国海平面公报》）。

2019 年 7 月 31 日至 8 月 2 日，1907 号热带风暴"韦帕"影响广西、广东和海南期间，沿海最大增水超过 100 厘米，又恰逢天文大潮期，广西沿海海平面较常年高约 50 毫米，高海平面、天文大潮和风暴增水等共同作用，给广西沿海带来较大经济损失（《2019 年中国海平面公报》）。

2. 海浪

1996 年 9 月 9 日前后，广西壮族自治区北海市遭受 9615 号强台风风暴潮袭击，在台风浪和风暴潮的共同作用下，广西沿海遭受严重灾害。北海市的海堤被 3～5 米的海浪打坏，潮水涌入。据统计，北海市一县三区 26 个乡镇全部受灾，直接经济损失达 25.55 亿元（《1996 年中国海洋灾害公报》）。

2005 年 12 月 21 日前后，受冷空气浪影响，"桂北渔 62138"号渔船在距北海市区约 37 海里处沉没，造成 4 人死亡（含失踪）（《2005 年中国海洋灾害公报》）。

2020 年 2 月 14—19 日，受冷空气影响，海海域先后出现有效波高 4.0～6.0 米的巨浪到狂浪，北部湾 MF12001 浮标实测最大有效波高 4.0 米、最大波高 6.3 米。2 月 14 日，2 艘广西籍渔船在广西北海市海域倾覆，死亡 1 人（《2020 年中国海洋灾害公报》）。

3. 海水入侵

2008 年，广西壮族自治区北海市存在海水入侵（《2008 年中国海洋灾害公报》）。

2009 年，广西壮族自治区北海市部分区域海水入侵呈加重趋势（《2009 年中国海洋灾害公报》）。

2010 年，广西北海海水入侵程度和范围有所增加（《2010 年中国海洋灾害公报》）。

2012 年，广西北海 B 断面重度海水入侵距离 2.11 千米，轻度海水入侵距离 2.37 千米（《2012 年中国海洋灾害公报》）。

2013 年，广西北海大王埠监测断面重度海水入侵距离 1.36 千米，轻度海水入侵距离 1.42 千米（《2013 年中国海洋灾害公报》）。

2014 年，广西北海大王埠监测断面重度海水入侵距离 1.35 千米，轻度海水入侵距离 1.43 千米（《2014 年中国海洋灾害公报》）。

2016 年，广西北海大王埠监测断面海水入侵范围有所扩大（《2016 年中国海洋灾害公报》）。

2017 年，广西北海西海岸海水入侵距离 0.69 千米（《2017 年中国海洋灾害公报》）。

2018 年，广西北海西海岸海水入侵距离 0.34 千米（《2018 年中国海洋灾害公报》）。

第二节　灾害性天气

根据《中国气象灾害大典·广西卷》（1949—2000 年）和《中国气象灾害年鉴》（2000 年后）及《南海区海洋站海洋水文气候志》等记载，北海站周边发生的主要灾害性天气有暴雨洪涝、大风（龙卷风）、冰雹、雷电、寒潮和霜冻等。

1. 暴雨洪涝

1954 年 8 月 6—9 日，受 5407 号热带风暴影响，广西普降暴雨，其中，北海过程降雨量为 210.2 毫米，最大日降雨量高达 148.3 毫米。

1963 年 7 月 23—26 日，6307 号台风袭击北海市，北海市日最大降雨量高达 152.0 毫米，合浦县各种农作物受灾 0.93 万公顷，损失稻谷 76.5 万千克、花生 5.5 万千克，房屋倒塌 1 816 间，崩屋压死 1 人、伤 37 人，冲崩海堤 218 处 49 千米，冲崩山塘水库堤坝 76 处 76 万立方米。

1965 年 7 月 24 日，受 6509 号强热带风暴影响，广西沿海普降大暴雨，北海日降雨量高达 201.3 毫米。暴雨造成海堤、渠道、房屋受损，合浦县崩海堤 39 处、渠道 2 处，房屋 53 间。

1966 年 7 月 26 日，北海市城区受 6608 号强台风正面袭击，风力 12 级以上，并降暴雨。

1971 年 6 月 28 日，7109 号强台风正面袭击北海市，各地普降暴雨，北海市日最大降雨量为 266.5 毫米。

1974 年 7 月 22—25 日，受 7411 号超强台风影响，北海日最大降雨量高达 204.6 毫米，暴雨造成合浦县 0.42 万公顷农田被淹，14 041 米水堤崩塌。

1980 年 6 月 27—29 日，受 8005 号强热带风暴影响，北海、合浦等地出现暴雨，其中北海日最大降雨量高达 177.1 毫米。暴雨造成海堤决口，房屋倒塌，水稻被淹等。

1981 年 7 月 21—25 日，受 8107 号强热带风暴影响，北海市降特大暴雨，日最大降雨量高达 509.2 毫米，过程降雨量为 650.9 毫米。7 月 24 日，北海市区 13 条大街被淹，市区部分街道被淹 1 天，部分地下设施倒塌，郊区被淹 2～3 天。4 个水库不同程度崩塌，受灾人口达 12.3 万人，占总人口的 74%。横县水响水库出现垮坝事故，损失严重。

1984 年 7 月 9—12 日，受 8404 号强热带风暴影响，广西各地普降暴雨，其中北海日最大降雨量为 270.9 毫米。

1987年7月27—31日，受西南低涡影响，广西出现了一次暴雨天气过程，其中合浦、北海的过程降雨量分别为400毫米、701毫米，造成了洪涝灾害。

1991年7月22—23日，受9107号超强台风影响，广西南部多地出现大暴雨，其中北海市出现特大暴雨，日最大降雨量为316.3毫米。

1996年8月12—16日，受北部湾低压和热带辐合带影响，桂南出现一次暴雨天气过程，有17站（25站次）降暴雨，其中有3站（4站次）降大暴雨。日最大降雨量：合浦168.8毫米（8月12日），北海153.9毫米（8月14日）。

2003年7月23—25日，受0307号强台风"伊布都"影响，广西大部分地区有大到暴雨，其中合浦县过程降雨量为363毫米。

2006年8月3—6日，受0606号台风"派比安"影响，广西出现强降雨天气，其中合浦和北海的累计降雨量分别高达367.0毫米和274.0毫米。全区受灾人口570.2万人，转移安置38.8万人，死亡33人，倒塌房屋1.7万间，损坏房屋5.0万间，农作物受灾面积25.68万公顷，绝收面积2.7万公顷，直接经济损失达20.3亿元。

2011年9月29日08时至10月2日11时，受1117号强台风"纳沙"和冷空气共同影响，广西南部和西部普降暴雨到大暴雨，其中北海市银海区福成镇累计降雨量为579毫米，合浦县石康镇为557毫米。广西共有379.8万人受灾，死亡7人，直接经济损失达34.6亿元。

2012年7月23日20时至27日08时，受1208号台风"韦特森"和西南季风共同影响，广西普降大到暴雨，强降雨主要集中在广西南部和沿海地区，其中北海市铁山港区的过程降雨量为403~569毫米。受其影响，广西受灾人口75.5万人，直接经济损失达1.9亿元。8月16日至19日08时，受1213号台风"启德"影响，广西南部出现大雨到暴雨，强降雨主要出现在防城港、北海等地。10月27—30日，受1223号热带气旋"山神"影响，广西南部出现大雨到暴雨，其中北海市银海区咸田镇1小时降雨量高达155毫米（29日11—12时）。

2014年7月18日20时至20日20时，受1409号超强台风"威马逊"影响，广西南部、西部和沿海地区出现强降水，其中合浦县常乐镇累计降雨量为552毫米，北海市铁山港区兴港镇石头埠累计降雨量为408毫米。

2. 大风和龙卷风

1951年6月20—23日，受5106号热带风暴的影响，北海市发生严重的风灾和水灾。因海潮骤涨，濒海稻田的堤坝被海潮冲崩，使农作物遭到损失。北海市和涠洲岛共崩塌房屋74间，336人受灾，14人受伤，打破小艇1艘，所崩塌的房屋及其他损失物资总价值约1.33亿元（第一套人民币）。

1954年8月30日05时，5413号超强台风中心侵入北海市，北海市海面风力达12级以上，北海最大风速32米/秒，极大风速33米/秒。北海市因灾死亡50人，受伤149人（重伤34人），房屋倒塌1 346间、半倒628间，受灾5 697户24 232人，占全市总户数的28.1%，占全市人口的30.6%。

1956年7月8日，受5609号台风影响，北海市城区风力8~9级。打沉大船1艘、小船2艘，5人失踪，1人受伤，冲毁砖木结构房屋79间。

1962年8月11日11时，6209号台风在钦州—东兴一带登陆，北海市市区和海面风力10~11级。据不完全统计，北海市市区倒塌和损坏房屋874间，打沉船4艘，打烂21艘，漂失5艘，稻田损失61公顷，其他农作物损失493公顷，刮倒果树28 589株，伤19人，经济损失超过

100万元。

1963年7月23日，6307号台风袭击北海市，北海市风力9级。8月16—17日，6309号台风经过广西近海，北海市市区风力10～11级，极大风速38米/秒，海面风力12级以上。受台风袭击，北海市城区倒塌房屋189间，打烂小艇1艘，漂失小船1艘，伤4人，农作物受损784公顷，刮倒树木4万多株，香蕉树、木瓜树3万多株。

1965年7月15日，6508号超强台风穿过雷州半岛进入广西近海，于同日22—23时在东兴登陆。受其影响，北海市风力达12级，强风伴以暴雨，海潮上涨，来势凶猛，造成严重灾情。7月22日18时52分至19时01分，沿合浦县城西北—北—东南方向出现龙卷风，掠过还珠中学、糖果厂、汽车保养场一带，旋风到地直径约100米，拖拉机被刮走10余米远，死9人，伤129人，糖果厂厂房被刮平，损失物资约值50万元。

1966年7月26日17—18时，6608号强台风在北海市登陆，正面袭击北海市城区，风力12级以上，并降暴雨。据统计，北海市城区倒塌房屋578间，农作物受灾面积848公顷，吹断（或倒）树木68 902株，打烂船艇23艘，打坏大船2艘。

1967年10月20日，北海市城区受6718号超强台风和冷空气南下共同影响，出现12级以上的阵风。6艘渔船被打沉，10艘被风吹走而失踪，水稻损失20%～30%。

1968年5月28日18时，合浦榄子根盐场附近农村出现龙卷风，七八间房屋的房瓦被毁坏。

1971年6月28日11时，7109号强台风在北海市登陆，北海市最大风力12级，极大风速38米/秒。市区许多大树被折断，有的连根拔起，停泊在港口的1艘1.5万吨轮船被吹离港口停泊地至沙滩搁浅，17时，合浦南康石头埠出现龙卷风，持续3分钟，历程2千米，刮走18间房屋的瓦面。

1974年4月5日14时，合浦南康农机厂附近出现龙卷风，全厂8间房屋7间被毁。7月23日，合浦环城畔塘出现龙卷风，受灾范围长1千米，打翻10余吨位的石灰船3艘，吹断桅杆，死1人，伤8人，吹倒公路树木数百棵。

1976年4月27日12时20—35分，合浦榄子根盐场发生龙卷风，建筑物和原盐受损，7人受伤。

1978年10月2日16时前后，7818号台风中心穿过涠洲岛向偏西方向移动，北海市阵风达10级。受7818号台风影响，北海市出现大风洪涝灾害。北海市城区倒塌房屋8间，刮倒树木1万余株，甘蔗倒伏50%，水稻损失10万～12.5万千克，未收的水稻受灾面积400余公顷，因灾减产15%～20%。

1980年6月27日夜，8005号强热带风暴进入北部湾，于6月28日15时在东兴登陆，北海极大风速达31米/秒。由于受到正面袭击，风力大，风向旋转，又恰逢海水高潮期，风潮吻合，破坏力大，造成了一定损失。7月22—25日，8007号强台风经过北部湾，北海极大风速35米/秒。受其影响，北海城区倒塌房屋17间，损毁房屋瓦面1 741间，吹断树木104 490株，甘蔗受灾面积167公顷，其他如黄粟、木薯、芝麻等亦受严重损失，伤7人。

1986年4月12日，合浦闸口、白沙出现强对流天气，持续12～15分钟，并有暴雨，风力12级，吹断电线杆137条，伤7人，农作物、房屋等被毁损失折款约16.7万元。

1987年2月27日，受北方强冷空气影响，合浦县出现短时偏北大风，风力8级，海上沉船4艘，失踪2人。7月27日晨，合浦县福成、南康、营盘等地出现龙卷风，伴有小雨，毁渠一段，翻船1艘，毁坏民房瓦面119间，十几棵20厘米粗的大树被吹倒。

1992年6月27—30日，受9204号台风影响，北海市出现6级大风，阵风7级，伴随历史罕见的风暴潮，造成严重损失。

1993年6月26—28日，北海市出现大风，最大风力6～7级，直接经济损失为0.1万元。

1994年8月26—29日，受9419号台风影响，涠洲岛最大风力11级、阵风12级，北海市城区最大风力6级、阵风10级，死亡1人。钦州、北海两市建筑物损坏1 450间、倒塌338间，死亡牲畜802头，损坏道路62千米、桥梁1座、堤防3处、水利设施13处，直接经济损失达2 215.2万元。

1997年8月22—24日，受9713号强热带风暴影响，北海市风力达9～11级，阵风12级，极大风速30米/秒。北海市供水、供电、通信、交通等城建设施严重受损，民房倒塌，渔船翻沉，农作物和水产养殖大面积受灾，工农业生产和群众财产遭受严重损失。

1998年4月19日下午，北海市遭受龙卷风袭击，这场龙卷风夹杂着暴雨、冰雹持续了30分钟，致使5万人受灾，农作物受灾面积0.36万公顷，民房倒塌875间，死亡1人，伤18人，经济损失达4 950万元。

2007年7月5日，0703号热带风暴在广西壮族自治区东兴市东兴镇一带沿海登陆，北海市沿海海面出现了8～9级、阵风12级的大风，造成北海市遭受风涝灾害。甘蔗、木薯等农作物受灾面积1.24万公顷，其中绝收面积850公顷；倒塌房屋4 400间；直接经济损失达8 500万元，其中农业经济损失超过5 000万元。

2013年5月9日05时，北海市铁山港区突发龙卷风，造成一施工单位活动板房被毁，29人不同程度受伤。此外，龙卷风掠过4个村庄，造成105间房屋受损，13间房屋倒塌。

3. 冰雹

1983年3月1日午夜，合浦营盘乡杉畔一带降雹，2日08时30分前后，福成乡南部及营盘乡大部分地区降雹，历时约15分钟，冰雹地面堆积厚度为10～15厘米，伤13人，打坏房屋24 097间，打坏瓦片960万块，毁坏已播下的早稻种子1.33万千克。

1990年2月17日、20日和22日，合浦连续3次遭冰雹袭击，全县各乡普遍受灾，造成房屋倒塌，瓦片被打碎，人畜伤亡。据县农业委员会调查统计，全县损失共500多万元。

4. 雷电

1998年6月，北海市石油化工厂遭受雷击，损坏备用电源1个，电话交换机被损坏，直接经济损失达2万元。8月22日18时，北海市交通银行遭受雷击，造成部分电脑设备受损，初步估计直接经济损失达2万元；北海市纸箱厂高达30米的烟囱遭受雷击，避雷引下线被拦腰击断，影响生产的正常进行，直接经济损失近万元。9月，北海市铁山港区赤江陶瓷厂遭受雷击，30余米高烟囱的避雷针和引下线被击坏，直接经济损失近万元；北海市香格里拉大饭店遭受雷击，造成收银机系统和电话交换机受损，影响了营业的正常进行，直接经济损失约2万元。

1999年7月4日，北海市石油化工厂遭受雷击，油品车间的电脑设备等受损，直接经济损失达万元；北海市交通银行的部分电脑设备遭受雷击，直接经济损失达3万元。

2000年8月4日08—14时，北海市出现雷暴，北海市气象局地面站1台计算机被雷击。

2007年8月9日05时，广西北海市外沙螺场发生雷击，造成1人死亡，2人受伤。

2013年9月1日10时30分，广西北海市北海大道南洋新都铁山港区遭雷击，4根油管受损严重，直接经济损失达300万元，间接经济损失达500万元。

2016年7月7日上午，广西北海市银滩镇海边遭雷击，造成正在树下避雨的1人身亡，

3 人受伤。

5. 寒潮和霜冻

1955 年 1 月 9—12 日，广西发生严重霜冻冰冻天气过程，北海极端最低气温 2.2℃。合浦橡胶树冻死 90% ~ 96%。

1957 年 2 月初，受冷空气影响，全广西出现低温阴雨天气过程，持续到月底，并有短时霜日。合浦县冬红薯、香蕉冻害严重。

1959 年 1 月 6—11 日，受冷空气影响，北海市城区的冬红薯受灾减产。

1964 年 2 月 17—27 日，受强冷空气影响，北海市出现低温天气过程。合浦县被冻死冻伤冬种作物 800 公顷、春播作物 142 公顷、早稻秧苗 313 公顷，冻死耕牛 2 020 头。

1966 年 12 月 26 日至 1967 年 1 月 19 日，受强冷空气影响，广西出现低温天气过程，伴随异常霜冻天气过程。合浦县橡胶树、冬红薯、香蕉等热带作物和越冬作物受到严重冻害，冻死耕牛 879 头。

1968 年 1 月底至 2 月下旬，广西沿海长期维持低温天气。合浦县橡胶树受寒冻害极为严重，树龄在 8 年以下的橡胶树冻死 80%。

1969 年 1 月 30 日至 2 月 8 日，合浦最低气温 0.8 ~ 5.0℃，有霜 1 天，造成冬种作物冻坏、耕牛冻死。

1977 年 2 月 10—11 日，霜冻冰冻过程导致合浦县冻死耕牛 1 045 头、冬红薯 3 133 公顷，甘蔗、木菠萝、橡胶树被冻死。

1982 年 12 月 17—23 日和 12 月 26—30 日，广西经历两次大范围霜冻过程。合浦县冻死耕牛 1 600 头、冬红薯 1 533 公顷、香蕉树 6 万余株。

涠洲海洋站

第一章 概况

第一节 基本情况

涠洲海洋站（简称涠洲站）位于广西壮族自治区北海市涠洲岛。北海市位于广西南部，海岸线总长约 668.98 千米，港湾、河口众多，拥有海岛 64 个，海洋资源丰富。涠洲岛位于北海市正南 21 海里的海面上，是中国最大最年轻的火山岛，也是广西最大的海岛，总面积约 25 平方千米。涠洲岛海岸线总长约 36 千米，气候宜人，具有丰富的旅游资源。

涠洲站建于 1955 年 3 月，名为涠洲水文站，隶属广东省水产厅。1965 年 12 月更名为涠洲海洋站，隶属国家海洋局南海分局，2019 年 6 月后隶属自然资源部南海局，由北海中心站管辖。涠洲站位于涠洲镇东湾村中心小学旁，测点位于涠洲岛南部南湾东侧（图 1.1-1）。

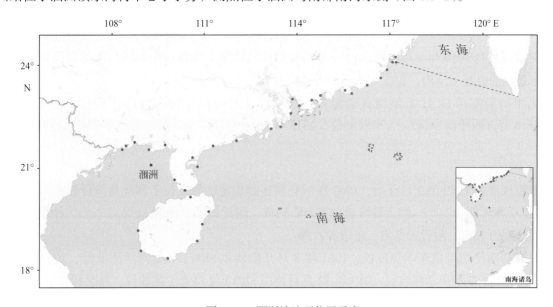

图1.1-1 涠洲站地理位置示意

涠洲站观测项目有潮汐、海浪、表层海水温度、表层海水盐度、气温、气压、相对湿度、风和降水等。2003 年前，以人工观测为主，2003 年开始使用自动观测系统，多数项目实现了自动化观测、数据存储和传输。

涠洲附近海域为正规日潮特征，海平面 2 月最低，10 月最高，年变幅为 23 厘米，平均海平面为 213 厘米，平均高潮位为 337 厘米，平均低潮位为 102 厘米；全年海况以 0～4 级为主，年均平均波高为 0.6 米，年均平均周期为 3.0 秒，历史最大波高最大值为 6.1 米，历史平均周期最大值为 12.1 秒，常浪向为 NNE；年均表层海水温度为 23.8～26.2℃，7 月最高，均值为 30.3℃，2 月最低，均值为 17.8℃，历史水温最高值为 35.0℃，历史水温最低值为 12.3℃；年均表层海水盐度为 30.31～33.53，2 月最高，均值为 32.42，8 月最低，均值为 31.15，历史盐度最高值为 35.06，历史盐度最低值为 21.25；海发光主要为火花型，3 月出现频率最高，7 月最低，1 级海发光最多，出现的最高级别为 4 级。

涠洲站主要受海洋性季风气候影响，年均气温为 21.8～24.6℃，7 月最高，均值为 28.9℃，

1月最低，均值为 15.3℃，历史最高气温为 37.0℃，历史最低气温为 2.9℃；年均气压为 1 006.1 ~ 1 009.5 百帕，1月和12月最高，均为 1 015.3 百帕，7月最低，均值为 1 000.2 百帕；年均相对湿度为 78.6% ~ 89.5%，3月最大，均值为 88.8%，12月最小，均值为 76.6%；年均风速为 3.8 ~ 5.7 米/秒，7月最大，均值为 5.2 米/秒，5月最小，均值为 3.6 米/秒，1月盛行风向为 N—E（顺时针，下同），4月盛行风向为 N—E，7月盛行风向为 SE—SW，10月盛行风向为 N—ESE；平均年降水量为 1 377.9 毫米，8月平均降水量最多，占全年的 24.7%；平均年雾日数为 17.5 天，3月最多，均值为 5.8 天，6—9月未出现；平均年雷暴日数为 77.5 天，8月最多，均值为 17.8 天，12月未出现；年均能见度为 10.4 ~ 30.2 千米，7月最大，均值为 33.9 千米，3月最小，均值为 10.8 千米；年均总云量为 5.3 ~ 6.2 成，6月和8月最多，均为 6.5 成，11月最少，均值为 4.6 成；平均年蒸发量为 1 964.5 毫米，7月最大，均值为 226.4 毫米，2月最小，均值为 89.0 毫米。

第二节　观测环境和观测仪器

1. 潮汐

潮汐观测自 1959 年 9 月开始，1964 年后资料连续稳定。测点位于涠洲岛南部的码头。验潮井为岸式钢筋混凝土结构，底质为砂石，水深约 5 米，无淤积。

观测初期使用 HCJ1 型滚筒式验潮仪，2003 年 1 月开始使用 SCA11-1 型浮子式水位计，2013 年 6 月开始使用 SCA2-2A 型验潮仪，2018 年 11 月后使用 SCA11-3A 型浮子式水位计。

2. 海浪

海浪观测自 1959 年 9 月开始，1962 年后资料连续稳定。测点位于涠洲岛湾仔村东南角，距站约 1.2 千米（图 1.2-1）。测点处海岸由火山石构成，附近海域水深约 11 米，底质为沙质，观测区域开阔度为 180°，附近无岛屿、暗礁和沙滩。

观测初期使用岸用光学测波仪，1981 年 3 月开始使用 SBW1-2 型光学测波仪，2003 年 1 月开始使用 SBA3-2 型声学测波仪，2013 年 12 月后使用 SBW1-2 型光学测波仪。海况和波型为目测。

图 1.2-1　涠洲站测波点（摄于2010年1月）

3. 表层海水温度、盐度和海发光

1959 年 11 月开始观测。测点位于验潮井旁，底质为砂石，水深约 5 米，与外海畅通，附近无排水排污。

水温使用 SWL1-1 型表层水温表测量，盐度使用比重计、氯度滴定管和感应式盐度计等测定，2003 年 1 月开始使用 YZY4-3 型温盐传感器，2013 年 6 月后使用 600R-50-C-T 型温盐传感器。

海发光为每日天黑后人工目测。2011 年 8 月停测。

4. 气象要素

除风外其他各气象要素在站内观测，风观测点位于岛上东北向山顶，2008 年 3 月后迁至气象观测场，位于涠洲岛百代寮村南，距站约 200 米，四周开阔（图 1.2-2）。

观测仪器主要有动槽式水银气压表、DYJ1 空盒气压计和 EL 型电接风向风速计。2003 年 1 月后观测仪器主要有 YZY5-1 型温湿度传感器、270 型气压传感器、XFY3-1 型风传感器和 SL3-1 型雨量传感器，2013 年 6 月后使用 HMP155 型温湿度传感器、61302V 型气压传感器和 05103L 型风传感器，2018 年 11 月后使用 278 型气压传感器和 XFY3-1 型风传感器。能见度为目测，2010 年 12 月后使用 CJY-1C 型能见度观测仪。

图1.2-2　涠洲站气象观测场（摄于2020年10月）

第二章　潮位

第一节　潮汐

1. 潮汐类型

利用涠洲站近 19 年（2001—2019 年）验潮资料分析的调和常数，计算出潮汐系数 $(H_{K_1}+H_{O_1})/H_{M_2}$ 为 4.71。按我国潮汐类型分类标准，涠洲附近海域为正规日潮，每月平均有超过 2/3 的天数每个潮汐日（约 24.8 小时）出现一次高潮和一次低潮，其余天数每日有两次高潮和两次低潮，高潮日不等现象和低潮日不等现象均较显著。

1964—2019 年，涠洲站 M_2 分潮振幅呈增大趋势，增大速率为 0.58 毫米/年；迟角呈增大趋势，增大速率为 0.03°/年。K_1 和 O_1 分潮振幅均呈增大趋势，增大速率分别为 0.83 毫米/年和 0.93 毫米/年；K_1 分潮迟角呈增大趋势，增大速率为 0.01°/年，O_1 分潮迟角无明显变化趋势。

2. 潮汐特征值

由 1964—2019 年资料统计分析得出：涠洲站平均高潮位为 337 厘米，平均低潮位为 102 厘米，平均潮差为 235 厘米；平均高高潮位为 366 厘米，平均低低潮位为 83 厘米，平均大的潮差为 283 厘米。平均涨潮历时 11 小时 10 分钟，平均落潮历时 8 小时 22 分钟，两者相差 2 小时 48 分钟。

累年各月潮汐特征值见表 2.1-1。

表 2.1-1　累年各月潮汐特征值（1964—2019 年）　　　　　　　　单位：厘米

月份	平均高潮位	平均低潮位	平均潮差	平均高高潮位	平均低低潮位	平均大的潮差
1	342	93	249	364	80	284
2	318	104	214	356	88	268
3	312	106	206	352	86	266
4	323	98	225	354	79	275
5	337	92	245	365	76	289
6	348	91	257	371	75	296
7	347	98	249	372	79	293
8	332	108	224	368	86	282
9	333	114	219	368	88	280
10	348	117	231	375	92	283
11	352	106	246	373	89	284
12	354	93	261	371	81	290
年	337	102	235	366	83	283

注：潮位值均以验潮零点为基面。

平均高潮位 12 月最高，为 354 厘米，3 月最低，为 312 厘米，年较差为 42 厘米；平均低潮位 10 月最高，为 117 厘米，6 月最低，为 91 厘米，年较差为 26 厘米（图 2.1-1）；平均高高潮位 10 月最高，为 375 厘米，3 月最低，为 352 厘米，年较差为 23 厘米；平均低低潮位 10 月最高，为 92 厘米，6 月最低，为 75 厘米，年较差为 17 厘米。平均潮差 12 月最大，3 月最小，年较差为 55 厘米；平均大的潮差 6 月最大，3 月最小，年较差为 30 厘米（图 2.1-2）。

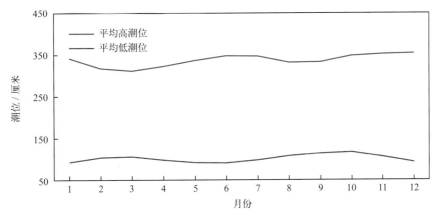

图2.1-1　平均高潮位和平均低潮位年变化

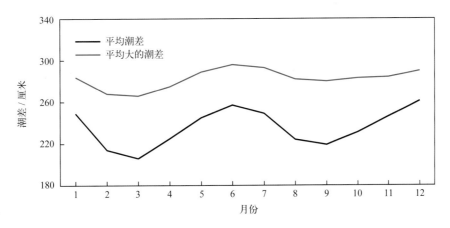

图2.1-2　平均潮差和平均大的潮差年变化

1964—2019 年，润洲站平均高潮位呈上升趋势，上升速率为 2.75 毫米 / 年。受天文潮长周期变化影响，平均高潮位存在明显的准 19 年周期变化，振幅为 11.85 厘米。平均高潮位最高值出现在 2006 年，为 357 厘米；最低值出现在 1964 年，为 313 厘米。润洲站平均低潮位呈上升趋势，上升速率为 3.80 毫米 / 年。平均低潮位准 19 年周期变化较为明显，振幅为 12.08 厘米。平均低潮位最高值出现在 2017 年，为 121 厘米；最低值出现在 1964 年和 1965 年，均为 79 厘米。

1964—2019 年，润洲站平均潮差略呈减小趋势，减小速率为 1.05 毫米 / 年（线性趋势未通过显著性检验）。平均潮差准 19 年周期变化显著，振幅为 23.75 厘米。平均潮差最大值出现在 2006 年，为 263 厘米；最小值出现在 1977 年和 1978 年，均为 206 厘米（图 2.1-3），《南海区海洋站海洋水文气候志》记载 1960 年平均潮差为 164 厘米。

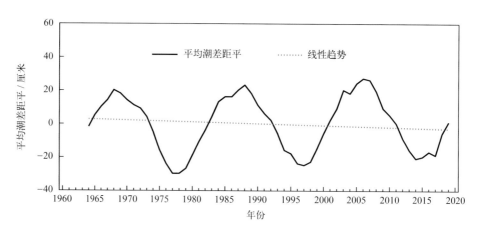

图2.1-3　1964—2019年平均潮差距平变化

第二节　极值潮位

　　涠洲站年最高潮位和年最低潮位的各月发生频率见表2.2-1。年最高潮位出现时间主要集中在7月和11月至翌年1月，其中12月发生频率最高，为34%；1月次之，为18%。年最低潮位主要出现在1月、5—6月和12月，其中1月发生频率最高，为21%；6月和12月次之，均为18%。

　　1964—2019年，涠洲站年最高潮位呈上升趋势，上升速率为3.59毫米/年。历年的最高潮位均高于446厘米，其中高于495厘米的有5年；历史最高潮位为510厘米，出现在1986年7月21日，正值8609号热带风暴影响期间。涠洲站年最低潮位呈上升趋势，上升速率为3.02毫米/年。历年最低潮位均低于26厘米，其中低于-25厘米的有6年；历史最低潮位出现在2005年9月26日，为-65厘米（表2.2-1）。

表 2.2-1　最高潮位和最低潮位及年极值出现频率（1964—2019 年）

	1月	2月	3月	4月	5月	6月	7月	8月	9月	10月	11月	12月
最高潮位值 / 厘米	490	473	434	466	485	492	510	493	482	497	501	497
年最高潮位出现频率 / %	18	2	0	0	2	7	14	0	0	7	16	34
最低潮位值 / 厘米	-29	-30	-24	-24	-26	-31	-27	-21	-65	2	-30	-52
年最低潮位出现频率 / %	21	4	7	4	16	18	4	0	4	0	4	18

第三节　增减水

　　受地形和气候特征的影响，涠洲站出现120厘米以上增水的频率高于同等强度减水的频率，超过120厘米的增水平均约4 044天出现一次，超过120厘米的减水平均约10 110天出现一次（表2.3-1）。

　　涠洲站80厘米以上的增水主要出现在7月、8月和10月，100厘米以上的减水多发生在8—11月，这些大的增减水过程主要与该海域受热带气旋和温带气旋等影响有关（表2.3-2）。

表 2.3-1　不同强度增减水平均出现周期（1964—2019 年）

范围 / 厘米	出现周期 / 天	
	增水	减水
>30	7.16	2.87
>40	27.70	7.21
>50	80.88	18.17
>60	146.52	41.78
>70	273.24	94.93
>80	561.66	190.75
>90	1 263.72	336.99
>100	2 527.45	673.99
>120	4 043.92	10 109.79
>130	10 109.79	—

"—"表示无数据。

表 2.3-2　各月不同强度增减水出现频率（1964—2019 年）

月份	增水 / %					减水 / %				
	>30 厘米	>50 厘米	>70 厘米	>80 厘米	>100 厘米	>30 厘米	>50 厘米	>70 厘米	>80 厘米	>100 厘米
1	0.30	0.00	0.00	0.00	0.00	2.00	0.20	0.01	0.00	0.00
2	0.44	0.00	0.00	0.00	0.00	1.58	0.16	0.01	0.01	0.00
3	0.36	0.00	0.00	0.00	0.00	1.80	0.39	0.06	0.02	0.00
4	0.15	0.00	0.00	0.00	0.00	1.96	0.41	0.05	0.01	0.00
5	0.20	0.00	0.00	0.00	0.00	0.98	0.11	0.00	0.00	0.00
6	0.46	0.05	0.02	0.00	0.00	0.28	0.07	0.04	0.00	0.00
7	0.96	0.19	0.07	0.05	0.02	0.31	0.06	0.00	0.00	0.00
8	0.60	0.10	0.03	0.02	0.00	0.57	0.14	0.05	0.04	0.01
9	0.70	0.09	0.02	0.00	0.00	1.10	0.19	0.05	0.03	0.02
10	1.54	0.19	0.04	0.01	0.00	1.65	0.29	0.12	0.08	0.03
11	0.76	0.01	0.00	0.00	0.00	2.53	0.34	0.06	0.02	0.01
12	0.51	0.00	0.00	0.00	0.00	2.59	0.40	0.05	0.02	0.00

　　1964—2019 年，潤洲站年最大增水多出现在 7—10 月，各月出现频率均为 20%。潤洲站年最大减水在各月均有出现，其中 4 月和 12 月出现频率最高，均为 16%；3 月次之，为 13%（表 2.3-3）。

　　1964—2019 年，潤洲站年最大增水呈减小趋势，减小速率为 2.97 毫米 / 年（线性趋势未通过显著性检验）。历史最大增水出现在 1964 年 7 月 3 日，为 134 厘米；1983 年和 1990 年最大增水均超过了 95 厘米。潤洲站年最大减水呈减小趋势，减小速率为 1.16 毫米 / 年（线性趋势未通过显著性检验）。历史最大减水发生在 1990 年 11 月 10 日，为 123 厘米；1964 年、1996 年和 2005 年最大减水均超过或达到了 115 厘米。

表 2.3-3　最大增水和最大减水及年极值出现频率（1964—2019 年）

	1月	2月	3月	4月	5月	6月	7月	8月	9月	10月	11月	12月
最大增水值 / 厘米	43	81	46	40	44	81	134	97	87	91	55	48
年最大增水出现频率 / %	2	3	3	0	2	6	20	20	20	20	2	2
最大减水值 / 厘米	80	83	91	102	66	96	71	116	122	115	123	93
年最大减水出现频率 / %	7	7	13	16	5	4	2	7	7	11	5	16

第三章 海浪

第一节 海况

涠洲站全年及各月各级海况的频率见图3.1-1。全年海况以 0 ~ 4 级为主，频率为 93.62%，其中 0 ~ 2 级海况频率为 42.01%。全年 5 级及以上海况频率为 6.38%，最大频率出现在 7 月，为 17.96%。全年 7 级及以上海况频率为 0.18%，最大频率出现在 7 月，为 0.62%，2 月和 4 月未出现。

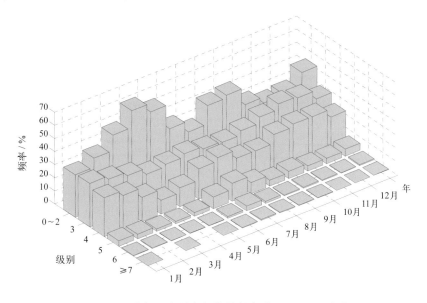

图3.1-1 全年及各月各级海况频率（1962—2019年）

第二节 波型

涠洲站风浪频率和涌浪频率的年变化见表 3.2-1。全年以风浪为主，频率为 100.00%，涌浪频率为 15.19%。各月的风浪频率均为 100.00%，涌浪频率差异较大。涌浪在 4 月和 5 月较多，其中 5 月最多，频率为 29.08%；在 11 月和 12 月较少，其中 12 月最少，频率为 4.26%。

表3.2-1 各月及全年风浪涌浪频率（1962—2019 年）

	1月	2月	3月	4月	5月	6月	7月	8月	9月	10月	11月	12月	年
风浪 / %	100.00	100.00	100.00	100.00	100.00	100.00	100.00	100.00	100.00	100.00	100.00	100.00	100.00
涌浪 / %	6.28	9.24	18.40	28.08	29.08	24.61	21.60	19.21	10.44	5.96	4.43	4.26	15.19

注：风浪包含F、FU、F/U和U/F波型；涌浪包含U、FU、F/U和U/F波型。

第三节 波向

1. 各向风浪频率

涠洲站各月及全年各向风浪频率见图 3.3-1。1—3 月和 10—12 月 NNE 向风浪居多，NE 向次之。

4月和9月NE向风浪居多，NNE向次之。5月SE向风浪居多，SSE向次之。6月SSW向风浪居多，SE向次之。7月和8月SSW向风浪居多，SW向次之。全年NNE向风浪居多，频率为13.92%；NE向次之，频率为11.33%；WNW向最少，频率为0.32%。

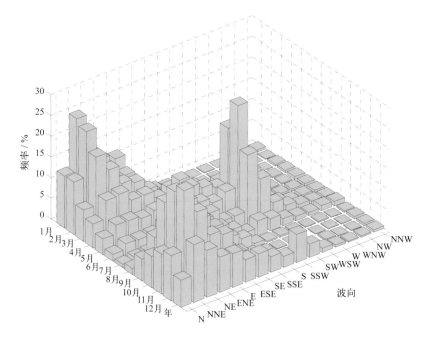

图3.3-1　各月及全年各向风浪频率（1962—2019年）

2. 各向涌浪频率

涸洲站各月及全年各向涌浪频率见图3.3-2。1月和11月SE向涌浪居多，ESE向次之。2—8月SSW向涌浪居多，S向次之。9月SSW向涌浪居多，SSE向次之。10月SE向涌浪居多，SSE向次之。12月ESE向涌浪居多，SE向次之。全年SSW向涌浪居多，频率为7.09%；S向次之，频率为2.74%；未出现N向、WNW向和NNW向涌浪。

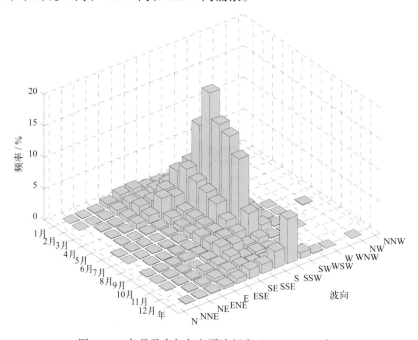

图3.3-2　各月及全年各向涌浪频率（1962—2019年）

第四节　波高

1. 平均波高和最大波高

涠洲站波高的年变化见表3.4-1。月平均波高的年变化不明显，为0.5～0.9米。历年的平均波高为0.5～0.8米（1962年数据均一性差，未纳入统计）。

月最大波高比月平均波高的变化幅度大，极大值出现在8月，为6.1米，极小值出现在3月，为2.1米，变幅为4.0米。历年的最大波高为2.2～6.1米，不小于5.0米的有7年，其中最大波高的极大值6.1米出现在2013年8月3日，正值1309号强热带风暴"飞燕"影响期间，无观测波向（声学测波仪），对应平均风速为15米/秒，对应平均周期为6.4秒。

表3.4-1　波高年变化（1962—2019年）　　　　　单位：米

	1月	2月	3月	4月	5月	6月	7月	8月	9月	10月	11月	12月	年
平均波高	0.5	0.5	0.5	0.5	0.5	0.8	0.9	0.7	0.5	0.5	0.5	0.5	0.6
最大波高	2.5	2.3	2.1	3.3	5.0	5.0	5.8	6.1	4.6	4.6	5.1	4.8	6.1

2. 各向平均波高和最大波高

全年及各季代表月各向波高的分布见表3.4-2、图3.4-1和图3.4-2。全年各向平均波高为0.4～1.0米，大值主要分布于SSW向和SW向，其中SSW向最大。全年各向最大波高ESE向最大，为5.8米；SE向次之，为5.0米；NW向最小，为1.9米。

表3.4-2　全年各向平均波高和最大波高（1962—2019年）　　　　　单位：米

	N	NNE	NE	ENE	E	ESE	SE	SSE	S	SSW	SW	WSW	W	WNW	NW	NNW
平均波高	0.6	0.6	0.5	0.6	0.6	0.6	0.6	0.6	0.7	1.0	0.9	0.6	0.5	0.5	0.4	0.6
最大波高	2.4	2.5	3.1	3.9	4.3	5.8	5.0	4.8	4.6	4.8	4.6	2.9	2.8	2.5	1.9	2.5

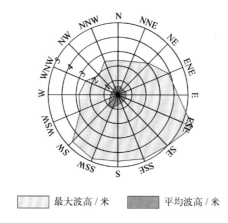

最大波高/米　　平均波高/米

图3.4-1　全年各向平均波高和最大波高（1962—2019年）

1月平均波高NNW向最大，为0.8米；WSW向和WNW向最小，均为0.3米。最大波高ESE向最大，为2.3米；E向次之，为2.0米；WSW向、W向和WNW向最小，均为0.5米。

4月平均波高 SSW 向、SW 向和 NNW 向最大,均为 0.6 米;WNW 向最小,为 0.3 米。最大波高 SSW 向最大,为 2.9 米;SW 向次之,为 2.3 米;WNW 向最小,为 0.5 米。

7月平均波高 SSW 向最大,为 1.2 米;NW 向最小,为 0.5 米。最大波高 ESE 向最大,为 5.8 米;SSE 向次之,为 4.6 米;N 向最小,为 1.3 米。

10月平均波高 E 向、ESE 向和 SSW 向最大,均为 0.7 米;WSW 向、W 向和 NW 向最小,均为 0.4 米。最大波高 SSE 向最大,为 4.6 米;S 向次之,为 4.5 米;W 向最小,为 0.6 米。

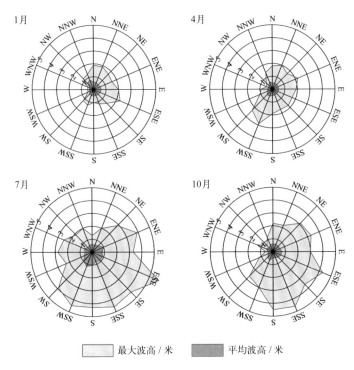

图3.4-2　四季代表月各向平均波高和最大波高(1962—2019年)

第五节　周期

1. 平均周期和最大周期

涠洲站周期的年变化见表 3.5-1。月平均周期的年变化不明显,为 2.8 ~ 3.8 秒。月最大周期的年变化幅度较大,极大值出现在 10 月,为 12.1 秒,极小值出现在 1 月,为 6.7 秒。历年的平均周期为 2.1 ~ 3.5 秒,其中 2005 年和 2010 年均为最大,1962 年和 2000 年均为最小。历年的最大周期均不小于 4.7 秒,大于 8.0 秒的有 5 年,其中最大周期的极大值 12.1 秒出现在 2002 年 10 月 14 日,无观测波向。

表3.5-1　周期年变化(1962—2019年)　　　　　　　　　单位:秒

	1月	2月	3月	4月	5月	6月	7月	8月	9月	10月	11月	12月	年
平均周期	2.8	2.8	2.8	2.9	3.1	3.6	3.8	3.2	2.8	2.9	2.9	2.8	3.0
最大周期	6.7	7.4	7.7	8.6	8.3	7.8	8.8	7.6	10.9	12.1	10.7	11.8	12.1

2. 各向平均周期和最大周期

全年及各季代表月各向周期的分布见表 3.5-2、图 3.5-1 和图 3.5-2。全年各向平均周期为 2.7 ~ 4.4 秒，S—SW 向周期值较大。全年各向最大周期 SW 向最大，为 8.8 秒；SE 向次之，为 8.3 秒；WNW 向最小，为 4.8 秒。

表 3.5-2　全年各向平均周期和最大周期（1962—2019 年）　　　　　　　　单位：秒

	N	NNE	NE	ENE	E	ESE	SE	SSE	S	SSW	SW	WSW	W	WNW	NW	NNW
平均周期	2.8	3.0	3.0	3.0	3.0	3.1	3.2	3.3	4.0	4.4	3.9	3.2	2.9	2.8	2.7	3.1
最大周期	5.6	5.8	6.5	6.8	7.3	7.6	8.3	7.9	8.2	7.8	8.8	6.4	5.5	4.8	5.0	5.3

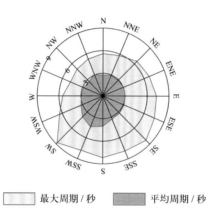

　　最大周期 / 秒　　　　平均周期 / 秒

图3.5-1　全年各向平均周期和最大周期（1962—2019年）

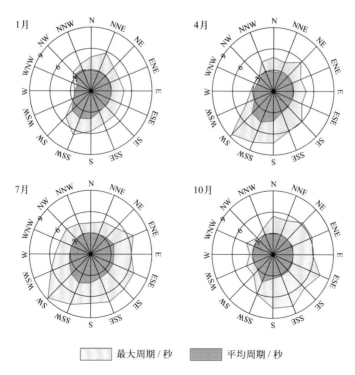

　　最大周期 / 秒　　　　平均周期 / 秒

图3.5-2　四季代表月各向平均周期和最大周期（1962—2019年）

1月平均周期 SSW 向最大，为 4.2 秒；WNW 向最小，为 2.2 秒。最大周期 SSW 向最大，为 6.7 秒；NNE 向次之，为 5.8 秒；W 向最小，为 2.4 秒。

4月平均周期 SSW 向最大，为 4.7 秒；WNW 向最小，为 2.6 秒。最大周期 SW 向最大，为 8.6 秒；SSW 向次之，为 7.8 秒；WNW 向和 NW 向最小，均为 3.0 秒。

7月平均周期 SSW 向最大，为 4.4 秒；NW 向最小，为 2.8 秒。最大周期 SW 向最大，为 8.8 秒；SSW 向次之，为 7.7 秒；N 向最小，为 4.4 秒。

10月平均周期 SSW 向最大，为 4.1 秒；NW 向最小，为 2.7 秒。最大周期 SSE 向最大，为 7.9 秒；ESE 向和 S 向次之，均为 7.6 秒；NW 向最小，为 3.3 秒。

第四章　表层海水温度、盐度和海发光

第一节　表层海水温度

1. 平均水温、最高水温和最低水温

涠洲站月平均水温的年变化具有峰谷明显的特点，7月最高，为30.3℃，2月最低，为17.8℃，年较差为12.5℃。3—7月为升温期，8月至翌年2月为降温期。月最高水温和月最低水温的年变化特征与月平均水温相似（图4.1-1）。

历年的平均水温为23.8 ~ 26.2℃，其中2019年最高，1984年、1985年和2011年均为最低。累年平均水温为24.7℃。

历年的最高水温均不低于31.6℃，其中大于32.5℃的有25年，大于33.0℃的有6年，出现时间为6—9月，7月最多，占统计年份的45%。水温极大值为35.0℃，出现在1963年7月8日。

历年的最低水温均不高于18.2℃，其中小于14.0℃的有13年，小于13.0℃的有3年，出现时间为12月至翌年3月，1月和2月较多，占统计年份的85%。水温极小值为12.3℃，出现在1968年2月25日。

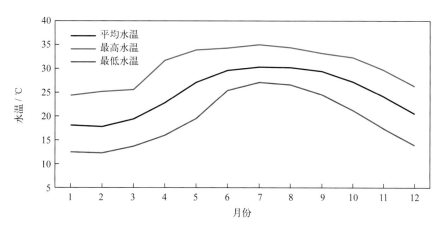

图4.1-1　水温年变化（1960—2019年）

2. 日平均水温稳定通过界限温度的日期

采用五日滑动平均方法求出稳定通过各个界限温度的日期，见表4.1-1。日平均水温全年均稳定通过15℃，稳定通过20℃的有274天，稳定通过25℃的有192天，稳定通过30℃的初日为6月20日，终日为9月3日，共76天。

表4.1-1　日平均水温稳定通过界限温度的日期（1960—2019年）

	15℃	20℃	25℃	30℃
初日	1月1日	3月22日	5月1日	6月20日
终日	12月31日	12月20日	11月8日	9月3日
天数	365	274	192	76

3. 长期趋势变化

1960—2019 年，年平均水温和年最低水温均呈波动上升趋势，上升速率分别为 0.13℃ /（10 年）和 0.29℃ /（10 年），年最高水温 1965 年前较高，1965 年后变化趋势不明显，其中 1963 年和 1961 年最高水温分别为 1960 年以来的第一高值和第二高值，1968 年和 1984 年最低水温分别为 1960 年以来的第一低值和第二低值。

十年平均水温变化显示，2010—2019 年平均水温最高，1970—1979 年平均水温最低，1990—1999 年平均水温较上一个十年升幅最大，升幅为 0.35℃（图 4.1–2）。

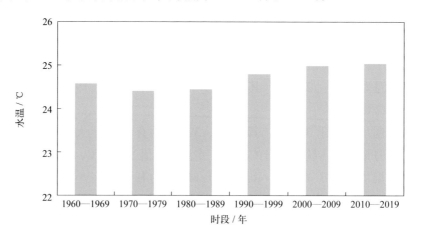

图4.1–2　十年平均水温变化

第二节　表层海水盐度

1. 平均盐度、最高盐度和最低盐度

涠洲站月平均盐度 1—6 月较高，7—12 月较低，最高值出现在 2 月，为 32.42，最低值出现在 8 月，为 31.15，年较差为 1.27。月最高盐度 9 月最大，11 月最小。月最低盐度 10 月最大，8 月最小（图 4.2–1）。

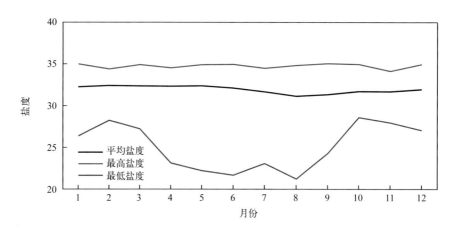

图4.2–1　盐度年变化（1960—2019年）

历年（1994 年、1999 年、2003 年、2005 年和 2007 年数据有缺测）的平均盐度为 30.31 ～

33.53，其中 2004 年最高，2012 年最低。累年平均盐度为 31.96。

历年的最高盐度均大于 32.20，其中大于 34.00 的有 12 年，大于 34.50 的有 6 年。年最高盐度各月均有出现，其中 5 月最多，占统计年份的 16%。盐度极大值为 35.06，出现在 2007 年 9 月 19 日和 20 日。

历年的最低盐度均小于 31.05，其中小于 26.00 的有 12 年，小于 24.00 的有 6 年。年最低盐度多出现在 7—9 月，占统计年份的 75%。盐度极小值为 21.25，出现在 1998 年 8 月 1 日。

2. 长期趋势变化

1960—2019 年，年平均盐度呈波动下降趋势，下降速率为 0.13℃ /（10 年），年最高盐度和年最低盐度变化趋势均不明显。2007 年和 1998 年最高盐度分别为 1960 年以来的第一高值和第二高值；1998 年和 1967 年最低盐度分别为 1960 年以来的第一低值和第二低值。

十年平均盐度变化显示，1960—1969 年平均盐度最高，2010—2019 年平均盐度最低，两者相差 1.02（图 4.2-2）。

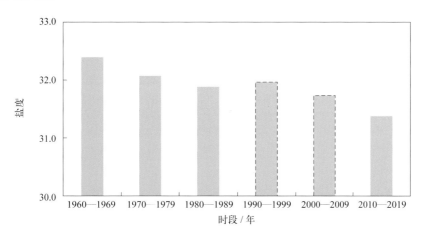

图4.2-2　十年平均盐度变化（数据不足十年加虚线框表示，下同）

第三节　海发光

1960—2011 年，涧洲站观测到的海发光主要为火花型（H），其次是闪光型（S），弥漫型（M）最少，观测到 19 次。海发光以 1 级海发光为主，占海发光次数的 85.8%；2 级海发光次之，占 13.1%；3 级海发光占 1.0%；4 级海发光观测到 3 次。

各月及全年海发光频率见表 4.3-1 和图 4.3-1。海发光频率 9 月至翌年 3 月相对较高，3 月最高，4—8 月相对较低，7 月最低。累年平均海发光频率为 93.4%。

历年（2003 年和 2006 年数据有缺测）海发光频率均不低于 35.6%，其中多年海发光频率为 100%，1960 年最小。

表 4.3-1　各月及全年海发光频率（1960—2011 年）

	1月	2月	3月	4月	5月	6月	7月	8月	9月	10月	11月	12月	年
频率 / %	94.8	96.2	96.5	93.2	91.7	88.7	87.2	92.7	96.2	95.5	93.7	94.8	93.4

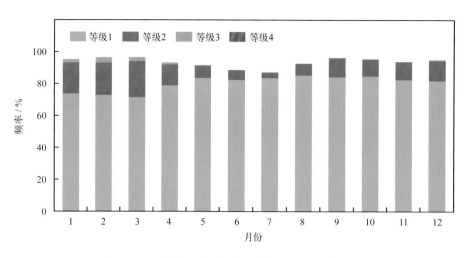

图4.3-1　各月各级海发光频率（1960—2011年）

第五章　海洋气象

第一节　气温

1. 平均气温、最高气温和最低气温

1960—2019 年，涠洲站累年平均气温为 23.2℃。月平均气温 7 月最高，为 28.9℃，1 月最低，为 15.3℃，年较差为 13.6℃。月最高气温和月最低气温的年变化特征与月平均气温相似，月最高气温极大值出现在 8 月，月最低气温极小值出现在 1 月和 12 月（表 5.1-1，图 5.1-1）。

表 5.1-1　气温年变化（1960—2019 年）　　　　　　　　　　　单位：℃

	1月	2月	3月	4月	5月	6月	7月	8月	9月	10月	11月	12月	年
平均气温	15.3	16.3	19.3	23.1	26.7	28.4	28.9	28.4	27.5	25.2	21.5	17.5	23.2
最高气温	27.6	29.4	31.0	33.8	36.1	35.4	35.9	37.0	34.5	32.9	32.3	29.0	37.0
最低气温	2.9	3.6	6.9	9.3	15.5	20.1	21.6	21.5	17.3	13.6	8.0	2.9	2.9

注：1983年1月至2002年11月停测，2003年数据有缺测。

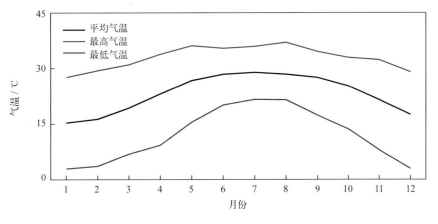

图5.1-1　气温年变化（1960—2019年）

历年的平均气温为 21.8 ~ 24.6℃，其中 2003 年最高，2011 年最低。

历年的最高气温均高于 32.0℃，其中高于 35.0℃的有 9 年。最早出现时间为 5 月 4 日（2012 年），最晚出现时间为 9 月 29 日（1971 年）。6 月最高气温出现频率最高，占统计年份的 28%，8 月次之，占 26%（图 5.1-2）。极大值为 37.0℃，出现在 2003 年 8 月 1 日。

历年的最低气温均低于 10.0℃，其中低于 4.0℃的有 5 年。最早出现时间为 12 月 14 日（1975 年），最晚出现时间为 3 月 1 日（2006 年）。1 月最低气温出现频率最高，占统计年份的 54%，2 月次之，占 30%（图 5.1-2）。极小值为 2.9℃，出现在 1975 年 12 月 14 日和 2016 年 1 月 24 日。

2. 长期趋势变化

1960—1982 年，年平均气温变化趋势不明显；年最高气温和年最低气温均呈弱上升趋势，上升速率分别为 0.13℃ /（10 年）（线性趋势未通过显著性检验）和 0.18℃ /（10 年）（线性趋势未

通过显著性检验）。2003—2019年，年平均气温和年最低气温均呈弱下降趋势，下降速率分别为0.17℃/（10年）（线性趋势未通过显著性检验）和0.36℃/（10年）（线性趋势未通过显著性检验）；年最高气温变化趋势不明显。

（a）年最高气温出现月份

（b）年最低气温出现月份

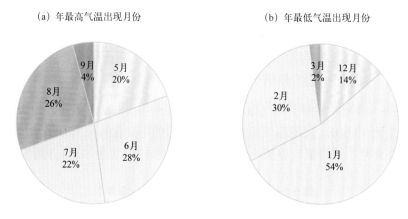

图5.1-2　年最高、最低气温出现月份及频率（1960—2019年）

3. 常年自然天气季节和大陆度

利用涸洲站1966—2019年气温累年日平均数据计算五日滑动平均气温，根据《气候季节划分》（QX/T 152—2012）中的气候季节划分指标和本志季节起止日确定方法，涸洲站平均春季时间从2月4日至4月9日，共65天；平均夏季时间从4月10日至11月14日，共219天；平均秋季时间从11月15日至翌年2月3日，共81天。夏季时间最长，全年无冬季（图5.1-3）。

涸洲站焦金斯基大陆度指数为31.0%，属海洋性季风气候。

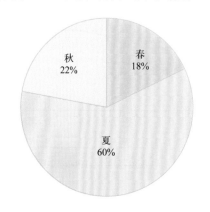

图5.1-3　各季平均日数百分率（1966—2019年）

第二节　气压

1. 平均气压、最高气压和最低气压

1966—2019年，涸洲站累年平均气压为1 007.8百帕。月平均气压1月和12月最高，均为1 015.3百帕，7月最低，为1 000.2百帕，年较差为15.1百帕。月最高气压1月最大，7月和8月均为最小。月最低气压12月最大，7月最小（表5.2-1，图5.2-1）。

历年的平均气压为1 006.1 ~ 1 009.5百帕，其中1977年最高，2012年最低。

历年的最高气压均高于1 022.5百帕，其中高于1 026.0百帕的有13年，高于1 028.0百帕的有 4 年。极大值为 1 035.1 百帕，出现在 2016 年 1 月 24 日。

历年的最低气压均低于 994.0 百帕，其中低于 985.0 百帕的有 13 年，低于 970.0 百帕的有 3 年。极小值为 950.4 百帕，出现在 2014 年 7 月 19 日，正值 1409 号超强台风"威马逊"影响期间。

表 5.2-1　气压年变化（1966—2019 年）　　　　　　　　　　　　　　　　　单位：百帕

	1月	2月	3月	4月	5月	6月	7月	8月	9月	10月	11月	12月	年
平均气压	1 015.3	1 013.3	1 010.5	1 007.4	1 003.7	1 000.7	1 000.2	1 000.3	1 004.5	1 009.6	1 013.0	1 015.3	1 007.8
最高气压	1 035.1	1 027.8	1 031.4	1 024.6	1 015.6	1 010.7	1 009.6	1 009.6	1 015.8	1 021.4	1 026.4	1 028.0	1 035.1
最低气压	997.7	996.2	995.5	993.8	992.6	977.2	950.4	967.3	958.6	981.4	997.6	1 001.2	950.4

注：1983年1月至2002年11月停测，2003年数据有缺测。

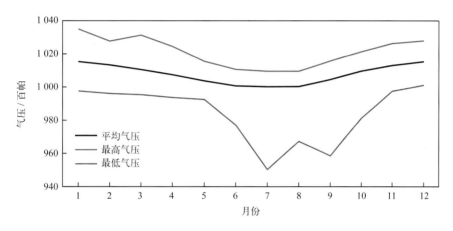

图5.2-1　气压年变化（1966—2019年）

2. 长期趋势变化

1966—1982 年，年平均气压和年最高气压均无明显变化趋势；年最低气压呈下降趋势，下降速率为 6.39 百帕 /（10 年）（线性趋势未通过显著性检验）。2003—2019 年，年平均气压呈下降趋势，下降速率为 0.65 百帕 /（10 年）；年最高气压和年最低气压变化趋势均不明显。

第三节　相对湿度

1. 平均相对湿度和最小相对湿度

1960—2019 年，涠洲站累年平均相对湿度为 83.2%。月平均相对湿度 3 月最大，为 88.8%，12 月最小，为 76.6%。平均月最小相对湿度 8 月最大，为 59.2%，12 月最小，为 34.9%。最小相对湿度的极小值为 9%，出现在 1963 年 2 月 27 日（表 5.3-1，图 5.3-1）。

表 5.3-1　相对湿度年变化（1960—2019 年）

	1月	2月	3月	4月	5月	6月	7月	8月	9月	10月	11月	12月	年
平均相对湿度 /%	81.5	86.3	88.8	88.4	85.9	84.5	82.5	85.3	82.5	78.4	77.4	76.6	83.2
平均最小相对湿度 /%	36.9	44.4	48.1	52.0	53.6	56.4	58.6	59.2	52.1	42.1	39.0	34.9	48.1
最小相对湿度 /%	12	9	17	31	30	38	45	44	28	22	19	19	9

注：平均最小相对湿度为各月最小相对湿度的累年平均值及其年平均值。1983年1月至2002年11月停测，2003年数据有缺测。

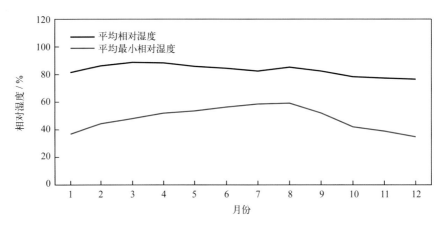

图5.3-1 相对湿度年变化（1960—2019年）

2. 长期趋势变化

1960—2019年，年平均相对湿度为78.6% ~ 89.5%，其中2017年最大，1963年最小。1960—1982年，年平均相对湿度变化趋势不明显。2003—2019年，年平均相对湿度呈上升趋势，上升速率为3.93%/（10年）。

3. 温湿指数

根据《人居环境气候舒适度评价》（GB/T 27963—2011）的温湿指数统计方法和气候舒适度等级划分方法，统计涠洲站各月温湿指数，结果显示：1—2月温湿指数为15.2 ~ 16.1，感觉为冷；3—4月和10—12月温湿指数为17.1 ~ 23.9，感觉为舒适；5—9月温湿指数为25.7 ~ 27.5，感觉为热（表5.3-2）。

表5.3-2 温湿指数年变化（1960—2019年）

	1月	2月	3月	4月	5月	6月	7月	8月	9月	10月	11月	12月
温湿指数	15.2	16.1	19.0	22.5	25.7	27.2	27.5	27.2	26.3	23.9	20.6	17.1
感觉程度	冷	冷	舒适	舒适	热	热	热	热	热	舒适	舒适	舒适

第四节　风

1. 平均风速和最大风速

涠洲站风速的年变化见表5.4-1和图5.4-1。累年平均风速为4.6米/秒，月平均风速7月最大，为5.2米/秒，5月最小，为3.6米/秒。平均最大风速7月最大，为18.8米/秒，5月最小，为12.7米/秒。极大风速的最大值为53.1米/秒，出现在2003年8月25日，正值0312号台风"科罗旺"影响期间，对应风向为S。

历年的平均风速为3.8 ~ 5.7米/秒，其中1964年最大，1978年和1979年均为最小。历年的最大风速均大于等于14.6米/秒，其中大于等于28.0米/秒的有21年，大于等于38.0米/秒的有3年。最大风速的最大值为42.0米/秒，出现在2003年8月25日，正值0312号台风"科罗旺"影响期间，风向为S。年最大风速出现在8月的频率最高，5月未出现（图5.4-2）。

表 5.4-1　风速年变化（1960—2019 年）　　　　　　　　　　　　单位：米/秒

		1月	2月	3月	4月	5月	6月	7月	8月	9月	10月	11月	12月	年
平均风速		5.1	4.9	4.4	3.8	3.6	4.6	5.2	4.4	4.2	4.8	5.0	5.0	4.6
最大风速	平均值	13.4	13.0	13.6	13.5	12.7	15.9	18.8	18.5	16.7	14.8	13.4	13.6	14.8
	最大值	24.0	21.0	21.7	23.0	30.0	37.0	38.9	42.0	40.0	28.3	25.0	21.3	42.0
	最大值对应风向	NNE	N	WSW	SSE	SE	SSE	NW	S	SE	SE	NNE	NNW	S
极大风速	最大值	22.7	19.5	23.4	25.6	23.4	28.7	50.9	53.1	43.5	30.2	23.1	24.9	53.1
	最大值对应风向	N	N	NNE	N	WNW	SW	WNW	S	E	NNE	N	W	S

注：1983年4月至1985年12月停测，2002年和2003年数据有缺测；极大风速的统计时间为1996—2019年，其中，1996年和1999年数据有缺测。

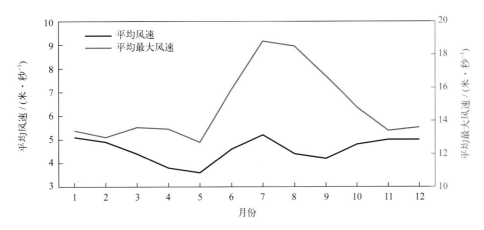

图5.4-1　平均风速和平均最大风速年变化（1960—2019年）

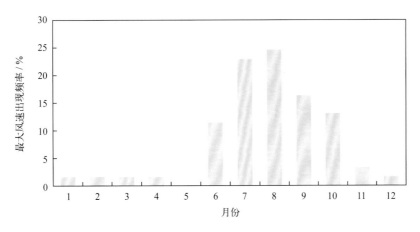

图5.4-2　年最大风速出现频率（1960—2019年）

2. 各向风频率

全年 NNE 向风最多，频率为 14.9%，NE 向次之，频率为 12.9%，WNW 向最少，频率为 1.0%（图 5.4-3）。

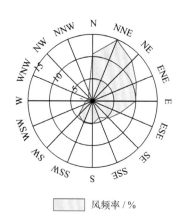

风频率 / %

图5.4-3　全年各向风频率（1966—2019年）

　　1月和4月盛行风向均为 N—E，频率和分别为82.9%和66.2%；7月盛行风向为 SE—SW，频率和为62.3%；10月盛行风向为 N—ESE，频率和为82.0%（图5.4-4）。

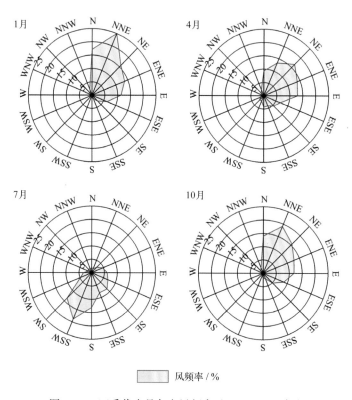

风频率 / %

图5.4-4　四季代表月各向风频率（1966—2019年）

3. 各向平均风速和最大风速

　　全年各向平均风速 N 向最大，为4.9米/秒，NNE 向次之，为4.7米/秒，W 向和 WNW 向最小，均为1.8米/秒（图5.4-5）。1月、4月和10月平均风速均为 N 向最大，分别为6.2米/秒、4.9米/秒和5.5米/秒；7月平均风速 SSW 向最大，为6.2米/秒（图5.4-6）。

　　全年各向最大风速 S 向最大，为42.0米/秒，SE 向次之，为40.0米/秒，WSW 向最小，为24.0米/秒（图5.4-5）。1月 NNE 向最大风速最大，为24.0米/秒；4月 SSE 向最大风速最大，为 23.0 米 / 秒；7 月 NW 向最大风速最大，为 38.9 米 / 秒；10 月 SE 向最大风速最大，为 28.3 米 / 秒（图 5.4-6）。

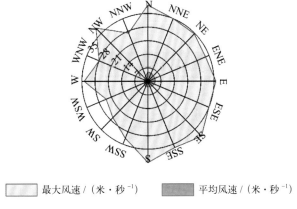

最大风速 /（米·秒⁻¹）　　　平均风速 /（米·秒⁻¹）

图5.4-5　全年各向平均风速和最大风速（1966—2019年）

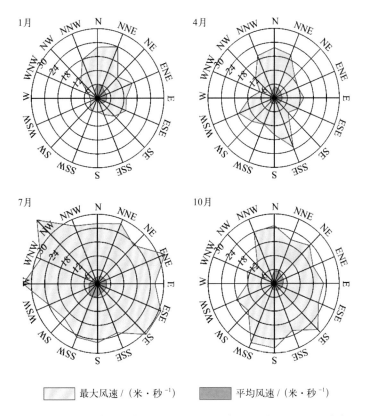

最大风速 /（米·秒⁻¹）　　　平均风速 /（米·秒⁻¹）

图5.4-6　四季代表月各向平均风速和最大风速（1966—2019年）

4. 大风日数

风力大于等于 6 级的大风日数 7 月最多，为 7.2 天，占全年的 16.4%，6 月次之，为 5.1 天（表 5.4-2，图 5.4-7）。平均年大风日数为 43.8 天（表 5.4-2）。历年大风日数 1981 年最多，为 81 天，2011 年最少，为 15 天。

风力大于等于 8 级的大风日数 7 月和 8 月最多，均为 0.8 天，5 月最少，出现 3 天。历年大风日数 1980 年最多，为 10 天，有 9 年未出现。

风力大于等于 6 级的月大风日数最多为 18 天，出现在 1992 年 7 月；最长连续大于等于 6 级大风日数为 19 天，出现在 1979 年 11 月 17 日至 12 月 5 日（表 5.4-2）。

表 5.4-2　各级大风日数年变化（1960—2019 年）　　　　单位：天

	1月	2月	3月	4月	5月	6月	7月	8月	9月	10月	11月	12月	年
大于等于6级大风平均日数	3.7	3.0	2.5	1.8	2.1	5.1	7.2	5.0	3.3	3.5	3.4	3.2	43.8
大于等于7级大风平均日数	0.7	0.7	0.5	0.4	0.4	1.4	2.7	1.9	1.1	1.5	1.0	0.7	13.0
大于等于8级大风平均日数	0.1	0.1	0.2	0.2	0.1	0.3	0.8	0.8	0.5	0.4	0.2	0.1	3.8
大于等于6级大风最多日数	13	10	12	5	5	15	18	16	10	15	16	11	81
最长连续大于等于6级大风日数	4	5	4	3	4	8	13	8	6	7	14	19	19

注：1983年4月至1985年12月停测，2002年和2003年数据有缺测。大于等于6级大风统计时间为1960—2019年，大于等于7级和大于等于8级大风统计时间为1966—2019年。

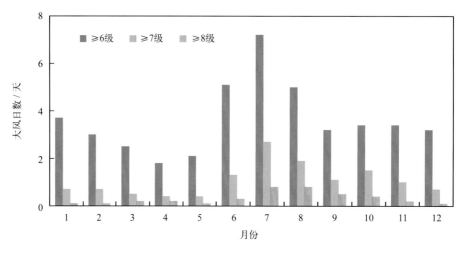

图5.4-7　各级大风日数年变化

第五节　降水

1. 降水量和降水日数

（1）降水量

涠洲站降水量的年变化见表 5.5-1 和图 5.5-1。平均年降水量为 1 377.9 毫米，6—8 月降水量为 763.5 毫米，占全年的 55.4%，3—5 月为 197.9 毫米，占全年的 14.4%，9—11 月为 340.3 毫米，占全年的 24.7%，12 月至翌年 2 月为 76.2 毫米，占全年的 5.5%。8 月平均降水量最多，为 339.9 毫米，占全年的 24.7%。

历年年降水量为 635.8 ～ 2 493.0 毫米，其中 2008 年最多，1962 年最少。

最大日降水量超过 100 毫米的有 35 年，超过 150 毫米的有 20 年，超过 200 毫米的有 13 年。最大日降水量为 327.9 毫米，出现在 1981 年 7 月 23 日，正值 8107 号强热带风暴影响期间。

表 5.5-1　降水量年变化（1960—2019 年）　　　　　　　　　　　　　　单位：毫米

	1月	2月	3月	4月	5月	6月	7月	8月	9月	10月	11月	12月	年
平均降水量	28.2	24.8	46.5	65.8	85.6	179.5	244.1	339.9	202.2	102.5	35.6	23.2	1 377.9
最大日降水量	76.8	50.3	111.4	128.1	235.4	221.1	327.9	320.3	223.3	220.5	107.6	49.3	327.9

注：1983年1月至2002年11月停测，2003年数据有缺测。

（2）降水日数

平均年降水日数为 118.4 天。平均月降水日数 8 月最多，为 15.9 天，12 月最少，为 5.6 天（图 5.5-2 和图 5.5-3）。日降水量大于等于 10 毫米的平均年日数为 31.0 天，各月均有出现；日降水量大于等于 50 毫米的平均年日数为 6.9 天，出现在 1—11 月；日降水量大于等于 100 毫米的平均年日数为 2.1 天，出现在 3—11 月；日降水量大于等于 150 毫米的平均年日数为 0.72 天，出现在 5—10 月；日降水量大于等于 200 毫米的平均年日数为 0.37 天，出现在 5—10 月（图 5.5-3）。

最多年降水日数为 150 天，出现在 1976 年；最少年降水日数为 90 天，出现在 2005 年和 2006 年。最长连续降水日数为 19 天，出现在 1972 年 7 月 31 日至 8 月 18 日；最长连续无降水日数不少于 64 天，出现在 2002 年 12 月 2 日至翌年 2 月 3 日（2002 年 12 月 2 日前数据缺测）。

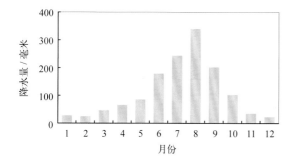

图5.5-1　降水量年变化（1960—2019年）

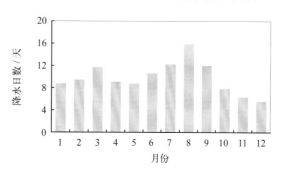

图5.5-2　降水日数年变化（1966—2019年）

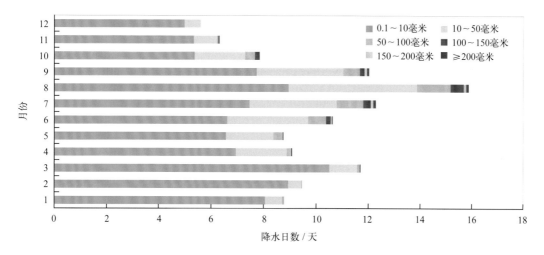

图5.5-3　各月各级平均降水日数分布（1960—2019年）

2. 长期趋势变化

1960—1982年，年降水量和年最大日降水量均呈上升趋势，上升速率分别为209.02毫米/（10年）和24.25毫米/（10年）（线性趋势未通过显著性检验）。2004—2019年，年降水量和年最大日降水量均呈上升趋势，上升速率分别为299.64毫米/（10年）（线性趋势未通过显著性检验）和43.12毫米/（10年）（线性趋势未通过显著性检验）。

1966—1982年，年降水日数无明显变化趋势；最长连续降水日数呈减少趋势，减少速率为1.59天/（10年）（线性趋势未通过显著性检验）；最长连续无降水日数呈增加趋势，增加速率为4.88天/（10年）（线性趋势未通过显著性检验）。2004—2019年，年降水日数和最长连续降水日数均呈增加趋势，增加速率分别为19.66天/（10年）和1.41天/（10年）（线性趋势未通过显著性检验）；最长连续无降水日数呈减少趋势，减少速率为9.94天/（10年）（线性趋势未通过显著性检验）。

第六节　雾及其他天气现象

1. 雾

涠洲站雾日数的年变化见表5.6-1、图5.6-1和图5.6-2。1966—2019年，平均年雾日数为17.5天。平均月雾日数3月最多，为5.8天，6—9月未出现；月雾日数最多为13天，出现在1969年3月和2010年3月；最长连续雾日数为10天，出现在1969年3月19—28日。

表5.6-1　雾日数年变化（1966—2019年）　　　　　　　　单位：天

	1月	2月	3月	4月	5月	6月	7月	8月	9月	10月	11月	12月	年
平均雾日数	2.5	4.9	5.8	3.3	0.1	0.0	0.0	0.0	0.0	0.0	0.0	0.9	17.5
最多雾日数	7	12	13	9	1	0	0	0	0	1	1	4	36
最长连续雾日数	4	6	10	4	1	0	0	0	0	1	1	3	10

注：1983—2008年停测。

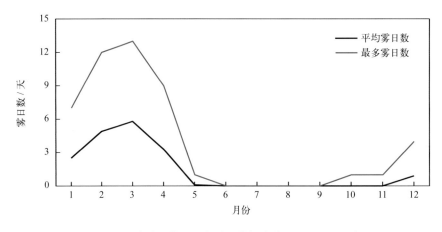

图5.6-1　平均雾日数和最多雾日数年变化（1966—2019年）

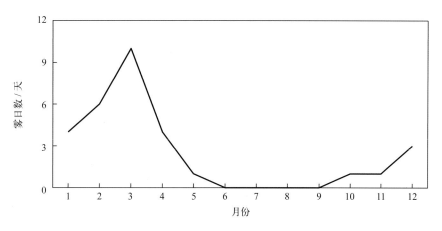

图5.6-2　最长连续雾日数年变化（1966—2019年）

1969年雾日数最多，为36天，2019年最少，为3天。1966—1982年，年雾日数呈下降趋势，下降速率为5.86天/（10年）（线性趋势未通过显著性检验）。2009—2019年，年雾日数呈下降趋势，下降速率为25.36天/（10年）。

2. 轻雾

涠洲站轻雾日数的年变化见表5.6-2和图5.6-3。1966—1982年，平均年轻雾日数为82.9天。平均月轻雾日数3月最多，为19.7天，7月未出现。最多月轻雾日数为23天，出现在1972年1月、1976年3月、1978年3月和1980年3月。

1971—1982年，年轻雾日数呈上升趋势，上升速率为15.84天/（10年）（线性趋势未通过显著性检验）。1976年轻雾日数最多，为109天，1971年最少，为58天（图5.6-4）。

表5.6-2　轻雾日数年变化（1966—1982年）　　　　　　　单位：天

	1月	2月	3月	4月	5月	6月	7月	8月	9月	10月	11月	12月	年
平均轻雾日数	15.9	16.1	19.7	13.4	2.2	0.1	0.0	0.1	0.5	0.9	3.8	10.2	82.9
最多轻雾日数	23	20	23	19	4	1	0	2	4	4	9	20	109

注：1967年1月至1970年5月停测。

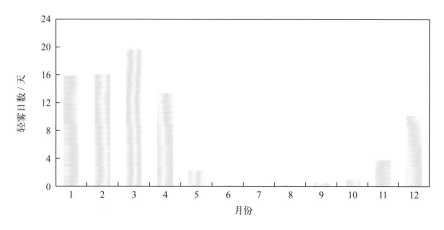

图5.6-3　轻雾日数年变化（1966—1982年）

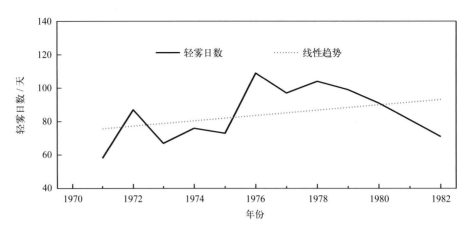

图5.6-4　1971—1982年轻雾日数变化

3. 雷暴

涠洲站雷暴日数的年变化见表5.6-3和图5.6-5。1960—1982年，平均年雷暴日数为77.5天。雷暴主要出现在4—9月，其中8月最多，为17.8天，12月未出现。雷暴最早初日为1月21日（1969年），最晚终日为11月24日（1965年）。月雷暴日数最多为24天，出现在1972年8月和1973年8月。

表5.6-3　雷暴日数年变化（1960—1982年）　　　　　　　　　单位：天

	1月	2月	3月	4月	5月	6月	7月	8月	9月	10月	11月	12月	年
平均雷暴日数	0.2	0.7	2.5	5.4	8.7	12.8	13.8	17.8	11.2	3.6	0.8	0.0	77.5
最多雷暴日数	5	5	7	12	18	20	22	24	20	10	8	0	93

1960—1982年，年雷暴日数呈下降趋势，下降速率为3.09天/（10年）（线性趋势未通过显著性检验）。1960年雷暴日数最多，为93天，1976年最少，为61天（图5.6-6）。

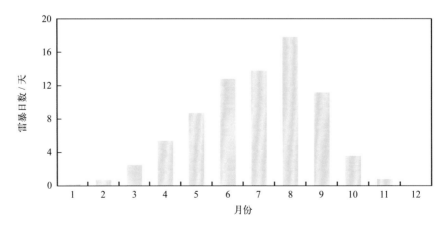

图5.6-5　雷暴日数年变化（1960—1982年）

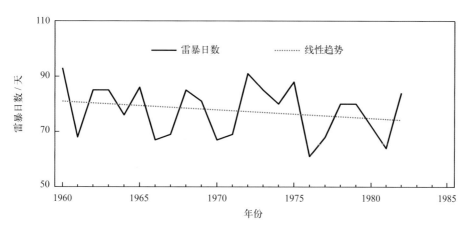

图5.6-6　1960—1982年雷暴日数变化

第七节　能见度

　　1966—2019 年，润洲站累年平均能见度为 20.6 千米。7 月平均能见度最大，为 33.9 千米，3 月最小，为 10.8 千米。能见度小于 1 千米的平均年日数为 12.4 天，3 月最多，为 4.3 天，5 月、6 月、10 月和 11 月均出现 1 次（表 5.7-1，图 5.7-1 和图 5.7-2）。

表 5.7-1　能见度年变化（1966—2019 年）

	1月	2月	3月	4月	5月	6月	7月	8月	9月	10月	11月	12月	年
平均能见度 / 千米	11.2	11.0	10.8	14.8	24.7	31.0	33.9	30.9	27.4	20.2	17.2	13.8	20.6
能见度小于 1 千米平均日数 / 天	1.7	3.4	4.3	2.1	0.0	0.0	0.1	0.1	0.1	0.0	0.0	0.6	12.4

注：1979—1981年和1983年1月至2006年4月停测。

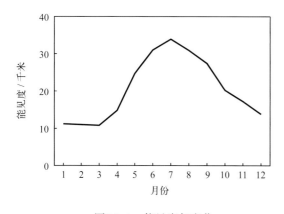

图5.7-1　能见度年变化

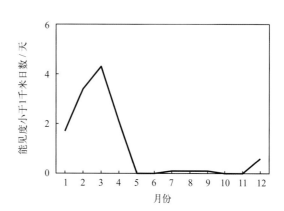

图5.7-2　能见度小于1千米日数年变化

　　历年平均能见度为 10.4 ~ 30.2 千米，1967 年最高，2007 年最低；能见度小于 1 千米的日数 2008 年最多，为 32 天，1977 年最少，为 2 天。

　　1966—1978 年，年平均能见度呈下降趋势，下降速率为 3.78 千米 /（10 年）；2007—2019 年，年平均能见度呈上升趋势，上升速率为 1.99 千米 /（10 年）（线性趋势未通过显著性检验）（图 5.7-3）。

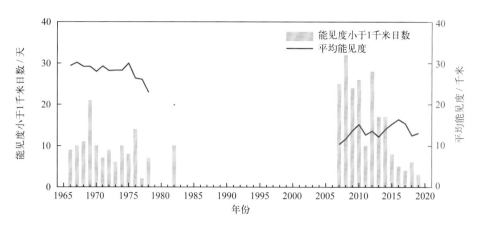

图5.7-3　能见度小于1千米年日数和平均能见度变化

第八节　云

　　1966—1982年，涠洲站累年平均总云量为5.7成，6月和8月平均总云量最多，均为6.5成，11月最少，为4.6成；累年平均低云量为3.2成，2月平均低云量最多，为5.1成，5月最少，为2.2成（表5.8-1，图5.8-1）。

表5.8-1　总云量和低云量年变化（1966—1982年）

	1月	2月	3月	4月	5月	6月	7月	8月	9月	10月	11月	12月	年
平均总云量/成	5.5	5.9	5.8	5.6	5.7	6.5	6.3	6.5	5.7	4.9	4.6	4.8	5.7
平均低云量/成	4.4	5.1	4.9	3.5	2.2	2.4	2.4	3.0	2.6	2.6	2.6	3.2	3.2

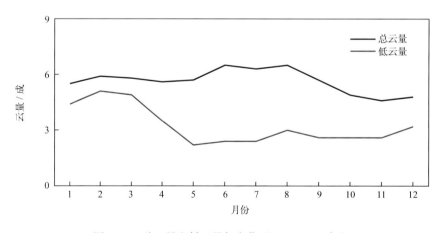

图5.8-1　总云量和低云量年变化（1966—1982年）

　　1966—1982年，年平均总云量呈减少趋势，减少速率为0.06成/（10年）（线性趋势未通过显著性检验），1970年最多，为6.2成，1979年和1980年最少，均为5.3成（图5.8-2）；年平均低云量呈减少趋势，减少速率为0.09成/（10年）（线性趋势未通过显著性检验），1970年和1972年最多，均为3.7成，1977年最少，为2.5成（图5.8-3）。

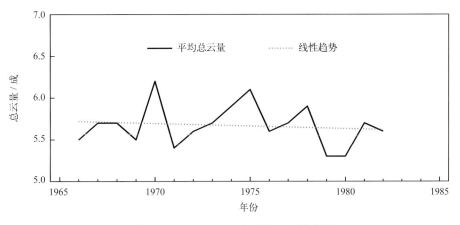

图5.8-2　1966—1982年平均总云量变化

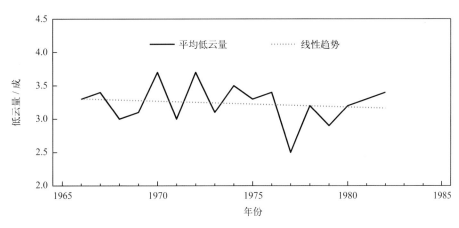

图5.8-3　1966—1982年平均低云量变化

第九节　蒸发量

1960—1978 年，涠洲站平均年蒸发量为 1 964.5 毫米。7 月蒸发量最大，为 226.4 毫米，2 月蒸发量最小，为 89.0 毫米（表 5.9-1，图 5.9-1）。

表 5.9-1　蒸发量年变化（1960—1978 年）　　　　　　　　　　单位：毫米

	1月	2月	3月	4月	5月	6月	7月	8月	9月	10月	11月	12月	年
平均蒸发量	113.7	89.0	105.3	135.5	197.6	197.5	226.4	194.5	201.5	207.7	162.0	133.8	1 964.5

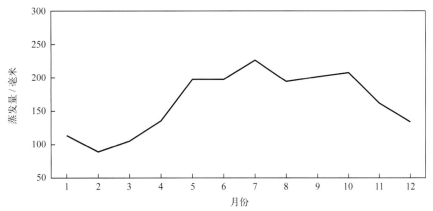

图5.9-1　蒸发量年变化（1960—1978年）

第六章　海平面

1. 年变化

　　涸洲附近海域海平面年变化特征明显，2月最低，10月最高，年变幅为23厘米（图6-1），平均海平面在验潮基面上213厘米。

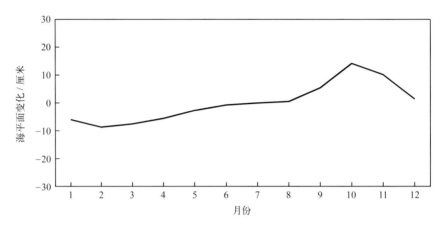

图6-1　海平面年变化（1964—2019年）

2. 长期趋势变化

　　涸洲附近海域海平面变化总体呈波动上升趋势。1964—2019年，涸洲附近海域海平面上升速率为2.9毫米/年；1993—2019年，海平面上升速率为3.2毫米/年，低于同期中国沿海3.9毫米/年的平均水平。1964—1968年，各年海平面均处于有观测记录以来的低位，之后上升较快，分别在1981年、2001年和2017年达到3次小高峰，2017年海平面达到有观测记录以来的最高。

　　涸洲附近海域十年平均海平面总体上升。1964—1969年平均海平面处于有观测记录以来的最低位；1970—1979年平均海平面明显抬升76毫米；1980—1999年平均海平面上升较缓；2000—2009年平均海平面上升加快，较1990—1999年高34毫米；2010—2019年平均海平面处于有观测记录以来的最高位，比2000—2009年高30毫米，比1964—1969年高171毫米（图6-2）。

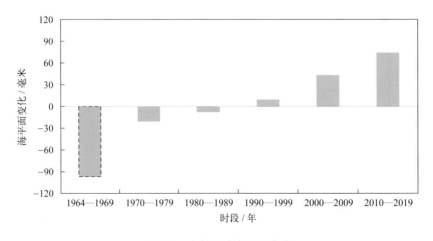

图6-2　十年平均海平面变化

3. 周期性变化

1964—2019 年，涠洲附近海域海平面有准 2 年、19 年和 28 年的显著变化周期，振荡幅度均为 1 ~ 2 厘米。1981 年、2001 年和 2017 年前后，海平面处于准 2 年和 19 年周期性振荡的高位，几个主要周期性振荡高位叠加，抬高了同时段海平面的高度（图 6-3）。

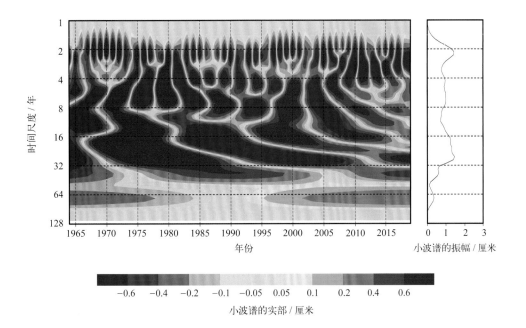

图6-3　年均海平面的小波（wavelet）变换

第七章 灾害

第一节 海洋灾害

1. 风暴潮

1964 年 7 月 2 日前后，6403 号强台风登陆海南琼海，引发严重潮灾。涠洲海洋站最大增水超过 1 米（《中国海洋灾害四十年资料汇编》）。

1965 年 7 月 15 日前后，6508 号超强台风影响广西沿海，台风登陆时正遇农历六月十七天文大潮期，引发特大潮灾。涠洲海洋站最大增水超过 0.5 米。受其影响，合浦县海堤被冲垮，淹没农田几万亩。这次台风风力大，范围广，风灾重，海潮高（《中国海洋灾害四十年资料汇编》）。

1980 年 7 月 20—23 日，8007 号强台风影响海南东北部沿海，引发特大潮灾。涠洲海洋站最大增水超过 0.5 米（《中国海洋灾害四十年资料汇编》）。

1986 年 7 月 19—22 日，8609 号热带风暴登陆广西合浦，台风登陆时为农历六月十五天文大潮期，引发特大潮灾。涠洲海洋站最高潮位超过当地警戒潮位。广西沿海海堤遭到毁灭性的袭击，1 000 余千米的海堤 80% 以上被高潮巨浪漫顶破坏，造成极为严重的损失。据不完全统计，此次损失约 3.9 亿元，其中风暴潮损失占 80%（《中国海洋灾害四十年资料汇编》）。

2. 海浪

1992 年 6 月 28 日 08 时，9204 号台风在海南省陵水黎族自治县登陆，29 日下午北部湾出现 7.0 米高的狂浪，涠洲海洋站观测到 4.9 米的浪高。7 月 13 日 20 时，9205 号台风中心气压 980 百帕，近中心最大风速 30 米 / 秒，北部湾内最大波高 6.0 米，涠洲海洋站观测到 5.8 米的最大浪高（《1992 年中国海洋灾害公报》）。

1993 年 8 月 21 日，受 9309 号台风影响，北部湾中的涠洲海洋站观测到 3.8 米的最大浪高（《1993 年中国海洋灾害公报》）。

2005 年 2 月 19 日，受冷空气浪影响，"浙海 308" 货船在北部湾涠洲岛以南 55 海里处沉没，造成 7 人死亡（含失踪），直接经济损失达 3 500 万元（《2005 年中国海洋灾害公报》）。

2007 年 7 月 4—5 日，0703 号热带风暴 "桃芝" 在北部湾海面形成 6 ~ 7 米的台风浪，国家海洋局涠洲海洋站实测最大波高 6.6 米。8 月 3—9 日，0706 号热带风暴在南海形成 4 ~ 5 米的台风浪。受台风浪影响，8 月 9 日，海南省一艘渔船在涠洲岛西南面海域沉没，3 人失踪（《2007 年中国海洋灾害公报》）。

3. 海岸侵蚀

海平面上升加剧了涠洲岛的海岸侵蚀，1989—2008 年，涠洲岛面积减少了 24 万平方米（《2012 年中国海平面公报》）。

2016 年，涠洲岛东北和西南岸段以砂质海岸为主，是海岸侵蚀主要岸段。东北侧横岭至后背塘岸段受侵蚀长度 5.71 千米，西南侧石螺口至滴水村岸段受侵蚀长度 2.53 千米（《2016 年中国海平面公报》）。

2017 年，广西涠洲岛东北侧横岭至后背塘岸段侵蚀海岸长度 5.7 千米，最大侵蚀距离 1.63 米，平均侵蚀距离 0.51 米；西南侧石螺口至滴水村岸段侵蚀海岸长度 2.5 千米，最大侵蚀距离 0.48 米，平均侵蚀距离 0.32 米（《2017 年中国海洋灾害公报》《2017 年中国海平面公报》）。

2018 年，广西涠洲岛东北侧后背塘至横岭岸段侵蚀海岸长度 0.2 千米，最大侵蚀距离 0.57 米，年平均侵蚀距离 0.21 米；西南侧石螺口至滴水村岸段侵蚀海岸长度 0.1 千米，最大侵蚀距离 0.25 米，年平均侵蚀距离 0.12 米（《2018 年中国海洋灾害公报》《2018 年中国海平面公报》）。

2019 年，广西涠洲岛东北侧后背塘至横岭岸段侵蚀海岸长度 0.1 千米，最大侵蚀距离 2.9 米，年平均侵蚀距离与 2018 年持平；西南侧石螺口至滴水村岸段侵蚀海岸长度 0.1 千米，年平均侵蚀距离 0.3 米，侵蚀距离较 2018 年增加（《2019 年中国海洋灾害公报》《2019 年中国海平面公报》）。

2020 年，广西涠洲岛东北侧后背塘至横岭岸段年最大侵蚀距离 3.4 米，年平均侵蚀距离 0.9 米；西南侧石螺口至滴水村岸段年最大侵蚀距离 4.3 米，年平均侵蚀距离 1.5 米，侵蚀程度均较 2019 年加重（《2020 年中国海平面公报》）。

第二节　灾害性天气

根据《中国气象灾害大典·广西卷》（1949—2000 年）和《中国气象灾害年鉴》（2000 年后）及《南海区海洋站海洋水文气候志》等记载，涠洲站周边发生的主要灾害性天气有暴雨洪涝和大风等。

1. 暴雨洪涝

1972 年 8 月 27—29 日，受 7210 号强热带风暴影响，涠洲、东兴、上思等站降暴雨、大暴雨。涠洲岛 133 公顷黄粟、118 公顷木薯均受损 40%，树木损失 30%，房屋倒塌 5 间，打坏小艇 3 艘。

1981 年 7 月 21—25 日，受 8107 号强热带风暴影响，涠洲岛降特大暴雨，日最大降雨量高达 327.9 毫米，7 月 22—25 日，涠洲岛过程降雨量为 540.5 毫米。

1982 年 9 月 15—17 日，受 8217 号台风影响，涠洲岛出现大暴雨，日最大降雨量达 201.0 毫米，24 小时最大降雨量达 398.0 毫米，过程降雨量达 419.1 毫米，经济损失 353.8 万元。

1993 年 6 月 27—29 日，受 9302 号超强台风及冷空气、高空槽影响，广西出现强降雨，其中涠洲岛 6 月 28 日降雨量达 258.7 毫米。暴雨导致部分地区山洪暴发、洪水泛滥成灾，一些地方出现泥石流。8 月 21—23 日，受 9309 号台风影响，广西南部出现强降雨天气，其中涠洲岛日最大降雨量为 244.4 毫米，过程降雨量为 400.0 毫米。

1994 年 7 月 18—21 日，受 9411 号热带低压影响，涠洲岛连续 4 天降暴雨、大暴雨，4 天总雨量达 365.5 毫米。

2008 年 8 月 6—12 日，受 0809 号强热带风暴"北冕"影响，广西南部和沿海地区出现较强的风雨过程，其中涠洲岛出现特大暴雨（日降雨量达 257.0 毫米），过程雨量超过 500 毫米。

2. 大风

1951 年 6 月 20—23 日，受 5106 号热带风暴的影响，涠洲岛水灾与风灾并作，加上海潮高涨，风助水势，浪潮直卷临海的街坊，许多民房崩塌，并损失部分家私用具、物资等。北海市和涠洲岛共崩塌房屋 74 间，336 人受灾，14 人受伤，打破小艇 1 艘，所崩塌的房屋及其他损失物资总价值约 1.33 亿元（第一套人民币）。

1962 年 8 月 11 日 11 时，6209 号台风在钦州—东兴登陆，涠洲岛最大风力 10 级，阵风 12 级以上（极大风速大于 40 米／秒）。涠洲岛损失高粱、黄粟、木薯共 23 万千克，吹毁香蕉树、木瓜树 10 余万株，倒塌和损坏房屋 100 余间，打坏中小船只各 1 艘，吹断电线杆 50 余根。

1963 年 8 月 16—17 日，6309 号超强台风经过广西近海，涠洲岛及附近海面风力 12 级，最大风速 34 米／秒，极大风速大于 40 米／秒。涠洲岛农作物损失严重。

1968 年 9 月 9 日，受 6811 号超强台风影响，北海市城区风力 12 级以上。涠洲岛被风打坏大船 1 艘、小艇 2 艘，外港渔船被打坏 2 艘，死 5 人，木薯损失 50%，倒塌房屋 14 间，410 间房屋瓦面受损，各种树木损失约 50 万株。

1971 年 7 月 22 日夜间，7114 号超强台风进入广西，涠洲岛最大风速 20 米／秒，极大风速 26 米／秒，大风造成北海市电话线路中断。

1972 年 8 月 28 日，受 7210 号强热带风暴影响，北海市城区风力 9 级，阵风 12 级。涠洲岛 133 公顷黄粟、118 公顷木薯均受损 40%，树木损失 30%，房屋倒塌 5 间，打坏小艇 3 艘。

1973 年 9 月 7 日，7313 号台风从北海市涠洲岛经过，风力 12 级以上，最大风速 40 米／秒，极大风速大于 40 米／秒。全岛倒塌房屋 13 间，半倒塌 9 间，瓦面受损 877 间；晚稻减产 24 350 千克，木薯减产 20 863 千克，芝麻减产 1 640 千克，香蕉减产 8 500 千克；吹断树木 1 594 棵，吹倒 15 517 棵。

1977 年 7 月 20 日，受 7703 号台风影响，北海市风力 8 级，阵风 11 级。涠洲岛 133 公顷玉米损失 5 成，53 公顷黄粟损失 4 成，80 公顷甘蔗损失 2 成。

1978 年 8 月 27—28 日，受 7812 号台风影响，涠洲岛最大风力 9 级，阵风 12 级（35 米／秒）。此台风过程风灾严重，并伴有洪涝灾害。

1982 年 9 月 15 日傍晚，8217 号台风侵袭涠洲岛，涠洲岛最大风速 33 米／秒，极大风速大于 40 米／秒。

1983 年 7 月 17 日，8303 号台风经过北海市涠洲岛南部海面，涠洲岛风力 9 级，阵风 12 级以上，极大风速达 35 米／秒。

2007 年 7 月 5 日，0703 号热带风暴"桃芝"在广西壮族自治区东兴市东兴镇一带沿海登陆，涠洲岛出现 12 级（34.3 米／秒）阵风。北海、防城港等市 123.31 万人受灾，转移安置 14.71 万人，直接经济损失达 8 500 万元。

2013 年 7 月 1—2 日，受 1306 号强热带风暴"温比亚"影响，北海市涠洲岛出现最大风速 26.0 米／秒（10 级）。7 月 1 日下午，近 2 000 名正在涠洲岛的游客被劝返疏散；7 月 2—3 日，海上旅游航线全线停航，800 余名游客滞留涠洲岛。

防城港海洋站

第一章 概况

第一节 基本情况

防城港海洋站（简称防城港站）位于广西壮族自治区防城港市。防城港市位于我国海岸线西南端，南临北部湾，西南与越南隔河相望，是"一带一路"面向东盟的"海陆双通道、南向门户城"。大陆岸线长约537.79千米，海岛284个，岛屿岸线长约156.7千米，港口众多，海产富足。

防城港站建于1995年9月，隶属国家海洋局南海分局，2019年6月后隶属自然资源部南海局，由北海中心站管辖。建站时位于防城港市港口区望海路风球岭，2005年迁至防城港市港口区仙人湾小区，测点位于防城港务集团公司码头（图1.1-1）。

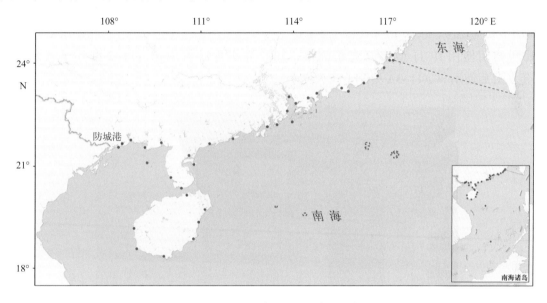

图1.1-1 防城港站地理位置示意

防城港站观测项目有潮汐、海浪、表层海水温度、表层海水盐度、气温、气压、相对湿度、风和降水等。2002年前，主要为人工观测或使用简易设备观测，2002年安装自动观测系统，多数项目实现了自动化观测、数据存储和传输。

防城港沿海为正规日潮特征，海平面2月最低，10月最高，年变幅为26厘米，平均海平面为235厘米，平均高潮位为365厘米，平均低潮位为120厘米；全年海况以0~3级为主，年均平均波高为0.5米，年均平均周期为2.7秒，历史最大波高最大值为4.4米，历史平均周期最大值为8.4秒，常浪向为NNE；年均表层海水温度为22.6~24.7℃，8月最高，均值为30.0℃，1月最低，均值为15.0℃，历史水温最高值为34.0℃，历史水温最低值为8.6℃；年均表层海水盐度为21.13~25.82，2月最高，均值为27.37，7月最低，均值为17.25，历史盐度最高值为34.63，历史盐度最低值为0.80。

防城港站主要受海洋性季风气候影响，年均气温为22.4~24.2℃，7月最高，均值为29.2℃，1月最低，均值为14.4℃，历史最高气温为38.5℃，历史最低气温为3.0℃；年均气压为

1 006.1 ～ 1 008.6 百帕，1 月最高，均值为 1 015.9 百帕，6 月和 7 月最低，均为 999.8 百帕；年均相对湿度为 71.5% ～ 86.6%，6 月最大，均值为 85.1%，12 月最小，均值为 72.2%；年均风速为 1.3 ～ 4.6 米 / 秒，12 月最大，均值为 4.1 米 / 秒，8 月最小，均值为 2.4 米 / 秒，1 月盛行风向为 N—NE（顺时针，下同），4 月盛行风向为 N—NE，7 月盛行风向为 S—WSW，10 月盛行风向为 N—NE；平均年降水量为 2 418.5 毫米，7 月平均降水量最多，占全年的 23.5%；平均年雾日数为 10.5 天，2 月最多，均值为 3.8 天，6—10 月未出现；年均能见度为 11.3 ～ 18.5 千米，7 月最大，均值为 19.9 千米，2 月最小，均值为 10.4 千米。

第二节　观测环境和观测仪器

1. 潮汐

1996 年 1 月开始观测。测点位于防城港务集团公司码头的第八泊位。验潮井为岸式钢筋混凝土结构，底质为泥沙，水深 15 米（图 1.2-1）。

观测初期使用 HCJ1 型滚筒式验潮仪，2002 年 1 月后使用 SCA11-2 型浮子式水位计，2007 年 2 月后使用 SCA11-3A 型浮子式水位计。

图1.2-1　防城港站验潮室（摄于2010年4月）

2. 海浪

2005 年 4 月开始观测。测点位于防城港务集团公司 20 万吨码头附近，水深 7 ～ 20 米，2016 年 6 月迁至白龙尾，开阔度 180°，海面视野开阔，无岛屿和暗礁（图 1.2-2）。

观测初期为目测，2011 年 8 月后使用 SZF 遥测波浪仪，2012 年 3 月后为目测，2016 年 6 月后使用 LPB1-2 型声学测波仪。海况和波型为目测。

图1.2-2　防城港站测波点（摄于2013年5月）

3. 表层海水温度、盐度和海发光

1996 年开始观测表层海水温度，2006 年后开始观测表层海水盐度。测点位于防城港务集团公司码头第八泊位的验潮室旁，附近有大吨位货船装卸煤矿。

水温使用 SWL1-1 型表层水温表测量。盐度使用 SYS1-1 型和 SYA2-2 型实验室盐度计测定。2007 年 7 月后使用 YZY4-3 型温盐传感器。

海发光为每日天黑后人工目测。资料时间为 2000 年 1 月至 2002 年 8 月。

4. 气象要素

1996 年 1 月开始观测风，2002 年后逐渐增加气压等其他观测项目。建站初期无气象观测场，风和降水在值班室楼顶观测，气压在值班室内观测，能见度在验潮室旁观测，其他要素在办公楼旁的空地上观测。2012 年 7 月迁至防城港龙孔墩山顶的新建观测场，四周较为开阔（图 1.2-3）。

观测初期使用 EL 型电接风向风速计，2002 年后使用 270 型气压传感器和 XFY3-1 型风传感器，2005 年 4 月开始使用 YZY5-1 型温湿度传感器和 SL3-1 型雨量传感器，2010 年 8 月后使用 HMP45A 型温湿度传感器和 278 型气压传感器，2013 年 10 月后使用 HMP155 型温湿度传感器。能见度和雾为目测。

图1.2-3　防城港站气象观测场（摄于2012年7月）

第二章 潮位

第一节 潮汐

1. 潮汐类型

利用防城港站近 19 年（2001—2019 年）验潮资料分析的调和常数，计算出潮汐系数 $(H_{K_1}+H_{O_1})/H_{M_2}$ 为 4.84。按我国潮汐类型分类标准，防城港沿海为正规日潮，平均每月有超过 3/4 的天数每个潮汐日（约 24.8 小时）出现一次高潮和一次低潮，其余天数每日有两次高潮和两次低潮，高潮日不等现象和低潮日不等现象均较显著。

1996—2019 年，防城港站 M_2 分潮振幅呈增大趋势，增大速率为 0.27 毫米 / 年（线性趋势未通过显著性检验）；迟角呈减小趋势，减小速率为 0.19°/ 年。K_1 和 O_1 分潮振幅均呈增大趋势，增大速率分别为 0.64 毫米 / 年（线性趋势未通过显著性检验）和 0.68 毫米 / 年（线性趋势未通过显著性检验）；迟角均呈减小趋势，减小速率分别为 0.10°/ 年和 0.09°/ 年。

2. 潮汐特征值

由 1996—2019 年资料统计分析得出：防城港站平均高潮位为 365 厘米，平均低潮位为 120 厘米，平均潮差为 245 厘米；平均高高潮位为 392 厘米，平均低低潮位为 103 厘米，平均大的潮差为 289 厘米。平均涨潮历时 11 小时 23 分钟，平均落潮历时 8 小时 33 分钟，两者相差 2 小时 50 分钟。

累年各月潮汐特征值见表 2.1-1。

表 2.1-1 累年各月潮汐特征值（1996—2019 年） 单位：厘米

月份	平均高潮位	平均低潮位	平均潮差	平均高高潮位	平均低低潮位	平均大的潮差
1	368	107	261	388	96	292
2	341	121	220	378	106	272
3	337	122	215	375	103	272
4	350	116	234	380	98	282
5	367	111	256	395	97	298
6	379	114	265	405	101	304
7	383	122	261	407	106	301
8	365	130	235	399	111	288
9	359	135	224	391	111	280
10	374	133	241	399	110	289
11	380	119	261	398	104	294
12	378	107	271	393	96	297
年	365	120	245	392	103	289

注：潮位值均以验潮零点为基面。

平均高潮位 7 月最高，为 383 厘米，3 月最低，为 337 厘米，年较差为 46 厘米；平均低潮位 9 月最高，为 135 厘米，1 月和 12 月最低，均为 107 厘米，年较差为 28 厘米（图 2.1–1）；平均高高潮位 7 月最高，为 407 厘米，3 月最低，为 375 厘米，年较差为 32 厘米；平均低低潮位 8 月和 9 月最高，均为 111 厘米，1 月和 12 月最低，均为 96 厘米，年较差为 15 厘米。平均潮差 12 月最大，3 月最小，年较差为 56 厘米；平均大的潮差 6 月最大，2 月和 3 月均为最小，年较差为 32 厘米（图 2.1–2）。

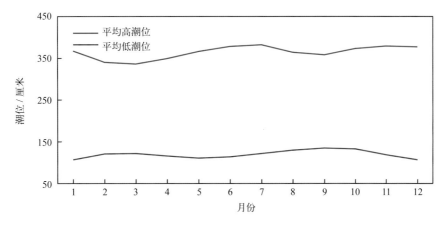

图2.1–1　平均高潮位和平均低潮位年变化

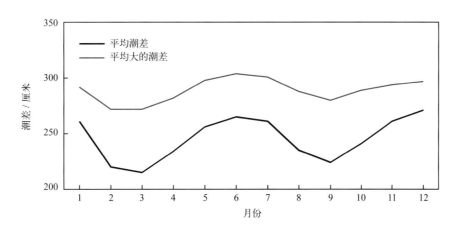

图2.1–2　平均潮差和平均大的潮差年变化

1996—2019 年，防城港站平均高潮位呈上升趋势，上升速率为 3.11 毫米/年（线性趋势未通过显著性检验）。受天文潮长周期变化影响，平均高潮位存在明显的准 19 年周期变化，振幅为 11.94 厘米。平均高潮位最高值出现在 2003 年和 2006 年，均为 378 厘米；最低值出现在 1996 年，为 347 厘米。防城港站平均低潮位呈上升趋势，上升速率为 6.99 毫米/年。平均低潮位准 19 年周期变化较为明显，振幅为 13.00 厘米。平均低潮位最高值出现在 2017 年，为 136 厘米；最低值出现在 2005 年，为 101 厘米。

1996—2019 年，防城港站平均潮差呈减小趋势，减小速率为 3.88 毫米/年（线性趋势未通过显著性检验）。平均潮差准 19 年周期变化显著，振幅为 24.93 厘米。平均潮差最大值出现在 2005 年、2006 年和 2007 年，均为 273 厘米；最小值出现在 2015 年和 2016 年，均为 223 厘米（图 2.1–3）。

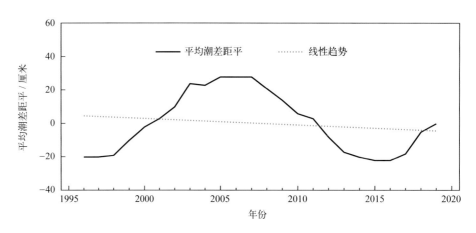

图2.1-3　1996—2019年平均潮差距平变化

第二节　极值潮位

防城港站年最高潮位和年最低潮位的各月发生频率见表2.2-1。年最高潮位出现时间主要集中在6—7月和11—12月，其中11月和12月发生频率最高，均为25%；6月次之，为21%。年最低潮位主要出现在5月和11月至翌年1月，其中1月发生频率最高，为33%；12月次之，为17%。

1996—2019年，防城港站年最高潮位呈上升趋势，上升速率为6.83毫米/年（线性趋势未通过显著性检验）。历年的最高潮位均高于472厘米，其中高于520厘米的有4年；历史最高潮位为531厘米，出现在2013年6月23日，正值1305号热带风暴"贝碧嘉"影响期间。防城港站年最低潮位呈上升趋势，上升速率为10.14毫米/年（线性趋势未通过显著性检验）。历年最低潮位均低于37厘米，其中低于-20厘米的有5年；历史最低潮位出现在2005年1月12日，为-36厘米（表2.2-1）。

表2.2-1　最高潮位和最低潮位及年极值出现频率（1996—2019年）

	1月	2月	3月	4月	5月	6月	7月	8月	9月	10月	11月	12月
最高潮位值/厘米	515	487	457	497	513	531	519	525	499	511	529	524
年最高潮位出现频率/%	8	0	0	0	0	21	17	4	0	0	25	25
最低潮位值/厘米	-36	-4	-21	-2	-22	-8	-12	3	-31	-3	-30	-31
年最低潮位出现频率/%	33	4	8	4	13	4	0	0	4	0	13	17

第三节　增减水

受地形和气候特征的影响，防城港站出现90厘米以上增水的频率高于同等强度减水的频率，超过100厘米的增水平均约312天出现一次，超过100厘米的减水平均约672天出现一次（表2.3-1）。

防城港站120厘米以上的增水主要出现在7—9月，100厘米以上的减水多发生在3—4月和8—10月，这些大的增减水过程主要与该海域受热带气旋和温带气旋等影响有关（表2.3-2）。

表 2.3-1　不同强度增减水平均出现周期（1996—2019 年）

范围 / 厘米	出现周期 / 天	
	增水	减水
>30	4.26	1.53
>40	15.62	3.23
>50	32.71	7.28
>60	52.93	16.41
>70	86.46	34.11
>80	132.31	77.28
>90	189.84	229.81
>100	311.88	671.75
>110	436.64	4 366.35
>120	513.69	—
>150	1 247.53	—

"—"表示无数据。

表 2.3-2　各月不同强度增减水出现频率（1996—2019 年）

月份	增水 / %					减水 / %				
	>30 厘米	>50 厘米	>70 厘米	>100 厘米	>120 厘米	>30 厘米	>50 厘米	>70 厘米	>90 厘米	>100 厘米
1	0.72	0.00	0.00	0.00	0.00	4.24	0.48	0.13	0.00	0.00
2	1.25	0.00	0.00	0.00	0.00	3.29	0.49	0.06	0.00	0.00
3	0.80	0.00	0.00	0.00	0.00	3.98	1.06	0.26	0.05	0.01
4	0.20	0.00	0.00	0.00	0.00	3.26	0.86	0.17	0.03	0.01
5	0.41	0.00	0.00	0.00	0.00	1.64	0.34	0.04	0.00	0.00
6	0.40	0.08	0.01	0.00	0.00	0.27	0.01	0.00	0.00	0.00
7	1.68	0.52	0.17	0.02	0.01	0.22	0.02	0.00	0.00	0.00
8	1.13	0.44	0.25	0.10	0.05	0.76	0.23	0.07	0.02	0.02
9	1.11	0.35	0.11	0.05	0.04	2.14	0.52	0.13	0.04	0.03
10	1.90	0.03	0.00	0.00	0.00	2.15	0.29	0.07	0.02	0.01
11	1.10	0.10	0.03	0.00	0.00	5.00	1.05	0.12	0.01	0.00
12	1.05	0.00	0.00	0.00	0.00	5.82	1.52	0.41	0.06	0.00

　　1996—2019 年，防城港站年最大增水多出现在 7—9 月，其中 7 月和 9 月出现频率最高，均为 29%；8 月次之，为 25%。防城港站年最大减水多出现在 4—5 月和 11—12 月，其中 12 月出现频率最高，为 25%；4 月次之，为 17%（表 2.3-3）。

　　1996—2019 年，防城港站年最大增水呈减小趋势，减小速率为 1.07 毫米 / 年（线性趋势未通过显著性检验）。历史最大增水出现在 2003 年 8 月 26 日，达 175 厘米；2014 年最大增水也较大，为 170 厘米；1996 年和 2007 年最大增水均超过或达到了 115 厘米。防城港站年最大减水呈减小趋势，减小速率为 7.06 毫米 / 年（线性趋势未通过显著性检验）。历史最大减水发生在 2005 年 9 月 27 日，达 119 厘米；1996 年最大减水也较大，为 113 厘米；2001 年、2009 年和 2016 年最大减水均超过了 100 厘米。

表 2.3-3　最大增水和最大减水及年极值出现频率（1996—2019 年）

	1月	2月	3月	4月	5月	6月	7月	8月	9月	10月	11月	12月
最大增水值 / 厘米	44	50	48	43	44	72	170	175	140	61	93	50
年最大增水出现频率 / %	0	0	4	4	0	5	29	25	29	0	4	0
最大减水值 / 厘米	86	81	105	106	79	51	65	113	119	102	94	98
年最大减水出现频率 / %	8	4	8	17	13	0	0	4	4	4	13	25

第三章 海浪

第一节 海况

防城港站全年及各月各级海况的频率见图3.1–1。全年海况以0～3级为主，频率为85.66%，其中0～2级海况频率为60.76%。全年5级及以上海况频率为1.64%，最大频率出现在7月，为5.30%。全年7级及以上海况频率为0.04%，出现在7月。

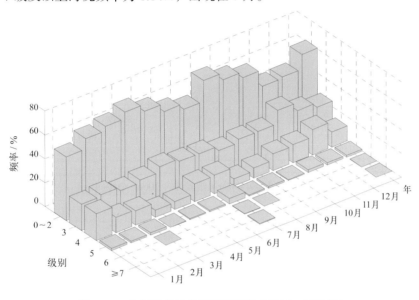

图3.1–1 全年及各月各级海况频率（2006—2019年）

第二节 波型

防城港站风浪频率和涌浪频率的年变化见表3.2–1。全年以风浪为主，频率为99.99%，涌浪频率为9.07%。各月的风浪频率相差不大，涌浪频率差异较大。6—8月涌浪较多，其中7月最多，频率为15.02%；1月、9月和12月较少，其中1月最少，频率为1.88%。

表3.2–1 各月及全年风浪涌浪频率（2006—2019年）

	1月	2月	3月	4月	5月	6月	7月	8月	9月	10月	11月	12月	年
风浪/%	100.00	100.00	100.00	100.00	100.00	100.00	100.00	99.93	100.00	100.00	100.00	100.00	99.99
涌浪/%	1.88	7.40	11.58	7.87	7.73	14.42	15.02	13.57	6.22	8.86	7.17	6.06	9.07

注：风浪包含F、FU、F/U和U/F波型；涌浪包含U、FU、F/U和U/F波型。

第三节 波向

1. 各向风浪频率

防城港站各月及全年各向风浪频率见图3.3–1。1月、2月和12月NNE向风浪居多，N向次之。3月、4月和9—11月NNE向风浪居多，NE向次之。5月NNE向风浪居多，SSW向次之。6月

SSW 向风浪居多，SW 向次之。7 月和 8 月 SW 向风浪居多，SSW 向次之。全年 NNE 向风浪居多，频率为 29.23%；SSW 向次之，频率为 7.79%；WNW 向最少，频率为 0.17%。

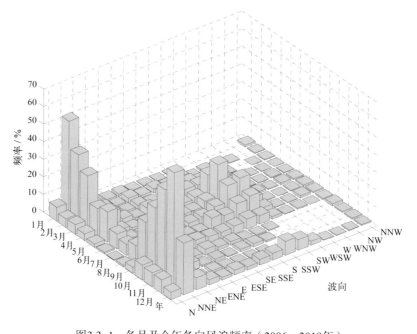

图3.3-1　各月及全年各向风浪频率（2006—2019年）

2. 各向涌浪频率

防城港站各月及全年各向涌浪频率见图 3.3-2。1 月 SE 向涌浪居多，S 向次之。2 月、3 月和 12 月 SE 向涌浪居多，SSE 向次之。4 月 S 向涌浪居多，ESE 向次之。5 月 SSE 向涌浪居多，SE 向次之。6 月 SSE 向涌浪居多，SSW 向次之。7 月 S 向涌浪居多，SSW 向次之。8 月 SSW 向涌浪居多，SSE 向次之。9 月 SSW 向涌浪居多，S 向次之。10 月 S 向涌浪居多，SE 向次之。11 月 SE 向涌浪居多，ESE 向次之。全年 SE 向涌浪居多，频率为 2.39%；S 向次之，频率为 1.83%；未出现 NE 向和 WNW—N 向涌浪。

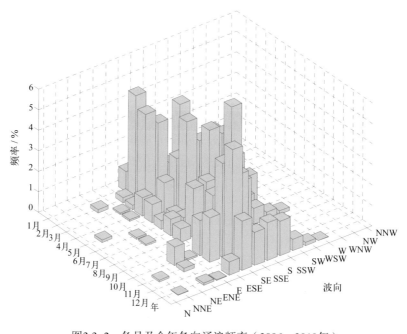

图3.3-2　各月及全年各向涌浪频率（2006—2019年）

第四节 波高

1. 平均波高和最大波高

防城港站波高的年变化见表 3.4-1。月平均波高的年变化不明显，为 0.4 ~ 0.7 米。历年的平均波高为 0.4 ~ 0.7 米。

月最大波高比月平均波高的变化幅度大，极大值出现在 8 月，为 4.4 米，极小值出现在 3 月，为 1.6 米，变幅为 2.8 米。历年的最大波高为 1.4 ~ 4.4 米，大于 3.0 米的有 6 年，其中最大波高的极大值 4.4 米出现在 2016 年 8 月 19 日，正值 1608 号强热带风暴"电母"影响期间，无观测波向，对应平均周期为 7.5 秒。

表 3.4-1　波高年变化（2006—2019 年）　　　　　　　　　　　　　　　　单位：米

	1月	2月	3月	4月	5月	6月	7月	8月	9月	10月	11月	12月	年
平均波高	0.5	0.4	0.4	0.4	0.4	0.6	0.7	0.5	0.5	0.5	0.5	0.5	0.5
最大波高	3.8	1.8	1.6	2.6	2.3	2.9	4.0	4.4	4.0	2.8	2.9	3.8	4.4

2. 各向平均波高和最大波高

全年及各季代表月各向波高的分布见表 3.4-2、图 3.4-1 和图 3.4-2。全年各向平均波高为 0.4 ~ 0.6 米，大值主要分布于 N 向和 SW 向，小值主要分布于 W 向。全年各向最大波高 ENE 向和 S 向最大，均为 4.0 米；NE 向、E 向和 SW 向次之，均为 3.4 米；W 向和 NW 向最小，均为 1.1 米。

表 3.4-2　全年各向平均波高和最大波高（2006—2019 年）　　　　　　　　单位：米

	N	NNE	NE	ENE	E	ESE	SE	SSE	S	SSW	SW	WSW	W	WNW	NW	NNW
平均波高	0.6	0.5	0.5	0.5	0.5	0.5	0.5	0.5	0.5	0.5	0.6	0.5	0.4	0.5	0.5	0.5
最大波高	1.8	2.3	3.4	4.0	3.4	3.1	2.5	2.6	4.0	2.5	3.4	1.5	1.1	1.5	1.1	1.3

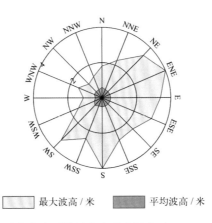

□ 最大波高 / 米　　　▨ 平均波高 / 米

图3.4-1　全年各向平均波高和最大波高（2006—2019年）

1 月平均波高 N 向、NNE 向、SE 向、S 向和 NNW 向最大，均为 0.6 米；ENE 向最小，为 0.3 米。最大波高 NNE 向最大，为 1.6 米；N 向次之，为 1.3 米；ENE 向最小，为 0.5 米。未出现 SW—NW 向波高有效样本。

4月平均波高 N 向最大，为 0.6 米；NW 向最小，为 0.3 米。最大波高 S 向和 SW 向最大，均为 1.5 米；NNE 向和 SSW 向次之，均为 1.3 米；NW 向最小，为 0.4 米。

7月平均波高 SE 向和 SW 向最大，均为 0.8 米；NNE 向、WNW 向和 NW 向最小，均为 0.4 米。最大波高 S 向最大，为 4.0 米；ENE 向次之，为 3.0 米；WNW 向最小，为 0.5 米。

10月平均波高 N 向最大，为 0.7 米；W 向最小，为 0.2 米。最大波高 ENE 向和 SW 向最大，均为 1.8 米；NNE 向次之，为 1.7 米；W 向最小，为 0.3 米。未出现 NW 向波高有效样本。

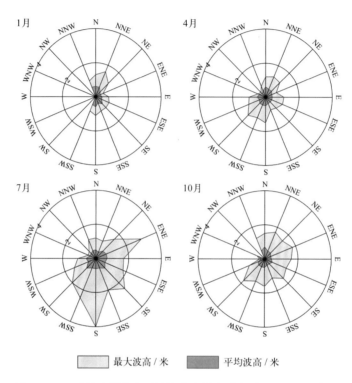

图3.4-2 四季代表月各向平均波高和最大波高（2006—2019年）

第五节　周期

1. 平均周期和最大周期

防城港站周期的年变化见表 3.5-1。月平均周期的年变化不明显，为 2.4 ~ 3.2 秒。月最大周期的年变化幅度较大，极大值出现在 7 月，为 8.4 秒，极小值出现在 1 月和 2 月，均为 4.8 秒。历年的平均周期为 1.7 ~ 3.5 秒，其中 2019 年最大，2014 年最小。历年的最大周期均不小于 3.3 秒，不小于 6.0 秒的有 3 年，其中最大周期的极大值 8.4 秒出现在 2007 年 7 月 5 日，波向为 S。

表 3.5-1　周期年变化（2006—2019年）　　　　　　　　　　　　　单位：秒

	1月	2月	3月	4月	5月	6月	7月	8月	9月	10月	11月	12月	年
平均周期	2.4	2.4	2.5	2.4	2.5	3.1	3.2	2.6	2.6	2.7	2.8	2.7	2.7
最大周期	4.8	4.8	5.4	5.9	5.5	5.9	8.4	7.5	5.4	5.8	5.3	5.0	8.4

2. 各向平均周期和最大周期

全年及各季代表月各向周期的分布见表 3.5-2、图 3.5-1 和图 3.5-2。全年各向平均周期为 2.4 ~ 3.2 秒，SE 向最大。全年各向最大周期 S 向最大，为 8.4 秒；SSE 向次之，为 6.5 秒；W 向最小，为 2.9 秒。

表 3.5-2　全年各向平均周期和最大周期（2006—2019 年）　　　　　　　单位：秒

	N	NNE	NE	ENE	E	ESE	SE	SSE	S	SSW	SW	WSW	W	WNW	NW	NNW
平均周期	2.6	2.5	2.4	2.5	2.5	2.6	3.2	2.8	2.9	2.7	2.7	2.5	2.4	2.6	2.5	2.6
最大周期	4.5	4.2	4.7	5.8	5.4	5.9	6.0	6.5	8.4	5.9	5.5	4.9	2.9	4.2	3.6	3.4

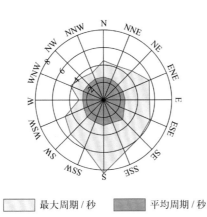

　　　　□ 最大周期 / 秒　　　　■ 平均周期 / 秒

图3.5-1　全年各向平均周期和最大周期（2006—2019年）

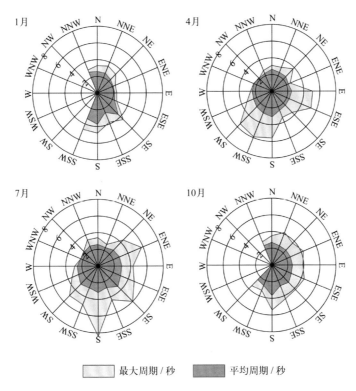

　　　　□ 最大周期 / 秒　　　　■ 平均周期 / 秒

图3.5-2　四季代表月各向平均周期和最大周期（2006—2019年）

1月平均周期 S 向最大，为 3.7 秒；ENE 向和 E 向最小，均为 2.1 秒。最大周期 S 向最大，为 4.8 秒；SSW 向次之，为 4.7 秒；ENE 向和 E 向最小，均为 2.4 秒。未出现 SW—NW 向周期有效样本。

4月平均周期 S 向最大，为 3.1 秒；ENE 向和 NW 向最小，均为 2.2 秒。最大周期 SSW 向最大，为 5.9 秒；S 向次之，为 5.6 秒；NW 向最小，为 2.2 秒（1 个有效样本）。

7月平均周期 SE 向最大，为 3.4 秒；WNW 向最小，为 2.3 秒。最大周期 S 向最大，为 8.4 秒；SE 向次之，为 6.0 秒；WNW 向最小，为 2.3 秒（1 个有效样本）。

10月平均周期 S 向最大，为 3.7 秒；NNE 向、NE 向、ENE 向、SW 向和 NNW 向最小，均为 2.5 秒。最大周期 S 向最大，为 5.4 秒；ESE 向和 SSE 向次之，均为 4.4 秒；NNW 向最小，为 3.0 秒。未出现 WSW—NW 向周期有效样本。

第四章　表层海水温度、盐度和海发光

第一节　表层海水温度

1. 平均水温、最高水温和最低水温

防城港站月平均水温的年变化具有峰谷明显的特点，8月最高，为30.0℃，1月最低，为15.0℃，年较差为15.0℃。2—8月为升温期，9月至翌年1月为降温期。月最高水温和月最低水温的年变化特征与月平均水温相似（图4.1-1）。

历年（2002年数据有缺测）的平均水温为22.6～24.7℃，其中2015年和2018年均为最高，2011年最低。累年平均水温为23.7℃。

历年的最高水温均不低于31.4℃，其中大于32.5℃的有18年，大于33.0℃的有9年，出现时间为6—9月，8月最多，占统计年份的50%。水温极大值为34.0℃，出现在2018年9月25日。

历年的最低水温均不高于14.4℃，其中小于12.0℃的有15年，小于11.0℃的有8年，出现时间为12月至翌年2月，1月最多，占统计年份的52%。水温极小值为8.6℃，出现在2008年2月2日。

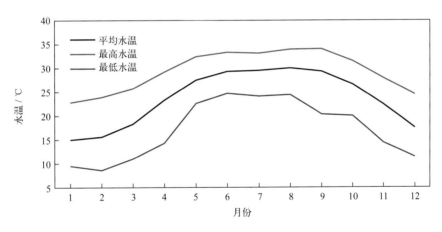

图4.1-1　水温年变化（1997—2019年）

2. 日平均水温稳定通过界限温度的日期

采用五日滑动平均方法求出稳定通过各个界限温度的日期，见表4.1-1。日平均水温全年均稳定通过10℃，稳定通过15℃的有340天，稳定通过20℃的有247天，稳定通过25℃的有190天，稳定通过30℃的初日为8月19日，终日为8月30日，共12天。

表 4.1-1　日平均水温稳定通过界限温度的日期（1997—2019年）

	10℃	15℃	20℃	25℃	30℃
初日	1月1日	2月8日	3月30日	4月23日	8月19日
终日	12月31日	1月13日	12月1日	10月29日	8月30日
天数	365	340	247	190	12

3. 长期趋势变化

1997—2019 年，年平均水温呈波动上升趋势，上升速率为 0.42℃ /（10 年），年最高水温和年最低水温变化趋势均不明显，其中 2018 年和 2016 年最高水温分别为 1997 年以来的第一高值和第二高值，2008 年和 2011 年最低水温分别为 1997 年以来的第一低值和第二低值。

第二节　表层海水盐度

1. 平均盐度、最高盐度和最低盐度

防城港站月平均盐度的年变化具有峰谷明显的特点，最高值出现在 2 月，为 27.37，最低值出现在 7 月，为 17.25，年较差为 10.12。月最高盐度 1 月最大，7 月最小。月最低盐度 3 月最大，8 月最小（图 4.2-1）。

历年（2006 年数据有缺测）平均盐度为 21.13 ~ 25.82，其中 2007 年最高，2016 年最低。累年平均盐度为 24.08。

历年的最高盐度均大于 28.20，其中大于 30.00 的有 11 年，大于 31.00 的有 7 年。年最高盐度除 6—8 月外各月均有出现。盐度极大值为 34.63，出现在 2011 年 1 月 25 日。

历年的最低盐度均小于 13.45，其中小于 6.00 的有 11 年，小于 4.00 的有 7 年。年最低盐度出现时间为 6—10 月，其中 8 月最多，占统计年份的 43%。盐度极小值为 0.80，出现在 2019 年 8 月 3 日，正值一次大的降水过程，当日降水量 50.3 毫米，前一日降水量 270.6 毫米。

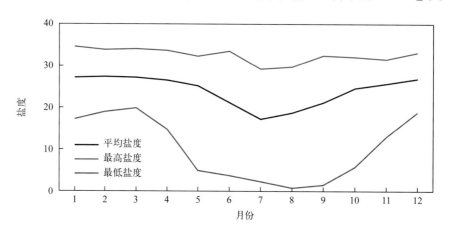

图4.2-1　盐度年变化（2006—2019年）

2. 长期趋势变化

2007—2019 年，年平均盐度呈波动下降趋势，下降速率为 2.12 /（10 年）；年最高盐度呈波动下降趋势，下降速率为 2.43 /（10 年）；年最低盐度变化趋势不明显。2011 年和 2006 年最高盐度分别为 2006 年以来的第一高值和第二高值；2019 年和 2012 年最低盐度分别为 2006 年以来的第一低值和第二低值。

第三节　海发光

防城港站海发光观测资料时间不足 3 年，不做统计分析。

第五章　海洋气象

第一节　气温

1. 平均气温、最高气温和最低气温

2008—2019年，防城港站累年平均气温为23.4℃。月平均气温7月最高，为29.2℃，1月最低，为14.4℃，年较差为14.8℃。月最高气温8月最高，1月最低。月最低气温7月最高，1月最低（表5.1-1，图5.1-1）。

表5.1-1　气温年变化（2008—2019年）　　　　　　单位：℃

	1月	2月	3月	4月	5月	6月	7月	8月	9月	10月	11月	12月	年
平均气温	14.4	16.2	19.4	23.9	27.3	29.1	29.2	29.1	28.4	25.6	21.6	16.7	23.4
最高气温	27.6	30.2	33.0	34.7	36.0	37.3	37.9	38.5	37.2	35.2	33.3	28.4	38.5
最低气温	3.0	4.8	8.2	11.4	19.0	23.0	23.8	23.3	19.2	15.2	8.2	5.5	3.0

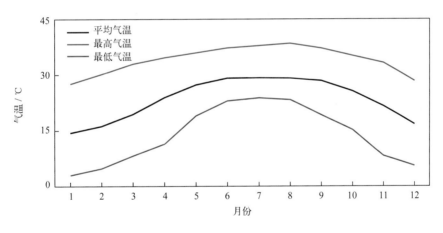

图5.1-1　气温年变化（2008—2019年）

历年的平均气温为22.4 ~ 24.2℃，其中2009年最高，2011年最低。

历年的最高气温均高于35.0℃，其中高于37.0℃的有4年。最早出现时间为5月11日（2014年），最晚出现时间为9月23日（2008年）。8月最高气温出现频率最高，占统计年份的46%，9月次之，占23%（图5.1-2）。极大值为38.5℃，出现在2011年8月31日。

历年的最低气温均低于10.0℃，其中低于6.0℃的有5年。最早出现时间为12月16日（2010年），最晚出现时间为2月13日（2014年）。1月最低气温出现频率最高，占统计年份的62%，12月次之，占23%（图5.1-2）。极小值为3.0℃，出现在2016年1月24日。

(a) 年最高气温出现月份　　　　　　　　(b) 年最低气温出现月份

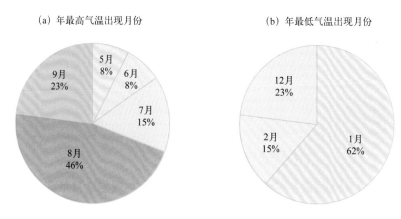

图5.1-2　年最高、最低气温出现月份及频率（2008—2019年）

2. 长期趋势变化

2008—2019 年，年平均气温、年最高气温和年最低气温均呈波动上升趋势，上升速率分别为 0.38℃/（10 年）（线性趋势未通过显著性检验）、0.17℃/（10 年）（线性趋势未通过显著性检验）和 0.85℃/（10 年）（线性趋势未通过显著性检验）。

3. 常年自然天气季节和大陆度

利用防城港站 2008—2019 年气温累年日平均数据计算五日滑动平均气温，根据《气候季节划分》（QX/T 152—2012）中的气候季节划分指标和本志季节起止日确定方法，防城港站平均春季时间从 1 月 28 日至 4 月 4 日，共 67 天；平均夏季时间从 4 月 5 日至 11 月 12 日，共 222 天；平均秋季时间从 11 月 13 日至翌年 1 月 27 日，共 76 天。夏季时间最长，全年无冬季（图 5.1-3）。

防城港站焦金斯基大陆度指数为 34.0%，属海洋性季风气候。

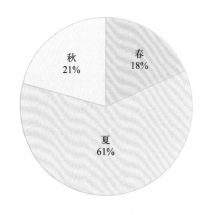

图5.1-3　各季平均日数百分率（2008—2019年）

第二节　气压

1. 平均气压、最高气压和最低气压

2002—2019 年，防城港站累年平均气压为 1 007.7 百帕。月平均气压 1 月最高，为 1 015.9 百帕，6 月和 7 月最低，均为 999.8 百帕，年较差为 16.1 百帕。月最高气压和月最低气压均为 1 月最大，

7 月最小（表 5.2–1，图 5.2–1）。

历年的平均气压为 1 006.1 ~ 1 008.6 百帕，其中 2017 年最高，2009 年最低。

历年的最高气压均高于 1 023.0 百帕，其中高于 1 027.0 百帕的有 5 年。极大值为 1 036.7 百帕，出现在 2016 年 1 月 24 日。

历年的最低气压均低于 994.0 百帕，其中低于 985.0 百帕的有 6 年。极小值为 956.1 百帕，出现在 2014 年 7 月 19 日，正值 1409 号超强台风"威马逊"影响期间。

表 5.2–1　气压年变化（2002—2019 年）　　　　　　　　　　单位：百帕

	1 月	2 月	3 月	4 月	5 月	6 月	7 月	8 月	9 月	10 月	11 月	12 月	年
平均气压	1 015.9	1 013.3	1 010.7	1 007.0	1 003.3	999.8	999.8	1 000.0	1 004.3	1 009.8	1 012.5	1 015.5	1 007.7
最高气压	1 036.7	1 028.3	1 030.2	1 025.0	1 014.2	1 009.7	1 008.7	1 009.2	1 016.2	1 022.4	1 025.3	1 028.2	1 036.7
最低气压	1 003.2	996.2	996.7	993.1	992.5	987.4	956.1	978.6	969.6	992.4	996.8	1 000.9	956.1

注：2002年数据有缺测。

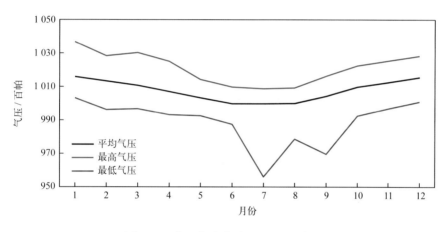

图5.2–1　气压年变化（2002—2019年）

2. 长期趋势变化

2003—2019 年，年平均气压和年最高气压均呈上升趋势，上升速率分别为 0.34 百帕 /（10 年）（线性趋势未通过显著性检验）和 1.47 百帕 /（10 年）（线性趋势未通过显著性检验）；年最低气压呈下降趋势，下降速率为 3.51 百帕 /（10 年）（线性趋势未通过显著性检验）。

第三节　相对湿度

1. 平均相对湿度和最小相对湿度

2008—2019 年，防城港站累年平均相对湿度为 81.0%。月平均相对湿度 6 月最大，为 85.1%，12 月最小，为 72.2%。平均月最小相对湿度 7 月最大，为 51.7%，12 月最小，为 30.8%。最小相对湿度的极小值为 15%，出现在 2013 年 11 月 25 日和 2016 年 2 月 8 日（表 5.3–1，图 5.3–1）。

表 5.3-1 相对湿度年变化（2008—2019 年）

	1月	2月	3月	4月	5月	6月	7月	8月	9月	10月	11月	12月	年
平均相对湿度 / %	79.1	82.3	85.0	83.9	83.7	85.1	85.0	84.3	80.1	75.0	76.1	72.2	81.0
平均最小相对湿度 / %	36.2	38.5	40.5	41.8	46.7	50.8	51.7	49.1	44.5	36.7	34.4	30.8	41.8
最小相对湿度 / %	16	15	29	25	31	31	36	29	32	27	15	18	15

注：平均最小相对湿度为各月最小相对湿度的累年平均值及其年平均值。

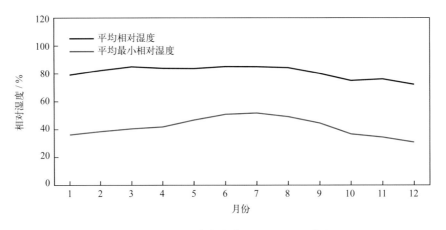

图5.3-1 相对湿度年变化（2008—2019年）

2. 长期趋势变化

2008—2019 年，年平均相对湿度为 71.5% ~ 86.6%，其中 2019 年最大，2011 年最小。年平均相对湿度呈上升趋势，上升速率为 6.11% /（10 年）（线性趋势未通过显著性检验）。

3. 温湿指数

根据《人居环境气候舒适度评价》（GB/T 27963—2011）的温湿指数统计方法和气候舒适度等级划分方法，统计防城港站各月温湿指数，结果显示：1—2 月和 12 月温湿指数为 14.4 ~ 16.4，感觉为冷；3—4 月和 10—11 月温湿指数为 19.0 ~ 24.1，感觉为舒适；5 月和 9 月温湿指数分别为 26.2 和 26.9，感觉为热；6—8 月温湿指数为 27.8 ~ 28.0，感觉为闷热（表 5.3-2）。

表 5.3-2 温湿指数年变化（2008—2019 年）

	1月	2月	3月	4月	5月	6月	7月	8月	9月	10月	11月	12月
温湿指数	14.4	16.0	19.0	23.0	26.2	27.9	28.0	27.8	26.9	24.1	20.6	16.4
感觉程度	冷	冷	舒适	舒适	热	闷热	闷热	闷热	热	舒适	舒适	冷

第四节　风

1. 平均风速和最大风速

防城港站风速的年变化见表 5.4-1 和图 5.4-1。累年平均风速为 3.2 米 / 秒，月平均风速 12 月最大，为 4.1 米 / 秒，8 月最小，为 2.4 米 / 秒。平均最大风速 8 月最大，为 13.3 米 / 秒，6 月最小，为 10.0 米 / 秒。最大风速月最大值对应风向多为 NNE 向（6 个月）。极大风速的最大值为

51.2 米 / 秒，出现在 2014 年 7 月 19 日，正值 1409 号超强台风 "威马逊" 影响期间，对应风向为 W。

表 5.4-1　风速年变化（1996—2019 年）　　　　　　　　　　　　　　　单位：米 / 秒

		1月	2月	3月	4月	5月	6月	7月	8月	9月	10月	11月	12月	年
平均风速		3.8	3.5	3.1	2.9	2.9	2.8	2.8	2.4	2.8	3.2	3.6	4.1	3.2
最大风速	平均值	12.5	12.3	12.6	11.6	10.3	10.0	12.4	13.3	11.4	11.3	12.8	13.0	12.0
	最大值	19.3	18.3	18.0	20.6	13.9	16.6	33.8	26.5	31.0	16.0	19.1	20.8	33.8
	最大值对应风向	NNE	NNE	NNE	WNW	NNE	SW	WSW	NE	NNE	N	NNE	NNW	WSW
极大风速	最大值	26.7	25.4	23.9	36.1	20.0	22.3	51.2	34.8	40.4	23.4	28.6	28.6	51.2
	最大值对应风向	NE	NNE	NNE	WNW	N	SW	W	NNE	NNE	NNE	NNE	N	W

注：2002年数据有缺测。

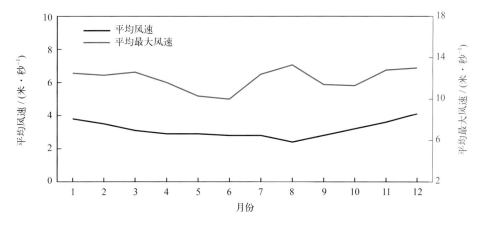

图5.4-1　平均风速和平均最大风速年变化（1996—2019年）

历年的平均风速为 1.3 ~ 4.6 米 / 秒，其中 2013 年和 2015 年均为最大，2009 年最小。历年的最大风速均大于等于 9.9 米 / 秒，其中大于等于 18.0 米 / 秒的有 10 年。最大风速的最大值为 33.8 米 / 秒，出现在 2014 年 7 月 19 日，风向为 WSW。年最大风速出现在 7 月的频率最高，2 月、6 月和 10 月未出现（图 5.4-2）。

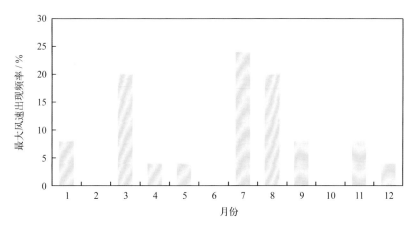

图5.4-2　年最大风速出现频率（1996—2019年）

2. 各向风频率

全年 NNE 向风最多，频率为 23.3%，N 向次之，频率为 15.2%，WNW 向最少，频率为 1.5%（图 5.4-3）。

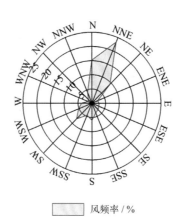

风频率 / %

图5.4-3　全年各向风频率（1996—2019年）

1月、4月和10月盛行风向均为 N—NE，频率和分别为 68.5%、34.8% 和 63.6%；7月盛行风向为 S—WSW，频率和为 46.3%（图 5.4-4）。

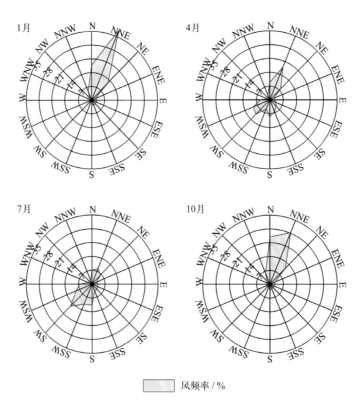

风频率 / %

图5.4-4　四季代表月各向风频率（1996—2019年）

3. 各向平均风速和最大风速

全年各向平均风速 NNE 向最大，为 3.6 米 / 秒，N 向和 NE 向次之，均为 3.0 米 / 秒，WNW 向和 NW 向最小，均为 1.2 米 / 秒（图 5.4-5）。1月、4月和10月平均风速均为 NNE 向最大，分别为 4.7 米 / 秒、4.1 米 / 秒和 3.4 米 / 秒；7 月平均风速 SSW 向最大，为 3.9 米 / 秒（图 5.4-6）。

全年各向最大风速 WSW 向最大，为 33.8 米 / 秒，NNE 向次之，为 31.0 米 / 秒，NW 向最小，为 14.8 米 / 秒（图 5.4-5）。1 月 NNE 向最大风速最大，为 19.3 米 / 秒；4 月 WNW 向最大，为 20.6 米 / 秒；7 月 WSW 向最大，为 33.8 米 / 秒；10 月 N 向最大，为 16.0 米 / 秒（图 5.4-6）。

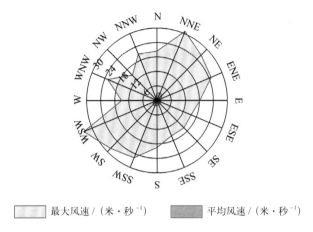

图5.4-5 全年各向平均风速和最大风速（1996—2019年）

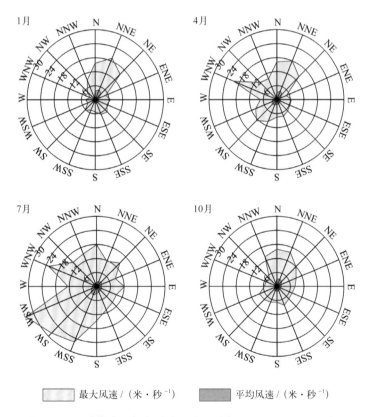

图5.4-6 四季代表月各向平均风速和最大风速（1996—2019年）

4. 大风日数

风力大于等于 6 级的大风日数 12 月最多，为 5.7 天，占全年的 17.8%，1 月次之，为 4.4 天（表 5.4-2，图 5.4-7）。平均年大风日数为 32.1 天（表 5.4-2）。历年大风日数 2015 年最多，为 87 天，2009—2011 年未出现。

风力大于等于 8 级的大风日数 1 月、8 月和 12 月最多，均为 0.3 天，5 月、6 月和 10 月未出现。历年大风日数 2012 年和 2014 年最多，均为 7 天，有 10 年未出现。

风力大于等于 6 级的月大风日数最多为 17 天，出现在 2014 年 12 月和 2015 年 12 月；最长连续大于等于 6 级大风日数为 10 天，出现在 2013 年 1 月 3—12 日（表 5.4-2）。

表 5.4-2　各级大风日数年变化（1996—2019 年）　　　　　　单位：天

	1月	2月	3月	4月	5月	6月	7月	8月	9月	10月	11月	12月	年
大于等于 6 级大风平均日数	4.4	3.9	2.5	1.6	1.4	1.7	2.2	1.7	1.0	2.3	3.7	5.7	32.1
大于等于 7 级大风平均日数	1.2	1.1	0.5	0.4	0.0	0.1	0.4	0.5	0.3	0.3	1.6	1.7	8.1
大于等于 8 级大风平均日数	0.3	0.2	0.1	0.1	0.0	0.0	0.1	0.3	0.1	0.0	0.2	0.3	1.7
大于等于 6 级大风最多日数	16	15	8	10	6	13	10	6	5	7	12	17	87
最长连续大于等于 6 级大风日数	10	8	3	4	2	6	6	4	3	6	8	8	10

注：2002年数据有缺测。

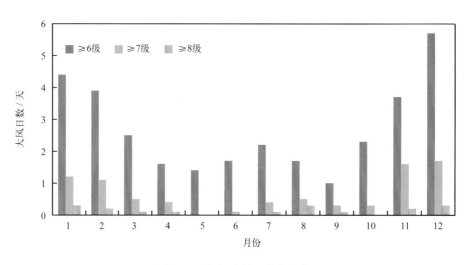

图5.4-7　各级大风日数年变化

第五节　降水

1. 降水量和降水日数

（1）降水量

防城港站降水量的年变化见表 5.5-1 和图 5.5-1。平均年降水量为 2 418.5 毫米，6—8 月降水量为 1 441.3 毫米，占全年降水量的 59.6%，3—5 月为 349.5 毫米，占全年的 14.5%，9—11 月为 510.4 毫米，占全年的 21.1%，12 月至翌年 2 月为 117.3 毫米，占全年的 4.8%。7 月平均降水量最多，为 569.5 毫米，占全年的 23.5%。

历年年降水量为 1 753.3 ～ 3 351.9 毫米，其中 2017 年最多，2019 年最少。

最大日降水量超过 100 毫米的有 13 年，超过 150 毫米的有 12 年，超过 200 毫米的有 4 年。最大日降水量为 461.9 毫米，出现在 2012 年 8 月 18 日，正值 1213 号台风"启德"影响期间。

表 5.5-1　降水量年变化（2006—2019 年）　　　　　　　　　单位：毫米

	1月	2月	3月	4月	5月	6月	7月	8月	9月	10月	11月	12月	年
平均降水量	51.6	25.5	51.1	78.5	219.9	430.3	569.5	441.5	302.2	105.7	102.5	40.2	2 418.5
最大日降水量	73.8	24.9	45.4	72.4	171.3	291.1	203.7	461.9	344.6	149.7	145.3	50.8	461.9

注：2006年数据有缺测。

（2）降水日数

平均年降水日数为 151.8 天。平均月降水日数 7 月最多，为 19.4 天，10 月最少，为 7.7 天（图 5.5-2 和图 5.5-3）。日降水量大于等于 10 毫米的平均年日数为 54.8 天，各月均有出现；日降水量大于等于 50 毫米的平均年日数为 12.9 天，出现在 1 月和 4—12 月；日降水量大于等于 100 毫米的平均年日数为 3.4 天，出现在 5—11 月；日降水量大于等于 150 毫米的平均年日数为 1.50 天，出现在 5—9 月；日降水量大于等于 200 毫米的平均年日数为 0.35 天，出现在 6—9 月（图 5.5-3）。

最多年降水日数为 195 天，出现在 2012 年；最少年降水日数为 106 天，出现在 2007 年。最长连续降水日数为 28 天，出现在 2017 年 6 月 25 日至 7 月 22 日；最长连续无降水日数为 48 天，出现在 2007 年 11 月 3 日至 12 月 20 日。

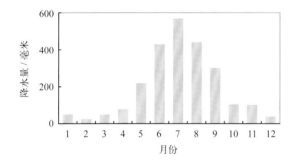

图5.5-1　降水量年变化（2006—2019年）

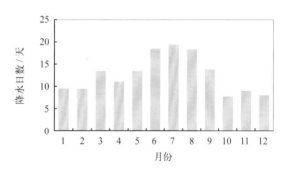

图5.5-2　降水日数年变化（2006—2019年）

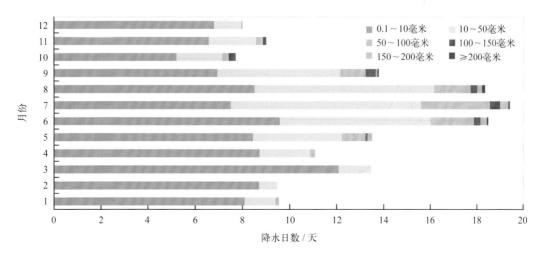

图5.5-3　各月各级平均降水日数分布（2006—2019年）

2. 长期趋势变化

2007—2019 年，年降水量无明显变化趋势；年最大日降水量呈下降趋势，下降速率为 31.74 毫米 /（10 年）（线性趋势未通过显著性检验）。

2007—2019 年，年降水日数和最长连续降水日数均呈增加趋势，增加速率分别为 13.13 天 /（10 年）（线性趋势未通过显著性检验）和 3.35 天 /（10 年）（线性趋势未通过显著性检验）；最长连续无降水日数呈减少趋势，减少速率为 17.09 天 /（10 年）。

第六节　雾

防城港站雾日数的年变化见表 5.6-1、图 5.6-1 和图 5.6-2。2009—2019 年，平均年雾日数为 10.5 天。平均月雾日数 2 月最多，为 3.8 天，6—10 月未出现；月雾日数最多为 11 天，出现在 2010 年 1 月和 2 月；最长连续雾日数为 8 天，出现在 2010 年 1 月 27 日至 2 月 3 日。

表 5.6-1　雾日数年变化（2009—2019 年）　　　　　　　　　　单位：天

	1月	2月	3月	4月	5月	6月	7月	8月	9月	10月	11月	12月	年
平均雾日数	1.9	3.8	3.2	0.6	0.1	0.0	0.0	0.0	0.0	0.0	0.1	0.8	10.5
最多雾日数	11	11	8	4	1	0	0	0	0	0	1	3	29
最长连续雾日数	5	8	3	2	1	0	0	0	0	0	1	2	8

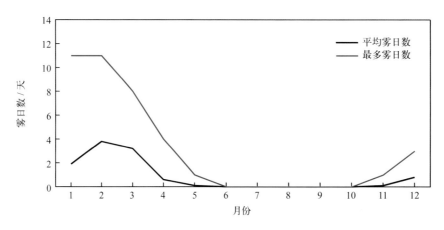

图5.6-1　平均雾日数和最多雾日数年变化（2009—2019年）

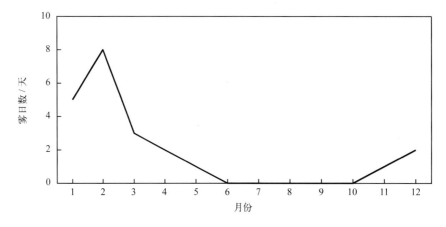

图5.6-2　最长连续雾日数年变化（2009—2019年）

2009—2019 年，年雾日数呈下降趋势，下降速率为 17.18 天 /（10 年）。2010 年雾日数最多，为 29 天，2019 年最少，为 1 天。

第七节　能见度

2006—2019 年，防城港站累年平均能见度为 15.5 千米。7 月平均能见度最大，为 19.9 千米，2 月最小，为 10.4 千米。能见度小于 1 千米的平均年日数为 8.3 天，2 月和 3 月最多，均为 2.8 天，5 月、6 月和 8—10 月未出现（表 5.7-1，图 5.7-1 和图 5.7-2）。

表 5.7-1　能见度年变化（2006—2019 年）

	1月	2月	3月	4月	5月	6月	7月	8月	9月	10月	11月	12月	年
平均能见度 / 千米	11.2	10.4	10.5	13.6	17.7	19.8	19.9	19.1	18.6	16.2	15.3	13.1	15.5
能见度小于 1 千米平均日数 / 天	1.4	2.8	2.8	0.5	0.0	0.0	0.1	0.0	0.0	0.0	0.1	0.6	8.3

注：2006 年数据有缺测。

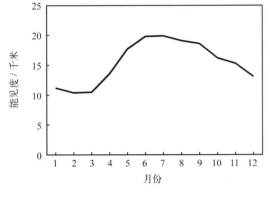

图5.7-1　能见度年变化

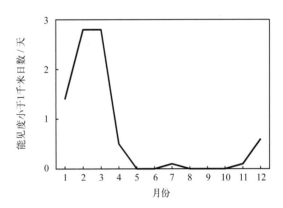

图5.7-2　能见度小于1千米日数年变化

历年平均能见度为 11.3 ~ 18.5 千米，2009 年最高，2014 年最低。能见度小于 1 千米的日数 2010 年最多，为 26 天，2008 年未出现（图 5.7-3）。

2007—2019 年，年平均能见度呈下降趋势，下降速率为 2.49 千米 /（10 年）（线性趋势未通过显著性检验）。

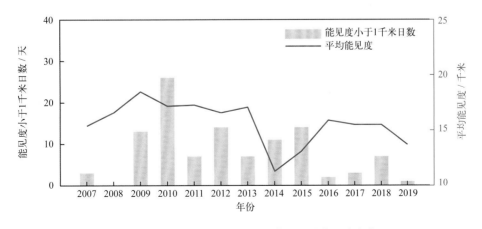

图5.7-3　能见度小于1千米年日数和平均能见度变化

第六章 海平面

1. 年变化

防城港沿海海平面年变化特征明显，2 月最低，10 月最高，年变幅为 26 厘米（图 6-1），平均海平面在验潮基面上 235 厘米。

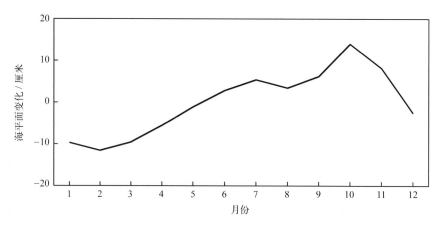

图6-1 海平面年变化（1996—2009年）

2. 长期趋势变化

1996—2019 年，防城港沿海海平面呈波动上升趋势，上升速率为 3.3 毫米 / 年。防城港沿海海平面在 2001 年和 2012 年经历了两次高位。1996—2001 年上升明显，2001—2005 年下降较快，2005 年海平面为观测以来的最低位，之后波动上升，2012 年海平面达到了观测以来的最高位，较 2011 年上升了 78 毫米。

防城港沿海十年平均海平面上升明显，2010—2019 年平均海平面比 2000—2009 年平均海平面高 38 毫米（图 6-2）。

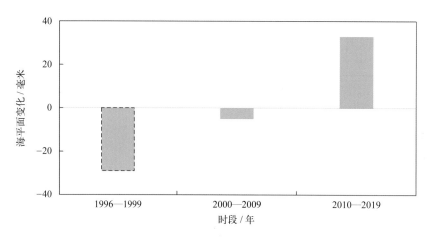

图6-2 十年平均海平面年变化

第七章 灾害

第一节 海洋灾害

1. 风暴潮

1955年9月25日前后，5526号超强台风登陆海南琼东，引发较大潮灾。广西防城江平附近水田全部被淹没（《中国海洋灾害四十年资料汇编》）。

1992年6月29日前后，受9204号台风影响，广西沿海全线出现超过当地警戒潮位的高潮位，防城县沿海冲坏海堤93条，决口289处，总长10.15千米，94条堤围潮水漫顶，长18.6千米。7月13日前后，9205号台风影响广西沿海，防城县损坏堤围27条，决口38处（共长1.4千米），损坏闸门37座，冲毁虾、蟹、鱼塘1400亩，经济损失1034万元（《1992年中国海洋灾害公报》）。

2005年7月30日前后，0508号强热带风暴"天鹰"影响广西沿海，最大增水出现在防城港，达80厘米。9月18日前后，0516号热带风暴"韦森特"影响广西沿海，最大增水出现在防城港，达71厘米。9月26日前后，0518号超强台风"达维"影响广西沿海，最大增水出现在防城港，达72厘米。北海、钦州、防城港等市受灾人口37.8万人；农作物受灾面积2.08万公顷；水产养殖损失面积657公顷；损毁房屋470间；损毁海塘堤防34.31千米；损毁船只4艘（《2005年中国海洋灾害公报》）。

2006年8月3日前后，0606号台风"派比安"影响广西沿海，北海、钦州、防城港3市受灾人口167.75万人，死亡1人，海洋水产养殖损失面积0.57万公顷，海堤损毁35.735千米，直接经济损失达7.037亿元（《2006年中国海洋灾害公报》）。

2007年7月5日前后，0703号热带风暴"桃芝"在广西壮族自治区东兴市东兴镇一带沿海登陆。沿海最大增水发生在广西防城港验潮站，为91厘米。防城港市损坏海堤12处1.80千米，缺口2处0.12千米，倒塌房屋20间，损坏船只2艘（《中国风暴潮灾害史料集》《2007年中国海洋灾害公报》）。

2008年9月24日前后，0814号强台风"黑格比"影响广西沿海，北海、防城港、钦州3市受灾人口242.97万人，海洋水产养殖受损面积3899公顷，房屋损毁0.29万间，堤防损坏166.06千米，船只毁坏146艘，直接经济损失达13.97亿元（《2008年中国海洋灾害公报》）。

2009年9月15日前后，0915号台风"巨爵"影响广西沿海，北海、钦州和防城港沿海3市受灾人口6.91万人，海洋水产养殖损失283吨，堤防损坏0.42千米，护岸损坏7处，直接经济损失为0.10亿元（《2009年中国海洋灾害公报》）。

2014年7月18日前后，1409号超强台风"威马逊"先后在海南文昌、广东湛江、广西防城港登陆，是1949年以来登陆我国的最强台风。广西受灾人口155.43万人，水产养殖受灾面积0.75万公顷，养殖设施、设备损失6100个，船只毁坏216艘，海堤、护岸损毁49.03千米，直接经济损失达24.66亿元（《2014年中国海洋灾害公报》。

2016年10月，广西沿海处于季节性高海平面期，1621号超强台风"莎莉嘉"于19日在东兴登陆，广西沿海出现了不同程度的风暴潮灾害，农林、水产和堤防设施等遭受损失，直接经济损失超过2亿元（《2016年中国海平面公报》）。

2. 海浪

2020 年 3 月 30 日，受冷空气影响，南海海域、北部湾出现有效波高 2.0 ~ 3.0 米的中浪到大浪，北部湾 MF12001 浮标实测最大有效波高 2.0 米、最大波高 3.0 米。3 月 30 日，1 艘渔船在广西防城港市海域倾覆，死亡（含失踪）4 人（《2020 年中国海洋灾害公报》）。

3. 海岸侵蚀

海平面上升造成广西海岸线后退，土地流失严重。到 2005 年，广西防城港市港口区光坡镇沙螺寮村被淹没的土地面积达 4.2 平方千米，造成 100 多户村民迁移（《2006 年中国海平面公报》）。

第二节　灾害性天气

根据《中国气象灾害大典·广西卷》（1949—2000 年）和《中国气象灾害年鉴》（2000 年后）及《南海区海洋站海洋水文气候志》等记载，防城港站周边发生的主要灾害性天气有暴雨洪涝、大风（龙卷风）、雷电、冰雹、寒潮和霜冻等。

1. 暴雨洪涝

1951 年 6 月 21 日，防城县受热带风暴袭击，海潮陡涨，为 60 年来所罕见。加上 21 日前连日倾盆大雨，山洪暴发，沿海地区受灾严重。防城县南部冲崩基塍 7 900 米，决口 529 个，受灾面积较大，崩塌房屋 161 间，损失稻谷 591 365 斗、杂粮 7 161 千克，冲崩盐田 203 块。

1964 年 7 月 2—4 日，受 6403 号强台风影响，东兴县普降暴雨。其中扶隆 2 日和 3 日降雨量分别为 124.5 毫米和 325.4 毫米，早稻损失 357.55 万千克，冲崩山塘 25 个、小水库 3 座、水坝 1 414 处、桥梁 1 座，堤围决口 60 处共计 1 767 米，房屋倒塌 2 673 间、损坏 41 346 间，死亡 3 人，受伤 12 人，失踪 15 人；上思县 3—4 日，累计降雨量 300 ~ 360 毫米，有 94 个生产队受灾，倒塌民房 84 间，损坏仓库 44 间、牛栏 26 间，受灾稻田 2 521 亩，损失粮食 10.9 万千克。

1972 年 8 月 28—29 日，受 7210 号强热带风暴影响，东兴县局部出现山洪，防城河出现两次小洪涝，水稻受灾面积 1 533 公顷，打坏木薯 733 公顷，崩塌房屋 326 间，打沉船 46 艘，损坏大小水利工程 65 处。另外，东兴市 8 月 29 日出现大暴雨，北仑河水于 05 时开始泛滥，10 时 30 分水浸至东兴镇中山街口，生产队 2 艘农用船被打沉，淹死 12 人，重伤 1 人。

1974 年 6 月 13—15 日，受 7406 号台风影响，广西南部出现强降水天气，其中上思日最大降雨量为 204.1 毫米，东兴为 194.8 毫米，上思过程降雨量为 390.3 毫米，东兴为 366.7 毫米。强降雨给东兴县造成较严重的洪涝灾害。

1977 年 7 月 21—22 日，受 7703 号台风影响，东兴县普降大到暴雨，其中板八降水量为 504 毫米。洪水漫入东兴镇中山街尾白铁店门前，大风吹毁东兴电影院一角水泥瓦。据统计，淹没已插稻田 337 公顷，倒塌房屋 101 间。

1978 年 8 月 28 日 03 时，7812 号台风在广西东兴县登陆，广西南部和西部出现强降雨天气，其中上思 8 月 28 日降雨量达 193.6 毫米。东兴县受淹水稻 1 490 公顷，被毁水门 7 个。

1981 年 7 月 23 日，受 8107 号台风影响，防城县遭受暴风雨，洪涝灾害严重，是 1949 年以来内涝损失最大的一次。

1986 年 7 月 21 日，防城县受 8609 号热带风暴影响，大海潮、山洪暴发，有 11 个乡镇低地一片汪洋，经济损失达 5 977 万元，为历史上罕见。8 月 11—14 日，受 8613 号热带风暴影响，桂西、桂南有 23 站（32 站次）降暴雨以上降水，其中降大暴雨 7 站（8 站次）。上思站日最大降雨量为 155.1 毫米。防城江、北仑河等 5 条主要河流洪水猛涨，晚稻被淹 4 667 公顷，甘蔗倒伏 533 公顷。

1994 年 7 月 21 日，9411 号热带低压在防城登陆，受其影响，7 月 18—23 日，广西出现全区域暴雨天气过程，有 49 站（76 站次）降暴雨、大暴雨，其中有 21 站（32 站次）降大暴雨（局部降特大暴雨），防城站、防城港站和东兴站日最大降雨量分别为 254.1 毫米、272.7 毫米和 226.1 毫米，18—21 日 3 站总雨量分别达 658.3 毫米、644.6 毫米和 614.9 毫米，直接经济损失达 6.51 亿元。8 月 28—30 日，受 9419 号台风影响，广西沿海、桂西南等地有 15 站（16 站次）降暴雨、大暴雨，其中，防城降特大暴雨，防城港、上思等站降大暴雨。防城站日最大降雨量为 347.5 毫米，过程降雨量为 380.5 毫米。这次台风天气过程对沿海地区影响较大，据防城港、钦州、北海 3 市统计，直接经济损失达 13 776.6 万元。

1997 年 8 月 22—24 日，受 9713 号强热带风暴影响，桂南、桂西出现暴雨天气过程，共有 19 站（23 站次）降暴雨，其中 6 站降大暴雨（防城站降特大暴雨）。日最大降雨量：防城站 339.0 毫米（8 月 23 日）、防城港站 242.3 毫米、东兴站 161.6 毫米、上思站 150.9 毫米。台风中心距广西海岸线仅几十千米，致使沿海地区风力达 9 ~ 11 级，阵风 12 级，并伴随特大暴雨，造成海潮增水，海堤崩塌，山洪暴发，江河暴涨。9713 号强热带风暴强度大，来势猛，速度快，导致北海市、钦州市和防城港市的供水、供电、通信、交通等城建设施严重受损，民房倒塌，渔船翻沉，农作物和水产养殖大面积受灾，工农业生产和群众财产遭受严重损失。

2007 年 7 月 4 日，受 0703 号热带风暴影响，广西南部部分地区出现中到大雨，其中防城港市扶隆乡、那勤乡、那良乡 4 日 20 时至 6 日 08 时累计降雨量分别为 140.6 毫米、137.9 毫米和 133.3 毫米。防城港市、北海市遭受风涝灾害，受灾人口 123.31 万人，直接经济损失达 8 500 万元。9 月 24—26 日，受 0714 号热带风暴"范斯高"影响，防城港出现特大暴雨，26 日降雨量高达 367.0 毫米，打破当地自建站以来最大日降雨量的历史纪录。广西受灾人口 11.9 万人，直接经济损失达 1.74 亿元。

2008 年 9 月 24 日，受 0814 号强台风"黑格比"影响，广西南部和西部出现大范围的强降雨天气，其中防城港市防城区天马岭（767.2 毫米）和峒中镇（721.9 毫米）过程降雨量均超过 700 毫米。广西共有 665 万人受灾，直接经济损失达 54.4 亿元。

2010 年 7 月 16 日 20 时至 19 日 08 时，受 1002 号台风"康森"影响，广西出现大到暴雨，防城港市区峒中镇累计降雨量 303.1 毫米，降雨导致防城港市（东兴、防城区）局部民房倒塌，水利灌溉设施、渠道、道路被毁，共有 2.1 万人受灾，直接经济损失 2.8 亿元。7 月 22 日 08 时至 24 日 14 时，受 1003 号台风"灿都"影响，广西南部和中部出现强降雨，其中防城港市峒中镇班八街累计降雨量为 362.4 毫米，共有 215.6 万人受灾，直接经济损失达 6.1 亿元。9 月 20 日 20 时至 24 日 08 时，受 1011 号超强台风"凡亚比"和南下冷空气共同影响，广西南部和中部出现大到暴雨，其中东兴市东兴镇累计降雨量为 344 毫米，共有 7.8 万人受灾，直接经济损失达 2 000 万元。

2011 年 6 月 22 日 20 时至 25 日 08 时，受 1104 号热带风暴"海马"影响，广西沿海出现大到暴雨，其中防城港市城区峒中镇降雨量为 220.8 毫米。广西共有 13.5 万人受灾，直接经济损失达 2 000 万元。10 月 4—7 日，受 1119 号强台风"尼格"和冷空气共同影响，广西南部和西部出现较强降水过程，其中防城区南山累计降雨量为 287.7 毫米。广西共有 11.2 万人受灾，直接经济损失达 1.5 亿元。

2012 年 8 月 16 日至 19 日 08 时，受 1213 号台风"启德"影响，广西南部出现大到暴雨，强降雨主要出现在防城港、北海等地，其中防城港市区过程累计降雨量达 608 毫米。8 月 17 日 20 时至 18 日 08 时，防城港气象站 12 小时降雨量达 377 毫米，打破当地建站以来日雨量极大值。10 月 27—30 日，受 1223 号台风"山神"影响，广西南部出现大到暴雨，其中防城港市城区峒中镇 27 日 08 时至 30 日 08 时累计降雨量达 442 毫米。

2013 年 8 月 2 日 20 时至 4 日 08 时，受 1309 号强热带风暴"飞燕"影响，广西沿海及南部部分地区出现强降水，其中防城港市的上思县叫安乡降雨量为 249 毫米、防城区江山乡为 226 毫米。8 月 22 日 20 时至 25 日 14 时，受减弱后的 1312 号台风"潭美"和西南季风环流共同影响，广西大部分县市出现强降水，其中防城港黄江村日最大降雨量为 280.6 毫米。9 月 23 日 08 时至 26 日 08 时，受 1319 号超强台风"天兔"和南下冷空气影响，广西出现较大范围的强降水，其中防城港市东兴市马路镇累计降雨量为 561 毫米。

2014 年 7 月 19 日 07 时 10 分前后，1409 号超强台风"威马逊"在防城港市光坡镇沿海第三次登陆，7 月 18 日 20 时至 20 日 20 时，广西南部、西部和沿海地区出现强降水，其中防城区扶隆乡降雨量为 487 毫米，防城区峒中镇降雨量为 418 毫米。据统计，"威马逊"造成广西 442.9 万人受灾，直接经济损失达 139.9 亿元。

2. 大风和龙卷风

1962 年 8 月 11 日 11 时，6209 号台风在钦州—东兴一带登陆。受台风影响，东兴县 47 艘船只被打沉，被刮掉油茶果 4.35 万千克。

1974 年 6 月 13 日下午，7406 号台风进入北部湾，沿北纬 20°—21° 西北偏西行在越南登陆。东兴县受大风灾害较重，吹毁屋瓦 176 万块，8 526 公顷早稻受风灾（减产 14%）。

1977 年 7 月 21—22 日，受 7703 号台风影响，东兴县出现大风，最大风力 8 级，极大风速 27 米/秒。

1978 年 8 月 28 日 03 时，受 7812 号台风影响，东兴县吹毁甘蔗 342 公顷、木薯 300 公顷、黄豆 18 公顷，损毁水门 7 个，吹断渡槽 1 条，吹毁房屋 65 间，吹坏瓦片 121.15 万块。10 月 2 日 16 时前后，7818 号台风中心穿过涠洲岛向偏西方向移动，2 日半夜前后在东兴附近再度登陆，进入越南境内。受其影响，东兴最大风力 9 级，阵风 10 级。东兴县被台风吹倒晚稻禾苗 2 366 公顷，吹毁房屋 96 间，损失屋瓦 864 200 块。

1983 年 7 月 17—18 日，8303 号台风经过北部湾。防城县受台风影响，大风 8 ~ 9 级，毁坏民房 14 603 间，崩塌房屋 215 间；成熟的早稻损失严重，早稻收成损失 2 成；果树、木、竹折断，水利设施、高压电线等被损坏。

1986 年 4 月 12 日 01—02 时，防城县沿海 5 个乡镇受龙卷风袭击，伴有冰雹、暴雨，风力为 7 ~ 8 级，阵风 12 级，维持几十分钟，吹倒房屋 74 间，掀瓦 92 万块，4 人受伤，损物一大批。

1987 年 2 月底，受北方强冷空气影响，防城港沿海出现 7 ~ 8 级、阵风 9 级的偏北大风，防城港共被打沉、打坏出海大小渔船 20 艘，经济损失 28.5 万元。

1991 年 7 月 13 日，广西沿海地市出现大风，防城港最大风速为 34 米/秒，防城县最大风速 24 米/秒。大风灾害造成房屋倒塌 333 间，农作物受灾 2 万亩，粮食产量损失 300 万千克，果树损失 540 万株，道路损失 28 处，堤防决口 63 处，水利设施损坏 48 处，船舶翻沉 25 艘，直接经济损失达 3 842.8 万元。

1997 年 8 月 22—24 日，受 9713 号强热带风暴影响，防城港市风力达 9 ~ 11 级，阵风 12 级，瞬时最大风速 28.8 米 / 秒。共造成 53.41 万人受灾，直接经济损失达 46 260 万元，工农业生产和群众财产遭受严重损失。

2007 年 7 月 5 日，0703 号热带风暴在广西壮族自治区东兴市东兴镇一带沿海登陆，防城港市沿海海面出现了风力 8 ~ 9 级、阵风 12 级的大风，造成防城港市遭受风涝灾害。防城港、北海等市有 123.31 万人受灾，直接经济损失达 8 500 万元。

3. 冰雹

1997 年 4 月 15 日，受高空槽、冷空气影响，防城港自西北至东南方向出现飚线和冰雹，防城港气象站瞬时最大风速为 29.6 米 / 秒，冰雹最大直径为 10 毫米。灾害造成 16 人受伤；建筑物损坏 356 间、倒塌 159 间；农作物受灾面积为 2.03 万亩，海水养殖受损面积为 500 亩，损失海产品 400 吨；死亡牲畜 1 头，伤 5 头；损坏电线杆 22 根，直接经济损失为 3 000 万元。

4. 雷电

1997 年 8 月，防城港市雷电入侵，造成设备损失 18 万元。

1998 年 6 月，雷电入侵防城港市，造成金海岸宾馆微机设备网卡损坏，损失 10 余万元。7 月，防城港市建行大厦遭雷击，电脑系统受损，直接经济损失超过 20 万元。

5. 寒潮和霜冻

1955 年 1 月 9—12 日，广西发生严重霜冻冰冻天气过程，东兴极端最低气温 0.9℃。东兴橡胶树冻死 90% ~ 96%。

1961 年 1 月 16—20 日，广西出现一次大范围的霜冻天气过程。东兴县除沿海的企沙等地均出现霜，冬红薯受灾总面积 286 公顷，冻死耕牛 3 头，上思县境内的昌墩农场橡胶树全被冻死。

1963 年 1 月 13—20 日，东兴县出现了霜日，冻死冬红薯 1 067 公顷、耕牛 40 头，橡胶树破皮流胶，幼苗枯萎，境内的那梭农场 18 万株橡胶树被冻死 60%。

1965 年 12 月 15—16 日，广西自北向南出现强寒潮天气过程。东兴县大菉、那良、板八、滩营等乡镇冬作物受冻 89 公顷，成灾 35 公顷。

1966 年 12 月 26 日至 1967 年 1 月 19 日，受强冷空气影响，广西出现低温天气过程，伴随异常霜冻天气过程。东兴县橡胶树、冬红薯、香蕉等热带作物和越冬作物受到严重冻害，其中，那梭农场 15 万株橡胶树被冻死 70% ~ 80%。

1971 年 1 月 3—11 日，东兴县出现霜冻天气过程，防城镇冬红薯损失 37%。

1973 年 12 月 23 日至 1974 年 1 月 7 日，东兴县防城、那梭、马路一线的西部、北部，断断续续出现霜冻，冻死耕牛 23 头、红薯 525 公顷、甘蔗 34 公顷，生长 1 ~ 2 年的橡胶树苗约 80% 被冻死。

1975 年 12 月中下旬，广西经历霜冻天气过程，东兴县南部橡胶、胡椒、木菠萝等受严重冻害。

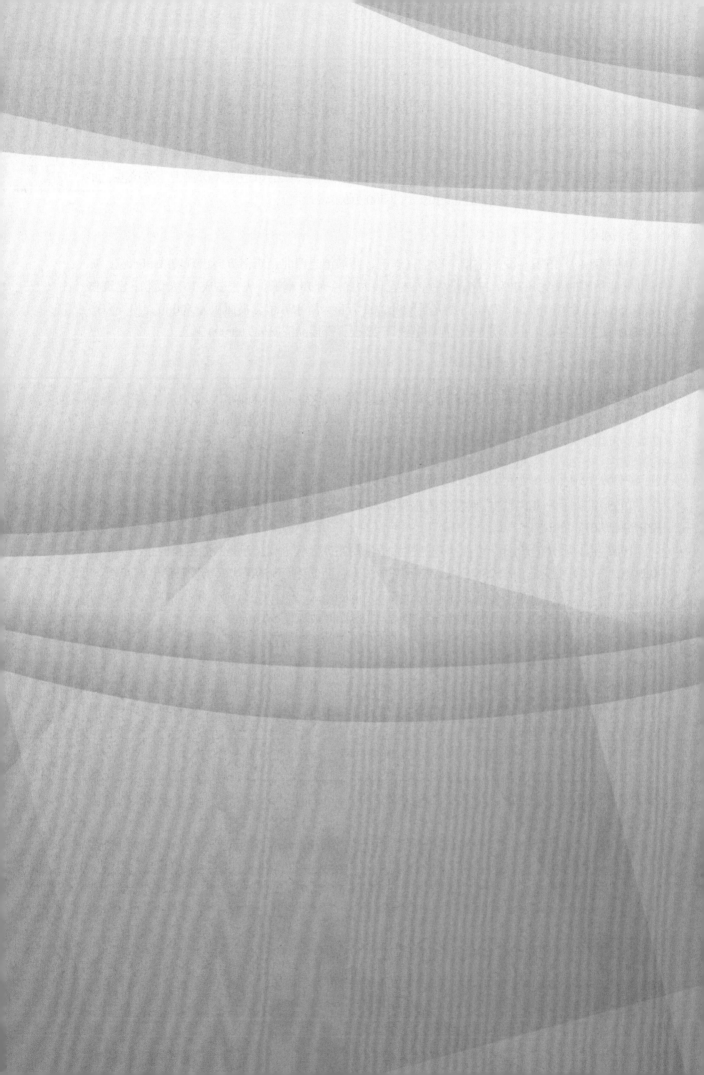

秀英海洋站

第一章　概况

第一节　基本情况

秀英海洋站（简称秀英站）位于海南省海口市（图1.1-1）。海口市是海南省省会，地处海南岛北部，北临琼州海峡与广东省隔海相望，海岸线长约136.23千米，天然港湾众多，港口岸线延绵，渔业资源丰富。

秀英站建于1959年9月，名为秀英海洋水文站，隶属于广东省气象局。1966年1月更名为秀英港海洋站，隶属国家海洋局南海分局，1989年6月更名为秀英海洋站，隶属海南省海洋局，1996年10月后隶属国家海洋局南海分局，2019年6月后隶属自然资源部南海局，由海口中心站管辖。建站时位于海口市上游区，1999年1月迁至海口市秀英区双拥路，测点位于海口市秀英港。

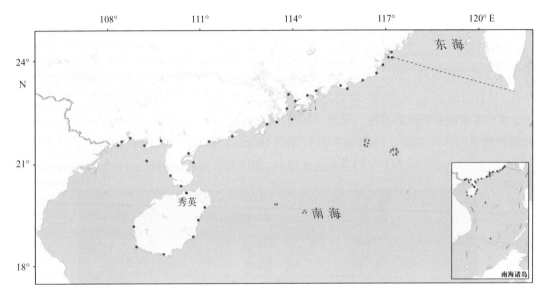

图1.1-1　秀英站地理位置示意

秀英站观测项目有潮汐、海浪、表层海水温度、表层海水盐度、气温、气压、相对湿度、风和降水等。2002年前主要为人工观测或使用简易设备观测，2002年安装使用自动观测系统，多数观测项目实现了自动化观测、数据存储和传输。

秀英沿海为正规日潮特征，海平面2月最低，10月最高，年变幅为23厘米，平均海平面为160厘米，平均高潮位为217厘米，平均低潮位为98厘米；全年海况以0～3级为主，年均平均波高为0.4米，年均平均周期为3.4秒，历史最大波高最大值为7.0米，历史平均周期最大值为8.5秒，常浪向为E，强浪向为ENE；年均表层海水温度为24.1～26.6℃，7月最高，均值为30.0℃，1月和2月最低，均为19.2℃，历史水温最高值为35.0℃，历史水温最低值为11.8℃；年均表层海水盐度为24.20～31.76，3月最高，均值为30.22，10月最低，均值为26.75，历史盐度最高值为35.40，历史盐度最低值为7.08；海发光主要为火花型，5月出现频率最高，12月最低，1级海发光最多，出现的最高级别为3级。

秀英站主要受海洋性季风气候影响，年均气温为23.2～24.4℃，7月最高，均值为28.3℃，

1月最低，均值为17.1℃，历史最高气温为38.4℃，历史最低气温为3.2℃；年均气压为1 009.4 ~ 1 012.3百帕，12月最高，均值为1 018.8百帕，7月和8月最低，均为1004.2百帕；年均相对湿度为82.4% ~ 86.6%，2月最大，均值为87.5%，11月最小，均值为81.7%；年均风速为2.1 ~ 3.9米/秒，11月和12月最大，均为3.4米/秒，8月最小，均值为2.4米/秒，1月盛行风向为NNE—SE（顺时针，下同），4月盛行风向为NE—S，7月盛行风向为SE—S，10月盛行风向为NE—SE；平均年降水量为1 663.7毫米，9月平均降水量最多，占全年的16.6%；平均年雾日数为13.1天，1月和2月最多，均为3.2天，6月和7月最少，均出现1天；平均年雷暴日数为114.5天，8月最多，均值为21.1天，12月未出现；年均能见度为11.0 ~ 26.9千米，7月最大，均值为23.8千米，1月最小，均值为11.4千米；年均总云量为5.1 ~ 6.0成，6月和8月最多，均为6.2成，11月和12月最少，均为5.0成；平均年蒸发量为1 926.5毫米，7月最大，均值为223.9毫米，2月最小，均值为96.8毫米。

第二节　观测环境和观测仪器

1. 潮汐

1953年2月开始观测，1971年11月至1975年12月停测，1976年恢复观测。测点位于海口市秀英港码头，最新的验潮井于1986年12月建成，为岸式钢筋混凝土结构，底质为淤泥，水深1 ~ 3米，附近有生活垃圾倾倒和机械队排污，易造成验潮井底积淤，每1 ~ 2年清淤一次（图1.2-1）。

观测初期使用水尺观测，1964年9月后使用HCJ1-1型滚筒式验潮仪和SCA5-1型浮子式验潮仪，2002年2月后使用SCA11-1型浮子式水位计，2010年3月后使用SCA11-3A型浮子式水位计。

图1.2-1　秀英站验潮室（摄于2011年4月）

2. 海浪

2013年6月开始观测。浮标布放位置距离岸边1.6千米左右，布放海域有渔船作业和过往船只。

使用 SZF 型浮标观测，2015 年浮标丢失后为目测。海况和波型为目测。

3. 表层海水温度、盐度和海发光

1959 年 9 月开始观测。测点位于海口市秀英港码头，码头停泊的小渔船会排放生活污水，下大雨时有陆地淡水流入。

水温使用 SWL1-1 型表层水温表测量，盐度使用氯度滴定管、电导盐度计、感应式盐度计、光学折射盐度计和 SYA2-1 型实验室盐度计等测定。2009 年后使用 YZY4-3 型温盐传感器。

海发光为每日天黑后人工目测。

4. 气象要素

1959 年 9 月开始观测。测点位于验潮室附近一座三层楼楼顶，2011 年 4 月后迁至验潮室屋顶，西南方向有宿舍楼。气压在验潮室内观测。能见度在验潮室附近观测。

2002 年 2 月前使用 EL 型电接风向风速计，2002 年 2 月后使用 270 型气压传感器和 XFY3-1 型风传感器，2010 年 3 月后使用 278 型气压传感器。能见度和雾为人工目测。

第二章 潮位

第一节 潮汐

1. 潮汐类型

利用秀英站近 19 年（2001—2019 年）验潮资料分析的调和常数，计算出潮汐系数 $(H_{K_1}+H_{O_1})/H_{M_2}$ 为 4.21。按我国潮汐类型分类标准，秀英沿海为正规日潮，每月约有 3/5 的天数每个潮汐日（约 24.8 小时）出现一次高潮和一次低潮，其余天数每日有两次高潮和两次低潮，高潮日不等现象和低潮日不等现象均较显著。

1976—2019 年，秀英站 M_2 分潮振幅无明显变化趋势；迟角呈减小趋势，减小速率为 0.05°/年（线性趋势未通过显著性检验）。K_1 和 O_1 分潮振幅均呈增大趋势，增大速率分别为 0.31 毫米/年和 0.44 毫米/年；迟角变化趋势均不明显。

2. 潮汐特征值

由 1976—2019 年资料统计分析得出：秀英站平均高潮位为 217 厘米，平均低潮位为 98 厘米，平均潮差为 119 厘米；平均高高潮位为 229 厘米，平均低低潮位为 78 厘米，平均大的潮差为 151 厘米。平均涨潮历时 9 小时 48 分钟，平均落潮历时 7 小时 58 分钟，两者相差 1 小时 50 分钟。

累年各月潮汐特征值见表 2.1-1。

表 2.1-1 累年各月潮汐特征值（1976—2019 年） 单位：厘米

月份	平均高潮位	平均低潮位	平均潮差	平均高高潮位	平均低低潮位	平均大的潮差
1	214	90	124	223	77	146
2	207	92	115	221	76	145
3	207	94	113	222	75	147
4	210	99	111	222	73	149
5	212	100	112	224	75	149
6	215	91	124	227	74	153
7	217	88	129	229	69	160
8	217	94	123	231	72	159
9	224	103	121	238	80	158
10	234	116	118	246	90	156
11	228	113	115	237	88	149
12	222	95	127	228	83	145
年	217	98	119	229	78	151

注：潮位值均以验潮零点为基面。

平均高潮位 10 月最高，为 234 厘米，2 月和 3 月最低，均为 207 厘米，年较差为 27 厘米；平均低潮位 10 月最高，为 116 厘米，7 月最低，为 88 厘米，年较差为 28 厘米（图 2.1–1）；平均高高潮位 10 月最高，为 246 厘米，2 月最低，为 221 厘米，年较差为 25 厘米；平均低低潮位 10 月最高，为 90 厘米，7 月最低，为 69 厘米，年较差为 21 厘米。平均潮差 7 月最大，4 月最小，年较差为 18 厘米；平均大的潮差 7 月最大，2 月和 12 月均为最小，年较差为 15 厘米（图 2.1–2）。

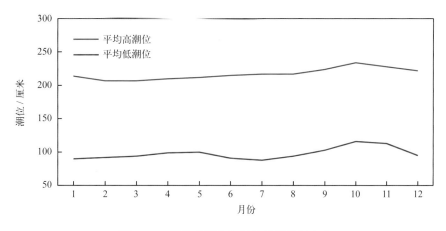

图2.1–1　平均高潮位和平均低潮位年变化

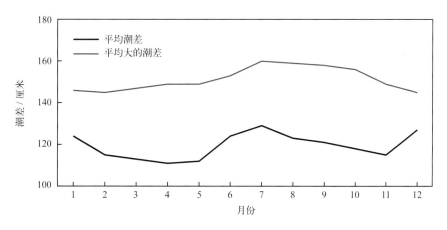

图2.1–2　平均潮差和平均大的潮差年变化

1976—2019 年，秀英站平均高潮位呈上升趋势，上升速率为 4.93 毫米 / 年。受天文潮长周期变化影响，平均高潮位存在较为明显的准 19 年周期变化，振幅为 4.32 厘米。平均高潮位最高值出现在 2008 年、2012 年和 2019 年，均为 227 厘米；最低值出现在 1977 年，为 200 厘米。秀英站平均低潮位呈上升趋势，上升速率为 4.33 毫米 / 年。平均低潮位准 19 年周期变化明显，振幅为 8.08 厘米。平均低潮位最高值出现在 2017 年，为 113 厘米；最低值出现在 1987 年，为 83 厘米。

1976—2019 年，秀英站平均潮差略呈增大趋势，增大速率为 0.60 毫米 / 年（线性趋势未通过显著性检验）。平均潮差准 19 年周期变化显著，振幅为 12.18 厘米。平均潮差最大值出现在 1987 年、2006 年和 2007 年，均为 133 厘米；最小值出现在 1978 年，为 106 厘米（图 2.1–3），《南海区海洋站海洋水文气候志》记载 1960 年平均潮差为 87 厘米。

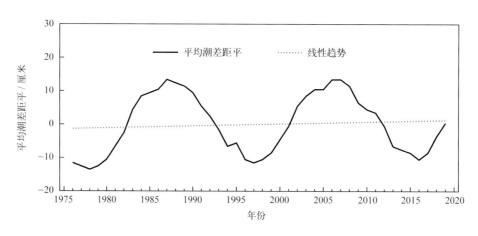

图2.1-3 1976—2019年平均潮差距平变化

第二节 极值潮位

秀英站年最高潮位和年最低潮位的各月发生频率见表2.2-1。年最高潮位出现时间主要集中在9—11月，其中10月发生频率最高，为36%；9月次之，为23%。年最低潮位主要出现在6—7月和12月至翌年1月，其中1月发生频率最高，为34%；6月和7月次之，均为14%。

1976—2019年，秀英站年最高潮位呈上升趋势，上升速率为5.44毫米/年（线性趋势未通过显著性检验）。历年的最高潮位均高于264厘米，其中高于350厘米的有4年；历史最高潮位为452厘米，出现在2014年9月16日，正值1415号台风"海鸥"影响期间。秀英站年最低潮位呈上升趋势，上升速率为6.05毫米/年。历年最低潮位均低于38厘米，其中低于-5厘米的有3年；历史最低潮位出现在1992年6月29日，为-33厘米（表2.2-1）。

表2.2-1 最高潮位和最低潮位及年极值出现频率（1976—2019年）

	1月	2月	3月	4月	5月	6月	7月	8月	9月	10月	11月	12月
最高潮位值/厘米	289	268	269	278	296	302	401	362	452	332	308	297
年最高潮位出现频率/%	0	0	0	0	0	7	5	9	23	36	16	4
最低潮位值/厘米	-5	-3	20	10	-6	-33	-5	-1	-9	24	18	-2
年最低潮位出现频率/%	34	9	0	5	9	14	14	0	4	0	0	11

第三节 增减水

受地形和气候特征的影响，秀英站出现30厘米以上增水的频率明显高于同等强度减水的频率，如超过50厘米的增水平均约47天出现一次，超过50厘米的减水平均约89天出现一次（表2.3-1）。

秀英站100厘米以上的增水主要出现在7—9月，90厘米以上的减水多发生在6月和8—9月，这些大的增减水过程主要与该海域受热带气旋等影响有关（表2.3-2）。

表 2.3-1　不同强度增减水平均出现周期（1976—2019 年）

范围 / 厘米	出现周期 / 天	
	增水	减水
>30	7.04	11.65
>40	21.61	34.97
>50	47.39	89.48
>60	92.05	157.02
>70	146.94	254.23
>80	192.97	485.34
>90	262.56	842.97
>100	326.86	2 002.05
>120	533.88	—
>150	942.14	—
>180	5 338.79	—

"—"表示无数据。

表 2.3-2　各月不同强度增减水出现频率（1976—2019 年）

月份	增水 / %					减水 / %				
	>30 厘米	>50 厘米	>70 厘米	>100 厘米	>120 厘米	>30 厘米	>50 厘米	>70 厘米	>90 厘米	>100 厘米
1	0.13	0.00	0.00	0.00	0.00	0.23	0.01	0.00	0.00	0.00
2	0.11	0.00	0.00	0.00	0.00	0.21	0.00	0.00	0.00	0.00
3	0.16	0.00	0.00	0.00	0.00	0.31	0.03	0.00	0.00	0.00
4	0.15	0.01	0.00	0.00	0.00	0.64	0.01	0.00	0.00	0.00
5	0.26	0.01	0.00	0.00	0.00	0.16	0.00	0.00	0.00	0.00
6	0.34	0.04	0.00	0.00	0.00	0.15	0.09	0.06	0.01	0.00
7	0.75	0.13	0.08	0.05	0.03	0.27	0.06	0.01	0.00	0.00
8	0.86	0.22	0.07	0.04	0.02	0.38	0.13	0.06	0.02	0.02
9	1.39	0.34	0.17	0.07	0.04	0.62	0.10	0.05	0.03	0.01
10	2.34	0.29	0.02	0.00	0.00	0.36	0.06	0.01	0.00	0.00
11	0.42	0.00	0.00	0.00	0.00	0.58	0.04	0.01	0.00	0.00
12	0.15	0.00	0.00	0.00	0.00	0.40	0.01	0.00	0.00	0.00

　　1976—2019 年，秀英站年最大增水多出现在 7—10 月，其中 9 月出现频率最高，为 32%；10 月次之，为 25%。秀英站年最大减水在各月均有出现，其中 4 月和 9 月出现频率最高，均为 16%；3 月次之，为 11%（表 2.3-3）。

　　1976—2019 年，秀英站年最大增水呈减小趋势，减小速率为 1.19 毫米 / 年（线性趋势未通过显著性检验）。历史最大增水出现在 1980 年 7 月 22 日，达 197 厘米；2014 年最大增水也较大，为 196 厘米；1991 年、2003 年和 2011 年最大增水均超过了 160 厘米。秀英站年最大减水呈减小趋势，减小速率为 2.88 毫米 / 年（线性趋势未通过显著性检验）。历史最大减水发生在 1996 年 8 月 22 日，达 117 厘米；2005 年最大减水也较大，为 105 厘米；1985 年、1989 年和 1992 年最大减水均超过了 90 厘米。

表 2.3-3 最大增水和最大减水及年极值出现频率（1976—2019 年）

	1月	2月	3月	4月	5月	6月	7月	8月	9月	10月	11月	12月
最大增水值 / 厘米	40	42	42	53	55	63	197	168	171	76	48	43
年最大增水出现频率 /%	0	0	2	2	2	2	12	19	32	25	2	2
最大减水值 / 厘米	58	42	58	62	49	94	83	117	105	91	77	59
年最大减水出现频率 /%	7	2	11	16	9	5	7	7	16	9	9	2

第三章 海浪

第一节 海况

秀英站全年及各月各级海况的频率见图3.1-1。全年海况以0～3级为主，频率为97.31%，其中0～2级海况频率为49.91%。全年5级及以上海况频率为0.15%，出现在7—10月，其中10月频率最大，为0.94%。全年未出现7级及以上海况。

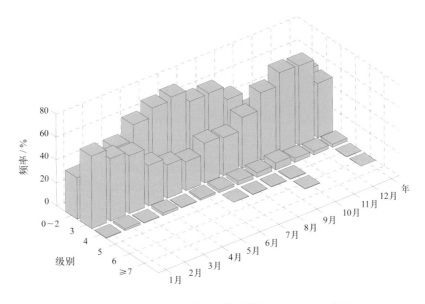

图3.1-1　全年及各月各级海况频率（2013—2019年）

第二节 波型

秀英站风浪频率和涌浪频率的年变化见表3.2-1。全年以风浪为主，频率为99.99%，涌浪频率为10.13%。各月的风浪频率相差不大，涌浪频率差异较大。涌浪在7月和8月较多，其中8月最多，频率为22.58%；在11月和12月较少，其中11月最少，频率为3.10%。

表3.2-1　各月及全年风浪涌浪频率（2013—2019年）

	1月	2月	3月	4月	5月	6月	7月	8月	9月	10月	11月	12月	年
风浪/%	100.00	100.00	100.00	100.00	99.84	100.00	100.00	100.00	100.00	100.00	100.00	100.00	99.99
涌浪/%	6.81	6.21	5.15	9.98	10.00	14.49	16.64	22.58	13.46	9.06	3.10	4.26	10.13

注：风浪包含F、FU、F/U和U/F波型；涌浪包含U、FU、F/U和U/F波型。

第三节 波向

1. 各向风浪频率

秀英站各月及全年各向风浪频率见图3.3-1。1月、3月、10月和11月E向风浪居多，

ENE 向次之。2 月、9 月和 12 月 ENE 向风浪居多，E 向次之。4 月 E 向和 S 向风浪居多，ENE 向次之。5 月 S 向风浪居多，N 向次之。6 月和 7 月 S 向风浪居多，NW 向次之。8 月 NW 向风浪居多，NNW 向次之。全年 ENE 向风浪居多，频率为 16.37%；E 向次之，频率为 15.90%；WSW 向最少，频率为 0.51%。

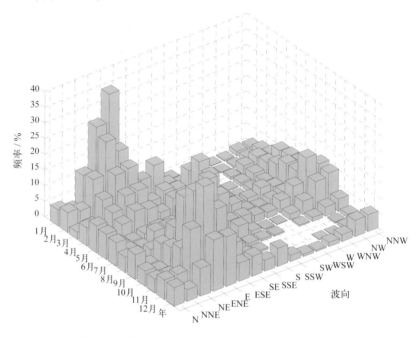

图3.3-1　各月及全年各向风浪频率（2013—2019年）

2. 各向涌浪频率

秀英站各月及全年各向涌浪频率见图 3.3-2。1 月、2 月和 9 月 NNW 向涌浪居多，N 向次之。3—8 月和 10—12 月 N 向涌浪居多，NNW 向次之。全年 N 向涌浪居多，频率为 5.88%；NNW 向次之，频率为 3.62%；未出现 ENE 向和 ESE—SW 向涌浪。

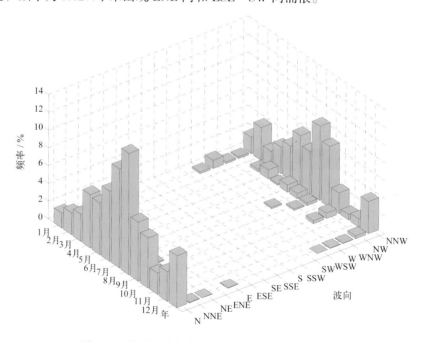

图3.3-2　各月及全年各向涌浪频率（2013—2019年）

第四节 波高

1. 平均波高和最大波高

秀英站波高的年变化见表 3.4-1。月平均波高的年变化不明显，为 0.3 ~ 0.6 米。历年的平均波高为 0.3 ~ 0.6 米。

月最大波高比月平均波高的变化幅度大，极大值出现在 7 月，为 7.0 米，极小值出现在 4 月，为 1.7 米，变幅为 5.3 米。历年的最大波高为 2.0 ~ 7.0 米，大于 3.0 米的有 3 年，其中最大波高的极大值 7.0 米出现在 2014 年 7 月 18 日，正值 1409 号超强台风"威马逊"影响期间，波向为 ENE，对应平均周期为 8.5 秒。

表 3.4-1 波高年变化（2013—2019 年） 单位：米

	1月	2月	3月	4月	5月	6月	7月	8月	9月	10月	11月	12月	年
平均波高	0.5	0.5	0.4	0.4	0.3	0.3	0.4	0.4	0.5	0.6	0.6	0.6	0.4
最大波高	2.1	2.5	2.6	1.7	2.1	3.0	7.0	3.2	6.1	3.1	2.7	2.8	7.0

2. 各向平均波高和最大波高

全年及各季代表月各向波高的分布见表 3.4-2、图 3.4-1 和图 3.4-2。全年各向平均波高为 0.3 ~ 0.6 米，大值主要分布于 NE—ESE 向，其中 ENE 向最大。全年各向最大波高 ENE 向最大，为 7.0 米；WNW 向次之，为 6.2 米；SSW 向最小，为 1.7 米。

表 3.4-2 全年各向平均波高和最大波高（2013—2019 年） 单位：米

	N	NNE	NE	ENE	E	ESE	SE	SSE	S	SSW	SW	WSW	W	WNW	NW	NNW
平均波高	0.3	0.4	0.5	0.6	0.5	0.5	0.4	0.3	0.3	0.3	0.3	0.4	0.4	0.4	0.4	0.3
最大波高	5.7	2.6	5.0	7.0	6.1	3.5	3.0	3.3	3.5	1.7	5.1	2.4	3.2	6.2	3.4	2.3

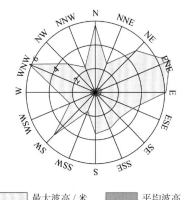

最大波高 / 米　　　平均波高 / 米

图3.4-1 全年各向平均波高和最大波高（2013—2019年）

1 月平均波高 SSE 向最大，为 1.0 米；S 向最小，为 0.2 米。最大波高 ENE 向最大，为 2.1 米；SSE 向次之，为 2.0 米；S 向最小，为 0.3 米。未出现 SW 向波高有效样本。

4 月平均波高 ENE 向和 E 向最大，均为 0.5 米；SW 向最小，为 0.2 米。最大波高 ENE 向最大，为 1.7 米；E 向次之，为 1.6 米；SW 向最小，为 0.5 米。

7 月平均波高 ENE 向最大，为 0.6 米；N 向、SE 向、SSE 向、S 向、SSW 向、WSW 向、W 向和 NNW 向最小，均为 0.3 米。最大波高 ENE 向最大，为 7.0 米；WNW 向次之，为 6.2 米；SSE 向最小，为 0.8 米。

10 月平均波高 ESE 向、SE 向、W 向和 WNW 向最大，均为 0.7 米；N 向和 SSE 向最小，均为 0.3 米。最大波高 WNW 向最大，为 3.1 米；ESE 向次之，为 3.0 米；WSW 向最小，为 0.6 米。

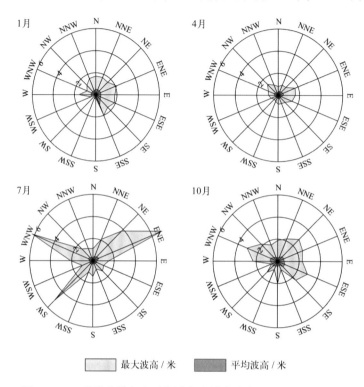

图3.4-2　四季代表月各向平均波高和最大波高（2013—2019年）

第五节　周期

1. 平均周期和最大周期

秀英站周期的年变化见表 3.5-1。月平均周期的年变化不明显，为 3.2 ~ 3.5 秒。月最大周期的年变化幅度较大，极大值出现在 7 月，为 8.5 秒，极小值出现在 1—5 月，均为 5.0 秒。历年的平均周期为 3.1 ~ 3.6 秒，其中 2013 年和 2014 年均为最大，2019 年最小。历年的最大周期均不小于 4.6 秒，大于 6.0 秒的有 2 年，其中最大周期的极大值 8.5 秒出现在 2014 年 7 月 18 日，波向为 ENE。

表 3.5-1　周期年变化（2013—2019年）　　　　　　　　　　　　　　　　单位：秒

	1月	2月	3月	4月	5月	6月	7月	8月	9月	10月	11月	12月	年
平均周期	3.4	3.3	3.3	3.2	3.2	3.4	3.3	3.4	3.4	3.5	3.4	3.5	3.4
最大周期	5.0	5.0	5.0	5.0	5.0	5.5	8.5	5.5	6.5	6.5	5.5	5.5	8.5

2. 各向平均周期和最大周期

全年及各季代表月各向周期的分布见表 3.5-2、图 3.5-1 和图 3.5-2。全年各向平均周期为 2.9 ~ 3.5 秒，N 向和 NNW 向均为最大。全年各向最大周期 ENE 向最大，为 8.5 秒；WNW 向次之，为 7.0 秒；SSW 向最小，为 4.5 秒。

表 3.5-2　全年各向平均周期和最大周期（2013—2019 年）　　　　单位：秒

	N	NNE	NE	ENE	E	ESE	SE	SSE	S	SSW	SW	WSW	W	WNW	NW	NNW
平均周期	3.5	3.4	3.4	3.4	3.4	3.4	3.2	3.0	3.0	2.9	3.4	3.4	3.4	3.4	3.3	3.5
最大周期	6.5	5.1	6.0	8.5	6.5	5.5	5.5	5.0	5.0	4.5	6.5	5.0	5.0	7.0	5.5	5.3

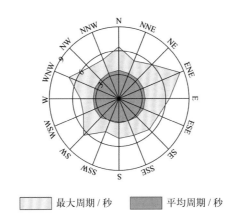

☐ 最大周期 / 秒　　　■ 平均周期 / 秒

图3.5-1　全年各向平均周期和最大周期（2013—2019年）

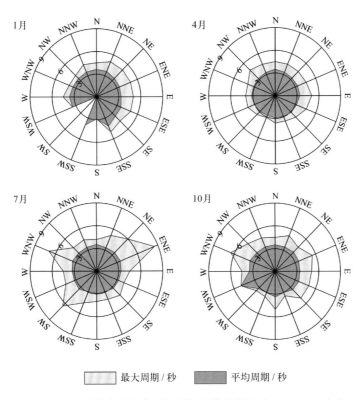

☐ 最大周期 / 秒　　　■ 平均周期 / 秒

图3.5-2　四季代表月各向平均周期和最大周期（2013—2019年）

1月平均周期SSE向最大，为4.2秒；S向最小，为2.9秒。最大周期NNE向、NE向、ENE向、E向、ESE向和SSE向最大，均为5.0秒；NNW向次之，为4.6秒；S向最小，为2.9秒。未出现SW向周期有效样本。

4月平均周期N向最大，为3.5秒；SSW向最小，为2.8秒。最大周期E向最大，为5.0秒；NW向次之，为4.8秒；SSW向最小，为3.1秒。

7月平均周期N向、NE向、ENE向和WNW向最大，均为3.5秒；SSE向、S向和SSW向最小，均为2.9秒。最大周期ENE向最大，为8.5秒；WNW向次之，为7.0秒；ESE向、SSE向和S向最小，均为4.0秒。

10月平均周期WSW向最大，为5.0秒；SSE向最小，为3.0秒。最大周期WNW向最大，为6.5秒；ENE向次之，为5.5秒；SSE向最小，为3.5秒。

第四章　表层海水温度、盐度和海发光

第一节　表层海水温度

1. 平均水温、最高水温和最低水温

秀英站月平均水温的年变化具有峰谷明显的特点，7月最高，为30.0℃，1月和2月最低，均为19.2℃，年较差为10.8℃。3—7月为升温期，8月至翌年1月为降温期。月最高水温和月最低水温的年变化特征与月平均水温相似（图4.1-1）。

历年（1960年、2003年和2004年数据有缺测）的平均水温为24.1 ~ 26.6℃，其中2019年最高，1984年最低。累年平均水温为25.1℃。

历年的最高水温均不低于31.0℃，其中大于33.0℃的有25年，大于34.0℃的有6年，出现时间为5—9月，7月和8月居多，占统计年份的84%。水温极大值为35.0℃，出现在1963年5月31日。

历年的最低水温均不高于19.0℃，其中小于15.0℃的有26年，小于13.0℃的有3年，出现时间为12月至翌年3月，1月和2月居多，占统计年份的81%。水温极小值为11.8℃，出现在1975年12月14日。

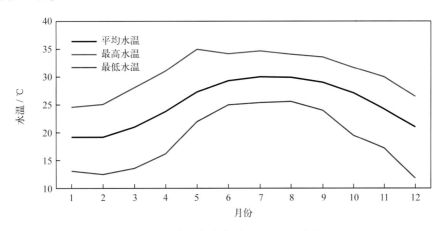

图4.1-1　水温年变化（1960—2019年）

2. 日平均水温稳定通过界限温度的日期

采用五日滑动平均方法求出稳定通过各个界限温度的日期，见表4.1-1。日平均水温全年均稳定通过15℃，稳定通过20℃的有298天，稳定通过25℃的有197天，稳定通过30℃的初日为7月7日，终日为7月20日，共14天。

表4.1-1　日平均水温稳定通过界限温度的日期（1960—2019年）

	15℃	20℃	25℃	30℃
初日	1月1日	3月5日	4月26日	7月7日
终日	12月31日	12月27日	11月8日	7月20日
天数	365	298	197	14

3. 长期趋势变化

1961—2019 年，年平均水温呈波动上升趋势，上升速率为 0.15℃/（10 年）；1960—2019 年，年最高水温呈波动下降趋势，下降速率为 0.33℃/（10 年），年最低水温呈波动上升趋势，上升速率为 0.76℃/（10 年），其中 1963 年和 1967 年最高水温分别为 1960 年以来的第一高值和第二高值，1975 年和 1964 年最低水温分别为 1960 年以来的第一低值和第二低值。

十年平均水温变化显示，2010—2019 年平均水温最高，1970—1979 年平均水温最低，两者相差 0.78℃（图 4.1-2）。

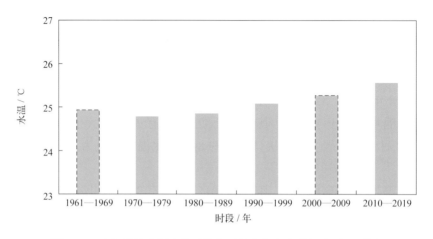

图 4.1-2　十年平均水温变化（数据不足十年加虚线框表示，下同）

第二节　表层海水盐度

1. 平均盐度、最高盐度和最低盐度

秀英站月平均盐度的年变化特点为 12 月至翌年 5 月较高，6—11 月较低，最高值出现在 3 月，为 30.22，最低值出现在 10 月，为 26.75，年较差为 3.47。月最高盐度 3 月最大，10 月最小。月最低盐度 1 月最大，2 月最小（图 4.2-1）。

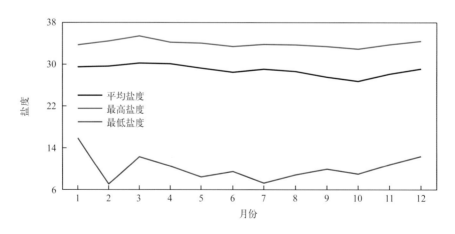

图 4.2-1　盐度年变化（1960—2019 年）

历年（1960 年、1996 年、2003 年和 2004 年数据有缺测）的平均盐度为 24.20 ~ 31.76，其中 1977 年最高，2002 年最低。累年平均盐度为 28.87。

历年的最高盐度均大于 29.95，其中大于 34.00 的有 7 年。年最高盐度各月均有出现，其中 2—4 月出现较多，占统计年份的 46%。盐度极大值为 35.40，出现在 1966 年 3 月 6 日。

历年的最低盐度均小于 25.50，其中小于 10.00 的有 8 年。年最低盐度各月均有出现，8—10 月出现较多，占统计年份的 53%。盐度极小值为 7.08，出现在 1994 年 2 月 25 日。《南海区海洋站海洋水文气候志》记载，最低盐度为 2.2，出现在 1963 年 9 月 11 日 08 时。

2. 长期趋势变化

1961—2019 年，年平均盐度呈波动下降趋势，下降速率为 0.39 /（10 年）；1960—2019 年，年最高盐度呈波动下降趋势，下降速率为 0.30 /（10 年），年最低盐度呈波动上升趋势，上升速率为 0.89 /（10 年）。1966 年和 1964 年最高盐度分别为 1960 年以来的第一高值和第二高值；1994 年和 1964 年最低盐度分别为 1960 年以来的第一低值和第二低值。

十年平均盐度变化显示，1970—1979 年平均盐度最高，比 2010—2019 年平均盐度高 1.68（图 4.2-2）。

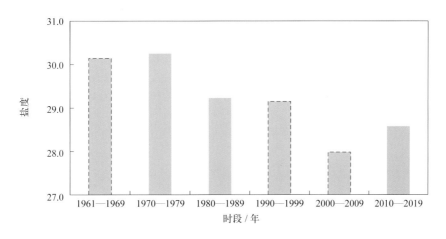

图4.2-2　十年平均盐度变化

第三节　海发光

1960—2019 年，秀英站观测到的海发光主要为火花型（H），其次是闪光型（S），弥漫型（M）最少，观测到 1 次。海发光以 1 级海发光为主，占海发光次数的 93.1%；2 级次之，占 6.8%；3 级最少，占 0.1%；未观测到 4 级海发光。

各月及全年海发光频率见表 4.3-1 和图 4.3-1。海发光频率 5—8 月较高，其中 5 月最高，为 55.8%，12 月最低，为 42.6%。累年平均海发光频率为 50.1%。

历年（1996 年、2003 年、2004 年和 2015 年数据有缺测）海发光频率差异较大，1991 年和 1993 年海发光频率为 100%，2009—2019 年未观测到。

表 4.3-1　各月及全年海发光频率（1960—2019 年）

	1月	2月	3月	4月	5月	6月	7月	8月	9月	10月	11月	12月	年
频率 / %	44.1	46.3	50.3	53.0	55.8	54.5	55.4	54.5	51.6	46.3	45.7	42.6	50.1

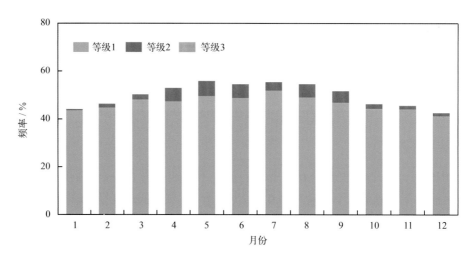

图4.3-1　各月各级海发光频率（1960—2019年）

第五章　海洋气象

第一节　气温

1. 平均气温、最高气温和最低气温

1960—1984 年，秀英站累年平均气温为 23.8℃。月平均气温 7 月最高，为 28.3℃，1 月最低，为 17.1℃，年较差为 11.2℃。月最高气温 6 月和 7 月均为最高，12 月最低。月最低气温 8 月最高，1 月最低（表 5.1–1，图 5.1–1）。

表 5.1–1　气温年变化（1960—1984 年）　　　　　　　　　　　　单位：℃

	1月	2月	3月	4月	5月	6月	7月	8月	9月	10月	11月	12月	年
平均气温	17.1	18.0	21.6	25.0	27.2	28.0	28.3	27.7	26.8	24.9	21.9	18.6	23.8
最高气温	33.5	37.2	38.1	37.9	38.3	38.4	38.4	37.0	34.8	34.3	32.3	31.5	38.4
最低气温	3.2	6.5	8.6	9.8	18.4	21.2	21.5	21.7	17.5	15.8	10.4	5.3	3.2

注：1970年数据缺测，1984年5月停测。

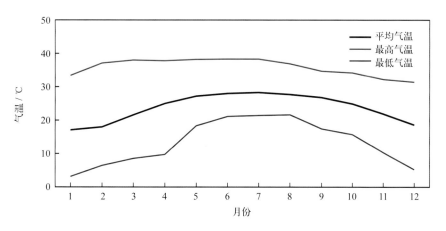

图5.1-1　气温年变化（1960—1984年）

历年的平均气温为 23.2 ~ 24.4℃，其中 1966 年、1973 年和 1980 年均为最高，有 4 年均为最低。

历年的最高气温均高于 35.0℃，其中高于 38.0℃的有 4 年。最早出现时间为 2 月 21 日（1979 年），最晚出现时间为 8 月 1 日（1971 年）。5 月最高气温出现频率最高，占统计年份的 28%，7 月次之，占 24%（图 5.1–2）。极大值为 38.4℃，出现在 1961 年 7 月 13 日和 1977 年 6 月 8 日。

历年的最低气温均低于 10.0℃，其中低于 6.0℃的有 5 年。最早出现时间为 12 月 28 日（1973 年和 1982 年），最晚出现时间为 2 月 16 日（1978 年）。1 月最低气温出现频率最高，占统计年份的 52%，2 月次之，占 31%（图 5.1–2）。极小值为 3.2℃，出现在 1963 年 1 月 16 日。

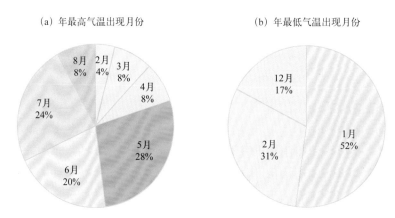

图5.1-2 年最高、最低气温出现月份及频率（1960—1984年）

2. 长期趋势变化

1960—1983年，年平均气温和年最低气温均呈上升趋势，上升速率分别为0.18℃/（10年）（线性趋势未通过显著性检验）和0.66℃/（10年）（线性趋势未通过显著性检验）；年最高气温无明显变化趋势。

3. 常年自然天气季节和大陆度

利用秀英站1971—1984年气温累年日平均数据计算五日滑动平均气温，根据《气候季节划分》（QX/T 152—2012）中的气候季节划分指标和本志季节起止日确定方法，秀英站平均春季时间从1月14日至3月28日，共74天；平均夏季时间从3月29日至11月15日，共232天；平均秋季时间从11月16日至翌年1月13日，共59天。夏季时间最长，全年无冬季（图5.1-3）。

秀英站焦金斯基大陆度指数为24.0%，属海洋性季风气候。

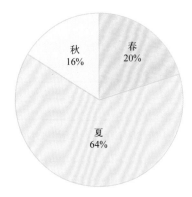

图5.1-3 各季平均日数百分率（1971—1984年）

第二节 气压

1. 平均气压、最高气压和最低气压

1971—2019年，秀英站累年平均气压为1 011.4百帕。月平均气压12月最高，为1 018.8百帕，7月和8月最低，均为1 004.2百帕，年较差为14.6百帕。月最高气压1月最大，8月最小。月最

低气压 12 月最大，7 月最小（表 5.2-1，图 5.2-1）。

历年的平均气压为 1 009.4 ~ 1 012.3 百帕，其中 2017 年最高，2009 年最低。

历年的最高气压均高于 1 025.5 百帕，其中高于 1 030.0 百帕的有 5 年。极大值为 1 037.2 百帕，出现在 2016 年 1 月 25 日。

历年的最低气压均低于 1 000.5 百帕，其中低于 980.0 百帕的有 8 年。极小值为 959.0 百帕，出现在 2014 年 7 月 18 日，正值 1409 号超强台风"威马逊"影响期间。

表 5.2-1　气压年变化（1971—2019 年）　　　　　　　　　　　　　　　　单位：百帕

	1月	2月	3月	4月	5月	6月	7月	8月	9月	10月	11月	12月	年
平均气压	1 018.7	1 016.7	1 014.1	1 010.8	1 007.5	1 004.6	1 004.2	1 004.2	1 008.1	1 012.8	1 016.3	1 018.8	1 011.4
最高气压	1 037.2	1 030.9	1 034.8	1 026.6	1 017.8	1 014.1	1 013.1	1 012.9	1 019.4	1 024.7	1 027.8	1 030.3	1 037.2
最低气压	1 001.9	1 000.3	999.4	997.6	996.8	972.8	959.0	972.5	960.1	977.6	983.0	1 002.4	959.0

注：1984年5月至2001年12月停测，2002年和2003年数据有缺测。

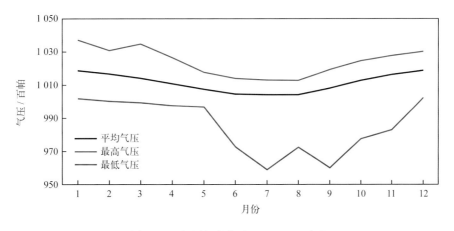

图5.2-1　气压年变化（1971—2019年）

2. 长期趋势变化

1971—1983 年，年平均气压、年最高气压和年最低气压均呈上升趋势，上升速率分别为 0.86 百帕 /（10 年）、2.72 百帕 /（10 年）（线性趋势未通过显著性检验）和 2.79 百帕 /（10 年）（线性趋势未通过显著性检验）。2002—2019 年，年平均气压和年最高气压均呈上升趋势，上升速率分别为 0.18 百帕 /（10 年）（线性趋势未通过显著性检验）和 0.69 百帕 /（10 年）（线性趋势未通过显著性检验）；年最低气压无明显变化趋势。

第三节　相对湿度

1. 平均相对湿度和最小相对湿度

1960—1984 年，秀英站累年平均相对湿度为 84.6%。月平均相对湿度 2 月最大，为 87.5%，11 月最小，为 81.7%。平均月最小相对湿度 9 月最大，为 49.9%，3 月最小，为 39.4%。最小相对湿度的极小值为 18%，出现在 1980 年 3 月 8 日（表 5.3-1，图 5.3-1）。

表 5.3-1 相对湿度年变化（1960—1984 年）

	1月	2月	3月	4月	5月	6月	7月	8月	9月	10月	11月	12月	年
平均相对湿度 / %	84.9	87.5	86.4	84.3	83.8	84.5	83.1	86.1	86.6	84.1	81.7	82.1	84.6
平均最小相对湿度 / %	39.8	43.9	39.4	40.5	44.3	46.4	46.4	48.5	49.9	48.5	44.0	42.8	44.5
最小相对湿度 / %	22	32	18	23	34	32	37	42	23	32	25	28	18

注：平均最小相对湿度为各月最小相对湿度的累年平均值及其年平均值。1970年数据缺测，1984年5月停测。

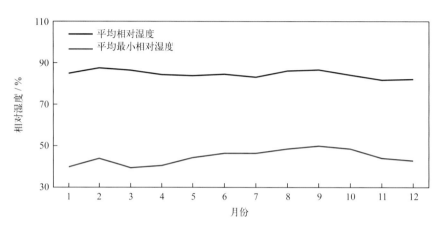

图5.3-1 相对湿度年变化（1960—1984年）

2. 长期趋势变化

1960—1983 年，年平均相对湿度为 82.4% ~ 86.6%，其中 1968 年最大，1977 年最小。年平均相对湿度呈下降趋势，下降速率为 0.44%/（10 年）（线性趋势未通过显著性检验）。

3. 温湿指数

根据《人居环境气候舒适度评价》（GB/T 27963—2011）的温湿指数统计方法和气候舒适度等级划分方法，统计秀英站各月温湿指数，结果显示：1 月温湿指数为 16.9，感觉为冷；2—4 月和 10—12 月温湿指数为 17.7 ~ 24.0，感觉为舒适；5—9 月温湿指数为 25.9 ~ 27.0，感觉为热（表 5.3-2）。

表 5.3-2 温湿指数年变化（1960—1984 年）

	1月	2月	3月	4月	5月	6月	7月	8月	9月	10月	11月	12月
温湿指数	16.9	17.7	21.0	24.0	26.1	26.8	27.0	26.7	25.9	24.0	21.1	18.2
感觉程度	冷	舒适	舒适	舒适	热	热	热	热	热	舒适	舒适	舒适

第四节 风

1. 平均风速和最大风速

秀英站风速的年变化见表 5.4-1 和图 5.4-1。累年平均风速为 3.0 米 / 秒，月平均风速 11 月和 12 月最大，均为 3.4 米 / 秒，8 月最小，为 2.4 米 / 秒。平均最大风速 8 月最大，为 12.9 米 / 秒，1 月最小，为 8.6 米 / 秒。极大风速的最大值为 45.6 米 / 秒，出现在 2014 年 7 月 18 日，正值 1409 号超强台风"威马逊"影响期间，对应风向为 WNW。

表 5.4-1　风速年变化（1960—2019 年）　　　　　　　　　　单位：米 / 秒

		1月	2月	3月	4月	5月	6月	7月	8月	9月	10月	11月	12月	年
平均风速		3.2	3.2	3.1	3.0	2.7	2.5	2.7	2.4	2.6	3.3	3.4	3.4	3.0
最大风速	平均值	8.6	9.1	9.3	9.9	10.4	10.2	12.7	12.9	12.8	11.6	10.1	9.1	10.6
	最大值	11.3	14.2	13.8	18.0	17.4	25.3	34.0	30.0	28.0	21.3	25.0	13.3	34.0
	最大值对应风向	E	NW	WNW	NNW	NNW	SSW	E	NW	NW	NNE	N	NE	E
极大风速	最大值	15.4	25.6	22.7	23.0	25.4	19.9	45.6	32.4	36.0	25.2	23.2	19.0	45.6
	最大值对应风向	E	NW	WNW	WNW	N	N	WNW	NW	NE	E	SE	N	WNW

注：1970年数据缺测，1993年、1996年和2003年数据有缺测；极大风速的统计时间为1995年9月至2019年12月。

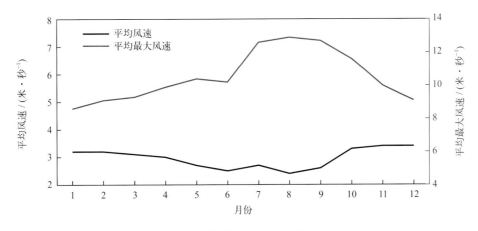

图5.4-1　平均风速和平均最大风速年变化（1960—2019年）

历年的平均风速为 2.1 ~ 3.9 米 / 秒，其中 1960 年、1964 年和 1999 年均为最大，2016 年和 2019 年均为最小。历年的最大风速均大于等于 10.9 米 / 秒，其中大于等于 21.0 米 / 秒的有 17 年，大于等于 28.0 米 / 秒的有 5 年。最大风速的最大值为 34.0 米 / 秒，出现在 1964 年 7 月 2 日，正值 6403 号强台风影响期间，风向为 E。年最大风速出现在 8 月的频率最高，1 月、2 月和 12 月未出现（图 5.4-2）。

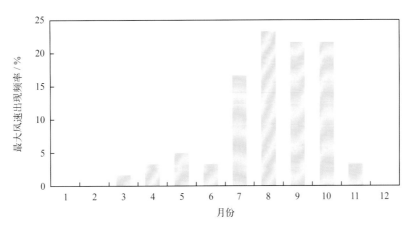

图5.4-2　年最大风速出现频率（1960—2019年）

2. 各向风频率

全年 NE 向风最多,频率为 12.6%,ENE 向次之,频率为 12.1%,WSW 向和 WNW 向最少,频率均为 1.2%(图 5.4-3)。

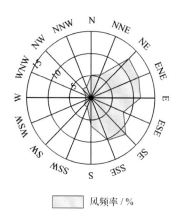

图5.4-3　全年各向风频率（1971—2019年）

1 月盛行风向为 NNE—SE,频率和为 83.3%;4 月盛行风向为 NE—S,频率和为 79.6%;7 月盛行风向为 SE—S,频率和为 50.0%;10 月盛行风向为 NE—SE,频率和为 70.6%(图 5.4-4)。

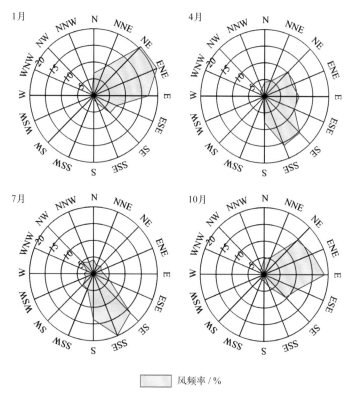

图5.4-4　四季代表月各向风频率（1971—2019年）

3. 各向平均风速和最大风速

全年各向平均风速 NE 向最大,为 3.9 米 / 秒,NNE 向次之,为 3.7 米 / 秒,SW 向风最小,为 1.1 米 / 秒(图 5.4-5)。1 月平均风速 NE 向最大,为 3.8 米 / 秒;4 月平均风速 NNE 向和 NE 向最大，均为 3.5 米 / 秒；7 月平均风速 NE 向最大，为 3.7 米 / 秒；10 月平均风速 NNE 向和 NE 向最大，均为 4.7 米 / 秒（图 5.4-6）。

全年各向最大风速 WNW 向最大，为 33.4 米 / 秒，NW 向次之，为 30.6 米 / 秒，S 向和 WSW 向最小，均为 15.3 米 / 秒（图 5.4-5）。1 月 E 向最大风速最大，为 11.3 米 / 秒；4 月 NNW 向最大风速最大，为 18.0 米 / 秒；7 月 WNW 向最大风速最大，为 33.4 米 / 秒，《南海区海洋站海洋水文气候志》记载 1964 年 7 月 2 日 E 向最大风速为 34.0 米 / 秒；10 月 NNE 向最大风速最大，为 21.3 米 / 秒（图 5.4-6）。

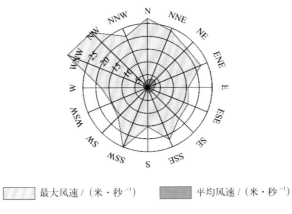

██ 最大风速 /（米·秒⁻¹）   ██ 平均风速 /（米·秒⁻¹）

图5.4-5　全年各向平均风速和最大风速（1971—2019年）

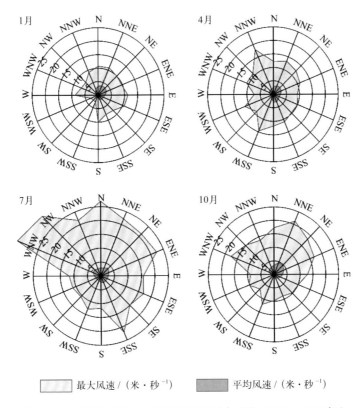

██ 最大风速 /（米·秒⁻¹）   ██ 平均风速 /（米·秒⁻¹）

图5.4-6　四季代表月各向平均风速和最大风速（1971—2019年）

4. 大风日数

风力大于等于 6 级的大风日数多发生在 7—10 月，其中 10 月最多，为 1.0 天，占全年的

17.2%（表5.4-2，图5.4-7）。平均年大风日数为5.8天（表5.4-2）。历年大风日数1988年最多，为32天，1969年未出现。

风力大于等于8级的大风日数7月、8月和9月最多，均为0.2天，4月、5月和11月均出现1天，1—3月和12月未出现。历年大风日数1989年最多，为4天，有24年未出现。

风力大于等于6级的月大风日数最多为14天，出现在1988年7月；最长连续大于等于6级大风日数为4天，出现4次（表5.4-2）。

表5.4-2　各级大风日数年变化（1960—2019年）　　　　　　　　　　　单位：天

	1月	2月	3月	4月	5月	6月	7月	8月	9月	10月	11月	12月	年
大于等于6级大风平均日数	0.1	0.2	0.2	0.4	0.3	0.4	0.9	0.9	0.9	1.0	0.4	0.1	5.8
大于等于7级大风平均日数	0.0	0.0	0.0	0.1	0.1	0.2	0.3	0.3	0.4	0.6	0.1	0.0	2.1
大于等于8级大风平均日数	0.0	0.0	0.0	0.0	0.0	0.1	0.2	0.2	0.2	0.1	0.0	0.0	0.8
大于等于6级大风最多日数	1	1	3	2	2	2	14	3	5	8	3	4	32
最长连续大于等于6级大风日数	1	1	2	2	2	2	4	2	3	4	3	2	4

注：1970年数据缺测，1993年、1996年和2003年数据有缺测。大于等于6级大风统计时间为1960—2019年，大于等于7级和大于等于8级大风统计时间为1971—2019年。

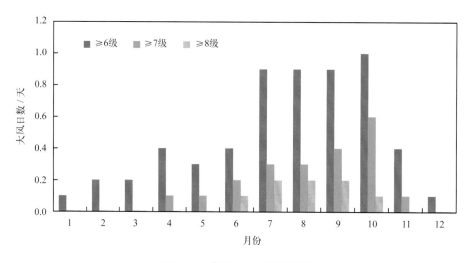

图5.4-7　各级大风日数年变化

第五节　降水

1. 降水量和降水日数

（1）降水量

秀英站降水量的年变化见表5.5-1和图5.5-1。平均年降水量为1 663.7毫米，6—8月降水量为688.1毫米，占全年降水量的41.4%，9—11月为557.9毫米，占全年的33.5%，3—5月为329.7毫米，占全年的19.8%，12月至翌年2月为88.0毫米，占全年的5.3%。9月平均降水量最多，为 275.4 毫米，占全年的 16.6%。

历年年降水量为 874.4 ~ 2 342.7 毫米，其中 1982 年最多，1977 年最少。

最大日降水量超过 100 毫米的有 20 年，超过 150 毫米的有 9 年，超过 200 毫米的有 3 年。最大日降水量为 283.0 毫米，出现在 1966 年 7 月 26 日，正值 6608 号强台风影响期间。

表 5.5-1　降水量年变化（1960—1984 年）　　　　　　　单位：毫米

	1月	2月	3月	4月	5月	6月	7月	8月	9月	10月	11月	12月	年
平均降水量	23.3	30.5	50.0	97.6	182.1	234.0	224.8	229.3	275.4	185.7	96.8	34.2	1 663.7
最大日降水量	35.8	41.5	66.7	100.3	134.9	184.4	283.0	139.0	216.8	185.9	252.7	91.9	283.0

注：1970年数据缺测，1984年5月停测。

（2）降水日数

平均年降水日数为 163.6 天。平均月降水日数 5 月最多，为 17.9 天，11 月最少，为 9.0 天（图 5.5-2 和图 5.5-3）。日降水量大于等于 10 毫米的平均年日数为 42.5 天，各月均有出现；日降水量大于等于 50 毫米的平均年日数为 7.3 天，出现在 3—12 月；日降水量大于等于 100 毫米的平均年日数为 1.6 天，出现在 4—11 月；日降水量大于等于 150 毫米的平均年日数为 0.53 天，出现在 6 月、7 月和 9—11 月；日降水量大于等于 200 毫米的平均年日数为 0.12 天，出现在 7 月、9 月和 11 月（图 5.5-3）。

最多年降水日数为 198 天，出现在 1972 年；最少年降水日数为 131 天，出现在 1977 年。最长连续降水日数为 14 天，出现 3 次；最长连续无降水日数为 36 天，出现在 1979 年 9 月 28 日至 11 月 2 日。

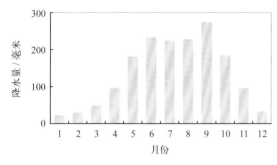

图5.5-1　降水量年变化（1960—1984年）

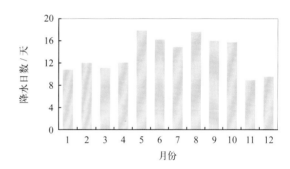

图5.5-2　降水日数年变化（1971—1984年）

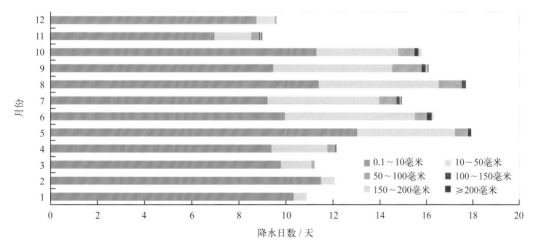

图5.5-3　各月各级平均降水日数分布（1960—1984年）

2. 长期趋势变化

1960—1983 年，年降水量和年最大日降水量均呈下降趋势，下降速率分别为 40.83 毫米 /（10 年）（线性趋势未通过显著性检验）和 21.82 毫米 /（10 年）（线性趋势未通过显著性检验）。

1971—1983 年，历年降水日数呈减少趋势，减少速率为 10.82 天 /（10 年）（线性趋势未通过显著性检验）；最长连续降水日数呈增加趋势，增加速率为 0.93 天 /（10 年）（线性趋势未通过显著性检验）；最长连续无降水日数无明显变化趋势。

第六节　雾及其他天气现象

1. 雾

秀英站雾日数的年变化见表 5.6-1、图 5.6-1 和图 5.6-2。1971—2019 年，秀英站平均年雾日数为 13.1 天。平均月雾日数 1 月和 2 月最多，均为 3.2 天，6 月和 7 月最少，均出现 1 天；月雾日数最多为 14 天，出现在 1984 年 2 月；最长连续雾日数为 8 天，出现在 1984 年 2 月 10—17 日。

1983 年雾日数最多，为 37 天，2003 年和 2004 年未出现，《南海区海洋站海洋水文气候志》记载 1970 年雾日数为 40 天。1971—1983 年，年雾日数呈下降趋势，下降速率为 0.82 天 /（10 年）（线性趋势未通过显著性检验）；1996—2019 年，年雾日数呈下降趋势，下降速率为 0.84 天 /（10 年）（线性趋势未通过显著性检验）。

表 5.6-1　雾日数年变化（1971—2019 年）　　　　　　　单位：天

	1月	2月	3月	4月	5月	6月	7月	8月	9月	10月	11月	12月	年
平均雾日数	3.2	3.2	2.6	0.8	0.3	0.0	0.0	0.3	0.3	0.6	0.4	1.4	13.1
最多雾日数	10	14	11	5	3	1	1	4	4	5	3	9	37
最长连续雾日数	7	8	5	3	2	1	1	3	2	4	3	4	8

注：1984年5月至1995年6月停测，2002年和2003年数据有缺测。

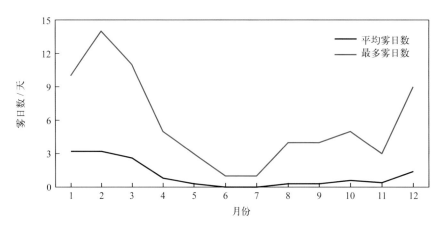

图5.6-1　平均雾日数和最多雾日数年变化（1971—2019年）

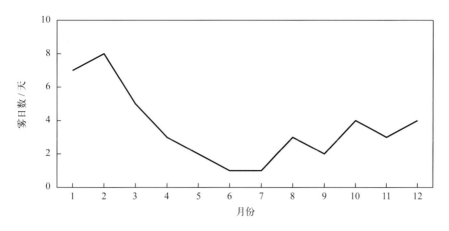

图5.6-2　最长连续雾日数年变化（1971—2019年）

2. 轻雾

秀英站轻雾日数的年变化见表 5.6-2 和图 5.6-3。1971—1984 年，平均年轻雾日数为 124.1 天。平均月轻雾日数 1 月和 3 月最多，均为 16.4 天，6 月和 7 月最少，均为 3.8 天。最多月轻雾日数为 25 天，出现在 1976 年 2 月和 1977 年 3 月。

1971—1983 年，年轻雾日数呈下降趋势，下降速率为 7.53 天 /（10 年）（线性趋势未通过显著性检验）。1974 年轻雾日数最多，为 171 天，1973 年最少，为 88 天（图 5.6-4）。

表 5.6-2　轻雾日数年变化（1971—1984 年）　　　　　　　　　单位：天

	1月	2月	3月	4月	5月	6月	7月	8月	9月	10月	11月	12月	年
平均轻雾日数	16.4	14.1	16.4	10.5	9.2	3.8	3.8	7.9	12.1	11.1	7.3	11.5	124.1
最多轻雾日数	24	25	25	18	20	10	11	19	20	23	14	20	171

注：1984年5月停测。

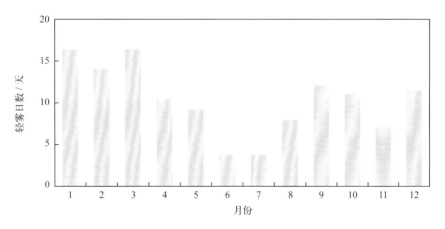

图5.6-3　轻雾日数年变化（1971—1984年）

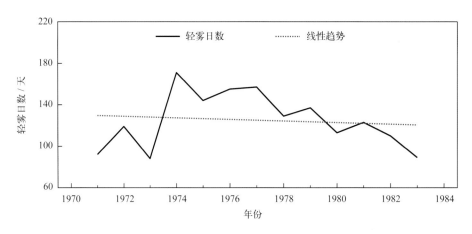

图5.6-4　1971—1983年轻雾日数变化

3. 雷暴

秀英站雷暴日数的年变化见表5.6-3和图5.6-5。1960—1984年，平均年雷暴日数为114.5天。雷暴主要出现在4—10月，其中8月最多，为21.1天，12月未出现。雷暴最早初日为1月1日（1964年），最晚终日为11月19日（1965年）。月雷暴日数最多为30天，出现在1960年8月。

表5.6-3　雷暴日数年变化（1960—1984年）　　　　单位：天

	1月	2月	3月	4月	5月	6月	7月	8月	9月	10月	11月	12月	年
平均雷暴日数	0.2	0.4	2.3	9.8	20.6	20.2	19.9	21.1	14.3	4.7	1.0	0.0	114.5
最多雷暴日数	2	3	6	20	29	29	27	30	21	10	6	0	134

注：1970年数据缺测，1984年5月停测。

1960—1983年，年雷暴日数呈下降趋势，下降速率为10.89天/（10年）。1965年雷暴日数最多，为134天，1971年最少，为90天（图5.6-6）。

4. 霜

1960—1984年（1970年数据缺测），秀英站共有6天出现霜，分别出现在1974年1月1—3日、1975年12月30日和1982年12月28—29日。

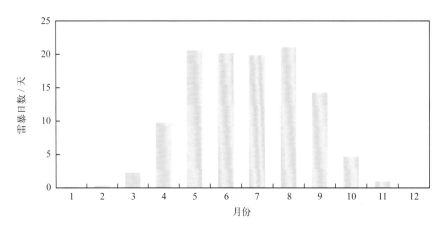

图5.6-5　雷暴日数年变化（1960—1984年）

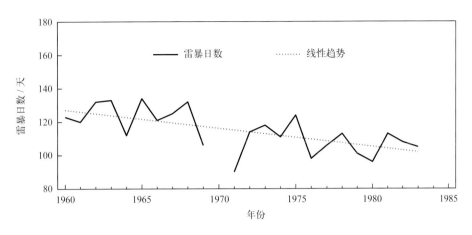

图5.6-6　1960—1983年雷暴日数变化

第七节　能见度

1971—2019 年，秀英站累年平均能见度为 17.2 千米。7 月平均能见度最大，为 23.8 千米，1 月最小，为 11.4 千米。能见度小于 1 千米的平均年日数为 8.3 天，2 月最多，为 2.3 天，6 月和 7 月均出现 1 天（表 5.7-1，图 5.7-1 和图 5.7-2）。

表 5.7-1　能见度年变化（1971—2019 年）

	1月	2月	3月	4月	5月	6月	7月	8月	9月	10月	11月	12月	年
平均能见度 / 千米	11.4	12.1	13.9	16.9	20.4	22.8	23.8	21.6	18.9	16.0	15.1	12.9	17.2
能见度小于 1 千米平均日数 / 天	2.1	2.3	2.0	0.4	0.1	0.0	0.0	0.1	0.2	0.2	0.1	0.8	8.3

注：1979—1981 年、1984 年 5 月至 1995 年 6 月停测，2002—2004 年数据有缺测。

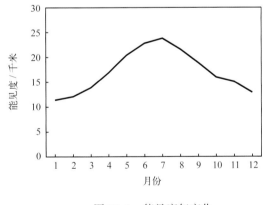

图5.7-1　能见度年变化

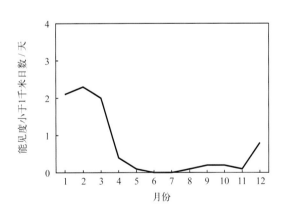

图5.7-2　能见度小于1千米日数年变化

历年平均能见度为 11.0 ~ 26.9 千米，1971 年最高，1999 年最低。能见度小于 1 千米的日数 1983 年最多，为 23 天，有 4 年均为 1 天（图 5.7-3）。

2005—2019 年，年平均能见度呈下降趋势，下降速率为 1.19 千米 /（10 年）（线性趋势未通过显著性检验）。

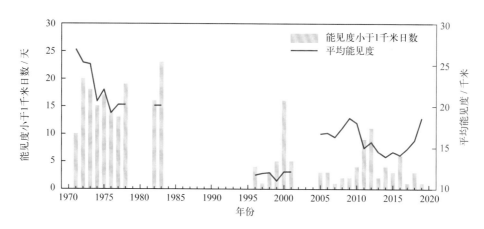

图5.7-3　能见度小于1千米年日数和平均能见度变化

第八节　云

　　1971—1984年，秀英站累年平均总云量为5.5成，6月和8月平均总云量最多，均为6.2成，11月和12月最少，均为5.0成；累年平均低云量为3.3成，2月平均低云量最多，为5.0成，7月最少，为2.0成（表5.8-1，图5.8-1）。

表5.8-1　总云量和低云量年变化（1971—1984年）

	1月	2月	3月	4月	5月	6月	7月	8月	9月	10月	11月	12月	年
平均总云量/成	5.5	5.8	5.1	5.1	5.7	6.2	5.7	6.2	5.6	5.4	5.0	5.0	5.5
平均低云量/成	4.6	5.0	4.3	3.2	2.6	2.3	2.0	2.3	2.5	3.3	3.5	3.6	3.3

注：1984年5月停测。

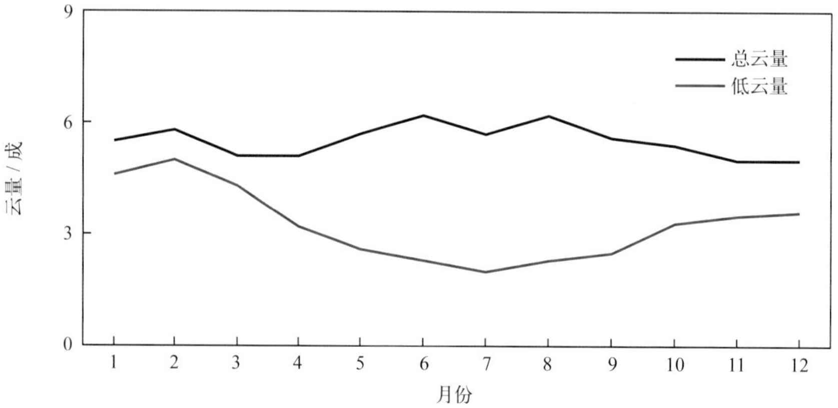

图5.8-1　总云量和低云量年变化（1971—1984年）

　　1971—1983年，年平均总云量呈增加趋势，增加速率为0.38成/（10年），1981年最多，为6.0成，1971年最少，为5.1成（图5.8-2）；年平均低云量无明显变化趋势，1972年最多，为3.7成，1977年最少，为2.8成（图5.8-3）。

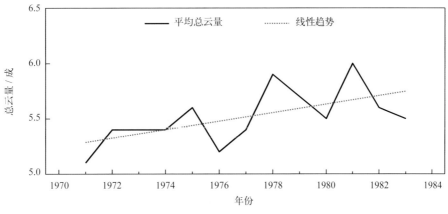

图5.8-2　1971—1983年平均总云量变化

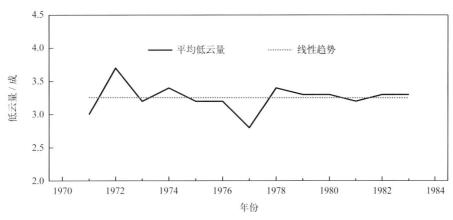

图5.8-3　1971—1983年平均低云量变化

第九节　蒸发量

　　1960—1978年，秀英站平均年蒸发量为1 926.5毫米。7月蒸发量最大，为223.9毫米，2月蒸发量最小，为96.8毫米（表5.9-1，图5.9-1）。

表5.9-1　蒸发量年变化（1960—1978年）　　　　　　　　　　单位：毫米

	1月	2月	3月	4月	5月	6月	7月	8月	9月	10月	11月	12月	年
平均蒸发量	105.1	96.8	142.8	188.2	217.9	197.3	223.9	183.3	158.9	161.8	134.4	116.1	1 926.5

注：1970年数据缺测。

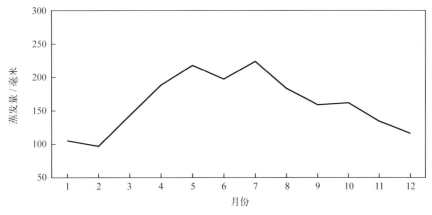

图5.9-1　蒸发量年变化（1960—1978年）

第六章 海平面

1. 年变化

秀英沿海海平面年变化特征明显，2月最低，10月最高，年变幅为23厘米（图6-1），平均海平面在验潮基面上160厘米。

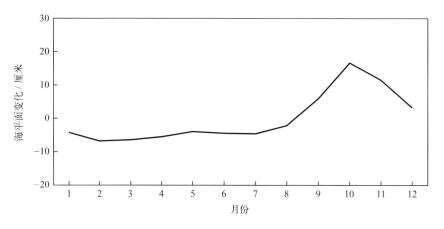

图6-1 海平面年变化（1976—2019年）

2. 长期趋势变化

1976—2019年，秀英沿海海平面变化呈明显波动上升趋势，上升速率为4.6毫米/年；1993—2019年，秀英沿海海平面上升速率为2.9毫米/年，低于同期中国沿海3.9毫米/年的平均水平。1976—1988年，海平面处于有观测记录以来的低位，之后阶段性上升明显，先后在1999年、2012年和2017年达到小高峰；2016—2019年，海平面持续维持在高位（图6-2）。

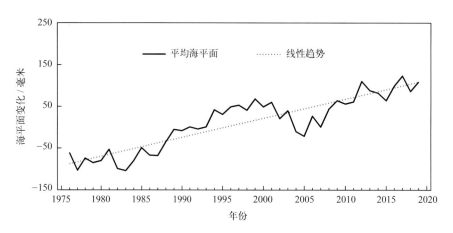

图6-2 1976—2019年秀英沿海海平面变化

秀英沿海十年平均海平面上升明显。1976—1979年，秀英沿海平均海平面处于有观测记录以来的最低位；1980—1989年平均海平面略有上升，较1976—1979年平均海平面上升17毫米；1990—1999年平均海平面上升较快，较1980—1989年平均海平面高91毫米；2000—2009年平均海平面与 1990—1999 年基本持平；2010—2019 年平均海平面上升显著，处于近 40 余年来的最高位，比 2000—2009 年平均海平面高 60 毫米，比 1976—1979 年平均海平面高约 169 毫米（图 6-3）。

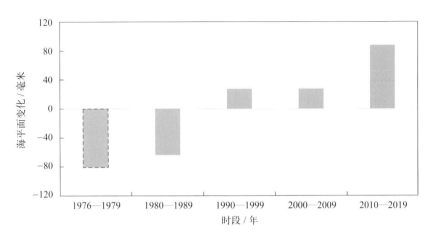

图6-3　十年平均海平面变化

3. 周期性变化

1976—2019 年，秀英沿海海平面存在 2 ~ 3 年、4 年、9 年和 15 年的显著变化周期，振荡幅度为 1 ~ 2 厘米。1999 年、2012 年和 2017 年，海平面处于 2 ~ 3 年、4 年、9 年和 15 年周期性振荡的高位，几个主要周期性振荡高位叠加，抬高了同时段海平面的高度（图 6-4）。

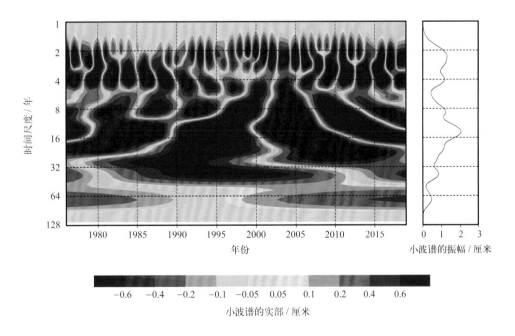

图6-4　年均海平面的小波（wavelet）变换

第七章 灾害

第一节 海洋灾害

1. 风暴潮

1954 年 8 月 30 日前后，5413 号超强台风影响海南沿海，台风登陆时正遇农历八月初四天文大潮期，造成较大潮灾。秀英站最大增水超过 0.5 米（《中国海洋灾害四十年资料汇编》）。

1955 年 9 月 25 日前后，5526 号超强台风登陆海南琼东，引发较大潮灾。秀英站最大增水超过 1 米，最高潮位超过当地警戒潮位。海口市测站附近作物均被吹毁，河水泛滥两天，淹没农田及低洼地带，房屋倒塌很多（《中国海洋灾害四十年资料汇编》）。

1963 年 9 月 7 日，6311 号超强台风登陆海口。秀英站最大风速达 28 米 / 秒，风向西北，瞬间风速大于 40 米 / 秒，最低气压 969 百帕，23 时增水 188 厘米，出现了 20 年来的最高潮位 388 厘米，超过警戒潮位 108 厘米（《南海区海洋站海洋水文气候志》）。

1964 年 7 月 2 日前后，6403 号强台风登陆海南琼海，引发严重潮灾。海口最大增水超过 0.5 米（《中国海洋灾害四十年资料汇编》）。

1965 年 7 月 15 日前后，6508 号超强台风影响广西沿海，台风登陆时正遇农历六月十七天文大潮期，引发特大潮灾。海口最大增水超过 0.5 米（《中国海洋灾害四十年资料汇编》）。

1971 年 6 月 28 日，7109 号强台风登陆海口。秀英站最大风速 25 米 / 秒，瞬间风速达 42 米 / 秒，最低气压 972 百帕，01 时增水 151 厘米，出现了 20 年来的次高潮位 342 厘米，超过警戒潮位 62 厘米（《南海区海洋站海洋水文气候志》）。

1972 年 11 月 8 日前后，7220 号强台风影响海南沿海，台风登陆时正遇农历十月初三天文大潮期，引发严重潮灾。8 日秀英站最大风速 25 米 / 秒，风向北，瞬间最大风速达 43 米 / 秒，最低气压 982 百帕，出现 20 年来最大增水 288 厘米，高潮水位 301 厘米，超过警戒潮位 21 厘米（《中国海洋灾害四十年资料汇编》《南海区海洋站海洋水文气候志》）。

1980 年 7 月 20—23 日，8007 号强台风影响海南岛东北部沿海，引发特大潮灾。海口最大增水超过 2 米，最高潮位超过当地警戒潮位。8007 号台风风暴潮给广东、海南岛东北部造成的损失是灾难性的（《中国海洋灾害四十年资料汇编》）。

1983 年 9 月 29 日 08 时至 10 月 1 日 08 时，受 8311 号强热带风暴影响，海南岛北部地区出现暴雨天气，其中海口过程降雨量为 105 毫米。海口市阵风 12 级以上，加上大海潮的袭击，海口最高潮位达 3.44 米，超过当地警戒潮位（《中国气象灾害大典·海南卷》）。

1986 年 9 月 5 日前后，8616 号强台风穿越琼州海峡引起风暴潮灾，台风登陆时为农历八月初二天文大潮期。秀英站最大增水超过 1 米，最高潮位超过当地警戒潮位（《中国海洋灾害四十年资料汇编》）。

1991 年 7 月 13 日 06 时，9106 号强台风在海南省万宁县沿海地区登陆，穿过海南岛南部地区。秀英站最高潮位 2.68 米，接近当地警戒潮位。由于暴雨和潮水上涨，陵水黎族自治县下排溪村 370 户人家都泡在一片汪洋之中，东方县墩头镇被淹，水深为 1 ~ 1.5 米。据全省统计，受淹稻田 6 万余亩，死亡 4 人，沉没及损坏船只 174 艘，倒塌房屋 136 间，损坏网具 6 803 张，冲毁公路，毁坏通信、供电线路，崩决围堤，破坏水利设施等（《1991 年中国海洋灾害公报》）。

1996 年 9 月 20 日前后，9618 号台风风暴潮袭击海南岛东北部沿海，造成严重灾害。海口市最高潮位 3.65 米，超过警戒潮位 0.75 米，潮水和暴雨使 70% 的街道被淹，最深超过 3 米，市区 2 000 余个商业网点进水，5 000 余间民房被淹，秀英区 500 余名群众被咆哮的洪水包围，死亡 10 人，580 余公顷菜田、380 余公顷农田、250 余公顷鱼塘受淹，库存粮食损失 2 800 吨。主要供水点和主要路段的 30 余口机井进水被淹，全市停电停水达 34 小时（《1996 年中国海洋灾害公报》）。

2002 年 8 月 19 日前后，0214 号强热带风暴"黄蜂"在广东雷州半岛登陆。受其影响，海口市秀英站最大增水 56 厘米，最高潮位 290 厘米。潮灾波及海南省 4 个县市，受灾人口 46.3 万人，水产养殖受灾面积 120 公顷、水产品损失 3 100 万吨，全省直接经济损失达 9 400 万元（《2002 年中国海洋灾害公报》）。

2003 年 8 月 25 日前后，0312 号台风"科罗旺"登陆海南省文昌市，受其影响，海南省海口市秀英站最大增水 184 厘米（《2003 年中国海洋灾害公报》）。

2005 年 9 月 26 日前后，0518 号超强台风"达维"在海南省万宁县山根镇一带沿海登陆。受风暴潮影响，海口市多条马路上水，秀英站附近的码头大部分被海水淹没。"达维"风暴潮灾害为海南省近 32 年来最严重的一次，造成直接经济损失 116.47 亿元，受灾人口 630.54 万人（《2005 年中国海洋灾害公报》）。

2008 年 9 月 24 日前后，0814 号强台风"黑格比"影响海南沿海，海口、文昌、安定和澄迈 4 个市县受到影响，直接经济损失为 0.52 亿元。10 月，海南沿海海平面异常偏高，0817 号热带风暴"海高斯"登陆海南，造成直接经济损失近亿元（《2008 年中国海洋灾害公报》《2008 年中国海平面公报》）。

2009 年 10 月，海南岛东部沿海海平面异常偏高，比常年同期高 149 毫米。10 月中旬，0917 号超强台风"芭玛"在海南省万宁县沿海登陆时，适逢天文大潮，在风暴潮增水、天文大潮和海平面异常偏高的共同作用下，海水养殖、渔港码头、堤防设施和交通设施均受到了严重影响。此次台风造成海南省 160 余万人受灾，直接经济损失超过 2 亿元（《2009 年中国海平面公报》）。

2011 年 9—11 月，海南沿海处于季节性高海平面期，1117 号强台风"纳沙"和 1119 号强台风"尼格"分别在 9 月 29 日和 10 月 4 日登陆海南，其间恰逢天文大潮期，季节性高海平面、天文大潮和风暴增水三者叠加，使台风风暴潮致灾程度进一步加剧，受灾人口近 500 万人，经济损失约 20 亿元（《2011 年中国海平面公报》）。

2014 年 7 月 18 日前后，1409 号超强台风"威马逊"先后在海南文昌、广东湛江、广西防城港登陆，是 1949 年以来登陆我国的最强台风。海南受灾人口 132.3 万人，倒塌房屋 22 663 间，水产养殖受损 13.24 万吨，损毁海堤、护岸 1.61 千米，毁坏道路 9.88 千米，直接经济损失达 27.32 亿元。9 月，海南沿海处于季节性高海平面期，1415 号台风"海鸥"于 16 日在文昌登陆，其间恰逢天文大潮，海口秀英站极值潮位达历史最高，海南沿海农林渔业和基础设施等遭受严重损失，直接经济损失超过 9 亿元，受灾人口 121.72 万人（《2014 年中国海洋灾害公报》《2014 年中国海平面公报》）。

2. 海浪

1996 年 9 月 18—22 日，9618 号台风引起较大台风浪，琼州海峡的浪高 7 ~ 8 米，巨浪给海南岛北部和西部沿海都造成较大损失。海口市防波堤崩口 13 处共 134 米，打沉或损失的渔船共

200 余艘，死亡和失踪 120 人。据统计，直接经济损失近 4 亿元（《1996 年中国海洋灾害公报》）。

2000 年 1 月 30 日，琼州海峡东北风 5 ~ 6 级，浪高 2.5 ~ 3.0 米。据此，海口港监对琼州海峡实行限航禁令，至 31 日 11 时 25 分解除，致使 500 余辆汽车滞留港口（《中国气象灾害大典·海南卷》）。

2006 年 11 月 5 日前后，受冷空气浪影响，海南海口南港海域发生事故，造成 1 人死亡，直接经济损失达 15 万元（《2006 年中国海洋灾害公报》）。

3. 海岸侵蚀

2003 年，海南省海口市海甸岛和新埠岛长约 6 千米岸线因海岸侵蚀损失土地约 1.5 平方千米（《2003 年中国海平面公报》）。

2009 年，海南省海口市镇海村平均侵蚀距离 5.0 米（《2009 年中国海洋灾害公报》）。

2011 年 9 月 29 日前后，强台风"纳沙"影响海南沿海，海口市东海岸部分防风林遭受风暴潮袭击，大片的木麻黄被连根拔起，其中桂林洋农场长 6.8 千米的防护林带中有 6 千米受损，海水内侵约 20 米（《2011 年中国海洋灾害公报》）。

2009—2012 年，海口市东海岸部分岸段平均侵蚀距离为 29.4 米，侵蚀面积为 1.62 万平方米。2011—2012 年，海口市西海岸部分岸段平均侵蚀距离为 14.7 米，侵蚀面积为 6.13 万平方米。2012 年，海口市镇海村砂质海岸平均侵蚀距离约为 7.0 米，侵蚀海岸长度 0.9 千米（《2012 年中国海平面公报》《2012 年中国海洋灾害公报》）。

2013 年，海口市西海岸五源河口东侧海岸侵蚀严重，海岸出现约 3 米高的陡坎，平均侵蚀宽度 5.3 米，最大侵蚀宽度 8 米，侵蚀面积 1 700 平方米。海口市镇海村监测岸段侵蚀海岸长度 0.8 千米，平均侵蚀距离 8.0 米（《2013 年中国海平面公报》《2013 年中国海洋灾害公报》）。

2014 年，海口市镇海村监测岸段侵蚀海岸长度 0.9 千米，平均侵蚀距离 5.0 米；南渡江监测岸段侵蚀海岸长度 10.5 千米，平均侵蚀距离 3.9 米（《2014 年中国海洋灾害公报》）。

2009—2014 年，海口市东海岸有 4.2 千米的岸段受到侵蚀，平均侵蚀距离为 24.7 米，最大侵蚀距离为 40 米，侵蚀总面积超过 10 万平方米；其中，2013—2014 年平均侵蚀距离为 9.8 米，最大侵蚀距离为 18 米，侵蚀总面积约 4 万平方米（《2015 年中国海平面公报》）。

2015 年，海口市镇海村监测岸段侵蚀海岸长度 0.6 千米，平均侵蚀距离 2.6 米（《2015 年中国海洋灾害公报》）。

2016 年，海口市镇海村监测岸段侵蚀海岸长度 0.3 千米，平均侵蚀距离 1.1 米。海口市东部部分岸段最大侵蚀距离 32 米，平均侵蚀距离 3.04 米（《2016 年中国海洋灾害公报》《2016 年中国海平面公报》）。

第二节　灾害性天气

根据《中国气象灾害大典·海南卷》（1949—2000 年）和《中国气象灾害年鉴》（2000 年后）及《南海区海洋站海洋水文气候志》等记载，秀英站周边发生的主要灾害性天气有暴雨洪涝、大风（龙卷风）、冰雹、雷电和大雾等。

1. 暴雨洪涝

1953 年 10 月 30 日 20 时至 11 月 3 日 20 时，受 5326 号超强台风影响，海南岛东北部累计降雨在 100 毫米以上，其中海口累计降雨量为 243.9 毫米。受狂风暴雨影响，海口受灾严重。

1966 年 7 月 26 日，受 6608 号强台风影响，海南岛普降大到暴雨，海口降特大暴雨（日降雨量为 283.0 毫米），25 日至 26 日，海口累计降雨量为 312.4 毫米。海口因台风停工，损失农作物 698.3 公顷。

1983 年 9 月 29 日 08 时至 10 月 1 日 08 时，受 8311 号强热带风暴影响，海南岛北部地区出现暴雨天气，其中海口过程降雨量为 105 毫米。

1997 年 8 月 20 日 20 时至 23 日 20 时，受 9713 号强热带风暴影响，海南岛北部降暴雨至大暴雨，其中海口降雨量为 232.1 毫米。22 日海口机场 104 个航班受阻，海口至香港 4 个班次被取消。海南省 28.87 万人受灾，直接经济损失达 0.73 亿元。

1998 年 8 月 9 日 20 时至 11 日 20 时，受 9803 号强热带风暴影响，海口累计降雨量达 161.1 毫米。海口市秀英区荣山乡 25.63 万人受灾，直接经济损失达 1 284.2 万元。

2000 年 10 月 13—16 日，受 0023 号台风和冷空气共同影响，海南岛普降暴雨到大暴雨，海口累计降雨量高达 591.3 毫米。海南岛东、北部地区及屯昌、琼中、三亚中旬雨量超历史同期最大降雨量。这是海南省几十年不遇的特大暴雨。由于长时间大范围的强降水，造成水库溢洪，江河水位暴涨，海南省出现罕见特大暴雨洪涝灾害，全省直接经济损失约 39.14 亿元。

2008 年 10 月 12—15 日，海南省出现持续强降雨，其中海口累计降雨量超过 500 毫米，14 日秀英站降雨量高达 279.9 毫米。此次海南省强降雨过程持续时间长、降雨面广，为历史少见。暴雨洪涝造成海南省 252.8 万人受灾，农作物受灾面积 9.3 万公顷，因灾直接经济损失达 6 亿元。

2017 年 10 月 14 日 20 时至 16 日 14 时，受 1720 号强台风"卡努"和弱冷空气共同影响，海南出现明显风雨天气，海南省共有 99 个乡镇雨量超过 50 毫米，海口、临高、文昌、澄迈、定安、昌江和儋州等市县共有 36 个乡镇雨量超过 100 毫米，最大为海口市区的 209.7 毫米。据统计，共造成 36.1 万人受灾，直接经济损失约 0.7 亿元。

2018 年 8 月 8 日 20 时至 16 日 17 时，受 1816 号强热带风暴"贝碧嘉"影响，海南省有 122 个乡镇（区）雨量超过 300 毫米，其中海口市市区雨量高达 936.8 毫米。全省 4 座大型水库水位超汛限，纷纷开闸泄洪。南渡江上游福才站发生超 5 年一遇的洪水；海口市市区 14 条道路积水严重，6 条无法通行。据统计，全省共 17.2 万人受灾，直接经济损失约 3.8 亿元。

2. 大风和龙卷风

1950 年 10 月 14 日，一个热带低压在海南琼东沿海登陆，登陆时低压中心附近最大风力 7 级。琼山县和澄迈县灾情较重，琼山县房屋倒塌 6 640 间，损坏 7 982 间，压死 47 人，压伤 53 人，稻谷平均损失 70%，橡胶树折倒 2 000 株；澄迈县金江镇及附近 16 个村庄，房子全毁 103 间，损坏 732 间，死亡 2 人，稻谷损失 50%。

1953 年 8 月 14 日 07 时，5313 号强台风在海南文昌登陆，登陆时台风中心附近最大风力 12 级。受其影响，海南岛降暴雨至大暴雨，11—16 日降雨量为 100 ~ 300 毫米，11—15 日出现最大风力 9 ~ 10 级，阵风 8 ~ 12 级。11 月 1 日 05 时，5326 号超强台风在海南文昌沿海登陆后向琼山、临高方向移动，登陆时台风中心附近最大风力 12 级。海口 6 级以上风力持续 18 小时，8 级以上风力持续 8 小时，11 级风力持续 4 小时。受狂风暴雨影响，海口市房屋倒塌 6 916 间，损坏 6 278 间，几乎没有完整无损的房屋。

1963 年 4 月 17 日下午，澄迈县山口公社突发龙卷风，并降大冰雹。澄迈县山口公社 3 个村庄 100 多户受灾，损坏房屋 120 间，1 人死亡，52.7 公顷农作物受损。

1984 年 9 月 5 日 17—18 时，8410 号强台风在文昌县龙楼一带登陆，穿过文昌、琼山、海口等地。这次台风风力强，破坏性大，海口出现 12 级以上大风和大暴雨，导致海口地区断电 21 个小时，造成工厂停产损失产值 250 万元。

1989 年 9 月 11 日 08 时 30 分，澄迈县元龙、桥头管区发生龙卷风，直径 50 米，持续半个小时。瓦房揭顶 65 间，损坏甘蔗 4 公顷，直接经济损失为 6 万元。

1993 年 8 月 20 日晚，澄迈县金江镇大拉村、京岭村及永发镇永发村遭到龙卷风的袭击，民房损坏 615 间，倒塌 11 间，1 600 人受灾，重伤 1 人，轻伤 2 人。金江中学校舍损坏 33 间。

1994 年 8 月 27 日 08 时 20—25 分，受 9419 号台风影响，澄迈县桥头镇（新兴港）发生龙卷风，直径 20 ~ 30 米，风力 11 ~ 12 级，掀掉房顶 122 间，损坏渔船数艘，轻伤 5 人，经济损失约 33 万元。

2004 年 4 月 16 日 16—17 时，海口市琼山区红旗镇、三门镇一带遭受龙卷风袭击。风力 10 级以上，持续时间 10 分钟左右，大风范围半径约 300 米，途经 10 余千米。大风经过之处，30% ~ 50% 的香蕉树齐腰折断，碗口粗的橡胶树被折断或被连根拔倒。共计损失香蕉树 14.4 万株，折断橡胶树 6 000 余株，损失西瓜 80 公顷，直接经济损失为 979 万元。

2006 年 5 月 2 日下午，海口市三门坡镇黄岭、谭昌、西尔、中甫村遭龙卷风袭击，影响范围宽约 100 米、长约 1 000 米，持续时间约 2 分钟。造成 58 间瓦房瓦片被掀，1.11 万株香蕉树和 1 600 余棵橡胶树被折断。

2008 年 5 月 29 日，海口市美兰区三江农场上山村出现龙卷风。250 人受灾，211 间房屋受损，4 艘渔船被掀上岸，10 根电线杆被折断，直接经济损失约 400 万元。

2009 年 4 月 18 日，海口市演丰镇北港遭受龙卷风袭击，持续时间约 5 分钟，损坏房屋 25 间，10 余棵大树被连根拔起，经济损失 20 万元。6 月 23 日，海口市琼山区罗牛山学校遭受龙卷风袭击，20 余棵树木被吹断，食堂屋顶被吹走，1 人受伤，造成经济损失约 15 万元。

2010 年 7 月 16 日 19 时 50 分，1002 号台风登陆三亚市，海口沿海陆地出现 9 ~ 12 级大风。该热带气旋造成三亚和海口机场共 107 个航班取消，琼州海峡 15 日 17 时至 17 日 17 时停航 48 小时，海口火车站 2 000 余名旅客滞留。

2013 年 4 月 30 日，海口市东山镇出现短时龙卷风和冰雹天气。5 月 21 日，海口市龙华区海秀镇苍东村出现强雷雨和龙卷风，数十间房屋不同程度受损，2 人受轻伤，43 公顷农田约 60% 受灾。9 月 15 日 21 时 40 分前后，澄迈县桥头镇圣目村发生龙卷风，持续时间约 10 分钟，造成 15 间房屋倒塌，水产养殖损失约 100 万元。

3. 冰雹

1966 年 3 月 24 日 17 时前后，澄迈县加乐公社 9 个大队、文儒公社 3 个大队、长安公社 3 个大队，普遍下了短时冰雹、冰粒，大者如鸡蛋，小者如黄豆。老城公社 3 个大队也下了像玉米粒大小的冰雹。有些房屋的瓦片被打破，加乐公社常树大队部分秧苗被打倒伏。

1987 年 3 月 9—10 日，澄迈县遭受历史罕见的冰雹和龙卷风袭击。其来势猛，风力大，雷雨大，密度大（每平方米有雹 10 颗以上），降雹持续时间长（15 ~ 20 分钟），颗粒粗，最大粒直径达 20 厘米，大部分 5 ~ 10 厘米，破坏力大。

2009 年 3 月 24 日，海口市三门坡镇出现龙卷风夹带冰雹的灾害性天气，其中冰雹直径约为 6 厘米。46 间房屋受损，农作物受灾面积 150 公顷，直接经济损失约 526 万元。

4. 雷电

1990 年 7 月 17 日、22 日，海口市和万宁市万城镇分别出现强烈雷击现象。雷击点通信设备遭严重破坏，通信中断，雷击死 1 人，伤 1 人。

1995 年 7 月 15 日，海口机场主跑道遭受雷击，被巨雷炸开一个不规则的创面为 42 厘米 × 50 厘米、深为 12 厘米的大坑，致使机场被迫关闭 17 个小时，当天的 28 个航班被取消，1 500 余名旅客滞留。雷击引起的感应过电压，使位于跑道南侧约 200 米处的海口自来水公司米铺水厂的空气开关感应爆炸、配电跳闸、5 部彩电损坏，附近一带有线电视信号中断。海南化纤厂亦遭雷击。直接经济损失约 50 万元。

1997 年 8 月中旬，海口电视台发射机房受感应雷击，造成发射机损坏，经济损失十几万元。

1998 年 10 月 4 日下午，海口市海南广场新建的省人大办公大楼遭受雷击，主楼 22 层的东南角被直击雷击损一个约长 70 厘米、宽 35 厘米、厚 25 厘米的楼角，炸开的墙体内基础钢筋被击烧黑，大楼幕墙玻璃被击碎 1 块，直接经济损失超过 1 万元。

1999 年 5 月 17 日下午，海口美兰国际机场遭受雷击，损坏供电系统，造成 500 余条灯管烧毁，边防检查站 2 台计算机被击坏。6 月 3 日，海口市电信局省委微波楼内的语音信箱设备遭雷击，其中 7 块语音板被打坏，直接经济损失近百万元。当日 18 时 45 分，海口市秀英高架桥附近的军区第二仓库大院遭受雷击，1 棵椰子树树冠着火 15 分钟，地面冒青烟。距雷击点 60 余米远的办公楼内的 5 部空调机和 1 部卫视接收设备部分被击坏，直接经济损失近 2 万元。7 月 5 日，海口市电信局微波大楼遭受雷击，5 块集成电路控制板被击坏，直接经济损失约 15 万元。10 月 4 日 15 时，海口市乐普生商城遭受雷击，1 部程控交换机被击坏，直接经济损失 6.5 万元。

2000 年 7 月 17 日 07 时，海口市府城地区受强雷雨影响，发生大面积的雷击事故。击坏电脑 39 部、电视机 25 部、电话机 60 余部、程控电话交换机 15 部和大批微波及电子设备，直接经济损失 150 余万元。

2003 年 2 月 24 日 16 时前后，海南省海口市琼山区三江农场神茏农业开发有限公司甲鱼养殖场遭雷击，造成 2 人死亡，2 人受伤，直接经济损失达 15 万元。

2005 年 6 月 19 日 16 时，海南省海口市东山镇东星村因雷击死亡 1 人、受伤 2 人。

5. 大雾

1998 年 1 月 19—22 日，由于连续数日的阴雨、浓雾天气影响，造成海口美兰国际机场航班延误 86 架次，取消航班 76 架次，5 000 余名旅客滞留海口。

1999 年 1 月 18 日，一场浓雾紧锁海口，海口美兰国际机场能见度降到 800 米以下，被迫取消航班 111 架次。1 月 22 日，浓雾弥漫海口，至 15 时 27 分，海口美兰国际机场取消航班 27 架次，迫降周边机场 19 架次。1 月 23 日，浓雾使海口美兰国际机场取消航班 26 架次，迫降周边机场 16 架次。

2000 年 1 月 4 日，海南岛北部地区及琼州海峡、北部湾北部海面出现了入冬以来时间最长的大雾天气，持续时间长达 10 个小时以上，海口市城区能见度小于 50 米。当日海口美兰国际机场和轮渡码头关闭多时，海口美兰国际机场 20 余个航班延误起飞或停航，约有 7 班客、货轮渡延误，各地发生多起交通事故。1 月 21 日春运以后，海口连续数日浓雾天气，每天都因浓雾影响延误航班。24 日，海口美兰国际机场 50 余个航班因浓雾延飞或停航，近千名旅客滞留海口。当日晚琼州海峡因浓雾造成 20 余个航班停航，400 余辆以瓜菜车为主的车辆和近 4 000 名旅客滞留港口数小时。

清澜海洋站

第一章　概况

第一节　基本情况

清澜海洋站（简称清澜站）位于海南省文昌市。文昌市位于海南岛东北部，东、东南两面濒临南海，北面是琼州海峡。文昌市海岸线长约 289.82 千米，有大小岛屿 43 个，有 36 个沿海天然港湾，具有丰富的旅游资源。

清澜站建于 1959 年 9 月，名为清澜海洋水文气象站，隶属于广东省气象局。1966 年 1 月更名为清澜海洋站，隶属国家海洋局南海分局，1989 年 6 月隶属海南省海洋局，1997 年 1 月隶属国家海洋局南海分局，2019 年 6 月后隶属自然资源部南海局，由海口中心站管辖。清澜站位于文昌市清澜镇清澜一里 18 号，测点位于清澜港湾西岸的码头内侧与栈桥之间（图 1.1-1）。

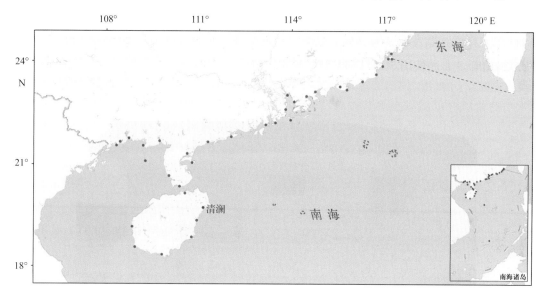

图1.1-1　清澜站地理位置示意

清澜站观测项目有潮汐、表层海水温度、表层海水盐度、气温、气压、相对湿度、风和降水等。2002 年前，主要为人工观测或使用简易设备观测，2002 年安装自动观测系统，多数项目实现了自动化观测、数据存储和传输。

清澜沿海为不正规日潮特征，海平面 7 月最低，10 月最高，年变幅为 32 厘米，平均海平面为 104 厘米，平均高潮位为 151 厘米，平均低潮位为 62 厘米；年均表层海水温度为 25.2 ~ 27.4℃，7 月和 8 月最高，均为 29.9℃，1 月最低，均值为 20.3℃，历史水温最高值为 34.7℃，历史水温最低值为 13.9℃；年均表层海水盐度为 21.59 ~ 31.20，3 月最高，均值为 30.93，10 月最低，均值为 18.30，历史盐度最高值为 36.33，历史盐度最低值为 0.02；海发光主要为火花型，3 月出现频率最高，6 月最低，1 级海发光最多，出现的最高级别为 3 级。

清澜站主要受海洋性季风气候影响，年均气温为 23.7 ~ 27.4℃，7 月最高，均值为 28.7℃，1 月最低，均值为 19.2℃，历史最高气温为 38.8℃，历史最低气温为 5.4℃；年均气压为 1 009.3 ~ 1 012.6 百帕，12 月最高，均值为 1 018.0 百帕，7 月和 8 月最低，均为 1 004.0 百帕；

年均相对湿度为 80.7% ~ 87.6%，3 月最大，均值为 88.7%，11 月最小，均值为 82.3%；年均风速为 1.7 ~ 4.5 米 / 秒，4 月最大，均值为 3.1 米 / 秒，8 月和 9 月最小，均为 2.3 米 / 秒，1 月盛行风向为 NNW—ENE（顺时针，下同），4 月盛行风向为 SE—SSW，7 月盛行风向为 SSE—SW，10 月盛行风向为 N—E；平均年降水量为 1 703.0 毫米，9 月平均降水量最多，占全年的 18.9%；平均年雾日数为 8.4 天，1 月最多，均值为 2.3 天，5—7 月和 10 月最少，均为 0.1 天；平均年雷暴日数为 63.0 天，5 月最多，均值为 12.8 天，1 月和 12 月最少，均为 0.1 天；年均能见度为 14.1 ~ 19.0 千米，7 月最大，均值为 20.2 千米，1 月最小，均值为 13.7 千米；年均总云量为 6.4 ~ 7.6 成，6 月最多，均值为 7.7 成，4 月最少，均值为 6.5 成。

第二节　观测环境和观测仪器

1. 潮汐

1990 年 1 月开始观测。测点位于清澜港湾西岸的码头内侧与栈桥之间。验潮井为岸式钢筋混凝土结构，底质为淤积泥，与外海畅通，波浪影响较小（图 1.2-1）。

2002 年 1 月前观测仪器为 SCA1-1 型浮子式水位计，2002 年 1 月后使用 SCA11-1 型浮子式水位计，2010 年 3 月后使用 SCA11-3A 型浮子式水位计。

图1.2-1　清澜站验潮室（摄于2016年12月）

2. 表层海水温度、盐度和海发光

1959 年 9 月开始观测。测点位于验潮室外南面 4 米处，测点的北边和南边各有一条淡水道出口。

水温使用 SWL1-1 型表层水温表测量，盐度使用氯度滴定管、感应式盐度计和 SYA2-1 型实验室盐度计等测定，2010 年 3 月后使用 YZY4-3 型温盐传感器。

海发光为每日天黑后人工目测。

3. 气象要素

1959 年 9 月开始观测。观测场位于站办公大院东南侧，观测场东面、北面和西面有居民楼和树木，南面有树木（图 1.2-2）。

观测初期使用仪器主要有干湿球温度表、最高最低温度表、动槽水银气压表、轻重型风压器、EL 型电接风向风速计和雨量筒等。2002 年 2 月后使用 YZY5-1 型温湿度传感器、270 型气压传感器和 XFY3-1 型风传感器；2010 年 3 月后使用 HMP45A 型温湿度传感器和 278 型气压传感器；2015 年 3 月后使用 HMP155 型温湿度传感器和 SL3-1 型雨量传感器。能见度和雾为目测。

图1.2-2　清澜站气象观测场（摄于2012年10月）

第二章 潮位

第一节 潮汐

1. 潮汐类型

利用清澜站近 19 年（2001—2019 年）验潮资料分析的调和常数，计算出潮汐系数 $(H_{K_1}+H_{O_1})/H_{M_2}$ 为 2.14。按我国潮汐类型分类标准，清澜沿海为不正规日潮，每月约 1/2 的天数每个潮汐日（大约 24.8 小时）有一次高潮和一次低潮，其余天数每个潮汐日有两次高潮和两次低潮，高潮日不等和低潮日不等现象均较显著。

1990—2019 年，清澜站 M_2 分潮振幅呈增大趋势，增大速率为 0.12 毫米 / 年（线性趋势未通过显著性检验）；迟角呈减小趋势，减小速率为 0.22°/ 年。K_1 分潮振幅无明显变化趋势，O_1 分潮振幅呈减小趋势，减小速率为 0.18 毫米 / 年；K_1 和 O_1 分潮迟角均呈减小趋势，减小速率分别为 0.14°/ 年和 0.15°/ 年。

2. 潮汐特征值

由 1990—2019 年资料统计分析得出：清澜站平均高潮位为 151 厘米，平均低潮位为 62 厘米，平均潮差为 89 厘米；平均高高潮位为 165 厘米，平均低低潮位为 48 厘米，平均大的潮差为 117 厘米。平均涨潮历时 9 小时 10 分钟，平均落潮历时 6 小时 43 分钟，两者相差 2 小时 27 分钟。

累年各月潮汐特征值见表 2.1-1。

表 2.1-1　累年各月潮汐特征值（1990—2019 年）　　　　单位：厘米

月份	平均高潮位	平均低潮位	平均潮差	平均高高潮位	平均低低潮位	平均大的潮差
1	153	60	93	168	46	122
2	144	57	87	158	46	112
3	143	58	85	155	45	110
4	142	56	86	154	40	114
5	143	54	89	157	37	120
6	141	49	92	156	34	122
7	141	50	91	157	35	122
8	144	57	87	161	45	116
9	157	72	85	170	60	110
10	171	85	86	181	71	110
11	166	77	89	181	62	119
12	163	66	97	179	53	126
年	151	62	89	165	48	117

注：潮位值均以验潮零点为基面。

平均高潮位 10 月最高，为 171 厘米，6 月和 7 月最低，均为 141 厘米，年较差为 30 厘米；平均低潮位 10 月最高，为 85 厘米，6 月最低，为 49 厘米，年较差为 36 厘米（图 2.1-1）；平均高高潮位 10 月和 11 月最高，均为 181 厘米，4 月最低，为 154 厘米，年较差为 27 厘米；平均低低潮位 10 月最高，为 71 厘米，6 月最低，为 34 厘米，年较差为 37 厘米。平均潮差 12 月最大，3 月和 9 月均为最小，年较差为 12 厘米；平均大的潮差 12 月最大，3 月、9 月和 10 月均为最小，年较差为 16 厘米（图 2.1-2）。

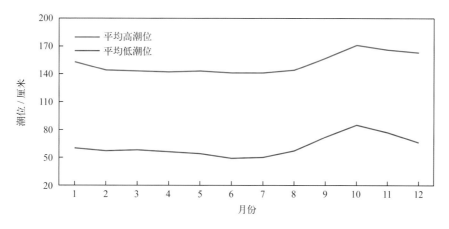

图2.1-1　平均高潮位和平均低潮位年变化

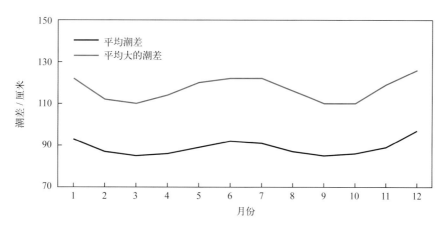

图2.1-2　平均潮差和平均大的潮差年变化

1990—2019 年，清澜站平均高潮位呈上升趋势，上升速率为 4.63 毫米 / 年。受天文潮长周期变化影响，平均高潮位存在较为明显的准 19 年周期变化，振幅为 3.51 厘米。平均高潮位最高值出现在 2012 年，为 159 厘米；最低值出现在 1993 年和 1998 年，均为 140 厘米。清澜站平均低潮位呈上升趋势，上升速率为 5.75 毫米 / 年。平均低潮位准 19 年周期变化明显，振幅为 5.53 厘米。平均低潮位最高值出现在 2017 年，为 76 厘米；最低值出现在 1991 年、1993 年和 2005 年，均为 52 厘米。

1990—2019 年，清澜站平均潮差呈减小趋势，减小速率为 1.12 毫米 / 年（线性趋势未通过显著性检验）。平均潮差准 19 年周期变化显著，振幅为 9.03 厘米。平均潮差最大值出现在 2007 年，为 99 厘米；最小值出现在 1996 年、1998 年、2015 年和 2016 年，均为 81 厘米（图 2.1-3）。

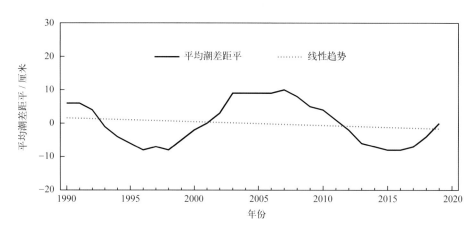

图2.1-3　1990—2019年平均潮差距平变化

第二节　极值潮位

清澜站年最高潮位和年最低潮位的各月发生频率见表2.2-1。年最高潮位出现时间主要集中在8—12月，其中10月和11月发生频率最高，均为20%；8月次之，为17%。年最低潮位主要出现在5—7月，其中6月发生频率最高，为43%；7月次之，为37%。

1990—2019年，清澜站年最高潮位呈下降趋势，下降速率为1.70毫米/年（线性趋势未通过显著性检验）。历年的最高潮位均高于207厘米，其中高于265厘米的有4年；历史最高潮位为315厘米，出现在2005年9月26日，正值0518号超强台风"达维"影响期间。清澜站年最低潮位呈上升趋势，上升速率为4.11毫米/年。历年最低潮位均低于5厘米，其中低于–15厘米的有6年；历史最低潮位出现在2005年6月23日，为–28厘米（表2.2-1）。

表 2.2-1　最高潮位和最低潮位及年极值出现频率（1990—2019 年）

	1月	2月	3月	4月	5月	6月	7月	8月	9月	10月	11月	12月
最高潮位值/厘米	226	219	200	212	232	241	274	259	315	268	232	234
年最高潮位出现频率/%	3	3	0	0	4	0	7	17	13	20	20	13
最低潮位值/厘米	–17	–13	–4	–2	–14	–28	–24	–23	9	27	5	–5
年最低潮位出现频率/%	7	0	0	0	13	43	37	0	0	0	0	0

第三节　增减水

受地形和气候特征的影响，清澜站出现30厘米以上增水的频率明显高于同等强度减水的频率，超过30厘米的增水平均约6天出现一次，超过30厘米的减水平均约163天出现一次（表2.3-1）。

清澜站100厘米以上的增水主要出现在7—9月，30厘米以上的减水多发生在1月、8—9月和11月，这些大的增减水过程主要与该海域受热带气旋等影响有关（表2.3-2）。

表 2.3-1　不同强度增减水平均出现周期（1990—2019 年）

范围 / 厘米	出现周期 / 天	
	增水	减水
>30	6.00	162.97
>40	15.34	5 377.85
>50	32.01	—
>60	52.47	—
>70	88.16	—
>80	153.65	—
>90	250.13	—
>100	632.69	—

"—"表示无数据。

表 2.3-2　各月不同强度增减水出现频率（1990—2019 年）

月份	增水 / %					减水 / %			
	>30 厘米	>50 厘米	>70 厘米	>100 厘米	>120 厘米	>10 厘米	>20 厘米	>30 厘米	>40 厘米
1	0.01	0.00	0.00	0.00	0.00	8.82	0.86	0.01	0.00
2	0.23	0.00	0.00	0.00	0.00	8.45	0.06	0.00	0.00
3	0.06	0.00	0.00	0.00	0.00	8.18	0.52	0.00	0.00
4	0.22	0.00	0.00	0.00	0.00	10.77	0.05	0.00	0.00
5	0.47	0.00	0.00	0.00	0.00	7.13	0.12	0.00	0.00
6	0.35	0.10	0.03	0.00	0.00	5.52	0.05	0.00	0.00
7	1.41	0.33	0.13	0.01	0.00	8.05	0.29	0.00	0.00
8	1.29	0.29	0.12	0.02	0.00	14.45	0.94	0.04	0.00
9	1.83	0.49	0.19	0.05	0.01	16.73	1.87	0.14	0.01
10	2.14	0.33	0.09	0.00	0.00	8.90	0.50	0.00	0.00
11	0.11	0.00	0.00	0.00	0.00	19.92	2.14	0.10	0.00
12	0.13	0.00	0.00	0.00	0.00	15.14	0.92	0.00	0.00

　　1990—2019 年，清澜站年最大增水多出现在 7—10 月，其中 8 月出现频率最高，为 33%；10 月次之，为 23%。清澜站年最大减水多出现在 1 月和 8—12 月，其中 11 月出现频率最高，为 30%；9 月次之，为 20%（表 2.3-3）。

　　1990—2019 年，清澜站年最大增水呈减小趋势，减小速率为 7.55 毫米 / 年（线性趋势未通过显著性检验）。历史最大增水出现在 2005 年 9 月 26 日，达 126 厘米；2014 年最大增水也较大，为 122 厘米；1990 年和 1992 年最大增水均超过了 100 厘米。清澜站年最大减水无明显变化趋势。历史最大减水发生在 2010 年 9 月 21 日，为 42 厘米；1996 年最大减水也较大，为 38 厘米；1995 年、2011 年和 2014 年最大减水均超过了 32 厘米。

表 2.3-3　最大增水和最大减水及年极值出现频率（1990—2019 年）

	1月	2月	3月	4月	5月	6月	7月	8月	9月	10月	11月	12月
最大增水值 / 厘米	39	37	44	50	46	80	104	106	126	98	40	34
年最大增水出现频率 / %	0	0	3	4	0	4	13	33	20	23	0	0
最大减水值 / 厘米	32	22	33	25	33	24	24	33	42	31	38	26
年最大减水出现频率 / %	13	3	0	0	0	0	4	10	20	10	30	10

第三章　表层海水温度、盐度和海发光

第一节　表层海水温度

1. 平均水温、最高水温和最低水温

清澜站月平均水温的年变化具有峰谷明显的特点，7月和8月最高，均为29.9℃，1月最低，为20.3℃，年较差为9.6℃。2—7月为升温期，9月至翌年1月为降温期。月最高水温和月最低水温的年变化特征与月平均水温相似（图3.1–1）。

历年（1968年数据有缺测）的平均水温为25.2 ~ 27.4℃，其中1998年最高，1967年、1971年和1974年均为最低。累年平均水温为26.0℃。

历年的最高水温均不低于32.2℃，其中大于33.5℃的有12年，大于34.0℃的有5年，出现时间为5—9月，其中8月最多，占统计年份的37%。水温极大值为34.7℃，出现在2004年8月9日和2014年8月4日。

历年的最低水温均不高于19.0℃，其中小于16.0℃的有22年，小于14.0℃的有2年，出现时间为12月至翌年3月，其中1月最多，占统计年份的39%。水温极小值为13.9℃，出现在1967年1月17日和2008年2月15日。

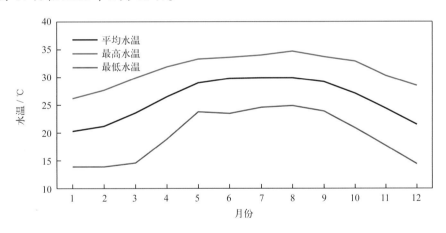

图3.1–1　水温年变化（1960—2019年）

2. 日平均水温稳定通过界限温度的日期

采用五日滑动平均方法求出稳定通过各个界限温度的日期，见表3.1–1。日平均水温全年均稳定通过20℃，稳定通过25℃的有225天，稳定通过30℃的初日为7月6日，终日为7月13日，共8天。

表3.1–1　日平均水温稳定通过界限温度的日期（1960—2019年）

	20℃	25℃	30℃
初日	1月1日	4月1日	7月6日
终日	12月31日	11月11日	7月13日
天数	365	225	8

3. 长期趋势变化

1960—2019 年,年平均水温和年最高水温均呈波动上升趋势,上升速率分别为 0.15℃/(10 年)和 0.23℃/(10 年),年最低水温无明显变化趋势。2004 年和 2014 年最高水温均为 1960 年以来的第一高值,2009 年最高水温为 1960 年以来的第二高值;1967 年和 2008 年最低水温均为 1960 年以来的第一低值,1971 年最低水温为 1960 年以来的第二低值。

十年平均水温变化显示,2010—2019 年平均水温最高,1970—1979 年平均水温最低,1990—1999 年平均水温较上一个十年升幅最大,升幅为 0.3℃(图 3.1-2)。

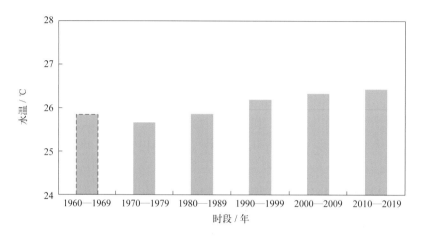

图3.1-2　十年平均水温变化(数据不足十年加虚线框表示,下同)

第二节　表层海水盐度

1. 平均盐度、最高盐度和最低盐度

清澜站月平均盐度的年变化具有 12 月至翌年 5 月较高,6—11 月较低的特点,最高值出现在 3 月,为 30.93,最低值出现在 10 月,为 18.30,年较差为 12.63。月最高盐度 3 月最大,11 月最小。月最低盐度 1 月最大,10 月最小(图 3.2-1)。

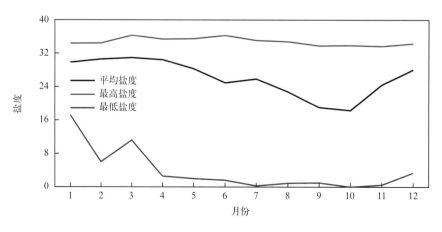

图3.2-1　盐度年变化(1960—2019年)

历年(1968 年、1995 年、1996 年和 2008 年数据有缺测)的平均盐度为 21.59 ~ 31.20,其中 1987 年最高,1997 年最低。累年平均盐度为 26.13。

历年的最高盐度均大于 31.45，其中大于 35.00 的有 7 年。年最高盐度除 9—11 月外各月均有出现，出现在 4 月和 5 月的较多，占统计年份的 46%。盐度极大值为 36.33，出现在 2002 年 3 月10 日。

历年的最低盐度均小于 12.25，其中小于 1.00 的有 4 年。年最低盐度出现在 4—12 月，出现在 8—10 月的较多，占统计年份的 73%。盐度极小值为 0.02，出现在 1960 年 10 月 13 日和 14 日。《南海区海洋站海洋水文气候志》记载，受 6024 号热带气旋影响，上游降水量大，大量淡水排入港内，清澜站 10 月 11 日降水量达 167.0 毫米。

2. 长期趋势变化

1960—2019 年，年平均盐度和年最高盐度均呈波动下降趋势，下降速率分别为 0.42 /（10 年）和 0.27 /（10 年），年最低盐度无明显变化趋势。2002 年和 1960 年最高盐度分别为 1960 年以来的第一高值和第二高值；1960 年和 1972 年最低盐度分别为 1960 年以来的第一低值和第二低值。

十年平均盐度变化显示，1960—2019 年，十年平均盐度总体呈阶梯下降，2010—2019 年平均盐度比 1970—1979 年平均盐度下降 1.09（图 3.2-2）。

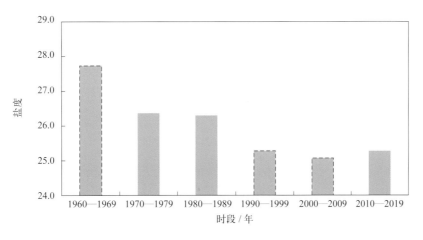

图3.2-2 十年平均盐度变化

第三节 海发光

1960—2019 年，清澜站观测到的海发光主要为火花型（H），其次是闪光型（S），弥漫型（M）最少。海发光以 1 级海发光为主，占海发光次数的 82.1%；2 级海发光次之，占 17.3%；3 级海发光占 0.6%；观测到 0 级海发光 2 次；未观测到 4 级海发光。

各月及全年海发光频率见表 3.3-1 和图 3.3-1。海发光频率 2—4 月较高，6—9 月较低，其中3 月最高，6 月最低。累年平均海发光频率为 33.5%。

历年（1968 年和 2012 年数据有缺测）海发光频率差异较大，总体波动下降，其中 1964 年海发光频率为 100%，2010—2019 年未观测到海发光。

表 3.3-1 各月及全年海发光频率（1960—2019 年）

	1月	2月	3月	4月	5月	6月	7月	8月	9月	10月	11月	12月	年
频率/%	34.1	41.7	45.2	44.5	37.2	23.3	25.1	25.5	29.1	32.9	31.7	30.1	33.5

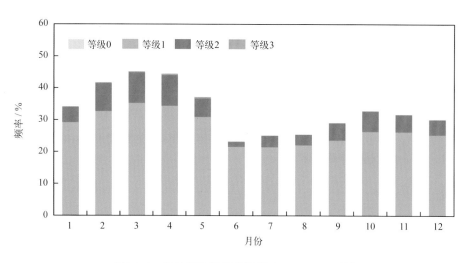

图3.3-1　各月各级海发光频率（1960—2019年）

第四章 海洋气象

第一节 气温

1. 平均气温、最高气温和最低气温

1961—2019 年,清澜站累年平均气温为 24.9℃。月平均气温 7 月最高,为 28.7℃,1 月最低,为 19.2℃,年较差为 9.5℃。月最高气温 7 月最高,1 月最低。月最低气温 8 月最高,12 月最低(表 4.1-1,图 4.1-1)。

表 4.1-1 气温年变化(1961—2019 年) 单位:℃

	1月	2月	3月	4月	5月	6月	7月	8月	9月	10月	11月	12月	年
平均气温	19.2	20.2	22.7	25.6	27.7	28.6	28.7	28.4	27.7	26.1	23.4	20.4	24.9
最高气温	29.3	31.4	31.7	34.2	36.9	38.7	38.8	37.9	38.0	35.6	33.8	30.5	38.8
最低气温	6.2	7.8	7.9	10.7	16.8	20.1	17.8	22.0	18.3	14.8	11.6	5.4	5.4

注:1961年数据有缺测。

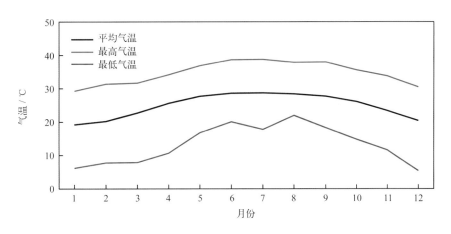

图4.1-1 气温年变化(1961—2019年)

历年的平均气温为 23.7 ~ 27.4℃,其中 2009 年最高,1967 年最低。

历年的最高气温均高于 33.5℃,其中高于 37.5℃的有 7 年。最早出现时间为 5 月 24 日(1969 年),最晚出现时间为 10 月 1 日(2001 年)。7 月最高气温出现频率最高,占统计年份的 38%,8 月次之,占 31%(图 4.1-2)。极大值为 38.8℃,出现在 2005 年 7 月 19 日。

历年的最低气温均低于 13.5℃,其中低于 8.0℃的有 7 年。最早出现时间为 12 月 7 日(1987 年),最晚出现时间为 3 月 6 日(2005 年)。1 月最低气温出现频率最高,占统计年份的 48%,2 月次之,占 28%(图 4.1-2)。极小值为 5.4℃,出现在 1999 年 12 月 23 日。

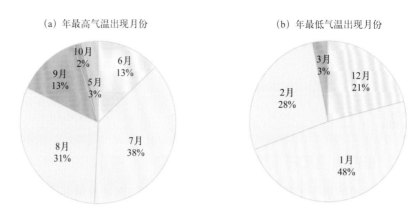

（a）年最高气温出现月份　　　　　　（b）年最低气温出现月份

图4.1-2　年最高、最低气温出现月份及频率（1961—2019年）

2. 长期趋势变化

1962—2019年，年平均气温、年最高气温和年最低气温均呈上升趋势，上升速率分别为0.37℃/（10年）、0.33℃/（10年）和0.46℃/（10年）。

十年平均气温变化显示，1970—2009年，十年平均气温呈阶梯上升，2000—2009年平均气温最高，为26.1℃，比1970—1979年高1.8℃；2000—2009年比上一个十年升幅最大，升幅为1.4℃；2010—2019年比上一个十年下降0.6℃（图4.1-3）。

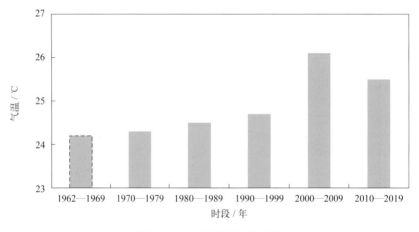

图4.1-3　十年平均气温变化

3. 常年自然天气季节和大陆度

利用清澜站1965—2019年气温累年日平均数据计算五日滑动平均气温，根据《气候季节划分》（QX/T 152—2012）中的气候季节划分指标和本志季节起止日确定方法，清澜站平均春季时间从1月18日至3月10日，共52天；平均夏季时间从3月11日至11月29日，共264天；平均秋季时间从11月30日至翌年1月17日，共49天。夏季时间最长，全年无冬季（图4.1-4）。

清澜站焦金斯基大陆度指数为18.7%，属海洋性季风气候。

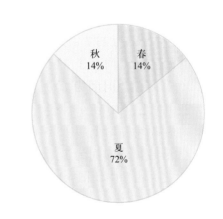

图4.1-4　各季平均日数百分率（1965—2019年）

第二节　气压

1. 平均气压、最高气压和最低气压

1965—2019 年，清澜站累年平均气压为 1 010.9 百帕。月平均气压 12 月最高，为 1 018.0 百帕，7 月和 8 月最低，均为 1 004.0 百帕，年较差为 14.0 百帕。月最高气压 1 月最大，7 月最小。月最低气压 2 月最大，7 月和 9 月均为最小（表 4.2-1，图 4.2-1）。

历年的平均气压为 1 009.3 ~ 1 012.6 百帕，其中 1987 年最高，2009 年最低。

历年的最高气压均高于 1 024.0 百帕，其中高于 1 030.0 百帕的有 6 年。极大值为 1 034.6 百帕，出现在 2016 年 1 月 25 日。

历年的最低气压均低于 999.0 百帕，其中低于 980.0 百帕的有 10 年。极小值为 966.1 百帕，出现在 1983 年 7 月 17 日和 2014 年 9 月 16 日，正值 8303 号台风、1415 号台风影响期间。

表 4.2-1　气压年变化（1965—2019 年）　　　　　　　　　　　　　　　　　单位：百帕

	1月	2月	3月	4月	5月	6月	7月	8月	9月	10月	11月	12月	年
平均气压	1 017.7	1 016.1	1 013.5	1 010.6	1 007.4	1 004.5	1 004.0	1 004.0	1 007.5	1 012.1	1 015.6	1 018.0	1 010.9
最高气压	1 034.6	1 029.2	1 032.3	1 026.0	1 016.9	1 012.9	1 012.6	1 014.5	1 017.9	1 023.1	1 027.9	1 031.4	1 034.6
最低气压	1 001.9	1 002.1	1 000.3	987.7	995.2	979.6	966.1	975.6	966.1	976.7	997.2	997.3	966.1

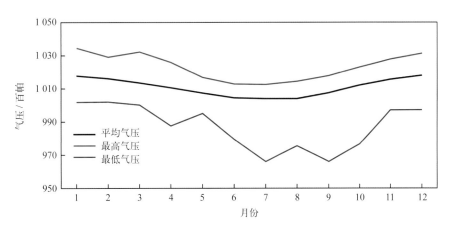

图4.2-1　气压年变化（1965—2019年）

2. 长期趋势变化

1965—2019 年，年平均气压呈下降趋势，下降速率为 0.10 百帕 /（10 年）（线性趋势未通过显著性检验）；年最高气压和年最低气压均呈上升趋势，上升速率分别为 0.30 百帕 /（10 年）（线性趋势未通过显著性检验）和 0.29 百帕 /（10 年）（线性趋势未通过显著性检验）。

十年平均气压变化显示，1980—1989 年和 1990—1999 年平均气压最高，均为 1 011.3 百帕，2000—2009 年平均气压最低，为 1 010.1 百帕，2010—2019 年平均气压比上一个十年上升 0.9 百帕（图 4.2-2）。

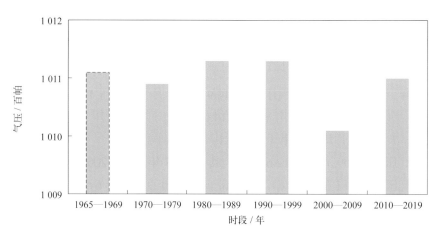

图4.2-2 十年平均气压变化

第三节 相对湿度

1. 平均相对湿度和最小相对湿度

1961—2019 年，清澜站累年平均相对湿度为 85.5%。月平均相对湿度 3 月最大，为 88.7%，11 月最小，为 82.3%。平均月最小相对湿度 4 月最大，为 60.2%，12 月最小，为 48.7%。最小相对湿度的极小值为 24%，出现在 2000 年 3 月 29 日（表 4.3-1，图 4.3-1）。

表 4.3-1 相对湿度年变化（1961—2019 年）

	1月	2月	3月	4月	5月	6月	7月	8月	9月	10月	11月	12月	年
平均相对湿度 /%	85.7	88.3	88.7	88.0	86.3	85.8	84.8	85.5	84.8	82.4	82.3	83.1	85.5
平均最小相对湿度 /%	50.9	54.6	57.2	60.2	58.4	57.6	55.0	54.7	52.5	51.3	50.0	48.7	54.3
最小相对湿度 /%	31	37	24	42	35	32	35	41	34	31	38	34	24

注：平均最小相对湿度为各月最小相对湿度的累年平均值及其年平均值。1961年数据有缺测。

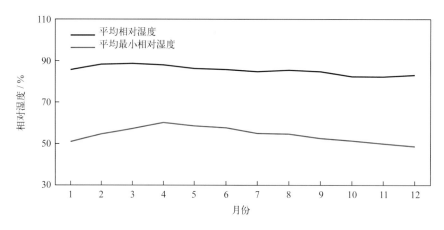

图4.3-1 相对湿度年变化（1961—2019年）

2. 长期趋势变化

1962—2019 年，年平均相对湿度为 80.7% ～ 87.6%，其中 1990 年最大，2012 年最小。年平均相对湿度无明显变化趋势。

十年平均相对湿度变化显示，1990—1999 年平均相对湿度最大，为 86.9%，2010—2019 年平均相对湿度最小，为 83.8%；1990—1999 年平均相对湿度比上一个十年上升 1.0%，2010—2019 年平均相对湿度比上一个十年下降 1.7%（图 4.3-2）。

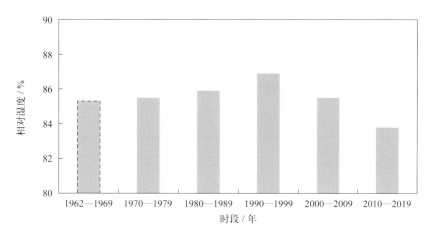

图4.3-2　十年平均相对湿度变化

3. 温湿指数

根据《人居环境气候舒适度评价》（GB/T 27963—2011）的温湿指数统计方法和气候舒适度等级划分方法，统计清澜站各月温湿指数，结果显示：1—4 月和 10—12 月温湿指数为 18.8 ～ 24.9，感觉为舒适；5—9 月温湿指数为 26.6 ～ 27.5，感觉为热（表 4.3-2）。

表 4.3-2　温湿指数年变化（1961—2019 年）

	1月	2月	3月	4月	5月	6月	7月	8月	9月	10月	11月	12月
温湿指数	18.8	19.8	22.2	24.8	26.7	27.5	27.5	27.3	26.6	24.9	22.5	19.8
感觉程度	舒适	舒适	舒适	舒适	热	热	热	热	热	舒适	舒适	舒适

第四节　风

1. 平均风速和最大风速

清澜站风速的年变化见表 4.4-1 和图 4.4-1。累年平均风速为 2.8 米 / 秒，月平均风速 4 月最大，为 3.1 米 / 秒，8 月和 9 月最小，均为 2.3 米 / 秒。平均最大风速 9 月最大，为 10.8 米 / 秒，1 月最小，为 7.4 米 / 秒。最大风速月最大值对应风向多为 NNE 向（4 个月）。极大风速的最大值为 34.2 米 / 秒，出现在 2014 年 9 月 16 日，正值 1415 号台风"海鸥"影响期间，对应风向为 SSW。

表 4.4-1　风速年变化（1961—2019 年）　　　　　　　　　　　　单位：米/秒

		1月	2月	3月	4月	5月	6月	7月	8月	9月	10月	11月	12月	年
平均风速		2.6	2.8	3.0	3.1	2.9	2.8	2.8	2.3	2.3	2.9	3.0	2.8	2.8
最大风速	平均值	7.4	7.5	8.2	8.6	7.9	8.2	9.8	9.4	10.8	9.8	8.7	7.7	8.7
	最大值	11.0	12.0	13.3	21.9	12.0	16.3	24.0	24.0	24.0	21.0	31.0	14.0	31.0
	最大值对应风向	NE	NNE	NNE	ESE	WSW	E	NNE/SSE	SSW/NNE	WSW	NE/ENE	WSW	N	WSW
极大风速	最大值	12.6	13.7	15.1	25.5	16.0	20.5	29.6	26.2	34.2	24.6	18.7	13.6	34.2
	最大值对应风向	N	SSW	SW	W	W	SSW	SSW/S	E	SSW	NNE	S	NE	SSW

注：1961年数据有缺测；极大风速的统计时间为1995年10月至2019年12月。

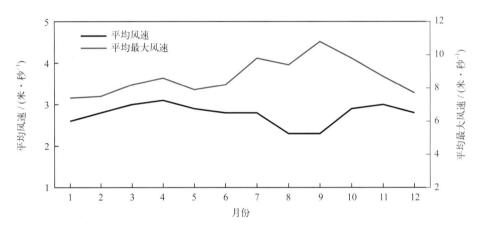

图4.4-1　平均风速和平均最大风速年变化（1961—2019年）

历年的平均风速为 1.7 ~ 4.5 米/秒，其中 1973 年最大，2004 年、2018 年和 2019 年均为最小。历年的最大风速均大于等于 6.3 米/秒，其中大于等于 21.0 米/秒的有 10 年，大于等于 24.0 米/秒的有 4 年。最大风速的最大值为 31.0 米/秒，出现在 1972 年 11 月 8 日，正值 7220 号强台风影响期间，风向为 WSW。年最大风速出现在 9 月的频率最高，12 月未出现（图 4.4-2）。

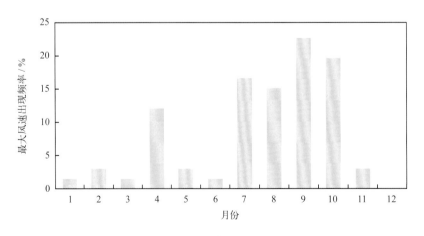

图4.4-2　年最大风速出现频率年变化（1961—2019年）

2. 各向风频率

全年 S 向风最多，频率为 13.8%，NE 向次之，频率为 11.9%，WSW 向最少，频率为 1.0%（图 4.4-3）。

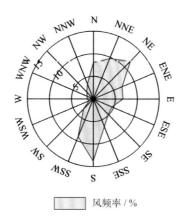

图4.4-3　全年各向风频率（1965—2019年）

1月盛行风向为 NNW—ENE，频率和为 70.0%；4月盛行风向为 SE—SSW，频率和为 54.8%；7月盛行风向为 SSE—SW，频率和为 69.3%；10月盛行风向为 N—E，频率和为 70.5%（图 4.4-4）。

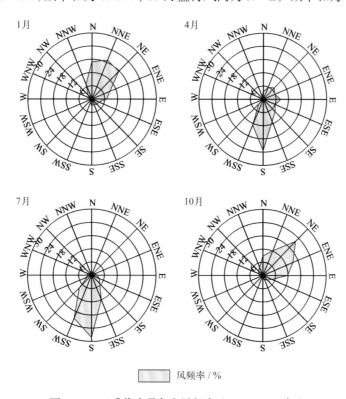

图4.4-4　四季代表月各向风频率（1965—2019年）

3. 各向平均风速和最大风速

全年各向平均风速 NNE 向、NE 向和 S 向最大，均为 2.8 米/秒，WSW 向最小，为 0.9 米/秒（图 4.4-5）。1月和 10月平均风速均为 NE 向最大，分别为 3.2 米/秒和 3.4 米/秒；4月和 7月平均风速均为 S 向最大，分别为 3.9 米/秒和 3.3 米/秒（图 4.4-6）。

全年各向最大风速 WSW 向最大，为 31.0 米 / 秒，NNE 向次之，为 24.0 米 / 秒，NW 向最小，为 11.2 米 / 秒（图 4.4–5）。1 月 NE 向最大风速最大，为 11.0 米 / 秒；4 月 ESE 向最大风速最大，为 21.9 米 / 秒；7 月 SSW 向最大风速最大，为 23.3 米 / 秒；10 月 NE 向和 ENE 向最大风速最大，均为 21.0 米 / 秒（图 4.4–6）。

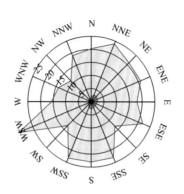

图4.4-5　全年各向平均风速和最大风速（1965—2019年）

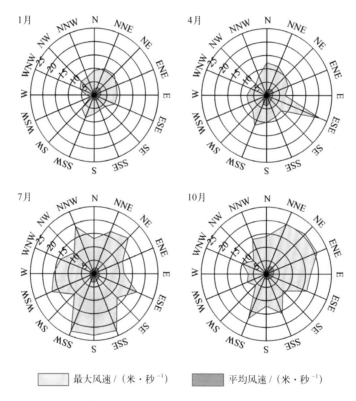

　　□ 最大风速 /（米·秒⁻¹）　　▨ 平均风速 /（米·秒⁻¹）

图4.4-6　四季代表月各向平均风速和最大风速（1965—2019年）

4. 大风日数

　　风力大于等于 6 级的大风日数 10 月最多，为 0.7 天，占全年的 25.9%，9 月次之，为 0.6 天（表 4.4–2，图 4.4–7）。平均年大风日数为 2.7 天（表 4.4–2）。历年大风日数 1978 年最多，为 13 天，有 18 年未出现。

　　风力大于等于 8 级的大风日数 9 月最多，为 0.2 天，4 月、8 月和 11 月均出现 1 天，1—3 月、

5月、6月和12月未出现。历年大风日数1978年、1980年和1983年最多，均为3天，有37年未出现。

风力大于等于6级的月大风日数最多为6天，出现在1978年9月；最长连续大于等于6级大风日数为4天，出现在1978年9月29日至10月2日和1983年10月23—26日（表4.4-2）。

表4.4-2 各级大风日数年变化（1961—2019年） 单位：天

	1月	2月	3月	4月	5月	6月	7月	8月	9月	10月	11月	12月	年
大于等于6级大风平均日数	0.0	0.0	0.1	0.1	0.0	0.2	0.4	0.4	0.6	0.7	0.2	0.0	2.7
大于等于7级大风平均日数	0.0	0.0	0.0	0.0	0.0	0.1	0.2	0.1	0.4	0.3	0.0	0.0	1.1
大于等于8级大风平均日数	0.0	0.0	0.0	0.0	0.0	0.0	0.1	0.0	0.2	0.1	0.0	0.0	0.4
大于等于6级大风最多日数	1	1	1	2	1	2	3	4	6	5	4	1	13
最长连续大于等于6级大风日数	1	1	1	2	1	2	3	2	2	4	2	1	4

注：大于等于6级大风统计时间为1961—2019年，1961年数据有缺测，大于等于7级和大于等于8级大风统计时间为1965—2019年。

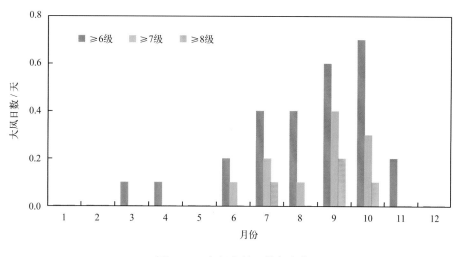

图4.4-7 各级大风日数年变化

第五节 降水

1. 降水量和降水日数

（1）降水量

清澜站降水量的年变化见表4.5-1和图4.5-1。平均年降水量为1 703.0毫米，9—11月降水量为692.8毫米，占全年的40.7%，6—8月为570.9毫米，占全年的33.5%，3—5月为305.2毫米，占全年的17.9%，12月至翌年2月为134.1毫米，占全年的7.9%。9月平均降水量最多，为322.3毫米，占全年的18.9%。

历年年降水量为748.5 ~ 2 554.8毫米，其中2008年最多，1987年最少。

最大日降水量超过 100 毫米的有 48 年，超过 150 毫米的有 32 年，超过 200 毫米的有 11 年。最大日降水量为 377.7 毫米，出现在 2010 年 10 月 8 日。

表 4.5-1　降水量年变化（1961—2019 年）　　　　　　　　　　　　　　　单位：毫米

	1月	2月	3月	4月	5月	6月	7月	8月	9月	10月	11月	12月	年
平均降水量	35.0	42.1	48.0	86.2	171.0	164.8	162.4	243.7	322.3	263.7	106.8	57.0	1 703.0
最大日降水量	157.9	99.5	131.2	168.6	268.6	280.3	205.8	197.6	368.8	377.7	193.1	171.3	377.7

注：1961年数据有缺测。

（2）降水日数

平均年降水日数为 145.9 天。平均月降水日数 9 月最多，为 16.3 天，3 月最少，为 9.4 天（图 4.5-2 和图 4.5-3）。日降水量大于等于 10 毫米的平均年日数为 40.0 天，各月均有出现；日降水量大于等于 50 毫米的平均年日数为 7.8 天，各月均有出现；日降水量大于等于 100 毫米的平均年日数为 2.3 天，除 2 月外其余月份均有出现；日降水量大于等于 150 毫米的平均年日数为 0.96 天，除 2 月和 3 月外其余月份均有出现；日降水量大于等于 200 毫米的平均年日数为 0.22 天，出现在 5—7 月、9 月和 10 月（图 4.5-3）。

最多年降水日数为 189 天，出现在 1972 年；最少年降水日数为 102 天，出现在 1977 年。最长连续降水日数为 19 天，出现在 2000 年 10 月 6—24 日；最长连续无降水日数为 44 天，出现在 2002 年 4 月 1 日至 5 月 14 日。

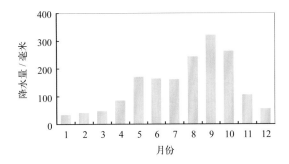

图4.5-1　降水量年变化（1961—2019年）

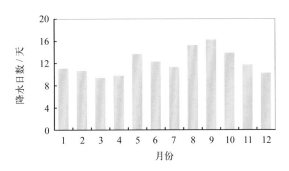

图4.5-2　降水日数年变化（1965—2019年）

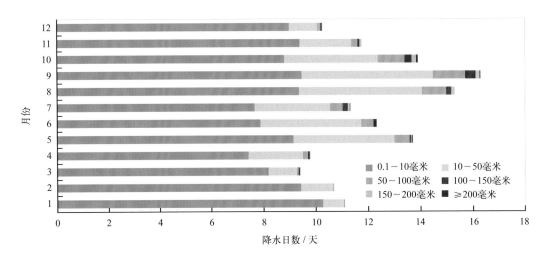

图4.5-3　各月各级平均降水日数分布（1961—2019年）

2. 长期趋势变化

1962—2019 年，清澜站年降水量和年最大日降水量均呈上升趋势，上升速率分别为 54.31 毫米 /（10 年）（线性趋势未通过显著性检验）和 7.95 毫米 /（10 年）（线性趋势未通过显著性检验）。十年平均年降水量变化显示，2010—2019 年平均年降水量最大，为 1 820.1 毫米，比 1980—1989 年平均年降水量多 191.5 毫米（图 4.5-4）。

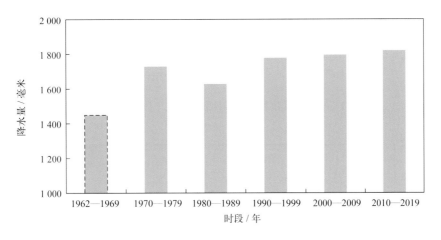

图4.5-4　十年平均年降水量变化

1965—2019 年，年降水日数无明显变化趋势；最长连续降水日数呈增加趋势，增加速率为 0.22 天 /（10 年）（线性趋势未通过显著性检验）；最长连续无降水日数呈减少趋势，减少速率为 0.62 天 /（10 年）（线性趋势未通过显著性检验）。

第六节　雾及其他天气现象

1. 雾

清澜站雾日数的年变化见表 4.6-1、图 4.6-1 和图 4.6-2。1965—2019 年，清澜站平均年雾日数为 8.4 天。平均月雾日数 1 月最多，为 2.3 天，5—7 月和 10 月最少，均为 0.1 天；月雾日数最多为 9 天，出现在 2000 年 1 月；最长连续雾日数为 8 天，出现在 1999 年 12 月 31 日至 2000 年 1 月 7 日。

1965—2019 年，清澜站有 4 年雾日数最多，均为 19 天，2018 年和 2019 年未出现；年雾日数呈下降趋势，下降速率为 1.51 天 /（10 年）。

十年平均年雾日数变化显示，1970—2019 年十年平均年雾日数呈阶梯下降，2010—2019 年平均年雾日数最少，为 4.0 天，比 1970—1979 年少 7.2 天（图 4.6-3）。

表 4.6-1　雾日数年变化（1965—2019 年）　　　　　　　　　　　　　单位：天

	1月	2月	3月	4月	5月	6月	7月	8月	9月	10月	11月	12月	年
平均雾日数	2.3	1.9	1.6	0.5	0.1	0.1	0.1	0.2	0.2	0.1	0.3	1.0	8.4
最多雾日数	9	8	6	4	1	1	2	2	3	2	3	6	19
最长连续雾日数	8	4	3	3	1	1	1	1	2	2	3	3	8

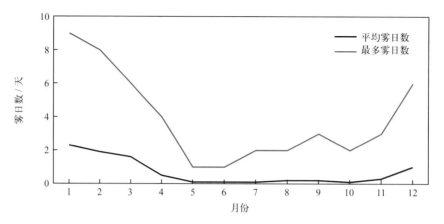

图4.6-1 平均雾日数和最多雾日数年变化（1965—2019年）

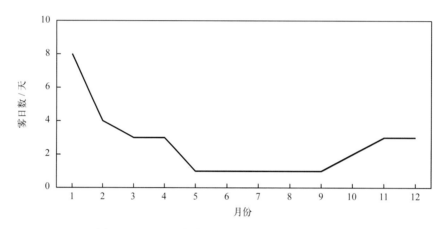

图4.6-2 最长连续雾日数年变化（1965—2019年）

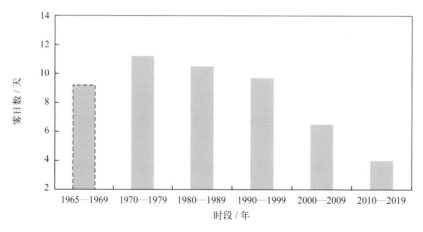

图4.6-3 十年平均雾日数变化

2. 轻雾

清澜站轻雾日数的年变化见表4.6-2和图4.6-4。1965—1995年，平均年轻雾日数为62.8天。平均月轻雾日数1月最多，为9.0天，6月最少，为1.9天。最多月轻雾日数为25天，出现在1981年7月和1979年12月。

1965—1994年，年轻雾日数呈上升趋势，上升速率为11.76天/（10年）（线性趋势未通过显著性检验）。1980年轻雾日数最多，为205天，1968年和1969年最少，均为4天（图4.6-5）。

表 4.6-2　轻雾日数年变化（1965—1995 年）　　　　　　　　　　　单位：天

	1月	2月	3月	4月	5月	6月	7月	8月	9月	10月	11月	12月	年
平均轻雾日数	9.0	6.5	7.4	4.7	3.3	1.9	3.0	3.9	5.6	5.1	4.9	7.5	62.8
最多轻雾日数	22	14	21	15	17	15	25	23	20	18	22	25	205

注：1995年7月停测。

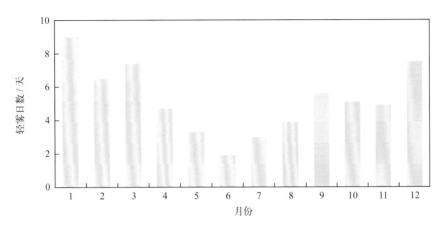

图4.6-4　轻雾日数年变化（1965—1995年）

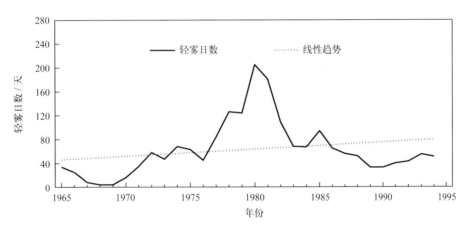

图4.6-5　1965—1994年轻雾日数变化

3. 雷暴

　　清澜站雷暴日数的年变化见表4.6-3和图4.6-6。1961—1995年，平均年雷暴日数为63.0天。雷暴主要出现在4—9月，其中5月最多，为12.8天，1月和12月最少，均为0.1天。雷暴最早初日为1月5日（1992年），最晚终日为12月8日（1994年）。月雷暴日数最多为22天，出现在1992年5月。

表 4.6-3　雷暴日数年变化（1961—1995 年）　　　　　　　　　　　单位：天

	1月	2月	3月	4月	5月	6月	7月	8月	9月	10月	11月	12月	年
平均雷暴日数	0.1	0.6	1.5	6.1	12.8	11.0	7.8	11.7	7.9	2.8	0.6	0.1	63.0
最多雷暴日数	2	5	8	13	22	21	14	21	13	9	5	2	89

注：1961—1963年数据有缺测，1995年7月停测。

1964—1994 年，年雷暴日数呈下降趋势，下降速率为 4.58 天 /（10 年）（线性趋势未通过显著性检验）。1965 年雷暴日数最多，为 89 天，1968 年最少，为 43 天（图 4.6-7）。

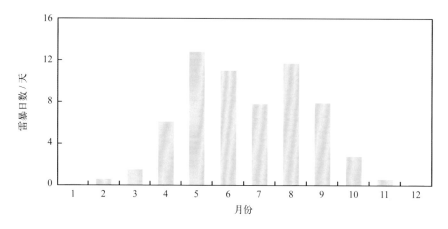

图4.6-6　雷暴日数年变化（1961—1995年）

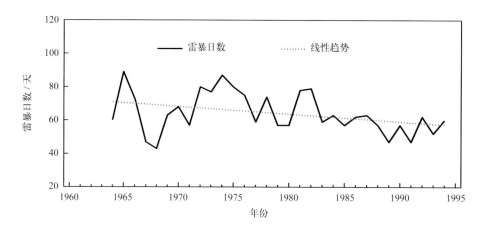

图4.6-7　1964—1994年雷暴日数变化

第七节　能见度

1982—2019 年，清澜站累年平均能见度为 16.9 千米。7 月平均能见度最大，为 20.2 千米，1 月最小，为 13.7 千米。能见度小于 1 千米的平均年日数为 6.3 天，2 月最多，为 1.9 天，6 月和 7 月均出现 1 天（表 4.7-1，图 4.7-1 和图 4.7-2）。

表 4.7-1　能见度年变化（1982—2019 年）

	1月	2月	3月	4月	5月	6月	7月	8月	9月	10月	11月	12月	年
平均能见度 / 千米	13.7	14.3	15.6	17.5	19.1	20.1	20.2	18.9	17.3	16.0	15.3	14.2	16.9
能见度小于 1 千米平均日数 / 天	1.8	1.9	1.1	0.3	0.1	0.0	0.0	0.1	0.1	0.1	0.2	0.6	6.3

注：1982年和2002年数据有缺测。

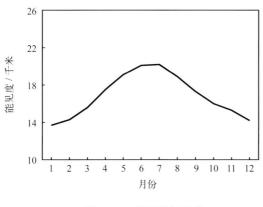

图4.7-1 能见度年变化

图4.7-2 能见度小于1千米日数年变化

历年平均能见度为 14.1 ~ 19.0 千米，其中 1990 年最高，2016 年最低。能见度小于 1 千米的日数 1992 年最多，为 15 天，2018 年和 2019 年未出现（图 4.7–3）。

1983—2019 年，年平均能见度呈下降趋势，下降速率为 0.54 千米 /（10 年）。

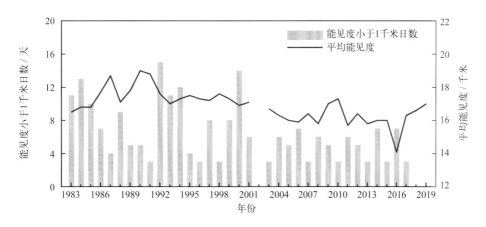

图4.7–3 能见度小于1千米年日数和平均能见度变化

第八节 云

1965—1995 年，清澜站累年平均总云量为 7.0 成，6 月平均总云量最多，为 7.7 成，4 月最少，为 6.5 成；累年平均低云量为 5.4 成，2 月平均低云量最多，为 6.9 成，7 月最少，为 3.7 成（表 4.8-1，图 4.8-1）。

表 4.8-1 总云量和低云量年变化（1965—1995 年）

	1月	2月	3月	4月	5月	6月	7月	8月	9月	10月	11月	12月	年
平均总云量 / 成	6.9	7.4	6.7	6.5	7.2	7.7	6.8	7.3	6.6	6.7	6.8	6.9	7.0
平均低云量 / 成	6.4	6.9	5.9	5.1	4.7	4.6	3.7	4.7	4.9	5.6	6.0	6.2	5.4

注：1995年7月停测。

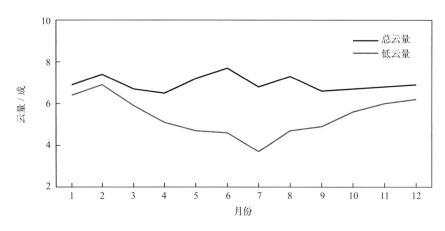

图4.8-1　总云量和低云量年变化（1965—1995年）

　　1965—1994 年，年平均总云量呈减少趋势，减少速率为 0.05 成 /（10 年）（线性趋势未通过显著性检验），1970 年最多，为 7.6 成，1993 年最少，为 6.4 成（图 4.8-2）；年平均低云量呈增加趋势，增加速率为 0.32 成 /（10 年），1985 年、1989 年和 1990 年最多，均为 6.3 成，1977 年最少，为 4.4 成（图 4.8-3）。

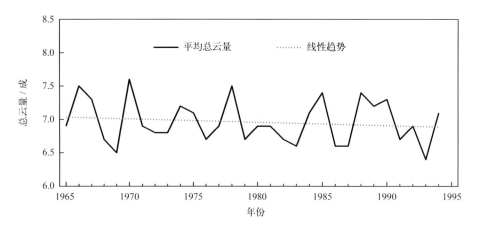

图4.8-2　1965—1994年平均总云量变化

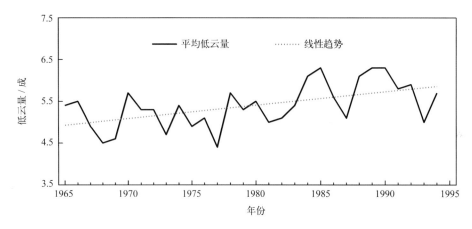

图4.8-3　1965—1994年平均低云量变化

第五章 海平面

1. 年变化

清澜沿海海平面年变化特征明显，7 月最低，10 月最高，年变幅为 32 厘米（图 5-1），平均海平面在验潮基面上 104 厘米。

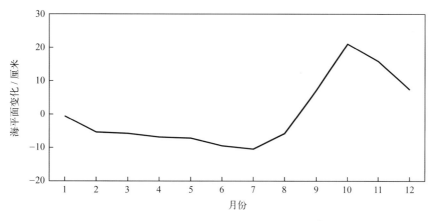

图5-1 海平面年变化（1977—2019年）[①]

2. 长期趋势变化

清澜沿海海平面变化总体呈波动上升趋势。1977—2019 年，清澜沿海海平面上升速率为 4.2 毫米 / 年；1993—2019 年，清澜沿海海平面上升速率为 5.3 毫米 / 年，高于同期中国沿海 3.9 毫米 / 年的平均水平。1977—1994 年，清澜沿海海平面无明显上升趋势，在 2001 年、2012 年和 2017 年分别达到小高峰，其中 2017 年沿海海平面为有观测记录以来的最高位。

清澜沿海十年平均海平面总体上升。1980—1989 年平均海平面处于观测以来的最低位；1990—2019 年，十年平均海平面上升较快，1990—1999 年平均海平面较 1980—1989 年高 33 毫米；2000—2009 年平均海平面较 1990—1999 年高 52 毫米；2010—2019 年平均海平面上升显著，处于近 50 年来的最高位，比 2000—2009 年平均海平面高 53 毫米，比 1980—1989 年平均海平面高 138 毫米（图 5-2）。

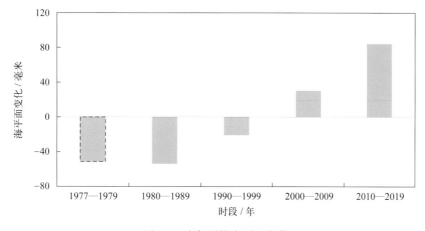

图5-2 十年平均海平面变化

---

① 1990年前数据为水利部门水文站观测。

3. 周期性变化

1977—2019年，清澜沿海海平面有 2 ~ 3 年、4 年、9 年和 14 年的显著变化周期，振荡幅度 1 ~ 2 厘米。2001 年、2012 年和 2017 年，海平面处于 2 ~ 3 年、4 年、9 年和 14 年周期性振荡的高位，几个主要周期性振荡高位叠加，抬高了同时段海平面的高度（图 5-3）。

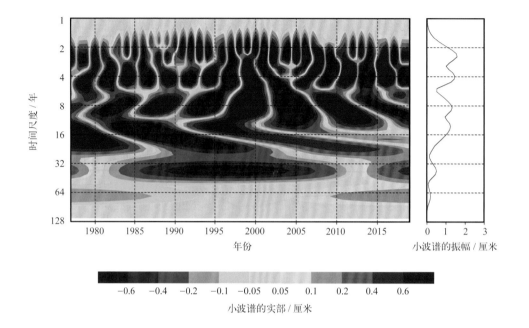

图5-3　年均海平面的小波（wavelet）变换

第六章　灾害

第一节　海洋灾害

1. 风暴潮

1970 年 10 月 16 日，7013 号超强台风在海南文昌南部登陆，清澜港出现较大风暴潮，气象观测场和部分民房进水。后经查测，最高潮位达 163 厘米，超过警戒潮位 32 厘米（《南海区海洋站海洋水文气候志》）。

1972 年 11 月 8 日前后，7220 号强台风影响海南沿海，台风登陆时正遇农历十月初三天文大潮期，引发严重潮灾。清澜最大增水超过 2 米，最高潮位超过当地警戒潮位，最大风速超过 30.6 米/秒。港务局码头仓库被淹没约 1 米，宿舍进水，最深处达 1.6 米，房屋被损坏 90% ~ 95%，粮仓倒塌，渔船翻沉，货轮被打上岸（《中国海洋灾害四十年资料汇编》《南海区海洋站海洋水文气候志》）。

1980 年 7 月 20—23 日，8007 号强台风影响海南岛东北部沿海，引发特大潮灾。清澜最大增水超过 1 米，给广东、海南岛东北部造成的损失是灾难性的（《中国海洋灾害四十年资料汇编》）。

1991 年 7 月 13 日 06 时，9106 号强台风在海南省万宁县沿海地区登陆，穿过海南岛南部地区。清澜站出现最高潮位 1.47 米，超过当地警戒潮位 0.16 米（《1991 年中国海洋灾害公报》）。

1992 年 7 月 13 日前后，9205 号台风在海南省琼海县长坡镇登陆，受其影响，海南岛北半部沿海有 50 厘米以上的增水，其中东北部沿海增水最为显著，清澜站最大增水 125 厘米（13 日 09 时），13 日 09 时 18 分最高潮位 1.52 米，超过当地警戒潮位 21 厘米，高潮增水 118 厘米（《1992 年中国海洋灾害公报》）。

1995 年 8 月 28 日前后，海南省三亚市沿海出现风暴潮过程，沿海有关测站出现了 30 ~ 65 厘米的风暴增水，清澜站增水最大。这次过程导致沿海损失较重，琼海县淡水养殖受灾面积 300 亩，农作物成灾面积 2.4 万亩，冲毁公路 114 段，供电线路中断 20 条（《1995 年中国海洋灾害公报》）。

2000 年 9 月 9 日前后，0016 号台风"悟空"在南海海面生成，登陆海南后进入北部湾。受其影响，海南岛东北部沿海受灾严重，清澜站和乌场站的高潮位超过当地警戒潮位。全省直接经济损失达 3 亿元（《2000 年中国海洋灾害公报》）。

2003 年 8 月 25 日前后，0312 号台风"科罗旺"登陆海南省文昌市，受其影响，海南省清澜站最大增水 98 厘米（《2003 年中国海洋灾害公报》）。

2005 年 7 月 30 日前后，0508 号强热带风暴"天鹰"影响海南岛沿海，最大增水出现在清澜，达 64 厘米。9 月 26 日前后，0518 号超强台风"达维"在海南省万宁县山根镇一带沿海登陆。海南岛沿海最大增水出现在清澜，达 121 厘米。海南岛沿海多个站潮位超过警戒潮位，清澜站超过值最大，达 77 厘米。"达维"风暴潮灾害为海南省近 32 年来最严重的一次，造成直接经济损失 116.47 亿元，受灾人口 630.54 万人，死亡 25 人（《2005 年中国海洋灾害公报》）。

2014 年 7 月 18 日前后，1409 号超强台风"威马逊"先后在海南文昌、广东湛江、广西防城港登陆，是 1949 年以来登陆我国的最强台风。海南省受灾人口 132.3 万人，房屋倒塌 22 663 间，水产养殖受损 13.24 万吨，海堤、护岸损毁 1.61 千米，道路毁坏 9.88 千米，直接经济损失达

27.32 亿元。9 月 16 日前后，1415 号台风"海鸥"先后在海南文昌、广东湛江登陆，海南省受灾人口 121.72 万人，直接经济损失达 9.26 亿元（《2014 年中国海洋灾害公报》）。

2. 海浪

2005 年 5 月 10 日前后，受南海气旋浪影响，"桂北渔 80068"号船在海南清澜外海沉没，直接经济损失为 15 万元（《2005 年中国海洋灾害公报》）。

2006 年 11 月 24 日前后，受冷空气浪影响，1 艘渡船在海南文昌清澜港沉没，直接经济损失为 20 万元（《2006 年中国海洋灾害公报》）。

3. 海岸侵蚀

1992 年，9204 号、9205 号台风影响期间，海南岛东部沿海海岸受到严重侵蚀，文昌县清澜港椰林湾海岸侵蚀尤为严重，这与沿岸大量珊瑚礁被毁有关（《1992 年中国海洋灾害公报》）。

1993 年，海南万宁海岸在一次风暴潮袭击之后，个别岸段蚀退达 16 米，该岸是正在兴建的旅游区，这次侵蚀灾害给该区造成很大损失。清澜港海岸仍强烈蚀退（《1993 年中国海洋灾害公报》）。

1994 年，海南省清澜港，由于炸掉了岸外的珊瑚礁，造成了严重的海岸侵蚀，该区海岸一年内后退 15 ~ 20 米（《1994 年中国海洋灾害公报》）。

第二节 灾害性天气

根据《中国气象灾害大典·海南卷》（1949—2000 年）和《中国气象灾害年鉴》（2000 年后）及《南海区海洋站海洋水文气候志》等记载，清澜站周边发生的主要灾害性天气有暴雨洪涝、大风（龙卷风）、冰雹和雷电等。

1. 暴雨洪涝

1960 年 6 月 27 日 20 时至 7 月 1 日 20 时，受 6003 号超强台风影响，海南岛普降暴雨至大暴雨，局部特大暴雨，其中文昌累计降雨量为 463.0 毫米，暴雨引起部分地区山洪暴发，洪水泛滥成灾。万泉河、昌化江出现一般洪水，加积站洪峰略超警戒水位。因灾害死亡 5 人，死亡牲畜 2 085 头（只），倒塌房屋 61 间。文昌、琼海、万宁、澄迈、崖县（今三亚）等 5 个县农作物受淹 25 733.3 公顷，损坏小型山塘水库 21 宗。

1963 年 9 月 6 日 08 时至 9 日 08 时，受 6311 号超强台风影响，海南岛各地累计降雨量均在 100 毫米以上，其中文昌 410 毫米。文昌县淹浸村庄 83 个，公坡公社水浸 2 米深，淹浸晚稻 11 200 公顷、花生 433.3 公顷。

1985 年 9 月 29 日至 10 月 1 日，受 8518 号台风影响，文昌出现大暴雨，过程降雨量达 579.2 毫米。这个台风强度强，雨量大，移速慢，在海南岛陆地滞留时间达 9 个小时，破坏力大。特别是暴风骤雨、山洪暴发、江河水位和海潮上涨，加上大部分水库排洪，不少县出现大面积洪涝危害，造成严重损失。

1992 年 7 月 22 日 08 时至 24 日 08 时，受 9207 号台风影响，海南岛北半部各市县普遍降暴雨，其中文昌湖山水库 449.9 毫米，东路水库 423.3 毫米，八角水库 265.7 毫米。由于暴雨集中，文昌县珠溪河流域发生较大洪水，水位比 1972 年最大洪水位仅差 0.6 米。文昌县城部分街道因文昌河洪水暴涨受淹深达 1.2 米。

1997 年 9 月 22 日 20 时至 26 日 20 时，受 9718 号强热带风暴和冷空气共同影响，海南岛除西部地区外都降大到暴雨，其中文昌累计降雨量达 415.2 毫米。由于连日降雨，南渡江、万泉河、文昌河、文教河、石壁河、文澜江等河流水位猛涨，江河沿岸地区遭受洪涝灾害。海南省 9 个市县 120 个乡镇 178.5 万人受灾，直接经济损失达 8.61 亿元。

2009 年 10 月 11 日 08 时至 16 日 08 时，受 0917 号超强台风"芭玛"影响，海南普遍出现大雨到大暴雨，其中文昌降雨量达 325 毫米。全省有 89.9 万人受灾，直接经济损失达 2.4 亿元。

2015 年 10 月 2 — 4 日，受 1522 号强台风"彩虹"影响，海南出现一次明显的风雨天气过程，东北部地区普降大到暴雨、局地大暴雨，最大过程降雨量出现在文昌市龙楼镇，为 263.2 毫米。海南共 15 个市县 156 个乡镇受灾，受灾人口 102 万人，1 人死亡，6.8 万人紧急转移安置，农作物受灾面积 3.4 万公顷，直接经济损失为 1.7 亿元。

2016 年 10 月 17—19 日，受 1621 号超强台风"莎莉嘉"影响，海南大部地区出现强降雨，有 93 个乡镇降雨量超过 200 毫米，10 个乡镇降雨量超过 300 毫米，最大降雨量出现在文昌市重兴镇，为 377.0 毫米。据统计，"莎莉嘉"造成海口、三亚、儋州 3 市 8 区和 15 个县（市）299.3 万人受灾，47.4 万人紧急转移安置，1 000 余间房屋倒塌，农作物受灾面积 38.1 万公顷，直接经济损失达 45.6 亿元。

2. 大风和龙卷风

1950 年 10 月 14 日，一个热带低压在海南琼东沿海登陆，登陆时低压中心附近最大风力 7 级，其掠过海南岛中北部，15 日凌晨出海进入北部湾。文昌县受灾严重。

1953 年 11 月 1 日 05 时，5326 号超强台风在海南岛文昌县沿海登陆后向琼山、临高方向移动，登陆时台风中心附近最大风力 12 级。受狂风暴雨影响，文昌县倒塌及损坏房屋 41 053 间，死 46 人，伤 264 人；农作物平均损失 6 ~ 8 成，稻谷减产 3 成，推倒椰子树 33 776 株。

1971 年 5 月 3 日，文昌县 4 个公社发生龙卷风，损失房屋 10 余间。9 月 9 日 16 时 30 分和 17 时 30 分，文昌县抱罗公社和潭牛公社分别发生一次陆龙卷，刮倒房屋 24 间，51 间被刮走瓦片，打伤 3 人。

1972 年 11 月 8 日 11—12 时，7220 号强台风在文昌登陆，中心最大风力 12 级以上。台风登陆后，风力加大，最大风速达 54 米 / 秒，12 级以上阵风半径 100 千米，6 级以上大风维持近 20 个小时，并伴随大暴雨，过程降雨量为 136 ~ 255 毫米。文昌县东郊公社的经济损失相当于该社 3 年的总产值。

1982 年 10 月 17 日，文昌县锦山公社、铺前公社先后遭龙卷风袭击。刮倒房屋 7 间，揭瓦 115 间。

1983 年 7 月 17 日 15—16 时，8303 号台风在文昌县清澜港附近沿海登陆，台风中心最大风力 10 ~ 11 级，阵风 12 级以上（风速达 38 米 / 秒），中心范围为 50 ~ 60 千米。本次台风风力大，影响范围广，持续时间长，海潮暴涨，破坏性大。

1989 年 7 月 27 日 11 时 40 分，文昌县宝芳乡老龙村遭受龙卷风袭击，倒塌房屋 2 间，折断树木 1 万余株，死亡牲畜 1 头，折断高压线 2 根，经济损失 8 万元。

1992 年 4 月 8 日 06 时 20 分，文昌县新桥镇大顶管区边山村遭受龙卷风袭击。龙卷风向东北方向移动，直径 400 米，风力 12 级以上，并伴降大雨，历时 10 分钟左右。该龙卷风风力强，速度快，时间短，破坏性大，造成屋倒树断，人员伤亡，损失较重。

1998 年 4 月 29 日 15 时 30 分，文昌市新桥镇遭受龙卷风袭击，4 个村庄 189 人受灾，3 人受伤（同时遭到雷击），直接经济损失为 28.55 万元。5 月 3 日 14 时，文昌市东路镇受龙卷风袭击，直接经济损失为 11 万元。

2000 年 4 月 28 日 15 时 45 分，文昌市湖山中心小学和湖塘、东山、昌青、罗吴等村庄遭受龙卷风袭击，约持续 20 分钟，部分供电线路、门窗损坏，房屋损坏 10 间，树木倒折约 500 棵，经济损失约 15 万元。

2003 年 8 月 25 日，0312 号台风在文昌市翁田镇登陆，登陆时中心附近最大风力达 12 级（35.0 米 / 秒）。文昌市翁田镇抱虎港有 37 艘渔船被吹上岸。

2016 年 6 月 5 日 15 时 20 分前后，文昌市锦山镇和冯坡镇遭受龙卷风突袭，共造成 171 户 749 人受灾，1 人死亡，11 人受伤，倒塌房屋 37 间，损坏房屋 152 间，直接经济损失为 1 000 余万元。

3. 冰雹

1966 年 3 月 23 日，文昌县蓬莱公社部分地区降冰雹，拳头般大小，打坏房屋 96 间。29 日 15 时许，文昌县蓬莱公社群合、新联和石马 3 个大队突然遭到一场历史罕见的冰雹袭击，历时 10 余分钟。据当地群众反映，最大的冰雹有几十斤重，一般的有口杯大。

1980 年 3 月 5 日 16 时，文昌县抱罗公社遭受冰雹袭击，持续 20 余分钟，冰雹大的 10 千克左右，小的手指头大，冰雹堆积地面约 10 厘米厚。

1995 年 3 月 25 日 12 时前后，文昌县北部由于冷空气影响，局地出现雷雨天气，昌洒镇的白土村、西山村降雹，大冰雹落下能将几斤重的西瓜砸烂，小冰雹能毁坏瓜叶。

1998 年 2 月 17—18 日，文昌市文城、清澜、迈号、头苑、潭牛等 5 个乡镇发生 2 次冰雹灾害，农作物损失严重，直接经济损失为 3 705 万元。

4. 雷电

1971 年 9 月 9 日，文昌县抱罗公社和潭牛公社，雷击死 2 人。

1998 年 4 月 21 日，文昌市锦山镇 1 名村民被雷击身亡。28 日，文昌市铺前镇 2 人遭雷击身亡。29 日，文昌市新桥镇 3 人被雷击受伤。

1999 年 5 月 27 日 22 时前后，文昌市南阳镇新合管理区罗布坡村遭受雷击，当时 3 个青年人在凉棚中休息，其中 1 人被击死，2 人被击伤。

东方海洋站

第一章　概况

第一节　基本情况

东方海洋站（简称东方站）位于海南省东方市（图 1.1-1）。东方市位于海南岛西南部，西临北部湾，与越南隔海相望。东方市海岸线长约 134 千米，海岸线上八港七湾，滩涂湿地居原生态之冠，资源富饶。

东方站建于 1955 年 10 月，名为东方水文站，隶属于海军南海舰队。1959 年 10 月更名为东方县八所海洋水文气象站，隶属于广东省气象局。1966 年 1 月更名为东方海洋站，隶属国家海洋局南海分局。1989 年 7 月后隶属海南省海洋局，1996 年 10 月后隶属国家海洋局南海分局。2019 年 6 月后隶属自然资源部南海局，由海口中心站管辖。建站时站址位于东方八所港信号台宿舍旁，1966 年 1 月迁至八所镇滨海南路，测点位于东方八所港北码头。

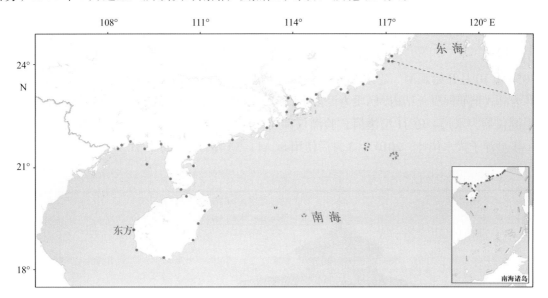

图1.1-1　东方站地理位置示意

东方站观测项目有潮汐、海浪、表层海水温度、表层海水盐度、气温、气压、相对湿度、风和降水等。2002 年前，主要为人工观测或使用简易设备观测，2002 年安装自动观测系统，多数项目实现了自动化观测、数据存储和传输。

东方沿海为正规日潮特征，海平面 7 月最低，10 月最高，年变幅为 24 厘米，平均海平面为 193 厘米，平均高潮位为 282 厘米，平均低潮位为 131 厘米；全年海况以 0 ～ 4 级为主，年均平均波高为 0.7 米，年均平均周期为 3.5 秒，历史最大波高最大值为 6.2 米，历史平均周期最大值为 10.5 秒，常浪向为 NNE，强浪向为 W；年均表层海水温度为 25.2 ～ 28.2℃，6 月最高，均值为 30.1℃，1 月最低，均值为 20.7℃，历史水温最高值为 32.9℃，历史水温最低值为 12.6℃；年均表层海水盐度为 31.41 ～ 34.42，5 月最高，均值为 34.09，10 月最低，均值为 32.70，历史盐度最高值为 36.00，历史盐度最低值为 18.35；海发光主要为火花型，4 月出现频率最高，7 月最低，1 级海发光最多，出现的最高级别为 3 级。

东方站主要受海洋性季风气候影响，年均气温为 24.0 ~ 27.4℃，6 月最高，均值为 29.8℃，1 月最低，均值为 18.9℃，历史最高气温为 38.4℃，历史最低气温为 3.8℃；年均气压 为 1 008.7 ~ 1 011.2 百帕，1 月最高，均值为 1 016.6 百帕，7 月和 8 月最低，均为 1 003.3 百帕； 年均相对湿度为 70.9% ~ 84.0%，2 月最大，均值为 82.5%，5 月最小，均值为 74.4%；年均风速 为 2.2 ~ 7.7 米 / 秒，6 月和 7 月最大，均为 5.1 米 / 秒，9 月最小，均值为 3.5 米 / 秒，1 月盛行 风向为 N—ENE（顺时针，下同），4 月盛行风向为 NNE—ENE，7 月盛行风向为 SE—SW，10 月 盛行风向为 NNE—E；平均年降水量为 1 028.4 毫米，8 月降水量最多，占全年的 24.1%；平均年 雾日数为 2.2 天，3 月最多，均值为 0.8 天，5—10 月未出现；平均年雷暴日数为 89.6 天，8 月最 多，均值为 17.5 天，12 月未出现；年均能见度为 17.4 ~ 33.9 千米，7 月最大，均值为 31.8 千米， 1 月和 2 月最小，均为 20.9 千米；年均总云量为 4.8 ~ 7.2 成，8 月最多，均值为 6.7 成，11 月最 少，均值为 4.9 成；平均年蒸发量为 2 603.0 毫米，5 月最大，均值为 313.9 毫米，2 月最小，均值 为 141.8 毫米。

第二节　观测环境和观测仪器

1. 潮汐

1955 年 10 月开始观测。建站时测点位于八所港鱼鳞角旧码头，1961 年迁至八所港北码头。 验潮井为岛式钢筋混凝土结构，底质为泥沙质，四周海域宽阔，与外海畅通，不易淤积（图 1.2-1）。

观测仪器为水尺、HCJ1 型滚筒式验潮仪和 SCA1-1 型浮子式水位计，2002 年 2 月开始使用 SCA11-1 型浮子式水位计，2010 年 3 月后使用 SCA11-3A 型浮子式水位计。

图1.2-1　东方站验潮室（摄于2014年6月）

2. 海浪

1955 年 10 月开始观测。测点位于八所港鱼鳞洲小山腰上,浮筒位于测点的 WNW 向,浮标位于测点西南方。测点往西 200 米有当地渔民放的固定网,往北 1 000 米是八所港的航道(图 1.2-2)。

海浪主要为人工目测,1969 年 7 月至 1983 年 9 月使用 HAB-1 型岸用光学测波仪,1983 年 10 月后使用 HAB-2 型岸用光学测波仪,2002 年后使用 SZF 型浮标。海况和波型为目测。

图1.2-2 东方站浮标布放点(摄于2014年8月)

3. 表层海水温度、盐度和海发光

1955 年 10 月开始观测。测点位于八所港北码头顶端验潮井西侧,无小溪和污水管道,与外海畅通。

水温使用耶拿 16 型水温表和 SWL1-1 型水温表测量,盐度使用氯度滴定管、感应式盐度计和 SYA2-1 型实验室盐度计等测定,2002 年后使用 YZY4-3 型温盐传感器。

海发光为每日天黑后人工目测。

4. 气象要素

1955 年 10 月开始观测,2003 年前气压和风均有停测时段。观测场位于站办公楼西北侧约 8 米处,四周有楼房、公路、铁路和港口。风传感器位于办公楼楼顶,2014 年,周边建设了数栋 25 层高楼(图 1.2-3)。

观测仪器主要有干湿球温度表、最高最低温度表、动槽水银气压表、EL 型电接风向风速计和雨量筒等。2002 年 2 月后使用 YZY5-1 型温湿度传感器、270 型气压传感器、XFY3-1 型风传感器和 SL3-1 型雨量传感器,2010 年 3 月后使用 HMP45A 型温湿度传感器和 278 型气压传感器观测,2017 年 1 月后使用 HMP155 型温湿度传感器。能见度和雾为人工目测。

图1.2-3　东方站气象观测场（摄于2019年9月）

第二章　潮位

第一节　潮汐

1. 潮汐类型

利用东方站近 19 年（2001—2019 年）验潮资料分析的调和常数，计算出潮汐系数 $(H_{K_1}+H_{O_1})/H_{M_2}$ 为 6.51。按我国潮汐类型分类标准，东方沿海为正规日潮，每月有超过 4/5 的天数每个潮汐日（约 24.8 小时）出现一次高潮和一次低潮，其余天数每日有两次高潮和两次低潮，高潮日不等现象和低潮日不等现象均较显著。

1965—2019 年，东方站 M_2 分潮振幅和迟角均呈增大趋势，增大速率分别为 0.16 毫米 / 年和 0.04° / 年。K_1 和 O_1 分潮振幅均呈增大趋势，增大速率分别为 0.50 毫米 / 年和 0.65 毫米 / 年；迟角均呈增大趋势，增大速率分别为 0.03° / 年和 0.02° / 年。

2. 潮汐特征值

由 1965—2019 年资料统计分析得出：东方站平均高潮位为 282 厘米，平均低潮位为 131 厘米，平均潮差为 151 厘米；平均高高潮位为 296 厘米，平均低低潮位为 123 厘米，平均大的潮差为 173 厘米。平均涨潮历时 9 小时 33 分钟，平均落潮历时 11 小时 35 分钟，两者相差 2 小时 2 分钟。

累年各月潮汐特征值见表 2.1-1。

表 2.1-1　累年各月潮汐特征值（1965—2019 年）　　　　　　单位：厘米

月份	平均高潮位	平均低潮位	平均潮差	平均高高潮位	平均低低潮位	平均大的潮差
1	289	123	166	300	119	181
2	275	127	148	290	120	170
3	268	131	137	286	121	165
4	272	131	141	291	121	170
5	275	130	145	292	122	170
6	283	122	161	291	118	173
7	282	119	163	290	113	177
8	277	125	152	287	113	174
9	279	139	140	295	124	171
10	290	152	138	309	140	169
11	294	146	148	309	139	170
12	301	130	171	307	128	179
年	282	131	151	296	123	173

注：潮位值均以验潮零点为基面。

平均高潮位 12 月最高，为 301 厘米，3 月最低，为 268 厘米，年较差为 33 厘米；平均低潮位 10 月最高，为 152 厘米，7 月最低，为 119 厘米，年较差为 33 厘米（图 2.1-1）；平均高高潮位 10 月和 11 月最高，均为 309 厘米，3 月最低，为 286 厘米，年较差为 23 厘米；平均低低潮位 10 月最高，为 140 厘米，7 月和 8 月最低，均为 113 厘米，年较差为 27 厘米。平均潮差 12 月最大，3 月最小，年较差为 34 厘米；平均大的潮差 1 月最大，3 月最小，年较差为 16 厘米（图 2.1-2）。

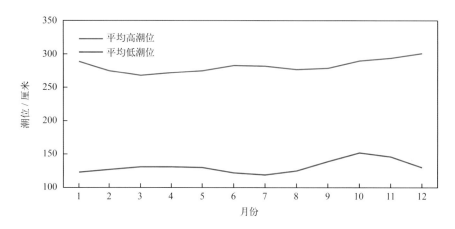

图2.1-1　平均高潮位和平均低潮位年变化

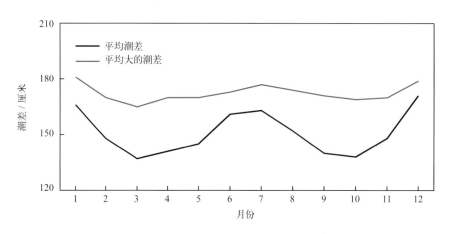

图2.1-2　平均潮差和平均大的潮差年变化

1965—2019 年，东方站平均高潮位呈上升趋势，上升速率为 1.30 毫米 / 年。受天文潮长周期变化影响，平均高潮位存在明显的准 19 年周期变化，振幅为 9.33 厘米。平均高潮位最高值出现在 2006 年，为 299 厘米；最低值出现在 1977 年，为 266 厘米。东方站平均低潮位呈上升趋势，上升速率为 2.71 毫米 / 年。平均低潮位准 19 年周期变化明显，振幅为 9.58 厘米。平均低潮位最高值出现在 2017 年，为 148 厘米；最低值出现在 1968 年，为 115 厘米。

1965—2019 年，东方站平均潮差略呈减小趋势，减小速率为 1.41 毫米 / 年（线性趋势未通过显著性检验）。平均潮差准 19 年周期变化显著，振幅为 18.91 厘米。平均潮差最大值出现在 2006 年，为 173 厘米；最小值出现在 1978 年，为 130 厘米（图 2.1-3）。

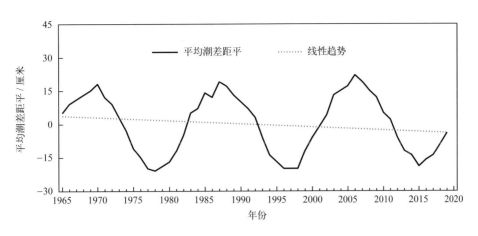

图2.1-3　1965—2019年平均潮差距平变化

第二节　极值潮位

东方站年最高潮位和年最低潮位的各月发生频率见表2.2-1。年最高潮位出现时间主要集中在10月至翌年1月，其中11月发生频率最高，为38%；12月次之，为33%。年最低潮位主要出现在6—7月和12月至翌年2月，其中7月发生频率最高，为25%；1月次之，为24%。

1965—2019年，东方站年最高潮位呈上升趋势，上升速率为1.46毫米／年（线性趋势未通过显著性检验）。历年的最高潮位均高于348厘米，其中高于390厘米的有5年；历史最高潮位为395厘米，出现在1971年10月9日和2007年10月31日。东方站年最低潮位呈上升趋势，上升速率为3.19毫米／年。历年最低潮位均低于92厘米，其中低于40厘米的有5年；历史最低潮位出现在1968年12月22日和1990年11月9日，均为28厘米（表2.2-1）。

表2.2-1　最高潮位和最低潮位及年极值出现频率（1965—2019年）

	1月	2月	3月	4月	5月	6月	7月	8月	9月	10月	11月	12月
最高潮位值／厘米	385	365	358	369	375	378	380	386	371	395	393	391
年最高潮位出现频率／%	11	0	0	0	0	0	1	2	2	13	38	33
最低潮位值／厘米	41	35	33	39	48	37	37	47	59	71	28	28
年最低潮位出现频率／%	24	13	4	5	2	11	25	4	0	0	2	11

第三节　增减水

受地形和气候特征的影响，东方站出现60厘米以上增水的频率高于同等强度减水的频率，超过60厘米的增水平均约622天出现一次，超过60厘米的减水平均约865天出现一次（表2.3-1）。

东方站60厘米以上的增水主要出现在8月和10月，60厘米以上的减水多发生在3—4月和10—11月，这些大的增减水过程主要与该海域受热带气旋等影响有关（表2.3-2）。

1965—2019年，东方站年最大增水多出现在7—10月，其中9月出现频率最高，为25%；7月和10月次之，均为18%。东方站年最大减水多出现在11月至翌年4月，其中4月出现频率最高，为24%；3月次之，为20%（表2.3-3）。

1965—2019 年，东方站年最大增水呈减小趋势，减小速率为 2.20 毫米 / 年（线性趋势未通过显著性检验）。历史最大增水出现在 1990 年 8 月 29 日，为 89 厘米；1989 年最大增水也较大，为 86 厘米；1974 年、1983 年和 1985 年最大增水均超过了 65 厘米。东方站年最大减水变化趋势不明显。历史最大减水发生在 1990 年 11 月 10 日，为 78 厘米；1978 年最大减水也较大，为 76 厘米；1980 年和 2009 年最大减水均超过了 65 厘米。

表 2.3-1　不同强度增减水平均出现周期（1965—2019 年）

范围 / 厘米	出现周期 / 天	
	增水	减水
>20	2.35	3.14
>30	14.49	16.14
>40	64.58	52.34
>50	242.55	223.48
>60	621.55	864.76
>70	1 529.96	3 314.91
>80	2 841.35	—

"—"表示无数据。

表 2.3-2　各月不同强度增减水出现频率（1965—2019 年）

月份	增水 / %					减水 / %				
	>30 厘米	>50 厘米	>60 厘米	>70 厘米	>80 厘米	>30 厘米	>40 厘米	>50 厘米	>60 厘米	>70 厘米
1	0.06	0.00	0.00	0.00	0.00	0.29	0.10	0.03	0.00	0.00
2	0.10	0.00	0.00	0.00	0.00	0.24	0.04	0.00	0.00	0.00
3	0.07	0.00	0.00	0.00	0.00	0.50	0.22	0.07	0.01	0.00
4	0.04	0.00	0.00	0.00	0.00	0.53	0.19	0.03	0.01	0.00
5	0.08	0.00	0.00	0.00	0.00	0.13	0.00	0.00	0.00	0.00
6	0.13	0.01	0.00	0.00	0.00	0.00	0.00	0.00	0.00	0.00
7	0.46	0.02	0.00	0.00	0.00	0.01	0.00	0.00	0.00	0.00
8	0.35	0.04	0.03	0.02	0.01	0.07	0.02	0.00	0.00	0.00
9	0.55	0.04	0.00	0.00	0.00	0.12	0.04	0.01	0.00	0.00
10	1.00	0.09	0.04	0.01	0.00	0.25	0.05	0.02	0.02	0.00
11	0.16	0.00	0.00	0.00	0.00	0.46	0.14	0.03	0.02	0.01
12	0.10	0.00	0.00	0.00	0.00	0.51	0.15	0.03	0.00	0.00

表 2.3-3　最大增水和最大减水及年极值出现频率（1965—2019 年）

	1月	2月	3月	4月	5月	6月	7月	8月	9月	10月	11月	12月
最大增水值 / 厘米	37	39	40	38	42	68	70	89	57	86	45	41
年最大增水出现频率 / %	4	0	5	4	2	5	18	15	25	18	2	2
最大减水值 / 厘米	56	49	69	67	45	28	36	52	59	76	78	63
年最大减水出现频率 / %	11	2	20	24	2	0	0	1	2	7	15	9

第三章　海浪

第一节　海况

东方站全年及各月各级海况的频率见图3.1-1。全年海况以 0 ~ 4 级为主，频率为88.22%，其中 0 ~ 2 级海况频率为30.50%。全年 5 级及以上海况频率为11.78%，最大频率出现在 5 月，为15.36%。全年 7 级及以上海况频率为0.09%，出现在 6—11 月，其中 10 月频率最大，为0.40%。

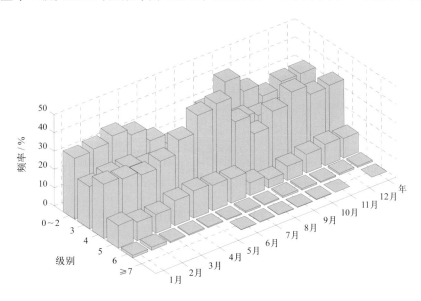

图3.1-1　全年及各月各级海况频率（1960—2019年）

第二节　波型

东方站风浪频率和涌浪频率的年变化见表3.2-1。全年以风浪为主，频率为99.88%，涌浪频率为32.76%。各月的风浪频率相差不大，涌浪频率差异较大。涌浪 9 月最多，频率为40.64%；6 月最少，频率为22.48%。

表3.2-1　各月及全年风浪涌浪频率（1960—2019 年）

	1月	2月	3月	4月	5月	6月	7月	8月	9月	10月	11月	12月	年
风浪 / %	99.98	99.94	99.91	99.93	99.90	99.88	99.82	99.65	99.90	99.85	99.97	99.90	99.88
涌浪 / %	36.74	38.99	38.91	34.70	25.22	22.48	24.12	34.94	40.64	34.36	29.99	33.04	32.76

注：风浪包含F、FU、F/U和U/F波型；涌浪包含U、FU、F/U和U/F波型。

第三节　波向

1. 各向风浪频率

东方站各月及全年各向风浪频率见图 3.3-1。1—3月和10月 NNE 向风浪居多，N 向次之。4月SSW向风浪居多，N向次之。5—8月SSW向风浪居多，S向次之。9月N向风浪居多，NNE向次之。11月和12月NNE向风浪居多，NE向次之。全年NNE向风浪居多，频率为14.80%；SSW向次之，频率为14.44%；ESE向最少，频率为0.15%。

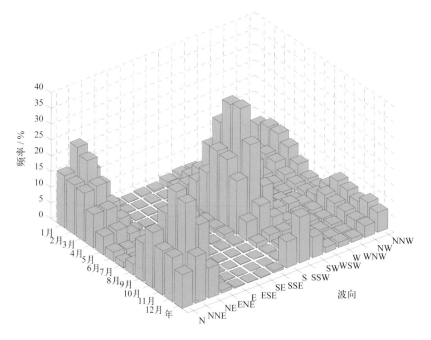

图3.3-1　各月及全年各向风浪频率（1960—2019年）

2. 各向涌浪频率

东方站各月及全年各向涌浪频率见图3.3-2。1—3月和10—12月NNW向涌浪居多，NW向次之。4月SW向涌浪居多，NNW向次之。5—9月SW向涌浪居多，WSW向次之。全年NNW向涌浪居多，频率为7.61%；SW向次之，频率为7.10%；未出现SE向涌浪。

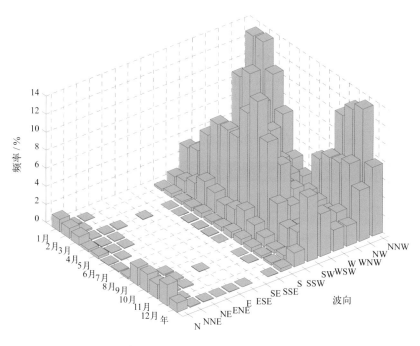

图3.3-2　各月及全年各向涌浪频率（1960—2019年）

第四节　波高

1. 平均波高和最大波高

东方站波高的年变化见表3.4-1。月平均波高的年变化不明显，为0.6 ~ 0.8米。历年的平均波高为0.5 ~ 1.2米。

月最大波高比月平均波高的变化幅度大，极大值出现在10月，为6.2米，极小值出现在5月，为2.7米，变幅为3.5米。历年的最大波高为2.2 ~ 6.2米，大于5.0米的有8年，其中最大波高的极大值6.2米出现在2016年10月18日，正值1621号超强台风"莎莉嘉"影响期间，波向为W，对应平均风速为11.2米/秒，对应平均周期为5.5秒。

表3.4-1　波高年变化（1960—2019年）　　　　　　　　单位：米

	1月	2月	3月	4月	5月	6月	7月	8月	9月	10月	11月	12月	年
平均波高	0.7	0.7	0.7	0.7	0.7	0.8	0.8	0.7	0.6	0.7	0.7	0.7	0.7
最大波高	3.5	3.8	3.0	3.5	2.7	5.3	5.1	5.6	6.1	6.2	4.6	4.0	6.2

2. 各向平均波高和最大波高

全年及各季代表月各向波高的分布见表3.4-2、图3.4-1和图3.4-2。全年各向平均波高为0.4 ~ 0.9米，大值主要分布于NNE向、NE向、S向和SSW向，小值主要分布于WSW—NW向。全年各向最大波高W向最大，为6.2米；NW向次之，为6.1米；E向最小，为2.7米。

表3.4-2　全年各向平均波高和最大波高（1960—2019年）　　　　　单位：米

	N	NNE	NE	ENE	E	ESE	SE	SSE	S	SSW	SW	WSW	W	WNW	NW	NNW
平均波高	0.7	0.9	0.9	0.7	0.6	0.6	0.7	0.8	0.9	0.9	0.7	0.5	0.5	0.4	0.5	0.6
最大波高	5.5	4.6	4.5	3.7	2.7	3.6	3.1	4.5	5.3	5.6	4.8	5.2	6.2	4.9	6.1	6.0

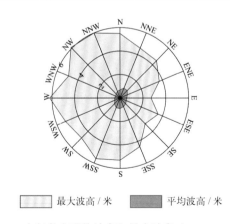

　　　　　　　　▨ 最大波高/米　　　▨ 平均波高/米

图3.4-1　全年各向平均波高和最大波高（1960—2019年）

1月平均波高NE向最大，为1.1米；SE向、WSW向、W向和WNW向最小，均为0.4米。最大波高NE向最大，为3.5米；NNE向次之，为2.9米；SE最小，为1.4米。

4月平均波高S向和SSW向最大，均为1.0米；E向、W向和WNW向最小，均为0.4米。最大波高S向最大，为3.5米；N向和NNE向次之，均为3.0米；E向最小，为1.1米。

7月平均波高 SSW 向最大,为 1.0 米;WNW 向最小,为 0.5 米。最大波高 S 向最大,为 5.1 米;SW 向次之,为 4.8 米;ENE 向和 E 向最小,均为 1.4 米。

10月平均波高 NNE 向和 NE 向最大,均为 0.8 米;SE 向、SSE 向、SW 向、WSW 向、W 向、WNW 向和 NW 向最小,均为 0.5 米。最大波高 W 向最大,为 6.2 米;NNW 向次之,为 6.0 米;E 向最小,为 2.0 米。

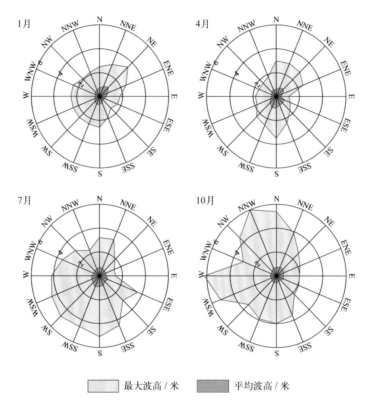

图3.4-2　四季代表月各向平均波高和最大波高（1960—2019年）

第五节　周期

1. 平均周期和最大周期

东方站周期的年变化见表 3.5-1。月平均周期的年变化不明显,为 3.3 ~ 3.6 秒。月最大周期的年变化幅度较大,极大值出现在 1 月,为 10.5 秒,极小值出现在 5 月,为 6.2 秒。历年的平均周期为 2.1 ~ 4.2 秒（1960 年数据有缺测,未纳入统计）,其中 2003 年最大,1961 年最小。历年的最大周期均不小于 4.9 秒,不小于 9.0 秒的有 5 年,其中最大周期的极大值 10.5 秒出现在 2003 年 1 月 19 日,波向为 ESE。

表 3.5-1　周期年变化（1960—2019年）　　　　　　　　　　　　　　　　单位:秒

	1月	2月	3月	4月	5月	6月	7月	8月	9月	10月	11月	12月	年
平均周期	3.6	3.5	3.4	3.4	3.4	3.5	3.5	3.5	3.3	3.4	3.4	3.5	3.5
最大周期	10.5	8.5	8.5	6.9	6.2	7.6	8.2	9.3	8.6	9.5	9.0	8.2	10.5

2. 各向平均周期和最大周期

全年及各季代表月各向周期的分布见表 3.5-2、图 3.5-1 和图 3.5-2。全年各向平均周期为
3.2 ~ 3.8 秒，SE 向和 SSE 向周期值均为最大。全年各向最大周期 ESE 向最大，为 10.5 秒；NE 向
和 SW 向次之，均为 9.5 秒；E 向最小，为 6.0 秒。

表 3.5-2　全年各向平均周期和最大周期（1960—2019 年）　　　　单位：秒

	N	NNE	NE	ENE	E	ESE	SE	SSE	S	SSW	SW	WSW	W	WNW	NW	NNW
平均周期	3.4	3.5	3.6	3.6	3.2	3.6	3.8	3.8	3.6	3.5	3.5	3.6	3.5	3.5	3.4	3.4
最大周期	9.1	7.7	9.5	6.5	6.0	10.5	8.5	7.0	8.0	8.6	9.5	9.0	9.3	7.5	8.2	8.0

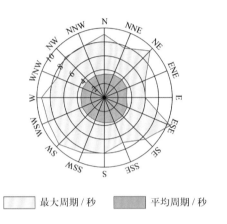

图3.5-1　全年各向平均周期和最大周期（1960—2019年）

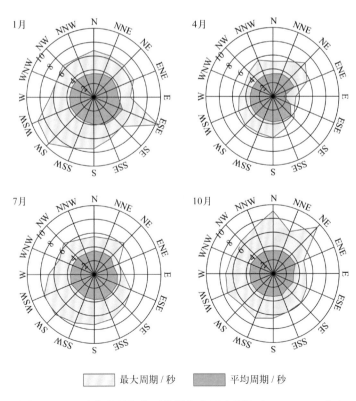

图3.5-2　四季代表月各向平均周期和最大周期（1960—2019年）

1月平均周期 ESE 向最大，为 4.7 秒；NNW 向最小，为 3.4 秒。最大周期 ESE 向最大，为 10.5 秒；SW 向次之，为 9.5 秒；E 向最小，为 5.5 秒。

4月平均周期 SE 向最大，为 3.9 秒；E 向最小，为 1.7 秒。最大周期 NE 向最大，为 6.9 秒；S 向次之，为 6.0 秒；E 向最小，为 3.5 秒。

7月平均周期 SSE 向最大，为 3.9 秒；ENE 向最小，为 3.1 秒。最大周期 SW 向最大，为 8.2 秒；WSW 向次之，为 8.1 秒；ENE 向最小，为 4.0 秒。

10月平均周期 ENE 向和 WNW 向最大，均为 3.6 秒；E 向和 SE 向最小，均为 3.1 秒。最大周期 NE 向最大，为 9.5 秒；N 向次之，为 9.1 秒；ENE 向和 E 向最小，均为 5.0 秒。

第四章 表层海水温度、盐度和海发光

第一节 表层海水温度

1. 平均水温、最高水温和最低水温

东方站月平均水温的年变化具有峰谷明显的特点，6月最高，为30.1℃，1月最低，为20.7℃，年较差为9.4℃。2—6月为升温期，7月至翌年1月为降温期。月最高水温和月最低水温的年变化特征与月平均水温相似（图4.1-1）。

历年（1960年和1962年数据有缺测）的平均水温为25.2～28.2℃，其中2019年最高，1971年和1974年均为最低。累年平均水温为26.4℃。

历年的最高水温均不低于31.2℃，其中大于32.5℃的有7年，出现时间为5—9月，6月和7月较多，占统计年份的78%。水温极大值为32.9℃，出现在2018年6月3日。

历年的最低水温均不高于18.8℃，其中小于14.5℃的有8年，出现时间为11月至翌年3月，1月最多，占统计年份的37%。水温极小值为12.6℃，出现在2008年2月15日。

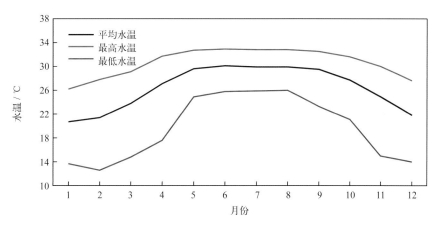

图4.1-1 水温年变化（1960—2019年）

2. 日平均水温稳定通过界限温度的日期

采用五日滑动平均方法求出稳定通过各个界限温度的日期，见表4.1-1。日平均水温全年均稳定通过20℃，稳定通过25℃的有233天，稳定通过30℃的初日为5月25日，终日为6月10日，共17天。

表4.1-1 日平均水温稳定通过界限温度的日期（1960—2019年）

	20℃	25℃	30℃
初日	1月1日	3月29日	5月25日
终日	12月31日	11月16日	6月10日
天数	365	233	17

3. 长期趋势变化

1961—2019 年，年平均水温和年最低水温均呈波动上升趋势，上升速率分别为 0.20℃ /（10 年）和 0.38℃ /（10 年）；1960—2019 年，年最高水温呈波动上升趋势，上升速率为 0.06℃ /（10 年）。其中，2018 年最高水温为 1960 年以来的第一高值，2000 年和 2001 年最高水温均为 1960 年以来的第二高值；2008 年和 1967 年最低水温分别为 1961 年以来的第一低值和第二低值。

十年平均水温变化显示，2010—2019 年平均水温最高，1970—1979 年平均水温最低，1980—1989 年平均水温较上一个十年升幅最大，升幅为 0.39℃（图 4.1-2）。

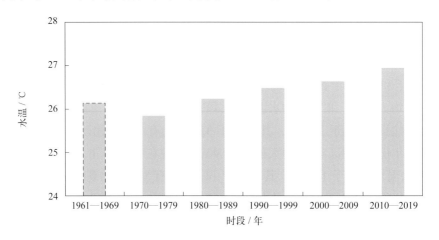

图4.1-2　十年平均水温变化（数据不足十年加虚线框表示，下同）

第二节　表层海水盐度

1. 平均盐度、最高盐度和最低盐度

东方站月平均盐度的年变化具有上半年高、下半年低的特点，最高值出现在 5 月，为 34.09，最低值出现在 10 月，为 32.70，年较差为 1.39。月最高盐度 5 月最大，11 月最小。月最低盐度 5 月最大，9 月最小（图 4.2-1）。

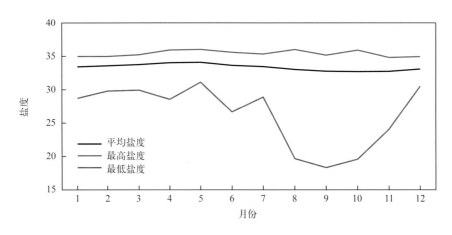

图4.2-1　盐度年变化（1961—2019年）

历年（1961 年、1962 年、1994 年、1996 年和 2002 年数据有缺测）的平均盐度为 31.41 ~ 34.42，

其中 1993 年最高，2011 年最低。累年平均盐度为 33.35。

历年的最高盐度均大于 33.30，其中大于 35.50 的有 5 年。年最高盐度多出现在 4 月和 5 月，占统计年份的 58%。盐度极大值为 36.00，出现在 1994 年 5 月 5 日。《南海区海洋站海洋水文气候志》记载，1964 年 4 月 21 日 20 时盐度亦为 36.00。

历年的最低盐度均小于 32.45，其中小于 25.00 的有 5 年。年最低盐度多出现在 8—10 月，占统计年份的 58%。盐度极小值为 18.35，出现在 2001 年 9 月 4 日，当日降水量为 81.2 毫米，前一日降水量为 163.4 毫米（气象局东方站数据）。

2. 长期趋势变化

1963—2019 年，年平均盐度呈波动下降趋势，下降速率为 0.19 /（10 年）；1961—2019 年，年最高盐度呈波动下降趋势，下降速率为 0.16 /（10 年），年最低盐度无明显变化趋势。1994 年和 1993 年最高盐度分别为 1961 年以来的第一高值和第二高值；2001 年和 1970 年最低盐度分别为 1961 年以来的第一低值和第二低值。

十年平均盐度变化显示，十年平均盐度总体下降，1970—1979 年平均盐度为 33.53，2010—2019 年平均盐度为 32.74，两者相差 0.79（图 4.2-2）。

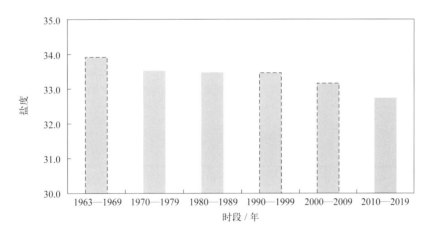

图4.2-2　十年平均盐度变化

第三节　海发光

1960—2019 年，东方站观测到的海发光主要为火花型（H），其次是闪光型（S），弥漫型（M）最少，观测到 1 次。海发光以 1 级海发光为主，占海发光次数的 77.9%；2 级海发光次之，占 21.9%；3 级海发光占 0.2%；0 级海发光观测到 1 次；未观测到 4 级海发光。

各月及全年海发光频率见表 4.3-1 和图 4.3-1。海发光频率各月变化不大，4 月最高，7 月最低。累年平均海发光频率为 45.3%。

历年海发光频率均不高于 94.6%，其中 1965 年海发光频率最大，2011 年未观测到海发光。

表 4.3-1　各月及全年海发光频率（1960—2019 年）

	1月	2月	3月	4月	5月	6月	7月	8月	9月	10月	11月	12月	年
频率 / %	45.4	46.1	50.0	55.1	48.8	38.0	36.5	50.4	47.5	43.6	41.9	40.1	45.3

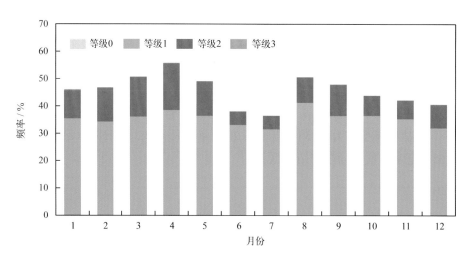

图4.3-1　各月各级海发光频率（1960—2019年）

第五章 海洋气象

第一节 气温

1. 平均气温、最高气温和最低气温

1960—2019 年，东方站累年平均气温为 25.3℃。月平均气温 6 月最高，为 29.8℃，1 月最低，为 18.9℃，年较差为 10.9℃。月最高气温 5 月最高，1 月最低。月最低气温 6 月和 8 月均为最高，1 月最低（表 5.1–1，图 5.1–1）。

表 5.1-1　气温年变化（1960—2019 年）　　　　　　　　单位：℃

	1月	2月	3月	4月	5月	6月	7月	8月	9月	10月	11月	12月	年
平均气温	18.9	20.0	22.8	26.5	29.2	29.8	29.5	28.8	27.8	26.2	23.6	20.5	25.3
最高气温	32.3	34.6	36.8	38.0	38.4	38.3	36.6	37.1	36.3	36.5	34.0	32.9	38.4
最低气温	3.8	8.5	9.8	11.5	18.2	21.9	20.4	21.9	17.7	15.4	10.2	5.8	3.8

注：1985—2001年停测，2002年数据有缺测。

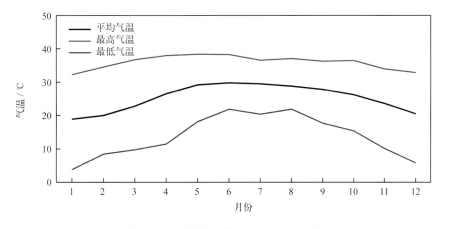

图5.1-1　气温年变化（1960—2019年）

历年的平均气温为 24.0 ~ 27.4℃，其中 2006 年最高，1967 年、1971 年和 1974 年均为最低。

历年的最高气温均高于 33.0℃，其中高于 37.0℃的有 8 年。最早出现时间为 3 月 31 日（1979 年），最晚出现时间为 8 月 14 日（2017 年）。5 月最高气温出现频率最高，占统计年份的 39%，6 月次之，占 20%（图 5.1–2）。极大值为 38.4℃，出现在 2015 年 5 月 31 日。

历年的最低气温均低于 13.0℃，其中低于 7.0℃的有 7 年。最早出现时间为 12 月 8 日（2019 年），最晚出现时间为 2 月 24 日（1966 年）。1 月最低气温出现频率最高，占统计年份的 58%，2 月次之，占 23%（图 5.1–2）。极小值为 3.8℃，出现在 1960 年 1 月 3 日。

2. 长期趋势变化

1960—1984 年，年平均气温和年最低气温均呈上升趋势，上升速率分别为 0.18℃ /（10 年）（线性趋势未通过显著性检验）和 1.55℃ /（10 年）；年最高气温呈下降趋势，下降速率为 0.47℃ /（10 年）

（线性趋势未通过显著性检验）。2003—2019 年，年平均气温和年最低气温均呈下降趋势，下降速率分别为 0.24℃ /（10 年）（线性趋势未通过显著性检验）和 0.44℃ /（10 年）（线性趋势未通过显著性检验）；年最高气温呈上升趋势，上升速率为 0.44℃ /（10 年）（线性趋势未通过显著性检验）。

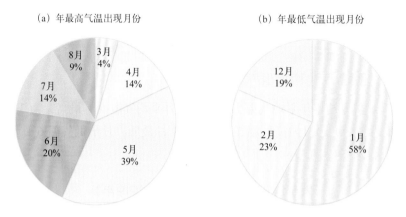

（a）年最高气温出现月份　　　　　　（b）年最低气温出现月份

图5.1-2　年最高、最低气温出现月份及频率（1960—2019 年）

3. 常年自然天气季节和大陆度

利用东方站 1966—2019 年气温累年日平均数据计算五日滑动平均气温，根据《气候季节划分》（QX/T 152—2012）中的气候季节划分指标和本志季节起止日确定方法，东方站平均春季时间从 1 月 17 日至 3 月 13 日，共 56 天；平均夏季时间从 3 月 14 日至 12 月 1 日，共 263 天；平均秋季时间从 12 月 2 日至翌年 1 月 16 日，共 46 天。夏季时间最长，全年无冬季（图 5.1-3）。

东方站焦金斯基大陆度指数为 24.1%，属海洋性季风气候。

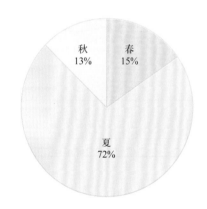

图5.1-3　各季平均日数百分率（1966—2019 年）

第二节　气压

1. 平均气压、最高气压和最低气压

1966—2019 年，东方站累年平均气压为 1 009.9 百帕。月平均气压 1 月最高，为 1 016.6 百帕，7 月和 8 月最低，均为 1 003.3 百帕，年较差为 13.3 百帕。月最高气压 1 月最大，7 月最小。月最低气压 12 月最大，9 月最小（表 5.2-1，图 5.2-1）。

历年的平均气压为 1 008.7 ~ 1 011.2 百帕，其中 1977 年最高，2012 年最低。

历年的最高气压均高于 1 023.0 百帕，其中高于 1 028.0 百帕的有 5 年。极大值为 1 033.4 百帕，出现在 2016 年 1 月 25 日。

历年的最低气压均低于 997.0 百帕，其中低于 987.0 百帕的有 9 年。极小值为 974.1 百帕，出现在 2005 年 9 月 26 日，正值 0518 号超强台风"达维"影响期间。

表 5.2-1　气压年变化（1966—2019 年）　　　　　　　　　　　　　　　　　　　单位：百帕

	1月	2月	3月	4月	5月	6月	7月	8月	9月	10月	11月	12月	年
平均气压	1 016.6	1 014.9	1 012.2	1 009.4	1 006.2	1 003.6	1 003.3	1 003.3	1 006.8	1 011.2	1 014.5	1 016.5	1 009.9
最高气压	1 033.4	1 028.7	1 032.2	1 024.5	1 017.2	1 012.4	1 011.5	1 012.7	1 017.8	1 022.4	1 027.0	1 027.8	1 033.4
最低气压	1 001.5	1 001.2	999.8	997.5	995.8	983.7	983.9	986.1	974.1	989.5	982.3	1 003.7	974.1

注：1985—2001年停测，1966年和2002年数据有缺测。

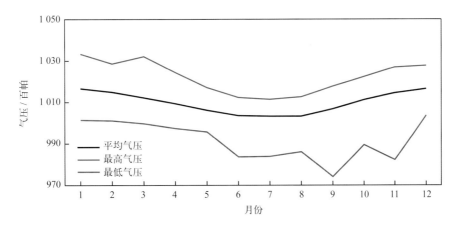

图5.2-1　气压年变化（1966—2019年）

2. 长期趋势变化

1967—1984 年，年平均气压无明显变化趋势；年最高气压呈上升趋势，上升速率为 1.20 百帕 /（10 年）（线性趋势未通过显著性检验）；年最低气压呈下降趋势，下降速率为 1.09 百帕 /（10 年）（线性趋势未通过显著性检验）。2003—2019 年，年平均气压和年最低气压均呈上升趋势，上升速率分别为 0.31 百帕 /（10 年）（线性趋势未通过显著性检验）和 1.81 百帕 /（10 年）（线性趋势未通过显著性检验）；年最高气压呈下降趋势，下降速率为 0.15 百帕 /（10 年）（线性趋势未通过显著性检验）。

第三节　相对湿度

1. 平均相对湿度和最小相对湿度

1960—2019 年，东方站累年平均相对湿度为 79.1%。月平均相对湿度 2 月最大，为 82.5%，5 月最小，为 74.4%。平均月最小相对湿度 8 月最大，为 53.8%，12 月最小，为 37.0%。最小相对湿度的极小值为 16%，出现在 1963 年 1 月 27 日（表 5.3-1，图 5.3-1）。

表 5.3-1 相对湿度年变化（1960—2019 年）

	1月	2月	3月	4月	5月	6月	7月	8月	9月	10月	11月	12月	年
平均相对湿度 /%	80.4	82.5	82.0	78.1	74.4	75.5	76.4	80.7	82.2	80.2	78.7	78.0	79.1
平均最小相对湿度 /%	39.2	45.1	45.3	43.5	44.3	49.0	50.4	53.8	49.6	41.9	40.3	37.0	45.0
最小相对湿度 /%	16	28	22	31	28	34	38	38	26	27	25	19	16

注：平均最小相对湿度为各月最小相对湿度的累年平均值及其年平均值。1985—2001年停测，2002年数据有缺测。

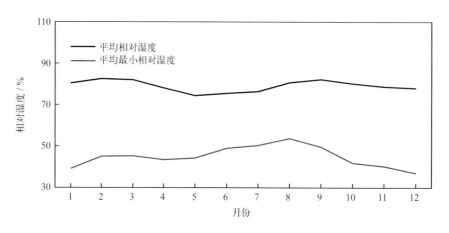

图5.3-1 相对湿度年变化（1960—2019年）

2. 长期趋势变化

1960—2019 年，年平均相对湿度为 70.9% ~ 84.0%，其中 2016 年最大，2013 年最小。

1960—1984 年，年平均相对湿度呈下降趋势，下降速率为 0.17%/（10 年）（线性趋势未通过显著性检验）。2003—2019 年，年平均相对湿度呈下降趋势，下降速率为 0.70%/（10 年）（线性趋势未通过显著性检验）。

3. 温湿指数

根据《人居环境气候舒适度评价》（GB/T 27963—2011）的温湿指数统计方法和气候舒适度等级划分方法，统计东方站各月温湿指数，结果显示：1—4月和10—12月温湿指数为 18.4 ~ 25.0，感觉为舒适；5月、8月和9月温湿指数为 26.5 ~ 27.3，感觉为热；6月和7月温湿指数分别为 27.7 和 27.6，感觉为闷热（表 5.3-2）。

表 5.3-2 温湿指数年变化（1960—2019 年）

	1月	2月	3月	4月	5月	6月	7月	8月	9月	10月	11月	12月
温湿指数	18.4	19.4	22.0	25.0	27.1	27.7	27.6	27.3	26.5	24.9	22.5	19.7
感觉程度	舒适	舒适	舒适	舒适	热	闷热	闷热	热	热	舒适	舒适	舒适

第四节 风

1. 平均风速和最大风速

东方站风速的年变化见表 5.4-1 和图 5.4-1。累年平均风速为 4.4 米/秒，月平均风速 6 月和 7 月最大，均为 5.1 米/秒，9 月最小，为 3.5 米/秒。平均最大风速 9 月最大，为 16.2 米/秒，2

月最小，为 13.0 米 / 秒。最大风速月最大值对应风向多为 NNE 向（4 个月）。极大风速的最大值为 38.0 米 / 秒，出现在 2016 年 10 月 18 日，正值 1621 号超强台风"莎莉嘉"影响期间，对应风向为 NW。

表 5.4-1　风速年变化（1960—2019 年）　　　　　　　　　　　　单位：米 / 秒

		1月	2月	3月	4月	5月	6月	7月	8月	9月	10月	11月	12月	年
平均风速		4.4	4.2	4.0	4.2	4.6	5.1	5.1	4.1	3.5	4.2	4.8	4.7	4.4
最大风速	平均值	13.1	13.0	13.7	14.0	14.1	14.3	15.7	15.7	16.2	15.1	13.7	13.3	14.3
	最大值	23.3	21.7	24.0	23.7	25.0	39.0	40.0	37.1	40.0	44.0	32.0	23.0	44.0
	最大值对应风向	NE	N/NNE	NNE	SW	S	S	SW	SSE	SE/SW	NNE	NE	NNE	NNE
极大风速	最大值	21.8	20.3	20.8	26.9	23.3	24.9	30.1	28.0	32.5	38.0	30.0	22.7	38.0
	最大值对应风向	NE	NNE	NE	NNW	NNW	SW	S	SW	NNE	NW	S	NE	NW

注：1985—1986 年停测，2002 年数据有缺测；极大风速的统计时间为 1997—2019 年。

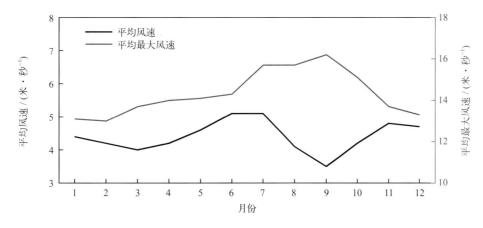

图 5.4-1　平均风速和平均最大风速年变化（1960—2019 年）

历年的平均风速为 2.2 ~ 7.7 米 / 秒，其中 1988 年最大，2018 年和 2019 年均为最小。历年的最大风速均大于等于 10.0 米 / 秒，其中大于等于 28.0 米 / 秒的有 13 年，大于等于 38.0 米 / 秒的有 6 年。最大风速的最大值为 44.0 米 / 秒，出现在 1988 年 10 月 28 日，正值 8824 号强台风影响期间，风向为 NNE。年最大风速出现在 8 月和 9 月的频率最高，3 月和 12 月的频率最低（图 5.4-2）。

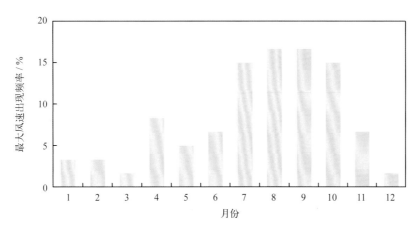

图 5.4-2　年最大风速出现频率（1960—2019 年）

2. 各向风频率

全年 NE 向风最多，频率为 18.1%，S 向次之，频率为 10.8%，WNW 向最少，频率为 1.3%（图 5.4-3）。

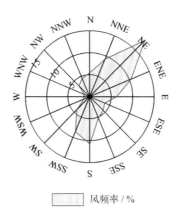

风频率 / %

图5.4-3　全年各向风频率（1966—2019年）

1 月盛行风向为 N—ENE，频率和为 67.8%；4 月盛行风向为 NNE—ENE，频率和为 31.3%；7 月盛行风向为 SE—SW，频率和为 78.0%；10 月盛行风向为 NNE—E，频率和为 66.2%（图 5.4-4）。

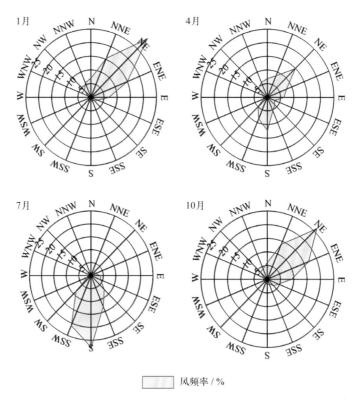

风频率 / %

图5.4-4　四季代表月各向风频率（1966—2019年）

3. 各向平均风速和最大风速

全年各向平均风速 SSW 向最大，为 5.4 米 / 秒，NNE 向次之，为 4.6 米 / 秒，ESE 向最小，为 1.8 米 / 秒（图 5.4-5）。1 月和 10 月平均风速 NNE 向最大，分别为 5.4 米 / 秒和 5.5 米 / 秒；

4 月和 7 月平均风速 SSW 向最大，分别为 7.6 米 / 秒和 6.7 米 / 秒（图 5.4-6）。

全年各向最大风速 NNE 向最大，为 44.0 米 / 秒，NE 向次之，为 40.0 米 / 秒，E 向和 ESE 向最小，均为 19.0 米 / 秒（图 5.4-5）。1 月 NE 向最大风速最大，为 23.3 米 / 秒；4 月 SW 向最大风速最大，为 23.7 米 / 秒；7 月 SSW 向最大风速最大，为 33.0 米 / 秒；10 月 NNE 向最大风速最大，为 44.0 米 / 秒（图 5.4-6）。

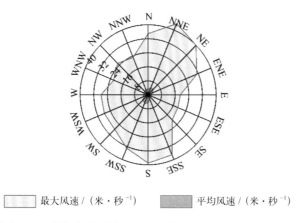

最大风速 / (米·秒⁻¹)　　　平均风速 / (米·秒⁻¹)

图5.4-5　全年各向平均风速和最大风速（1966—2019年）

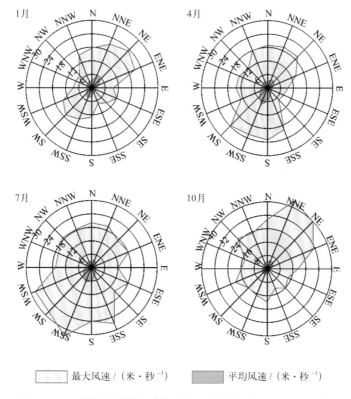

最大风速 / (米·秒⁻¹)　　　平均风速 / (米·秒⁻¹)

图5.4-6　四季代表月各向平均风速和最大风速（1966—2019年）

4. 大风日数

风力大于等于 6 级的大风日数 5 月最多，为 8.2 天，占全年的 11.5%，7 月次之，为 7.5 天（表 5.4-2，图 5.4-7）。平均年大风日数为 71.3 天（表 5.4-2）。历年大风日数 1988 年最多，为 271 天，2017 年未出现。

风力大于等于 8 级的大风日数 3 月和 5 月最多，均为 1.1 天，12 月最少，为 0.4 天。历年大风日数 1988 年最多，为 79 天，有 15 年未出现。

风力大于等于 6 级的月大风日数最多为 30 天，出现在 1987 年 5 月；最长连续大于等于 6 级大风日数为 31 天，出现在 1988 年 10 月 21 日至 11 月 20 日（表 5.4-2）。

表 5.4-2 各级大风日数年变化（1960—2019 年） 单位：天

	1月	2月	3月	4月	5月	6月	7月	8月	9月	10月	11月	12月	年
大于等于6级大风平均日数	5.1	4.7	6.1	7.4	8.2	7.3	7.5	4.9	3.5	5.1	5.7	5.8	71.3
大于等于7级大风平均日数	2.3	1.9	3.1	3.3	3.2	2.5	2.9	2.1	1.4	2.2	2.6	2.4	29.9
大于等于8级大风平均日数	0.6	0.5	1.1	0.9	1.1	0.5	0.7	0.7	0.5	0.7	0.7	0.4	8.4
大于等于6级大风最多日数	27	19	27	28	30	25	29	28	24	26	28	26	271
最长连续大于等于6级大风日数	17	19	18	16	20	25	26	25	28	20	31	16	31

注：大于等于6级大风统计时间为1960—2019年，大于等于7级和大于等于8级大风统计时间为1966—2019年；1985—1986年停测，2002年数据有缺测。

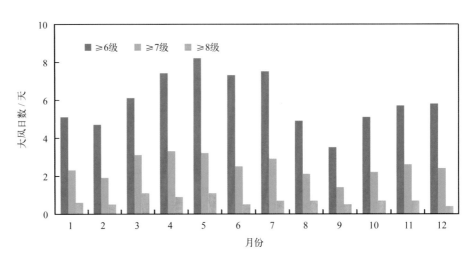

图5.4-7 各级大风日数年变化

第五节 降水

1. 降水量和降水日数

（1）降水量

东方站降水量的年变化见表 5.5-1 和图 5.5-1。平均年降水量为 1 028.4 毫米，6—8 月为 557.4 毫米，占全年降水量的 54.2%，9—11 月为 325.3 毫米，占全年的 31.6%，3—5 月为 116.6 毫米，占全年的 11.3%，12 月至翌年 2 月为 29.1 毫米，占全年的 2.8%。8 月平均降水量最多，为 248.0 毫米，占全年的 24.1%。

历年年降水量为 275.4 ~ 1 647.1 毫米，其中 2012 年最多，1969 年最少。

最大日降水量超过 100 毫米的有 33 年，超过 150 毫米的有 21 年，超过 200 毫米的有 15 年。最大日降水量为 485.3 毫米，出现在 2015 年 7 月 20 日。

表 5.5-1 降水量年变化（1960—2019 年）　　　　　　　　单位：毫米

	1月	2月	3月	4月	5月	6月	7月	8月	9月	10月	11月	12月	年
平均降水量	6.8	9.4	22.9	35.8	57.9	139.0	170.4	248.0	175.7	120.8	28.8	12.9	1 028.4
最大日降水量	32.1	28.2	96.9	149.6	102.1	304.5	485.3	323.1	251.6	199.9	157.4	70.0	485.3

注：1985—2001年停测，2002年数据有缺测。

（2）降水日数

平均年降水日数为 84.8 天。平均月降水日数 9 月最多，为 13.7 天，12 月最少，为 3.3 天（图 5.5-2 和图 5.5-3）。日降水量大于等于 10 毫米的平均年日数为 22.2 天，各月均有出现；日降水量大于等于 50 毫米的平均年日数为 5.4 天，出现在 3—12 月；日降水量大于等于 100 毫米的平均年日数为 1.7 天，出现在 4—11 月；日降水量大于等于 150 毫米的平均年日数为 0.80 天，出现在 6—11 月；日降水量大于等于 200 毫米的平均年日数为 0.39 天，出现在 6—9 月（图 5.5-3）。

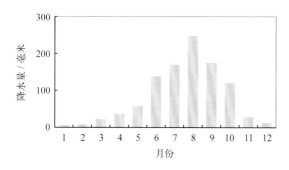

图5.5-1 降水量年变化（1960—2019年）

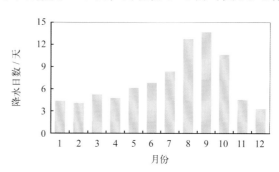

图5.5-2 降水日数年变化（1966—2019年）

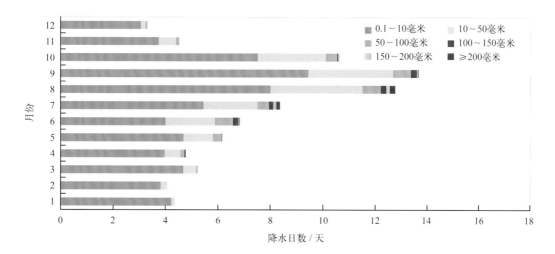

图5.5-3 各月各级平均降水日数分布（1960—2019年）

最多年降水日数为 108 天，出现在 1983 年；最少年降水日数为 63 天，出现在 2004 年。最长连续降水日数为 18 天，出现在 1973 年 9 月 12—29 日；最长连续无降水日数为 97 天，出现在 2004 年 9 月 25 日至 12 月 30 日。

2. 长期趋势变化

1960—1984 年，年降水量和年最大日降水量均无明显变化趋势。2003—2019 年，年降水量和年最大日降水量均呈上升趋势，上升速率分别为 83.88 毫米 /（10 年）（线性趋势未通过显著性检验）和 13.70 毫米 /（10 年）（线性趋势未通过显著性检验）。

1967—1984 年，年降水日数和最长连续无降水日数均呈增加趋势，增加速率为 2.25 天 /（10 年）（线性趋势未通过显著性检验）和 5.89 天 /（10 年）（线性趋势未通过显著性检验）；最长连续降水日数无明显变化趋势。2003—2019 年，年降水日数呈增加趋势，增加速率为 7.60 天 /（10 年）（线性趋势未通过显著性检验）；最长连续降水日数和最长连续无降水日数均呈减少趋势，减少速率分别为 2.11 天 /（10 年）（线性趋势未通过显著性检验）和 17.94 天 /（10 年）（线性趋势未通过显著性检验）。

第六节　雾及其他天气现象

1. 雾

东方站雾日数的年变化见表 5.6-1、图 5.6-1 和图 5.6-2。1966—2019 年，东方站平均年雾日数为 2.2 天。平均月雾日数 3 月最多，为 0.8 天，5—10 月未出现；月雾日数最多为 5 天，出现在 1971 年 2 月；最长连续雾日数为 3 天，出现在 1998 年 3 月 15—17 日。

表 5.6-1　雾日数年变化（1966—2019 年）　　　　　　　　　　　　单位：天

	1月	2月	3月	4月	5月	6月	7月	8月	9月	10月	11月	12月	年
平均雾日数	0.6	0.6	0.8	0.1	0.0	0.0	0.0	0.0	0.0	0.0	0.0	0.1	2.2
最多雾日数	4	5	4	1	0	0	0	0	0	0	1	2	8
最长连续雾日数	2	2	3	1	0	0	0	0	0	0	1	2	3

注：1966 年数据有缺测，1985—1995 年停测。

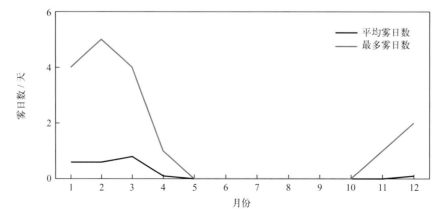

图5.6-1　平均雾日数和最多雾日数年变化（1966—2019 年）

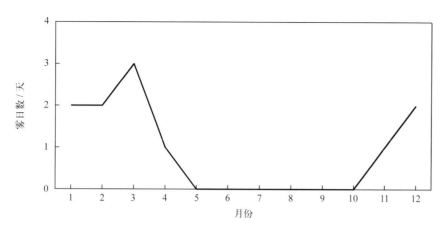

图5.6-2 最长连续雾日数年变化（1966—2019年）

1967年和1972年雾日数最多，均为8天，有14年未出现。1967—1984年，年雾日数呈下降趋势，下降速率为1.15天/（10年）（线性趋势未通过显著性检验）；1996—2019年，年雾日数呈下降趋势，下降速率为0.80天/（10年）。

2. 轻雾

东方站轻雾日数的年变化见表5.6-2和图5.6-3。1966—1984年，平均年轻雾日数为14.3天。平均月轻雾日数3月最多，为4.9天，6月和7月未出现。最多月轻雾日数为18天，出现在1983年3月。

1967—1984年，年轻雾日数呈上升趋势，上升速率为4.05天/（10年）（线性趋势未通过显著性检验）。1983年轻雾日数最多，为37天，1979年最少，为4天（图5.6-4）。

表5.6-2 轻雾日数年变化（1966—1984年） 单位：天

	1月	2月	3月	4月	5月	6月	7月	8月	9月	10月	11月	12月	年
平均轻雾日数	2.6	4.1	4.9	1.1	0.1	0.0	0.0	0.1	0.1	0.3	0.4	0.6	14.3
最多轻雾日数	9	13	18	8	2	0	0	2	2	2	4	3	37

注：1966年数据有缺测。

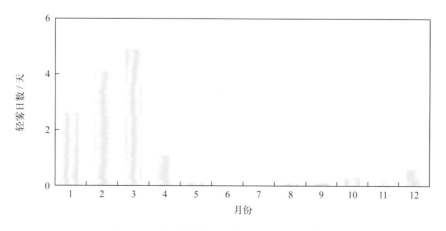

图5.6-3 轻雾日数年变化（1966—1984年）

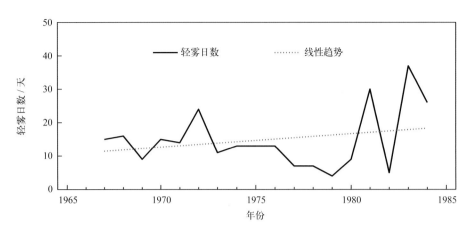

图5.6-4　1967—1984年轻雾日数变化

3. 雷暴

东方站雷暴日数的年变化见表 5.6-3 和图 5.6-5。1960—1984 年，平均年雷暴日数为 89.6 天。雷暴主要出现在 4—10 月，其中 8 月最多，为 17.5 天，12 月未出现。雷暴最早初日为 1 月 22 日（1969 年），最晚终日为 11 月 23 日（1970 年）。月雷暴日数最多为 26 天，出现在 1975 年 9 月。

表 5.6-3　雷暴日数年变化（1960—1984 年）　　　　　　　单位：天

	1月	2月	3月	4月	5月	6月	7月	8月	9月	10月	11月	12月	年
平均雷暴日数	0.1	0.4	2.1	5.8	11.8	12.6	12.7	17.5	16.9	8.3	1.4	0.0	89.6
最多雷暴日数	2	4	10	19	23	22	22	25	26	19	11	0	108

1960—1984 年，年雷暴日数呈下降趋势，下降速率为 4.96 天 /（10 年）（线性趋势未通过显著性检验）。1965 年、1972 年和 1978 年雷暴日数最多，均为 108 天，1981 年最少，为 72 天（图 5.6-6）。

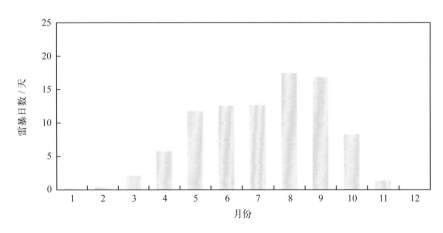

图5.6-5　雷暴日数年变化（1960—1984年）

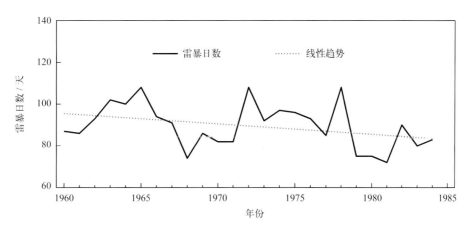

图5.6-6　1960—1984年雷暴日数变化

第七节　能见度

　　1966—2019 年，东方站累年平均能见度为 26.1 千米。7 月平均能见度最大，为 31.8 千米，1 月和 2 月最小，均为 20.9 千米。能见度小于 1 千米的平均年日数为 1.1 天，3 月最多，为 0.4 天，9—11 月均出现 1 天，5—8 月和 12 月未出现（表 5.7-1，图 5.7-1 和图 5.7-2）。

表 5.7-1　能见度年变化（1966—2019 年）

	1月	2月	3月	4月	5月	6月	7月	8月	9月	10月	11月	12月	年
平均能见度 / 千米	20.9	20.9	22.1	25.5	29.8	31.6	31.8	30.0	27.8	25.4	24.6	22.6	26.1
能见度小于 1 千米平均日数 / 天	0.3	0.3	0.4	0.1	0.0	0.0	0.0	0.0	0.0	0.0	0.0	0.0	1.1

　　注：1966年、1968年、1979年、1981年和2002年数据有缺测，1980年和1985—1995年停测。

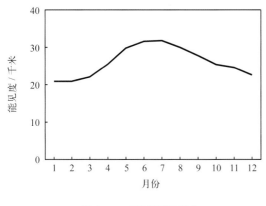

图5.7-1　能见度年变化

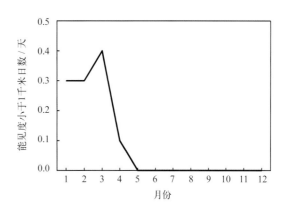

图5.7-2　能见度小于1千米日数年变化

　　历年平均能见度为 17.4 ~ 33.9 千米，1969 年最高，2018 年最低。能见度小于 1 千米的日数 1998 年最多，为 5 天，有 17 年未出现（图 5.7-3）。

　　1996—2019 年，年平均能见度呈下降趋势，下降速率为 3.99 千米 /（10 年）。

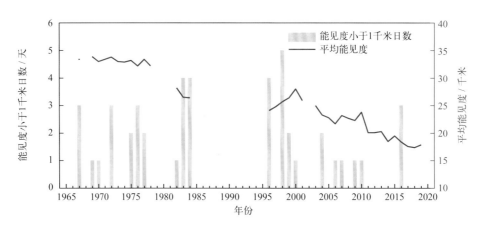

图5.7-3 能见度小于1千米年日数和平均能见度变化

第八节 云

1966—1984年，东方站累年平均总云量为5.8成，8月平均总云量最多，为6.7成，11月最少，为4.9成；累年平均低云量为2.3成，2月平均低云量最多，为3.8成，7月最少，为1.3成（表5.8-1，图5.8-1）。

表5.8-1 总云量和低云量年变化（1966—1984年）

	1月	2月	3月	4月	5月	6月	7月	8月	9月	10月	11月	12月	年
平均总云量 / 成	5.3	5.8	5.4	5.7	6.1	6.5	6.1	6.7	6.1	5.6	4.9	5.2	5.8
平均低云量 / 成	3.2	3.8	3.0	2.1	1.5	1.7	1.3	2.1	2.1	2.4	2.0	2.5	2.3

注：1966年数据有缺测。

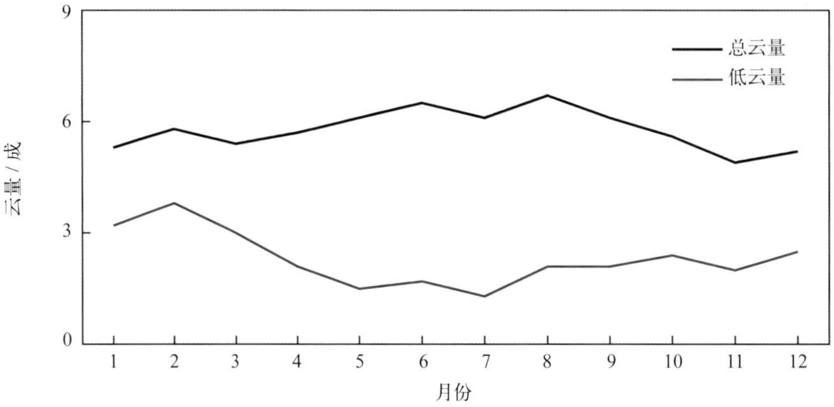

图5.8-1 总云量和低云量年变化（1966—1984年）

1967—1984年，年平均总云量无明显变化趋势，1977年最多，为7.2成，1982年和1983年最少，均为4.8成（图5.8-2）；年平均低云量无明显变化趋势，1980年最多，为3.1成，1979年最少，为1.9成（图5.8-3）。

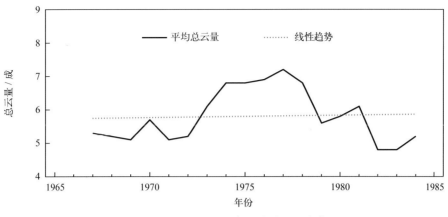

图5.8-2　1967—1984年平均总云量变化

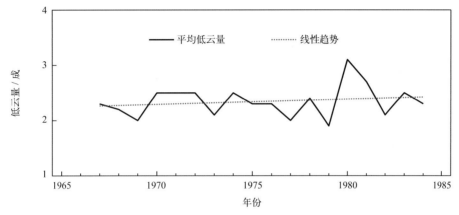

图5.8-3　1967—1984年平均低云量变化

第九节　蒸发量

1960—1979年，东方站平均年蒸发量为2 603.0毫米。5月蒸发量最大，为313.9毫米，2月蒸发量最小，为141.8毫米（表5.9-1，图5.9-1）。

表 5.9-1　蒸发量年变化（1960—1979年）　　　　　　　　　　单位：毫米

	1月	2月	3月	4月	5月	6月	7月	8月	9月	10月	11月	12月	年
平均蒸发量	162.3	141.8	174.3	232.5	313.9	283.5	301.5	237.8	192.8	200.9	188.3	173.4	2 603.0

注：1979年4月停测。

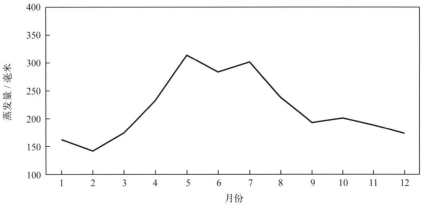

图5.9-1　蒸发量年变化（1960—1979年）

第六章 海平面

1. 年变化

东方沿海海平面年变化特征明显，7月最低，10月最高，年变幅为24厘米（图6-1），平均海平面在验潮基面上193厘米。

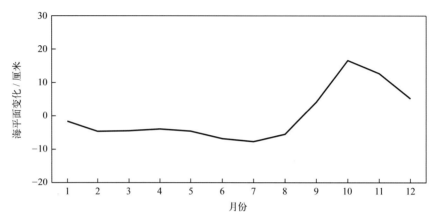

图6-1 海平面年变化（1965—2019年）

2. 长期趋势变化

东方沿海海平面变化总体呈波动上升趋势。1965—2019年，东方沿海海平面上升速率为3.1毫米／年；1993—2019年，东方沿海海平面上升速率为5.0毫米／年，高于同期中国沿海3.9毫米／年的平均水平。1968年东方沿海海平面处于有观测记录以来的最低位，2001年海平面达到过一次小高峰，之后有所回落，2012年海平面抬升明显，至2019年海平面一直处于高位，其中2017年海平面为有观测记录以来的最高位。

东方沿海十年平均海平面总体上升。1965—1969年平均海平面处于有观测记录以来的最低位；1970—1989年，十年平均海平面上升较缓；1990—2019年，十年平均海平面上升明显，1990—1999年平均海平面较1980—1989年平均海平面高29毫米，2000—2009年平均海平面较1990—1999年平均海平面高32毫米，2010—2019年平均海平面处于观测以来的最高位，比2000—2009年平均海平面高65毫米，比1965—1969年平均海平面高152毫米（图6-2）。

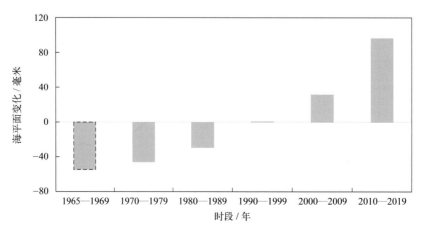

图6-2 十年平均海平面变化

3. 周期性变化

1965—2019 年，东方沿海海平面存在 2 ~ 3 年、7 年和 33 年的显著变化周期，振荡幅度 1 ~ 3 厘米。2013 年和 2017 年，海平面处于 2 年、7 年和 33 年周期性振荡的高位，几个主要周期性振荡高位叠加，抬高了同时段海平面的高度（图 6-3）。

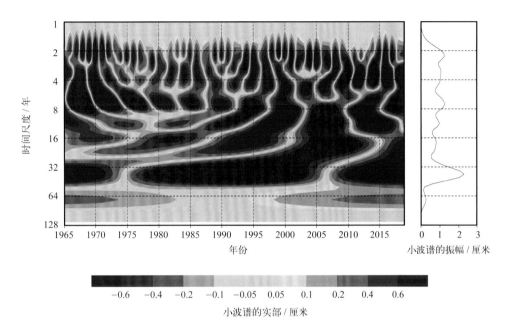

图6-3　年均海平面的小波（wavelet）变换

第七章 灾害

第一节 海洋灾害

1. 风暴潮

1963 年 8 月 16 日前后，6309 号超强台风登陆海南文昌，正遇农历七月十七天文大潮期，引发严重潮灾。海南东方县受灾水稻 435 亩，损坏房屋 245 间、树苗 4 万株，琼中县冲垮鱼塘13 个。9 月 9 日，6311 号台风影响期间，东方站最大风速超过 40 米 / 秒，过程雨量 382.1 毫米（《中国海洋灾害四十年资料汇编》）。

1964 年 7 月 2 日前后，6403 号强台风登陆海南琼海，引发严重潮灾。巨大的风暴增水使东方港海陆不分，港中拖轮被打翻在防波堤的乱石上，码头上运货的火车轨道被冲坏，列车被打翻，东方站潮位超过警戒潮位 30 厘米，码头被海水淹没，冲毁堤坝 49 条、山塘 19 个，损坏渔船 2 只、小船 8 只、渔具 146 件，八所港务局"海港一号"船沉没（《中国海洋灾害四十年资料汇编》）。

1980 年 7 月 20—23 日，8007 号强台风影响海南岛东北部沿海，引发特大潮灾。东方站最大增水超过 0.5 米，给广东、海南岛东北部造成的损失是灾难性的（《中国海洋灾害四十年资料汇编》）。

1991 年 7 月 13 日 06 时，9106 号强台风在海南省万宁县沿海地区登陆，穿过海南岛南部地区。东方站最高潮位 3.75 米，接近当地警戒潮位。由于暴雨和潮水上涨，致使陵水黎族自治县下排溪村 370 户人家都泡在一片汪洋之中，东方黎族自治县墩头镇被淹，水深达 1 ~ 1.5 米。8 月 16 日 07 时，9111 号强台风进入琼州海峡，受其影响，海南省风暴潮灾害严重，西至西北部普遍有 2.00 米左右增水。据海南省全省统计，直接经济损失为 5.9 亿元（《1991 年中国海洋灾害公报》）。

1996 年 8 月 22 日前后，海南沿海遭受 9612 号台风风暴潮袭击，造成较严重灾害，东方黎族自治县海水养殖受灾面积 600 亩，八所港防浪堤损坏 2 250 立方米（《1996 年中国海洋灾害公报》）。

2. 海浪

1996 年 7 月 22 日前后，9606 号强热带风暴造成的台风浪掀翻了在八所港锚地抛锚的大连抚顺轮船公司载煤货轮，18 名船员除 1 人被救起后不幸死亡外，其他人下落不明。9 月 18—22 日，9618 号台风引起较大台风浪，琼州海峡的浪高有 7 ~ 8 米，东方站实测最大波高 4.1 米，巨浪给海南北部和西部沿海都造成较大损失（《1996 年中国海洋灾害公报》）。

2007 年 9 月 24—25 日，0714 号热带风暴"范斯高"在南海中部海面形成 4 ~ 5 米的台风浪，东方站实测最大波高 3.5 米（《2007 年中国海洋灾害公报》）。

3. 海岸侵蚀

2008—2016 年，海南省东方市新龙镇岸段年平均侵蚀距离 2.85 米，侵蚀总面积 7.62 万平方米（《2016 年中国海平面公报》）。

2018 年，海南东方华能电厂南侧岸段侵蚀海岸长度 0.8 千米，平均侵蚀距离 2.0 米，海南东方新龙镇岸段平均下蚀 9.3 厘米（《2018 年中国海洋灾害公报》《2018 年中国海平面公报》）。

2019 年，海南东方华能电厂南侧岸段年平均侵蚀距离 3.1 米，岸滩年平均下蚀 24.3 厘米（《2019 年中国海平面公报》）。

2020 年，海南东方华能电厂南侧岸段年平均侵蚀距离 4.0 米，岸滩年平均下蚀 1.0 厘米（《2020 年中国海平面公报》）。

4. 海啸

1991 年 1 月 4—5 日，海南省西南部海域海底发生弱群震，1 天时间内就记录到 8 次地震，最大震级 3.7 级，震源深度 8 ~ 12 千米。受其影响，海南岛西南的东方站验潮记录曲线上明显地出现海啸波振动（《1991 年中国海洋灾害公报》）。

第二节　灾害性天气

根据《中国气象灾害大典·海南卷》（1949—2000 年）和《中国气象灾害年鉴》（2000 年后）及《南海区海洋站海洋水文气候志》等记载，东方站周边发生的主要灾害性天气有暴雨洪涝、大风、冰雹和雷电等。

1. 暴雨洪涝

1963 年 8 月 6 日 08 时至 9 日 08 时，受 6311 号超强台风影响，海南岛各地普降暴雨到特大暴雨。东方天安水库累计降雨量达到 716 毫米。这次强台风影响持续时间将近两天一夜，为 1949 年以来所罕见。其特点是风力大，袭击范围广，维持时间长；暴雨面积大，雨量集中；洪水大，海潮高。特大暴雨致使江河水位急剧上涨，又适值海水盛潮时期，风吹潮涌，来势凶猛，海南区最大河流——南渡江沿岸地区及沿海地区遭到严重洪水淹浸。南渡江形成 1958 年以来的最大洪水，昌化江最高水位破历史纪录，北部和西北部沿海海潮也很严重，海口潮水位差 1 厘米就达到 1948 年的最高水位。南渡江龙塘站超警戒水位 2.63 米，昌化江水位最高，宝桥站水位 26.57 米，超警戒水位 3.57 米，水位变幅达 12 米，流量达 19 900 立方米 / 秒。

1980 年 7 月 21—22 日，受 8007 号强台风影响，东方县天安水库日最大雨量达 472 毫米。

1983 年 7 月 16—19 日，受 8303 号台风影响，海南岛普降暴雨，其中东方日最大降雨量达 228 毫米。这个台风风力大，影响范围广，持续时间长，海潮暴涨，破坏性大。

1991 年 7 月 13 日早上至 14 日中午，受 9106 号强台风影响，海南省普降暴雨以上降水，其中东方黎族自治县 210.6 毫米。由于暴雨集中，造成昌化江、望楼河、陵水河、南圣河、宁远河等流域山洪暴发，洪水猛涨。昌化江出现 1949 年以来第二次大洪水，乐东黎族自治县县城水位达 145.6 米，宝桥水文站水位达 25.35 米，洪峰流量 16 000 立方米 / 秒，县委、县政府大院被淹，最深达 3.5 米，县机关 34 个单位被洪水淹浸，机关宿舍水深 1.5 ~ 1.9 米。东方黎族自治县的陀兴水库、探贡水库溢洪，特别是高坡岭水库建库 20 余年很少蓄满水，这次也开闸排洪。

1996 年 9 月 16—21 日，受 9618 号台风影响，海南岛普降大暴雨，局部特大暴雨，其中东方黎族自治县 21 日最大降雨量 423.1 毫米，16—21 日累计降雨量 586.7 毫米，两者均创有历史记录以来的最大值。海南岛的南渡江、昌化江、珠碧江、文澜江、珠溪河、文教河、文昌河、北门江、罗带河等江河流域洪水泛滥成灾。昌化江流域发生 1949 年以来第三次大洪水，大广坝电站排洪流量 6 980 立方米 / 秒，石碌水库排洪流量 1 300 立方米 / 秒，使昌化江下游宝桥站最高水位 25.19 米，超警戒水位 2.19 米。

2005 年 7 月 28 日 20 时至 31 日 20 时，受 0508 号强热带风暴"天鹰"影响，东方市累计降雨量 345.0 毫米。据不完全统计，东方、乐东、白沙、陵水、临高 5 个县（市）共有 24 个乡镇 13.1 万人受灾，直接经济损失达 3 000 万元。

2009 年 8 月 7 日，受 0907 号热带风暴"天鹅"影响，东方市降雨量高达 369.0 毫米，为 8 月日降雨量历史极大值。

2011 年 7 月 29—30 日，受 1108 号强热带风暴"洛坦"影响，海南岛中西部出现暴雨到特大暴雨，其中东方市天安乡降雨量高达 558.7 毫米。

2013 年 8 月 1 日 08 时至 3 日 10 时，受 1309 号强热带风暴"飞燕"影响，海南出现强降雨天气，其中东方市的板桥镇和抱板镇雨量分别为 368 毫米和 328.6 毫米。据统计，海口市 2 个区和文昌、琼海、东方等 10 个县（市）有 75.2 万人受灾，12.4 万人紧急转移，农作物受灾面积 2 万公顷，直接经济损失达 3.1 亿元。

2. 大风

1953 年 8 月 14 日 07 时，5313 号强台风在海南岛文昌县登陆，登陆时台风中心附近最大风力 12 级。受其影响，海南岛降暴雨到大暴雨，11—16 日降雨量为 100 ～ 300 毫米，11—15 日出现最大风力 9 ～ 10 级，阵风 8 ～ 12 级。昌感县（今昌江、东方）损失盐 183.5 吨。

1959 年 12 月 19 日夜间，北部湾遭受强风袭击，发生海损事件。东方县沉小船 4 艘，刮走 2 艘。

1963 年 4 月 8 日晨，强风侵袭海南岛西海岸地区，海上强风 6 级、阵风 7 级，风向由东北转偏北，海面有大浪。昌化港沉船 6 艘，严重损坏 2 艘，失踪渔民 2 人。

1964 年 3 月 24 日，昌江县遭受强风袭击，一艘 5 吨的渔船在昌化海域捕鱼，来不及回港，在八所港外面被风刮破，工具、网具及私人财产损失约 5 700 元，船上 4 人下落不明。

3. 冰雹

2011 年 4 月 18 日凌晨，东方市出现雷雨大风等强对流天气，局地伴有冰雹。东方市近海 8 艘渔船遇险沉没，7 人死亡。

4. 雷电

1972 年 8 月 23 日，东方县抱板公社江泉农场，雷电击伤 1 人。

1999 年 7 月 24 日 18 时，东方市乐安小学遭受雷击，3 间宿舍被击坏，1 人死亡，4 人受伤，其中 2 人重伤。7 月 31 日 13 时 25 分，东方市十所村出现强雷雨，在村边田间施肥的 1 名青年妇女当场被击死，附近树下 2 头耕牛同时被雷击死。

2004 年 4 月 14 日中午，海南省东方市大田镇大田村数名农民在路上遇雷击，造成 1 人死亡，3 人受伤。

莺歌海海洋站

第一章　概况

第一节　基本情况

　　莺歌海海洋站（简称莺歌海站）位于海南省乐东县。乐东县位于海南省西南部，濒临北部湾，是海南省土地面积最大、人口最多的少数民族自治县，海岸线长约 84.3 千米，拥有多个优良海湾，山水海自然资源丰富，莺歌海盐场是中国南方最大的海水盐场。

　　莺歌海站建于 1956 年 1 月，名为广东省崖县莺歌海气象站莺歌海盐场水文站，隶属于广东省气象局。1966 年 1 月更名为莺歌海海洋站，隶属国家海洋局南海分局，1989 年 6 月更名为乐东县莺歌海海洋水文气象站，隶属海南省海洋局，1996 年 8 月更名为莺歌海海洋站，隶属国家海洋局南海分局，2019 年 6 月后隶属自然资源部南海局，由海口中心站管理。建站时站址位于海南岛崖县莺歌海水道口，1963 年 9 月迁至海南省乐东县莺歌海镇海军街（图 1.1-1）。

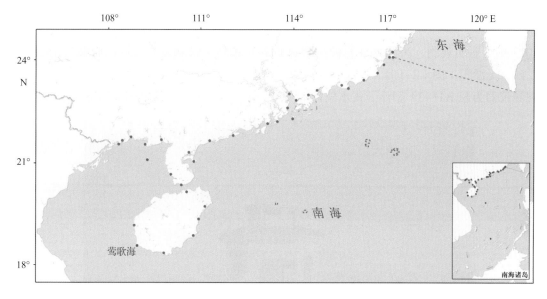

图1.1-1　莺歌海站地理位置示意

　　莺歌海站观测项目有潮汐、海浪、表层海水温度、表层海水盐度、气温、气压、相对湿度、风和降水等。2010 年前，主要为人工观测或使用简易设备观测，2010 年安装使用自动观测系统，多数项目实现了自动化观测、数据存储和传输。

　　莺歌海沿海为不正规日潮特征，海平面 6 月最低，11 月最高，年变幅为 30 厘米，平均海平面为 118 厘米，平均高潮位为 154 厘米，平均低潮位为 77 厘米；全年海况以 0 ～ 4 级为主，年均平均波高为 0.7 米，年均平均周期为 3.9 秒，历史最大波高最大值为 12.7 米，历史平均周期最大值为 10.5 秒，常浪向为 SE，强浪向为 S；年均表层海水温度为 26.0 ～ 28.2℃，6 月最高，均值为 30.0℃，1 月最低，均值为 22.9℃，历史水温最高值为 34.5℃，历史水温最低值为 13.4℃；年均表层海水盐度为 32.05 ～ 34.07，4 月最高，均值为 33.59，10 月最低，均值为 32.38，历史盐度最高值为 36.65，历史盐度最低值为 22.58；海发光主要为火花型，9 月出现频率最高，6 月最低，1 级海发光最多，出现的最高级别为 3 级。

莺歌海站主要受海洋性季风气候影响，年均气温为 24.5 ~ 25.9℃，7 月最高，均值为 28.8℃，1 月最低，均值为 20.1℃，历史最高气温为 34.2℃，历史最低气温为 5.6℃；年均气压为 1 008.7 ~ 1 011.0 百帕，1 月最高，均值为 1 016.1 百帕，7 月最低，均值为 1 003.7 百帕；年均相对湿度为 78.1% ~ 82.0%，8 月最大，均值为 82.6%，11 月最小，均值为 77.0%；年均风速为 2.3 ~ 5.3 米 / 秒，4 月最大，均值为 4.7 米 / 秒，12 月最小，均值为 2.8 米 / 秒，1 月盛行风向为 E—SE 和 NNW—N（顺时针，下同），4 月盛行风向为 E—SSE，7 月盛行风向为 E—S，10 月盛行风向为 ENE—ESE；平均年降水量为 1 086.3 毫米，9 月平均降水量最多，占全年的 19.5%；平均年雷暴日数为 65.2 天，9 月最多，均值为 14.9 天，12 月未出现；年均能见度为 25.5 ~ 34.8 千米，5 月最大，均值为 31.6 千米，1 月和 12 月最小，均为 28.4 千米；年均总云量为 5.9 ~ 8.3 成，6 月和 8 月最多，均为 9.0 成，3 月最少，均值为 6.1 成；平均年蒸发量为 2 311.5 毫米，5 月最大，均值为 255.9 毫米，2 月最小，均值为 145.5 毫米。

第二节　观测环境和观测仪器

1. 潮汐

2013 年有短期观测，2014 年 4 月使用新建验潮井观测。验潮井为岛式钢筋混凝土结构，底质为泥沙，无淤积（图 1.2-1）。

观测仪器为 SCA11-3A 型浮子式水位计。

图1.2-1　莺歌海站验潮室（摄于2020年12月）

2. 海浪

海浪观测记录始于 1967 年。测点位于站西南方约 150 米的沙丘上，浮筒和浮标抛放点位于莺歌嘴湾内，靠近岸边，流速平稳，视野开阔（图 1.2-2）。

观测仪器为 HAB1 型岸用光学测波仪，2010 年后使用 SZF 型浮标。海况和波型为目测。

图1.2-2　莺歌海站浮标布放点（摄于2011年3月）

3. 表层海水温度、盐度和海发光

表层海水温度观测记录始于 1960 年 2 月，表层海水盐度观测记录始于 1961 年 5 月。测点位于莺歌嘴，与外海畅通，周边没有排水、排污管道或小溪入海处。

水温使用 SWL1-1 型水温表测量，盐度使用比重计、氯度滴定管、WUS 型感应式盐度计、SYY1-1 型光学折射盐度计等测定，2013 年 6 月后使用 YZY4-3 型温盐传感器。

海发光为每日天黑后人工目测。

4. 气象要素

气象要素观测记录始于 1960 年。观测初期测点位于站北面约 800 米处，后迁至站办公室楼顶，2014 年 11 月迁至新建验潮室屋顶。

观测仪器主要有温度表、水银气压表、维尔达测风仪和雨量筒等。2010 年 3 月后使用 278 型气压传感器和 XFY3-1 型风传感器。能见度为人工目测。

第二章 潮位

第一节 潮汐

1. 潮汐类型

利用莺歌海站近 5 年（2015—2019 年）验潮资料分析的调和常数，计算出潮汐系数 $(H_{K_1}+H_{O_1})/H_{M_2}$ 为 2.77。按我国潮汐类型分类标准，莺歌海沿海为不正规日潮，每月超过 1/4 的天数每个潮汐日（约 24.8 小时）出现一次高潮和一次低潮，其余天数每日有两次高潮和两次低潮，高潮日不等和低潮日不等现象均较显著。

2. 潮汐特征值

由 2015—2019 年资料统计分析得出：莺歌海站平均高潮位为 154 厘米，平均低潮位为 77 厘米，平均潮差为 77 厘米；平均高高潮位为 185 厘米，平均低低潮位为 71 厘米，平均大的潮差为 114 厘米。平均涨潮历时 7 小时 33 分钟，平均落潮历时 6 小时 41 分钟，两者相差 52 分钟。

累年各月潮汐特征值见表 2.1-1。

表 2.1-1 累年各月潮汐特征值（2015—2019 年） 单位：厘米

月份	平均高潮位	平均低潮位	平均潮差	平均高高潮位	平均低低潮位	平均大的潮差
1	154	81	73	187	78	109
2	151	76	75	179	71	108
3	152	76	76	175	69	106
4	150	72	78	176	64	112
5	149	70	79	179	64	115
6	138	64	74	175	60	115
7	138	64	74	177	61	116
8	143	66	77	178	60	118
9	158	81	77	188	73	115
10	175	92	83	203	85	118
11	173	92	81	203	87	116
12	162	86	76	197	82	115
年	154	77	77	185	71	114

注：潮位值均以验潮零点为基面。

平均高潮位 10 月最高，为 175 厘米，6 月和 7 月最低，均为 138 厘米，年较差为 37 厘米；平均低潮位 10 月和 11 月最高，均为 92 厘米，6 月和 7 月最低，均为 64 厘米，年较差为 28 厘米（图 2.1-1）；平均高高潮位 10 月和 11 月最高，均为 203 厘米，3 月和 6 月最低，均为 175 厘米，年较差为 28 厘米；平均低低潮位 11 月最高，为 87 厘米，6 月和 8 月最低，均为 60 厘米，年较差为 27 厘米。平均潮差 10 月最大，1 月最小，年较差为 10 厘米；平均大的潮差 8 月和

10 月均为最大，3 月最小，年较差为 12 厘米（图 2.1-2）。

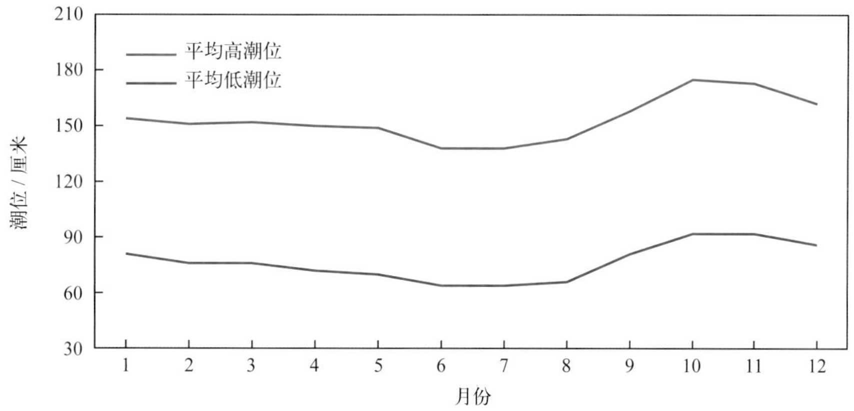

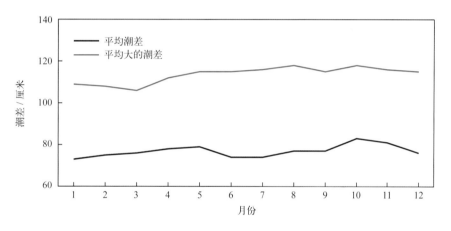

图2.1-1　平均高潮位和平均低潮位年变化

图2.1-2　平均潮差和平均大的潮差年变化

2015—2019 年，莺歌海平均高潮位最高值出现在 2017 年和 2019 年，均为 157 厘米；最低值出现在 2015 年，为 146 厘米。平均低潮位最高值出现在 2017 年，为 81 厘米；最低值出现在 2015 年，为 74 厘米。

2015—2019 年，莺歌海平均潮差最大值出现在 2019 年，为 81 厘米；最小值出现在 2015 年，为 72 厘米。

第二节　极值潮位

莺歌海站年最高潮位和年最低潮位的各月发生频率见表 2.2-1。2015—2019 年，年最高潮位出现时间集中在 10—12 月，其中 11 月和 12 月发生频率最高，均为 40%；10 月为 20%。年最低潮位出现在 3—4 月和 6—7 月，其中 3 月发生频率最高，为 40%；4 月、6 月和 7 月均为 20%。

2015—2019 年，历年的最高潮位均高于 240 厘米，历史最高潮位为 261 厘米，出现在 2017 年 11 月 7 日。历年最低潮位均低于 36 厘米，历史最低潮位出现在 2019 年 7 月 4 日，为 15 厘米（表 2.2-1）。

表 2.2-1 最高潮位和最低潮位及年极值出现频率（2015—2019 年）

	1月	2月	3月	4月	5月	6月	7月	8月	9月	10月	11月	12月
最高潮位值 / 厘米	242	228	211	223	231	226	232	225	238	254	261	254
年最高潮位出现频率 / %	0	0	0	0	0	0	0	0	0	20	40	40
最低潮位值 / 厘米	43	41	29	35	33	23	15	27	40	45	55	43
年最低潮位出现频率 / %	0	0	40	20	0	20	20	0	0	0	0	0

第三节 增减水

受地形和气候特征的影响，莺歌海站出现 10 厘米以上增水的频率高于同等强度减水的频率，超过 30 厘米的增水平均约 37 天出现一次，超过 30 厘米的减水平均约 457 天出现一次（表 2.3-1）。

表 2.3-1 不同强度增减水平均出现周期（2015—2019 年）

范围 / 厘米	出现周期 / 天	
	增水	减水
>10	0.38	0.58
>20	3.50	11.13
>30	36.52	456.50
>40	608.67	—

"—"表示无数据。

莺歌海站 40 厘米以上的增水主要出现在 9—10 月，30 厘米以上的减水多发生在 1 月和 4 月，这些大的增减水过程主要与该海域受热带气旋等影响有关（表 2.3-2）。

表 2.3-2 各月不同强度增减水出现频率（2015—2019 年）

月份	增水 / %				减水 / %		
	>10 厘米	>20 厘米	>30 厘米	>40 厘米	>10 厘米	>20 厘米	>30 厘米
1	14.76	0.81	0.00	0.00	7.69	0.91	0.08
2	8.33	0.06	0.00	0.00	4.05	0.09	0.00
3	9.46	0.48	0.00	0.00	2.72	0.03	0.00
4	6.14	0.36	0.00	0.00	5.06	0.42	0.03
5	10.40	0.97	0.00	0.00	2.20	0.03	0.00
6	2.28	0.00	0.00	0.00	1.72	0.00	0.00
7	12.31	1.34	0.13	0.00	3.74	0.24	0.00
8	4.62	0.30	0.00	0.00	8.63	0.24	0.00
9	13.17	1.94	0.39	0.06	13.44	0.64	0.00
10	22.53	4.33	0.40	0.03	8.09	0.83	0.00
11	14.50	1.81	0.03	0.00	12.56	0.53	0.00
12	11.69	1.75	0.40	0.00	16.21	0.51	0.00

2015—2019 年，莺歌海站年最大增水出现在 9—10 月和 12 月，其中 9 月出现频率最高，为 60%；10 月和 12 月均为 20%。莺歌海站年最大减水出现在 1 月、4 月、10 月和 12 月，其中 4 月出现频率最高，为 40%；1 月、10 月和 12 月均为 20%（表 2.3-3）。历史最大增水出现在 2017 年 9 月 15 日，为 46 厘米。历史最大减水发生在 2018 年 1 月 9 日，为 34 厘米。

表 2.3-3　最大增水和最大减水及年极值出现频率（2015—2019 年）

	1月	2月	3月	4月	5月	6月	7月	8月	9月	10月	11月	12月
最大增水值 / 厘米	28	21	29	29	28	19	34	29	46	41	34	40
年最大增水出现频率 / %	0	0	0	0	0	0	0	0	60	20	0	20
最大减水值 / 厘米	34	26	25	33	21	20	24	25	24	28	23	27
年最大减水出现频率 / %	20	0	0	40	0	0	0	0	0	20	0	20

第三章　海浪

第一节　海况

　　莺歌海站全年及各月各级海况的频率见图3.1-1。全年海况以 0 ～ 4 级为主，频率为96.22%，其中 0 ～ 2 级海况频率为39.48%。全年 5 级及以上海况频率为3.78%，最大频率出现在 10 月，为5.80%。全年 7 级及以上海况频率为0.10%，最大频率出现在 10 月，为0.48%，1 月、3—5 月和 12 月未出现。

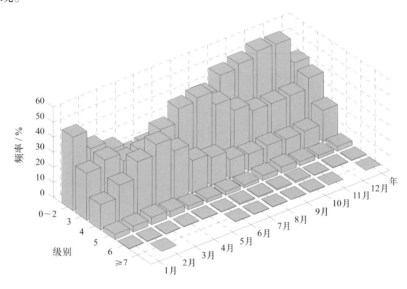

图3.1-1　全年及各月各级海况频率（1967—2019年）

第二节　波型

　　莺歌海站风浪频率和涌浪频率的年变化见表 3.2-1。全年以风浪为主，频率为99.96%，涌浪频率为41.56%。各月的风浪频率相差不大，涌浪频率差异较大。涌浪在 8 月、11 月和 12 月较多，其中 8 月最多，频率为56.76%；在 4 月和 5 月较少，其中 4 月最少，频率为22.86%。

表3.2-1　各月及全年风浪涌浪频率（1967—2019 年）

	1月	2月	3月	4月	5月	6月	7月	8月	9月	10月	11月	12月	年
风浪 /%	99.98	99.98	99.92	99.98	99.90	99.98	99.98	99.94	99.92	100.00	100.00	99.94	99.96
涌浪 /%	43.08	34.46	30.01	22.86	24.85	38.64	48.67	56.76	47.72	48.56	52.25	50.15	41.56

　　注：风浪包含F、FU、F/U和U/F波型；涌浪包含U、FU、F/U和U/F波型。

第三节　波向

1. 各向风浪频率

　　莺歌海站各月及全年各向风浪频率见图 3.3-1。1 月 NNW 向风浪居多，SE 向次之。2 月

SE 向风浪居多，NNW 向次之。3 月和 4 月 SE 向风浪居多，ESE 向次之。5—8 月 SE 向风浪居多，SSE 向次之。9—12 月 NNW 向风浪居多，NW 向次之。全年 SE 向风浪居多，频率为 17.53%；SSE 向次之，频率为 11.44%；NE 向最少，频率为 0.33%。

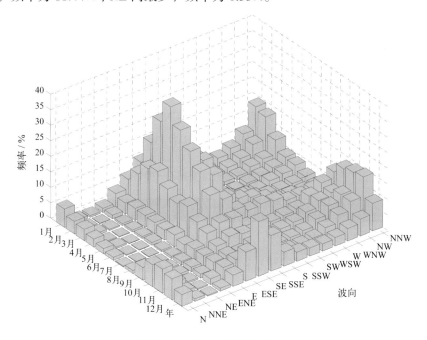

图3.3-1　各月及全年各向风浪频率（1967—2019年）

2. 各向涌浪频率

莺歌海站各月及全年各向涌浪频率见图 3.3-2。1—3 月 S 向涌浪居多，WNW 向次之。4 月、5 月和 9—12 月 S 向涌浪居多，SSW 向次之。6 月 SSW 向涌浪居多，SW 向次之。7 月 SSW 向和 SW 向涌浪居多，S 向次之。8 月 SW 向涌浪居多，SSW 向次之。全年 S 向涌浪居多，频率为 13.29%；SSW 向次之，频率为 8.99%；NE 向和 ENE 向最少，频率均接近 0。

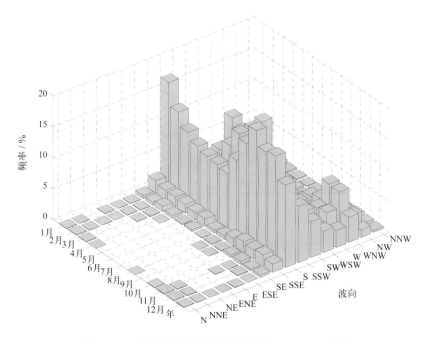

图3.3-2　各月及全年各向涌浪频率（1967—2019年）

第四节 波高

1. 平均波高和最大波高

莺歌海站波高的年变化见表 3.4–1。月平均波高的年变化不明显，为 0.6 ~ 0.8 米。历年的平均波高为 0.6 ~ 0.8 米。

月最大波高比月平均波高的变化幅度大，极大值出现在 9 月，为 12.7 米，极小值出现在 4 月，为 2.5 米，变幅为 10.2 米。历年的最大波高为 1.9 ~ 12.7 米，不小于 9.0 米的有 3 年，其中最大波高的极大值 12.7 米出现在 2017 年 9 月 15 日，正值 1719 号强台风"杜苏芮"影响期间，波向为 S，对应平均风速为 12.4 米 / 秒，对应平均周期为 10.0 秒。

表 3.4–1　波高年变化（1967—2019 年）　　　　　　　　　　　　　　单位：米

	1月	2月	3月	4月	5月	6月	7月	8月	9月	10月	11月	12月	年
平均波高	0.6	0.7	0.7	0.7	0.7	0.8	0.8	0.8	0.6	0.6	0.6	0.6	0.7
最大波高	3.1	4.0	2.6	2.5	2.9	4.7	7.0	6.4	12.7	8.7	9.6	2.7	12.7

2. 各向平均波高和最大波高

全年及各季代表月各向波高的分布见表 3.4–2、图 3.4–1 和图 3.4–2。全年各向平均波高为 0.6 ~ 0.9 米，大值主要分布于 N 向，小值主要分布于 S 向、W 向和 WNW 向。全年各向最大波高 S 向最大，为 12.7 米；SE 向和 SW 向次之，均为 9.6 米；NNW 向最小，为 4.2 米。

表 3.4–2　全年各向平均波高和最大波高（1967—2019 年）　　　　　　单位：米

	N	NNE	NE	ENE	E	ESE	SE	SSE	S	SSW	SW	WSW	W	WNW	NW	NNW
平均波高	0.9	0.8	0.7	0.7	0.7	0.8	0.8	0.7	0.6	0.7	0.8	0.7	0.6	0.6	0.7	0.8
最大波高	5.0	4.4	7.0	4.5	4.7	9.0	9.6	9.5	12.7	7.0	9.6	6.4	5.8	5.0	4.9	4.2

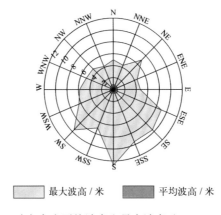

图3.4–1　全年各向平均波高和最大波高（1967—2019年）

1 月平均波高 N 向最大，为 0.9 米；SSW 向和 SW 向最小，均为 0.5 米。最大波高 SE 向最大，为 3.1 米；NW 向次之，为 2.8 米；SSW 向最小，为 1.5 米。

4月平均波高 NE 向最大，为 0.9 米；WSW 向最小，为 0.5 米。最大波高 SSE 向和 NW 向最大，均为 2.5 米；S 向次之，为 2.4 米；WNW 向最小，为 1.7 米。

7月平均波高 NE 向、SW 向和 WSW 向最大，均为 1.0 米；N 向、E 向、ESE 向和 S 向最小，均为 0.7 米。最大波高 S 向和 SSW 向最大，均为 7.0 米；SW 向次之，为 6.0 米；E 向最小，为 2.4 米。

10月平均波高 N 向最大，为 0.9 米；W 向最小，为 0.5 米。最大波高 SE 向最大，为 8.7 米；NE 向次之，为 7.0 米；SW 向最小，为 2.4 米。

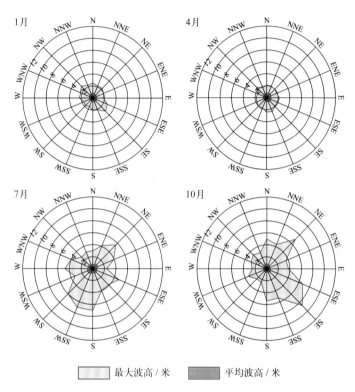

最大波高 / 米　　平均波高 / 米

图3.4-2　四季代表月各向平均波高和最大波高（1967—2019年）

第五节　周期

1. 平均周期和最大周期

莺歌海站周期的年变化见表 3.5-1。月平均周期的年变化不明显，为 3.7 ~ 4.1 秒。月最大周期的年变化幅度较大，极大值出现在 8 月，为 10.5 秒，极小值出现在 3 月和 4 月，均为 6.5 秒。历年的平均周期为 2.3 ~ 4.4 秒，其中 1976 年和 2011 年均为最大，1969 年最小。历年的最大周期均不小于 5.2 秒，大于 9.0 秒的有 3 年，其中最大周期的极大值 10.5 秒出现在 2018 年 8 月 6 日和 7 日，波向分别为 SSE 和 S。

表3.5-1　周期年变化（1967—2019年）　　　　　　　　　　　　　　　单位：秒

	1月	2月	3月	4月	5月	6月	7月	8月	9月	10月	11月	12月	年
平均周期	4.0	3.8	3.8	3.8	3.7	3.9	4.0	4.1	3.8	3.9	4.0	4.0	3.9
最大周期	8.4	8.6	6.5	6.5	7.5	6.7	8.3	10.5	10.0	8.9	8.5	8.6	10.5

2. 各向平均周期和最大周期

全年及各季代表月各向周期的分布见表 3.5–2、图 3.5–1 和图 3.5–2。全年各向平均周期为 3.7 ~ 4.3 秒，SW 向、NNE 向、NE 向和 WSW 向周期值较大。全年各向最大周期 SSE 向和 S 向最大，均为 10.5 秒；NW 向次之，为 9.1 秒；WNW 向最小，为 6.5 秒。

表 3.5–2　全年各向平均周期和最大周期（1967—2019 年）　　　　　单位：秒

	N	NNE	NE	ENE	E	ESE	SE	SSE	S	SSW	SW	WSW	W	WNW	NW	NNW
平均周期	4.1	4.2	4.2	4.0	3.7	3.7	3.8	3.8	4.1	4.1	4.3	4.2	4.0	3.9	3.8	3.7
最大周期	8.0	7.0	7.6	8.0	8.0	8.5	8.5	10.5	10.5	8.6	9.0	9.0	8.0	6.5	9.1	7.5

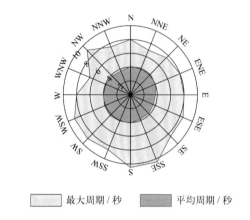

最大周期 / 秒　　　　平均周期 / 秒

图3.5–1　全年各向平均周期和最大周期（1967—2019年）

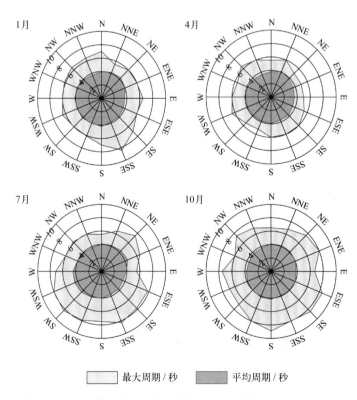

最大周期 / 秒　　　　平均周期 / 秒

图3.5–2　四季代表月各向平均周期和最大周期（1967—2019年）

　　1月平均周期NE向最大，为4.3秒；E向、ESE向和NNW向最小，均为3.7秒。最大周期SSE向最大，为8.4秒；N向、SE向和S向次之，均为7.0秒；NNE向最小，为5.5秒。

　　4月平均周期NNE向最大，为4.1秒；ENE向、E向和ESE向最小，均为3.6秒。最大周期WSW向和NW向最大，均为6.5秒；NNE向、SE向、SSE向、S向、W向和NNW向次之，均为6.0秒；NE向、ENE向和E向最小，均为5.0秒。

　　7月平均周期ENE向和WSW向最大，均为4.5秒；ESE向最小，为3.6秒。最大周期SSE向和SW向最大，均为8.3秒；WSW向次之，为8.0秒；N向和E向最小，均为5.5秒。

　　10月平均周期NNE向、NE向和S向最大，均为4.2秒；WNW向最小，为3.7秒。最大周期S向最大，为8.9秒；ESE向和SE向次之，均为8.5秒；WNW向最小，为6.0秒。

第四章　表层海水温度、盐度和海发光

第一节　表层海水温度

1. 平均水温、最高水温和最低水温

莺歌海站月平均水温的年变化具有峰谷明显的特点，6月最高，为30.0℃，1月最低，为22.9℃，年较差为7.1℃。2—6月为升温期，7月至翌年1月为降温期。月最高水温和月最低水温的年变化特征与月平均水温相似（图4.1-1）。

历年（1960年和2006年数据有缺测）的平均水温为26.0～28.2℃，其中2019年最高，1971年最低。累年平均水温为27.1℃。

历年的最高水温均不低于31.4℃，其中大于33.5℃的有14年，大于34.0℃的有6年，出现时间为5—10月，6月最多，占统计年份的29%。水温极大值为34.5℃，出现在2006年6月21日和2011年6月10日。

历年的最低水温均不高于23.0℃，其中小于17.0℃的有13年，小于16.0℃的有5年，出现时间为11月至翌年3月，1月最多，占统计年份的38%。水温极小值为13.4℃，出现在1975年12月15日。

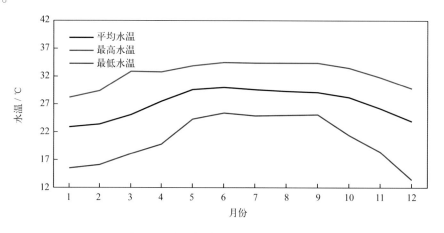

图4.1-1　水温年变化（1960—2019年）

2. 日平均水温稳定通过界限温度的日期

采用五日滑动平均方法求出稳定通过各个界限温度的日期，见表4.1-1。日平均水温全年均稳定通过20℃，稳定通过25℃的有260天，稳定通过30℃的初日为5月22日，终日为6月10日，共20天。

表4.1-1　日平均水温稳定通过界限温度的日期（1960—2019年）

	20℃	25℃	30℃
初日	1月1日	3月15日	5月22日
终日	12月31日	11月29日	6月10日
天数	365	260	20

3. 长期趋势变化

1961—2019 年，年平均水温和年最低水温均呈波动上升趋势，上升速率分别为 0.16℃／（10 年）和 0.38℃／（10 年）；1960—2019 年，年最高水温无明显变化趋势。其中，2006 年和 2011 年最高水温均为 1960 年以来的第一高值，1987 年、2005 年和 2010 年最高水温均为 1960 年以来的第二高值；1975 年和 1982 年最低水温分别为 1961 年以来的第一低值和第二低值。

十年平均水温变化显示，2010—2019 年平均水温最高，1970　1979 年平均水温最低，1980—1989 年平均水温较上一个十年升幅最大，升幅为 0.5℃（图 4.1-2）。

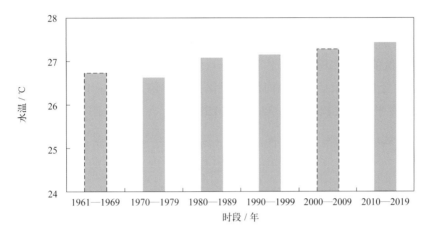

图4.1-2　十年平均水温变化（数据不足十年加虚线框表示，下同）

第二节　表层海水盐度

1. 平均盐度、最高盐度和最低盐度

莺歌海站月平均盐度最高值出现在 4 月，为 33.59，最低值出现在 10 月，为 32.38，年较差为 1.21。月最高盐度 7 月最大，10 月和 11 月均为最小。月最低盐度 1 月最大，9 月最小（图 4.2-1）。

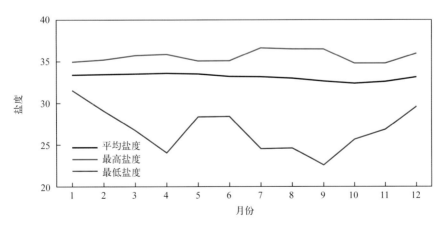

图4.2-1　盐度年变化（1961—2019年）

历年（1961 年数据有缺测、2006 年 4 月至 2013 年 5 月停测）的平均盐度为 32.05 ～ 34.07，其中 1993 年最高，2002 年最低。累年平均盐度为 33.13。

历年的最高盐度均大于 33.05，其中大于 34.50 的有 20 年，大于 35.00 的有 8 年。年最高盐度多出现在 3—5 月和 7 月，占统计年份的 69%。盐度极大值为 36.65，出现在 1963 年 7 月 28 日。

历年的最低盐度均小于 32.30，其中小于 28.00 的有 12 年，小于 26.00 的有 6 年。年最低盐度主要出现在 7—10 月，占统计年份的 64%。盐度极小值为 22.58，出现在 1962 年 9 月 23 日。《南海区海洋站海洋水文气候志》记载，最低盐度为 21.86，出现在 1962 年 9 月 28 日 20 时。

2. 长期趋势变化

1961—2019 年，年平均盐度、年最高盐度和年最低盐度均无明显变化趋势。1963 年和 1964 年最高盐度分别为 1961 年以来的第一高值和第二高值；1962 年和 1989 年最低盐度分别为 1961 年以来的第一低值和第二低值。

十年平均盐度变化显示，十年平均盐度变化比较平稳，1970—1979 年平均盐度较低，为 33.0，1980—1989 年平均盐度较高，为 33.3（图 4.2-2）。

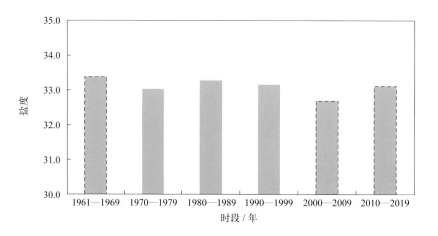

图4.2-2 十年平均盐度变化

第三节 海发光

1960—2019 年，莺歌海站观测到的海发光主要为火花型（H），其次是闪光型（S），弥漫型（M）最少，观测到 3 次。海发光以 1 级海发光为主，占海发光次数的 94.9%；2 级海发光次之，占 5.1%；3 级海发光观测到 5 次；0 级海发光观测到 1 次；未观测到 4 级海发光。

各月及全年海发光频率见表 4.3-1 和图 4.3-1。海发光频率 8—12 月较高，1—7 月较低，其中 9 月最高，6 月最低。累年平均海发光频率为 82.2%。

历年海发光频率均不低于 5.6%，其中 2000 年后有 11 年海发光频率为 100%，1964 年最小。

表 4.3-1 各月及全年海发光频率（1960—2019 年）

	1月	2月	3月	4月	5月	6月	7月	8月	9月	10月	11月	12月	年
频率 / %	84.9	81.1	79.8	82.1	76.6	70.5	71.2	86.7	90.3	88.1	88.7	86.3	82.2

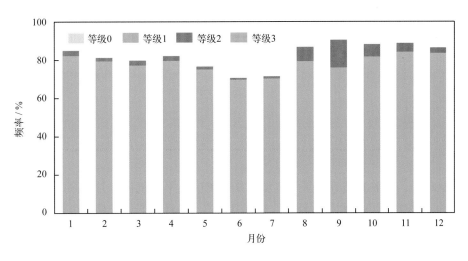

图4.3-1 各月各级海发光频率（1960—2019年）

第五章 海洋气象

第一节 气温

1. 平均气温、最高气温和最低气温

1960—1980 年，莺歌海站累年平均气温为 25.2℃。月平均气温 7 月最高，为 28.8℃，1 月最低，为 20.1℃，年较差为 8.7℃。月最高气温 9 月最高，1 月最低。月最低气温 7 月最高，1 月和 12 月均为最低（表 5.1-1，图 5.1-1）。

表 5.1-1　气温年变化（1960—1980 年）　　　　　　　　　　　单位：℃

	1月	2月	3月	4月	5月	6月	7月	8月	9月	10月	11月	12月	年
平均气温	20.1	20.8	23.5	26.1	28.3	28.7	28.8	28.2	27.4	25.9	23.5	21.2	25.2
最高气温	29.0	32.1	31.4	32.9	33.8	34.1	34.0	33.7	34.2	32.9	32.0	30.3	34.2
最低气温	5.6	9.5	10.3	13.9	21.1	21.7	22.1	21.3	18.8	17.0	6.6	5.6	5.6

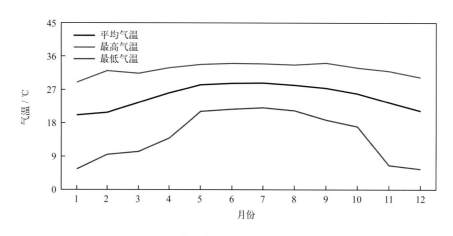

图5.1-1　气温年变化（1960—1980年）

历年的平均气温为 24.5 ~ 25.9℃，其中 1966 年最高，1971 年最低。

历年的最高气温均高于 32.5℃，其中高于 34.0℃的有 3 年。最早出现时间为 5 月 25 日（1972 年），最晚出现时间为 9 月 26 日（1970 年）。6 月和 9 月最高气温出现频率最高，均占统计年份的 25%，7 月次之，占 21%（图 5.1-2）。极大值为 34.2℃，出现在 1970 年 9 月 26 日和 1979 年 9 月 18 日。

历年的最低气温均低于 13.0℃，其中低于 10.0℃的有 10 年，低于 6.0℃的有 2 年。最早出现时间为 11 月 17 日（1971 年），最晚出现时间为 2 月 18 日（1978 年）。1 月最低气温出现频率最高，占统计年份的 43%，12 月次之，占 28%（图 5.1-2）。极小值为 5.6℃，出现在 1974 年 1 月 2 日和 1975 年 12 月 29 日。

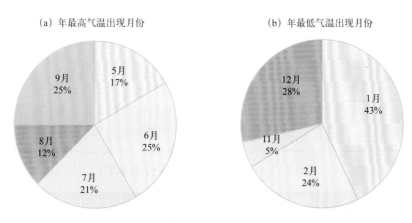

（a）年最高气温出现月份　　　　　（b）年最低气温出现月份

图5.1-2　年最高、最低气温出现月份及频率（1960—1980年）

2. 长期趋势变化

1960—1980年，年平均气温、年最高气温和年最低气温均呈上升趋势，上升速率分别为
0.11℃/（10年）（线性趋势未通过显著性检验）、0.41℃/（10年）和0.79℃/（10年）（线性趋势未通过显著性检验）。

3. 常年自然天气季节和大陆度

利用莺歌海站1965—1980年气温累年日平均数据计算五日滑动平均气温，根据《气候季节划分》（QX/T 152—2012）中的气候季节划分指标和本志季节起止日确定方法，莺歌海站平均春季时间从1月7日到3月3日，共56天；平均夏季时间从3月4日到12月11日，共283天；平均秋季时间从12月12日到翌年1月6日，共26天。夏季时间最长，全年无冬季（图5.1-3）。

莺歌海站焦金斯基大陆度指数为17.0%，属海洋性季风气候。

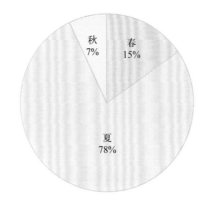

图5.1-3　各季平均日数百分率（1965—1980年）

第二节　气压

1. 平均气压、最高气压和最低气压

1965—2019年，莺歌海站累年平均气压为1 010.0百帕。月平均气压1月最高，为1 016.1百帕，7月最低，为1 003.7百帕，年较差为12.4百帕。月最高气压3月最大，7月最小。月最低气

压 12 月最大，11 月最小（表 5.2-1，图 5.2-1）。

历年的平均气压为 1 008.7 ~ 1 011.0 百帕，其中 1980 年和 2017 年均为最高，2009 年最低。

历年的最高气压均高于 1 021.5 百帕，其中高于 1 026.0 百帕的有 8 年。极大值为 1 031.6 百帕，出现在 2005 年 3 月 5 日。

历年的最低气压均低于 997.5 百帕，其中低于 985.0 百帕的有 5 年。极小值为 969.2 百帕，出现在 2013 年 11 月 10 日，正值 1330 号超强台风"海燕"影响期间。

表 5.2-1　气压年变化（1965—2019 年）　　　　　　　　　　　　　单位：百帕

	1 月	2 月	3 月	4 月	5 月	6 月	7 月	8 月	9 月	10 月	11 月	12 月	年
平均气压	1 016.1	1 014.8	1 012.5	1 009.9	1 006.7	1 004.2	1 003.7	1 003.9	1 006.8	1 011.1	1 014.1	1 016.0	1 010.0
最高气压	1 028.8	1 026.7	1 031.6	1 023.0	1 015.9	1 012.9	1 012.3	1 013.5	1 018.1	1 021.1	1 025.0	1 027.0	1 031.6
最低气压	1 002.9	1 002.9	1 001.7	997.6	996.4	987.5	981.6	984.7	976.8	987.5	969.2	1 004.5	969.2

注：1981—2001 年停测，2002 年和 2003 年数据有缺测。

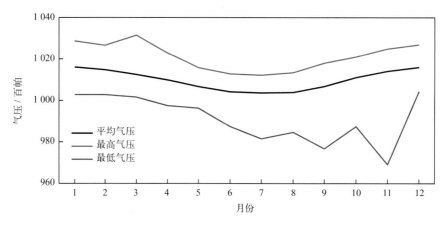

图5.2-1　气压年变化（1965—2019年）

2. 长期趋势变化

1965—1980 年，年平均气压呈上升趋势，上升速率为 0.15 百帕 /（10 年）（线性趋势未通过显著性检验）；年最高气压变化趋势不明显；年最低气压呈下降趋势，下降速率为 3.33 百帕 /（10 年）（线性趋势未通过显著性检验）。2004—2019 年，年平均气压和年最低气压均呈上升趋势，上升速率分别为 0.63 帕 /（10 年）（线性趋势未通过显著性检验）和 1.88 百帕 /（10 年）（线性趋势未通过显著性检验）；年最高气压变化趋势不明显。

第三节　相对湿度

1. 平均相对湿度和最小相对湿度

1960—1980 年，莺歌海站累年平均相对湿度为 79.8%。月平均相对湿度 8 月最大，为 82.6%，11 月最小，为 77.0%。平均月最小相对湿度 8 月最大，为 57.4%，12 月最小，为 36.0%。最小相对湿度的极小值为 14%，出现在 1972 年 3 月 3 日（表 5.3-1，图 5.3-1）。

表 5.3-1　相对湿度年变化（1960—1980 年）

	1月	2月	3月	4月	5月	6月	7月	8月	9月	10月	11月	12月	年
平均相对湿度 /%	77.9	80.3	80.6	79.7	79.6	80.9	80.3	82.6	82.3	79.2	77.0	77.1	79.8
平均最小相对湿度 /%	38.0	44.9	49.3	53.0	54.9	57.0	56.7	57.4	50.7	43.7	36.7	36.0	48.2
最小相对湿度 /%	19	24	14	28	46	37	45	50	24	24	18	22	14

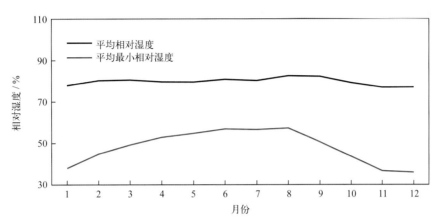

图5.3-1　相对湿度年变化（1960—1980年）

2. 长期趋势变化

1960—1980 年，年平均相对湿度为 78.1% ~ 82.0%，其中 1972 年最大，1963 年最小。年平均相对湿度呈上升趋势，上升速率为 0.34%/（10 年）（线性趋势未通过显著性检验）。

3. 温湿指数

根据《人居环境气候舒适度评价》（GB/T 27963—2011）的温湿指数统计方法和气候舒适度等级划分方法，统计莺歌海站各月温湿指数，结果显示：1—4 月和 10—12 月温湿指数为 19.4 ~ 24.8，感觉为舒适；5—9 月温湿指数为 26.1 ~ 27.2，感觉为热（表 5.3-2）。

表 5.3-2　温湿指数年变化（1960—1980 年）

	1月	2月	3月	4月	5月	6月	7月	8月	9月	10月	11月	12月
温湿指数	19.4	20.1	22.6	24.8	26.8	27.2	27.2	26.9	26.1	24.6	22.4	20.4
感觉程度	舒适	舒适	舒适	舒适	热	热	热	热	热	舒适	舒适	舒适

第四节　风

1. 平均风速和最大风速

莺歌海站风速的年变化见表 5.4-1 和图 5.4-1。累年平均风速为 3.6 米 / 秒，月平均风速 4 月最大，为 4.7 米 / 秒，12 月最小，为 2.8 米 / 秒。平均最大风速 7 月最大，为 13.7 米 / 秒，12 月最小，为 10.1 米 / 秒。极大风速的最大值为 42.1 米 / 秒，出现在 2013 年 11 月 10 日，正值 1330 号超强台风"海燕"影响期间，对应风向为 ESE。

表 5.4-1　风速年变化（1960—2019 年）　　　　　　　　单位：米 / 秒

		1月	2月	3月	4月	5月	6月	7月	8月	9月	10月	11月	12月	年
平均风速		3.2	3.7	4.4	4.7	4.4	4.0	3.9	3.3	3.1	3.1	2.9	2.8	3.6
最大风速	平均值	10.7	10.7	11.1	11.1	11.0	11.6	13.7	13.3	13.5	13.2	11.0	10.1	11.8
	最大值	18.0	17.1	19.0	19.0	22.7	33.7	35.0	34.0	27.7	34.0	27.2	15.3	35.0
	最大值对应风向	NNW	SE	N	NW	WSW	SW	S	S	ESE	NNW	ESE	N	S
极大风速	最大值	20.5	21.0	20.3	24.9	21.7	24.4	31.0	22.8	34.9	34.0	42.1	18.9	42.1
	最大值对应风向	N	SE	NW	S	SE	WSW	SE	E	SE	NW	ESE	NW	ESE

注：1986年数据有缺测；极大风速的统计时间为1997年4月至2019年12月。

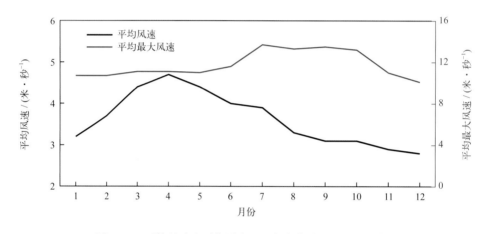

图5.4-1　平均风速和平均最大风速年变化（1960—2019年）

历年的平均风速为 2.3 ~ 5.3 米 / 秒，其中 2015 年最大，2003 年最小。历年的最大风速均大于等于 9.2 米 / 秒，其中大于等于 28.0 米 / 秒的有 8 年，大于等于 32.0 米 / 秒的有 4 年。最大风速的最大值为 35.0 米 / 秒，出现在 1981 年 7 月 4 日，正值 8105 号强台风影响期间，风向为 S。年最大风速出现在 9 月和 10 月的频率最高，4 月未出现（图 5.4-2）。

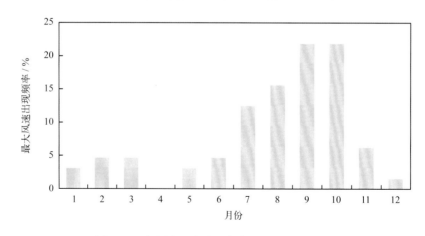

图5.4-2　年最大风速出现频率（1960—2019年）

2. 各向风频率

全年 SE 向风最多，频率为 17.1%，ESE 向次之，频率为 15.0%，WSW 向最少，频率为 2.0%（图 5.4-3）。

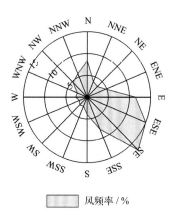

图5.4-3　全年各向风频率（1965—2019年）

1 月盛行风向为 E—SE 和 NNW—N，频率和分别为 31.8% 和 25.6%；4 月盛行风向为 E—SSE，频率和为 74.0%；7 月盛行风向为 E—S，频率和为 75.0%；10 月盛行风向为 ENE—ESE，频率和为 31.8%（图 5.4-4）。

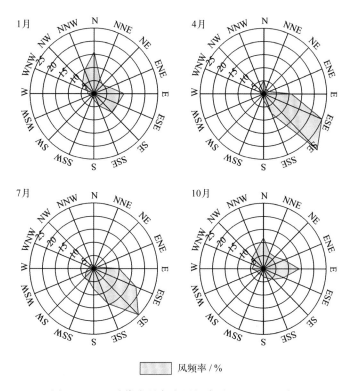

图5.4-4　四季代表月各向风频率（1965—2019年）

3. 各向平均风速和最大风速

全年各向平均风速 SE 向最大，为 4.4 米 / 秒，SSE 向次之，为 4.2 米 / 秒，NE 向最小，为 1.4 米 / 秒（图 5.4-5）。1 月和 4 月平均风速均为 SE 向最大，分别为 4.5 米 / 秒和 5.7 米 / 秒；7 月平均风速

SSW 向最大，为 4.4 米 / 秒；10 月平均风速 NNW 向最大，为 4.4 米 / 秒（图 5.4-6）。

全年各向最大风速 S 向最大，为 35.0 米 / 秒，SW 向次之，为 33.7 米 / 秒，NE 向最小，为 16.3 米 / 秒（图 5.4-5）。1 月 NNW 向最大风速最大，为 18.0 米 / 秒；4 月 NW 向最大风速最大，为 19.0 米 / 秒；7 月 S 向最大风速最大，为 35.0 米 / 秒；10 月 SSE 向和 S 向最大风速最大，均为 30.0 米 / 秒（图 5.4-6）。《南海区海洋站海洋水文气候志》记载，1964 年 10 月 NNW 向最大风速为 34.0 米 / 秒。

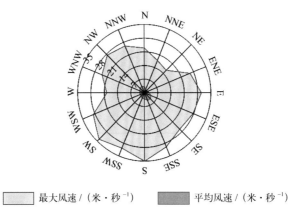

图5.4-5　全年各向平均风速和最大风速（1965—2019年）

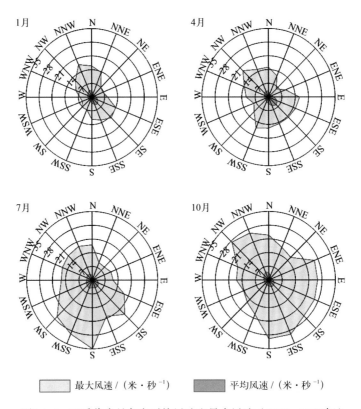

图5.4-6　四季代表月各向平均风速和最大风速（1965—2019年）

4. 大风日数

风力大于等于 6 级的大风日数 3 月最多，为 3.4 天，占全年的 15.2%，4 月次之，为 3.1 天（表 5.4-2，图 5.4-7）。平均年大风日数为 22.4 天（表 5.4-2）。历年大风日数 2015 年最多，为 124 天，

1999 年、2004 年和 2006 年未出现。

风力大于等于 8 级的大风日数 8 月和 10 月最多，均为 0.3 天，1 月、3 月、4 月、5 月和 11 月各出现 1 ~ 2 天，2 月和 12 月未出现。历年大风日数 1978 年、1989 年、1992 年和 2016 年最多，均为 5 天，有 24 年未出现。

风力大于等于 6 级的月大风日数最多为 24 天，出现在 2016 年 4 月和 2015 年 5 月；最长连续大于等于 6 级大风日数为 19 天，出现在 2015 年 5 月 1—19 日（表 5.4-2）。

表 5.4-2　各级大风日数年变化（1960—2019 年）　　　　　　　　　　　　　单位：天

	1月	2月	3月	4月	5月	6月	7月	8月	9月	10月	11月	12月	年
大于等于6级大风平均日数	1.0	1.7	3.4	3.1	2.2	2.0	1.9	1.7	1.6	1.8	1.1	0.9	22.4
大于等于7级大风平均日数	0.1	0.2	0.1	0.4	0.3	0.5	0.7	0.7	0.5	0.7	0.2	0.1	4.5
大于等于8级大风平均日数	0.0	0.0	0.0	0.0	0.0	0.2	0.2	0.3	0.2	0.3	0.0	0.0	1.2
大于等于6级大风最多日数	7	19	22	24	24	19	14	9	9	10	6	6	124
最长连续大于等于6级大风日数	3	8	14	13	19	14	6	5	4	4	3	4	19

注：大于等于6级大风统计时间为1960—2019年，大于等于7级和大于等于8级大风统计时间为1965—2019年；1986年数据有缺测。

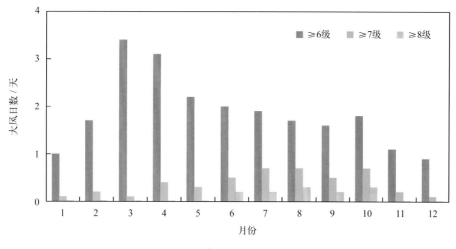

图5.4-7　各级大风日数年变化

第五节　降水

1. 降水量和降水日数

（1）降水量

莺歌海站降水量的年变化见表 5.5-1 和图 5.5-1。平均年降水量为 1 086.3 毫米，6—8 月为 505.8 毫米，占全年降水量的 46.6%，9—11 月为 377.6 毫米，占全年的 34.8%，3—5 月为 154.3 毫米，占全年的 14.2%，12 月至翌年 2 月为 48.6 毫米，占全年的 4.5%。9 月平均降水量最多，为 212.1 毫米，占全年的 19.5%。

历年年降水量为 599.8 ~ 1 612.3 毫米，其中 1978 年最多，1969 年最少。

最大日降水量超过 100 毫米的有 15 年，超过 150 毫米的有 9 年，超过 200 毫米的有 7 年。最大日降水量为 368.8 毫米，出现在 1963 年 9 月 8 日，正值 6311 号超强台风影响期间。

表 5.5-1　降水量年变化（1960—1980 年）　　　　　　　　　　　单位：毫米

	1月	2月	3月	4月	5月	6月	7月	8月	9月	10月	11月	12月	年
平均降水量	13.3	17.7	26.4	38.7	89.2	149.5	150.0	206.3	212.1	130.2	35.3	17.6	1 086.3
最大日降水量	37.4	22.6	58.1	75.8	161.7	214.6	249.1	143.3	368.8	148.2	99.5	32.1	368.8

（2）降水日数

平均年降水日数为 102.0 天。平均月降水日数 9 月最多，为 14.9 天，1 月最少，为 4.8 天（图 5.5-2 和图 5.5-3）。日降水量大于等于 10 毫米的平均年日数为 25.9 天，各月均有出现；日降水量大于等于 50 毫米的平均年日数为 5.1 天，出现在 3—11 月；日降水量大于等于 100 毫米的平均年日数为 1.4 天，出现在 5—10 月；日降水量大于等于 150 毫米的平均年日数为 0.53 天，出现在 5—7 月和 9 月；日降水量大于等于 200 毫米的平均年日数为 0.34 天，出现在 6 月、7 月和 9 月（图 5.5-3）。

最多年降水日数为 128 天，出现在 1972 年；最少年降水日数为 85 天，出现在 1977 年。最长连续降水日数为 11 天，出现在 1978 年 8 月 7—17 日；最长连续无降水日数为 71 天，出现在 1977 年 4 月 20 日至 6 月 29 日。

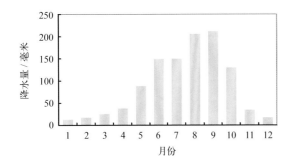

图5.5-1　降水量年变化（1960—1980年）

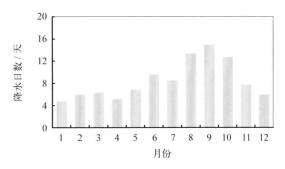

图5.5-2　降水日数年变化（1965—1980年）

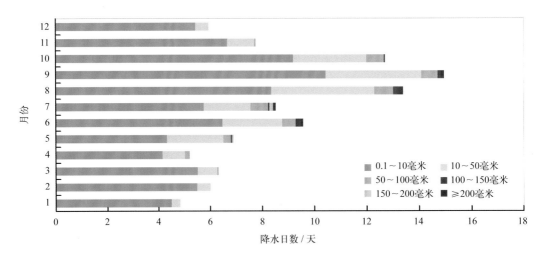

图5.5-3　各月各级平均降水日数分布（1960—1980年）

2. 长期趋势变化

1960—1980 年，年降水量和年最大日降水量均呈上升趋势，上升速率分别为 74.97 毫米 /（10 年）（线性趋势未通过显著性检验）和 38.84 毫米 /（10 年）（线性趋势未通过显著性检验）。

1965—1980 年，年降水日数无明显变化趋势；最长连续降水日数和最长连续无降水日数均呈增加趋势，增加速率分别为 1.76 天 /（10 年）和 5.29 天 /（10 年）（线性趋势未通过显著性检验）。

第六节　雾及其他天气现象

1. 雾

1965—1980 年，莺歌海站未观测到雾。

2. 轻雾

1965—1980 年，莺歌海站共有 2 天观测到轻雾，分别为 1967 年 2 月 24 日和 1970 年 10 月 24 日。

3. 雷暴

莺歌海站雷暴日数的年变化见表 5.6-1 和图 5.6-1。1960—1980 年，平均年雷暴日数为 65.2 天。雷暴主要出现在 5—10 月，其中 9 月最多，为 14.9 天，1 月出现 1 天，12 月未出现。雷暴最早初日为 1 月 30 日（1969 年），最晚终日为 11 月 24 日（1970 年）。月雷暴日数最多为 24 天，出现在 1972 年 9 月。

表 5.6-1　雷暴日数年变化（1960—1980 年）　　　　　　　　　　单位：天

	1月	2月	3月	4月	5月	6月	7月	8月	9月	10月	11月	12月	年
平均雷暴日数	0.0	0.1	1.0	2.7	7.3	9.0	8.6	13.4	14.9	7.4	0.8	0.0	65.2
最多雷暴日数	1	1	6	9	17	14	15	20	24	16	3	0	93

1960—1980 年，年雷暴日数呈上升趋势，上升速率为 7.10 天 /（10 年）（线性趋势未通过显著性检验）。1972 年雷暴日数最多，为 93 天，1960 年最少，为 43 天（图 5.6-2）。

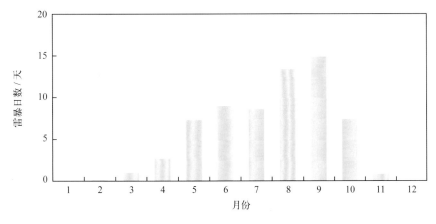

图5.6-1　雷暴日数年变化（1960—1980年）

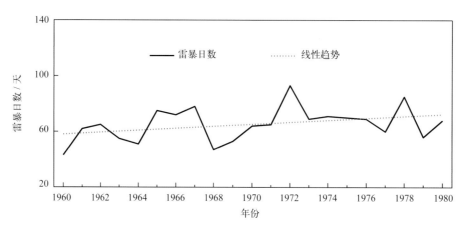

图5.6-2 1960—1980年雷暴日数变化

第七节 能见度

1965—2019 年，莺歌海站累年平均能见度为 29.7 千米。5 月平均能见度最大，为 31.6 千米，1 月和 12 月最小，均为 28.4 千米。无能见度小于 1 千米记录（表 5.7-1，图 5.7-1）。

表 5.7-1 能见度年变化（1965—2019 年）

	1月	2月	3月	4月	5月	6月	7月	8月	9月	10月	11月	12月	年
平均能见度 / 千米	28.4	28.5	29.0	30.5	31.6	31.3	31.2	29.8	29.2	28.9	29.4	28.4	29.7
能见度小于 1 千米平均日数 / 天	0.0	0.0	0.0	0.0	0.0	0.0	0.0	0.0	0.0	0.0	0.0	0.0	0.0

注：1968年数据有缺测，1979—1996年停测。

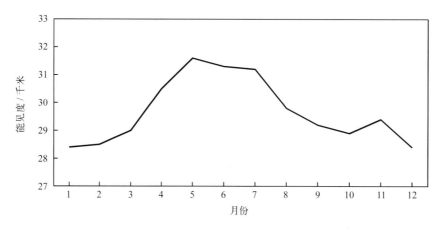

图5.7-1 能见度年变化（1965—2019年）

历年平均能见度为 25.5 ~ 34.8 千米，1966 年、1975 年和 1977 年均为最高，2000 年最低。1997—2019 年，年平均能见度无明显变化趋势。

第八节　云

　　1965—1980 年，莺歌海站累年平均总云量为 7.5 成，6 月和 8 月平均总云量最多，均为 9.0 成，3 月最少，为 6.1 成；累年平均低云量为 2.1 成，2 月平均低云量最多，为 3.4 成，7 月最少，为 1.4 成（表 5.8-1，图 5.8-1）。

表 5.8-1　总云量和低云量年变化（1965—1980 年）

	1月	2月	3月	4月	5月	6月	7月	8月	9月	10月	11月	12月	年
平均总云量 / 成	6.3	6.8	6.1	6.7	8.2	9.0	8.6	9.0	8.3	7.5	6.6	6.7	7.5
平均低云量 / 成	2.6	3.4	2.8	2.0	1.8	1.5	1.4	1.8	2.0	1.8	1.6	2.0	2.1

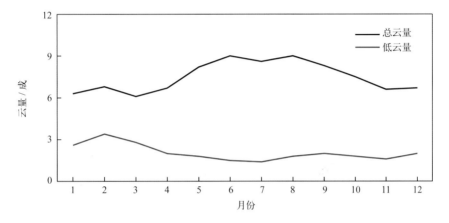

图5.8-1　总云量和低云量年变化（1965—1980年）

　　1965—1980 年，年平均总云量呈增加趋势，增加速率为 0.68 成 /（10 年），1978 年和 1979 年最多，均为 8.3 成，1974 年最少，为 5.9 成（图 5.8-2）；年平均低云量呈减少趋势，减少速率为 0.28 成 /（10 年）（线性趋势未通过显著性检验），1965 年最多，为 3.1 成，1971 年最少，为 1.1 成（图 5.8-3）。

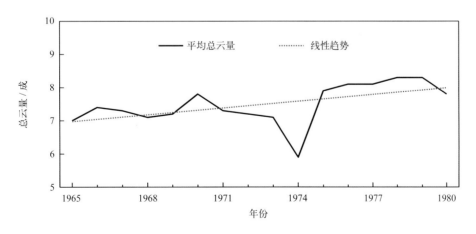

图5.8-2　1965—1980年平均总云量变化

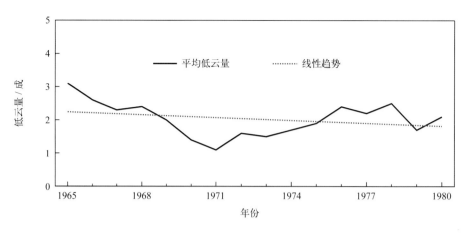

图5.8-3 1965—1980年平均低云量变化

第九节 蒸发量

1960—1978 年，莺歌海站平均年蒸发量为 2 311.5 毫米。5 月蒸发量最大，为 255.9 毫米，2 月蒸发量最小，为 145.5 毫米（表 5.9–1，图 5.9–1）。

表 5.9-1 蒸发量年变化（1960—1978 年）   单位：毫米

	1月	2月	3月	4月	5月	6月	7月	8月	9月	10月	11月	12月	年
平均蒸发量	155.3	145.5	185.5	222.0	255.9	216.6	233.6	193.8	184.9	193.5	171.0	153.9	2 311.5

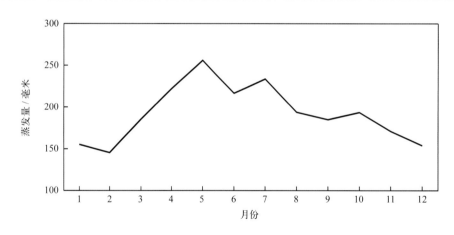

图5.9-1 蒸发量年变化（1960—1978年）

第六章　海平面

　　莺歌海沿海海平面年变化特征明显，6月最低，11月最高，年变幅为30厘米（图6-1），平均海平面在验潮基面上118厘米。

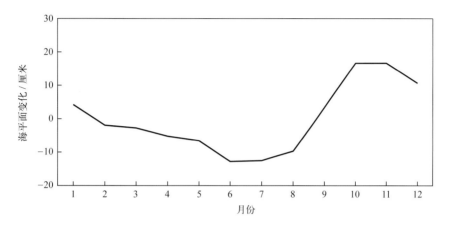

图6-1　海平面年变化（2015—2019年）

第七章　灾害

第一节　海洋灾害

1. 风暴潮

2005 年 9 月 26 日前后，0518 号超强台风"达维"在海南省万宁市山根镇一带沿海登陆。"达维"风暴潮灾害为海南省近 32 年来最严重的一次，造成直接经济损失 116.47 亿元，受灾人口 630.54 万人，死亡 25 人。9 月 25 日，受风暴潮影响，海口市多条马路上水；秀英验潮站附近的码头大部分被海水淹没；琼海市博鳌港潮水没过码头，水深约 2 米。9 月 26 日上午，在三亚湾锚地避风的 5 000 吨级货轮"YINBAO"号脱锚，在海滩上搁浅（《2005 年中国海洋灾害公报》）。

2008 年 10 月，海南沿海海平面异常偏高，0817 号热带风暴"海高斯"登陆海南，造成直接经济损失近亿元（《2008 年中国海平面公报》）。

2014 年 7 月 18 日前后，1409 号超强台风"威马逊"先后在海南文昌、广东湛江、广西防城港登陆，是 1949 年以来登陆我国的最强台风。海南受灾人口 132.3 万人，房屋倒塌 22 663 间，水产养殖受损 13.24 万吨，海堤、护岸损毁 1.61 千米，道路毁坏 9.88 千米，直接经济损失为 27.32 亿元。9 月 16 日前后，1415 号台风"海鸥"先后在海南文昌、广东湛江登陆，海南受灾人口 121.72 万人，直接经济损失为 9.26 亿元（《2014 年中国海洋灾害公报》）。

2. 海浪

1983 年 10 月 24 日 14 时，受 8316 号强热带风暴影响，南海中部形成 6 米以上狂浪区。25 日 08 时扩展到南海北部，14 时移至南海西北部。26 日 08 时移至北部湾，20 时于越南登陆，狂浪区维持 3 天，最大波高 8.5 米。10 月 26 日 02 时，美国"爪哇海"号钻井平台在莺歌海作业时，受该台风卷起的周期为 11 秒、波高为 8.5 米的狂狼袭击而沉没，船上中外人员无一生还，造成了巨大经济损失，为严重灾害（《中国海洋灾害四十年资料汇编》）。

1995 年 8 月 28 日前后，受台风浪影响，海南省万宁县 140 艘渔船被损坏；陵水黎族自治县损坏渔船 3 艘，11 人死亡，6 人失踪，9 人受伤；大连水运公司一艘万吨轮船"越洋号"在万宁县海域触礁。10 月 11 日上午，乐东黎族自治县莺歌海码头翻沉船 73 艘，4 人死亡，7 人受伤，直接经济损失超过 2 000 万元（《1995 年中国海洋灾害公报》）。

2007 年 9 月 29 日至 10 月 4 日，受 0715 号台风"利奇马"影响，南海中部海面形成 7 ~ 8 米的台风浪，国家海洋局莺歌海海洋站实测最大波高 4.3 米（《2007 年中国海洋灾害公报》）。

3. 海岸侵蚀

海南省乐东黎族自治县龙栖湾村附近海岸在 11 年内后退了 200 余米，数十间房屋被毁，村庄随海岸变化而 3 次搬迁，村民的生存空间越来越小（《2007 年中国海平面公报》）。

第二节　灾害性天气

根据《中国气象灾害大典·海南卷》（1949—2000 年）和《中国气象灾害年鉴》（2000 年后）

及《南海区海洋站海洋水文气候志》等记载，莺歌海站周边发生的主要灾害性天气有暴雨洪涝、大风、冰雹和雷电等。

1. 暴雨洪涝

1963年9月6日08时至9日08时，受6311号超强台风影响，海南岛普降大暴雨到特大暴雨，其中乐东黎族自治县累计降雨量达612毫米，导致洪水暴发，大安水库出险，水浸九所墟0.2 ~ 0.3米，利国墟1.0 ~ 1.4米，损失重大。9月8日，莺歌海出现特大暴雨，日降雨量达368.8毫米，过程降雨量达474.2毫米，80%的水稻受淹。

1991年7月12日08时至14日08时，受9106号强台风影响，海南岛普降暴雨以上降水，主要集中在南部各市县，其中乐东尖峰岭天池13日早上至14日中午30个小时降雨量高达839毫米。由于暴雨集中，造成昌化江、望楼河、陵水河、南圣河、宁远河等流域山洪暴发，洪水猛涨。昌化江出现1949年以来第二次大洪水，乐东黎族自治县县城水位达145.6米，宝桥水文站水位为25.35米，洪峰流量16 000立方米/秒，县委、县政府大院被淹，最深达3.5米，县机关34个单位被洪水淹浸，机关宿舍水深1.5 ~ 1.9米。该县的长茅水库水位由155.4米猛涨到160.9米，近20年来第一次排洪，大安水库、南木水库水位分别上涨到119.6米和179.5米，也紧急排洪。石门水库过坝最高洪峰达5米，泄洪量为1 878立方米/秒。

1994年7月28日20时至30日20时，受9411号热带风暴影响，海南岛西南部大部降暴雨到大暴雨，其中乐东黎族自治县累计降雨量为109 ~ 188毫米。乐东黎族自治县1个村庄被淹，损坏房屋76间；损坏农作物2 430公顷，渔船翻沉12只，损坏36只，冲走渔网33张；部分公交、水利设施受损，直接经济损失为1 612万元。

1995年8月26日20时至30日20时，受9508号强热带风暴影响，海南岛半数地区降暴雨至大暴雨，其中乐东黎族自治县累计降雨量286.2毫米。由于暴雨集中，强度大，造成山洪暴发。乐东县望楼河出现相当1991年的大洪水。乐东黎族自治县因灾害死亡4人，失踪2人，直接经济损失超过2 000万元。

2015年6月20日20时至24日08时，受1508号强热带风暴"鲸鱼"影响，海南岛西部、南部、中部和东部地区出现暴雨到大暴雨，局地特大暴雨；北部地区出现中到大雨，局地暴雨。全岛共有52个乡镇（区）雨量超过100毫米，其中17个乡镇（区）雨量超过200毫米，乐东、三亚和东方共有6个乡镇（区）雨量超过300毫米，最大为乐东尖峰镇392.1毫米。

2. 大风

1964年7月2日10时，6403号强台风在海南岛琼海县潭门、长坡两公社之间沿海登陆，当时中心附近最大风力12级。受其影响，7月1日上午起至3日，海南岛自东向西，先后出现9 ~ 11级、阵风12级以上大风，其中台风中心经过的文昌、琼山、琼海、乐东、屯昌、定安、临高、儋县、东方等县（市）最大风力超12级。海南岛死亡5人，伤71人，沉船15艘，损坏45艘，毁坏水库105宗，防潮堤31条。10月7日，受6422号台风影响，莺歌海出现34米/秒的最大风速，日降雨量为89.6毫米。

1973年10月18日19—20时，7318号台风在崖县（今三亚）藤桥公社附近登陆，台风中心经过崖县、陵水、保亭、乐东、东方、昌江等县，19日03时40分从昌化江进入北部湾，减弱为热带风暴。台风影响期间，崖县、陵水、保亭、乐东等县最大风力12级以上，东方、昌江等县平均风力9级，阵风11级，其他各县平均风力8级，阵风10级。受台风影响，沿海各地海潮上涨。

农业经济作物严重受损，水电站、桥梁等基础设施遭到破坏。

1981年7月4日02—03时，8105号强台风在陵水、崖县（今三亚）沿海地区登陆，登陆时台风中心附近最大风力11级以上，阵风12级以上。遭受此次台风袭击较严重的有陵水、崖县、保亭、乐东等县。因灾死亡19人，受伤98人；损坏房屋4.13万间，其中全倒的3 439间；损坏水利、水电、工程设施504宗；刮沉船只148艘，淹浸农作物20 866.7公顷，损失稻谷25 275吨，100余万株橡胶树被风摧倒或刮断，甘蔗、玉米等作物被摧折。

1982年10月15日，8221号超强台风进入南海，16日深夜至17日凌晨从海南岛的陵水、崖县（今三亚）、乐东等县附近海面掠过。靠近强台风中心边缘的崖县沿海最大风力12级以上，阵风达40米/秒。陵水、通什（今五指山）、东方、乐东沿海平均风力8～9级。乐东、昌江、白沙、保亭、琼中、琼山、澄迈、屯昌、琼海、万宁、儋县等11个县最大风力6～7级。据统计，因灾死亡4人，受伤44人，海南岛共损失387.6万元。

1989年6月10日11—12时，8905号台风从陵水黎族自治县沿海登陆，经过保亭黎族自治县、乐东黎族自治县，11日约05时从东方黎族自治县沿海进入北部湾。台风中心附近最大风力12级以上。海南大部分地区最大风力6～8级，阵风9～11级，陵水、保亭、乐东、三亚和东方最大风力9～11级，阵风12级以上（极大风速40米/秒）。据不完全统计，海南岛死亡18人，伤107人，损毁房屋10.85万间，损失粮食2 632.2吨，冲垮江海堤防25条9.56千米，损坏渔船133艘，经济损失约5.18亿元。

3. 冰雹

1997年3月20日12时许，受冷空气影响产生强烈对流，龙卷风夹着罕见的冰雹袭击乐东黎族自治县佛罗、黄流、英海、冲坡、乐罗、九所等6个镇，袭击范围约243平方千米，下冰雹持续15分钟，地面积雹3～25厘米。其来势突然、凶猛，覆盖面宽，破坏力较大，造成3.8万人受灾，14人受伤，民房损坏700间，农作物受灾面积1 149公顷，成灾面积1 036公顷，直接经济损失为2 544.3万元。

2011年4月18日凌晨，乐东黎族自治县出现雷雨大风等强对流天气，局地伴有冰雹，农作物受灾面积1 000余公顷，直接经济损失达1.8亿元。

4. 雷电

2004年6月10日14时，海南乐东黎族自治县三平乡保派村小学附近因雷击造成1人死亡，1人重伤。

三亚海洋站

第一章　概况

第一节　基本情况

三亚海洋站（简称三亚站）位于海南省三亚市（图1.1-1）。三亚市位于海南岛南端，南临南海。三亚市自然风光优美，海岸线长约263.29千米，主要岛屿68个，港湾众多，拥有丰富的旅游资源。

三亚站建于1993年3月，名为三亚海洋监察站，隶属于海南省海洋局，1996年10月更名为三亚海洋站，隶属国家海洋局南海分局，2019年6月后隶属自然资源部南海局，由海口中心站管辖。站址位于三亚市和平路市海洋局大院西侧。

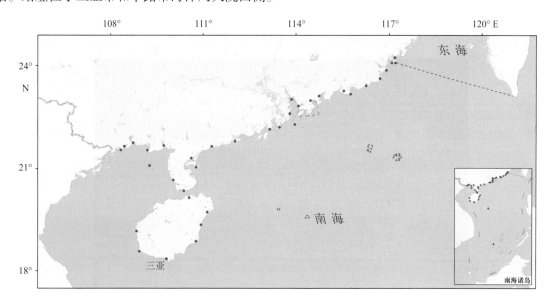

图1.1-1　三亚站地理位置示意

三亚站观测项目有潮汐、表层海水温度、表层海水盐度、气温、气压、相对湿度、风和降水等。2002年安装使用自动观测系统，多数观测项目实现了自动化观测、数据存储和传输。

三亚沿海为不正规日潮特征，海平面7月最低，10月最高，年变幅为31厘米，平均海平面为116厘米，平均高潮位为177厘米，平均低潮位为90厘米；年均表层海水温度为26.5～27.9℃，6月最高，均值为30.2℃，1月最低，均值为23.4℃，历史水温最高值为34.7℃，历史水温最低值为18.7℃；年均表层海水盐度为29.48～32.41，3月最高，均值为32.39，9月最低，均值为28.21，历史盐度最高值为35.60，历史盐度最低值为7.53；海发光全部为火花型，12月出现频率最高，9月最低，1级海发光最多，出现的最高级别为2级。

三亚站主要受海洋性季风气候影响，年均气温为26.1～28.9℃，6月最高，均值为30.2℃，1月最低，均值为23.2℃，历史最高气温为37.2℃，历史最低气温为9.2℃；年均气压为1 009.5～1 011.5百帕，1月最高，均值为1 016.6百帕，7月最低，均值为1 004.6百帕；年均相对湿度为67.4%～84.9%，8月最大，均值为80.9%，12月最小，均值为67.3%；年均风速为1.5～2.7米/秒，6月、7月和8月最大，均为2.1米/秒，2月最小，为1.7米/秒，1月盛行风向为NE—SE（顺时针，下同），4月盛行风向为NE—S，7月无明显盛行风向，10月盛行风向为

NE—ESE；平均年降水量为 1 435.6 毫米，9 月平均降水量最多，占全年的 18.6%；年均能见度为 16.7 ～ 22.2 千米，6 月和 8 月最大，均为 22.9 千米，1 月最小，均值为 16.9 千米。

第二节　观测环境和观测仪器

1. 潮汐

1993 年 4 月开始观测，2000 年后数据连续稳定。测点位于三亚港内，南面紧临三亚湾，海域底质为泥沙，20 米内最大水深约 4 米，西南面 200 米处为三亚湾白排人工岛（凤凰岛），西北面建有连接人工岛与市区三亚湾路的大桥（三亚湾大桥）。验潮井为岸式钢筋混凝土结构，2002 年和 2009 年进行过改造（图 1.2-1）。

观测仪器主要有 HCJ1 型滚筒式验潮仪、SCA5-1 型浮子式水位计和 SCA6-1 型声学水位计，2002 年 2 月后使用 SCA11-1 型浮子式水位计，2010 年 3 月后使用 SCA11-3A 型浮子式水位计。

图1.2-1　三亚站验潮室（摄于2013年12月）

2. 表层海水温度、盐度和海发光

1993 年 4 月开始观测，资料时间始于 1995 年末。测点位于三亚港内的验潮井旁。2002 年三亚湾白排围填人工岛，采用人工便道运送填埋石料，三亚湾与三亚港被人工便道分隔开，海水流通受阻，2006 年 6 月人工便道拆除，海水交换畅通，水质基本上与三亚湾保持一致。

水温使用 SWL1-1 型水温表测量，盐度使用 SYY1-1 型光学折射盐度计、SYA2-2 型实验室盐度计测定，2010 年 3 月开始使用 YZY4-3 型温盐传感器。

海发光为每日天黑后人工目测。

3. 气象要素

1993 年 4 月开始观测，资料时间始于 1995 年。观测场位于三亚市和平路三亚海洋站大院内，紧靠三亚湾海边，西、北、东北面均是开阔的，东面离观测场 50 米有高楼遮挡，风传感器位于潮汐值班室屋顶（图 1.2-2）。

观测仪器主要有干湿球温度表、最高最低温度表、动槽水银气压表、气压计、湿度计、EL 型电接风向风速计和雨量筒等。2002 年 2 月后使用 YZY5-1 型温湿度传感器、270 型气压传感器、XFY3-1 型风传感器和 SL3-1 型雨量传感器；2010 年 6 月后使用 HMP45A 型温湿度传感器和278 型气压传感器。能见度为人工目测。

图1.2-2 三亚站气象观测场（摄于2009年11月）

第二章 潮位

第一节 潮汐

1. 潮汐类型

利用三亚站近 19 年（2001—2019 年）验潮资料分析的调和常数，计算出潮汐系数 $(H_{K_1}+H_{O_1})/H_{M_2}$ 为 2.82。按我国潮汐类型分类标准，三亚沿海为不正规日潮，平均每月有超过 1/2 的天数每个潮汐日（约 24.8 小时）出现一次高潮和一次低潮，其余天数每日有两次高潮和两次低潮，高潮日不等和低潮日不等现象均较显著。

2000—2019 年，三亚站 M_2 分潮振幅和迟角均呈增大趋势，增大速率分别为 1.36 毫米 / 年和 0.05°/ 年。K_1 分潮振幅呈增大趋势，增大速率为 1.17 毫米 / 年，迟角呈减小趋势，减小速率为 0.13°/ 年（线性趋势未通过显著性检验）；O_1 分潮振幅和迟角均无明显变化趋势。

2. 潮汐特征值

由 2000—2019 年资料统计分析得出：三亚站平均高潮位为 177 厘米，平均低潮位为 90 厘米，平均潮差为 87 厘米；平均高高潮位为 189 厘米，平均低低潮位为 82 厘米，平均大的潮差为 107 厘米。平均涨潮历时 10 小时 21 分钟，平均落潮历时 7 小时 27 分钟，两者相差 2 小时 54 分钟。

累年各月潮汐特征值见表 2.1-1。

表 2.1-1 累年各月潮汐特征值（2000—2019 年）　　　　　单位：厘米

月份	平均高潮位	平均低潮位	平均潮差	平均高高潮位	平均低低潮位	平均大的潮差
1	182	90	92	195	83	112
2	171	90	81	184	83	101
3	168	89	79	179	80	99
4	168	84	84	179	73	106
5	170	81	89	181	70	111
6	170	75	95	180	66	114
7	168	76	92	180	69	111
8	168	86	82	183	79	104
9	178	100	78	191	92	99
10	192	110	82	203	101	102
11	193	104	89	205	95	110
12	194	95	99	205	88	117
年	177	90	87	189	82	107

注：潮位值均以验潮零点为基面。

平均高潮位 12 月最高，为 194 厘米，3 月、4 月、7 月和 8 月最低，均为 168 厘米，年较差为 26 厘米；平均低潮位 10 月最高，为 110 厘米，6 月最低，为 75 厘米，年较差为 35 厘米（图 2.1-1）；平均高高潮位 11 月和 12 月最高，均为 205 厘米，3 月和 4 月最低，均为 179 厘米，年较差为 26 厘米；平均低低潮位 10 月最高，为 101 厘米，6 月最低，为 66 厘米，年较差为 35 厘米。平均潮差 12 月最大，9 月最小，年较差为 21 厘米；平均大的潮差 12 月最大，3 月和 9 月均为最小，年较差为 18 厘米（图 2.1-2）。

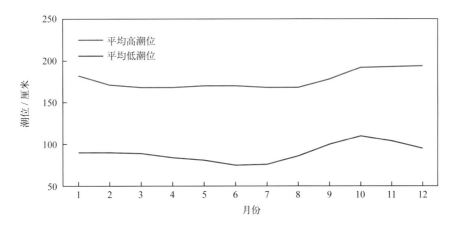

图2.1-1　平均高潮位和平均低潮位年变化

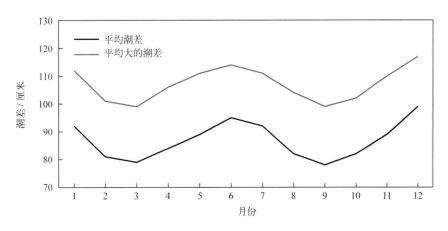

图2.1-2　平均潮差和平均大的潮差年变化

2000—2019 年，三亚站平均高潮位呈上升趋势，上升速率为 2.78 毫米/年。受天文潮长周期变化影响，平均高潮位存在较为明显的准 19 年周期变化，振幅为 3.20 厘米。平均高潮位最高值出现在 2009 年和 2012 年，均为 182 厘米；最低值出现在 2002 年，为 170 厘米。三亚站平均低潮位呈上升趋势，上升速率为 6.61 毫米/年。平均低潮位准 19 年周期变化较为明显，振幅为 3.80 厘米。平均低潮位最高值出现在 2017 年，为 100 厘米；最低值出现在 2002 年，为 76 厘米。

2000—2019 年，三亚站平均潮差呈减小趋势，减小速率为 3.83 毫米/年。平均潮差准 19 年周期变化显著，振幅为 4.97 厘米。平均潮差最大值出现在 2002 年，为 94 厘米；最小值出现在 2016 年，为 80 厘米（图 2.1-3）。

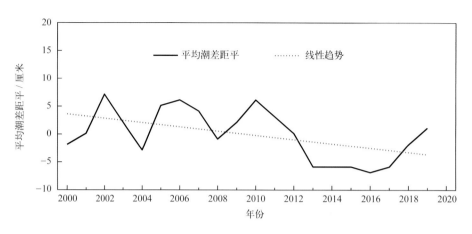

图2.1-3 2000—2019年平均潮差距平变化

第二节 极值潮位

三亚站年最高潮位和年最低潮位的各月发生频率见表2.2-1。年最高潮位出现时间主要集中在9—12月，其中12月发生频率最高，为40%；11月次之，为20%。年最低潮位主要出现在5—7月，其中6月和7月发生频率最高，均为40%；5月次之，为15%。

2000—2019年，三亚站年最高潮位呈上升趋势，上升速率为12.32毫米/年。历年的最高潮位均高于219厘米，其中高于265厘米的有3年；历史最高潮位为275厘米，出现在2017年9月15日，正值1719号强台风"杜苏芮"影响期间。三亚站年最低潮位呈上升趋势，上升速率为4.15毫米/年（线性趋势未通过显著性检验）。历年最低潮位均低于38厘米，其中低于25厘米的有5年；历史最低潮位出现在2000年7月31日，为15厘米（表2.2-1）。

表2.2-1 最高潮位和最低潮位及年极值出现频率（2000—2019年）

	1月	2月	3月	4月	5月	6月	7月	8月	9月	10月	11月	12月
最高潮位值/厘米	245	234	220	235	245	247	239	248	275	274	258	253
年最高潮位出现频率/%	5	0	0	0	0	0	0	5	15	15	20	40
最低潮位值/厘米	25	34	40	22	21	19	15	20	44	59	39	30
年最低潮位出现频率/%	0	0	0	0	15	40	40	0	0	0	0	5

第三节 增减水

受地形和气候特征的影响，三亚站出现20厘米以上增水的频率明显高于同等强度减水的频率，超过30厘米的增水平均约13天出现一次，超过30厘米的减水平均约256天出现一次（表2.3-1）。

三亚站60厘米以上的增水主要出现在9—11月，40厘米以上的减水多发生在10月，这些大的增减水过程主要与该海域受热带气旋等影响有关（表2.3-2）。

表 2.3-1　不同强度增减水的平均出现周期（2000—2019 年）

范围 / 厘米	出现周期 / 天	
	增水	减水
>10	0.36	0.56
>20	2.43	11.56
>30	12.80	255.60
>40	40.66	1 192.81
>50	137.63	2 385.61
>60	511.20	—
>70	7 156.83	—

"—"表示无数据。

表 2.3-2　各月不同强度增减水的出现频率（2000—2019 年）

月份	增水 / %					减水 / %				
	>20 厘米	>30 厘米	>40 厘米	>50 厘米	>60 厘米	>10 厘米	>20 厘米	>30 厘米	>40 厘米	>50 厘米
1	0.73	0.01	0.00	0.00	0.00	8.53	0.90	0.01	0.00	0.00
2	0.62	0.04	0.00	0.00	0.00	4.48	0.02	0.00	0.00	0.00
3	0.94	0.06	0.00	0.00	0.00	5.77	0.24	0.00	0.00	0.00
4	0.29	0.01	0.00	0.00	0.00	6.40	0.03	0.01	0.00	0.00
5	1.61	0.34	0.01	0.00	0.00	3.24	0.01	0.00	0.00	0.00
6	1.53	0.08	0.00	0.00	0.00	2.91	0.00	0.00	0.00	0.00
7	1.97	0.22	0.06	0.01	0.00	4.61	0.11	0.00	0.00	0.00
8	1.59	0.28	0.09	0.01	0.00	9.95	0.38	0.01	0.00	0.00
9	4.73	1.47	0.62	0.16	0.03	13.53	1.20	0.08	0.00	0.00
10	4.66	1.18	0.39	0.15	0.05	5.60	0.21	0.07	0.04	0.02
11	1.04	0.14	0.05	0.04	0.02	13.52	1.01	0.02	0.00	0.00
12	0.79	0.05	0.00	0.00	0.00	10.99	0.25	0.00	0.00	0.00

　　2000—2019 年，三亚站年最大增水多出现在 7—10 月，其中 9 月出现频率最高，为 35%；10 月次之，为 20%。三亚站年最大减水多出现在 4 月和 7 月至翌年 1 月，其中 9 月出现频率最高，为 20%；11 月次之，为 15%（表 2.3-3）。

　　2000—2019 年，三亚站年最大增水略呈减小趋势，减小速率为 0.82 毫米 / 年（线性趋势未通过显著性检验）。历史最大增水出现在 2013 年 11 月 10 日，为 71 厘米；2000 年、2009 年和 2011 年最大增水均超过了 60 厘米。三亚站年最大减水无明显变化趋势。历史最大减水发生在 2008 年 10 月 6 日，为 57 厘米；2010 年和 2016 年最大减水均超过了 35 厘米。

表 2.3-3　最大增水和最大减水及年极值出现频率（2000—2019 年）

	1月	2月	3月	4月	5月	6月	7月	8月	9月	10月	11月	12月
最大增水值 / 厘米	31	35	36	33	41	35	59	46	67	64	71	39
年最大增水出现频率 / %	0	5	0	0	5	5	10	10	35	20	5	5
最大减水值 / 厘米	31	23	29	38	25	18	26	33	37	57	31	26
年最大减水出现频率 / %	10	0	5	10	0	0	10	10	20	10	15	10

第三章　表层海水温度、盐度和海发光

第一节　表层海水温度

1. 平均水温、最高水温和最低水温

三亚站月平均水温的年变化具有峰谷明显的特点，6月最高，为30.2℃，1月最低，为23.4℃，年较差为6.8℃。2—6月为升温期，7月至翌年1月为降温期。月最高水温和月最低水温的年变化特征与月平均水温相似（图3.1-1）。

历年的平均水温为26.5 ~ 27.9℃，其中1998年最高，2011年最低。累年平均水温为27.3℃。

历年的最高水温均不低于32.8℃，其中大于33.5℃的有12年，大于34.0℃的有4年，出现时间为5—9月，6月最多，占统计年份的38%。水温极大值为34.7℃，出现在1998年8月3日和2003年6月11日。

历年的最低水温均不高于22.3℃，其中小于21.0℃的有15年，小于20.0℃的有7年，出现时间为12月至翌年2月，1月最多，占统计年份的52%。水温极小值为18.7℃，出现在1999年12月24日。

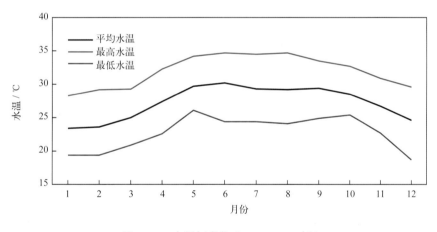

图3.1-1　水温年变化（1996—2019年）

2. 日平均水温稳定通过界限温度的日期

采用五日滑动平均方法求出稳定通过各个界限温度的日期，见表3.1-1。日平均水温全年均稳定通过20℃，稳定通过25℃的有268天，稳定通过30℃的初日为5月20日，终日为6月15日，共27天。

表3.1-1　日平均水温稳定通过界限温度的日期（1996—2019 年）

	20℃	25℃	30℃
初日	1月1日	3月16日	5月20日
终日	12月31日	12月8日	6月15日
天数	365	268	27

3. 长期趋势变化

1996—2019 年，年平均水温、年最高水温和年最低水温均无明显变化趋势，其中 1998 年和 2003 年最高水温均为 1996 年以来的第一高值，2014 年最高水温为 1996 年以来的第二高值，1999 年和 2008 年最低水温分别为 1996 年以来的第一低值和第二低值。

十年平均水温变化显示，1996—2019 年，十年平均水温变化范围为 27.2 ～ 27.3℃，2010—2019 年平均水温较上一个十年下降 0.1℃（图 3.1-2）。

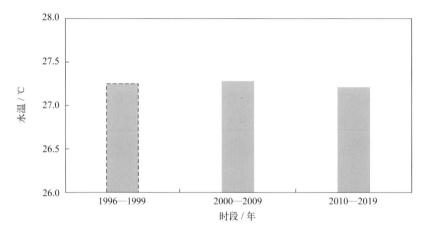

图3.1-2　十年平均水温变化（数据不足十年加虚线框表示，下同）

第二节　表层海水盐度

1. 平均盐度、最高盐度和最低盐度

三亚站月平均盐度 11 月至翌年 5 月较高，6—10 月较低，最高值出现在 3 月，为 32.39，最低值出现在 9 月，为 28.21，年较差为 4.18。月最高盐度 12 月最大，7 月最小。月最低盐度 3 月最大，10 月最小（图 3.2-1）。

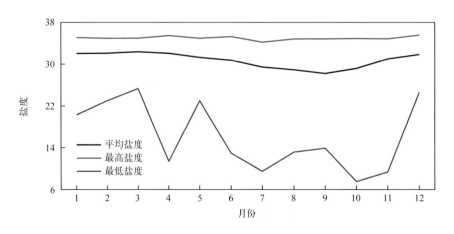

图3.2-1　盐度年变化（1997—2019年）

历年的平均盐度为 29.48 ～ 32.41，其中 2007 年最高，2002 年最低。累年平均盐度为 30.78。

历年的最高盐度均大于 32.70，其中大于 34.50 的有 13 年，大于 35.00 的有 4 年。6 月年最高盐度出现频率最高，占统计年份的 22%。盐度极大值为 35.60，出现在 2015 年 12 月 19 日。

历年的最低盐度均小于 21.30，其中小于 15.00 的有 13 年，小于 10.00 的有 4 年。10 月年最低盐度出现频率最高，占统计年份的 35%。盐度极小值为 7.53，出现在 2011 年 10 月 4 日，当日降水量为 29.4 毫米。

2. 长期趋势变化

1997—2019 年，年平均盐度和年最低盐度均无明显变化趋势；年最高盐度呈波动上升趋势，上升速率为 0.62/（10 年）。2015 年和 2018 年最高盐度分别为 1997 年以来的第一高值和第二高值；2011 年和 2013 年最低盐度分别为 1997 年以来的第一低值和第二低值。

十年平均盐度变化显示，1997—2019 年，十年平均盐度无明显变化，2010—2019 年平均盐度较 2000—2009 年平均盐度低 0.10（图 3.2-2）。

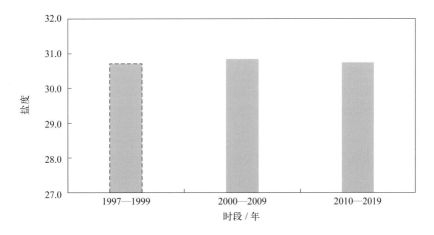

图3.2-2　十年平均盐度变化

第三节　海发光

1996—2019 年，三亚站观测到的海发光全部为火花型（H），未观测到闪光型（S）和弥漫型（M）。海发光以 1 级海发光为主，频率接近 100%；2 级海发光观测到 2 次；未观测到其他等级海发光。

各月及全年海发光频率见表 3.3-1 和图 3.3-1。海发光频率全年各月均较高，其中 12 月最高，9 月最低。累年平均海发光频率为 87.6%。

历年海发光频率均不低于 60.1%，其中 2018 年和 2019 年海发光频率为 100%，2001 年最小。

表 3.3-1　各月及全年海发光频率（1996—2019 年）

	1月	2月	3月	4月	5月	6月	7月	8月	9月	10月	11月	12月	年
频率 / %	88.7	86.3	86.2	88.6	87.5	85.0	85.3	88.6	81.9	90.3	90.5	91.8	87.6

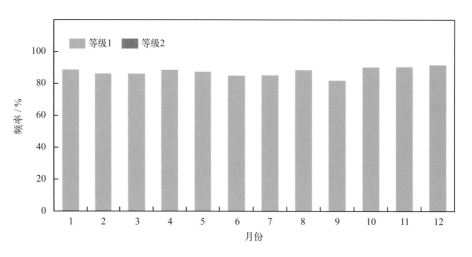

图3.3-1　各月各级海发光频率（1996—2019年）

第四章 海洋气象

第一节 气温

1. 平均气温、最高气温和最低气温

1995—2019年，三亚站累年平均气温为27.3℃。月平均气温6月最高，为30.2℃，1月最低，为23.2℃，年较差为7.0℃。月最高气温6月最高，1月最低。月最低气温6月最高，12月最低（表4.1-1，图4.1-1）。

表4.1-1 气温年变化（1995—2019年）　　　　　　　　　　　　　　　　　　单位：℃

	1月	2月	3月	4月	5月	6月	7月	8月	9月	10月	11月	12月	年
平均气温	23.2	24.0	26.1	28.4	29.8	30.2	29.6	29.4	28.9	28.0	26.4	24.0	27.3
最高气温	32.4	34.9	34.7	36.6	37.0	37.2	36.3	36.7	37.0	35.7	36.1	35.6	37.2
最低气温	10.2	12.2	14.1	20.4	22.6	23.1	22.1	21.5	20.7	17.2	16.1	9.2	9.2

注：1995年数据有缺测。

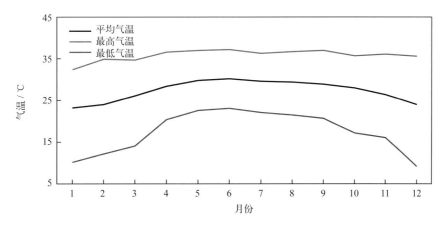

图4.1-1 气温年变化（1995—2019年）

历年的平均气温为26.1～28.9℃，其中2007年最高，1996年最低。

历年的最高气温均高于33.5℃，其中高于35.0℃的有19年，高于36.0℃的有9年。最早出现时间为4月6日（2013年），最晚出现时间为10月6日（2000年）。5月最高气温出现频率最高，占统计年份的32%，6月次之，占28%（图4.1-2）。极大值为37.2℃，出现在2018年6月3日。

历年的最低气温均低于17.0℃，其中低于15.0℃的有9年，低于12.0℃的有3年。最早出现时间为12月7日（2019年），最晚出现时间为3月6日（2005年）。1月最低气温出现频率最高，占统计年份的42%，12月次之，占33%（图4.1-2）。极小值为9.2℃，出现在1999年12月25日。

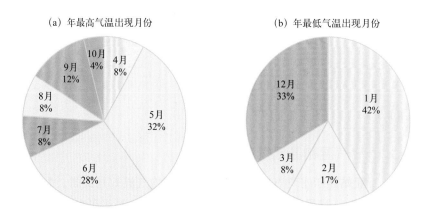

图4.1-2　年最高、最低气温出现月份及频率（1995—2019年）

2. 长期趋势变化

1996—2019年，年平均气温和年最高气温均呈上升趋势，上升速率分别为0.38℃/（10年）（线性趋势未通过显著性检验）和0.63℃/（10年）；年最低气温变化趋势不明显。

3. 常年自然天气季节和大陆度

利用三亚站1995—2019年气温累年日平均数据计算五日滑动平均气温，根据《气候季节划分》（QX/T 152—2012）中的气候季节划分指标和本志季节起止日确定方法，三亚站全年日平均气温均不小于22.0℃，为常夏区。

三亚站焦金斯基大陆度指数为11.1%，属海洋性季风气候。

第二节　气压

1. 平均气压、最高气压和最低气压

1995—2019年，三亚站累年平均气压为1 010.6百帕。月平均气压1月最高，为1 016.6百帕，7月最低，为1 004.6百帕，年较差为12.0百帕。月最高气压3月最大，6月和7月均为最小。月最低气压12月最大，8月最小（表4.2-1，图4.2-1）。

历年的平均气压为1 009.5～1 011.5百帕，其中2015年最高，2012年最低。

历年的最高气压均高于1 023.0百帕，其中高于1 028.0百帕的有4年。极大值为1 032.2百帕，出现在2005年3月5日。

历年的最低气压均低于998.5百帕，其中低于980.0百帕的有3年。极小值为970.0百帕，出现在1996年8月22日，正值9612号台风影响期间。

表4.2-1　气压年变化（1995—2019年）　　　　　　　　　　　单位：百帕

	1月	2月	3月	4月	5月	6月	7月	8月	9月	10月	11月	12月	年
平均气压	1 016.6	1 015.5	1 013.2	1 010.7	1 007.7	1 005.3	1 004.6	1 004.7	1 007.3	1 011.5	1 014.0	1 016.4	1 010.6
最高气压	1 031.8	1 026.7	1 032.2	1 021.6	1 015.7	1 013.5	1 013.5	1 013.8	1 018.6	1 020.6	1 023.3	1 028.2	1 032.2
最低气压	1 005.4	1 004.7	1 001.6	999.8	997.6	991.7	973.3	970.0	972.4	986.8	985.4	1 005.5	970.0

注：1995年数据有缺测。

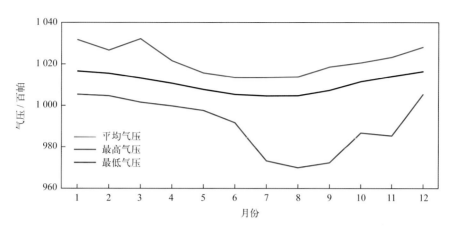

图4.2-1　气压年变化（1995—2019年）

2. 长期趋势变化

1996—2019 年，年平均气压和年最低气压均呈上升趋势，上升速率分别为 0.18 百帕 /（10 年）（线性趋势未通过显著性检验）和 2.03 百帕 /（10 年）（线性趋势未通过显著性检验）；年最高气压无明显变化趋势。

第三节　相对湿度

1. 平均相对湿度和最小相对湿度

1995—2019 年，三亚站累年平均相对湿度为 75.1%。月平均相对湿度 8 月最大，为 80.9%，12 月最小，为 67.3%。平均月最小相对湿度 7 月最大，为 54.2%，12 月最小，为 36.2%。最小相对湿度的极小值为 20%，出现在 2016 年 2 月 29 日和 2018 年 10 月 30 日（表 4.3–1，图 4.3–1）。

表 4.3-1　相对湿度年变化（1995—2019 年）

	1月	2月	3月	4月	5月	6月	7月	8月	9月	10月	11月	12月	年
平均相对湿度 / %	70.6	73.1	74.1	75.1	76.9	78.9	80.5	80.9	79.6	73.9	70.0	67.3	75.1
平均最小相对湿度 / %	37.8	39.4	41.3	46.0	46.1	52.1	54.2	53.2	48.4	41.0	38.2	36.2	44.5
最小相对湿度 / %	22	20	26	24	27	37	40	43	30	20	23	22	20

注：平均最小相对湿度为各月最小相对湿度的累年平均值及其年平均值。1995年数据有缺测。

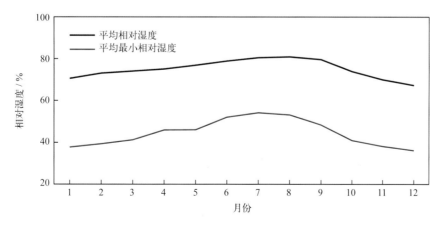

图4.3-1　相对湿度年变化（1995—2019年）

2. 长期趋势变化

年平均相对湿度为 67.4% ~ 84.9%，其中 1996 年最大，2019 年最小。

1996—2019 年，年平均相对湿度呈下降趋势，下降速率为 6.49% /（10 年）。

3. 温湿指数

根据《人居环境气候舒适度评价》（GB/T 27963—2011）的温湿指数统计方法和气候舒适度等级划分方法，统计三亚站各月温湿指数，结果显示：1—3 月和 11—12 月温湿指数为 21.8 ~ 24.4，感觉为舒适；4 月、9 月和 10 月温湿指数为 26.0 ~ 27.2，感觉为热；5—8 月温湿指数为 27.8 ~ 28.4，感觉为闷热（表 4.3-2）。

表 4.3-2　温湿指数年变化（1995—2019 年）

	1月	2月	3月	4月	5月	6月	7月	8月	9月	10月	11月	12月
温湿指数	21.8	22.6	24.4	26.4	27.8	28.4	28.0	27.8	27.2	26.0	24.4	22.3
感觉程度	舒适	舒适	舒适	热	闷热	闷热	闷热	闷热	热	热	舒适	舒适

第四节　风

1. 平均风速和最大风速

三亚站风速的年变化见表 4.4-1 和图 4.4-1。累年平均风速为 1.9 米 / 秒，月平均风速 6 月、7 月和 8 月最大，均为 2.1 米 / 秒，2 月最小，为 1.7 米 / 秒。平均最大风速 7 月最大，为 12.0 米 / 秒，2 月和 12 月最小，均为 5.7 米 / 秒。最大风速月最大值对应风向多为 W 向（5 个月）。极大风速的最大值为 40.5 米 / 秒，出现在 1996 年 8 月 22 日，正值 9612 号台风影响期间，对应风向为 SE。

历年的平均风速为 1.5 ~ 2.7 米 / 秒，其中 1996 年最大，2008 年、2009 年和 2014 年均为最小。历年的最大风速均不小于 9.4 米 / 秒，其中大于等于 18.0 米 / 秒的有 6 年，大于等于 24.0 米 / 秒的有 3 年。最大风速的最大值为 29.4 米 / 秒，出现在 2000 年 9 月 9 日，正值 0016 号台风"悟空"影响期间，风向为 NW。年最大风速出现在 6 月和 7 月的频率最高，1—3 月、5 月和 11—12 月未出现（图 4.4-2）。

表 4.4-1　风速年变化（1995—2019 年）　　　　　　　　　　　单位：米 / 秒

		1月	2月	3月	4月	5月	6月	7月	8月	9月	10月	11月	12月	年
平均风速		1.8	1.7	1.8	1.8	1.9	2.1	2.1	2.1	1.9	1.8	1.8	1.8	1.9
最大风速	平均值	5.9	5.7	5.8	8.1	8.7	10.3	12.0	11.6	11.9	7.5	6.6	5.7	8.3
	最大值	15.0	8.1	8.7	15.6	13.1	16.3	19.6	26.6	29.4	18.1	12.4	9.6	29.4
	最大值对应风向	NE	W	NW	W	W	SW	W	SSE	NW	W	S	NW	NW
极大风速	最大值	15.6	13.0	14.0	22.3	20.1	26.1	29.5	40.5	36.5	26.4	26.5	15.0	40.5
	最大值对应风向	E	ENE	ENE	W	WNW	N	SSW	SE	NW	W	E	NNE	SE

注：1995 年数据有缺测。

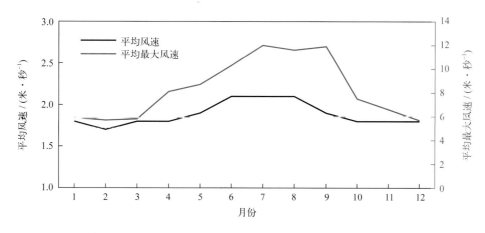

图4.4-1 平均风速和平均最大风速年变化（1995—2019年）

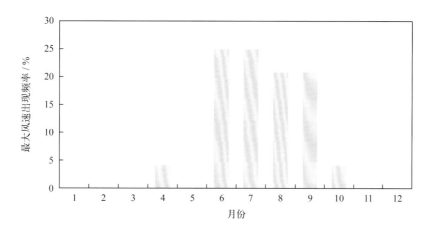

图4.4-2 年最大风速出现频率（1996—2019年）

2. 各向风频率

全年 E 向风最多，频率为 21.6%，ENE 向次之，频率为 12.6%，NNW 向最少，频率为 2.0%
（图 4.4-3）。

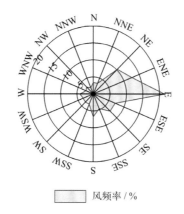

图4.4-3 全年各向风频率（1995—2019年）

1 月盛行风向为 NE—SE，频率和为 79.4%；4 月盛行风向为 NE—S，频率和为 85.9%；7 月无明显盛行风向；10 月盛行风向为 NE—ESE，频率和为 64.0%（图 4.4-4）。

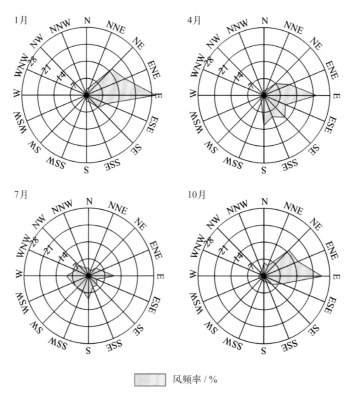

图4.4-4 四季代表月各向风频率（1995—2019年）

3. 各向平均风速和最大风速

全年各向平均风速 S 向、SW 向和 W 向最大，均为 2.5 米 / 秒，WSW 向次之，为 2.3 米 / 秒，NNE 向最小，为 0.6 米 / 秒（图 4.4-5）。1 月平均风速 S 向最大，为 2.4 米 / 秒；4 月平均风速 S 向和 SW 向最大，均为 2.6 米 / 秒；7 月和 10 月均为 W 向最大，平均风速分别为 3.2 米 / 秒和 2.8 米 / 秒（图 4.4-6）。

全年各向最大风速 NW 向最大，为 29.4 米 / 秒，SSE 向次之，为 26.6 米 / 秒，NNE 向最小，为 5.7 米 / 秒（图 4.4-5）。1 月 NE 向最大风速最大，为 15.0 米 / 秒；4 月、7 月和 10 月均为 W 向最大，最大风速分别为 15.6 米 / 秒、19.6 米 / 秒和 18.1 米 / 秒（图 4.4-6）。

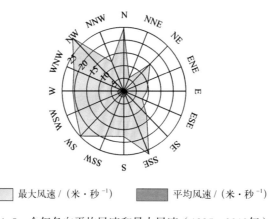

图4.4-5 全年各向平均风速和最大风速（1995—2019年）

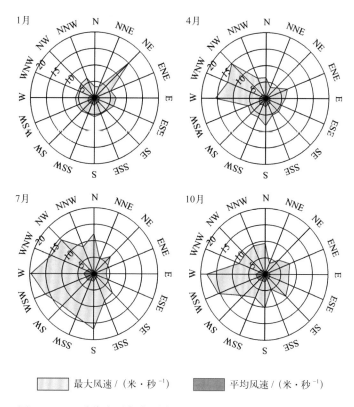

图4.4-6 四季代表月各向平均风速和最大风速（1995—2019年）

4. 大风日数

风力大于等于6级的大风日数7月最多，为1.2天，占全年的29.3%，8月次之，为0.9天（表4.4-2，图4.4-7）。平均年大风日数为4.1天（表4.4-2）。历年大风日数1997年最多，为12天，2006年、2008年和2017年未出现。

风力大于等于8级的大风日数9月最多，为0.2天，8月和10月均出现1天，1—6月和11—12月未出现。历年大风日数2003年最多，为2天，有17年未出现。

风力大于等于6级的月大风日数最多为4天，出现在1997年6月；最长连续大于等于6级大风日数为2天，出现21次（表4.4-2）。

表4.4-2 各级大风日数年变化（1995—2019年） 单位：天

	1月	2月	3月	4月	5月	6月	7月	8月	9月	10月	11月	12月	年
大于等于6级大风平均日数	0.0	0.0	0.0	0.3	0.2	0.5	1.2	0.9	0.8	0.1	0.1	0.0	4.1
大于等于7级大风平均日数	0.0	0.0	0.0	0.1	0.0	0.2	0.3	0.1	0.3	0.0	0.0	0.0	1.0
大于等于8级大风平均日数	0.0	0.0	0.0	0.0	0.0	0.0	0.1	0.0	0.2	0.0	0.0	0.0	0.3
大于等于6级大风最多日数	1	0	0	1	2	4	3	3	3	2	2	0	12
最长连续大于等于6级大风日数	1	0	0	1	2	2	2	2	2	2	2	0	2

注：1995年数据有缺测。

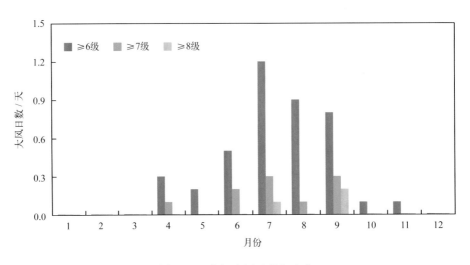

图4.4-7 各级大风日数年变化

第五节 降水

1. 降水量和降水日数

(1) 降水量

三亚站降水量的年变化见表4.5-1和图4.5-1。平均年降水量为1 435.6毫米，6—8月为627.3毫米，占全年降水量的43.7%，9—11月为583.1毫米，占全年的40.6%，3—5月为191.5毫米，占全年的13.3%，12月至翌年2月为33.7毫米，占全年的2.4%。9月平均降水量最多，为267.7毫米，占全年的18.6%。

历年年降水量为789.0 ~ 2 094.9毫米，其中2010年最多，2014年最少。

最大日降水量超过100毫米的有18年，超过150毫米的有12年，超过200毫米的有4年。最大日降水量为270.8毫米，出现在2002年9月25日，正值0220号热带风暴"米克拉"影响期间。

表4.5-1 降水量年变化（1995—2019年） 单位：毫米

	1月	2月	3月	4月	5月	6月	7月	8月	9月	10月	11月	12月	年
平均降水量	7.5	6.7	19.3	63.6	108.6	159.6	256.2	211.5	267.7	242.2	73.2	19.5	1 435.6
最大日降水量	21.6	19.2	112.2	137.5	102.1	139.2	169.6	158.5	270.8	206.7	203.2	61.9	270.8

注：1995年数据有缺测。

(2) 降水日数

平均年降水日数为101.0天。平均月降水日数9月最多，为15.9天，1月最少，为2.9天（图4.5-2和图4.5-3）。日降水量大于等于10毫米的平均年日数为34.6天，各月均有出现；日降水量大于等于50毫米的平均年日数为6.9天，出现在3—12月；日降水量大于等于100毫米的平均年日数为1.7天，出现在3—11月；日降水量大于等于150毫米的平均年日数为0.68天，出现在7—11月；日降水量大于等于200毫米的平均年日数为0.20天，出现在9—11月（图4.5-3）。

最多年降水日数为141天，出现在2016年；最少年降水日数为74天，出现在2014年。最长连续降水日数为17天，出现在1996年9月10—26日和2013年7月18日至8月3日；最长连续无降水日数为 75 天，出现在 2007 年 11 月 2 日至 2008 年 1 月 15 日。

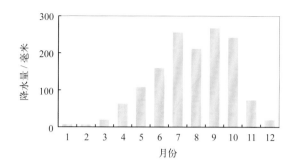

图4.5-1 降水量年变化（1995—2019年）

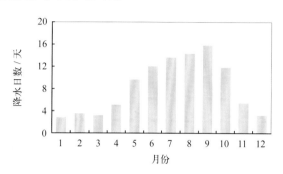

图4.5-2 降水日数年变化（1995—2019年）

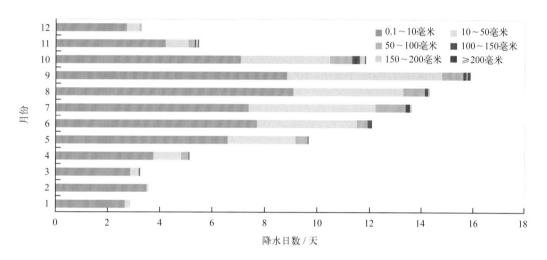

图4.5-3 各月各级平均降水日数分布（1995—2019年）

2. 长期趋势变化

1996—2019 年，年降水量和年最大日降水量均呈下降趋势，下降速率分别为 58.79 毫米 /（10 年）（线性趋势未通过显著性检验）和 29.30 毫米 /（10 年）（线性趋势未通过显著性检验）。

1996—2019 年，年降水日数呈增加趋势，增加速率为 4.46 天 /（10 年）（线性趋势未通过显著性检验）；最长连续降水日数和最长连续无降水日数均无明显变化趋势。

第六节　能见度

1995—2019 年，三亚站累年平均能见度为 19.7 千米。6 月和 8 月平均能见度最大，均为 22.9 千米，1 月最小，为 16.9 千米。无能见度小于 1 千米记录（表 4.6-1，图 4.6-1）。

表4.6-1 能见度年变化（1995—2019年）

	1月	2月	3月	4月	5月	6月	7月	8月	9月	10月	11月	12月	年
平均能见度 / 千米	16.9	18.0	18.3	20.1	22.1	22.9	22.8	22.9	20.1	17.3	18.1	17.2	19.7
能见度小于 1 千米平均日数 / 天	0	0	0	0	0	0	0	0	0	0	0	0	0

注：1995年数据有缺测。

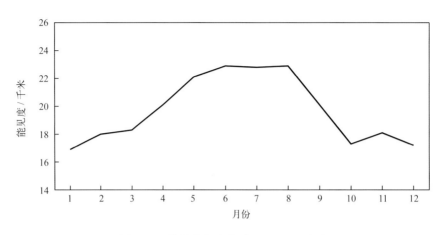

图4.6-1 能见度年变化（1995—2019年）

历年平均能见度为 16.7 ~ 22.2 千米，2002 年最高，2016 年最低。1996—2019 年，年平均能见度呈下降趋势，下降速率为 0.61 千米 /（10 年）（线性趋势未通过显著性检验）（图 4.6-2）。

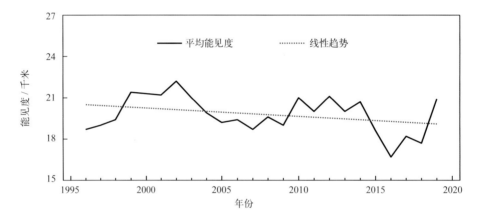

图4.6-2 1996—2019年平均能见度变化

第五章 海平面

1. 年变化

三亚沿海海平面年变化特征明显，7 月最低，10 月最高，年变幅为 31 厘米（图 5-1），平均海平面在验潮基面上 116 厘米。

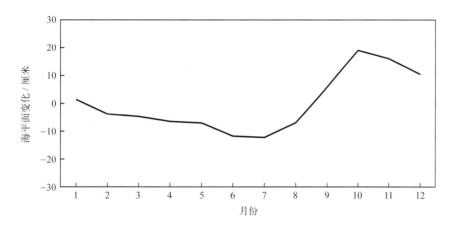

图5-1 海平面年变化（2000—2019年）

2. 长期趋势变化

2000—2019 年，三亚沿海海平面变化总体呈波动上升趋势，上升速率为 5.3 毫米 / 年。2002 年和 2005 年三亚沿海海平面偏低，2005 之后海平面上升明显，2017 年海平面为有观测记录以来最高，2018—2019 年海平面有所回落。

三亚沿海十年平均海平面上升明显，2010—2019 年平均海平面较 2000—2009 年平均海平面高 59 毫米。

第六章 灾害

第一节 海洋灾害

1. 风暴潮

1955 年 9 月 25 日前后，5526 号超强台风登陆海南琼东，引发较大潮灾。三亚最大增水超过 0.5 米（《中国海洋灾害四十年资料汇编》）。

1964 年 7 月 2 日前后，6403 号强台风登陆海南琼海，引发严重潮灾。三亚最大增水超过 0.5 米（《中国海洋灾害四十年资料汇编》）。

1989 年 10 月 2 日前后，8926 号台风在三亚登陆，风暴潮和台风浪使海水涌入三亚码头部分堆货场，整个港区货物和设备损失约 400 万元；三亚渔码头面层的水泥块，被台风浪击毁 117 立方米，遭严重破坏 380 立方米，击毁防波堤以内的场地 367 立方米，经济损失 32 万元。风暴潮和台风浪造成三亚一带海岸防护工程的经济损失为 5 603 万元（《1989 年中国海洋灾害公报》）。

1995 年 8 月 28 日前后，海南省三亚市沿海出现风暴潮过程，沿海有关测站出现了 30 ~ 65 厘米的风暴增水。这次过程沿海损失较重，琼海市淡水养殖受灾面积 300 亩，农作物成灾面积 2.4 万亩，公路冲毁 114 段，供电线路中断 20 条（《1995 年中国海洋灾害公报》）。

2002 年 9 月 25—28 日，0220 号热带风暴"米克拉"在海南三亚和广西钦州登陆后，又在雷州半岛登陆。受其影响，海南岛南部和西部海域及港湾，沉损船舶 45 艘，死亡、失踪 7 人，海洋水产养殖受灾面积 2 149 公顷，水产品损失 2.2 万吨，直接经济损失达 3 890 万元（《2002 年中国海洋灾害公报》）。

2005 年 9 月 26 日前后，0518 号超强台风"达维"在海南省万宁县山根镇一带沿海登陆。"达维"台风风暴潮灾害为海南省近 32 年来最严重的一次，造成直接经济损失 116.47 亿元，受灾人口 630.54 万人，死亡 25 人。26 日上午，在三亚湾锚地避风的 5 000 吨级货轮"YINBAO"号脱锚，在海滩上搁浅（《2005 年中国海洋灾害公报》）。

2007 年 10 月 2 日前后，0715 号台风"利奇马"登陆海南三亚。受其影响，海南省受灾人口 263.69 万人，损失成鱼 3 吨，损失龙虾 0.10 吨，损失鱼苗 25 万尾（《2007 年中国海洋灾害公报》）。

2014 年 7 月 18 日前后，1409 号超强台风"威马逊"先后在海南文昌、广东湛江、广西防城港登陆，是 1949 年以来登陆我国的最强台风。海南受灾人口 132.3 万人，房屋倒塌 22 663 间，水产养殖受损 13.24 万吨，海堤、护岸损毁 1.61 千米，道路毁坏 9.88 千米，直接经济损失达 27.32 亿元。9 月 16 日前后，1415 号台风"海鸥"先后在海南文昌、广东湛江登陆，海南受灾人口 121.72 万人，直接经济损失达 9.26 亿元（《2014 年中国海洋灾害公报》）。

2. 海浪

1989 年，受 8926 号、8928 号台风浪的破坏，三亚一带海岸 65% 的岸段出现了不同程度的变形。在三亚湾、天涯海角、亚龙湾海岸，大量的防风林在海浪的冲刷下倒地。在三亚沿岸，有的岸段（主要是沙岸）受海浪水平侵蚀 4 ~ 5 米，垂直变化 1.0 ~ 1.5 米，鹿回头角至海南珍珠开发中心岸段水平变化 4 ~ 5 米，垂直变化 1 米，原来该开发中心和生物实验站在岸边挖的 4 个总容积约 4 万立方米的珍珠贝放养、避浪塘，被巨大海浪和潮流带来的泥沙填平，经济损失达 63 万元。8928 号台风影响期间，"穗救 202"（2 650 匹马力）拖轮和"重任 501"（5 000 吨）驳船被潮水和台风浪抛上了沙滩搁浅，直接经济损失为 300 万元；台风浪致使海水漫过东方盐场海堤，部分盐田被冲（《1989 年中国海洋灾害公报》）。

2005 年 7 月 29 日至 8 月 1 日前后，0508 号强热带风暴"天鹰"在南海东北海面形成 5 ~ 9 米的台风浪。海南三亚海水浴场实测最大波高 3.0 米（《2005 年中国海洋灾害公报》）。

3. 海岸侵蚀

2003 年，海南三亚湾和亚龙湾岸段年平均侵蚀距离为 1 ~ 2 米，海口市海甸岛和新埠岛长约 6 千米岸线因海岸侵蚀损失土地约 1.5 平方千米（《2003 年中国海平面公报》）。

2013 年，海南三亚亚龙湾侵蚀岸线长度 1 590 米，平均侵蚀宽度 1.1 米，最大侵蚀宽度 7 米。2008—2013 年，三亚湾侵蚀岸线长度超过 4 300 米，平均侵蚀宽度 4.2 米，最大侵蚀宽度 15 米（《2013 年中国海平面公报》）。

2016 年，海南三亚亚龙湾西侧监测岸段侵蚀海岸长度 3.4 千米，平均侵蚀距离 3.3 米（《2016 年中国海洋灾害公报》）。

2017 年，海南三亚亚龙湾西侧岸段最大侵蚀距离 18.57 米，平均侵蚀距离 6.16 米（《2017 年中国海平面公报》）。

2019 年，海南三亚亚龙湾岸段年平均侵蚀距离 1.0 米，岸滩年平均下蚀高度 25.3 厘米（《2019 年中国海平面公报》）。

2020 年，海南三亚亚龙湾岸段年平均侵蚀距离 0.2 米，岸滩年平均下蚀高度 1.6 厘米，侵蚀程度较 2019 年减轻（《2020 年中国海平面公报》）。

4. 海水入侵

2008 年，海南省三亚市存在海水入侵（《2008 年中国海洋灾害公报》）。

2012 年，海南三亚 I 断面重度海水入侵距离 0.36 千米，轻度海水入侵距离 0.44 千米（《2012 年中国海洋灾害公报》）。

2014 年，海南三亚 I 断面重度海水入侵距离 0.49 千米，轻度海水入侵距离 0.55 千米（《2014 年中国海洋灾害公报》）。

2015 年，海南三亚 I 断面重度海水入侵距离 0.48 千米，轻度海水入侵距离 0.50 千米（《2015 年中国海洋灾害公报》）。

2016 年，海南三亚 I 断面重度海水入侵距离 0.48 千米，轻度海水入侵距离 0.50 千米（《2016 年中国海洋灾害公报》）。

2017 年，海南三亚 I 断面重度海水入侵距离 0.48 千米，轻度海水入侵距离 0.54 千米（《2017 年中国海洋灾害公报》）。

5. 海啸

1991 年 1 月 4—5 日，海南省西南部海域（18°N，108°E）海底发生弱群震，1 天时间内就记录到 8 次地震，最大震级 3.7 级，震源深度 8 ~ 12 千米。受其影响，海南岛三亚港记录到 0.5 ~ 0.8 米的海啸波，并连续发生 4 ~ 5 次（《1991 年中国海洋灾害公报》）。

第二节　灾害性天气

根据《中国气象灾害大典·海南卷》（1949—2000年）和《中国气象灾害年鉴》（2000年后）及《南海区海洋站海洋水文气候志》等记载，三亚站周边发生的主要灾害性天气有暴雨洪涝、大风和雷电等。

1. 暴雨洪涝

1963年8月6日08时至9日08时，受6311号超强台风影响，海南岛普降大暴雨到特大暴雨，其中崖县（今三亚）宁远河水坝累计降雨量高达501毫米。崖县十字街水深1.5米，16个村庄1万余人被洪水围困，死2人，毁坏水坝、水库12处，农作物受灾面积1733.3公顷。

1971年5月29日，受7106号台风影响，海南岛普降暴雨，其中崖县过程降雨量高达544毫米。崖县十字街洪水位为7.13米。宁远河水淹崖城和保港11个大队165个生产队3万人，崖城、保港水深1.2米以上，死亡2人，伤3人，冲失谷子423斤，毁坏农作物800公顷，损失谷子1429.5吨。

1986年5月19—20日，受8604号热带风暴影响，海南岛大部地区降暴雨到大暴雨，三亚市累计降雨量达407毫米，连续24小时雨量达328毫米。暴雨使局部地区出现严重洪涝灾害，三亚市受灾损失较重，全市经济损失114.7万元。

1990年9月16日08时至19日08时，受9019号台风影响，三亚降特大暴雨（18日降雨量为258.7毫米），累计降雨量达270毫米。由于暴雨强度大，三亚市藤桥镇东西河洪水暴涨，海昌管区海浪村受洪水和海潮浸淹水深超过1米，三亚至八所公路羊栏段被水淹没，水深1米有余，妙林、槟榔近5个村庄和藤桥镇海丰村1万余人被洪水围困，农田洪涝面积5333.3公顷。

1995年8月26日至30日20时，受9508号强热带风暴影响，海南岛半数地区降暴雨到大暴雨，其中三亚累计降雨量为297.9毫米。由于暴雨集中，强度大，造成山洪暴发。三亚市宁远河出现1949年以来第三次大洪水；乐东黎族自治县望楼河出现相当1991年的大洪水；陵水黎族自治县陵水河洪峰水位5.48米，超过警戒水位1.38米。风暴经过的万宁、陵水、保亭、乐东等县损失严重。全省直接经济损失达7.24亿元。

2018年7月17日08时至18日20时，受1809号热带风暴"山神"影响，海南岛南部、东部和中部地区普降暴雨到大暴雨，其中三亚市崖州区降雨量高达257.3毫米。据统计，台风共造成24.5万人受灾，4.1万人紧急转移安置，农作物受灾面积1000公顷，直接经济损失达1.3亿元。

2. 大风

1953年8月14日07时，5313号强台风在海南文昌登陆，登陆时台风中心附近最大风力12级，后掠过海南岛西北部于20时前出海进入北部湾。受其影响，海南岛降暴雨到大暴雨，11—16日降雨量为100～300毫米，11—15日出现最大风力9～10级，阵风8～12级。崖县（今三亚）损失最为严重，倒塌房屋0.43万间，占房屋总损失的38%。

1990年11月17日03—04时，9025号超强台风在海南省三亚市沿海登陆，登陆时中心附近最大风力11级，给海南特别是三亚市造成了一定的经济损失。

1993年7月11日01—02时，9303号强热带风暴在海南省陵水黎族自治县沿海地区登陆，中心附近最大风力11级，随后风暴中心向西经三亚、保亭，从乐东、东方出海进入北部湾。这次风暴局部风力强，受影响最重的陵水县、三亚市直接经济损失达4260万元。

2010 年 7 月 16 日 19 时 50 分，1002 号台风登陆三亚市，三亚市测得最大阵风 51.8 米 / 秒，风力达 16 级。该热带气旋造成三亚和海口机场共 107 个航班取消，三亚市多个片区停水停电，包括路灯、交通指示牌以及绿化树木在内的大批市政设施遭到破坏，田独镇往东线高速公路 2 千米处的一个广告牌被大风吹倒，当场砸死两名男子。

2013 年 6 月 22 日 11 时 10 分前后，1305 号热带风暴在海南省琼海市潭门镇沿海登陆，三亚市出现了 8 ~ 10 级的阵风。受大风影响，三亚凤凰机场一度滞留 8 000 余名旅客。

3. 雷电

1972 年 5 月 26 日，崖县梅山公社发生雷击，受伤 10 余人，死亡 2 人。

1998 年 4 月 29 日，三亚市林旺镇一海水养殖场工人遭雷击，2 人死亡，13 人受伤，其中 6 人重伤。同时，该市羊栏镇桶井村 1 人在野外遭雷击身亡。林旺邮电所、三亚度假村、三亚国际大酒店等单位的程控电话交换机、卫星电视接收系统和电脑网络等均遭受雷击，直接经济损失近 20 万元。

2000 年 5 月 15 日 16 时 30 分前后，三亚市林旺镇青田村罗某和符某在港湾捕鱼时被雷击身亡，身体均被烧黑。

2004 年 8 月 15 日 09 时许，三亚市羊栏镇土场出现强对流性天气，一养殖工棚遭雷击，造成 1 人死亡、1 人重伤、2 人轻伤、1 人有触电感。

西沙海洋站

第一章 概况

第一节 基本情况

西沙海洋站（简称西沙站）位于海南省三沙市西沙群岛永兴岛（图 1.1-1）。三沙市成立于 2012 年 7 月，管辖西沙群岛、中沙群岛、南沙群岛的岛礁及其海域，是中国位置最南、面积最大、陆地面积最小及人口最少的地级市。永兴岛位于西沙群岛的宣德群岛，四周被沙质海滩与外海之间由珊瑚构成的礁盘环带所围绕，且边缘陡峭，岛上地势平坦，植被茂密。

西沙站建于 1959 年 8 月，名为西沙海洋水文气象站，隶属于广东省海南行政公署水文气象局。1966 年 1 月更名为西沙海洋站，隶属国家海洋局南海分局，1989 年 7 月后隶属海南省海洋局，1996 年 10 月后隶属国家海洋局南海分局，2019 年 6 月后隶属自然资源部南海局，由三沙中心站管辖。站址位于永兴岛宣德路 8 号。

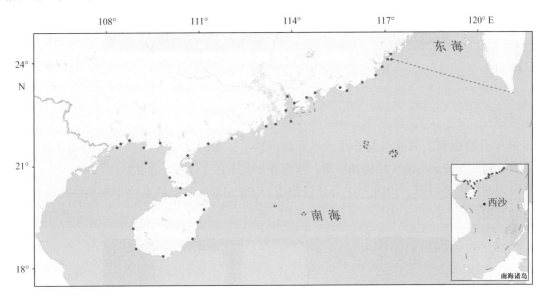

图1.1-1 西沙站地理位置示意

西沙站观测项目有潮汐、海浪等。2002 年前，主要为人工观测或使用简易设备观测，2002 年安装使用自动观测系统，多数项目实现了自动化观测、数据存储和传输。

西沙附近海域为不正规日潮特征，海平面 2 月最低，7 月最高，年变幅为 20 厘米，平均海平面为 124 厘米，平均高潮位为 168 厘米，平均低潮位为 84 厘米；全年海况以 0 ~ 4 级为主，年均平均波高为 1.3 米，年均平均周期为 4.1 秒，历史最大波高最大值为 11.0 米，历史平均周期最大值为 18.8 秒，常浪向为 NE，强浪向为 SSW。

第二节 观测环境和观测仪器

1. 潮汐

1970 年 11 月开始观测，1972 年 9 月停测，1988 年 7 月恢复观测，1992 年后逐时观测数据连续稳定。测点位于永兴岛老码头北端。验潮井为岛式钢筋混凝土结构，水深低潮时约 1 米，与外海通畅，无泥沙淤积（图 1.2-1）。

1970 年 11 月至 1972 年 9 月使用水尺观测，1988 年 7 月开始使用 SCA1-1 型浮子式水位计，2002 年 7 月开始使用 SCA11-1 型浮子式水位计，2009 年 12 月后使用 SCA11-3A 型浮子式水位计。

图1.2-1　西沙站验潮室（摄于2011年12月）

2. 海浪

1959 年开始观测。测波点位于西沙站观测岗楼上，1969 年迁至西沙站办公楼 4 楼测波室，观测区域开阔，无较大岛屿、暗礁和沙滩，水深在十几米以上（图 1.2-2）。

海浪观测主要为目测，2018 年 7 月开始使用 LCFB 型浮标，布放点位于永兴岛西北侧。海况和波型为目测。

图1.2-2　西沙站测波室（摄于2014年8月）

第二章　潮位

第一节　潮汐

1. 潮汐类型

利用西沙站近 19 年（2001—2019 年）验潮资料分析的调和常数，计算出潮汐系数 $(H_{K_1}+H_{O_1})/H_{M_2}$ 为 3.30。按我国潮汐类型分类标准，西沙附近海域为不正规日潮，平均每月约 2/3 的天数每个潮汐日（大约 24.8 小时）有一次高潮和一次低潮，其余天数每个潮汐日有两次高潮和两次低潮，高潮日不等和低潮日不等现象均较显著。

1992—2019 年，西沙站 M_2 分潮振幅呈增大趋势，增大速率为 0.09 毫米 / 年；迟角变化趋势不明显。K_1 分潮振幅呈增大趋势，增大速率为 0.15 毫米 / 年；迟角呈减小趋势，减小速率为 0.05°/ 年。O_1 分潮振幅呈增大趋势，增大速率为 0.10 毫米 / 年（线性趋势未通过显著性检验）；迟角变化趋势不明显。

2. 潮汐特征值

由 1992—2019 年资料统计分析得出：西沙站平均高潮位为 168 厘米，平均低潮位为 84 厘米，平均潮差为 84 厘米；平均高高潮位为 175 厘米，平均低低潮位为 77 厘米，平均大的潮差为 98 厘米。平均涨潮历时 11 小时 25 分钟，平均落潮历时 7 小时 49 分钟，两者相差 3 小时 36 分钟。

累年各月潮汐特征值见表 2.1-1。

表 2.1-1　累年各月潮汐特征值（1992—2019 年）　　　　　　单位：厘米

月份	平均高潮位	平均低潮位	平均潮差	平均高高潮位	平均低低潮位	平均大的潮差
1	166	69	97	172	65	107
2	156	78	78	165	71	94
3	154	83	71	162	75	87
4	162	88	74	170	77	93
5	174	87	87	180	78	102
6	183	83	100	186	79	107
7	186	89	97	190	84	106
8	176	97	79	185	90	95
9	167	95	72	175	88	87
10	162	87	75	170	78	92
11	165	78	87	173	72	101
12	170	69	101	175	67	108
年	168	84	84	175	77	98

注：潮位值均以验潮零点为基面。

平均高潮位 7 月最高，为 186 厘米，3 月最低，为 154 厘米，年较差为 32 厘米；平均低潮位 8 月最高，为 97 厘米，1 月和 12 月最低，均为 69 厘米，年较差为 28 厘米（图 2.1-1）；平均高高潮位 7 月最高，为 190 厘米，3 月最低，为 162 厘米，年较差为 28 厘米；平均低低潮位 8 月最高，为 90 厘米，1 月最低，为 65 厘米，年较差为 25 厘米。平均潮差 12 月最大，3 月最小，年较差为 30 厘米；平均大的潮差 12 月最大，3 月和 9 月均为最小，年较差为 21 厘米（图 2.1-2）。

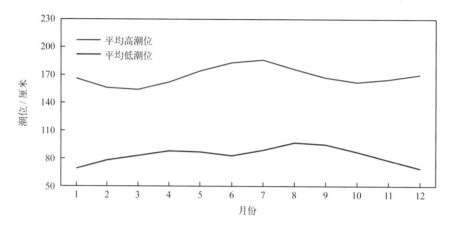

图2.1-1　平均高潮位和平均低潮位年变化

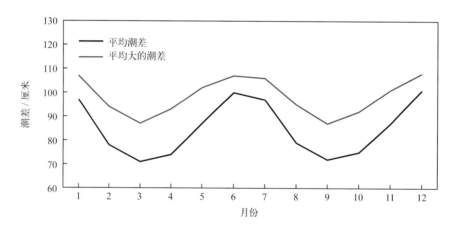

图2.1-2　平均潮差和平均大的潮差年变化

1992—2019 年，西沙站平均高潮位呈上升趋势，上升速率为 5.15 毫米/年。受天文潮长周期变化影响，平均高潮位存在较为明显的准 19 年周期变化，振幅为 3.42 厘米。平均高潮位最高值出现在 2010 年，为 181 厘米；最低值出现在 1997 年，为 153 厘米。西沙站平均低潮位呈上升趋势，上升速率为 5.02 毫米/年。平均低潮位准 19 年周期变化明显，振幅为 5.67 厘米。平均低潮位最高值出现在 2017 年，为 96 厘米；最低值出现在 2004 年，为 72 厘米。

1992—2019 年，西沙站平均潮差无明显变化趋势。平均潮差准 19 年周期变化显著，振幅为 8.75 厘米。平均潮差最大值出现在 2006 年，为 96 厘米；最小值出现在 1997 年，为 76 厘米（图 2.1-3）。

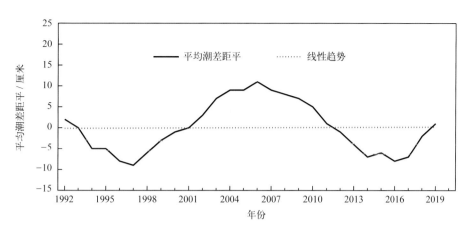

图2.1-3　1992—2019年平均潮差距平变化

第二节　极值潮位

西沙站年最高潮位和年最低潮位的各月发生频率见表2.2-1。年最高潮位出现时间主要集中在5—8月，其中7月发生频率最高，为41%；6月次之，为26%。年最低潮位主要出现在11月至翌年1月，其中1月发生频率最高，为44%；12月次之，为26%。

1992—2019年，西沙站年最高潮位变化趋势不明显。历年的最高潮位均高于203厘米，其中高于245厘米的有3年；历史最高潮位为249厘米，出现在2010年8月9日。西沙站年最低潮位呈下降趋势，下降速率为1.56毫米/年（线性趋势未通过显著性检验）。历年最低潮位均低于43厘米，其中低于20厘米的有4年；历史最低潮位出现在2005年2月8日，为9厘米（表2.2-1）。

表2.2-1　最高潮位和最低潮位及年极值出现频率（1992—2019年）

	1月	2月	3月	4月	5月	6月	7月	8月	9月	10月	11月	12月
最高潮位值/厘米	214	205	211	214	230	247	243	249	224	218	220	222
年最高潮位出现频率/%	0	0	0	0	18	26	41	11	4	0	0	0
最低潮位值/厘米	10	9	26	40	35	32	27	36	47	34	18	13
年最低潮位出现频率/%	44	4	4	0	0	7	0	0	0	0	15	26

第三节　增减水

受地形和气候特征的影响，西沙站出现20厘米以上增水的频率明显高于同等强度减水的频率，超过20厘米的增水平均约13天出现一次，超过20厘米的减水平均约89天出现一次（表2.3-1）。

西沙站40厘米以上的增水主要出现在6—7月和9月，20厘米以上的减水多发生在3月和7月，这些大的增减水过程主要与该海域受热带气旋等影响有关（表2.3-2）。

表 2.3-1　不同强度增减水平均出现周期（1992—2019 年）

范围 / 厘米	出现周期 / 天	
	增水	减水
>10	1.19	1.41
>15	4.33	8.57
>20	13.20	88.65
>25	36.74	1 932.51
>30	92.02	—
>40	292.80	—
>50	1 207.82	—
>60	2 415.64	—

"—"表示无数据。

表 2.3-2　各月不同强度增减水出现频率（1992—2019 年）

月份	增水 / %					减水 / %			
	>20 厘米	>30 厘米	>40 厘米	>50 厘米	>60 厘米	>10 厘米	>15 厘米	>20 厘米	>25 厘米
1	0.02	0.00	0.00	0.00	0.00	2.38	0.07	0.00	0.00
2	0.03	0.02	0.00	0.00	0.00	2.16	0.21	0.01	0.00
3	0.01	0.00	0.00	0.00	0.00	4.40	0.59	0.19	0.02
4	1.04	0.02	0.00	0.00	0.00	3.10	0.16	0.00	0.00
5	0.27	0.00	0.00	0.00	0.00	3.57	0.33	0.03	0.00
6	0.26	0.10	0.06	0.03	0.02	6.02	1.37	0.02	0.00
7	0.57	0.15	0.06	0.00	0.00	5.39	2.30	0.26	0.00
8	0.65	0.06	0.00	0.00	0.00	1.46	0.04	0.00	0.00
9	0.45	0.12	0.03	0.01	0.00	1.14	0.04	0.00	0.00
10	0.39	0.02	0.00	0.00	0.00	1.52	0.28	0.03	0.00
11	0.03	0.00	0.00	0.00	0.00	1.82	0.15	0.00	0.00
12	0.04	0.03	0.01	0.00	0.00	2.38	0.25	0.02	0.00

1992—2019 年，西沙站年最大增水多出现在 6—10 月，其中 8 月出现频率最高，为 22%；7 月和 9 月次之，均为 18%。西沙站年最大减水多出现在 3—5 月和 7 月，其中 3 月出现频率最高，为 22%；4 月和 7 月次之，均为 15%（表 2.3-3）。

1992—2019 年，西沙站年最大增水和年最大减水均无明显变化趋势。历史最大增水出现在 1992 年 6 月 27 日，为 77 厘米；1995 年和 2010 年最大增水均超过了 50 厘米。历史最大减水发生在 2016 年 3 月 27 日，为 27 厘米；1992 年和 2010 年最大减水也较大，均为 24 厘米。

表 2.3-3 最大增水和最大减水及年极值出现频率（1992—2019 年）

	1月	2月	3月	4月	5月	6月	7月	8月	9月	10月	11月	12月
最大增水值 / 厘米	33	33	21	38	27	77	52	42	52	39	24	41
年最大增水出现频率 /%	4	4	4	4	0	11	18	22	18	11	0	4
最大减水值 / 厘米	18	21	27	18	22	21	24	16	18	23	20	22
年最大减水出现频率 /%	7	7	22	15	11	5	15	4	0	7	7	0

第三章 海浪

第一节 海况

西沙站全年及各月各级海况的频率见图3.1-1。全年海况以 0 ~ 4 级为主，频率为82.93%，其中 0 ~ 3 级海况频率为48.12%。全年 5 级及以上海况频率为17.07%，最大频率出现在 11 月，为33.81%。全年 7 级及以上海况频率为0.23%，最大频率出现在 10 月，为0.55%，2 月和 3 月未出现。

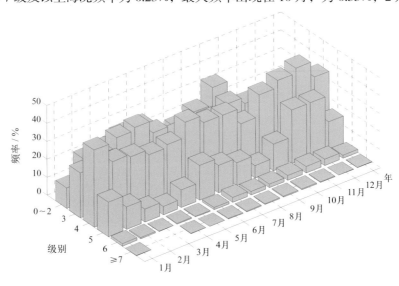

图3.1-1 全年及各月各级海况频率（1961—2019年）

第二节 波型

西沙站风浪频率和涌浪频率的年变化见表 3.2-1。全年以风浪为主，频率为99.82%，涌浪频率为20.20%。各月的风浪频率相差不大，涌浪频率差异较大。涌浪在 9 月和 10 月较多，其中 9 月最多，频率为29.19%；在 6 月、11 月和 12 月较少，其中 12 月最少，频率为14.72%。

表3.2-1 各月及全年风浪涌浪频率（1961—2019 年）

	1月	2月	3月	4月	5月	6月	7月	8月	9月	10月	11月	12月	年
风浪 / %	99.90	99.52	99.94	99.81	99.70	99.90	99.82	99.89	99.52	99.85	99.95	99.97	99.82
涌浪 / %	17.18	22.26	21.77	22.38	21.00	15.38	17.91	21.09	29.19	24.43	15.30	14.72	20.20

注：风浪包含F、FU、F/U和U/F波型；涌浪包含U、FU、F/U和U/F波型。

第三节 波向

1. 各向风浪频率

西沙站各月及全年各向风浪频率见图 3.3-1。1 月、2 月和 10—12 月 NE 向风浪居多，ENE 向次之。3 月 ENE 向风浪居多，NE 向次之。4 月 S 向风浪居多，SSE 向次之。5 月 S 向风浪居多，SSW 向次之。6 月和 7 月 SSW 向风浪居多，S 向次之。8 月 SSW 向风浪居多，SW 向次之。9 月 SSW 向风浪居多，NE 向和 S 向次之。全年 NE 向风浪居多，频率为 18.34%；ENE 向次之，频率为 13.09%；WNW 向最少，频率为 1.00%。

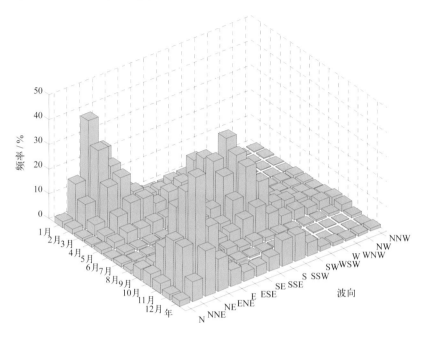

图3.3-1　各月及全年各向风浪频率（1961—2019年）

2. 各向涌浪频率

西沙站各月及全年各向涌浪频率见图 3.3-2。1—4 月、11 月和 12 月 N 向涌浪居多，NE 向次之。5 月 N 向涌浪居多，S 向次之。6 月 SSW 向涌浪居多，S 向次之。7 月 SSW 向涌浪居多，SW 向次之。8 月 SW 向涌浪居多，SSW 向次之。9 月 NW 向涌浪居多，SSW 向次之。10 月 N 向涌浪居多，NW 向次之。全年 N 向涌浪居多，频率为 3.73%；NE 向次之，频率为 2.32%；ESE 向最少，频率为 0.41%。

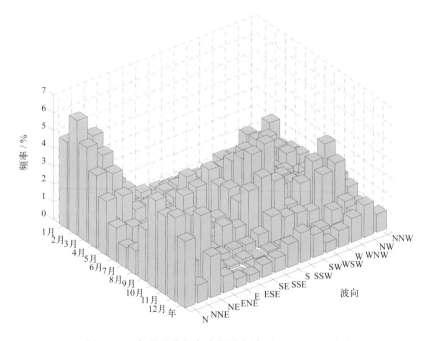

图3.3-2　各月及全年各向涌浪频率（1961—2019年）

第四节 波高

1. 平均波高和最大波高

西沙站波高的年变化见表 3.4-1。月平均波高的年变化不明显，为 1.0 ～ 1.6 米。历年的平均波高为 0.8 ～ 1.6 米。

月最大波高比月平均波高的变化幅度大，极大值出现在 10 月，为 11.0 米，极小值出现在 3 月，为 4.2 米，变幅为 6.8 米。历年的最大波高为 2.5 ～ 11.0 米，不小于 10.0 米的有 4 年，其中最大波高的极大值 11.0 米出现在 1971 年 10 月 8 日，正值 7126 号超强台风（Elaine）影响期间，波向为 SSW，对应平均风速为 30 米 / 秒，对应平均周期为 10.9 秒。

表 3.4-1 波高年变化（1961—2019 年）　　　　　　　　　　单位：米

	1月	2月	3月	4月	5月	6月	7月	8月	9月	10月	11月	12月	年
平均波高	1.5	1.2	1.1	1.0	1.0	1.3	1.2	1.2	1.0	1.3	1.6	1.6	1.3
最大波高	5.7	5.2	4.2	6.5	5.4	9.0	10.0	8.8	9.4	11.0	10.5	8.5	11.0

2. 各向平均波高和最大波高

全年及各季代表月各向波高的分布见表 3.4-2、图 3.4-1 和图 3.4-2。全年各向平均波高为 0.8 ～ 1.7 米，大值主要分布于 NNE 向、NE 向和 SSW 向，其中 NNE 向最大，小值主要分布于 ESE 向、SE 向和 NW 向，其中 ESE 向和 SE 向均为最小。全年各向最大波高 SSW 向最大，为 11.0 米；WSW 向次之，为 10.5 米；ESE 向最小，为 6.4 米。

表 3.4-2 全年各向平均波高和最大波高（1961—2019 年）　　　　单位：米

	N	NNE	NE	ENE	E	ESE	SE	SSE	S	SSW	SW	WSW	W	WNW	NW	NNW
平均波高	1.3	1.7	1.4	1.3	1.0	0.8	0.8	1.0	1.3	1.4	1.2	1.3	1.2	1.1	0.9	1.1
最大波高	7.8	7.9	7.3	6.5	7.0	6.4	8.4	7.7	8.8	11.0	8.5	10.5	9.0	8.5	8.5	7.6

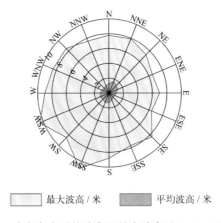

最大波高 / 米　　　　平均波高 / 米

图3.4-1 全年各向平均波高和最大波高（1961—2019年）

1 月平均波高 NNE 向最大，为 1.8 米；SW 向最小，为 0.6 米。最大波高 NNE 向最大，为 5.7 米；NE 向次之，为 5.5 米；SW 向最小，为 1.0 米。

4月平均波高 NNE 向、NE 向和 S 向最大，均为 1.2 米；SE 向、WSW 向、W 向、WNW 向、NW 向和 NNW 向最小，均为 0.7 米。最大波高 ENE 向和 S 向最大，均为 6.5 米；NNE 向次之，为 6.3 米；W 向最小，为 1.6 米。

7月平均波高 S 向、SSW 向和 W 向最大，均为 1.4 米；NNE 向、ENE 向和 ESE 向最小，均为 0.7 米。最大波高 SSW 向最大，为 10.0 米；WSW 向和 W 向次之，均为 9.0 米；NE 向最小，为 2.5 米。

10月平均波高 NNW 向最大，为 1.7 米；ESE 向最小，为 1.0 米。最大波高 SSW 向最大，为 11.0 米；SW 向、WSW 向、WNW 向和 NW 向次之，均为 8.5 米；E 向最小，为 3.8 米。

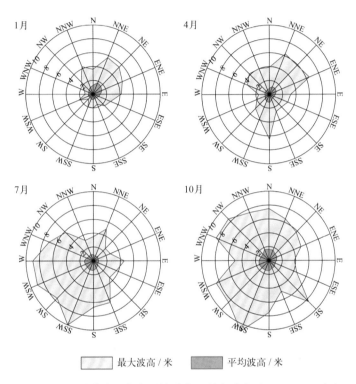

图3.4-2　四季代表月各向平均波高和最大波高（1961—2019年）

第五节　周期

1. 平均周期和最大周期

西沙站周期的年变化见表 3.5-1。月平均周期的年变化不明显，为 3.8 ~ 4.5 秒。月最大周期的年变化幅度较大，极大值出现在 11 月，为 18.8 秒，极小值出现在 4 月，为 8.5 秒。历年的平均周期为 2.2 ~ 5.2 秒，其中 1962 年最大，2019 年最小。历年的最大周期均不小于 5.6 秒，大于 10.5 秒的有 5 年，其中最大周期的极大值 18.8 秒出现在 1962 年 11 月 12 日，波向为 SE。

表 3.5-1　周期年变化（1961—2019年）　　　　　　　　　　单位：秒

	1月	2月	3月	4月	5月	6月	7月	8月	9月	10月	11月	12月	年
平均周期	4.5	4.2	4.0	3.8	3.8	4.1	4.2	3.9	3.8	4.2	4.5	4.4	4.1
最大周期	10.1	8.7	8.7	8.5	10.0	9.6	10.9	11.0	12.5	12.8	18.8	14.1	18.8

2. 各向平均周期和最大周期

全年及各季代表月各向周期的分布见表 3.5-2、图 3.5-1 和图 3.5-2。全年各向平均周期为 3.4 ~ 4.7 秒，N 向和 NNE 向周期值均为最大。全年各向最大周期 SE 向最大，为 18.8 秒；NE 向次之，为 17.4 秒；WNW 向最小，为 8.8 秒。

表 3.5-2　全年各向平均周期和最大周期（1961—2019 年）　　　　　单位：秒

	N	NNE	NE	ENE	E	ESE	SE	SSE	S	SSW	SW	WSW	W	WNW	NW	NNW
平均周期	4.7	4.7	4.1	4.1	3.8	3.4	3.4	3.8	4.2	4.3	4.1	4.2	4.3	4.3	3.9	4.3
最大周期	10.2	17.0	17.4	9.0	15.8	14.9	18.8	15.5	14.7	12.8	10.0	10.2	10.0	8.8	9.3	9.0

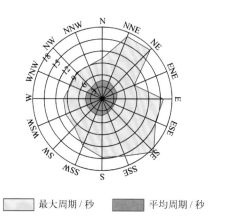

图3.5-1　全年各向平均周期和最大周期（1961—2019年）

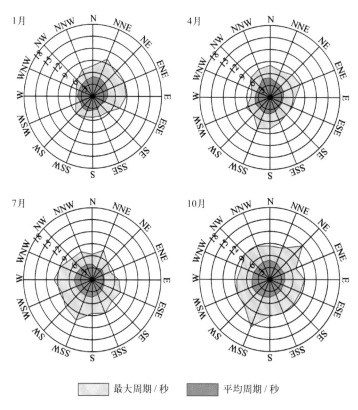

图3.5-2　四季代表月各向平均周期和最大周期（1961—2019年）

1月平均周期 N 向和 NNE 向最大，均为 5.0 秒；SE 向最小，为 2.9 秒。最大周期 NNE 向最大，为 10.1 秒；ENE 向次之，为 9.0 秒；W 向最小，为 4.4 秒。

4月平均周期 NNW 向最大，为 5.0 秒；SE 向最小，为 3.3 秒。最大周期 ENE 向最大，为 8.5 秒；SSW 向次之，为 8.4 秒；W 向最小，为 5.0 秒。

7月平均周期 W 向最大，为 4.7 秒；NNE 向最小，为 3.2 秒。最大周期 SSW 向最大，为 10.9 秒；W 向次之，为 10.0 秒；ENE 向最小，为 5.2 秒。

10月平均周期 N 向和 WSW 向最大，均为 4.9 秒；ESE 向最小，为 3.7 秒。最大周期 SSW 向最大，为 12.8 秒；NE 向次之，为 11.9 秒；ENE 向最小，为 7.3 秒。

第四章　海平面

1. 年变化

西沙附近海域海平面年变化特征明显，2月最低，7月最高，年变幅为20厘米（图4-1），平均海平面在验潮基面上124厘米。

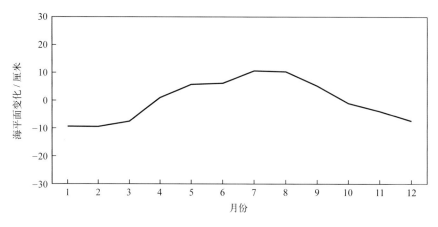

图4-1　海平面年变化（1989—2019年）

2. 长期趋势变化

1989—2019年，西沙附近海域海平面呈波动上升趋势，上升速率为3.6毫米/年；1993—2019年，海平面上升速率为3.8毫米/年，略低于同期中国沿海3.9毫米/年的平均水平。1989—1996年，西沙附近海域海平面无明显趋势性变化，1997年海平面为观测以来最低，1998年海平面抬升明显，较1997年升幅为129毫米，2002—2006年海平面有所回落，2007年海平面抬升明显，2010年和2013年海平面分别为有观测记录以来的最高和第二高，2014—2019年海平面有所回落。

西沙附近海域十年平均海平面总体上升。1990—1999年平均海平面处于有观测记录以来的最低位，2000—2009年平均海平面较1990—1999年平均海平面高34毫米，2010—2019年平均海平面处于近30年来的最高位，比2000—2009年平均海平面高52毫米，比1990—1999年平均海平面高86毫米（图4-2）。

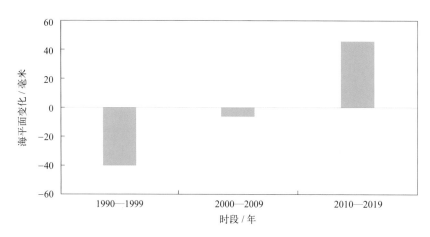

图4-2　十年平均海平面变化

第五章　灾害

第一节　海洋灾害

1. 风暴潮

1970年10月27日前后，7013号超强台风影响西沙海域，大于40米/秒的风速持续5小时，狂风暴雨，海浪滔天，伴随着的暴潮（过后估计增水1米余）把处在施工阶段的永兴岛码头部分工程建筑物淹没、冲垮，房屋、树木大部分受到不同程度的损失（《南海区海洋站海洋水文气候志》）。

1972年11月8日前后，7220号强台风影响海南沿海，台风登陆时正遇农历十月初三天文大潮期，引发严重潮灾，西沙站最大增水超过0.5米（《中国海洋灾害四十年资料汇编》）。

1975年1月23日前后的7501号台风出现时间早，出现时间长，在西沙站附近海面打转停留达2天之久，阵风12级以上，持续时间达38小时，造成较大损失（《南海区海洋站海洋水文气候志》）。

2. 海浪

2006年12月10—14日，0623号强台风"尤特"在南海形成6～10米的台风浪，13日20时西沙站实测波高7.0米，"琼海05098"号渔船在西沙浪花礁附近被大浪击毁，造成直接经济损失80万元，1人失踪（《2006年中国海洋灾害公报》）。

2007年11月21日前后，0725号台风"海贝思"在南沙群岛附近海面形成4～5米的台风浪。受台风浪影响，11月22日起，几十艘中外渔船和千余名渔民被困西沙和南沙海域，在南沙海域从事网箱养殖的海南省籍"琼泽渔820"渔船及网箱基地工作人员9人失踪；另外有2艘外籍渔船沉没，62名渔民落水，36名获救（《2007年中国海洋灾害公报》）。

2013年9月28—30日，受1321号强台风"蝴蝶"影响，中沙群岛、西沙群岛、海南岛以南海域出现了6～9米的狂浪到狂涛。受其影响，广东、海南两省4艘渔船沉没，死亡（含失踪）63人（《2013年中国海洋灾害公报》）。

第二节　灾害性天气

根据《中国气象灾害大典·海南卷》（1949—2000年）和《中国气象灾害年鉴》（2000年后）及《南海区海洋站海洋水文气候志》等记载，西沙站周边发生的灾害性天气主要为暴雨和大风灾害。

1. 暴雨

1967年7月31日，西沙降特大暴雨，日降雨量达612.2毫米，此次降水过程持续近4天，12小时降水量达352.2毫米，过程总雨量达786.4毫米。

1977年7月20日，西沙降特大暴雨，日降雨量达617.1毫米，此次过程倾盆大雨持续近2天，12小时降水量达543.9毫米，过程总雨量达686.2毫米。

2. 大风

1975 年 1 月 27 日，7501 号台风袭击西沙群岛，台风中心最大风力 10 ~ 11 级，阵风 12 级以上。据统计，西沙附近海区作业的渔船毁坏 44 艘，失踪 2 艘，522 人受灾，死亡 5 人，受伤 20 人，失踪 55 人，经济损失 90 余万元。

2013 年 9 月 29 日，受 1321 号强台风"蝴蝶"影响，三沙市永兴岛和珊瑚岛出现 12 级以上大风。广东和香港 5 艘渔船在西沙珊瑚岛附近海域遭遇 1321 号强台风的袭击，2 艘沉没，1 艘失去联系，导致 14 人死亡，48 人下落不明。

南沙海洋站

第一章　概况

第一节　基本情况

南沙海洋站（简称南沙站）位于海南省三沙市南沙群岛永暑岛。三沙市成立于 2012 年 7 月，管辖西沙群岛、中沙群岛、南沙群岛的岛礁及其海域，是中国位置最南、面积最大、陆地面积最小及人口最少的地级市。永暑岛位于南沙群岛中部，是永暑礁西南礁盘上的人工岛。

南沙站建于 1988 年 1 月，隶属国家海洋局南海分局，1991 年 1 月后隶属海南省海洋局，1996 年 11 月起隶属国家海洋局南海分局，2019 年 6 月后隶属自然资源部南海局，由三沙中心站管辖。南沙站为联合国教科文组织全球海平面观测网站点，站址位于南沙群岛永暑岛码头（图 1.1-1）。

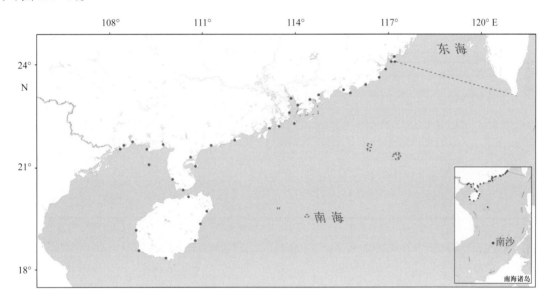

图1.1-1　南沙站地理位置示意

南沙站观测项目有潮汐、海浪等。2006 年前，主要为人工观测或使用简易设备观测，2006 年安装使用自动观测系统，多数项目实现了自动化观测、数据存储和传输。

南沙附近海域为不正规日潮特征，海平面 1 月最低，9 月最高，年变幅为 19 厘米，平均海平面为 329 厘米，平均高潮位为 375 厘米，平均低潮位为 281 厘米；全年海况以 0 ~ 4 级为主，年均平均波高为 1.3 米，年均平均周期为 4.4 秒，历史最大波高最大值为 8.0 米，历史平均周期最大值为 8.4 秒，常浪向为 ENE，强浪向为 WSW。

第二节　观测环境和观测仪器

1. 潮汐

1988 年 8 月开始观测。测点位于永暑岛码头。验潮井建在礁盘上，为岸式钢筋混凝土结构，测点水域开阔，与外海相通。

1988 年 8 月开始使用 SCA2-2 型浮子式水位计，2006 年 10 月后使用 SCA11-1 型浮子式水位计，2010 年 10 月后使用 SCA11-3A 型浮子式水位计。

2. 海浪

1988 年 9 月开始观测。测点在永暑礁大楼楼顶，永暑岛四面环海，观测区域开阔。

海浪观测为人工目测。

第二章　潮位

第一节　潮汐

1. 潮汐类型

利用南沙站近 19 年（2001—2019 年）验潮资料分析的调和常数，计算出潮汐系数 $(H_{K_1}+H_{O_1})/H_{M_2}$ 为 3.40。按我国潮汐类型分类标准，南沙附近海域为不正规日潮，每月约 3/4 的天数每个潮汐日（大约 24.8 小时）有一次高潮和一次低潮，其余天数为每个潮汐日有两次高潮和两次低潮，高潮日不等和低潮日不等现象均较显著。

1989—2019 年，南沙站 M_2 分潮振幅无明显变化趋势；迟角呈增大趋势，增大速率为 0.24°/ 年。K_1 和 O_1 分潮振幅均呈减小趋势，减小速率分别为 0.19 毫米 / 年（线性趋势未通过显著性检验）和 0.04 毫米 / 年（线性趋势未通过显著性检验）；迟角均呈增大趋势，增大速率均为 0.11°/ 年。

2. 潮汐特征值

由 1989—2019 年资料统计分析得出：南沙站平均高潮位为 375 厘米，平均低潮位为 281 厘米，平均潮差为 94 厘米；平均高高潮位为 381 厘米，平均低低潮位为 273 厘米，平均大的潮差为 108 厘米。平均涨潮历时 11 小时 50 分钟，平均落潮历时 8 小时 7 分钟，两者相差 3 小时 43 分钟。

累年各月潮汐特征值见表 2.1-1。

表 2.1-1　累年各月潮汐特征值（1989—2019 年）　　　　　单位：厘米

月份	平均高潮位	平均低潮位	平均潮差	平均高高潮位	平均低低潮位	平均大的潮差
1	374	264	110	379	261	118
2	367	279	88	375	269	106
3	366	286	80	373	274	99
4	367	284	83	374	271	103
5	373	278	95	379	267	112
6	382	271	111	384	267	117
7	384	277	107	387	273	114
8	380	292	88	389	284	105
9	378	300	78	387	290	97
10	375	294	81	383	283	100
11	375	280	95	383	272	111
12	379	266	113	384	264	120
年	375	281	94	381	273	108

注：潮位值均以验潮零点为基面。

　　平均高潮位 7 月最高，为 384 厘米，3 月最低，为 366 厘米，年较差为 18 厘米；平均低潮位 9 月最高，为 300 厘米，1 月最低，为 264 厘米，年较差为 36 厘米（图 2.1-1）；平均高高潮位 8 月最高，为 389 厘米，3 月最低，为 373 厘米，年较差为 16 厘米；平均低低潮位 9 月最高，为 290 厘米，1 月最低，为 261 厘米，年较差为 29 厘米。平均潮差和平均大的潮差均为 12 月最大，9 月最小，年较差分别为 35 厘米和 23 厘米（图 2.1-2）。

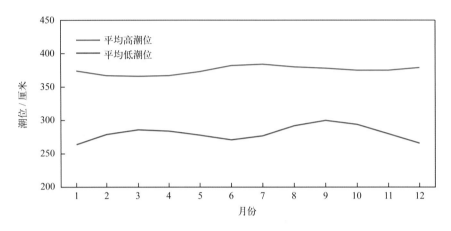

图2.1-1　平均高潮位和平均低潮位年变化

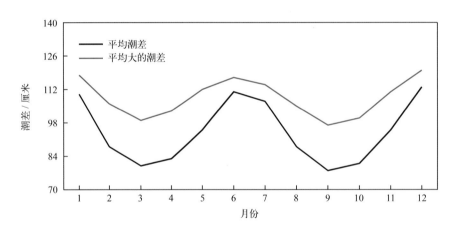

图2.1-2　平均潮差和平均大的潮差年变化

　　1989—2019 年，南沙站平均高潮位呈上升趋势，上升速率为 1.67 毫米 / 年。受天文潮长周期变化影响，平均高潮位存在较为明显的准 19 年周期变化，振幅为 2.10 厘米。平均高潮位最高值出现在 2012 年，为 381 厘米；最低值出现在 1998 年，为 369 厘米。南沙站平均低潮位呈明显上升趋势，上升速率为 4.46 毫米 / 年。平均低潮位准 19 年周期变化明显，振幅为 7.31 厘米。平均低潮位最高值出现在 2012 年和 2013 年，均为 293 厘米；最低值出现在 2005 年，为 269 厘米。

　　1989—2019 年，南沙站平均潮差呈减小趋势，减小速率为 2.80 毫米 / 年。平均潮差准 19 年周期变化显著，振幅为 9.18 厘米。平均潮差最大值出现在 2005 年，为 103 厘米；最小值出现在 2016 年，为 82 厘米（图 2.1-3）。

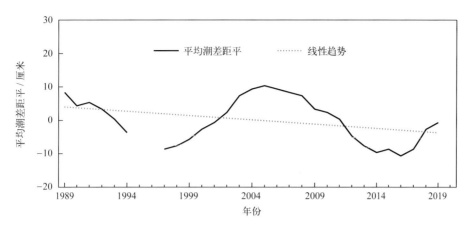

图2.1-3　1989—2019年平均潮差距平变化

第二节　极值潮位

南沙站年最高潮位和年最低潮位的各月发生频率见表2.2-1。年最高潮位出现时间主要集中在6—8月和12月，其中7月发生频率最高，为38%；12月次之，为21%。年最低潮位主要出现在1月、6月和12月，其中1月发生频率最高，为55%；12月次之，为24%。

1989—2019年，南沙站年最高潮位呈上升趋势，上升速率为1.16毫米/年（线性趋势未通过显著性检验）。历年的最高潮位均高于409厘米，其中高于430厘米的有7年；历史最高潮位为435厘米，出现在2001年8月19日。南沙站年最低潮位呈上升趋势，上升速率为5.05毫米/年。历年最低潮位均低于238厘米，其中低于205厘米的有4年；历史最低潮位出现在2005年1月12日，为193厘米（表2.2-1）。

表2.2-1　最高潮位和最低潮位及年极值出现频率（1989—2019年）

	1月	2月	3月	4月	5月	6月	7月	8月	9月	10月	11月	12月
最高潮位值/厘米	424	418	403	420	432	430	434	435	425	427	428	434
年最高潮位出现频率/%	0	0	0	0	3	14	38	17	0	0	7	21
最低潮位值/厘米	193	205	225	227	207	202	207	225	241	234	205	197
年最低潮位出现频率/%	55	0	0	0	7	10	0	0	0	0	4	24

第三节　增减水

受地形和气候特征的影响，南沙站出现25厘米以上增水的频率明显高于同等强度减水的频率，超过25厘米的增水平均约571天出现一次，而超过25厘米的减水平均约10 270天出现一次（表2.3-1）。

南沙站20厘米以上的增水主要出现在1月、8—9月和12月，20厘米以上的减水多发生在4月、8月和11—12月，这些大的增减水过程主要与该海域受热带气旋等影响有关（表2.3-2）。

表 2.3-1　不同强度增减水平均出现周期（1989—2019 年）

范围 / 厘米	出现周期 / 天	
	增水	减水
>10	2.46	2.82
>15	32.92	15.70
>20	193.78	118.05
>25	570.58	10 270.46
>30	1 467.21	—
>35	2 054.09	—
>40	5 135.23	—

"—"表示无数据。

表 2.3-2　各月不同强度增减水出现频率（1989—2019 年）

月份	增水 / %					减水 / %		
	>10 厘米	>20 厘米	>25 厘米	>30 厘米	>35 厘米	>10 厘米	>15 厘米	>20 厘米
1	0.93	0.04	0.00	0.00	0.00	1.67	0.07	0.00
2	1.88	0.00	0.00	0.00	0.00	1.02	0.03	0.00
3	1.49	0.00	0.00	0.00	0.00	0.21	0.03	0.00
4	0.06	0.00	0.00	0.00	0.00	1.45	0.71	0.07
5	0.22	0.00	0.00	0.00	0.00	0.20	0.01	0.00
6	0.26	0.00	0.00	0.00	0.00	0.66	0.00	0.00
7	1.75	0.00	0.00	0.00	0.00	1.33	0.04	0.00
8	3.28	0.04	0.01	0.00	0.00	1.76	0.61	0.08
9	1.08	0.01	0.00	0.00	0.00	1.48	0.01	0.00
10	0.59	0.00	0.00	0.00	0.00	1.64	0.19	0.00
11	1.10	0.00	0.00	0.00	0.00	2.39	0.55	0.07
12	6.78	0.16	0.07	0.03	0.02	3.04	0.77	0.19

　　1989—2019 年，南沙站年最大增水多出现在 4 月、7—9 月和 12 月，其中 8 月出现频率最高，为 24%；12 月次之，为 18%。除 3 月外，南沙站年最大减水在其余各月均有出现，其中 12 月出现频率最高，为 24%；1 月和 10 月次之，均为 14%（表 2.3-3）。

　　1989—2019 年，南沙站年最大增水呈增大趋势，增大速率为 1.12 毫米 / 年（线性趋势未通过显著性检验）。历史最大增水出现在 2005 年 12 月 19 日，为 41 厘米；2002 年、2013 年和 2017 年最大增水均超过了 25 厘米。南沙站年最大减水呈增大趋势，增大速率为 1.05 毫米 / 年（线性趋势未通过显著性检验）。历史最大减水发生在 2007 年 12 月 1 日，为 26 厘米；1997 年、2012 年、2016 年和 2017 年最大减水均超过了 20 厘米。

表 2.3-3　最大增水和最大减水及年极值出现频率（1989—2019 年）

	1月	2月	3月	4月	5月	6月	7月	8月	9月	10月	11月	12月
最大增水值 / 厘米	26	18	17	16	19	16	19	29	22	15	21	41
年最大增水出现频率 / %	7	7	7	10	0	0	10	24	10	0	7	18
最大减水值 / 厘米	17	20	19	23	19	15	21	24	16	19	22	26
年最大减水出现频率 / %	14	3	0	7	7	7	10	7	4	14	3	24

第三章 海浪

第一节 海况

南沙站全年及各月各级海况的频率见图3.1–1。全年海况以 0 ～ 4 级为主，频率为 85.68%，其中 0 ～ 3 级海况频率为 52.35%。全年 5 级及以上海况频率为 14.32%，最大频率出现在 12 月，为 31.01%。全年 7 级及以上海况频率为 0.16%，最大频率出现在 12 月，为 0.56%，1 月、2 月和 4 月未出现。

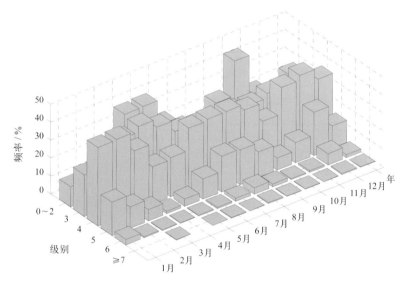

图3.1–1 全年及各月各级海况频率（1991—2019年）

第二节 波型

南沙站风浪频率和涌浪频率的年变化见表 3.2–1。全年以风浪为主，频率为 99.50%，涌浪频率为 36.64%。各月的风浪频率相差不大，涌浪频率差异较大。涌浪在 3—5 月较多，其中 4 月最多，频率为 41.71%；在 11 月和 12 月较少，其中 12 月最少，频率为 28.73%。

表3.2–1 各月及全年风浪涌浪频率（1991—2019 年）

	1月	2月	3月	4月	5月	6月	7月	8月	9月	10月	11月	12月	年
风浪 / %	99.83	99.91	99.75	99.54	98.83	99.20	99.61	99.31	99.34	99.02	99.82	99.91	99.50
涌浪 / %	35.52	34.91	40.13	41.71	40.49	36.91	36.69	36.06	35.44	39.90	32.60	28.73	36.64

注：风浪包含F、FU、F/U和U/F波型；涌浪包含U、FU、F/U和U/F波型。

第三节 波向

1. 各向风浪频率

南沙站各月及全年各向风浪频率见图 3.3–1。1 月 NNE 向风浪居多，ENE 向次之。2 月和 12 月

ENE 向风浪居多，NNE 向次之。3 月和 4 月 ENE 向风浪居多，E 向次之。5—9 月 WSW 向风浪居多，SW 向次之。10 月 ENE 向风浪居多，WSW 向次之。11 月 ENE 向风浪居多，NE 向次之。全年 ENE 向风浪居多，频率为 16.20%；WSW 向次之，频率为 13.35%；NW 向最少，频率为 0.68%。

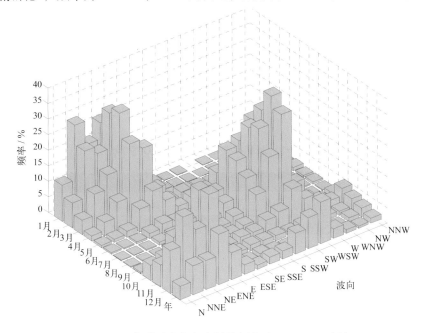

图3.3-1　各月及全年各向风浪频率（1991—2019年）

2. 各向涌浪频率

南沙站各月及全年各向涌浪频率见图 3.3-2。1 月 NE 向涌浪居多，NNE 向次之。2 月、11 月和 12 月 NE 向涌浪居多，ENE 向次之。3 月 ENE 向涌浪居多，NE 向次之。4 月 E 向涌浪居多，ENE 向次之。5 月 SW 向涌浪居多，E 向次之。6 月 SW 向涌浪居多，SSW 向次之。7 月 SSW 向涌浪居多，SW 向次之。8 月和 10 月 SW 向涌浪居多，WSW 向次之。9 月 WSW 向涌浪居多，SW 向次之。全年 SW 向涌浪居多，频率为 5.39%；NE 向次之，频率为 4.64%；WNW 向最少，频率为 0.48%。

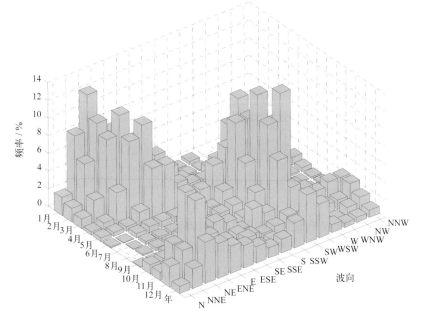

图3.3-2　各月及全年各向涌浪频率（1991—2019年）

第四节 波高

1. 平均波高和最大波高

南沙站波高的年变化见表3.4-1。月平均波高的年变化不明显，为0.9 ~ 1.8米。历年的平均波高为0.8 ~ 1.6米。

月最大波高比月平均波高的变化幅度大，极大值出现在8月，为8.0米，极小值出现在4月，为3.6米，变幅为4.4米。历年的最大波高为3.0 ~ 8.0米，大于7.0米的有3年，其中最大波高的极大值8.0米出现在1997年8月21日，波向为WSW，对应平均周期为6.4秒。

表3.4-1 波高年变化（1991—2019年）　　　　　　　　　　单位：米

	1月	2月	3月	4月	5月	6月	7月	8月	9月	10月	11月	12月	年
平均波高	1.6	1.4	1.2	0.9	0.9	1.2	1.4	1.5	1.3	0.9	1.3	1.8	1.3
最大波高	4.8	5.5	4.7	3.6	4.2	7.5	5.5	8.0	5.5	7.5	6.8	6.3	8.0

2. 各向平均波高和最大波高

全年及各季代表月各向波高的分布见表3.4-2、图3.4-1和图3.4-2。全年各向平均波高为0.7 ~ 1.6米，大值主要分布于N向、NNE向和WSW向，小值主要分布于SE向和SSE向。全年各向最大波高WSW向最大，为8.0米；SSW向和SW向次之，均为7.2米；S向最小，为4.6米。

表3.4-2 全年各向平均波高和最大波高（1991—2019年）　　　　单位：米

	N	NNE	NE	ENE	E	ESE	SE	SSE	S	SSW	SW	WSW	W	WNW	NW	NNW
平均波高	1.6	1.6	1.4	1.3	1.0	0.8	0.7	0.7	0.8	1.1	1.4	1.6	1.5	1.2	0.8	1.1
最大波高	6.6	6.3	6.0	5.5	4.8	4.8	4.8	4.8	4.6	7.2	7.2	8.0	5.6	6.8	5.2	5.8

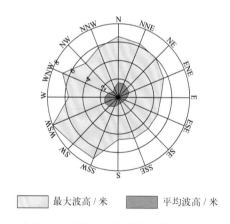

最大波高/米　　　平均波高/米

图3.4-1 全年各向平均波高和最大波高（1991—2019年）

1月平均波高N向和WSW向最大，均为1.9米；W向最小，为0.5米。最大波高NNE向最大，为4.8米；N向次之，为4.6米；W向最小，为0.7米。未出现WNW向波高有效样本。

4月平均波高NNE向最大，为1.1米；NW向最小，为0.5米。最大波高E向最大，为3.6米；ESE向和W向次之，均为3.5米；NW向最小，为1.5米。

7月平均波高WSW向和W向最大，均为1.8米；N向和NE向最小，均为0.5米。最大波高

WSW 向最大，为 5.5 米；WNW 向次之，为 4.8 米；N 向最小，为 1.0 米。

10 月平均波高 WSW 向最大，为 1.4 米；SE 向和 NW 向最小，均为 0.6 米。最大波高
WSW 向最大，为 7.5 米；SSW 向次之，为 7.2 米；SE 向最小，为 2.2 米。

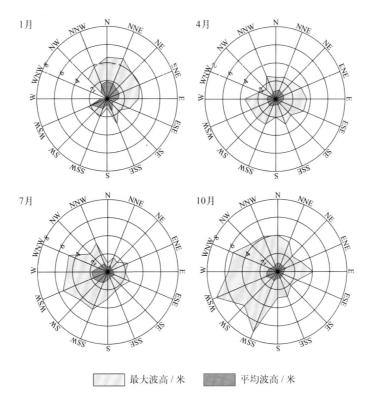

图3.4–2　四季代表月各向平均波高和最大波高（1991—2019年）

第五节　周期

1. 平均周期和最大周期

南沙站周期的年变化见表 3.5-1。月平均周期的年变化不明显，为 3.9 ~ 4.9 秒。月最大周期
的年变化幅度较大，极大值出现在 11 月，为 8.4 秒，极小值出现在 4 月，为 6.9 秒。历年的平均
周期为 3.3 ~ 5.4 秒，其中 1994 年和 1997 年最大，2018 年最小。历年的最大周期均不小于 5.6 秒，
大于 8.0 秒的有 2 年，其中最大周期的极大值 8.4 秒出现在 2007 年 11 月 22 日，波向为 WNW。

表 3.5-1　周期年变化（1991—2019 年）　　　　　　　　　　　　　　　单位：秒

	1月	2月	3月	4月	5月	6月	7月	8月	9月	10月	11月	12月	年
平均周期	4.7	4.4	4.2	3.9	3.9	4.3	4.6	4.7	4.4	4.0	4.3	4.9	4.4
最大周期	7.6	7.4	7.0	6.9	7.7	7.9	7.3	7.6	7.7	8.3	8.4	7.8	8.4

2. 各向平均周期和最大周期

全年及各季代表月各向周期的分布见表 3.5-2、图 3.5-1 和图 3.5-2。全年各向平均周期
为 3.9 ~ 4.7 秒，N 向、NNE 向、SW 向和 WSW 向周期值较大。全年各向最大周期 WNW 向

最大，为 8.4 秒；WSW 向次之，为 8.3 秒；SE 向最小，为 6.7 秒。

表 3.5-2　全年各向平均周期和最大周期（1991—2019 年）　　　　　　　　单位：秒

	N	NNE	NE	ENE	E	ESE	SE	SSE	S	SSW	SW	WSW	W	WNW	NW	NNW
平均周期	4.7	4.7	4.5	4.3	4.0	4.0	4.1	3.9	3.9	4.4	4.7	4.7	4.6	4.4	4.2	4.3
最大周期	8.2	7.6	7.1	7.4	7.4	7.8	6.7	7.8	7.6	7.6	7.4	8.3	7.5	8.4	6.9	7.7

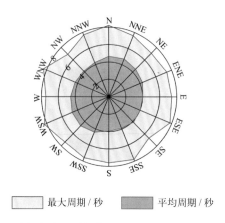

最大周期 / 秒　　　平均周期 / 秒

图3.5-1　全年各向平均周期和最大周期（1991—2019年）

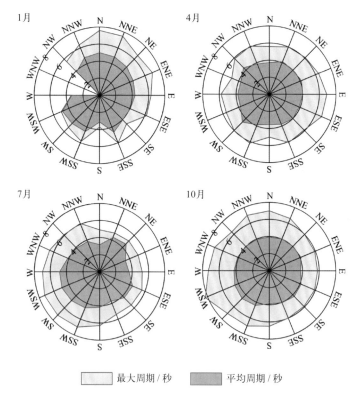

最大周期 / 秒　　　平均周期 / 秒

图3.5-2　四季代表月各向平均周期和最大周期（1991—2019年）

　　1月平均周期 N 向最大，为 5.0 秒；S 向最小，为 3.1 秒。最大周期 N 向最大，为 7.6 秒；
NNE 向次之，为 7.5 秒；W 向最小，为 3.4 秒。未出现 WNW 向周期有效样本。

4月平均周期 SW 向最大，为 4.6 秒；S 向最小，为 3.5 秒。最大周期 E 向最大，为 6.9 秒；ESE 向次之，为 6.8 秒；WNW 向最小，为 4.9 秒。

7月平均周期 WSW 向和 W 向最大，均为 4.9 秒；N 向最小，为 3.2 秒。最大周期 WSW 向最大，为 7.3 秒；SW 向次之，为 7.2 秒；N 向和 NNE 向最小，均为 4.9 秒。

10月平均周期 SW 向最大，为 4.6 秒；E 向最小，为 3.8 秒。最大周期 WSW 向最大，为 8.3 秒；W 向次之，为 7.3 秒；E 向最小，为 5.8 秒。

第四章　海平面

1. 年变化

南沙附近海域海平面年变化特征明显，1月最低，9月最高，年变幅为19厘米（图4-1），平均海平面在验潮基面上329厘米。

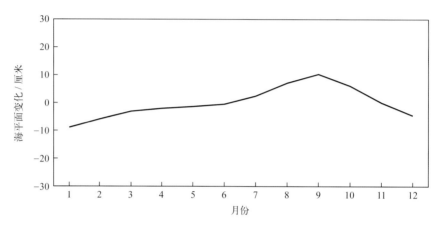

图4-1　海平面年变化（1990—2019年）

2. 长期趋势变化

南沙附近海域海平面变化总体呈波动上升趋势。1990—2019年，南沙附近海域海平面上升速率为3.1毫米/年；1993—2019年，海平面上升速率为3.2毫米/年，低于同期中国沿海3.9毫米/年的平均水平。1990—1996年，海平面无明显趋势性变化，1997年海平面抬升明显，较1996年升幅为43毫米，2003—2005年海平面下降明显，2005年海平面为观测以来最低，之后逐渐抬升，2012年海平面为观测以来最高，2013—2015年海平面下降明显，2016—2019年海平面有所抬升。

南沙附近海域十年平均海平面总体上升。1990—1999年平均海平面处于有观测记录以来的最低位，2000—2009年平均海平面较1990—1999年平均海平面高6毫米，2010—2019年平均海平面处于近30年来的最高位，比2000—2009年平均海平面高57毫米，比1990—1999年平均海平面高63毫米（图4-2）。

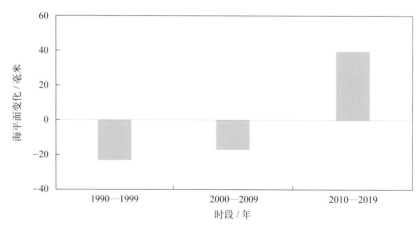

图4-2　十年平均海平面变化

南　海

第一章 概况

第一节 基本情况

　　南海四周几乎被大陆、岛屿所包围。北邻我国广东省、广西壮族自治区、台湾省和海南省；西邻越南、柬埔寨、泰国、马来西亚和新加坡；东邻菲律宾的吕宋岛、民都洛岛和巴拉望岛；南部沿岸有印度尼西亚的苏门答腊岛、邦加岛、勿里洞岛、西加里曼丹省以及马来西亚和文莱。南海四周有众多海峡与太平洋及邻近海域相通，北有台湾海峡与东海相连；东有巴士海峡、巴林塘海峡、巴布延海峡与太平洋相通，并有民都洛海峡、利纳帕坎海峡、巴拉巴克海峡与苏禄海相通；南有邦加海峡、加斯帕海峡、卡里马塔海峡与爪哇海相通；西南有马六甲海峡与印度洋的安达曼海相通。

　　南海海底地貌类型齐全，从南海周边向中央，依次分布着大陆架、岛架、大陆坡、岛坡以及深海盆地等。海底地势西北部高、中部和东南部低，平均水深约1 212米，最大水深约5 377米。南海大陆架非常宽广，约占南海总面积的48.1%，主要分布在北、西、南三面，其中西南部陆架最宽，北部次之，西部较窄，东南部及东部最窄。大陆坡、岛坡约占南海总面积的36.1%，大陆坡分布在水深150～3 600米范围内，呈阶梯状下降。南海海底表层沉积物有陆源碎屑沉积、生物沉积、火山碎屑沉积等。其中，陆源物质主要分布于大陆架上；生物沉积主要分布在大陆坡与深海平原中，南海大陆坡上普遍存在珊瑚礁或珊瑚碎屑沉积；火山沉积主要分布在深海平原上，大陆坡和大陆架上有少量分布。南海砾石出现的区域很小，仅分布在广东靖海沿岸、海南岛西南的莺歌海和梅山一带；砂砾分布较为零散。南海海面上散布着许多大小不等、由珊瑚礁构成的岛、洲、礁、滩、暗沙，合起来统称南海诸岛。南海诸岛为我国南海海防前哨，扼守太平洋和印度洋间的海上要冲，在国防、航运、海洋资源开发等方面都具有重要意义。

　　南海沿海主要包含云澳、遮浪、汕尾、赤湾、珠海、大万山、闸坡、硇洲、北海、涠洲、防城港、秀英、清澜、东方、莺歌海、三亚、西沙和南沙等海洋站，各站分布情况如图1.1-1所示。

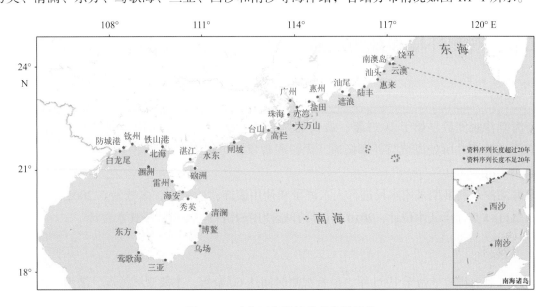

图1.1-1　南海区海洋站地理位置示意

南海沿海潮汐性质复杂，粤东沿海由北向南先后出现不正规半日潮、不正规日潮、正规日潮和不正规日潮，珠江口至雷州半岛东部沿海多为不正规半日潮，广西（除铁山港）沿海、雷州半岛西部、海南岛西部和北部沿海多为正规日潮，海南岛东部和南部、西沙群岛和南沙群岛沿海多为不正规日潮。海平面年变化区域特征明显，广东至海南沿海海平面10月最高，最低值多出现在7月，年变幅为28厘米；广西沿海海平面2月最低，10月最高，年变幅为24厘米；西沙海域海平面2月最低，7月最高，年变幅为20厘米；南沙海域1月最低，9月最高，年变幅为19厘米。平均潮差从东向西总体呈增大趋势，广西沿海最大，铁山港站和北海站分别为259厘米和252厘米；粤东和海南岛南部海域平均潮差较小，不足90厘米。全年海况以0～4级为主，年均平均波高为0.7～1.1米，年均平均周期为2.7～4.4秒，历史最大波高极大值出现在莺歌海站，为12.7米，历史平均周期极大值出现在西沙站，为18.8秒。年均表层海水温度总体呈现南高北低的分布特征；月均表层海水温度7月最高，均值为29.2℃，1月最低，均值为18.1℃；历史水温最高值出现在北海站，为35.7℃，历史水温最低值出现在北海站，为6.5℃。年均表层海水盐度总体呈现河口较低，远离河口较高的分布特征；南海沿海盐度季节变化复杂；历史盐度极大值出现在云澳站，为37.03，历史盐度极小值出现在清澜站，为0.02。海发光主要为火花型，4月海发光出现频率最高，均值为65.5%，6月最低，均值为52.2%，1级海发光最多，出现的最高级别为4级。

南海沿海平均气温为23.6℃，7月最高，均值为28.7℃，1月最低，均值为16.8℃；历史最高气温出现在赤湾站，为39.1℃，历史最低气温出现在闸坡站，为1.5℃。平均海平面气压约为1 012.2百帕，12月最高，均值为1 019.4百帕，8月最低，均值为1 004.9百帕。平均相对湿度为80.9%，8月最大，均值为84.3%，12月最小，均值为74.1%。平均风速为3.8米/秒，11月最大，均值为4.2米/秒，8月最小，均值为3.2米/秒，1月盛行风向为N—ESE（顺时针，下同），4月盛行风向为NE—SE，7月盛行风向为E—SW，10月盛行风向为N—ESE。平均年降水量为1 524.4毫米，5—10月降水量为1 236.2毫米，占全年降水量的81.1%。平均年雾日数为13.5天，3月最多，均值为4.1天，6—10月均为0.1天。平均年雷暴日数为67.7天，8月最多，均值为13.5天，12月最少，偶尔出现。平均能见度为19.7千米，7月最大，均值为26.8千米，2月最小，均值为14.9千米。平均总云量为7.0成，6月最多，均值为8.3成，11月最少，均值为5.5成。平均年蒸发量为2 076.3毫米，7月最大，均值为220.5毫米，2月最小，均值为112.5毫米。

第二节　观测环境和观测仪器

1. 潮汐

南海潮汐观测最早始于1953年，最长观测时间达60余年。均采用验潮井进行观测，绝大多数海洋站验潮井所处海域与外海畅通，无淤积现象，个别站有少量泥沙淤积，海洋站定期进行清淤。

南海潮汐观测早期采用水尺进行人工测量和使用滚筒式验潮仪，多数站点2002年前后开始使用SCA11-1型浮子式水位计，2010年前后开始使用SCA11-3A型浮子式水位计。

2. 海浪

南海海浪观测最早始于1955年，最长观测时间达60余年，主要观测海况、波型、波向、十分之一大波波高、最大波高和平均周期等要素。各测点区域开阔度均较好，少数站点由于地形、船只航行等因素使个别方向的观测受到影响。

南海海浪观测初期主要为目测和使用光学测波仪人工观测，2004 年后，部分站点陆续使用波浪浮标观测。2019 年前后，有 10 个站点主要使用波浪浮标观测，部分站点同时使用光学测波仪进行补充观测。汕尾、北海和南沙等站一直为人工目测。

3. 表层海水温度、盐度和海发光

南海表层海水温度和盐度观测最早始于 1955 年，最长观测时间达 60 余年。水温、盐度和海发光观测多位于同一观测点。多数站点与外海水交换通畅，部分站点受到码头作业、径流、生物附着等影响。

观测初期水温多用 SWL1-1 型水温表测量，盐度用比重计、氯度滴定管、感应式盐度计和实验室盐度计等测定。2002 年后多数站点陆续安装使用自动观测系统和 YZY4-3 型温盐传感器。海发光为每日天黑后人工目测。

4. 气象要素

南海气象观测最早始于 1955 年，主要观测气温、气压、相对湿度、风、降水、能见度、云和天气现象等。多数站点观测场视野开阔，周围无遮挡，少数站点受到周边山体、植被、建筑物和码头构筑物等的影响。

观测初期使用的仪器主要包括干湿球温度表、最高最低温度表、湿度计、动槽式气压表、空盒式气压计、维尔达测风仪、EL 型电接风向风速计和雨量筒等。2002 年前后多数海洋站逐步更新为水文气象自动观测系统和各要素传感器，传感器主要有 HMP155 型和 HMP45A 型温湿度传感器、270 型和 278 型气压传感器、XFY-3 型风传感器和 SL3-1 型雨量传感器，以及 CJY-1 型能见度仪等。

第二章　潮位

第一节　潮汐

1. 潮汐类型

南海沿海潮汐性质复杂，粤东沿海由北向南先后出现不正规半日潮、不正规日潮、正规日潮和不正规日潮，珠江口至雷州半岛东部沿海多为不正规半日潮，广西（除铁山港）沿海、雷州半岛西部、海南岛西部和北部沿海多为正规日潮，海南岛东部和南部、西沙群岛和南沙群岛沿海多为不正规日潮（表2.1-1）。

表2.1-1　南海沿海各站潮汐类型

序号	站名	潮汐系数*	潮汐类型	序号	站名	潮汐系数	潮汐类型	序号	站名	潮汐系数	潮汐类型
1	饶平	0.77	不正规半日潮	13	珠海	1.43	不正规半日潮	25	涠洲	4.71	正规日潮
2	云澳	0.97	不正规半日潮	14	大万山	1.60	不正规半日潮	26	防城港	4.84	正规日潮
3	南澳岛	1.03	不正规半日潮	15	台山	1.38	不正规半日潮	27	钦州	4.45	正规日潮
4	汕头	1.58	不正规半日潮	16	高栏	1.45	不正规半日潮	28	秀英	4.21	正规日潮
5	惠来	2.89	不正规日潮	17	闸坡	1.19	不正规半日潮	29	东方	6.51	正规日潮
6	陆丰	4.71	正规日潮	18	水东	1.08	不正规半日潮	30	清澜	2.14	不正规日潮
7	遮浪	2.77	不正规日潮	19	硇洲	1.04	不正规半日潮	31	博鳌	2.58	不正规日潮
8	汕尾	2.16	不正规日潮	20	湛江	0.92	不正规半日潮	32	乌场	2.86	不正规日潮
9	惠州	1.81	不正规半日潮	21	海安	5.95	正规日潮	33	莺歌海	2.77	不正规日潮
10	广州	1.15	不正规半日潮	22	雷州	5.50	正规日潮	34	三亚	2.82	不正规日潮
11	盐田	1.78	不正规半日潮	23	铁山港	3.12	不正规日潮	35	西沙	3.30	不正规日潮
12	赤湾	1.24	不正规半日潮	24	北海	4.20	正规日潮	36	南沙	3.40	不正规日潮

注：潮汐系数为K_1、O_1分潮振幅之和与M_2分潮振幅比值，潮汐系数小于等于0.5时为正规半日潮，潮汐系数大于0.5且小于等于2.0时为不正规半日潮，潮汐系数大于2.0且小于等于4.0时为不正规日潮，潮汐系数大于4.0时为正规日潮。

南海沿海M_2、K_1和O_1等主要分潮调和常数长期变化趋势区域特征明显，不同时段变化速率存在差异。

M_2分潮振幅在粤东北部、广西、海南岛和西沙群岛沿海多呈增大趋势，粤东北部和海南岛南部沿海增大趋势较为显著，其中云澳站1993—2019年增大速率为1.70毫米/年，三亚站2000—2019年增大速率为1.36毫米/年；广西沿海M_2分潮振幅增大速率多为0.50～0.60毫米/年。M_2分潮振幅在珠江口至雷州半岛东部沿海多呈减小趋势，粤西沿海减小趋势较为明显，闸坡站1959—2019年减小速率为0.56毫米/年，硇洲站1964—2019年减小速率为0.52毫米/年。各站M_2分潮振幅变化详细情况见各站具体章节。

M_2分潮迟角在粤东南部至珠江口南部、广西东部、海南岛西部和南部、南沙群岛沿海多呈增大趋势，粤东南部和南沙群岛沿海M_2分潮迟角增大趋势显著，其中遮浪站2002—2019年增大速率为0.25°/年，南沙站1989—2019年增大速率为0.24°/年；珠江口沿海M_2分潮迟角增大速率多为 0.05° ~ 0.15° / 年。M_2 分潮迟角在粤东北部、粤西、海南岛东部和北部、广西西部沿海多呈减小趋势，海南岛东部沿海减小趋势明显，清澜站 1990—2019 年减小速率为 0.22°/ 年；广西西部和粤东北部沿海减小速率为 0.18° ~ 0.19°/ 年（表 2.1–2）。各站 M_2 分潮迟角变化详细情况见各站具体章节。

表 2.1–2　南海沿海各站 M_2 分潮振幅和迟角变化速率

序号	站名	时段 / 年	振幅 /（毫米·年$^{-1}$）	迟角 /[（°）·年$^{-1}$]
1	云澳	1993—2019	1.70	-0.18
2	遮浪	2002—2019	0.40	0.25
3	汕尾	1971—2019	-0.11	0.13
4	盐田	2003—2019	—	0.15
5	赤湾	1986—2019	—	—
6	珠海	1999—2019	—	0.12
7	大万山	1984—2019	-0.18	0.05
8	闸坡	1959—2019	-0.56	—
9	硇洲	1964—2019	-0.52	—
10	北海	1966—2019	0.54	—
11	涠洲	1964—2019	0.58	0.03
12	防城港	1996—2019	—	-0.19
13	秀英	1976—2019	—	—
14	东方	1965—2019	0.16	0.04
15	清澜	1990—2019	—	-0.22
16	三亚	2000—2019	1.36	0.05
17	西沙	1992—2019	0.09	—
18	南沙	1989—2019	—	0.24

"—"表示变化趋势未通过显著性检验。

K_1 分潮振幅在粤东、珠江口北部和南部、广西、海南岛和西沙群岛沿海多呈增大趋势，海南岛南部沿海增大趋势明显，三亚站 2000—2019 年增大速率为 1.17 毫米 / 年；广西沿海增大速率多为 0.60 ~ 0.90 毫米 / 年。K_1 分潮振幅在珠江口、粤西和南沙群岛沿海多呈减小趋势，珠江口和南沙群岛沿海减小趋势较为明显，其中赤湾站 1986—2019 年减小速率为 0.22 毫米 / 年，南沙站 1989—2019 年减小速率为 0.19 毫米 / 年（线性趋势未通过显著性检验）；粤西沿海减小速率多为 0.10 ~ 0.15 毫米 / 年。各站 K_1 分潮振幅变化详细情况见各站具体章节。

K_1 分潮迟角在珠江口北部、广西东部、海南岛西部和北部、南沙群岛沿海多呈增大趋势，其中南沙群岛沿海增大趋势明显，南沙站 1989—2019 年增大速率为 0.11°/ 年；珠江口北部、广西东部、海南岛西部和北部沿海增大速率为 0.01° ~ 0.04° / 年。K_1 分潮迟角在粤东、珠江口南部、粤西、广西西部、海南岛东部和南部、西沙群岛沿海多呈减小趋势，海南岛东部和南部、广西西部沿海减小趋势明显，清澜站 1990—2019 年减小速率为 0.14°/ 年，三亚站 2000—2019 年减小速率为 0.13°/ 年（线性趋势未通过显著性检验），防城港站 1996—2019 年减小速率为 0.10°/ 年。各站 K_1 分潮迟角变化详细情况见各站具体章节。

O_1 分潮振幅在广西、海南岛西部和北部、西沙群岛沿海多呈增大趋势，其中广西沿海增大趋势明显，北海站 1966—2019 年增大速率为 0.98 毫米 / 年，涠洲站 1964—2019 年增大速率为 0.93 毫米 / 年；海南岛西部和北部沿海增大速率多为 0.40 ~ 0.70 毫米 / 年。O_1 分潮振幅在广东、海南岛东部和南沙群岛沿海多呈减小趋势，海南岛东部和珠江口北部沿海减小趋势较为明显，清澜站 1990—2019 年减小速率为 0.18 毫米／年，盐田站 2003—2019 年减小速率为 0.16 毫米／年（线性趋势未通过显著性检验）；珠江口至雷州半岛东部沿海减小速率多为 0.06 ~ 0.13 毫米／年。各站 O_1 分潮振幅变化详细情况见各站具体章节。

O_1 分潮迟角在珠江口，海南岛西部、北部和南部，以及西沙群岛和南沙群岛沿海多呈增大趋势，南沙群岛和珠江口沿海增大趋势较为明显，南沙站 1989—2019 年增大速率为 0.11°／年，赤湾站 1986—2019 年增大速率为 0.05°／年；海南岛西部、北部和南部沿海增大速率约为 0.02°／年。O_1 分潮迟角在珠江口南部至雷州半岛、广西和海南岛东部沿海多呈减小趋势，海南岛东部和广西西部沿海减小趋势明显，清澜站 1990—2019 年减小速率为 0.15°／年，防城港站 1996—2019 年减小速率为 0.09°／年。各站 O_1 分潮迟角变化详细情况见各站具体章节。

2. 潮汐特征值

南海沿海各站累年各月潮汐特征值见表 2.1-3、表 2.1-4 和表 2.1-5。

南海沿海各站平均高潮位的最高值多出现在 7 月、10 月和 12 月，其中广东、海南岛北部和东部沿海主要出现在 10 月，广西东部、海南岛西部和南部沿海多出现在 12 月，广西西部、西沙群岛和南沙群岛沿海多出现在 7 月；南海沿海各站平均高潮位的最低值多出现在 1—7 月，其中粤东北部沿海多出现在 4 月和 5 月，粤东南部至雷州半岛沿海多出现在 6 月和 7 月，北部湾、西沙群岛和南沙群岛沿海多出现在 2 月和 3 月。

南海沿海各站平均低潮位的最高值多出现在 8—10 月，其中广东、广西东部、海南岛沿海主要出现在 10 月，广西西部和南沙群岛沿海主要出现在 9 月，西沙群岛主要出现在 8 月；南海沿海各站平均低潮位的最低值多出现在 1 月、3—7 月和 12 月，其中粤东、雷州半岛和海南岛沿海多出现在 6 月和 7 月，珠江口至茂名（水东站）沿海多出现在 3 月和 4 月，广西沿海多出现在 1 月、5—6 月和 12 月，西沙群岛和南沙群岛多出现在 1 月和 12 月。

南海沿海各站平均高潮位年较差为 18 ~ 46 厘米，大陆沿海总体大于海岛沿海，湾内总体大于外部开阔海域，其中广西和粤西西部沿海多在 40 厘米以上，南沙群岛沿海仅为 18 厘米。南海沿海各站平均低潮位年较差为 22 ~ 45 厘米，其中粤西硇洲湾沿海最大，湛江站达 45 厘米；海南岛东部和粤东沿海次之，博鳌站和陆丰站分别为 42 厘米和 40 厘米；广西东部沿海最小，不足 25 厘米（表 2.1-3 和表 2.1-4）。

表 2.1-3　南海沿海各站各月平均高潮位　　　　　　　　　　单位：厘米

序号	站名	1月	2月	3月	4月	5月	6月	7月	8月	9月	10月	11月	12月	年	年较差
1	饶平	366	359	356	352	352	352	355	361	377	390	379	375	365	38
2	云澳	292	286	282	278	281	280	279	288	303	310	302	298	290	32
3	南澳岛	267	260	257	254	254	254	256	259	275	291	277	275	265	37
4	汕头	349	342	337	335	338	338	338	343	356	368	357	356	346	33
5	惠来	198	188	183	182	185	186	190	192	201	213	206	207	194	31
6	陆丰	231	216	213	212	212	210	213	214	227	242	237	240	222	33
7	遮浪	215	207	205	202	204	200	198	205	220	231	225	222	211	33
8	汕尾	176	174	172	170	170	168	165	170	185	198	191	182	177	33
9	惠州	278	275	275	272	273	268	265	270	289	307	294	285	279	42
10	广州	249	249	254	258	262	261	257	262	273	280	266	254	260	31

续表

序号	站名	1月	2月	3月	4月	5月	6月	7月	8月	9月	10月	11月	12月	年	年较差
11	盐田	242	238	238	234	234	229	227	236	253	266	256	247	242	39
12	赤湾	330	331	334	336	338	337	337	343	354	360	348	336	340	30
13	珠海	291	292	294	294	296	292	291	298	312	320	310	297	299	29
14	大万山	260	260	260	260	260	258	257	263	275	284	276	266	265	27
15	台山	278	278	280	281	279	272	274	281	296	306	294	282	283	34
16	高栏	312	311	314	317	313	308	308	312	329	344	331	322	318	36
17	闸坡	284	286	289	288	286	281	280	289	306	315	302	289	291	35
18	水东	312	314	319	316	312	306	305	314	333	346	330	318	319	41
19	硇洲	306	306	308	306	305	299	297	304	325	337	326	314	311	40
20	湛江	431	427	436	432	431	419	424	420	438	462	447	437	434	43
21	海安	276	266	266	267	269	271	273	273	281	294	289	284	276	28
22	雷州	355	331	323	331	342	346	349	342	341	354	358	363	345	40
23	铁山港	508	496	496	504	515	521	521	512	514	524	525	518	513	29
24	北海	392	368	365	379	394	405	404	388	387	400	404	406	391	41
25	涠洲	342	318	312	323	337	348	347	332	333	348	352	354	337	42
26	防城港	368	341	337	350	367	379	383	365	359	374	380	378	365	46
27	钦州	457	433	431	449	465	473	474	458	453	465	470	468	458	43
28	秀英	214	207	207	210	212	215	217	217	224	234	228	222	217	27
29	东方	289	275	268	272	275	283	282	277	279	290	294	301	282	33
30	清澜	153	144	143	142	143	141	141	144	157	171	166	163	151	30
31	博鳌	175	163	161	162	160	160	161	161	173	190	185	184	170	30
32	乌场	150	142	141	140	138	133	138	141	152	168	164	158	147	35
33	莺歌海	154	151	152	150	149	138	138	143	158	175	173	162	154	37
34	三亚	182	171	168	168	170	170	168	168	178	192	193	194	177	26
35	西沙	166	156	154	162	174	183	186	176	167	162	165	170	168	32
36	南沙	374	367	366	367	373	382	384	380	378	375	375	379	375	18

表2.1-4 南海沿海各站各月平均低潮位   单位：厘米

序号	站名	1月	2月	3月	4月	5月	6月	7月	8月	9月	10月	11月	12月	年	年较差
1	饶平	198	193	188	185	184	180	181	186	201	217	209	208	194	37
2	云澳	160	156	151	147	149	145	143	149	166	176	170	166	157	33
3	南澳岛	138	133	129	128	124	123	123	126	141	160	148	147	135	37
4	汕头	251	247	244	242	242	238	236	243	258	273	262	258	250	37
5	惠来	128	125	124	122	120	117	119	125	139	150	139	135	129	33
6	陆丰	148	151	151	150	148	142	146	153	169	182	169	158	156	40
7	遮浪	130	127	125	122	126	126	123	128	141	149	144	137	132	27
8	汕尾	85	81	78	77	80	78	75	81	94	106	102	95	86	31
9	惠州	177	169	167	167	168	166	165	168	180	200	195	186	176	35
10	广州	104	98	96	98	105	108	104	103	112	125	116	114	107	29
11	盐田	143	134	131	128	131	131	128	132	148	162	156	150	140	34

续表

序号	站名	1月	2月	3月	4月	5月	6月	7月	8月	9月	10月	11月	12月	年	年较差
12	赤湾	203	196	191	190	197	201	200	200	208	218	213	210	202	28
13	珠海	178	171	168	167	173	175	174	175	185	194	189	185	178	27
14	大万山	152	147	144	142	145	147	146	150	160	169	162	158	152	27
15	台山	153	146	144	144	146	147	146	147	160	174	164	160	153	30
16	高栏	204	196	191	190	190	193	198	193	206	220	209	206	200	30
17	闸坡	135	130	127	127	133	133	129	131	143	155	151	144	137	28
18	水东	145	136	132	133	138	136	133	133	145	162	159	157	142	30
19	硇洲	130	124	119	119	123	118	115	116	134	152	150	142	129	37
20	湛江	228	216	214	207	210	204	210	206	218	249	243	236	220	45
21	海安	145	149	153	156	152	142	143	151	160	174	165	150	153	32
22	雷州	136	149	159	146	135	133	137	147	154	165	151	138	146	32
23	铁山港	250	253	255	252	244	248	254	255	260	266	259	248	254	22
24	北海	130	140	142	136	131	132	140	148	151	152	141	128	139	24
25	涠洲	93	104	106	98	92	91	98	108	114	117	106	93	102	26
26	防城港	107	121	122	116	111	114	122	130	135	133	119	107	120	28
27	钦州	196	208	208	203	200	205	211	217	221	220	207	195	208	26
28	秀英	90	92	94	99	100	91	88	94	103	116	113	95	98	28
29	东方	123	127	131	131	130	122	119	125	139	152	146	130	131	33
30	清澜	60	57	58	56	54	49	50	57	72	85	77	66	62	36
31	博鳌	82	82	83	80	73	67	70	78	93	109	99	87	84	42
32	乌场	68	67	67	63	59	53	57	62	76	88	83	74	68	35
33	莺歌海	81	76	76	72	70	64	64	66	81	92	92	86	77	28
34	三亚	90	90	89	84	81	75	76	86	100	110	104	95	90	35
35	西沙	69	78	83	88	87	83	89	97	95	87	78	69	84	28
36	南沙	264	279	286	284	278	271	277	292	300	294	280	266	281	36

　　南海沿海平均潮差从东向西总体呈增大趋势，位于北部湾顶部的广西沿海最大，铁山港站和北海站分别为 259 厘米和 252 厘米；雷州半岛沿海也较大，湛江站和雷州站分别为 214 厘米和199 厘米；粤东和海南岛南部海域平均潮差较小，约 90 厘米；其他海域平均潮差多为 90 ~ 140 厘米。南海沿海各站平均潮差最大值多出现在 1 月、3—4 月、9 月和 12 月，其中粤东北部、粤西沿海多出现在 9 月，粤东南部沿海多出现在 1 月和 3 月，珠江口沿海主要出现在 4 月，雷州半岛西部、广西、海南岛、西沙群岛和南沙群岛沿海主要出现在 12 月。南海沿海各站平均潮差最小值多出现在 2—4 月、9 月和 12 月，其中粤东北部、广西、海南岛和西沙群岛沿海多出现在 2—4 月，粤东南部至雷州半岛东部沿海主要出现在 12 月，海南岛南部和南沙群岛沿海多出现在 9 月。南海沿海各站平均潮差年较差为 7 ~ 61 厘米，广西和雷州半岛西部沿海最大，多在 50 厘米以上；南沙群岛和海南岛西部沿海也较大，南沙站和东方站分别为 35 厘米和 34 厘米；粤东和海南岛东部沿海最小，大多数站位不超过 15 厘米（表 2.1–5）。

表 2.1-5　南海沿海各站各月平均潮差　　　　　　　　　　　单位：厘米

序号	站名	1月	2月	3月	4月	5月	6月	7月	8月	9月	10月	11月	12月	年	年较差
1	饶平	168	166	168	167	168	172	174	175	176	173	170	167	171	10
2	云澳	132	130	131	131	132	135	136	139	137	134	132	132	133	9
3	南澳岛	129	127	128	126	130	131	133	133	134	131	129	128	130	8
4	汕头	98	95	93	93	96	100	102	100	98	95	95	98	96	9
5	惠来	70	63	59	60	65	69	71	67	62	63	67	72	65	13
6	陆丰	83	65	62	62	64	68	67	61	58	60	68	82	66	25
7	遮浪	85	80	80	80	78	74	75	77	79	82	81	85	79	11
8	汕尾	91	93	94	93	90	90	90	89	91	92	89	87	91	7
9	惠州	101	106	108	105	105	102	100	102	109	107	99	99	103	10
10	广州	145	151	158	160	157	153	153	159	161	155	150	140	153	21
11	盐田	99	104	107	106	103	98	99	104	105	104	100	97	102	10
12	赤湾	127	135	143	146	141	136	137	143	146	142	135	126	138	20
13	珠海	113	121	126	127	123	117	117	123	127	126	121	112	121	15
14	大万山	108	113	116	118	115	111	111	113	115	115	114	108	113	10
15	台山	125	132	136	137	133	125	128	134	136	132	130	122	130	15
16	高栏	108	115	123	127	123	115	110	119	123	124	122	116	118	19
17	闸坡	149	156	162	161	153	148	151	158	163	160	151	145	154	18
18	水东	167	178	187	183	174	170	172	181	188	184	171	161	177	27
19	硇洲	176	182	189	187	182	181	182	188	191	185	176	172	182	19
20	湛江	203	211	222	225	221	215	214	214	220	213	204	201	214	24
21	海安	131	117	113	111	117	129	130	122	121	120	124	134	123	23
22	雷州	219	182	164	185	207	213	212	195	187	189	207	225	199	61
23	铁山港	258	243	241	252	271	273	267	257	254	258	266	270	259	32
24	北海	262	228	223	243	263	273	264	240	236	248	263	278	252	55
25	涠洲	249	214	206	225	245	257	249	224	219	231	246	261	235	55
26	防城港	261	220	215	234	256	265	261	235	224	241	261	271	245	56
27	钦州	261	225	223	246	265	268	263	241	232	245	263	273	250	50
28	秀英	124	115	113	111	112	124	129	123	121	118	115	127	119	18
29	东方	166	148	137	141	145	161	163	152	140	138	148	171	151	34
30	清澜	93	87	85	86	89	92	91	87	85	86	89	97	89	12
31	博鳌	93	81	78	82	87	93	91	83	80	81	86	97	86	19
32	乌场	82	75	74	77	79	80	81	79	76	80	81	84	79	10
33	莺歌海	73	75	76	78	79	74	74	77	77	83	81	76	77	10
34	三亚	92	81	79	84	89	95	92	82	78	82	89	99	87	21
35	西沙	97	78	71	74	87	100	97	79	72	75	87	101	84	30
36	南沙	110	88	80	83	95	111	107	88	78	81	95	113	94	35

　　南海沿海平均高潮位、平均低潮位和平均潮差长期变化趋势区域特征明显，不同时段变化速率存在差异。南海沿海各站平均高潮位均呈上升趋势，珠江口北部和南部沿海平均高潮位上升趋

势显著，其中盐田站 2003—2019 年上升速率为 7.18 毫米 / 年，珠海站 1999—2019 年上升速率为 4.52 毫米 / 年；粤东北部、海南岛北部和东部、西沙群岛沿海平均高潮位上升趋势较为明显，约为 5.00 毫米 / 年；粤东南部、粤西、广西、海南西部、海南北部、海南南部和南沙群岛沿海上升速率多为 1.00 ~ 3.00 毫米 / 年。南海沿海各站平均低潮位均呈上升趋势，粤东南部沿海平均低潮位上升趋势显著，其中遮浪站 2002—2019 年上升速率为 9.42 毫米 / 年；珠江口北部、广西西部、海南岛东部和南部沿海平均低潮位上升趋势明显，多为 6.00 ~ 7.00 毫米 / 年；粤东北部沿海无明显上升趋势；其余海域上升速率多为 3.00 ~ 5.00 毫米 / 年。南海沿海各站平均潮差多呈减小趋势，粤东南部沿海平均潮差减小趋势显著，其中遮浪站 2002—2019 年减小速率为 8.73 毫米 / 年；广西西部和海南岛南部沿海平均潮差减小趋势明显，其中防城港站 1996—2019 年减小速率为 3.88 毫米 / 年（线性趋势未通过显著性检验），三亚站 2000—2019 年减小速率为 3.83 毫米 / 年；珠江口至广西东部、海南岛东部和西部沿海减小速率多不超过 2.00 毫米 / 年；粤东北部沿海平均潮差呈增大趋势，其中云澳站 1993—2019 年增大速率为 5.04 毫米 / 年；海南岛北部和西沙群岛沿海增大速率多不超过 1.00 毫米 / 年。各站平均高潮位、平均低潮位和平均潮差变化详细情况见各站具体章节。

第二节　极值潮位

南海沿海各站年最高潮位和年最低潮位的各月发生频率见表 2.2–1 和表 2.2–2。南海沿海各站年最高潮位出现时间多在 7 月和 9—12 月，其中 10 月各站平均发生频率最高，为 17%；11 月次之，为 14%。广东沿海年最高潮位出现频率最高的月份多为 9 月和 10 月，广西沿海多为 12 月，海南岛沿海多为 10—12 月，西沙群岛和南沙群岛多为 7 月。南海沿海各站年最低潮位多出现在 1 月和 6—7 月，其中 6 月各站平均发生频率最高，为 24%；1 月次之，为 21%。广东、海南岛东部和南部沿海年最低潮位出现频率最高的月份多为 6 月和 7 月，广西、海南岛西部和北部、西沙群岛、南沙群岛沿海多为 1 月。

表 2.2-1　南海沿海各站年最高潮位出现频率 / %

序号	站名	1月	2月	3月	4月	5月	6月	7月	8月	9月	10月	11月	12月	时段 / 年
1	云澳	0	0	0	0	0	0	4	7	26	45	11	7	1993—2019
2	遮浪	22	0	0	0	6	11	0	11	22	17	11	0	2002—2019
3	汕尾	8	6	0	0	2	6	10	12	10	25	15	6	1971—2019
4	盐田	18	6	0	0	0	0	0	6	35	23	12	0	2003—2019
5	赤湾	3	3	0	0	3	22	16	0	16	16	0	0	1986—2019
6	珠海	5	5	0	0	0	5	19	14	24	19	9	0	1999—2019
7	大万山	9	3	0	0	3	3	6	15	17	29	12	3	1984—2019
8	闸坡	10	2	0	0	8	5	19	11	11	15	11	8	1959—2019
9	硇洲	8	2	0	0	4	6	12	14	8	20	16	10	1964—2019
10	北海	11	0	0	0	2	13	18	2	2	7	5	30	1966—2019
11	涠洲	18	2	0	0	2	7	14	0	0	7	16	34	1964—2019
12	防城港	8	0	0	0	0	21	17	4	0	0	25	25	1996—2019
13	秀英	0	0	0	0	0	7	5	9	23	36	16	4	1976—2019

续表

序号	站名	1月	2月	3月	4月	5月	6月	7月	8月	9月	10月	11月	12月	时段/年
14	东方	11	0	0	0	0	0	1	2	2	13	38	33	1965—2019
15	清澜	3	3	0	0	4	0	7	17	13	20	20	13	1990—2019
16	三亚	5	0	0	0	0	0	0	5	15	15	20	40	2000—2019
17	西沙	0	0	0	0	18	26	41	11	4	0	0	0	1992—2019
18	南沙	0	0	0	0	3	14	38	17	0	0	7	21	1989—2019
	平均	8	2	0	0	3	8	13	9	13	17	14	13	

表 2.2-2　南海沿海各站年最低潮位出现频率 / %

序号	站名	1月	2月	3月	4月	5月	6月	7月	8月	9月	10月	11月	12月	时段/年
1	云澳	7	0	0	0	15	33	37	4	0	0	0	4	1993—2019
2	遮浪	17	0	0	0	11	33	28	0	0	0	0	11	2002—2019
3	汕尾	10	6	0	0	12	33	27	4	0	0	0	8	1971—2019
4	盐田	6	6	0	0	18	41	18	0	0	0	0	12	2003—2019
5	赤湾	16	13	0	9	9	28	19	0	0	0	0	6	1986—2019
6	珠海	14	10	0	0	19	24	9	5	0	0	0	9	1999—2019
7	大万山	12	6	0	0	15	26	29	3	0	0	0	9	1984—2019
8	闸坡	26	5	0	0	25	23	6	0	0	0	0	10	1959—2019
9	硇洲	24	2	2	2	4	30	30	0	0	0	0	6	1964—2019
10	北海	28	0	13	7	9	7	0	2	0	0	9	21	1966—2019
11	涠洲	21	4	7	4	16	18	4	0	4	0	4	18	1964—2019
12	防城港	33	4	8	4	13	4	0	0	4	0	13	17	1996—2019
13	秀英	34	9	0	5	9	14	14	0	4	0	0	11	1976—2019
14	东方	24	13	4	2	2	11	25	4	0	0	2	11	1965—2019
15	清澜	7	0	0	0	43	37	0	0	0	0	0	0	1990—2019
16	三亚	0	0	0	0	15	40	40	0	0	0	0	5	2000—2019
17	西沙	44	4	4	0	0	7	0	0	0	0	15	26	1992—2019
18	南沙	55	0	0	0	7	10	0	0	0	0	4	24	1989—2019
	平均	21	5	2	2	11	24	19	1	1	0	3	11	

　　南海沿海年最高潮位和年最低潮位长期变化趋势区域特征明显，不同时段变化速率存在差异。南海沿海各站年最高潮位多呈上升趋势，珠江口沿海年最高潮位上升趋势显著，其中珠海站1999—2019年上升速率为31.78毫米/年（线性趋势未通过显著性检验），盐田站2003—2019年上升速率为27.82毫米/年（线性趋势未通过显著性检验）；粤东南部和海南岛南部沿海年最高潮位上升趋势明显，其中遮浪站2002—2019年上升速率为16.79毫米/年（线性趋势未通过显著性检验），三亚站2000—2019年上升速率为12.32毫米/年；海南岛东部略呈下降趋势，降速不超过2.00毫米/年。南海沿海各站年最低潮位多呈上升趋势，珠江口沿海年最低潮位上升趋势显著，其中盐田站2003—2019年上升速率为14.66毫米/年，珠海站1999—2019年上升速率为12.21毫米/年；粤东南部和广西西部沿海上升较为明显，上升速率为10.00～11.00毫米/年；西沙群岛沿海年最低潮位呈下降趋势，西沙站1992—2019年下降速率为1.56毫米/年（线性趋势未通过

显著性检验）。各站年最高潮位和年最低潮位变化详细情况见各站具体章节。

受风暴增减水、天文大潮和季节海平面变化等因素的影响，南海沿海各站历史最高潮位主要出现在 7—9 月，南海沿海各站历史最低潮位多出现在 1 月、6 月和 7 月（表 2.2-3）。各站最高潮位多出现在强台风影响期间，最低潮位发生时间多为天文大潮和季节低海平面期。

表 2.2-3　南海沿海各站最高潮位和最低潮位　　　　　　　　　　　　　　　　单位：厘米

序号	站名	最高潮位	出现时间	最低潮位	出现时间	时段/年
1	云澳	453	2013 年 9 月 22 日	38	2004 年 7 月 3 日	1993—2019
2	遮浪	381	2013 年 9 月 22 日	58	2004 年 7 月 4 日	2002—2019
3	汕尾	350	2013 年 9 月 22 日	3	2004 年 7 月 4 日	1971—2019
4	盐田	470	2018 年 9 月 16 日	32	2004 年 7 月 4 日	2003—2019
5	赤湾	559	2017 年 8 月 23 日	84	2004 年 7 月 4 日	1986—2019
6	珠海	626	2017 年 8 月 23 日	54	2004 年 7 月 4 日	1999—2019
7	大万山	447	2008 年 9 月 24 日	44	2004 年 7 月 4 日	1984—2019
8	闸坡	529	2008 年 9 月 24 日	7	1960 年 7 月 10 日	1959—2019
9	硇洲	749	2014 年 9 月 16 日	-2	1974 年 6 月 21 日	1964—2019
10	北海	593	1986 年 7 月 21 日	-35	2005 年 9 月 26 日	1966—2019
11	涠洲	510	1986 年 7 月 21 日	-65	2005 年 9 月 26 日	1964—2019
12	防城港	531	2013 年 6 月 23 日	-36	2005 年 1 月 12 日	1996—2019
13	秀英	452	2014 年 9 月 16 日	-33	1992 年 6 月 29 日	1976—2019
14	东方	395	1971 年 10 月 9 日和 2007 年 10 月 31 日	28	1968 年 12 月 22 日和 1990 年 11 月 9 日	1965—2019
15	清澜	315	2005 年 9 月 26 日	-28	2005 年 6 月 23 日	1990—2019
16	三亚	275	2017 年 9 月 15 日	15	2000 年 7 月 31 日	2000—2019
17	西沙	249	2010 年 8 月 9 日	9	2005 年 2 月 8 日	1992—2019
18	南沙	435	2001 年 8 月 19 日	193	2005 年 1 月 12 日	1989—2019

第三节　增减水

南海沿海各站年最大增水主要出现在 7—10 月，其中 9 月平均出现频率最高，为 25%；8 月次之，为 20%。粤东南部至珠江口南部以及海南岛西部、北部和南部沿海年最大增水出现频率最高的月份多为 9 月，粤西和广西沿海多为 7—10 月，海南岛东部、西沙群岛和南沙群岛沿海多为 8 月。

南海沿海各站年最大减水多出现在 9 月至翌年 1 月和 3—4 月，其中 11 月平均出现频率最高，为 18%；12 月次之，为 13%。粤东至珠江口南部、海南岛东部沿海年最大减水出现频率最高的月份多为 11 月，粤西、广西西部和南沙群岛沿海多为 12 月，硇洲湾和海南岛南部沿海多为 8—9 月，广西东部、海南岛西部和北部沿海多为 4 月，西沙群岛沿海多为 3 月（表 2.3-1 和表 2.3-2）。

表 2.3-1　南海沿海各站年最大增水出现频率 / %

序号	站名	1月	2月	3月	4月	5月	6月	7月	8月	9月	10月	11月	12月	时段 / 年
1	云澳	0	4	4	0	7	11	4	22	15	22	4	7	1993—2019
2	遮浪	0	0	6	0	6	0	11	11	39	27	0	0	2002—2019
3	汕尾	0	0	2	2	2	10	25	14	25	18	0	2	1971—2019
4	盐田	0	0	6	0	6	6	18	18	35	11	0	0	2003—2019
5	赤湾	0	0	0	3	3	3	19	19	28	25	0	0	1986—2019
6	珠海	0	0	10	5	0	0	14	24	33	14	0	0	1999—2019
7	大万山	3	0	6	6	3	8	18	18	18	20	0	0	1984—2019
8	闸坡	0	0	3	2	2	8	20	21	21	21	2	0	1959—2019
9	硇洲	0	2	0	4	0	2	24	24	24	18	2	0	1964—2019
10	北海	2	0	4	2	2	7	30	16	20	15	0	2	1966—2019
11	涠洲	2	3	3	0	2	6	20	20	20	20	2	2	1964—2019
12	防城港	0	0	4	4	0	5	29	25	29	0	4	0	1996—2019
13	秀英	0	0	2	2	2	2	12	19	32	25	2	0	1976—2019
14	东方	4	0	5	4	2	5	18	15	25	18	2	2	1965—2019
15	清澜	0	0	3	4	0	4	13	33	20	23	0	0	1990—2019
16	三亚	0	5	0	0	5	5	10	10	35	20	5	5	2000—2019
17	西沙	4	4	4	4	0	11	18	22	18	11	0	4	1992—2019
18	南沙	7	7	7	10	0	0	10	24	10	0	7	18	1989—2019
	平均	1	1	4	3	2	5	17	20	25	17	2	3	

表 2.3-2　南海沿海各站年最大减水出现频率 / %

序号	站名	1月	2月	3月	4月	5月	6月	7月	8月	9月	10月	11月	12月	时段 / 年
1	云澳	7	4	4	7	0	7	0	19	7	11	23	11	1993—2019
2	遮浪	17	0	11	0	0	0	11	6	11	11	22	11	2002—2019
3	汕尾	10	6	12	2	0	0	4	8	10	15	25	8	1971—2019
4	盐田	6	6	18	0	0	0	0	11	6	23	18		2003—2019
5	赤湾	10	0	16	6	3	0	3	0	3	0	28	31	1986—2019
6	珠海	9	0	5	9	5	0	0	0	14	5	29	24	1999—2019
7	大万山	6	6	18	3	6	0	6	3	6	6	34	6	1984—2019
8	闸坡	13	2	11	8	0	2	7	11	8	8	13	17	1959—2019
9	硇洲	10	8	4	0	0	2	2	20	20	12	16	6	1964—2019
10	北海	4	2	15	16	5	4	4	4	9	15	7	15	1966—2019
11	涠洲	7	7	13	16	5	4	2	7	7	11	5	16	1964—2019
12	防城港	8	4	8	17	13	0	0	4	4	4	13	25	1996—2019
13	秀英	7	2	11	16	9	5	7	7	16	9	9	2	1976—2019
14	东方	11	9	20	24	2	0	0	1	2	7	15	9	1965—2019
15	清澜	13	3	0	0	0	0	4	10	20	10	30	10	1990—2019
16	三亚	10	0	5	0	0	0	10	10	20	10	15	10	2000—2019
17	西沙	7	7	22	15	11	5	15	4	0	7	7	0	1992—2019
18	南沙	14	3	0	7	7	7	10	7	4	14	3	24	1989—2019
	平均	9	4	11	9	4	2	5	7	9	9	18	13	

　　南海沿海年最大增水和年最大减水长期变化趋势区域特征明显，不同时段变化速率存在差异。广东和南沙群岛沿海年最大增水多呈增大趋势，广西和海南岛沿海多呈减小趋势。珠江口和粤东南部沿海年最大增水增大趋势显著，其中盐田站2003—2019年增大速率为38.41毫米/年（线性趋势未通过显著性检验），珠海站1999—2019年增大速率为26.34毫米/年（线性趋势未通过显著性检验），遮浪站2002—2019年增大速率为21.82毫米/年（线性趋势未通过显著性检验）；海南岛东部沿海年最大增水呈明显减小趋势，清澜站1990—2019年减小速率为7.55毫米/年（线性趋势未通过显著性检验），广西、海南岛西部和北部沿海减小速率为2.00～3.00毫米/年。除珠江口沿海年最大减水呈增大趋势外，南海其余海域多呈减小趋势。珠江口沿海年最大减水增大趋势明显，赤湾站1986—2019年增大速率为6.49毫米/年（线性趋势未通过显著性检验），盐田站2003—2019年增大速率为3.70毫米/年（线性趋势未通过显著性检验）；广西沿海年最大减水减小趋势明显，其中防城港站1996—2019年减小速率为7.06毫米/年（线性趋势未通过显著性检验），北海站1966—2019年减小速率为3.05毫米/年（线性趋势未通过显著性检验）。各站年最大增水和年最大减水变化详细情况见各站具体章节。

　　南海沿海最大增水和最大减水区域特征明显。硇洲湾增水最强，硇洲站和湛江站最大增水分别为428厘米和415厘米，出现时间均为2014年9月16日，正值1415号台风"海鸥"影响期间；珠江口和广西沿海增水也较强，盐田站、珠海站和钦州站最大增水均超过或达到了250厘米。广西和海南岛北部沿海减水最强，北海站最大减水达145厘米，出现在1990年11月10日；涠洲站、防城港站、钦州站和秀英站最大减水也超过了115厘米（表2.3-3）。

表2.3-3　南海沿海各站最大增水和最大减水　　　　　　　　　　单位：厘米

序号	站名	最大增水及出现时间		最大减水及出现时间		时段/年
1	云澳	127	2006年5月17日和2013年9月22日	62	1994年8月10日	1993—2019
2	遮浪	156	2013年9月22日	45	2010年9月21日	2002—2019
3	汕尾	174	2018年9月16日	62	1981年9月2日	1971—2019
4	盐田	277	2018年9月16日	60	2009年3月13日	2003—2019
5	赤湾	237	2018年9月16日	69	2009年3月13日	1986—2019
6	珠海	259	2017年8月23日	69	2009年3月13日	1999—2019
7	大万山	168	2018年9月16日	48	2010年11月22日	1984—2019
8	闸坡	217	2008年9月24日	66	1978年10月28日	1959—2019
9	硇洲	428	2014年9月16日	68	1972年11月8日和2013年8月14日	1964—2019
10	湛江	415	2014年9月16日	94	2013年8月14日	2008—2019
11	北海	173	2014年7月19日	145	1990年11月10日	1966—2019
12	涠洲	134	1964年7月3日	123	1990年11月10日	1964—2019
13	防城港	175	2003年8月26日	119	2005年9月27日	1996—2019
14	钦州	250	2014年7月19日	119	2012年12月30日	2008—2019
15	秀英	197	1980年7月22日	117	1996年8月22日	1976—2019
16	东方	89	1990年8月29日	78	1990年11月10日	1965—2019
17	清澜	126	2005年9月26日	42	2010年9月21日	1990—2019
18	三亚	71	2013年11月10日	57	2008年10月6日	2000—2019
19	西沙	77	1992年6月27日	27	2016年3月27日	1992—2019
20	南沙	41	2005年12月19日	26	2007年12月1日	1989—2019

第三章 海浪

第一节 海况

南海沿海全年及各月各级海况的频率见图 3.1-1 和表 3.1-1。全年海况以 0 ~ 4 级为主，频率为 95.39%，其中 0 ~ 2 级海况频率为 49.42%。全年 5 级及以上海况频率为 4.61%，最大频率出现在 12 月，为 6.42%。全年 7 级及以上海况频率为 0.09%，最大频率出现在 7 月，为 0.19%。

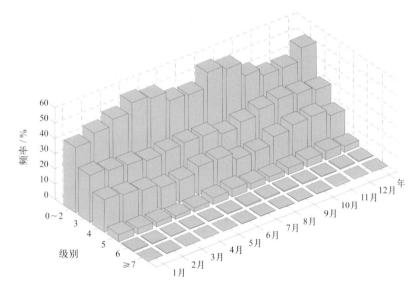

图3.1-1 南海沿海全年及各月各级海况频率（1960—2019年）

南海沿海各站 0 ~ 2 级海况频率为 20.44% ~ 94.78%，其中盐田站、汕尾站和珠海站频率较大，分别为 94.78%、82.04% 和 71.07%，西沙站、南沙站和硇洲站频率较小，均不足 30%。南海 7 级及以上海况频率遮浪站最大，为 0.28%，西沙站次之，为 0.23%，云澳站、汕尾站、盐田站、北海站和秀英站均未出现。

表 3.1-1 南海沿海各站全年主要海况频率

序号	站名	0 ~ 2 级 / %	大于等于 7 级 / %	时段 / 年
1	云澳	59.03	0.00	2006—2019
2	遮浪	30.05	0.28	1960—2019
3	汕尾	82.04	0.00	2006—2019
4	盐田	94.78	0.00	2006—2019
5	珠海	71.07	0.05	2010—2019
6	大万山	44.46	0.02	1984—2019
7	闸坡	62.31	0.01	2006—2019
8	硇洲	26.55	0.14	1960—2019
9	北海	49.88	0.00	2006—2019
10	涠洲	42.01	0.18	1962—2019

续表

序号	站名	0～2级/%	大于等于7级/%	时段/年
11	防城港	60.76	0.04	2006—2019
12	白龙尾	52.10	0.05	1969—1984
13	秀英	49.91	0.00	2013—2019
14	东方	30.50	0.09	1960—2019
15	莺歌海	39.48	0.10	1967—2019
16	博鳌	—	—	2009—2019
17	西沙	20.44	0.23	1961—2019
18	南沙	24.72	0.16	1991—2019
平均		49.42	0.09	

注：除盐田站周期统计时段为2010—2019年外，其余各站各参数统计时段均与海况相同。

"—"表示无数据或结果可信度较低。

第二节　波型

南海沿海各站风浪频率和涌浪频率见表3.2-1。全年以风浪为主，频率为99.82%，涌浪频率为40.07%。各站风浪频率均不低于99.09%。各站涌浪频率为0.05%～99.86%，其中珠海站和大万山站最大，汕尾站最小。

表3.2-1　南海沿海各站全年风浪涌浪频率

序号	站名	风浪频率/%	涌浪频率/%
1	云澳	99.99	90.55
2	遮浪	99.65	35.49
3	汕尾	99.99	0.05
4	盐田	99.09	99.04
5	珠海	99.68	99.86
6	大万山	99.98	99.86
7	闸坡	99.57	37.25
8	硇洲	99.96	19.62
9	北海	99.97	1.70
10	涠洲	100.00	15.19
11	防城港	99.99	9.07
12	白龙尾	99.95	32.23
13	秀英	99.99	10.13
14	东方	99.88	32.76
15	莺歌海	99.96	41.56
16	博鳌	—	—
17	西沙	99.82	20.20
18	南沙	99.50	36.64
平均		99.82	40.07

注：风浪包含F、F/U、FU和U/F波型；涌浪包含U、U/F、FU和F/U波型。

"—"表示无数据或结果可信度较低。

第三节　波向

1. 各向风浪频率

海浪在近岸的传播受地形影响较大，南海沿海各站各向风浪频率具有较强的局地特征。受季风和地形共同影响，南海沿海各站风浪频率最大方向和次大方向呈现较为复杂的特征。最大方向和次大方向总体相近的站点有 12 个，分别是云澳站、遮浪站、汕尾站、盐田站、大万山站、闸坡站、硇洲站、涠洲站、白龙尾站、秀英站、莺歌海站和西沙站；相差较大的有 2 个，其中北海站相差约 90°，珠海站相差约 135°；完全相反的站点有 3 个，分别是防城港站、东方站和南沙站（表 3.3-1）。

南海沿海各站风浪主要为偏东向。云澳站、遮浪站、汕尾站、盐田站、大万山站、闸坡站、硇洲站、涠洲站、白龙尾站、秀英站和西沙站共 11 个站的风浪频率最大方向和次大方向均在 NNE—SE 范围内。珠海站和北海站偏北向浪和偏东向浪出现频率较大。莺歌海站偏南向浪出现频率较大。

表 3.3-1　南海沿海各站风浪最大和次大频率及其出现方向

序号	站名	最大频率 / %	出现方向	次大频率 / %	出现方向
1	云澳	41.95	ENE	12.87	E
2	遮浪	21.54	E	17.15	ENE
3	汕尾	21.03	ESE	18.04	E
4	盐田	22.04	SE	14.57	ESE
5	珠海	23.25	N	14.16	SE
6	大万山	17.92	E	17.36	SE
7	闸坡	19.45	NNE	17.52	NE
8	硇洲	23.69	ENE	15.92	E
9	北海	19.45	NNE	14.32	ESE
10	涠洲	13.92	NNE	11.33	NE
11	防城港	29.23	NNE	7.79	SSW
12	白龙尾	22.96	NNE	14.50	NE
13	秀英	16.37	ENE	15.90	E
14	东方	14.80	NNE	14.44	SSW
15	莺歌海	17.53	SE	11.44	SSE
16	博鳌	—	—	—	—
17	西沙	18.34	NE	13.09	ENE
18	南沙	16.20	ENE	13.35	WSW

"—"表示无数据。

2. 各向涌浪频率

南海沿海各站除东方站和南沙站外涌浪频率最大方向和次大方向总体较为接近，涌浪总体上均为向岸传播（表 3.3-2）。

南海沿海各站涌浪主要为偏南向。云澳站、遮浪站、汕尾站、盐田站、大万山站、闸坡站、硇洲站、北海站、涠洲站、防城港站、白龙尾站和莺歌海站共 12 个站的涌浪频率最大方向和次大方向均在 ESE—SW 范围内。珠海站、秀英站和西沙站涌浪频率最大方向和次大方向主要为偏北向。

表 3.3-2　南海沿海各站涌浪最大和次大频率及其出现方向

序号	站名	最大频率 / %	出现方向	次大频率 / %	出现方向
1	云澳	36.11	SSE	20.18	SE
2	遮浪	14.59	ESE	5.34	SE
3	汕尾	—	—	—	—
4	盐田	65.99	SE	29.97	ESE
5	珠海	15.56	NE	13.37	ENE
6	大万山	48.18	SE	19.16	ESE
7	闸坡	10.98	S	10.23	SW
8	硇洲	9.98	SE	6.78	ESE
9	北海	1.36	SW	0.28	SSW
10	涠洲	7.09	SSW	2.74	S
11	防城港	2.39	SE	1.83	S
12	白龙尾	11.61	SE	10.33	S
13	秀英	5.88	N	3.62	NNW
14	东方	7.61	NNW	7.10	SW
15	莺歌海	13.29	S	8.99	SSW
16	博鳌	—	—	—	—
17	西沙	3.73	N	2.32	NE
18	南沙	5.39	SW	4.64	NE

"—" 表示无数据或结果可信度较低。

第四节　波高

1. 平均波高和最大波高

南海沿海波高的年变化见表 3.4-1。月平均波高的年变化较小，为 0.6 ~ 0.8 米。历年的平均波高为 0.7 ~ 1.1 米。月最大波高极大值出现在 9 月，为 12.7 米，极小值出现在 1 月，为 5.7 米，变幅为 7.0 米。历年的最大波高为 4.5 ~ 12.7 米，不小于 10.0 米的有 7 年，其中最大波高的极大值 12.7 米出现在莺歌海站，出现时间为 2017 年 9 月 15 日，正值 1719 号强台风"杜苏芮"影响期间，波向为 S。

表 3.4-1　波高年变化（1960—2019 年）　　　　　　　　　　　　单位：米

	1月	2月	3月	4月	5月	6月	7月	8月	9月	10月	11月	12月	年
平均波高	0.8	0.7	0.7	0.6	0.6	0.7	0.8	0.7	0.7	0.8	0.8	0.8	0.7
最大波高	5.7	7.7	7.9	6.5	10.0	9.0	11.9	9.5	12.7	11.0	10.5	8.5	12.7

南海沿海各站的波高及周期特征值见表 3.4-2。平均波高大万山站、西沙站和南沙站最大，均为 1.3 米，遮浪站和博鳌站次之，均为 1.2 米，汕尾站最小，为 0.2 米。最大波高莺歌海站最大，为 12.7 米，大万山站次之，为 11.9 米，盐田站最小，为 2.8 米。各站最大波高对应的平均周期除汕尾站外总体不低于 5.4 秒，其中大万山站最大波高对应的平均周期最大，为 12.6 秒。

表 3.4-2　南海沿海各站波高及周期特征值

序号	站名	平均波高 / 米	最大波高 / 米	最大波高对应平均周期 / 秒
1	云澳	0.8	6.1	6.5
2	遮浪	1.2	9.5	9.1
3	汕尾	0.2	3.4	2.9
4	盐田	0.4	2.8	7.2
5	珠海	0.4	5.3	6.0
6	大万山	1.3	11.9	12.6
7	闸坡	0.4	5.6	6.0
8	硇洲	1.0	9.8	5.4
9	北海	0.3	4.0	6.4/6.3
10	涠洲	0.6	6.1	6.4
11	防城港	0.5	4.4	7.5
12	白龙尾	0.6	7.0	11.0
13	秀英	0.4	7.0	8.5
14	东方	0.7	6.2	5.5
15	莺歌海	0.7	12.7	10.0
16	博鳌	1.2	8.2	11.5/11.0/9.5
17	西沙	1.3	11.0	10.9
18	南沙	1.3	8.0	6.4
平均 / 最大		0.7	12.7	12.6

2. 各向平均波高和最大波高

南海沿海全年及各季代表月各向波高的分布见表 3.4-3、图 3.4-1 和图 3.4-2。全年各向平均波高为 0.6 ~ 0.9 米，大值主要分布于 N—ENE 向，小值主要分布于 SE 向、SSE 向和 NW 向。全年各向最大波高 S 向最大，为 12.7 米；SSW 向次之，为 11.9 米；ENE 向最小，为 7.5 米。

表 3.4-3　南海沿海全年各向平均波高和最大波高（1960—2019 年）　　　　单位：米

	N	NNE	NE	ENE	E	ESE	SE	SSE	S	SSW	SW	WSW	W	WNW	NW	NNW
平均波高	0.8	0.9	0.8	0.8	0.7	0.7	0.6	0.6	0.7	0.7	0.7	0.7	0.7	0.7	0.6	0.7
最大波高	9.8	8.1	8.5	7.5	8.7	9.5	10.0	9.5	12.7	11.9	9.6	10.5	9.0	8.5	8.5	8.4

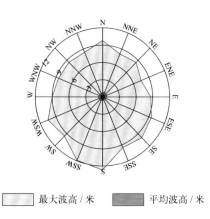

最大波高 / 米　　　平均波高 / 米

图 3.4-1　南海沿海全年各向平均波高和最大波高（1960—2019年）

1 月平均波高 N 向、NNE 向和 NE 向最大，均为 0.9 米；SE 向、S 向、SSW 向、SW 向、WSW 向、W 向和 WNW 向最小，均为 0.6 米。最大波高 NNE 向最大，为 5.7 米；NE 向次之，为 5.5 米；SSW 向最小，为 2.6 米。

4 月平均波高 NNE 向、NE 向、ENE 向和 E 向最大，均为 0.7 米；SE 向、SSE 向、W 向、WNW 向和 NW 向最小，均为 0.5 米。最大波高 ENE 向和 S 向最大，均为 6.5 米；NNE 向次之，为 6.3 米；SSE 向和 WSW 向最小，均为 3.0 米。

7 月各向平均波高相差不大，为 0.7 ~ 0.8 米。最大波高 SSW 向最大，为 11.9 米；N 向次之，为 9.8 米；NW 向最小，为 5.8 米。

10 月平均波高 N 向、NNE 向、NE 向、ENE 向和 NNW 向最大，均为 0.8 米；SSE 向、W 向和 NW 向最小，均为 0.6 米。最大波高 SSW 向最大，为 11.0 米；ESE 向次之，为 9.0 米；SSE 向最小，为 5.3 米。

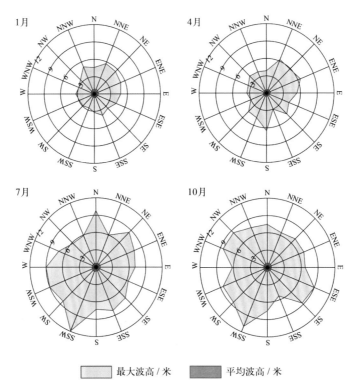

图3.4-2　南海沿海四季代表月各向平均波高和最大波高（1960—2019年）

第五节　周期

1. 平均周期和最大周期

南海沿海周期的年变化见表 3.5-1。月平均周期的年变化为 3.6 ~ 3.9 秒。月最大周期极大值出现在 11 月，为 18.8 秒，极小值出现在 4 月，为 11.0 秒。历年的平均周期为 2.7 ~ 4.4 秒（1960 年数据有缺测，未纳入统计），其中 2005 年最大，1965 年最小。历年的最大周期均不小于 7.7 秒，不小于 13.0 秒的共有 8 年，其中最大周期的极大值 18.8 秒出现在西沙站，出现时间为 1962 年 11 月 12 日，波向为 SE。

表 3.5-1　周期年变化（1960—2019 年）　　　　　　　　　单位：秒

	1月	2月	3月	4月	5月	6月	7月	8月	9月	10月	11月	12月	年
平均周期	3.8	3.7	3.7	3.6	3.6	3.8	3.9	3.8	3.7	3.7	3.8	3.8	3.7
最大周期	12.2	12.2	12.8	11.0	11.5	13.0	13.1	14.1	14.5	14.5	18.8	14.1	18.8

南海沿海各站的周期特征值见表 3.5-2。平均周期大万山站和博鳌站最大，均为 5.1 秒，盐田站次之，为 5.0 秒，汕尾站最小，为 1.5 秒。最大周期西沙站最大，为 18.8 秒，闸坡站和硇洲站次之，均为 14.5 秒，汕尾站最小，为 5.8 秒。

表 3.5-2　南海沿海各站周期特征值　　　　　　　　　　单位：秒

序号	站名	平均周期	最大周期
1	云澳	4.6	8.5
2	遮浪	4.3	11.8
3	汕尾	1.5	5.8
4	盐田	5.0	7.2
5	珠海	3.2	8.5
6	大万山	5.1	12.6
7	闸坡	3.8	14.5
8	硇洲	4.3	14.5
9	北海	2.4	6.4
10	涠洲	3.0	12.1
11	防城港	2.7	8.4
12	白龙尾	3.1	11.0
13	秀英	3.4	8.5
14	东方	3.5	10.5
15	莺歌海	3.9	10.5
16	博鳌	5.1	12.5
17	西沙	4.1	18.8
18	南沙	4.4	8.4
平均 / 最大		3.7	18.8

2. 各向平均周期和最大周期

南海沿海全年及各季代表月各向周期的分布见表 3.5-3、图 3.5-1 和图 3.5-2。全年各向平均周期为 3.6 ~ 3.9 秒，SW 向周期值最大，E 向周期值最小。全年各向最大周期 SE 向最大，为 18.8 秒；NE 向次之，为 17.4 秒；NNW 向最小，为 11.0 秒。

表 3.5-3　南海沿海全年各向平均周期和最大周期（1960—2019 年）　　　单位：秒

	N	NNE	NE	ENE	E	ESE	SE	SSE	S	SSW	SW	WSW	W	WNW	NW	NNW
平均周期	3.8	3.8	3.7	3.7	3.6	3.7	3.8	3.7	3.8	3.8	3.9	3.8	3.7	3.7	3.7	3.7
最大周期	12.5	17.0	17.4	14.5	15.8	14.9	18.8	15.5	14.7	12.8	13.0	11.3	11.5	14.5	11.7	11.0

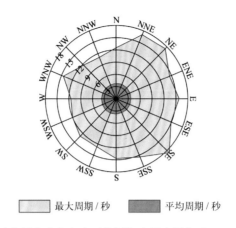

最大周期 / 秒　　　平均周期 / 秒

图3.5-1　南海沿海全年各向平均周期和最大周期（1960—2019年）

　　1月平均周期 SW 向最大，为 4.0 秒；E 向、WSW 向和 NNW 向最小，均为 3.6 秒。最大周期 ESE 向最大，为 10.5 秒；NNE 向次之，为 10.1 秒；S 向、W 向、WNW 向和 NW 向最小，均为 7.5 秒。

　　4月平均周期 S 向、SSW 向和 SW 向最大，均为 3.7 秒；W 向和 WNW 向最小，均为 3.4 秒。最大周期 SE 向最大，为 10.0 秒；ESE 向次之，为 9.6 秒；WNW 向最小，为 6.0 秒。

　　7月平均周期 SE 向、S 向、SSW 向、SW 向和 WSW 向最大，均为 3.9 秒；NNE 向最小，为 3.6 秒。最大周期 SE 向最大，为 13.1 秒；SSW 向次之，为 12.6 秒；NW 向最小，为 8.5 秒。

　　10月平均周期 WSW 向最大，为 4.0 秒；NNE 向、NE 向、ENE 向、E 向、ESE 向、SSE 向和 NW 向最小，均为 3.7 秒。最大周期 ENE 向最大，为 14.5 秒；NE 向次之，为 13.7 秒；S 向最小，为 9.2 秒。

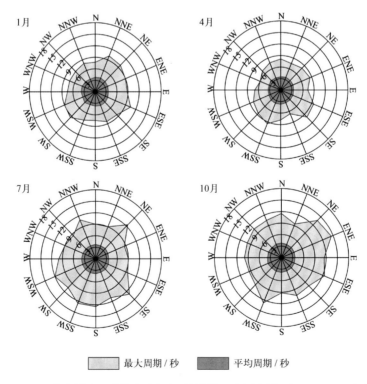

最大周期 / 秒　　　平均周期 / 秒

图3.5-2　南海沿海四季代表月各向平均周期和最大周期（1960—2019年）

第四章　表层海水温度、盐度和海发光

第一节　表层海水温度

1. 平均水温、最高水温和最低水温

南海沿海平均表层海水温度总体呈现南高北低的分布特征。南海沿海 16 个海洋站（不含西沙站和南沙站，下同）中三亚站水温最高，为 27.3℃，云澳站水温最低，为 21.4℃（表 4.1-1）。

表 4.1-1　南海沿海各站水温特征　　　　　　　　　　　单位：℃

序号	站名	时段 / 年	年平均	年较差	最高	最低
1	云澳	1960—2019	21.4	12.0	32.1	9.3
2	遮浪	1960—2019	22.6	12.1	32.7	9.9
3	盐田	2002—2019	24.2	11.7	34.5	12.2
4	赤湾	1986—2002、2013—2019	24.1	11.2	32.3	14.0
5	珠海	1996—2004、2006—2019	23.8	14.0	33.8	9.3
6	大万山	1974—2019	23.9	12.0	32.8	13.3
7	闸坡	1960—2019	23.7	12.9	33.3	8.7
8	硇洲	1960—2019	24.4	11.6	34.3	11.9
9	北海	1960—2019	24.0	14.5	35.7	6.5
10	涠洲	1960—2019	24.7	12.5	35.0	12.3
11	防城港	1997—2019	23.7	15.0	34.0	8.6
12	秀英	1960—2019	25.1	10.8	35.0	11.8
13	清澜	1960—2019	26.0	9.6	34.7	13.9
14	东方	1960—2019	26.4	9.4	32.9	12.6
15	莺歌海	1960—2019	27.1	7.1	34.5	13.4
16	三亚	1996—2019	27.3	6.8	34.7	18.7

南海沿海各站月平均水温年较差受地理环境及水团交换强弱影响，空间分布特征复杂。防城港站水温年较差最大，为 15.0℃，北海站次之，为 14.5℃，三亚站最小，为 6.8℃（表 4.1-1）。

南海沿海最高水温极大值出现在北海站，为 35.7℃，出现时间为 1964 年 5 月 20 日；最低水温极小值出现在北海站，为 6.5℃，出现时间为 1964 年 2 月 21 日（表 4.1-1）。

2. 日平均水温稳定通过界限温度的日期

采用五日滑动平均方法求出稳定通过各个界限温度的日期，见表 4.1-2。南海沿海各站日平均水温均稳定通过 10℃，除云澳站、珠海站和防城港站外其余各站均稳定通过 15℃，秀英站以南各站均稳定通过 20℃，秀英站及其以北各站稳定通过 20℃日期最早的为秀英站，初日为 3 月 5 日，硇洲站次之，初日为 3 月 18 日，最晚的为遮浪站，初日为 4 月 21 日；秀英站及其以北各站稳定通过 20℃天数最长的为秀英站，为 298 天，最短的为云澳站，为 222 天。各站日平均水温稳定通过 25℃日期最早的为莺歌海站，初日为 3 月 15 日，三亚站次之，初日为 3 月 16 日，最晚的为云澳站，初日为 5 月 31 日；稳定通过 25℃天数最长的为三亚站，为 268 天，最短的为云澳站，为 138 天。珠海站、北海站、涠洲站、防城港站、秀英站、清澜站、东方站、莺歌海站和三亚站日平均水温均存在稳定通过 30℃的日期，天数最长的为涠洲站，最短的为清澜站。

3. 年变化

南海沿海的月平均水温 7 月最高，为 29.2℃，1 月最低，为 18.1℃。月最高水温和月最低水温的年变化与月平均水温相似（图 4.1-1）。

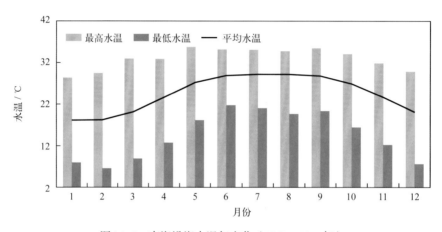

图4.1-1　南海沿海水温年变化（1960—2019年）

1 月三亚站水温最高，为 23.4℃，防城港站水温最低，为 15.0℃；4 月莺歌海站水温最高，为 27.5℃，云澳站水温最低，为 19.5℃；7 月涠洲站水温最高，为 30.3℃，云澳站水温最低，为 25.7℃；10 月三亚站水温最高，为 28.5℃，云澳站水温最低，为 24.8℃（图 4.1-2）。

4. 长期趋势变化

1960—2019 年，南海沿海年平均水温呈波动上升趋势，上升速率为 0.15℃ /（10 年）（图 4.1-3）。年最高水温变化趋势不明显，1964 年和 1963 年最高水温分别为 1960 年以来的第一高值和第二高值（图 4.1-4）。年最低水温呈波动上升趋势，上升速率为 0.62℃ /（10 年），1964 年和 1975 年最低水温分别为 1960 年以来的第一低值和第二低值（图 4.1-5）。

南海沿海十年平均水温变化显示，2010—2019 年平均水温最高，1970—1979 年平均水温最低，1990—1999 年平均水温较上一个十年升幅最大，升幅为 0.31℃（图 4.1-6）。

表 4.1-2　南海沿海各站日平均水温稳定通过界限温度的日期

序号	站名	大于等于 10℃			大于等于 15℃			大于等于 20℃			大于等于 25℃			大于等于 30℃		
		初日	终日	天数	初日	终日	天数	初日	终日	天数	初日	终日	天数	初日	终日	天数
1	云澳	1月1日	12月31日	365	3月5日	1月19日	321	4月19日	11月26日	222	5月31日	10月15日	138	—	—	—
2	遮浪	1月1日	12月31日	365	1月1日	12月31日	365	4月21日	12月3日	236	5月22日	10月22日	154	—	—	—
3	盐田	1月1日	12月31日	365	1月1日	12月31日	365	3月30日	12月15日	261	5月7日	11月13日	191	—	—	—
4	赤湾	1月1日	12月31日	365	1月1日	12月31日	365	3月23日	12月14日	267	5月1日	11月4日	188	—	—	—
5	珠海	1月1日	12月31日	365	1月30日	1月25日	361	3月29日	12月1日	248	4月30日	10月29日	183	8月19日	8月27日	9
6	大万山	1月1日	12月31日	365	1月1日	12月31日	365	3月31日	12月16日	261	5月7日	11月3日	181	—	—	—
7	闸坡	1月1日	12月31日	365	1月1日	12月31日	365	3月29日	12月1日	248	4月29日	10月28日	183	—	—	—
8	硇洲	1月1日	12月31日	365	1月1日	12月31日	365	3月18日	12月14日	272	4月25日	11月3日	193	—	—	—
9	北海	1月1日	12月31日	365	1月1日	12月31日	365	3月29日	11月29日	246	4月23日	10月26日	187	7月2日	7月23日	22
10	涠洲	1月1日	12月31日	365	1月1日	12月31日	365	3月22日	12月20日	274	5月1日	11月8日	192	6月20日	9月3日	76
11	防城港	1月1日	12月31日	365	2月8日	1月13日	340	3月30日	12月1日	247	4月23日	10月29日	190	8月19日	8月30日	12
12	秀英	1月1日	12月31日	365	1月1日	12月31日	365	3月5日	12月27日	298	4月26日	11月8日	197	7月7日	7月20日	14
13	清澜	1月1日	12月31日	365	1月1日	12月31日	365	1月1日	12月31日	365	4月1日	11月11日	225	7月6日	7月13日	8
14	东方	1月1日	12月31日	365	1月1日	12月31日	365	1月1日	12月31日	365	3月29日	11月16日	233	5月25日	6月10日	17
15	莺歌海	1月1日	12月31日	365	1月1日	12月31日	365	1月1日	12月31日	365	3月15日	11月29日	260	5月22日	6月10日	20
16	三亚	1月1日	12月31日	365	1月1日	12月31日	365	1月1日	12月31日	365	3月16日	12月8日	268	5月20日	6月15日	27

"—"表示无数据。

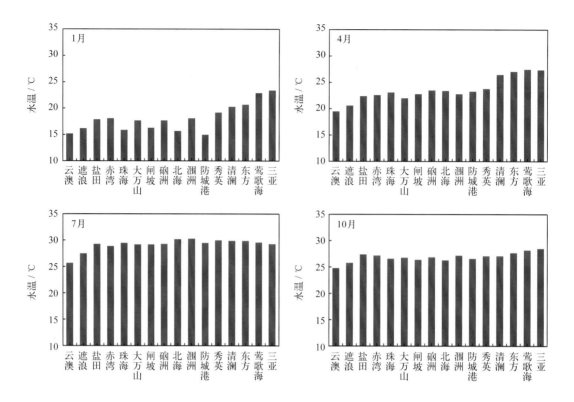

图4.1-2 南海沿海各站四季代表月平均水温（1960—2019年）

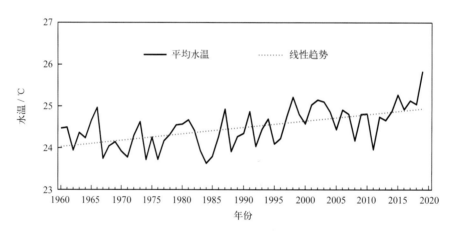

图4.1-3 1960—2019年南海沿海平均水温变化

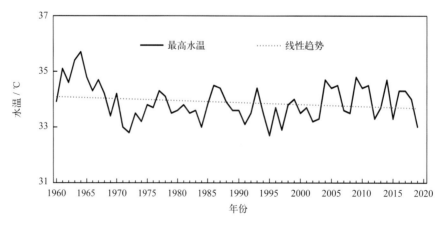

图4.1-4 1960—2019年南海沿海最高水温变化

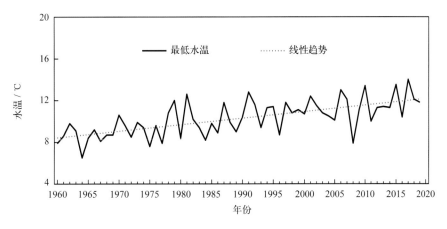

图4.1-5　1960—2019年南海沿海最低水温变化

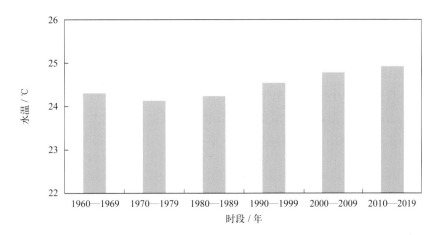

图4.1-6　南海沿海十年平均水温变化

第二节　表层海水盐度

1. 平均盐度、最高盐度和最低盐度

南海沿海表层海水盐度分布和变化特征受黑潮、沿岸流、江河入海径流、蒸发和降水的影响。南海沿海平均表层海水盐度总体呈现河口较低，远离河口较高的分布特征，15 个海洋站中，东方站最高，为 33.35，赤湾站最低，为 22.58（表 4.2-1）。

表 4.2-1　南海沿海各站盐度特征

序号	站名	时段 / 年	年平均	年较差	最高	最低
1	云澳	1960—2019	32.12	1.42	37.03	6.26
2	遮浪	1960—2019	32.34	1.57	36.18	15.90
3	盐田	2002—2019	29.52	7.30	35.60	0.84
4	赤湾	1986—2002、2013—2019	22.58	19.32	34.99	0.60
5	大万山	1974—2019	29.28	11.83	35.50	2.39
6	闸坡	1960—2019	28.83	4.72	34.96	8.07

续表

序号	站名	时段/年	年平均	年较差	最高	最低
7	硇洲	1960—2019	29.76	2.95	35.01	12.25
8	北海	1960—2019	27.78	4.53	34.96	2.00
9	涠洲	1960—2019	31.96	1.27	35.06	21.25
10	防城港	2006—2019	24.08	10.12	34.63	0.80
11	秀英	1960—2019	28.87	3.47	35.40	7.08
12	清澜	1960—2019	26.13	12.63	36.33	0.02
13	东方	1961—2019	33.35	1.39	36.00	18.35
14	莺歌海	1961—2006、2013—2019	33.13	1.21	36.65	22.58
15	三亚	1997—2019	30.78	4.18	35.60	7.53

南海沿海月平均盐度年较差赤湾站最大，为 19.32，清澜站次之，为 12.63，莺歌海站最小，为 1.21（表 4.2-1）。

南海沿海最高盐度均不小于 34.63，极大值出现在云澳站，为 37.03，出现时间为 1995 年 6 月 29 日，莺歌海站次之，防城港站最低；南海沿海最低盐度均不大于 22.58，莺歌海站最高，极小值出现在清澜站，为 0.02，出现时间为 1960 年 10 月 13 日和 14 日（表 4.2-1）。

2. 年变化

由于影响南海沿海盐度变化的蒸发、降水、径流、黑潮以及沿岸流等因子具有季节性和区域性，南海沿海盐度季节变化复杂（图 4.2-1），15 个海洋站中，盐度最低值出现在 7—10 月的有 13 个站，盐度最高值出现在 2—4 月的有 10 个站。

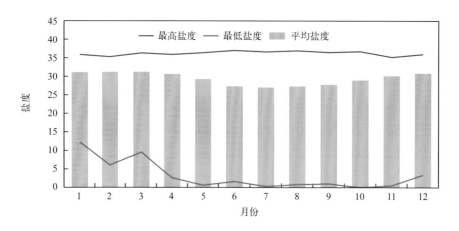

图4.2-1　南海沿海盐度年变化（1960—2019年）

最高盐度极大值出现在 6 月（云澳站，1995 年），极小值出现在 11 月（遮浪站，1963 年）；最低盐度极大值出现在 1 月（硇洲站，1977 年），极小值出现在 10 月（清澜站，1960 年）（表 4.2-2）。

1 月东方站盐度最高，为 33.42，防城港站盐度最低，为 27.17；4 月东方站盐度最高，为 34.03，赤湾站盐度最低，为 21.94；7 月东方站盐度最高，为 33.45，赤湾站盐度最低，为 10.88；10 月云澳站盐度最高，为 32.86，清澜站盐度最低，为 18.30（图 4.2-2）。

表 4.2-2　极值盐度年变化

	1月	2月	3月	4月	5月	6月	7月	8月	9月	10月	11月	12月
最高盐度	35.90	35.30	36.33	35.92	36.41	37.03	36.65	36.96	36.51	36.75	35.21	36.00
最低盐度	12.25	6.06	9.54	2.59	0.60	1.62	0.28	0.80	1.00	0.02	0.50	3.38

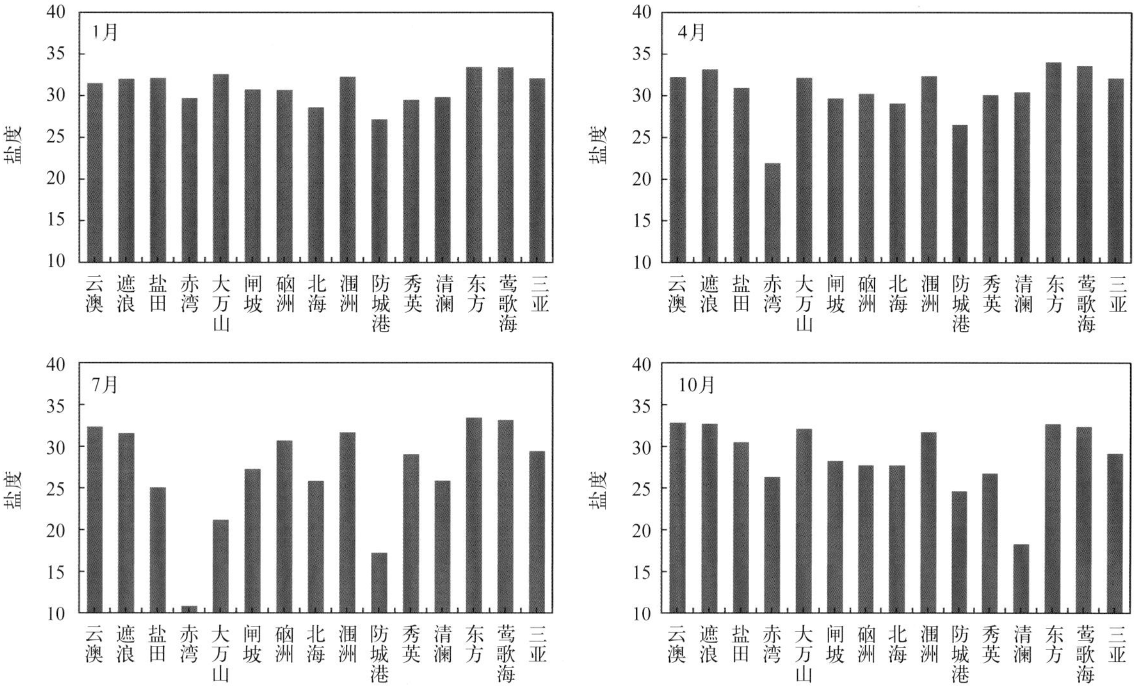

图4.2-2　南海沿海各站四季代表月平均盐度（1960—2019年）

3. 长期趋势变化

1960—2019年，南海沿海年平均盐度呈波动下降趋势，下降速率为 0.12 /（10 年），其中 1963 年平均盐度最高，2001 年最低（图 4.2-3）。南海沿海年最高盐度和年最低盐度均无明显线性变化趋势（图 4.2-4 和图 4.2-5），1995 年和 1996 年最高盐度分别为 1960 年以来的第一高值和第二高值，2019 年和 1997 年最低盐度分别为 1960 年以来的第一低值和第二低值。

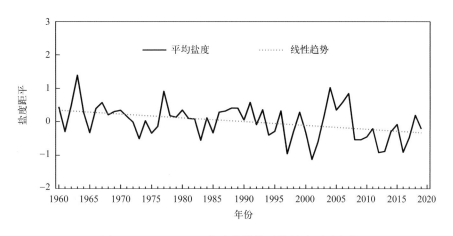

图4.2-3　1960—2019年南海沿海平均盐度距平变化

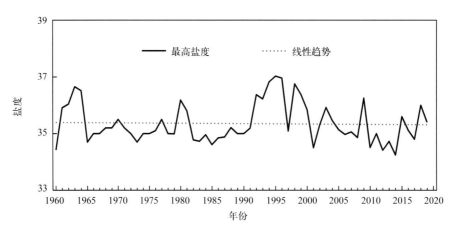

图4.2-4 1960—2019年南海沿海最高盐度变化

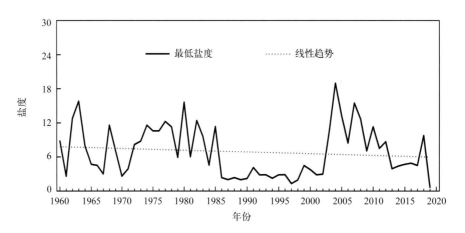

图4.2-5 1960—2019年南海沿海最低盐度变化

南海沿海十年平均盐度变化显示，1960—1969年平均盐度最高，2010—2019年平均盐度最低，2010—2019年平均盐度较上一个十年降幅最大，降幅为0.41（图4.2-6）。

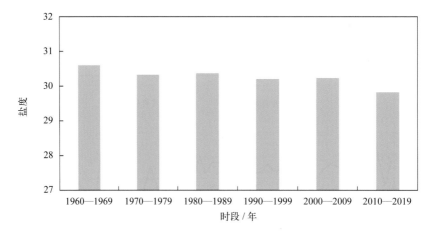

图4.2-6 南海沿海十年平均盐度变化

第三节 海发光

1960—2019年，南海沿海观测到的海发光主要为火花型（H），占海发光次数的97.0%，闪光型（S）占2.8%，弥漫型（M）占0.2%。南海沿海海发光出现频率涠洲站最高，为93.4%，硇洲站最低，为26.3%（表4.3-1）。

表4.3-1 南海沿海各站海发光特征

序号	站名	时段/年	年平均频率/%	最高频率/%（月份）		最低频率/%（月份）	
1	云澳	1960—2019	86.7	91.7	9	76.6	5
2	遮浪	1960—2019	32.7	40.7	9	22.6	6
3	赤湾	1986—2002	54.2	68.3	3	41.6	7
4	大万山	1974—2019	31.1	41.4	2	7.1	7
5	闸坡	1960—2019	90.5	95.8	11	73.0	6
6	硇洲	1960—2019	26.3	40.8	2	10.0	7
7	北海	1960—2011	86.9	95.4	9	75.4	2
8	涠洲	1960—2011	93.4	96.5	3	87.2	7
9	秀英	1960—2019	50.1	55.8	5	42.6	12
10	清澜	1960—2019	33.5	45.2	3	23.3	6
11	东方	1960—2019	45.3	55.1	4	36.5	7
12	莺歌海	1960—2019	82.2	90.3	9	70.5	6
13	三亚	1996—2019	87.6	91.8	12	81.9	9

各月及全年海发光频率见表4.3-2和图4.3-1。海发光频率4月最高，为65.5%，6月最低，为52.2%。累年平均以1级海发光最多，占87.3%，2级占11.5%，3级占1.1%，0级和4级占0.1%。

表4.3-2 南海沿海各月及全年海发光频率

	1月	2月	3月	4月	5月	6月	7月	8月	9月	10月	11月	12月	年
频率/%	61.9	63.2	64.3	65.5	59.0	52.2	52.5	61.2	63.7	61.9	61.3	60.2	60.6

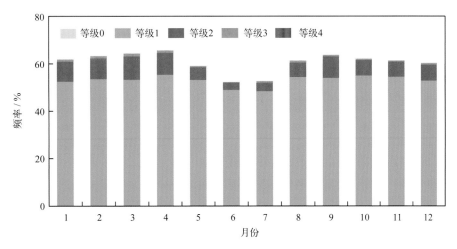

图4.3-1 南海沿海各月各级海发光频率（1960—2019年）

第五章 海洋气象

第一节 气温

1. 平均气温、最高气温和最低气温

南海沿海平均气温为 23.6℃，受纬度和海陆分布的影响，总体上呈现南高北低的分布特征。南海沿海 17 个海洋站（不含西沙站和南沙站，下同）中三亚站平均气温为 27.3℃，云澳站为 21.6℃（表 5.1–1，图 5.1–1）。南海沿海气温平均年较差为 11.9℃，防城港站为 14.8℃，三亚站为 7.0℃。南海沿海最高气温极大值赤湾站最高，为 39.1℃，出现在 2017 年 8 月 22 日；最低气温极小值闸坡站最低，为 1.5℃，出现在 1975 年 12 月 14 日（表 5.1–1）。

表 5.1–1　南海沿海各站气温特征　　　　　　　　　　　　　　　　单位：℃

序号	站名	年平均	年较差	最高	最低	时段 / 年
1	云澳	21.6	13.4	39.0	2.5	1962—2019
2	遮浪	22.1	13.2	37.2	2.8	1960—2019
3	汕尾	22.1	13.8	38.5	1.6	1960—1969、1971—1983
4	盐田	23.3	13.5	39.0	2.1	2001—2019
5	赤湾	23.1	12.9	39.1	1.6	1987—2002、2013—2019
6	珠海	23.9	14.1	38.9	3.1	2009—2019
7	大万山	22.6	12.8	35.0	2.6	1973—2019
8	闸坡	23.0	13.1	37.1	1.5	1960—2019
9	硇洲	23.7	12.4	37.8	4.4	1960—2019
10	北海	23.1	14.6	38.9	2.0	1960—1982、2004—2019
11	涠洲	23.2	13.6	37.0	2.9	1960—1982、2002—2019
12	防城港	23.4	14.8	38.5	3.0	2008—2019
13	秀英	23.8	11.2	38.4	3.2	1960—1969、1971—1984
14	清澜	24.9	9.5	38.8	5.4	1961—2019
15	东方	25.3	10.9	38.4	3.8	1960—1984、2002—2019
16	莺歌海	25.2	8.7	34.2	5.6	1960—1980
17	三亚	27.3	7.0	37.2	9.2	1995—2019
	平均 / 极值	23.6	11.9	39.1	1.5	1960—2019

注：盐田站、珠海站和防城港站观测时段不足20年，未纳入南海沿海气温平均值统计。

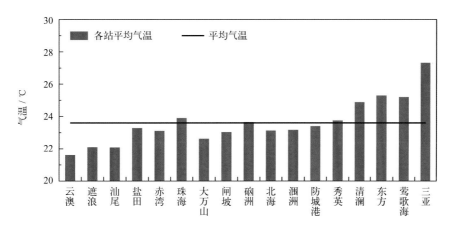

图5.1-1 南海沿海各站平均气温（1960—2019年）

2. 年变化

南海沿海平均气温7月最高，为28.7℃，1月最低，为16.8℃。最高气温和最低气温的年变化特征与平均气温相似，最高气温极大值出现在8月（赤湾站，2017年），最低气温极小值出现在12月（闸坡站，1975年）（表5.1-2，图5.1-2）。

表5.1-2 南海沿海气温年变化　　　　　　　　　　　　　　　　　单位：℃

	1月	2月	3月	4月	5月	6月	7月	8月	9月	10月	11月	12月
平均气温	16.8	17.5	20.2	23.7	26.8	28.2	28.7	28.3	27.5	25.4	22.1	18.5
最高气温	33.5	37.2	38.1	38.0	38.4	38.7	39.0	39.1	38.0	36.5	36.1	35.6
最低气温	1.6	2.4	3.7	7.8	13.0	17.1	17.8	18.4	13.0	8.9	4.9	1.5

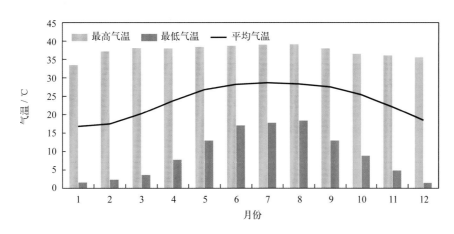

图5.1-2 南海沿海气温年变化（1960—2019年）

1月南海沿海平均气温南高北低，差异显著，三亚站为23.2℃，云澳站为14.3℃；4月平均气温南北差异减小，三亚站为28.4℃，云澳站为20.3℃；7月平均气温南北差异不明显，珠海站为29.9℃，三亚站为29.6℃，云澳站为27.6℃；10月平均气温南北差异增大，三亚站为28.0℃，云澳站和汕尾站均为24.3℃（图5.1-3）。

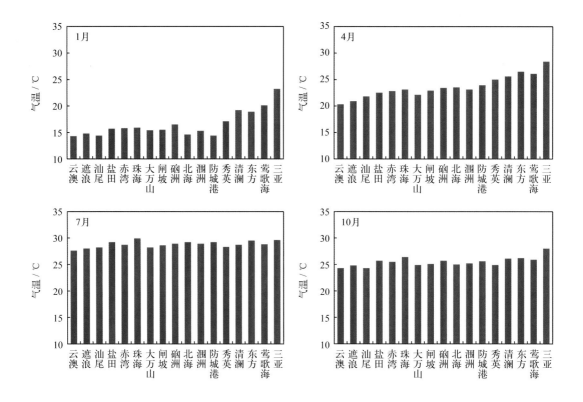

图5.1-3　南海沿海各站四季代表月平均气温（1960—2019年）

根据《气候季节划分》（QX/T 152—2012）中的气候季节划分指标和本志季节起止日确定方法，统计南海沿海四季的分布和变化，结果显示：南海沿海为无冬区，春季平均65天，夏季平均234天，秋季平均66天。北海站春季最长，为87天；云澳站夏季最短，为196天；汕尾站秋季最长，为93天；三亚站为常夏区（表5.1-3，图5.1-4）。

表 5.1-3　南海沿海各站四季分布

序号	站名	春季			夏季			秋季			冬季		
		开始时间	结束时间	天数	开始时间	结束时间	天数	开始时间	结束时间	天数	开始时间	结束时间	天数
1	云澳	2月7日	4月28日	81	4月29日	11月10日	196	11月11日	2月6日	88	—	—	0
2	遮浪	2月7日	4月23日	76	4月24日	11月11日	202	11月12日	2月6日	87	—	—	0
3	汕尾	2月11日	4月14日	63	4月15日	11月9日	209	11月10日	2月10日	93	—	—	0
4	盐田	1月28日	4月12日	75	4月13日	11月19日	221	11月20日	1月27日	69	—	—	0
5	赤湾	1月29日	4月16日	78	4月17日	11月12日	210	11月13日	1月28日	77	—	—	0
6	珠海	1月28日	4月10日	73	4月11日	11月12日	223	11月13日	1月27日	69	—	—	0
7	大万山	1月28日	4月17日	80	4月18日	11月12日	209	11月13日	1月27日	76	—	—	0
8	闸坡	2月6日	4月10日	64	4月11日	11月13日	217	11月14日	2月5日	84	—	—	0
9	硇洲	2月5日	4月8日	63	4月9日	11月19日	225	11月20日	2月4日	77	—	—	0

续表

序号	站名	春季			夏季			秋季			冬季		
		开始时间	结束时间	天数	开始时间	结束时间	天数	开始时间	结束时间	天数	开始时间	结束时间	天数
10	北海	1月11日	4月7日	87	4月8日	11月13日	220	11月14日	1月10日	58	—	—	0
11	涠洲	2月4日	4月9日	65	4月10日	11月14日	219	11月15日	2月3日	81	—	—	0
12	防城港	1月28日	4月4日	67	4月5日	11月12日	222	11月13日	1月27日	76	—	—	0
13	秀英	1月14日	3月28日	74	3月29日	11月15日	232	11月16日	1月13日	59	—	—	0
14	清澜	1月18日	3月10日	52	3月11日	11月29日	264	11月30日	1月17日	49	—	—	0
15	东方	1月17日	3月13日	56	3月14日	12月1日	263	12月2日	1月16日	46	—	—	0
16	莺歌海	1月7日	3月3日	56	3月4日	12月11日	283	12月12日	1月6日	26	—	—	0
17	三亚	—	—	0	1月1日	12月31日	365	—	—	0	—	—	0
	平均值			65			234			66			0

"—"表示无数据。

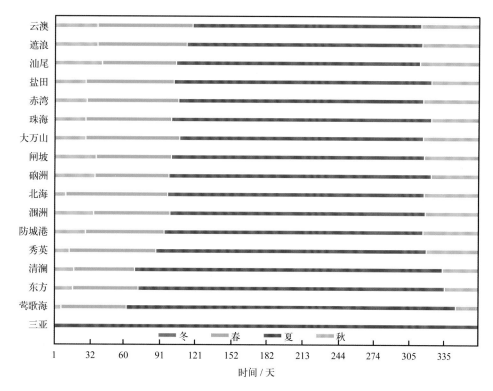

图5.1-4　南海沿海各站季节分布

3. 长期趋势变化

1960—2019年，南海沿海平均气温、最高气温和最低气温均呈波动上升趋势，上升速率分别为0.25℃/（10年）、0.16℃/（10年）（线性趋势未通过显著性检验）和0.50℃/（10年）。2019年平均气温最高，1976年和1984年平均气温均最低（图5.1-5，图5.1-6和图5.1-7）。

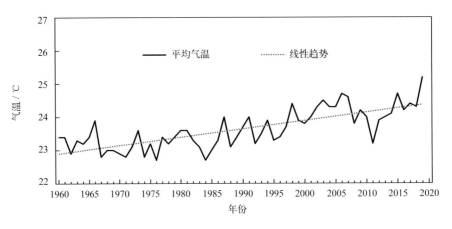

图5.1-5　1960—2019年南海沿海平均气温变化

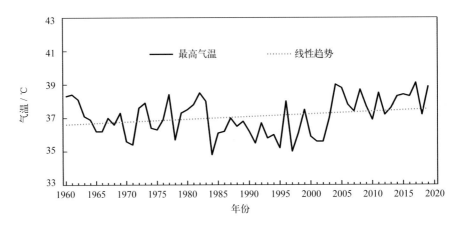

图5.1-6　1960—2019年南海沿海最高气温变化

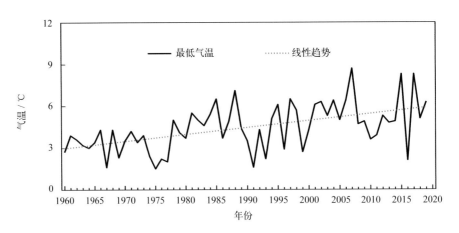

图5.1-7　1960—2019年南海沿海最低气温变化

　　十年平均气温变化显示，南海沿海1970—1979年平均气温最低，为23.1℃，2000—2009年和2010—2019年平均气温最高，均为24.2℃。2000—2009年平均气温较上一个十年升幅最大，升幅为0.5℃（图5.1-8）。

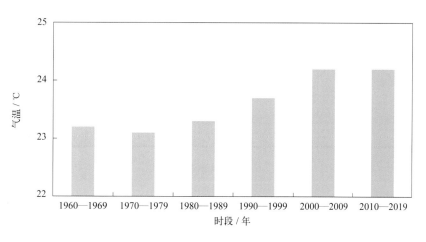

图5.1-8 南海沿海十年平均气温变化

第二节 气压

1. 平均气压、最高气压和最低气压

南海沿海平均气压（本节中气压指海平面气压）总体上呈东北高西南低的分布特征，且差异明显。南海沿海平均气压约为 1 012.2 百帕，云澳站平均气压为 1 013.6 百帕，莺歌海站平均气压为 1 010.8 百帕；气压平均年较差约为 14.6 百帕；最高气压极大值为 1 041.3 百帕，出现在 2016 年 1 月（防城港站）；最低气压极小值为 934.3 百帕，出现在 2013 年 9 月（遮浪站），正值 1319 号超强台风"天兔"影响期间（表 5.2-1，图 5.2-1）。

表 5.2-1 南海沿海各站气压特征 　　　　　　　　　　　　　　　　　　　　　　单位：百帕

序号	站名	年平均	年较差	最高	最低	时段／年	年平均	年较差	最高	最低	时段／年
1	云澳	1 013.6	15.1	1 037.2	957.9	1965—2019	1 013.4	15.4	1 037.2	963.5	2000—2019
2	遮浪	1 013.5	15.0	1 037.7	934.3	1965—2019	1 013.1	15.4	1 037.7	934.3	2000—2019
3	汕尾	1 013.5	15.4	1 038.7	935.9	1971—1983 2002—2019	1 013.5	15.5	1 038.7	935.9	2002—2019
4	盐田	1 013.2	15.9	1 037.5	968.3	2001—2019	1 013.2	15.9	1 037.5	968.3	2001—2019
5	赤湾	1 013.1	15.7	1 037.9	974.9	1987—2002 2013—2019	1 012.7	15.9	1 037.9	975.2	2000—2002 2013—2019
6	珠海	1 013.1	16.0	1 039.1	967.0	2003—2019	1 013.1	16.0	1 039.1	967.0	2003—2019
7	大万山	1 013.0	15.0	1 038.2	955.2	1973—2019	1 013.0	15.2	1 038.2	955.2	2000—2019
8	闸坡	1 012.6	15.2	1 038.4	955.9	1965—2019	1 012.6	15.2	1 038.4	955.9	2000—2019
9	硇洲	1 011.9	15.1	1 037.6	968.0	1965—2019	1 011.6	14.9	1 037.6	968.0	2000—2019
10	北海	1 011.8	15.8	1 040.2	954.9	1965—1982 2004—2019	1 011.6	15.8	1 040.2	954.9	2004—2019

序号	站名	年平均	年较差	最高	最低	时段/年	年平均	年较差	最高	最低	时段/年
11	涠洲	1 011.5	15.4	1 039.1	953.8	1966—1982 2002—2019	1 011.1	15.3	1 039.1	953.8	2002—2019
12	防城港	1 011.9	16.3	1 041.3	960.0	2002—2019	1 011.9	16.3	1 041.3	960.0	2002—2019
13	秀英	1 011.9	14.6	1 037.7	959.5	1971—1984 2002—2019	1 012.0	14.5	1 037.7	959.5	2002—2019
14	清澜	1 011.4	14.0	1 035.0	966.5	1965—2019	1 011.0	13.8	1 035.0	966.5	2000—2019
15	东方	1 011.0	13.4	1 034.6	975.2	1966—1984 2002—2019	1 010.8	13.3	1 034.6	975.2	2002—2019
16	莺歌海	1 010.8	12.4	1 032.4	969.9	1965—1980 2002—2019	1 010.6	12.4	1 032.4	969.9	2002—2019
17	三亚	1 011.1	12.0	1 032.7	970.6	1995—2019	1 011.2	12.3	1 032.7	972.8	2000—2019
平均/极值		1 012.2	14.6	1 041.3	934.3	1965—2019	1 012.0	14.6	1 041.3	934.3	2000—2019

注：盐田站、珠海站和防城港站观测时段不足20年，未纳入南海沿海气压平均值统计。

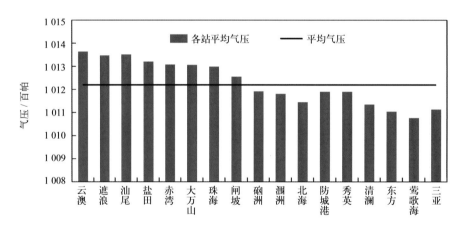

图5.2-1　南海沿海各站平均气压（1965—2019年）

2. 年变化

南海沿海平均气压12月最高，为1 019.4百帕，8月最低，为1 004.9百帕。最高气压1月最大，最低气压9月最小，相差107.0百帕（表5.2-2，图5.2-2）。

表5.2-2　南海沿海气压年变化　　　　　　　　　　　　　　　　　单位：百帕

	1月	2月	3月	4月	5月	6月	7月	8月	9月	10月	11月	12月
平均气压	1 019.3	1 017.7	1 015.1	1 012.0	1 008.5	1 005.6	1 005.0	1 004.9	1 008.6	1 013.4	1 016.9	1 019.4
最高气压	1 041.3	1 033.2	1 035.9	1 029.5	1 021.6	1 016.8	1 016.7	1 017.2	1 021.9	1 028.6	1 032.8	1 034.4
最低气压	1 001.4	999.8	993.2	988.1	963.5	970.1	953.8	953.6	934.3	972.7	969.9	997.7

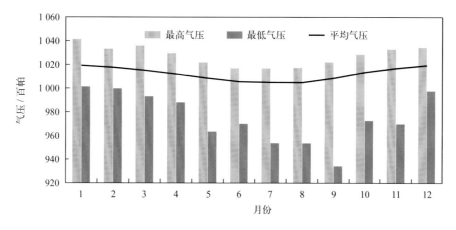

图5.2-2　南海沿海气压年变化（1965—2019年）

1月南海沿海平均气压北高南低，差异明显，珠海站和盐田站均为1 021.0百帕，莺歌海站为1 016.9百帕；4月平均气压南北差异减小，云澳站为1 013.9百帕，东方站为1 010.6百帕；7月平均气压差异不明显，云澳站为1 006.3百帕，涠洲站为1 003.7百帕；10月平均气压南北差异增大，云澳站为1 014.6百帕，莺歌海站为1 011.9百帕（图5.2-3）。

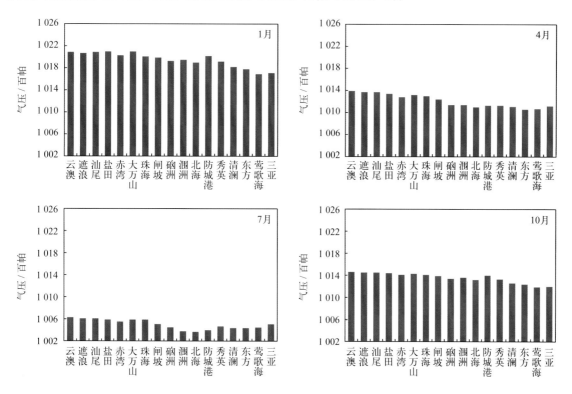

图5.2-3　南海沿海各站四季代表月平均气压（1965—2019年）

3. 长期趋势变化

1965—2019年，南海沿海平均气压呈波动下降趋势，下降速率为0.07百帕/（10年）（线性趋势未通过显著性检验）；最高气压呈波动上升趋势，上升速率为0.47百帕/（10年）；最低气压呈波动下降趋势，下降速率为2.73百帕/（10年）（图5.2-4，图5.2-5和图5.2-6）。

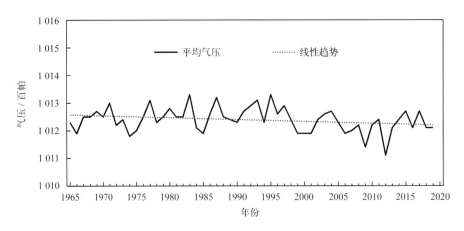

图5.2-4　1965—2019年南海沿海平均气压变化

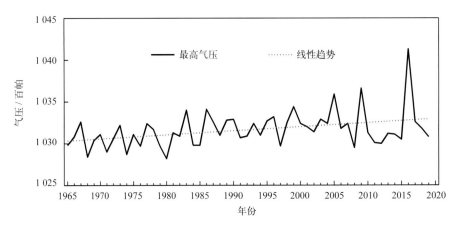

图5.2-5　1965—2019年南海沿海最高气压变化

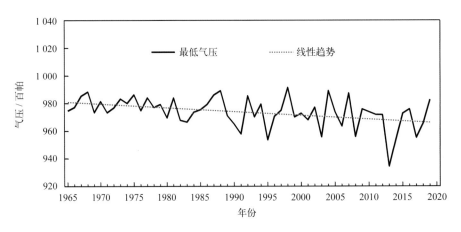

图5.2-6　1965—2019年南海沿海最低气压变化

　　十年平均气压变化显示，南海沿海1990—1999年平均气压最高，为1 012.6百帕，2000—2009年最低，为1 012.1百帕，比上一个十年下降明显，降幅为0.5百帕，2010—2019年平均气压比上一个十年略有上升，升幅为0.1百帕（图5.2-7）。

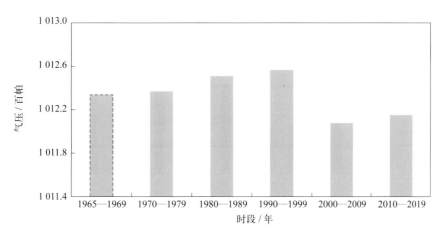

图5.2-7　南海沿海十年平均气压变化（时间不足十年加虚线框表示，下同）

第三节　相对湿度

1. 平均相对湿度和最小相对湿度

南海沿海平均相对湿度为80.9%。空间分布特征不明显，清澜站为85.5%，三亚站为75.1%（表5.3-1，图5.3-1）。南海沿海相对湿度平均年较差为12.8%，闸坡站为18.6%，莺歌海站为5.6%。最小相对湿度为2%，出现在遮浪站（2005年12月）（表5.3-1）。

表5.3-1　南海沿海各站相对湿度特征

序号	站名	年平均 / %	年较差 / %	最小 / %	时段 / 年
1	云澳	79.5	17.7	12	1962—2019
2	遮浪	81.8	14.8	2	1960—2019
3	汕尾	78.6	17.5	3	1960—1969、1971—1983
4	盐田	77.1	17.6	11	2001—2019
5	赤湾	76.2	17.5	11	1987—2002、2013—2019
6	珠海	76.1	16.1	17	2009—2019
7	大万山	83.0	16.6	13	1973—2019
8	闸坡	81.2	18.6	12	1960—2019
9	硇洲	84.4	13.0	16	1960—2019
11	北海	80.7	12.0	5	1960—1982、2004—2019
10	涠洲	83.2	12.2	9	1960—1982、2002—2019
12	防城港	81.0	12.9	15	2008—2019
13	秀英	84.6	5.8	18	1960—1969、1971—1984
14	清澜	85.5	6.4	24	1961—2019
15	东方	79.1	8.1	16	1960—1984、2002—2019
16	莺歌海	79.8	5.6	14	1960—1980
17	三亚	75.1	13.6	20	1995—2019
	平均 / 最小	80.9	12.8	2	1960—2019

注：盐田站、珠海站和防城港站观测时段不足20年，未纳入南海沿海相对湿度平均值统计。

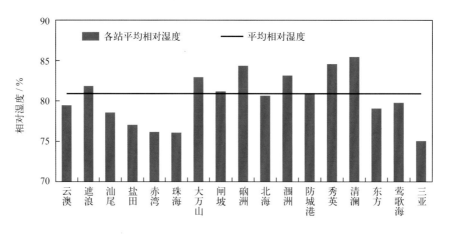

图5.3-1 南海沿海各站平均相对湿度（1960—2019年）

2. 年变化

南海沿海平均相对湿度 8 月最大，为 84.3%，12 月最小，为 74.1%。平均最小相对湿度 7 月最大，为 55.2%，12 月最小，为 33.9%（表 5.3-2，图 5.3-2）。

表 5.3-2 南海沿海相对湿度年变化

	1月	2月	3月	4月	5月	6月	7月	8月	9月	10月	11月	12月
平均相对湿度 / %	77.9	82.0	83.9	84.2	83.7	84.2	83.2	84.3	81.5	76.8	75.0	74.1
平均最小相对湿度 / %	36.3	42.2	43.8	47.7	49.5	54.7	55.2	54.7	48.5	41.4	36.9	33.9

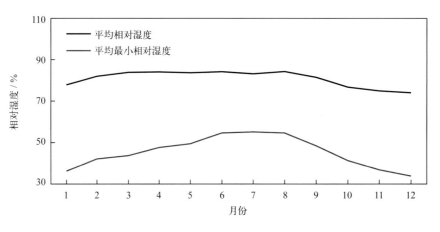

图5.3-2 南海沿海相对湿度年变化（1960—2019年）

南海沿海相对湿度年变化明显，1 月清澜站相对湿度为 85.7%，三亚站为 70.6%；4 月硇洲站为 90.3%，三亚站为 75.1%；7 月云澳站为 87.5%，东方站为 76.4%；10 月秀英站为 84.1%，赤湾站和珠海站均为 68.7%（图 5.3-3）。

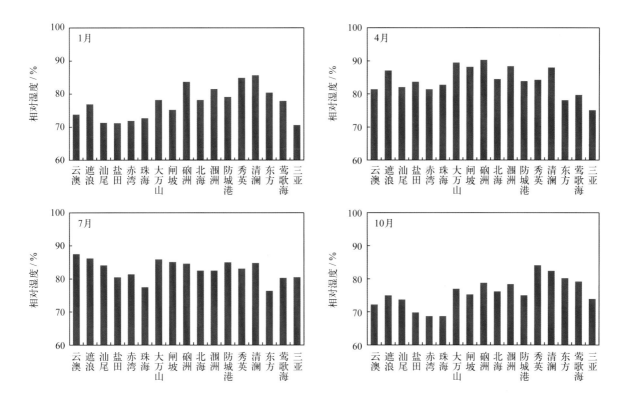

图5.3-3 南海沿海各站四季代表月平均相对湿度（1960—2019年）

3. 长期趋势变化

1960—2019 年，南海沿海平均相对湿度呈下降趋势，下降速率为 0.29%/（10 年）。1997 年相对湿度最大，为 82.5%，2004 年相对湿度最小，为 77.5%（图 5.3-4）。十年平均相对湿度变化显示，1970—1979 年和 1980—1989 年平均相对湿度最大，均为 80.9%，2000—2009 年最小，为 79.1%；2000—2009 年较上一个十年下降明显，降幅为 1.6%，2010—2019 年较上一个十年略有上升，升幅为 0.3%（图 5.3-5）。

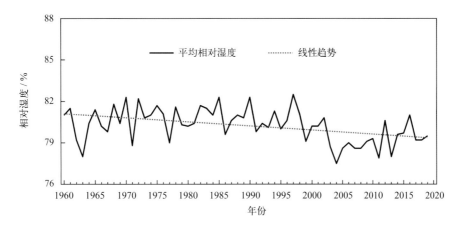

图5.3-4 1960—2019年南海沿海平均相对湿度变化

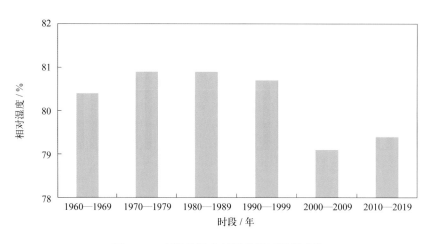

图5.3-5 南海沿海十年平均相对湿度变化

4. 温湿指数

根据《人居环境气候舒适度评价》(GB/T 27963—2011)温湿指数统计方法和气候舒适度等级划分方法，统计各月温湿指数，结果显示：南海沿海全年各月的温湿指数变化范围为14.2 ~ 28.4，感觉为冷、舒适、热和闷热。南海沿海温湿指数整体呈现北低南高的空间分布特征，随着季节的变化略有差异，1月广东、广西沿海各站及秀英站感觉冷，海南岛沿海其他站感觉舒适；4月三亚站感觉热，其他站均感觉舒适；7月盐田站、珠海站、硇洲站、北海站、防城港站、东方站和三亚站感觉闷热，其他站均感觉热；10月三亚站感觉热，其他站均感觉舒适（图 5.3-6）。

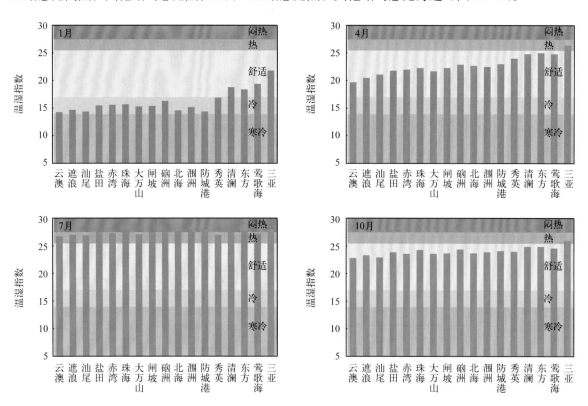

图5.3-6 南海沿海各站四季代表月平均温湿指数（1960—2019年）

第四节 风

1. 平均风速和最大风速

南海沿海平均风速为 3.8 米 / 秒。各站风速差异较大，海岛站大于沿岸站，遮浪站平均风速为 6.5 米 / 秒，三亚站为 1.9 米 / 秒。平均风速年较差与平均风速分布相似，云澳站为 3.5 米 / 秒，三亚站为 0.4 米 / 秒。最大风速的最大值为 61.0 米 / 秒，出现在 1979 年 8 月 2 日（遮浪站），正值 7908 号超强台风影响期间（表 5.4-1，图 5.4-1）。

表 5.4-1　南海沿海各站风速特征　　　　　　　　　　　　　　　　　单位：米 / 秒

序号	站名	年平均	年较差	最大	时段 / 年
1	云澳	4.5	3.5	36.0	1962—2019
2	遮浪	6.5	2.4	61.0	1960—2019
3	汕尾	3.5	0.5	45.0	1960—1969、1971—2019
4	盐田	2.5	0.6	27.7	2001—2019
5	赤湾	3.6	1.2	33.0	1986—2019
6	珠海	2.8	2.0	35.2	2003—2019
7	大万山	5.3	3.2	43.0	1973—2019
8	闸坡	4.4	1.8	41.0	1960—2019
9	硇洲	3.9	1.1	47.0	1960—2019
10	北海	2.9	0.8	29.0	1960—1983、1986—1995、2004—2019
11	涠洲	4.6	1.6	42.0	1960—1983、1986—2019
12	防城港	3.2	1.7	33.8	1996—2019
13	秀英	3.0	1.0	34.0	1960—1969、1971—2019
14	清澜	2.8	0.8	31.0	1961—2019
15	东方	4.4	1.6	44.0	1960—1984、1987—2019
16	莺歌海	3.6	1.9	35.0	1960—2019
17	三亚	1.9	0.4	29.4	1995—2019
	平均 / 最大	3.8	1.5	61.0	1960—2019

注：珠海站观测时段不足20年，未纳入南海沿海风统计。

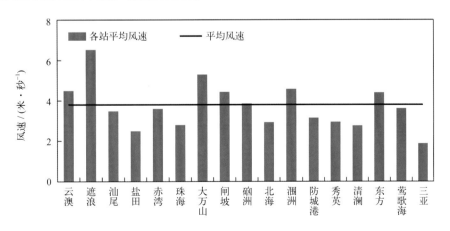

图5.4-1　南海沿海各站平均风速（1960—2019年）

2. 年变化

南海沿海平均风速 11 月最大,为 4.2 米 / 秒,8 月最小,为 3.2 米 / 秒。最大风速为 61.0 米 / 秒,出现在 8 月。年最大风速出现在 7 月和 9 月的频率最大,均为 20.2%,2 月最小,为 1.7%(表 5.4-2,图 5.4-2)。

表 5.4-2 南海沿海风速的年变化

	1月	2月	3月	4月	5月	6月	7月	8月	9月	10月	11月	12月
平均风速 /(米·秒⁻¹)	4.0	4.0	3.9	3.7	3.6	3.6	3.6	3.2	3.5	4.1	4.2	4.1
最大风速 /(米·秒⁻¹)	32.0	30.7	28.0	29.7	40.0	39.0	41.0	61.0	48.6	47.0	33.6	30.0
年最大风速出现频率 / %	2.9	1.7	3.9	4.1	3.2	6.7	20.2	18.4	20.2	11.4	4.9	2.3

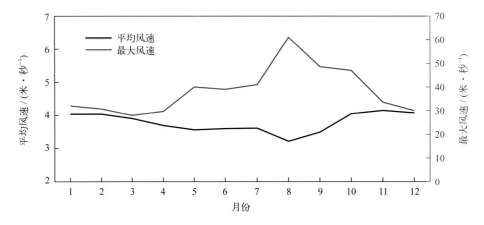

图5.4-2 南海沿海平均风速和最大风速年变化（1960—2019年）

3. 各向风频率

南海沿海为典型的季风气候,全年以 N—SE 向风最多,频率和为 68.0%,WSW—NNW 向频率最小,频率和为 11.7%(图 5.4-3)。1 月盛行风向为 N—ESE,频率和为 78.7%;4 月盛行风向为 NE—SE,频率和为 57.6%;7 月盛行风向为 E—SW,频率和为 68.8%;10 月盛行风向为 N—ESE,频率和为 76.2%(图 5.4-4)。

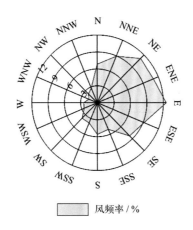

图5.4-3 南海沿海全年各向风频率（1965—2019年）

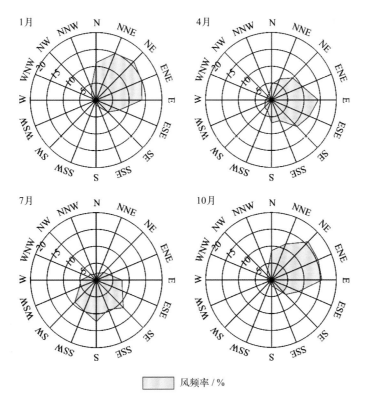

图5.4-4 南海沿海四季代表月各向风频率（1965—2019年）

4. 大风日数

南海沿海出现大于等于6级大风的平均年日数为42.6天，海岛站多于沿岸站，遮浪站为164.9天，清澜站为2.7天。大于等于8级大风的平均年日数为4.2天，与大于等于6级大风的平均年日数空间分布相似，遮浪站为19.3天，清澜站为0.4天，三亚站为0.3天（图5.4-5）。

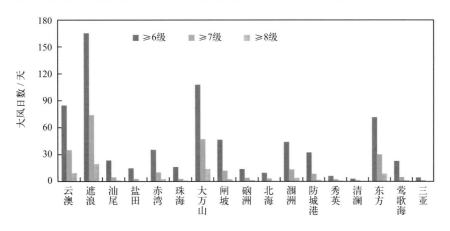

图5.4-5 南海沿海各站平均年大风日数（1960—2019年）

南海沿海出现大于等于6级大风的平均日数1月和12月最多，均为4.3天，5月最少，为2.7天；大于等于8级大风的平均日数9月最多，为0.5天，5月和6月最少，均为0.2天（图5.4-6）。

大于等于6级的大风年日数最多为271天，出现在东方站（1988年）；最长连续大于等于6级大风日数为48天，出现在大万山站（1985年2月7日至3月26日）。

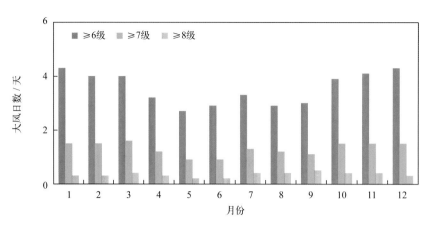

图5.4-6　南海沿海各级大风日数年变化（1960—2019年）

第五节　降水

1. 降水量和降水日数

南海沿海平均年降水量为 1 524.4 毫米，防城港站平均年降水量为 2 418.5 毫米，东方站为 1 028.4 毫米。最大日降水量为509.2 毫米，出现在北海站，出现时间为1981 年 7 月，正值8107 号强热带风暴影响期间。南海沿海平均年降水日数为 123.1 天，秀英站为 163.6 天，东方站为 84.8 天（表 5.5-1，图 5.5-1）。

表 5.5-1　南海沿海各站降水量和降水日数　　　　　　　　　　单位：毫米

序号	站名	平均年降水量	最大日降水量	平均年降水日数 / 天	时段 / 年
1	云澳	1 272.7	312.7	114.2	1963—2019
2	遮浪	1 548.1	345.6	115.6	1960—2019
3	汕尾	1 897.2	475.7	138.7	1960—1969、1971—1983
4	盐田	1 986.8	287.9	137.9	2001—2019
5	赤湾	1 700.8	463.2	128.1	1987—2002、2013—2019
6	珠海	—	—	—	—
7	大万山	1 834.0	332.2	127.8	1973—2019
8	闸坡	1 766.2	342.0	126.6	1960—2019
9	硇洲	1 301.9	320.9	120.8	1960—2019
10	北海	1 726.4	509.2	136.4	1960—1982、2004—2019
11	涠洲	1 377.9	327.9	118.4	1960—1982、2002—2019
12	防城港	2 418.5	461.9	151.8	2006—2019
13	秀英	1 663.7	283.0	163.6	1960—1969、1971—1984
14	清澜	1 703.0	377.7	145.9	1961—2019
15	东方	1 028.4	485.3	84.8	1960—1984、2002—2019

续表

序号	站名	平均年降水量	最大日降水量	平均年降水日数 / 天	时段 / 年
16	莺歌海	1 086.3	368.8	102.0	1960—1980
17	三亚	1 435.6	270.8	101.0	1995—2019
	平均 / 最大	1 524.4	509.2	123.1	1960—2019

注：盐田站和防城港站观测时段不足20年，未纳入南海沿海降水平均值统计。

"—"表示无数据。

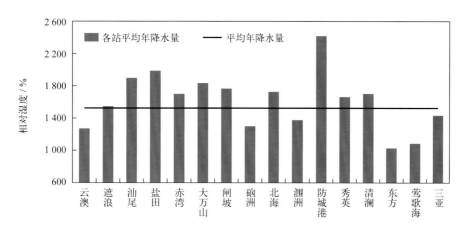

图5.5-1　南海沿海各站平均年降水量（1960—2019年）

南海沿海降水量的各月分布不均匀，5—10月降水量为 1 236.2 毫米，占全年的81.1%。8 月平均降水量最多，为 267.0 毫米，占全年的 17.5%；1 月最少，为 24.9 毫米，占全年的 1.6%。最大日降水量极大值出现在 7 月，为 509.2 毫米（北海站）。平均降水日数 8 月最多，为 15.1 天，6 月次之，为 13.7 天（表 5.5-2，图 5.5-2 和图 5.5-3）。

表 5.5-2　南海沿海降水的年变化

	1月	2月	3月	4月	5月	6月	7月	8月	9月	10月	11月	12月
平均降水量 / 毫米	24.9	30.6	50.3	104.0	171.9	231.8	223.2	267.0	217.3	125.0	50.9	27.7
最大日降水量 / 毫米	191.2	99.5	167.3	463.2	380.6	475.7	509.2	461.9	368.8	438.2	277.2	171.3
对应出现站	北海	清澜	赤湾	赤湾	北海	汕尾	北海	防城港	清澜	汕尾	赤湾	清澜
平均降水日数 / 天	7.0	8.5	9.8	9.8	12.1	13.7	13.1	15.1	13.2	9.0	6.1	5.7

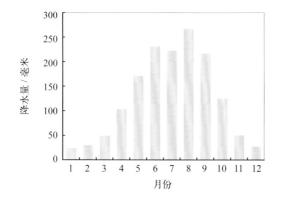

图5.5-2　南海沿海降水量年变化

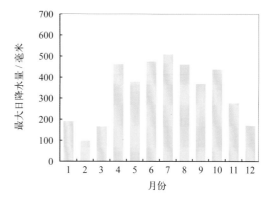

图5.5-3　南海沿海最大日降水量年变化

2. 长期趋势变化

1960—2019 年，南海沿海平均年降水量呈上升趋势，上升速率为 30.24 毫米 /（10 年）（线性趋势未通过显著性检验）；1960—2019 年，最大日降水量变化趋势不明显；1965—2019 年，南海沿海平均年降水日数呈减少趋势,减少速率为 1.51 天 /（10 年）（线性趋势未通过显著性检验）（图 5.5-4，图 5.5-5 和图 5.5-6）。

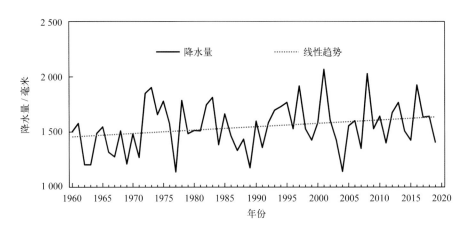

图5.5-4　1960—2019年南海沿海平均降水量变化

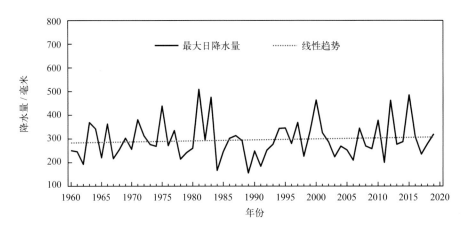

图5.5-5　1960—2019年南海沿海最大日降水量变化

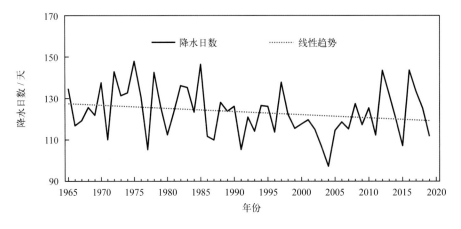

图5.5-6　1965—2019年南海沿海平均降水日数变化

十年平均年降水量变化显示，1990—1999 年平均年降水量最多，为 1 612.7 毫米，2000—2009 年和 2010—2019 年略有下降，1960—1969 年平均年降水量最少，为 1 383.1 毫米（图 5.5-7）。

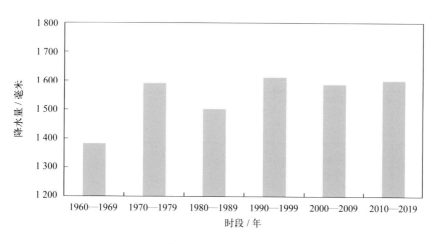

图5.5-7　南海沿海十年平均年降水量变化

第六节　雾及其他天气现象

1. 雾

南海沿海平均年雾日数为 13.5 天，硇洲站平均年雾日数最多，为 31.3 天，东方站为 2.2 天，莺歌海站未出现（表 5.6-1，图 5.6-1）。南海沿海雾日数年变化明显，3 月雾日数最多，为 4.1 天，6—10 月均为 0.1 天。月最多雾日数为 19 天，出现在硇洲站；最长连续雾日数为 12 天，出现在大万山站和硇洲站（表 5.6-2，图 5.6-2）。

表 5.6-1　南海沿海各站雾日数　　　　　　　　　　　　　　单位：天

序号	站名	平均年雾日数	最长连续雾日数	时段 / 年
1	云澳	13.1	9	1965—2019
2	遮浪	15.0	9	1965—2019
3	汕尾	7.0	4	1971—1983
4	盐田	5.7	8	2002—2019
5	赤湾	6.2	5	1987—2002
6	珠海	4.8	3	2007—2019
7	大万山	15.1	12	1973—2019
8	闸坡	10.0	5	1965—2019
9	硇洲	31.3	12	1965—2019
10	北海	8.9	4	1965—1982、2009—2019
11	涠洲	17.5	10	1966—1982、2009—2019
12	防城港	10.5	8	2009—2019
13	秀英	13.1	8	1971—1984、1995—2019
14	清澜	8.4	8	1965—2019

续表

序号	站名	平均年雾日数	最长连续雾日数	时段/年
15	东方	2.2	3	1966—1984、1996—2019
16	莺歌海	0.0	0	1965—1980
17	三亚	—	—	—
	平均/最大	13.5	12	1965—2019

注：汕尾站、盐田站、赤湾站、珠海站、防城港站和莺歌海站观测时段不足20年，未纳入南海沿海平均雾日数统计。

"—"表示无数据。

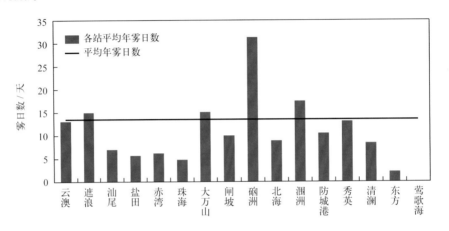

图5.6-1　南海沿海各站平均年雾日数（1965—2019年）

表5.6-2　南海沿海雾日数年变化（1965—2019年）　　　　　　　　　　　　单位：天

	1月	2月	3月	4月	5月	6月	7月	8月	9月	10月	11月	12月
平均雾日数	1.8	3.1	4.1	2.6	0.5	0.1	0.1	0.1	0.1	0.1	0.2	0.7
最多雾日数及 对应出现站	17	16	19	16	9	4	7	5	4	5	4	9
	硇洲	硇洲	硇洲	遮浪	云澳	云澳	云澳	云澳	秀英	秀英	硇洲	秀英
最长连续雾日数 及对应出现站	10	11	12	12	5	3	3	3	2	4	3	4
	硇洲	硇洲	硇洲	大万山	遮浪	云澳	云澳 遮浪	云澳	秀英	秀英	秀英 清澜	遮浪 硇洲

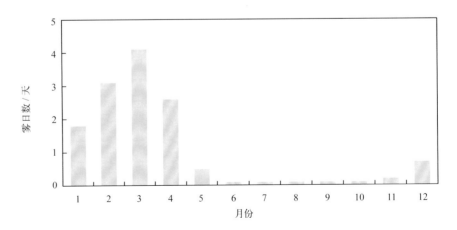

图5.6-2　南海沿海雾日数年变化（1965—2019年）

1965—2019 年，南海沿海平均年雾日数呈减少趋势，减少速率为 1.67 天 /（10 年）。1969 年雾日数最多，为 28.0 天，2017 年和 2019 年雾日数最少，均为 5.5 天（图 5.6–3）。

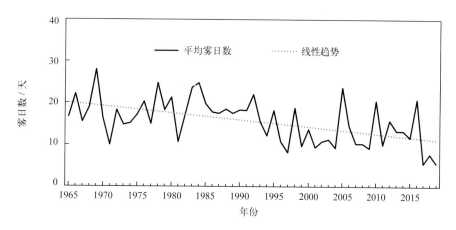

图5.6-3　1965—2019年南海沿海平均雾日数变化

十年平均年雾日数变化显示，1990 年前十年平均年雾日数均多于 16.0 天，1980—1989 年平均年雾日数为 18.9 天，1990—1999 年平均年雾日数比上一个十年下降最多，降幅为 3.7 天（图 5.6–4）。

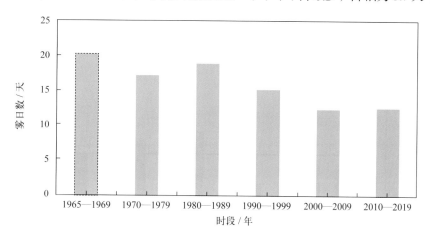

图5.6-4　南海沿海十年平均年雾日数变化

2. 轻雾

1965—1995 年，南海沿海平均年轻雾日数为 63.5 天，赤湾站为 153.6 天，莺歌海站在观测时段内出现 2 天（表 5.6–3，图 5.6–5）。南海沿海轻雾日数年变化明显，3 月平均轻雾日数最多，为 11.9 天，6 月和 7 月最少，均为 1.2 天（图 5.6–6）。

表 5.6-3　南海沿海各站轻雾日数　　　　　　　　　　　　　　　　　　单位：天

序号	站名	平均年轻雾日数	时段 / 年
1	云澳	40.6	1965—1995
2	遮浪	45.6	1965—1995
3	汕尾	57.5	1971—1983
4	盐田	—	—

续表

序号	站名	平均年轻雾日数	时段 / 年
5	赤湾	153.6	1987—1995
6	珠海	—	—
7	大万山	27.3	1973—1995
8	闸坡	113.6	1965—1995
9	硇洲	91.3	1965—1995
10	北海	99.2	1965—1966、1970—1982
11	涠洲	82.9	1966、1970—1982
12	防城港	—	—
13	秀英	124.1	1971—1984
14	清澜	62.8	1965—1995
15	东方	14.3	1966—1984
16	莺歌海	0.2	1965—1980
17	三亚	—	—
	平均	63.5	1965—1995

注：汕尾站、赤湾站、涠洲站、北海站、秀英站、东方站和莺歌海站观测时段不足20年，未纳入南海沿海轻雾日数平均值统计。

"—"表示无数据。

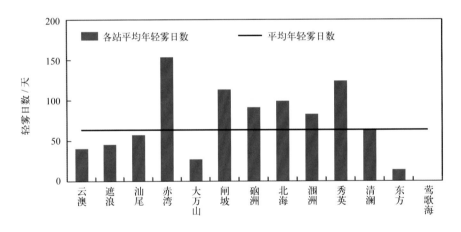

图5.6-5 南海沿海各站平均年轻雾日数（1965—1995年）

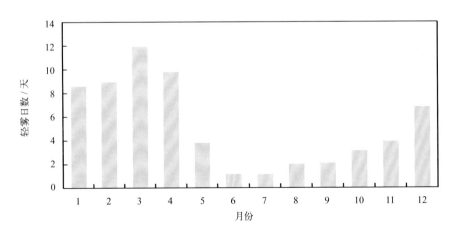

图5.6-6 南海沿海轻雾日数年变化（1965—1995年）

1965—1994 年，南海沿海平均年轻雾日数呈明显增加趋势，增加速率为 25.18 天 /（10 年）。1980 年轻雾日数最多，为 106 天，1968 年最少，为 28 天（图 5.6-7）。

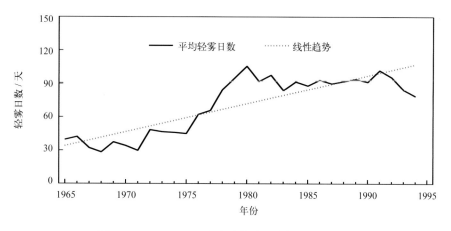

图5.6-7　1965—1994年南海沿海平均轻雾日数变化

3. 雷暴

1960—1995 年，南海沿海平均年雷暴日数为 67.7 天，秀英站为 114.5 天，云澳站为 30.1 天（表 5.6-4，图 5.6-8）。南海沿海各月均有雷暴发生，8 月平均雷暴日数最多，为 13.5 天；12 月最少，部分站偶尔出现（图 5.6-9）。

表 5.6-4　南海沿海各站雷暴日数　　　　　　　　　　　　　　单位：天

序号	站名	平均年雷暴日数	时段 / 年
1	云澳	30.1	1962—1995
2	遮浪	39.6	1960—1995
3	汕尾	63.6	1960—1969、1971—1983
4	盐田	—	—
5	赤湾	43.1	1987—1995
6	珠海	—	—
7	大万山	42.0	1973—1995
8	闸坡	61.5	1960—1995
9	硇洲	84.2	1960—1995
10	北海	82.0	1960—1982
11	涠洲	77.5	1960—1982
12	防城港	—	—
13	秀英	114.5	1960—1969、1971—1984
14	清澜	63.0	1961—1995
15	东方	89.6	1960—1984
16	莺歌海	65.2	1960—1980
17	三亚	—	—
	平均	67.7	1960—1995

注：赤湾站观测时段不足20年，未纳入南海沿海雷暴日数平均值统计。

"—"表示无数据。

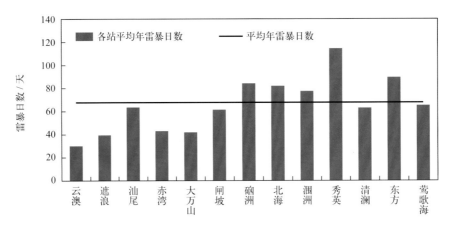

图5.6-8 南海沿海各站平均年雷暴日数（1960—1995年）

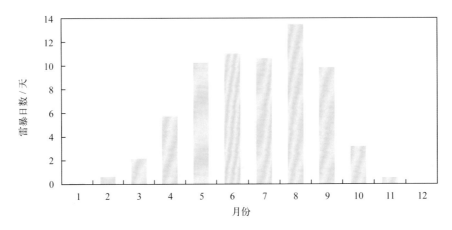

图5.6-9 南海沿海雷暴日数年变化（1960—1995年）

1960—1994年，南海沿海平均年雷暴日数呈减少趋势，减少速率为5.13天/（10年）。1975年雷暴日数最多，为83天，1989年最少，为46天（图5.6-10）。

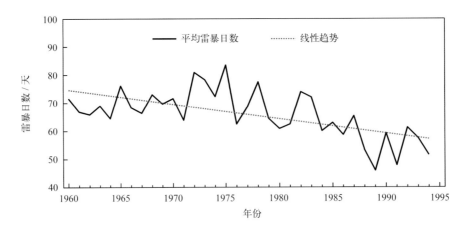

图5.6-10 1960—1994年南海沿海平均雷暴日数变化

4. 霜

南海沿海汕尾站、北海站和秀英站有霜出现，其中汕尾站有 2 年共 3 天，北海站有 6 年共 11 天（1974 年最多，为 3 天），秀英站有 3 年共 6 天。霜出现在 12 月至翌年 2 月，最早初日为 12 月 23 日（1975 年），最晚终日为 2 月 8 日（1969 年）（表 5.6–5）。

表 5.6-5　南海沿海各站霜日数　　　　　　　　　　单位：天

序号	站名	霜日数	时段 / 年
1	云澳	0	1962—1995
2	遮浪	0	1960—1995
3	汕尾	3	1960—1969、1971—1983
4	盐田	—	—
5	赤湾	0	1987—1995
6	珠海	—	—
7	大万山	0	1973—1995
8	闸坡	0	1960—1995
9	硇洲	0	1960—1995
10	北海	11	1960—1982
11	涠洲	0	1960—1982
12	防城港	—	—
13	秀英	6	1960—1969、1971—1984
14	清澜	0	1961—1995
15	东方	0	1960—1984
16	莺歌海	0	1960—1980
17	三亚	—	—
	平均	0.1	1960—1995

"—"表示无数据。

第七节　能见度

1. 平均能见度

南海沿海平均能见度为 19.7 千米。海南岛西南部沿海平均能见度较高，珠三角、广西西部和海南岛东北部沿海平均能见度较低，莺歌海站为 29.7 千米，盐田站为 8.4 千米（表 5.7–1，图 5.7–1）。

表 5.7-1　南海沿海各站能见度　　　　　　　　　　单位：千米

序号	站名	平均能见度	时段 / 年
1	云澳	16.4	1965—1978、1982—2019
2	遮浪	19.8	1965—1978、1982—2019

续表

序号	站名	平均能见度	时段／年
3	汕尾	21.9	1971—1978
4	盐田	8.4	2002—2019
5	赤湾	15.3	1987—2002
6	珠海	15.3	2006—2019
7	大万山	20.5	1973—1978、1982—2019
8	闸坡	18.9	1965—1978、1982—2019
9	硇洲	24.8	1965—1978、1982—2019
10	北海	16.7	1965—1978、1982、2006—2019
11	涠洲	20.6	1966—1978、1982、2006—2019
12	防城港	15.5	2006—2019
13	秀英	17.2	1971—1978、1982—1984、1995—2019
14	清澜	16.9	1982—2019
15	东方	26.1	1966—1979、1981—1984、1996—2019
16	莺歌海	29.7	1965—1978、1997—2019
17	三亚	19.7	1995—2019
	平均	19.7	1965—2019

注：汕尾站、盐田站、赤湾站、珠海站和防城港站观测时段不足20年，未纳入南海沿海平均能见度统计。

"—"表示无数据。

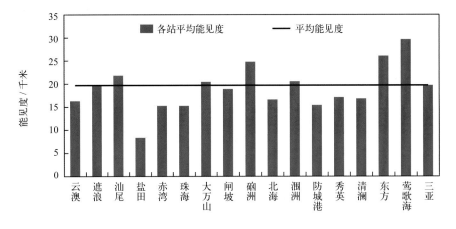

图5.7-1　南海沿海各站平均能见度（1965—2019年）

南海沿海能见度年变化特征明显，7月能见度最大，为26.8千米，2月最小，为14.9千米（图5.7-2）。

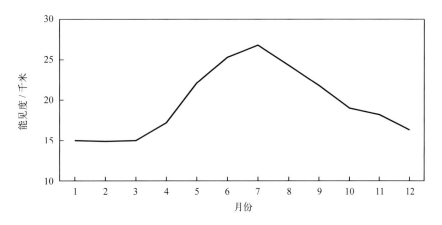

图5.7-2　南海沿海能见度年变化（1965—2019年）

南海沿海平均能见度空间分布差异明显，1月、4月和10月莺歌海站平均能见度分别为28.4千米、30.5千米和28.9千米，7月硇洲站平均能见度为39.0千米；盐田站全年平均能见度较小，1月、4月、7月和10月分别为6.5千米、6.2千米、13.7千米和7.2千米（图5.7-3）。

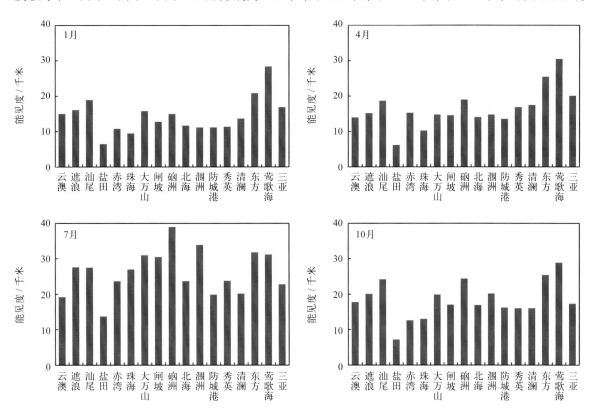

图5.7-3　南海沿海各站四季代表月平均能见度（1965—2019年）

2. 长期变化趋势

1997—2019年，南海沿海平均能见度呈下降趋势，下降速率为0.40千米／（10年）（线性趋势未通过显著性检验）。平均能见度1998年最高，为18.9千米，2006年和2011年最低，均为16.6千米（图5.7-4）。

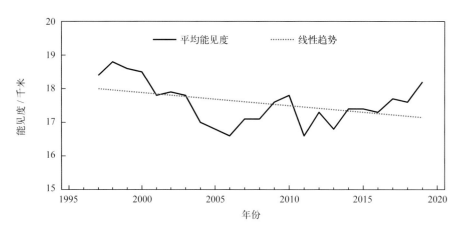

图5.7-4　1997—2019年南海沿海平均能见度变化

第八节　云

　　1965—1995年，南海沿海平均总云量为7.0成，莺歌海站平均总云量为7.5成，闸坡站为7.4成，秀英站为5.5成；南海沿海平均低云量为5.4成，大万山站为5.9成，莺歌海站为2.1成（表5.8-1，图5.8-1和图5.8-2）。南海沿海6月平均总云量最多，为8.3成，11月最少，为5.5成；3月平均低云量最多，为7.3成，10月和11月最少，均为4.1成（图5.8-3）。

表5.8-1　南海沿海各站云量

序号	站名	平均总云量／成	平均低云量／成	时段／年
1	云澳	6.5	4.9	1965—1995
2	遮浪	6.8	5.3	1965—1995
3	汕尾	5.5	3.7	1971—1983
4	盐田	—	—	—
5	赤湾	6.8	5.6	1987—1995
6	珠海	—	—	—
7	大万山	7.0	5.9	1973—1995
8	闸坡	7.4	5.5	1965—1995
9	硇洲	7.2	5.3	1965—1995
10	北海	5.7	3.8	1965—1982
11	涠洲	5.7	3.2	1966—1982
12	防城港	—	—	—
13	秀英	5.5	3.3	1971—1984
14	清澜	7.0	5.4	1965—1995
15	东方	5.8	2.3	1966—1984
16	莺歌海	7.5	2.1	1965—1980
17	三亚	—	—	—
	平均	7.0	5.4	1965—1995

　　注：汕尾站、赤湾站、涠洲站、北海站、秀英站、东方站和莺歌海站观测时段不足20年，未纳入南海沿海云量平均值统计。

　　"—"表示无数据。

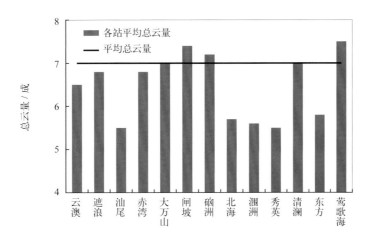

图5.8-1　南海沿海各站平均总云量（1965—1995年）

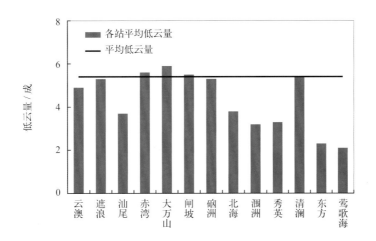

图5.8-2　南海沿海各站平均低云量（1965—1995年）

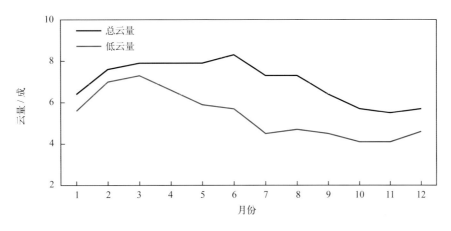

图5.8-3　南海沿海云量年变化（1965—1995年）

1965—1994年，南海沿海平均总云量总体呈减少趋势，减少速率为0.12成/（10年），1970年总云量最多，为7.5成，1991年和1993年总云量最少，均为6.3成（图5.8-4）；南海沿海平均低云量总体呈增加趋势，增加速率为 0.19 成 / （10 年），1984 年低云量最多，为 5.9 成，1977 年低云量最少，为 4.4 成（图 5.8–5）。

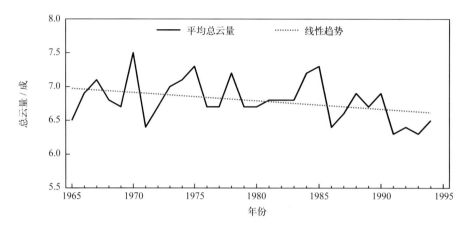

图5.8–4　1965—1994年南海沿海平均总云量变化

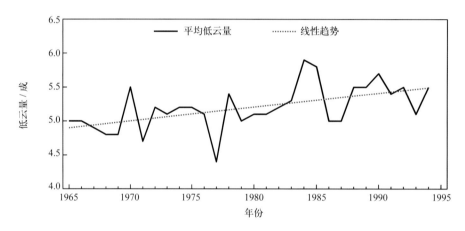

图5.8–5　1965—1994年南海沿海平均低云量变化

第九节　蒸发量

南海沿海平均年蒸发量为 2 076.3 毫米。总体呈北低南高的空间分布特征，莺歌海站年蒸发量最大，为 2 311.5 毫米；硇洲站最小，为 1 777.4 毫米（表 5.9–1，图 5.9–1）。蒸发量年变化特征明显，5—10 月蒸发量较大，占全年的 58.6%，7 月蒸发量最大，为 220.5 毫米，2 月蒸发量最小，为 112.5 毫米（图 5.9–2）。

表 5.9–1　南海沿海各站蒸发量　　　　　　　　　　　　　　　　　　单位：毫米

序号	站名	平均年蒸发量	时段 / 年
1	汕尾	1 825.2	1960—1967、1973—1978
2	大万山	2 219.8	1975—1978
3	闸坡	2 210.2	1961

续表

序号	站名	平均年蒸发量	时段 / 年
4	硇洲	1 777.4	1960—1978
5	北海	1 848.3	1960—1978
6	涠洲	1 964.5	1960—1978
7	秀英	1 926.5	1960—1969、1971—1978
8	东方	2 603.0	1960—1979
9	莺歌海	2 311.5	1960—1978
	平均	2 076.3	1960—1979

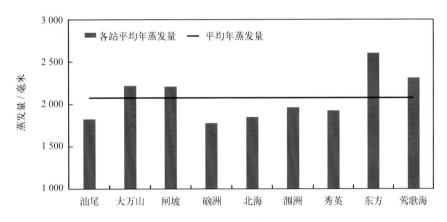

图5.9-1　南海沿海各站平均年蒸发量（1960—1979年）

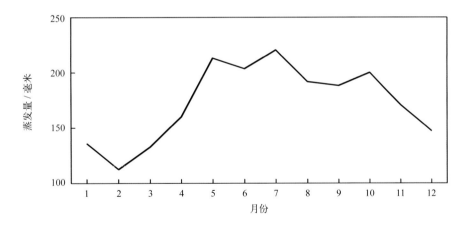

图5.9-2　南海沿海蒸发量年变化（1960—1979年）

第六章　海平面

1. 年变化

南海沿海海平面年变化区域特征明显。广东至海南沿海海平面季节变化较为一致，1—8月海平面较低，且变化平缓，8月以后上升较快，10月达到最高，高出平均值近20厘米；最低值多出现在7月，低于平均值约9厘米，年变幅平均为28厘米。受珠江径流影响，珠江口海平面在5月出现小高峰。广西沿海海平面2月最低，10月最高，年变幅为24厘米。西沙海域海平面2月最低，7月最高，年变幅为20厘米。南沙海域海平面1月最低，9月最高，年变幅为19厘米（图6-1）。广东至海南沿海海平面年变化位相相差不大（表6-1）。

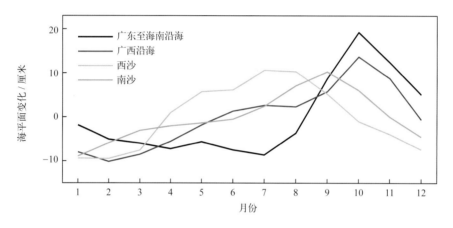

图6-1　海平面年变化（1959—2019年）

表6-1　南海沿海各站海平面季节（年与半年）变化

序号	站名	平均海平面 / 厘米	年变化（Sa）		半年变化（Ssa）		季节性高、低海平面发生时间	
			振幅 / 厘米	初位相 / (°)	振幅 / 厘米	初位相 / (°)	最高海平面发生 时间 / 月	最低海平面发生 时间 / 月
1	云澳	223	13.7	225.7	4.9	89.1	10	7
2	遮浪	174	13.7	228.4	4.6	68.6	10	7
3	汕尾	135	12.4	220.6	5.6	55.2	10	7
4	盐田	194	9.31	243.4	5.46	65.5	10	7
5	赤湾	271	11.0	208.3	4.4	78.9	10	3
6	珠海	243	11.7	214.4	4.9	82.1	10	4
7	大万山	211	12.7	219.7	4.4	74.6	10	4
8	闸坡	213	12.8	233.3	6.3	66.2	10	7
9	硇洲	217	15.1	243.7	7.2	69.6	10	7
10	北海	258	7.8	179.2	4.3	75.5	10	2
11	涠洲	213	7.3	203.9	4.8	77.8	10	2

序号	站名	平均海平面/厘米	年变化（Sa）		半年变化（Ssa）		季节性高、低海平面发生时间	
			振幅/厘米	初位相/（°）	振幅/厘米	初位相/（°）	最高海平面发生时间/月	最低海平面发生时间/月
12	防城港	236	9.7	178.1	4.2	77.9	10	2
13	秀英	160	8.9	221.2	5.1	75.3	10	2
14	清澜	104	13.6	236.7	5.7	71.8	10	7
15	东方	193	9.5	242.0	5.9	75.2	10	7
16	三亚	116	14.5	242.1	5.8	85.5	10	7
17	西沙	124	9.7	130.0	3.3	115.6	7	2
18	南沙	329	7.7	142.1	4.0	39.4	9	1

2. 长期趋势变化

南海沿海海平面变化呈波动上升趋势。1959—2019 年，南海沿海海平面平均上升速率为
2.3 毫米 / 年；1993—2019 年，南海沿海海平面平均上升速率为 3.5 毫米 / 年，低于同期中国沿海
平均水平（3.9 毫米 / 年），其中赤湾、大万山和清澜沿海海平面上升速率相对较大，均不小
于 5.2 毫米 / 年，北海沿海海平面上升速率较小，为 1.9 毫米 / 年（表 6-2）。南海沿海海平面
在 1963 年处于有观测记录以来的最低位，1973 年和 2001 年分别经历了两次小高峰，2010 年
之后海平面上升较快，2012—2019 年海平面连续 8 年处于有观测记录以来的高位，其中 2017 年
最高（图 6-2）。

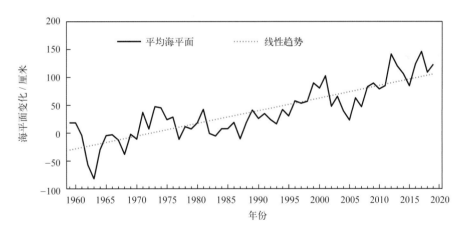

图6-2　1959—2019年平均海平面变化

表6-2　南海沿海各站海平面变化速率　　　　　　　　　　　　　单位：毫米 / 年

序号	站名	时段 / 年	速率	时段 / 年	速率
1	云澳	—	—	1993—2019	2.8
2	遮浪	2002—2019	5.4	—	—
3	汕尾	1971—1990	2.6	1993—2019	3.3
4	赤湾	1986—2019	4.2	1993—2019	5.2
5	盐田	2002—2019	6.8		

续表

序号	站名	时段/年	速率	时段/年	速率
6	珠海	2002—2019	6.8	—	—
7	大万山	1984—2019	4.9	1993—2019	5.4
8	闸坡	1959—2019	2.5	1993—2019	3.4
9	硇洲	1959—2019	2.8	1993—2019	4.1
10	秀英	1976—2019	4.6	1993—2019	2.9
11	清澜	1977—2019	4.2	1993—2019	5.3
12	东方	1965—2019	3.1	1993—2019	5.0
13	三亚	2000—2019	5.3	—	—
14	北海	1966—2019	2.0	1993—2019	1.9
15	防城港	2000—2019	3.0	—	—
16	涠洲	1964—2019	2.9	1993—2019	3.2
17	西沙	1989—2019	3.6	1993—2019	3.8
18	南沙	1990—2019	3.1	1993—2019	3.2

"—"表示无数据。

　　1960—2019 年，南海沿海十年平均海平面总体波动上升。1960—1969 年，南海沿海海平面处于近 60 年来最低位，1970—1979 年平均海平面较 1960—1969 年平均海平面高 54 毫米，1980—1989 年平均海平面略有下降，之后海平面上升较快，1990—1999 年平均海平面较 1980—1989 年平均海平面高 29 毫米，2000—2009 年平均海平面较 1990—1999 年平均海平面高 29 毫米，2010—2019 年，南海沿海海平面处于近 60 年来最高位，平均海平面较 1960—1969 年平均海平面高 158 毫米（图 6-3）。

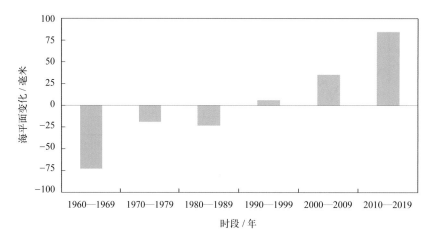

图6-3　十年平均海平面变化

第七章　灾害

第一节　海洋灾害

1. 风暴潮

1955 年 9 月 25 日前后，5526 号超强台风登陆海南琼东，引发较大潮灾。北海站和秀英站最大增水超过 1 米（《中国海洋灾害四十年资料汇编》）。

1963 年 8 月 16 日前后，6309 号超强台风登陆海南文昌，台风登陆正遇农历七月十七天文大潮期，引发严重潮灾（《中国海洋灾害四十年资料汇编》）。

1964 年 7 月 2 日前后，6403 号强台风影响广东、海南沿海，引发严重潮灾。9 月 5 日前后，6415 号强台风登陆广东珠海，引发较大潮灾，赤湾站、闸坡站和北海站最大增水超过 1 米（《中国海洋灾害四十年资料汇编》）。

1965 年 7 月 15 日前后，6508 号超强台风影响广东、广西沿海，正遇农历六月十七天文大潮期，引发特大潮灾。秀英站和涠洲站最大增水超过 0.5 米，赤湾站最大增水超过 1 米，最高潮位超过当地警戒潮位，涠洲站最大增水超过 2 米，最高潮位达历史最高，超过当地警戒潮位。广西沿海合浦县海堤被冲垮，淹没农田几万亩。这次台风风力大，范围广，风灾重，海潮高（《中国海洋灾害四十年资料汇编》）。

1969 年 7 月 28 日前后，6903 号超强台风登陆广东汕头，正遇农历六月十五天文大潮，引发特大潮灾。赤湾站和西沙站最大增水超过 0.5 米，硇洲站和闸坡站最大增水超过 1 米。粤东地区风灾空前，大海潮罕见（《中国海洋灾害四十年资料汇编》）。

1971 年 8 月 17 日，7118 号超强台风在广东番禺沿海登陆，登陆时中心风力 11 级，阵风 12 级以上，东莞出现大海潮。由于风猛浪大，沿海被冲毁海堤 170 余千米，受淹鱼塘 200 余公顷，新湾渔港全部受淹。在此台风登陆的前一天即 8 月 16 日，海丰县汕尾镇 30 艘渔船共有 355 人，在返汕尾港避风途中于龟灵岛东北附近海面遭突发性大海潮袭击，有 27 艘渔船和 320 人遇险，其中沉毁 9 艘，严重损坏 18 艘，被救回渔民 295 人，死亡 25 人（《中国气象灾害大典·广东卷》）。

1972 年 11 月 8 日前后，7220 号强台风影响广东沿海，正遇农历十月初三天文大潮期，引发严重潮灾。广东湛江及佛山沿海风灾及风暴潮灾害严重（《中国海洋灾害四十年资料汇编》）。

1979 年 8 月 1 日前后，7908 号超强台风影响广东汕头，引发严重潮灾。汕尾站、赤湾站最大增水超过 1 米。粤东地区有 38 个县市受灾，死伤 1 400 余人，其中死亡 93 人，大亚湾范和港大浪卷到两岸房顶上，附近海堤冲垮 46 处（《中国海洋灾害四十年资料汇编》）。

1980 年 7 月 23 日前后，8007 号强台风影响广东湛江和海南岛东北部沿海，引发特大潮灾。汕尾站、涠洲站和东方站最大增水超过 0.5 米，赤湾站和清澜站最大增水超过 1 米，闸坡站最大增水超过 2 米，硇洲站最大增水超过 3 米。此次风暴潮来得猛，来得快，造成较大影响（《中国海洋灾害四十年资料汇编》）。

1983 年 9 月 9 日 09 时前后，8309 号超强台风在珠海市登陆，登陆时风力在 12 级以上（最大风速达 40.0 米/秒，阵风 50.0 米/秒以上）。台风袭击珠江口时恰逢天文大潮期的涨潮时段，使珠江口东半部很多潮位站的实测潮位突破了当地有实测记录以来的历史最高潮位。风暴潮使珠海、番禺、中山、东莞等地所属的海堤普遍漫顶、溃决，在短短的一两个小时内将近 13.34 万公顷田野和大片村庄被淹，一片汪洋（《中国气象灾害大典·广东卷》）。

1986 年 7 月 19—22 日，8609 号热带风暴登陆广西，台风登陆时为农历六月十五大潮期，引发特大潮灾，损失约 3.9 亿元。9 月 5 日前后，8616 号强台风影响广东沿海，正逢农历八月初二大潮期，引发特大潮灾。雷州半岛东岸的海堤几乎毁坏殆尽，淹没了 44 万余亩晚稻，湛江市霞山区 6 个居民区被淹（《中国海洋灾害四十年资料汇编》）。

1989 年 7 月 18 日，8908 号超强台风在广东省阳西县沙扒镇登陆，此时天文潮高潮几乎与过程最大增水重合，致使从珠江口的黄埔到阳西县的闸坡，多个验潮站实测潮位超过当地警戒水位，赤湾站实测最高潮位超过当地历史最高水位。这是自 1949 年以来发生在珠江口地区最严重的一次大范围的特大风暴潮灾害（《1989 年中国海洋灾害公报》）。

1991 年 7 月 13 日 06 时，9106 号强台风在海南省万宁县沿海地区登陆，穿过海南岛南部地区，清澜站出现最高潮位 1.47 米，超过当地警戒潮位 0.16 米。直接经济损失达 5.9 亿元。7 月 24 日，9108 号台风在珠江口西部沿海登陆，正值月天文大潮期，最大增水又恰叠加在当日高潮时刻，沿岸遭受较大风暴潮灾，赤湾站潮位超过当地警戒潮位。8 月，9111 号台风"弗雷德"先后影响广东、海南沿海，高海平面、风暴增水相叠加，沿海多个验潮站出现了达到或超过警戒潮位的高潮位，在多种因素的综合影响下，此次过程给广东和海南沿海带来严重损失，死亡（含失踪）38 人，直接经济损失达 11.2 亿元（《1991 年中国海洋灾害公报》）。

1993 年 6 月 27 日前后，广东台山到阳江之间沿海地区遭受风暴潮灾，汕头至阳江沿海各站有 50 厘米以上增水，其中深圳至台山沿海各站的增水显著，阳江市大部分海堤崩塌和损坏。9 月 17 日前后，珠江口沿海地区发生较为严重的风暴潮灾害，这次潮灾适逢天文大潮期，风助潮势，潮借风威，深圳赤湾站最高潮位超过了历史最高值。由于这次风暴潮潮位高，风雨交加，并受向岸巨浪冲击，造成沿海一些海堤漫顶进水或溃决，为严重灾害（《1993 年中国海洋灾害公报》）。

1995 年 8 月 12 日前后，广东惠阳沿海出现灾害性风暴潮，珠江口以东沿海的海堤破损严重，部分地段海潮漫过堤围，受其影响，汕尾、惠州、深圳、潮州、汕头等 8 市共 31 个县（区）有 503 万人受灾，直接经济损失达 13.3 亿元（《1995 年中国海洋灾害公报》）。

1996 年 8 月 22 日前后，海南沿海遭受 9612 号台风风暴潮袭击，造成较严重灾害，东方县海水养殖受灾面积 600 亩，八所港防浪堤损坏 2 250 立方米。9 月 9 日前后，广西壮族自治区北海市遭受 9615 号强台风风暴潮袭击，在台风浪和风暴潮的共同作用下，广西沿海遭受严重灾害。阳江市闸坡港海洋局潮位观测站 9 月 9 日 09 时实测最高风暴潮位 449 厘米（当地水尺），台风过程最大增水 159 厘米，风暴潮位超过当地警戒潮位 30 厘米，这是 1950 年以来广东省遭受的最严重的一次潮灾，受灾损失超过 1994 年 100 年一遇的特大洪涝灾害。湛江、茂名、阳江直接经济总损失达 175.7 亿元（《1996 年中国海洋灾害公报》）。

2003 年 7 月 24 日前后，0307 号强台风"伊布都"影响广西沿海，广西北海受灾人口 69.1 万人，房屋倒塌 870 间，直接经济损失达 2.47 亿元。9 月 2 日前后，0313 号强台风"杜鹃"在广东省惠东县、深圳市和中山市登陆，每次登陆时近中心最大风力均为 12 级，受其影响，广东省受灾人口 641.0 万人，死亡 19 人，房屋倒塌 5 400 间，农作物受灾面积 13.9 万公顷，直接经济损失达 22.87 亿元（《2003 年中国海洋灾害公报》）。

2005 年 9 月 26 日前后，0518 号超强台风"达维"在海南省万宁市山根镇一带沿海登陆，北海、钦州、防城港等市受灾人口 37.8 万人，农作物受灾面积 2.08 万公顷，水产养殖损失面积 657 公顷，房屋损毁 470 间，海塘、堤防损毁 34.31 千米，船只损毁 4 艘（《2005 年中国海洋灾害公报》)。

2006 年 8 月 3 日前后，0606 号台风"派比安"影响广西沿海，北海、钦州、防城港 3 市受灾人口 167.75 万人，死亡 1 人，海洋水产养殖损失 5 700 公顷，海堤损毁 35.735 千米，直接经济损失达 7.037 亿元（《2006 年中国海洋灾害公报》）。

2007 年 7 月 5 日前后，0703 号热带风暴"桃芝"在广西壮族自治区东兴市东兴镇一带沿海登陆。广西受灾人口 10.98 万，堤防损毁 5.72 千米，船只损毁 16 艘，海洋灾害直接经济损失达 0.55 亿元（《2007 年中国海洋灾害公报》）。

2008 年 9 月，广东、广西沿海海平面较常年偏高，0814 号强台风"黑格比"给广东、广西沿海造成严重损失，北海、防城港、钦州 3 市受灾人口 242.97 万人，海洋水产养殖受损面积 3 899 公顷，房屋损毁 0.29 万间，堤防损坏 166.06 千米，船只毁坏 146 艘，直接经济损失达 13.97 亿元。10 月，海南沿海海平面异常偏高，0817 号热带风暴"海高斯"登陆海南，造成直接经济损失近亿元（《2008 年中国海平面公报》《2008 年中国海洋灾害公报》）。

2009 年 9 月，广东沿海海平面异常偏高。0915 号台风"巨爵"在广东台山登陆时适逢天文大潮，受风暴潮增水、天文大潮和海平面异常偏高的共同影响，珠江口附近沿海多个海洋站出现超过警戒水位的高潮位，超过百万人受灾，直接经济损失超过 20 亿元。10 月，海南东部沿海海平面异常偏高，比常年同期高 149 毫米。10 月中旬，0917 号超强台风"芭玛"在海南省万宁市沿海登陆时，适逢天文大潮，在风暴潮增水、天文大潮和海平面异常偏高的共同作用下，海水养殖设施、渔港码头、堤防设施和交通设施均受到了严重影响。此次台风造成海南省 160 余万人受灾，直接经济损失达 2 亿余元（《2009 年中国海平面公报》《2009 年中国海洋灾害公报》）。

2011 年 9—11 月，广西沿海为季节性高海平面期，9 月 29 日至 10 月 3 日 1117 号强台风"纳沙"过境期间恰为天文大潮期，季节性高海平面、天文大潮和风暴增水叠加，造成 50 余万人受灾，经济损失超过 1 亿元（《2011 年中国海平面公报》）。

2013 年 6 月 23—24 日，1305 号热带风暴"贝碧嘉"影响广西沿海期间，恰逢天文大潮期，各海洋站的最高潮位均超过当地警戒潮位，造成经济损失 367 万元。11 月为广西沿海高海平面期，1330 号超强台风"海燕"于 11 日影响广西沿海，造成水产养殖和堤防设施等经济损失 2.66 亿元（《2013 年中国海平面公报》）。

2014 年 7 月 18 日前后，1409 号超强台风"威马逊"先后在海南文昌、广东湛江、广西防城港登陆，是 1949 年以来登陆我国的最强台风。海南受灾人口 132.3 万人，房屋倒塌 22 663 间，水产养殖受损 13.24 万吨，海堤、护岸损毁 1.61 千米，道路毁坏 9.88 千米，直接经济损失达 27.32 亿元。9 月 16 日前后，1415 号台风"海鸥"先后在海南文昌、广东湛江登陆，海南受灾人口 121.72 万人，直接经济损失达 9.26 亿元。9 月，广西沿海处于季节性高海平面期，台风"海鸥"影响广西沿海期间恰逢天文大潮，导致近 75 万人受灾，直接经济损失达 3.64 亿元（《2014 年中国海洋灾害公报》《2014 年中国海平面公报》）。

2015 年 10 月，广西沿海处于季节性高海平面期，1522 号强台风"彩虹"于 4—5 日影响广西沿海，其间恰逢天文大潮，水产养殖和堤防设施等遭到破坏，直接经济损失超过 0.4 亿元（《2015 年中国海平面公报》）。

2016 年 10 月，广西沿海处于季节性高海平面期，1621 号超强台风"莎莉嘉"于 19 日在东兴登陆，广西沿海出现了不同程度的风暴潮灾害，农林、水产和堤防设施等遭受损失，直接经济损失超过 2 亿元（《2016 年中国海平面公报》）。

2017 年 8 月，1713 号强台风"天鸽"影响广东、广西沿海，高海平面、天文大潮和风暴增水叠加，广东多地形成超过红色警戒潮位的高潮位，广东珠江三角洲地区水产养殖、渔船和堤防设施等损失严重，直接经济损失超过 50 亿元（《2017 年中国海洋灾害公报》）。

2018 年 9 月，1822 号超强台风"山竹"影响广东、广西和福建沿海，受风暴增水和海平面偏高等因素的共同影响，沿海多地出现超警戒的高潮位。此次过程造成福建直接经济损失达 0.02 亿元，广东直接经济损失达 23.70 亿元，广西直接经济损失达 0.85 亿元，三地直接经济损失合计 24.57 亿元（《2018 年中国海洋灾害公报》）。

2019 年 7 月 31 日至 8 月 2 日，1907 号热带风暴"韦帕"影响广西、广东和海南期间，沿海最大增水超过 100 厘米，又恰逢天文大潮期，其中广西沿海海平面较常年高约 50 毫米，高海平面、天文大潮和风暴增水等共同作用，给广西沿海带来较大经济损失（《2019 年中国海平面公报》）。

2. 海浪

1983 年 10 月 24 日 14 时，受 8316 号强热带风暴影响，南海中部形成 6 米以上狂浪区。25 日 08 时扩展到南海北部，14 时移至南海西北部。26 日 08 时移至北部湾，狂浪区维持 3 天，最大波高 8.5 米。26 日 02 时，美国"爪哇海"号钻井平台在莺歌海作业时，受该台风卷起的周期为 11 秒波高为 8.5 米的狂浪袭击而沉没，平台上中外人员无一生还，造成了巨大经济损失，为严重灾害（《中国海洋灾害四十年资料汇编》）。

1989 年，南海 4 米以上灾害性巨浪出现天数为 183 天，比常年多 14 天（《1989 年中国海洋灾害公报》）。

1990 年 11 月 11 日 14 时，受 9026 号强热带风暴影响，南海南部形成 6 米以上狂浪区，12 日 14 时减弱为 5 米以下浪区，过程最大观测波高 6.0 米，最大观测风速 26 米/秒，该过程维持 18 小时。一艘 8 000 吨"建昌"号中国货轮，从马来西亚运载一批橡胶驶往海南岛，于 11 日上午在香港西南 500 海里处遇风浪沉没。船上的 39 名船员中，37 人获救，2 名遇难身亡。直接经济损失近亿元，为严重灾害（《中国海洋灾害四十年资料汇编》）。

1991 年，南海 4 米以上灾害性巨浪出现天数为 122 天（《1991 年中国海洋灾害公报》）。

1992 年，南海 4 米以上灾害性巨浪出现天数为 82 天（《1992 年中国海洋灾害公报》）。

1993 年，南海 4 米以上灾害性巨浪出现天数为 112 天。6 月 22 日 14 时，在菲律宾以东洋面形成 9302 号超强台风，于 26 日 14 时进入南海东北部，海面形成 10～11 米的狂涛区；9 月 12 日，受 9315 号强台风影响，南海东北部海面形成 6～8 米的狂浪区，13 日台风中心附近海面形成 9～11 米的狂涛区；9 月 17 日，受 9316 号台风影响，南海东北部海面形成 6～7 米的狂浪区（《1993 年中国海洋灾害公报》）。

1994 年，南海 4 米以上灾害性巨浪出现天数为 120 天（《1994 年中国海洋灾害公报》）。

1995 年，南海 4 米以上灾害性巨浪出现天数为 126 天，最大波高为 12.0 米，出现在 8 月 30 日和 11 月 1 日。12 月 23 日中午，格鲁吉亚一艘货船在南海被大浪击沉，船长及两名船员失踪（《1995 年中国海洋灾害公报》）。

1996 年，南海 4 米以上灾害性巨浪出现天数为 122 天，最大波高为 12.0 米，出现在 9 月 8 日（《1996 年中国海洋灾害公报》）。

1997 年，南海 4 米以上灾害性巨浪出现天数为 89 天，最大波高为 8.0 米，出现在 8 月 2 日和 8 月 21—23 日（《1997 年中国海洋灾害公报》）。

1998 年，南海 4 米以上灾害性巨浪出现天数为 79 天，海难事故较多，共发生 103 起，沉没船舶 31 艘，死亡、失踪 146 人。这些海难事故约有 1/3 是由海浪引起的（《1998 年中国海洋灾害公报》)。

1999 年，南海 4 米以上灾害性巨浪出现天数为 117 天，受海浪灾害影响，12 月 16 日凌晨，航行在南海载有 3 000 吨圆木的巴拿马籍 "VIOLE-TOLEAN" 号海轮，在汕头东南 40 海里海域沉没（《1999 年中国海洋灾害公报》)。

2000 年，南海 4 米以上灾害性巨浪出现天数为 123 天（《2000 年中国海洋灾害公报》)。

2001 年，南海 4 米以上灾害性巨浪出现天数为 112 天（《2001 年中国海洋灾害公报》)。

2003 年，0307 号强台风 "伊布都" 和 0308 号强热带风暴 "天鹅" 先后在南海造成 4 米以上的巨浪，总共达 6 天以上，南海北部 6 米以上的狂浪达 3 天，最大浪高 11 米。0312 号台风 "科罗旺" 造成南海中部、北部 4 米以上的巨浪达 3 天，北部 6 米以上的狂浪达 2 天，最大浪高 9 米。受台风浪的影响，广东省 151 艘渔船损坏，沿海滩涂养殖网箱、渔排受损严重，水产品损失 1.5 万吨；广西沉没渔船 63 艘，水产养殖受损面积 5 649 公顷，堤防损坏 1 108 处，累计 83.4 千米，堤防缺口 12 处，累计 2.3 千米（《2003 年中国海洋灾害公报》)。

2004 年 7 月 27 日，受 0411 号热带风暴影响，南海东北海面形成 4 米以上的海浪，广东省 "粤南澳 33090" 货轮在广东省南澎附近海面沉没，直接经济损失 1 000 万元，死亡、失踪 22 人（《2004 年中国海洋灾害公报》)。

2005 年 7 月 29 日至 8 月 1 日，0508 号强热带风暴 "天鹰" 在南海东北海面形成 5 ~ 9 米的台风浪。9 月 23—27 日，0518 号超强台风 "达维" 在南海形成 6 ~ 10 米的台风浪，南海 4 米以上巨浪持续 6 天，6 米以上狂浪持续 5 天（《2005 年中国海洋灾害公报》)。

2006 年 5 月 13—18 日，受 0601 号强台风 "珍珠" 影响，南海中部、北部海面形成 9 ~ 12 米的台风浪。国家海洋局南海 19 号海洋观测浮标实测最大波高 7.9 米，广东省沿海部分海堤与渔船损毁严重，海洋水产养殖损失惨重。6 月 27— 29 日，0602 号热带风暴 "杰拉华" 在南海形成 4 ~ 6 米的台风浪。7 月 12—16 日，0604 号强热带风暴 "碧利斯" 在南海形成 6 ~ 8 米的台风浪。7 月 23—25 日，0605 号台风 "格美" 在南海形成 6 ~ 8 米的台风浪。12 月 10—14 日，0622 号台风 "尤特" 在南海形成 6 ~ 10 米的台风浪（《2006 年中国海洋灾害公报》)。

2007 年 8 月 3—9 日，0706 号热带风暴在南海形成 4 ~ 5 米的台风浪。受台风浪影响，8 月 9 日，海南省一艘渔船在涠洲岛西南面海域沉没，3 人失踪。8 月 7—11 日，0707 号强热带风暴 "帕布" 在南海北部形成 4 ~ 5 米的台风浪。受台风浪影响，广东省人员伤亡 4 人，船只损毁 21 艘（《2007 年中国海洋灾害公报》)。

2009 年，受台风浪的影响，台湾海峡及南海沿岸海域遭受的直接经济损失较大，占全部损失的 70% 以上。0903 号强热带风暴 "莲花" 于 6 月 18 日 14 时在南海生成，台湾海峡 21 日 13 时至 22 日 11 时出现了 4 ~ 6 米的巨浪和狂浪（《2009 年中国海洋灾害公报》)。

2010 年，1002 号台风 "康森" 于 7 月 12 日 08 时在菲律宾以东洋面生成，14 日 08 时开始影响我国南海海域，南海东部、中部、西部海域于 14 日 08 时至 17 日 20 时先后出现了 4.0 ~ 8.0 米的巨浪到狂浪；海南岛东部沿岸海域出现了 3.0 ~ 5.0 米的大浪到巨浪。受其影响，海南省船只损毁 59 艘，防波堤损毁 0.31 千米，因灾造成直接经济损失 339 万元（《2010 年中国海洋灾害公报》)。

2013 年 11 月 9—11 日，受 1330 号超强台风 "海燕" 和冷空气的共同影响，我国南海海域出现了 6 ~ 9 米的狂浪到狂涛，受其影响，海南省渔船毁坏 152 艘、损坏 326 艘，死亡（含失踪）2 人，直接经济损失达 4.60 亿元（《2013 年中国海洋灾害公报》)。

2020 年 3 月 30 日，受冷空气影响，南海海域、北部湾出现有效波高 2.0 ~ 3.0 米的中浪到大浪，北部湾 MF12001 浮标实测最大有效波高 2.0 米、最大波高 3.0 米，一艘渔船在广西防城港市海域倾覆，死亡（含失踪）4 人（《2020 年中国海洋灾害公报》）。

3. 赤潮

1990 年，南海发生 6 起赤潮过程（《1990 年中国海洋灾害公报》）。

1991 年，南海发生 12 起赤潮过程（《1991 年中国海洋灾害公报》）。

1992 年，南海影响较大的赤潮过程包括：4 月 6 日，广东省雷州半岛附近海域发生了由蓝藻引起的赤潮；4 月 22 日，深圳大鹏湾盐田附近海域发生由夜光藻引起的大面积赤潮；4 月 27 日，还是由夜光藻引起了大亚湾小星山附近海域的赤潮；5 月 2 日，海南省昌化附近海域发生大面积赤潮（《1992 年中国海洋灾害公报》）。

1996 年 4 月 26—30 日，在南海深圳西部蛇口至赤湾近海发生了赤潮，面积约 20 平方千米，呈红褐色。4 月 30 日下午突降暴雨，在大量雨水冲击下赤潮消失。据统计，1981—1990 年 10 年间，该海域共发生 9 起赤潮（《1996 年中国海洋灾害公报》）。

1998 年，南海发生 10 起赤潮过程，主要发生在珠江口、大亚湾、深圳西部和阳江海域（《1998 年中国海洋灾害公报》）。

2000 年，南海发生 6 起赤潮过程（《2000 年中国海洋灾害公报》）。

2001 年，南海发生 15 起赤潮过程（《2001 年中国海洋灾害公报》）。

2002 年，南海发生 11 起赤潮过程（《2002 年中国海洋灾害公报》）。

2003 年，南海发生 16 起赤潮过程（《2003 年中国海洋灾害公报》）。

2004 年，南海发生 18 起赤潮过程（《2004 年中国海洋灾害公报》）。

2005 年，南海发生 9 起赤潮过程（《2005 年中国海洋灾害公报》）。

2006 年，南海发生 17 起赤潮过程（《2006 年中国海洋灾害公报》）。

2007 年，南海发生 10 起赤潮过程（《2007 年中国海洋灾害公报》）。

2009 年，南海发生 8 起赤潮过程（《2009 年中国海洋灾害公报》）。

2010 年，南海发生 14 起赤潮过程（《2010 年中国海洋灾害公报》）。

2011 年，南海发生 11 起赤潮过程（《2011 年中国海洋灾害公报》）。

2016 年，南海发生 17 起赤潮过程，累计面积 968 平方千米（《2016 年中国海洋灾害公报》）。

2017 年，南海发生 13 起赤潮过程，累计面积 1 048 平方千米（《2017 年中国海洋灾害公报》）。

2020 年，南海发生 6 起赤潮过程，累计面积 112 平方千米（《2020 年中国海洋灾害公报》）。

4. 海岸侵蚀

2003 年，海南三亚湾和亚龙湾岸段年平均侵蚀距离为 1 ~ 2 米，海口市海甸岛和新埠岛长约 6 千米岸线因海岸侵蚀损失土地约 1.5 平方千米（《2003 年中国海平面公报》）。

2006 年，受海平面上升等因素影响，海南沿海部分岸段侵蚀严重，全省遭受侵蚀的海岸线长度已达 300 千米，三亚湾和亚龙湾最为严重，侵蚀速度为每年 1 ~ 2 米；海口市海甸岛和新埠岛长约 6 千米岸线因海岸侵蚀损失土地约 1.5 平方千米；海岸工程设施和海滨旅游区受到威胁（《2006 年中国海平面公报》）。

2012 年，广东雷州市赤坎村砂质岸段侵蚀长度 0.2 千米，平均侵蚀速率 3.0 米 / 年（《2012 年中国海洋灾害公报》）。

2013 年，海南亚龙湾侵蚀岸线长度 1 590 米，平均侵蚀宽度 1.1 米，最大侵蚀宽度 7 米。

2008—2013 年，海南三亚湾侵蚀岸线长度超过 4 300 米，平均侵蚀宽度 4.2 米，最大侵蚀宽度 15 米。2013 年，广东雷州市赤坎村砂质岸段侵蚀长度 0.4 千米，平均侵蚀速率 2.0 米 / 年（《2013 年中国海平面公报》《2013 年中国海洋灾害公报》）。

2014 年，广东雷州市赤坎村砂质岸段侵蚀长度 0.8 千米，平均侵蚀速率 5.0 米 / 年（《2014 年中国海洋灾害公报》）。

2015 年，广东雷州市赤坎村砂质岸段侵蚀长度 0.6 千米，平均侵蚀速率 3.7 米 / 年（《2015 年中国海洋灾害公报》）。

2016 年，广东雷州市赤坎村砂质岸段侵蚀长度 0.6 千米，平均侵蚀速率 1.9 米 / 年。海南三亚亚龙湾西侧监测岸段侵蚀长度 2.1 千米，平均侵蚀距离 1.0 米（《2016 年中国海洋灾害公报》）。

2017 年，广东雷州市赤坎村砂质岸段侵蚀长度 0.5 千米，平均侵蚀速率 3.3 米 / 年。海南三亚亚龙湾西侧岸段最大侵蚀距离 18.57 米，平均侵蚀距离 6.16 米（《2017 年中国海洋灾害公报》《2017 年中国海平面公报》）。

2018 年，海南东方华能电厂南侧岸段侵蚀长度 0.8 千米，平均侵蚀距离 2.0 米。东方新龙镇岸段平均下蚀 9.3 厘米（《2018 年中国海洋灾害公报》《2018 年中国海平面公报》）。

2019 年，海南三亚亚龙湾岸段年平均侵蚀距离 1.0 米，岸滩年平均下蚀 25.3 厘米。东方华能电厂南侧岸段年平均侵蚀距离 3.1 米，岸滩年平均下蚀 24.3 厘米（《2019 年中国海平面公报》）。

2020 年，海南三亚亚龙湾岸段年平均侵蚀距离 0.2 米，岸滩年平均下蚀高度 1.6 厘米，侵蚀程度较 2019 年减轻。东方华能电厂南侧岸段年平均侵蚀距离 4.0 米，岸滩年平均下蚀 1.0 厘米（《2020 年中国海平面公报》）。

5. 海水入侵

2010 年，南海沿岸地区，如广东茂名、揭阳、阳江、湛江和广西北海，海水入侵程度和范围有所增加，部分近岸农用水井和饮用水井已明显受到海水入侵的影响（《2010 年中国海洋灾害公报》）。

2012 年，广东茂名电白县陈村轻度海水入侵距离 1.98 千米，湛江湖光镇世乔村轻度海水入侵距离 1.78 千米，广西北海大王埠轻度海水入侵距离 2.37 千米，海南三亚海棠湾轻度海水入侵距离 0.44 千米。广东阳江和湛江滨海地区监测区土壤盐渍化范围呈扩大趋势，土壤含盐量有所提高（《2012 年中国海洋灾害公报》）。

2013 年，广东茂名电白县陈村轻度海水入侵距离 0.39 千米，湛江湖光镇世乔村轻度海水入侵距离 1.4 千米，广西北海大王埠轻度海水入侵距离 1.42 千米，海南三亚海棠湾轻度海水入侵距离 0.57 千米（《2013 年中国海洋灾害公报》）。

2015 年，广东湛江湖光镇世乔村轻度海水入侵距离 2.41 千米，海南三亚一号断面轻度海水入侵距离 0.5 千米。广西监测区土壤盐渍化范围有所扩大（《2015 年中国海洋灾害公报》）。

2016 年，广东湛江湖光镇世乔村轻度海水入侵距离 2.13 千米，海南三亚一号断面轻度海水入侵距离 0.5 千米。广东湛江、广西北海和海南三亚监测区土壤盐渍化范围有所扩大（《2016 年中国海洋灾害公报》）。

2017 年，广东湛江湖光镇世乔村轻度海水入侵距离 2.2 千米，广西北海西海岸轻度海水入侵距离 0.69 千米，海南三亚榆林湾轻度海水入侵距离 0.54 千米。广西北海监测区土壤含盐量略有上升，盐渍化范围略有扩大（《2017 年中国海洋灾害公报》）。

6. 海啸

2006 年 11 月 13 日 16 时 02 分，南海海域（20.8°N，120.0°E）发生了里氏 5.1 级地震，震源深度 10.3 千米，震中距大陆海岸线最近距离约为 400 千米。由于此次地震震级较小，我国未启动海啸灾害应急预案（《2006 年中国海洋灾害公报》）。

第二节　灾害性天气

本节汇编了南海沿海 1949 年以来的典型灾害性天气过程，灾害信息主要来源于《中国气象灾害大典·广东卷》《中国气象灾害大典·广西卷》《中国气象灾害大典·海南卷》、2004—2020 年《中国气象灾害年鉴》和《南海区海洋站海洋水文气候志》等，灾害类型包括暴雨洪涝、大风（龙卷风）、冰雹、雷电、雾、寒潮和霜冻。

1. 暴雨洪涝

1971 年 5 月 29 日，受 7106 号台风影响，海南岛普降暴雨，14 个市县过程雨量 106 ～ 544 毫米，三亚和保亭分别为 544 毫米和 404 毫米。崖城十字街洪水位 7.13 米。

1972 年 8 月 27—29 日，受 7210 号强热带风暴影响，广西沿海地区、桂西南的涠洲岛、东兴、上思等站降暴雨和大暴雨。涠洲岛树木、农作物受损，房屋倒塌。东兴县局部出现山洪，防城河出现两次小洪涝。8 月 29 日，东兴县出现大暴雨，北仑河水于 05 时开始泛滥，10 时 30 分水浸至东兴镇中山街口，生产队 2 艘农用船被打沉，淹死 12 人，重伤 1 人。

1977 年 5 月 27—31 日，广东省东部、北部和中部普降暴雨，粤东沿海陆丰一带为暴雨中心，陆丰县白石门水库过程雨量达 1 461 毫米。正值大潮期间，海潮顶托洪水上涨，造成洪涝灾害。惠来、陆丰受淹农田面积 2 万公顷，陆丰县死亡 11 人，受伤 27 人，冲坏部分水利工程设施，广汕公路中断通车达 10 小时。

1981 年 7 月 21—25 日，受 8107 号强热带风暴影响，桂东、桂南有 40 站（58 站次）出现暴雨以上降水过程，其中有 13 站（16 站次）出现大暴雨或特大暴雨。北海、涠洲岛降特大暴雨，合浦等地降大暴雨。北海日最大降雨量为 509.2 毫米，涠洲岛为 327.9 毫米，合浦为 170.5 毫米。过程降雨量（7 月 22—25 日）：北海为 650.9 毫米、涠洲岛为 540.5 毫米。广西东部的北海、钦州等市局部地区发生暴雨和洪涝灾害。7 月 24 日，北海市区 13 条大街被淹，市区部分街道被淹 1 天，部分地下设施倒塌，郊区被淹 2 ～ 3 天；4 个水库不同程度崩塌，受灾人口达 12.3 万人，占总人口的 74%。

1982 年 9 月 15—17 日，受 8217 号台风影响，桂南、桂西有 19 站（22 站次）降暴雨和大暴雨，其中涠洲岛、钦州、合浦、北海等 7 站降大暴雨。涠洲岛日最大降雨量达 201.0 毫米，24 小时最大降雨量达 398.0 毫米，过程降雨量 419.1 毫米。涠洲岛统计经济损失达 353.8 万元。这次台风引发的大风暴雨天气造成广西北海、钦州和防城港 3 市死 2 人、伤 45 人。

1985 年 9 月 29 日至 10 月 1 日，受 8518 号台风（30 日 01 时在陵水沿海登陆）影响，海南岛遭受暴雨至大暴雨，文昌、万宁、琼中、保亭、通什（今五指山）、白沙等县过程降雨量 300 毫米以上，其中文昌为 579.2 毫米、万宁的中平为 560 余毫米。临高、琼海、陵水、三亚降雨量为 200 ～ 300 毫米，其余县（市）为 100 ～ 200 毫米。这个台风强度强，雨量大，移速慢，在海南岛陆地滞留时间达 9 个小时，破坏力大。特别是暴风骤雨、山洪暴发、江河水位和海潮上涨，加上大部分水库排洪，不少县出现大面积洪涝灾害，造成严重损失。

1987 年 5 月 19—23 日，广东省除西南部地区外普降大到暴雨，局部降特大暴雨，广东省共有 76 个县（市）降大到暴雨，其中日降雨量大于等于 200 毫米的有河源、龙门、普宁、海丰、汕尾 5 站，连续 2 天日降雨量大于等于 80 毫米的有澄海、潮阳、陆丰、海丰等站。海丰 21 日降雨量达 620.1 毫米，20—22 日降雨量达 1 024.1 毫米。暴雨导致山洪暴发，江河水位猛涨，北江、东江、增江等江河都远远超过警戒水位。7 月 27—31 日，受西南低涡影响，广西出现了一次暴雨天气过程，其中合浦、北海的过程降雨量分别为 400 毫米和 701 毫米，造成了洪涝灾害。

1990 年 2 月 18 日，北海 1 小时内骤降 416 毫米的特大暴雨，市区部分街道及低洼地被淹，交通一度中断。

1992 年 7 月 23 日 02 时 30 分，9207 号台风在湛江市东海岛登陆，全市普降大到暴雨，其中徐闻 23 日降 268.2 毫米的特大暴雨，廉江县 23 日和 24 日分别降 98.9 毫米和 130.8 毫米的大暴雨。湛江、阳江、茂名 3 市共 16 个县受灾，共计损失 8.08 亿元。

1993 年 6 月 27—29 日，受 9302 号超强台风及冷空气、高空槽影响，广西出现强降雨，其中涠洲岛 6 月 28 日降雨量达 258.7 毫米。暴雨导致部分地区山洪暴发、洪水泛滥成灾，一些地方出现泥石流。据 6 月下旬统计，广西壮族自治区 39 个县（市）163.1 万人受灾，共造成 61 人死亡、94 人受伤，2.82 万人一度被洪水围困，直接经济损失达 2.68 亿元。

1994 年 5 月 5—7 日，广东省大部分地区普降大到暴雨，局部降大暴雨。暴雨中心珠海市过程雨量达到 420 毫米，全市有 6 000 余公顷农田、500 余公顷鱼塘被淹，1 000 余家企业因水浸而停工，三灶区 2 000 余人的住宅受浸，珠海机场的候机楼浸水，飞机停航。

1995 年 8 月 26 日至 30 日 20 时，受 9508 号强热带风暴影响，海南岛半数地区降暴雨至大暴雨，其中三亚累计降雨量为 297.9 毫米。由于暴雨集中，强度大，造成山洪暴发。三亚市宁远河出现 1949 年以来第三次大洪水；乐东黎族自治县望楼河出现相当 1991 年的大洪水；陵水黎族自治县陵水河洪峰水位 5.48 米，超过警戒水位 1.38 米。风暴经过的万宁、陵水、保亭、乐东等县损失严重。海南省 15 个县（市）、169 个乡镇 176.2 万人受灾，因灾死亡 11 人，受伤 9 人，失踪 6 人，直接经济损失达 7.24 亿元。

1998 年 5 月 22—24 日，广东茂名、肇庆、深圳等市先后普降暴雨到大暴雨，局部降特大暴雨。暴雨导致部分地区山洪暴发，山体滑坡，江河水位暴涨，部分堤防崩决，村庄及农田受淹，一些水利工程受到破坏。广东省有 5 市 12 县 36 万人受灾，死亡 9 人，失踪 4 人，直接经济损失达 2.88 亿元。深圳市罗湖区、盐田区、南山区大面积受淹，其中罗湖区新段村住宅区水深 2 米，盐田区沙头角街水浸 0.3 ~ 0.6 米，住宅小区水深 0.5 ~ 1.0 米。深圳水库流量超过 500 立方米 / 秒，水位急剧上涨，达到 27.27 米，超过防洪限制水位 0.27 米，被迫排洪。这场大暴雨造成 6 人死亡、2 人失踪、6 人受伤，直接经济损失达 1.83 亿元。

2000 年 4 月 13—15 日，广东省除西部的部分地区外，均出现一次较大的降水过程，其中珠江口附近地区普降大暴雨到特大暴雨，珠海市降雨量为历史罕见。珠海市 4 月 13 日 08 时至 14 日 08 时的 24 小时雨量达 634.5 毫米，超过了当地历史极值，其他县（区）24 小时的降雨量为 300 ~ 600 毫米。这场暴雨使珠海、深圳、中山 3 市 10 个县（区）38 个乡（镇）受灾，受灾人口 22.68 万人，死亡 14 人，直接经济总损失达 1.817 亿元。

2005 年 7 月 28 日 20 时至 31 日 20 时，受 0508 号强热带风暴"天鹰"影响，海南省东方市累计降雨量 345.0 毫米。据不完全统计，东方、乐东、白沙、陵水、临高 5 个县（市）共有 24 个乡镇 13.1 万人受灾，直接经济损失达 3 000 万元。另外，琼州海峡实行全面封航，海口港和新港共有 700 余名旅客和几百辆货车被滞留。三亚凤凰国际机场航线一度停飞，有 47 个航班被延误或取消。

2006年8月3—6日，受0606号台风"派比安"影响，广西出现强降雨天气，其中合浦和北海的累计降雨量高达367.0毫米和274.0毫米。广西受灾人口570.2万人，转移安置38.8万人，死亡33人，直接经济损失达20.3亿元。

2007年8月8—11日，受0707号强热带风暴"帕布"影响，雷州半岛南部遭遇了超百年一遇的特大暴雨袭击，雷州龙门的过程降雨量为798.1毫米，龙门镇录得最大日降雨量674.9毫米，是湛江市有气象记录以来的最强降雨。特大暴雨导致部分地区发生洪涝，雷州市东吴、龙门、大湾等5个水库发生超警戒水位，大湾水库出现严重险情，207国道一桥梁被洪水冲塌，有20余个乡（镇）130余个村庄严重受淹，部分地点水深达4~6米。受其影响，广东省有116.48万人受灾，死亡4人，直接经济损失达22.89亿元。

2008年9月24日，受0814号强台风"黑格比"影响，广西南部和西部出现大范围的强降雨天气，其中防城港市防城区天马岭（767.2毫米）和峒中镇（721.9毫米）过程降雨量超过700毫米。广西665万人受灾，死亡13人，失踪8人，直接经济损失达54.4亿元。10月12—15日，海南岛出现持续强降雨，其中海口累计降雨量超过500毫米，14日秀英站降雨量高达279.9毫米。此次强降雨过程持续时间长、降雨面广，为历史罕见，暴雨洪涝造成海南省252.8万人受灾，直接经济损失达6亿元。

2009年8月7日，受0907号热带风暴"天鹅"影响，海南省东方市降雨量高达369.0毫米，为8月日降雨量历史极大值。据统计，海南省受灾人口163.4万人，死亡6人，失踪12人，直接经济损失达3.9亿元。10月11日08时至16日08时，受0917号超强台风"芭玛"影响，海南岛普遍出现大雨到大暴雨，其中文昌过程降雨量达325毫米。海南省有89.9万人受灾，因灾死亡4人，直接经济损失达2.4亿元。

2011年7月29—30日，受1108号强热带风暴"洛坦"影响，海南岛中西部出现暴雨到特大暴雨，其中东方市天安乡过程降雨量高达558.7毫米。海南省12个市（县）126个乡镇受灾，受灾人口61.5万人，死亡2人，直接经济损失达3.2亿元。9月29日08时至10月2日11时，受1117号强台风"纳沙"和冷空气共同影响，广西南部和西部普降暴雨到大暴雨，其中北海市银海区福成镇累计降雨量579毫米，合浦县石康镇557毫米。广西379.8万人受灾，7人死亡，1人失踪，直接经济损失达34.6亿元。

2012年8月16—19日，受1213号台风"启德"影响，广西南部出现大雨到暴雨，强降雨主要出现在防城港、北海等地，其中防城港市区过程累计降雨量达608毫米；17日20时至18日08时，防城港气象站12小时降雨量达377毫米，打破当地建站以来日降雨量极大值；广西共有277.6万人受灾，因灾死亡4人，直接经济损失达22.8亿元。10月27—30日，受1223号强台风"山神"影响，广西南部出现大雨到暴雨，其中防城港城区峒中镇27日08时至30日08时累计降雨量达442毫米，北海市咸田镇1小时降雨量高达155毫米（29日11—12时）；广西共有45.3万人受灾，直接经济损失达2.6亿元。

2013年8月22日20时至25日14时，受减弱后的1312号台风"潭美"和西南季风环流共同影响，广西大部分县市出现强降水，其中防城港黄江村日最大降水量280.6毫米。"潭美"共造成南宁、玉林、河池等9市32个县（区、市）28.2万人受灾，2人死亡，直接经济损失近9 000万元。9月23日08时至26日08时，受1319号超强台风"天兔"和南下冷空气影响，出现较大范围的强降水，其中防城港东兴市马路镇累计降雨量561毫米。

2014年7月18日20时至20日20时，受1409号超强台风"威马逊"影响，广西南部、西部和沿海地区出现强降雨，其中北海市合浦县常乐镇累计降雨量为 552 毫米，铁山港区石头埠 408 毫米，防城港市防城区扶隆乡 487 毫米，防城区峒中镇 418 毫米。据统计，"威马逊"造成广西 442.9 万人受灾，10 人死亡，直接经济损失达 139.9 亿元。

2015 年 6 月 20 日 20 时至 24 日 08 时，受 1508 号强热带风暴"鲸鱼"影响，海南岛西部、南部、中部和东部地区出现暴雨到大暴雨，局地特大暴雨；北部地区出现中到大雨，局地暴雨。乐东、三亚和东方共有 6 个乡镇（区）过程雨量超过 300 毫米，最大为乐东尖峰镇 392.1 毫米。"鲸鱼"造成海南万宁市、定安县 10.6 万人受灾，直接经济损失近 7 000 万元。

2016 年 8 月 18 日 15 时 40 分前后，1608 号强热带风暴"电母"在广东湛江雷州市东里镇登陆，受其影响，8 月 16—19 日，广东南部沿海县（市）出现了暴雨到大暴雨，雷州半岛部分地区出现了特大暴雨，徐闻县迈陈镇出现海南省最大累计雨量 344.8 毫米。广东省共有 5.7 万人受灾，1.2 万人紧急转移安置，直接经济损失达 1.9 亿元。10 月 17—19 日，受 1621 号超强台风"莎莉嘉"影响，海南岛大部地区出现强降雨，有 93 个乡镇降雨量超过 200 毫米，10 个乡镇降雨量超过 300 毫米，最大为文昌重兴镇 377.0 毫米。据统计，"莎莉嘉"造成海口、三亚、儋州 3 市 8 区和 15 个县（市）299.3 万人受灾，直接经济损失达 45.6 亿元。

2018 年 8 月 10 日，1816 号强热带风暴"贝碧嘉"在海南省琼海市沿岸登陆，8 月 15 日 21 时 40 分前后在广东省雷州市沿海再次登陆。受其影响，8 月 8 日 20 时至 16 日 17 时，海南岛有 122 个乡镇（区）降雨量超过 300 毫米，其中海口市市区降雨量高达 936.8 毫米；10—16 日，珠海局地出现特大暴雨，珠海市金湾区三灶镇出现广东省最大过程雨量（677.6 毫米），同时该站录得 112.3 毫米（11 日 16 时）的最大 1 小时降雨量及最大日降雨量 477.9 毫米（11 日）。广东省部分地区遭受暴雨洪涝灾害，局部地区受灾严重。"贝碧嘉"共造成广东、海南 58.2 万人受灾，直接经济损失达 23.2 亿元。8 月 26 日至 9 月 1 日，受季风低压影响，广东省出现了持续强降水过程（即"18.8"特大暴雨洪涝灾害过程），珠三角南部市县、粤东地区出现持续性特大暴雨。本次过程具有"暴雨持续时间长、强降水落区集中、雨量超历史极值"的特点。强降水过程持续 6 天，广东省大部分市县都出现了暴雨，惠州、汕尾、揭阳连续 3 天录得大暴雨或特大暴雨。8 月 27 日 20 时至 9 月 1 日 20 时，惠东高潭镇录得过程雨量 1 394.6 毫米，刷新了广东省过程雨量极值；惠东高潭镇日雨量 1 056.7 毫米（8 月 30 日 05 时至 31 日 05 时），刷新了广东省日雨量极值，也创下了中国大陆非台风降水日雨量极值。此次暴雨过程造成广东省多地受灾，农作物受灾面积 6.5 万公顷，直接经济损失达 20.3 亿元。

2. 大风和龙卷风

1973 年 5 月 5 日 02 时，广东省阳江县塘坪公社圹角大队突然受旋风（龙卷风）袭击。5 月 8 日，阳江县新洲公社下六大队大面古村和老村 2 个村出现龙卷风。5 月 28 日，阳江县塘坪、平岗、合山、新洲、上洋等公社出现龙卷风。

1975 年 1 月 27 日，7501 号台风袭击西沙群岛，台风中心最大风力 10 ~ 11 级，阵风 12 级以上。据统计，西沙附近海区作业的渔船，毁坏 44 艘，失踪 2 艘，522 人受灾，经济损失达 90.1 万元。

1978 年 8 月 27—28 日，受 7812 号台风影响，涠洲岛最大风力 9 级，阵风 12 级（35 米/秒）。此台风过程风灾严重，并伴有洪涝灾害。

1979 年 8 月 2 日 13 时 30 分前后，7908 号超强台风在广东深圳大鹏公社登陆，登陆时风速 55.0 米/秒，在台风登陆时及登陆后 5 ~ 6 小时内，台风中心附近的最大风速仍有 40.0 米/秒，汕尾最大阵风 60.4 米/秒。这次台风造成的风暴潮及其灾害，在汕头市仅次于 6903 号超强台风风暴潮，在海丰、惠东、惠阳、深圳沿海一带是 1950 年后最严重的一次。

1980 年 6 月 27 日夜，8005 号强热带风暴进入北部湾，于 6 月 28 日 15 时在广西东兴登陆，北海极大风速达 31 米/秒。由于受到正面袭击，风力大，风向旋转，又恰逢海水高潮期，风潮吻合，破坏力大，给北海市城区农业方面、渔业方面、工业方面均造成严重的损失。

1981 年 5 月 1 日 18 时 30 分至 19 时，广东湛江徐闻县西廉公社六潭大队出现龙卷风，受伤 9 人。5 月 10 日 04 时，一股强烈的海龙卷袭击电白放鸡渔场，将 43 艘渔船打伤打碎，失踪 11 人，死亡 18 人，造成财产物资损失 10 万元以上。7 月 4 日 02—03 时，8105 号强台风在陵水县、崖县（今三亚）沿海地区登陆，登陆时台风中心附近最大风力 11 级以上，阵风 12 级以上。

1982 年 9 月 15 日 06 时，8217 号台风在广东省徐闻县登陆，受其影响，9 月 15—17 日，涠洲岛、北海、合浦、钦州、东兴、上思、陆川等站出现了大风，涠洲岛最大风速 33 米/秒、极大风速大于 40 米/秒，东兴最大风速 30 米/秒、极大风速大于 40 米/秒。

1986 年 4 月 12 日，广西合浦闸口、白沙出现强对流天气，维持 12 ~ 15 分钟，并有暴雨，风力 12 级，吹断电线杆 137 条，受伤 7 人，农作物、房屋等被毁，损失折款约 16.7 万元。防城县沿海 5 个乡镇受龙卷风袭击，伴有冰雹、暴雨，一般风力 7 ~ 8 级，阵风 12 级，维持几十分钟，吹倒房屋 74 间，4 人受伤。

1987 年 2 月 27 日，受北方强冷空气影响，广西合浦出现短时偏北大风，风力 8 级，海上沉船 4 艘，失踪 2 人；防城沿海出现 7 ~ 8 级、阵风 9 级的偏北大风。

1991 年 7 月 19 日下午，9107 号超强台风擦过广东省南澳县和澄海县沿海，于 16 时 30 分在汕头市登陆。台风登陆时，汕头市区平均最大风速达 12 级以上（34.0 米/秒），阵风达 52.9 米/秒，超过了 1969 年 7 月 28 日登陆汕头市的台风最大风速（52.1 米/秒），为 1950 年以来登陆汕头市最强的热带气旋，云澳（南澳）海洋站测得最大风速 32.7 米/秒。

1992 年 4 月 8 日 06 时 20 分，海南省文昌县新桥镇大顶管区边山村遭受龙卷风袭击。龙卷风向东北方向移动，直径 400 米，风力 12 级以上，并伴降大雨，历时 10 分钟左右。该龙卷风风力强，速度快，时间短，破坏性大，造成屋倒树断，人员伤亡，损失较重。

1993 年 9 月 14 日 07 时 30 分，9315 号强台风在惠来—潮阳之间沿海地区登陆，惠来、普宁、揭西先后出现 12 级大风，风速 35.0 ~ 39.0 米/秒，汕头受灾严重。台风登陆当日，一艘 7 620 吨巴拿马籍"恒远"号货轮遇到台风狂浪袭击，在南澳岛附近海面沉没。

1994 年 8 月 27 日 08 时 20—25 分，在 9419 号台风影响期间，海南省澄迈县桥头发生龙卷风，直径 20 ~ 30 米，风力 11 ~ 12 级。

1996 年 9 月 9 日，受 9615 号强台风影响，南海北部海面、珠江口以西沿海海面先后出现 8 ~ 10 级大风，其中台风中心经过的附近海面出现 11 ~ 12 级大风，上川岛、闸坡、沙扒、电白、吴川、湛江和遂溪都出现了 12 级以上的旋转风。该台风的特强风力，尤其是中心附近的强烈旋转风，给湛江、茂名、阳江 3 个市带来特别惨重的损失。

1998 年 4 月 29 日 15 时 30 分，海南省文昌市新桥镇遭受龙卷风袭击，4 个村庄 189 人受灾，3 人受伤（同时遭到雷击），损坏房屋 55 间，刮倒树木超过 1 500 株，直接经济损失达 28.55 万元。5 月 3 日 14 时，文昌市东路镇受龙卷风袭击，16 间房屋受损，损失胡椒 150 株，直接经济损失达 11 万元。

2000 年 1 月 30 日，琼州海峡东北风 5 ~ 6 级，浪高 2.5 ~ 3.0 米。海口港监对琼州海峡实行限航禁令，至 31 日 11 时 25 分解除，致 500 余辆汽车滞留港口。9 月 1 日 04 时，0013 号强热带风暴"玛莉亚"在海丰县与惠东县交界处（红海湾）登陆，正面袭击广东沿海地区，登陆时海丰县风力为 10 级，风速达 25.0 米 / 秒，阵风达 12 级。在海丰县附近海面，一艘来自浙江省的 500 吨货船被刮沉，4 名船员失踪。

2003 年 4 月 20 日下午，广东省湛江市雷州市调风镇遭龙卷风袭击。龙卷风持续约 40 分钟，风力达 12 级以上，影响范围宽 60 ~ 150 米，长约 3.5 千米。灾害导致 29 人受伤，793 间房屋受损，直接经济损失达 2 386 万元。

2004 年 4 月 16 日 16—17 时，海南省海口市琼山区红旗镇、三门镇一带遭受龙卷风袭击。风力 10 级以上，持续时间 10 分钟左右。大风范围半径约 300 米，途经 10 千米余。大风经过之处，30% ~ 50% 的香蕉树齐腰折断，碗口粗的橡胶树被折断或被连根拔倒。香蕉、橡胶和西瓜严重受损，直接经济损失达 979 万元。5 月 8 日 11 时 40 分，广东省陆丰市东甲镇出现龙卷风，造成 2 人死亡，60 余人受伤。

2007 年 5 月 18 日，广东省深圳市遭受强龙卷风袭击。宝安区福永街道 107 国道旁福永国际家具博览中心的家私城 A 馆顶部因灾发生坍塌，造成 1 人死亡，5 人受伤，财产损失约 100 万元。7 月 5 日，0703 号热带风暴在广西壮族自治区东兴市东兴镇一带沿海登陆，涠洲岛出现 12 级（34.3 米 / 秒）阵风，北海市和防城港市沿海海面出现了 8 ~ 9 级、阵风 12 级的大风。台风导致北海、防城港等市遭受风涝灾害，涠洲岛小艇沉没 4 只，损坏 10 只，港口码头毁坏 500 米，直接经济损失达 8 500 万元。

2010 年 7 月 16 日 19 时 50 分，1002 号台风"康森"登陆海南省三亚市亚龙湾，海口市沿海陆地出现 9 ~ 12 级大风，三亚市测得最大阵风 51.8 米 / 秒，风力达 16 级。该热带气旋造成三亚和海口机场共 107 个航班取消，琼州海峡停航 48 小时，海口火车站 2 000 余名旅客滞留；三亚市多个片区停水停电，大批市政设施遭到破坏，田独镇往东线高速公路一个广告牌被大风吹倒，当场砸死两名男子。8 月 17 日 15 时 40 分，广东省湛江市徐闻县前山镇深水村、曲界镇渔桥村和后寮村遭受龙卷风袭击，受灾人口 997 人，受伤 10 人，农作物和生态林受损，电力设施损坏，直接经济损失达 1 062 万元。

2013 年 5 月 9 日 05 时，北海市铁山港区突发龙卷风，造成一施工单位活动板房被毁，29 人不同程度受伤；龙卷风掠过 4 个村庄，造成 105 间房屋受损，13 间房屋倒塌。9 月 22 日 19 时 40 分，1319 号超强台风"天兔"在汕尾市沿海登陆，汕头市出现 11 ~ 13 级大风，陆丰市测得最大阵风达 60.7 米 / 秒（17 级）。受台风影响，多地电网受损，列车停运，直接经济损失达 235.5 亿元。9 月 29 日，受 1321 号强台风"蝴蝶"影响，三沙永兴岛和珊瑚岛出现 12 级以上大风。广东和香港 5 艘渔船在西沙珊瑚岛附近海域遭遇 1321 号强台风的袭击，2 艘沉没、1 艘失去联系，导致 14 人死亡，48 人下落不明。

2014 年 7 月 18—19 日，1409 号超强台风"威马逊"先后在海南文昌、广东徐闻和广西防城港登陆。18 日 15 时 30 分前后在海南省文昌市翁田镇沿海登陆，登陆时中心附近最大风速达 70 米 / 秒（风力 17 级以上），中心最低气压为 890 百帕，为 1949 年以来登陆我国最强的台风，历史罕见。受其影响，海南岛东北部陆地普遍出现 10 ~ 12 级、阵风 13 ~ 16 级大风，最大风力出现在文昌市翁田镇，测得阵风 17 级（58.8 米 / 秒）、平均风力 12 级（36.2 米 / 秒）；18 日海南岛东部海面浮标站和文昌七洲列岛最大阵风高达 74.1 米 / 秒和 72.4 米 / 秒（17 级以上）。受"威马逊"影响，海口供电、供水、城市交通、海陆空交通全部中断，部分通信中断。据统计，"威马逊"共造成海南 325.9 万人受灾，26 人死亡，6 人失踪，直接经济损失达 119.1 亿元。19 日 07 时 10 分前后，"威马逊"在广西壮族自治区防城港市光坡镇沿海第三次登陆，登陆时中心附近最大风速达 50 米 / 秒（15 级），中心气压为 945 百帕，给广西带来严重风雨影响。7 月 18 日下午至

20 日，北海、防城港、钦州等 9 个地市的 37 个县（市）出现 8 级以上大风，阵风 10 ~ 14 级；北部湾海面出现 14 ~ 15 级、阵风 17 级的大风，其中 19 日北海市涠洲岛竹蔗寮极大风速达 59.4 米／秒（17 级）、盛塘村达 56.5 米／秒（17 级），防城港市茅墩岛达 56.5 米／秒（17 级）；19 日北海、防城港的极大风速分别为 45 米／秒和 41 米／秒，打破当地建站以来历史纪录。

2015 年 7 月 9 日 12 时 05 分，1510 号台风"莲花"在广东省陆丰市沿海登陆，受其影响，汕头市陆上出现 14 ~ 15 级阵风，海上出现 47.8 米／秒阵风和 35.7 米／秒最大平均风速；大风给汕头市大部分地区作物生长及未成熟收割的早稻带来严重影响，同时，汕头市多个区域停电。10 月 3—4 日，受 1522 号强台风"彩虹"影响，湛江市陆上及海面出现 12 ~ 15 级大风，阵风 16 ~ 17 级，其中湛江市麻章区湖光镇录得平均风速 46.4 米／秒（15 级），阵风 67.2 米／秒（超过 17 级）的最大风速；台风对湛江市养殖业、渔业、农业造成巨大损失，湛江市全城交通近乎瘫痪，外围多条高速公路关闭，广州至湛江方向航班全部取消。

2019 年 2 月 18 日 17 时 50 分前后，海南省海口市美兰区三江镇眼镜塘村出现龙卷，龙卷自西向东移动 2 ~ 3 千米，过程大约持续 5 分钟。风灾造成 4 间房屋房顶被掀翻，沿途有树木折断、车辆被掀翻，苗圃损坏，直接经济损失达 16 万元。4 月 13 日 14 时 15 分前后，广东省湛江市徐闻县和安镇突发龙卷风，陆地最大风速 50.7 米／秒（15 级），降雨量 43.4 毫米（大雨）。此次龙卷风造成 1 人死亡，5 人受伤。8 月 29 日凌晨，受龙卷风影响，儋州市那大镇有工地工人宿舍（板房工棚）发生倒塌，造成 8 人死亡、2 人受伤，7 300 余株树木倒伏，115 间房屋受损，若干电线杆断倒、路灯倾倒。

3. 冰雹

1978 年 3 月 9 日 02—23 时，广东省湛江地区的吴川、电白、茂名、徐闻等 8 个县（市）、38 个公社先后受冰雹袭击，在冰雹袭击时有 8 ~ 9 级大风，阵风 10 级，冰雹直径 15 ~ 30 毫米，冰雹袭击导致 4 人死亡，1 491 人受伤，其中 305 人重伤，另外还打伤耕牛，打死生猪，打坏房屋、船只和农作物等。

1983 年 3 月 1 日午夜，广西壮族自治区合浦县营盘乡杉畔一带降雹，2 日 08 时 30 分前后，福成乡南部及营盘乡大部分地区降雹，历时约 15 分钟，冰雹地面堆积厚度 10 ~ 15 厘米，受伤 13 人，打坏房屋 24 097 间，毁坏已播下的早稻种子 1.33 万千克。

1985 年 2 月 7 日 18 时 30 分前后，广东省阳江市阳春县卫国、合水、春湾、附城等区部分村遭受冰雹和龙卷风袭击，冰雹大如杯口，小如拇指，堆积厚度 10 厘米。造成重伤 1 人，轻伤 1 人，经济损失达 31.11 万元。

1987 年 3 月 9—10 日，海南省澄迈县遭受历史罕见的冰雹和龙卷风袭击。其来势猛，风力大，雷雨大，密度大（每平方米有雹 10 颗以上），降雹持续时间长（15 ~ 20 分钟），颗粒粗，最大粒直径达 20 厘米，大部分 5 ~ 10 厘米，破坏力大。澄迈县永发、美亭、瑞溪、白莲区和毗邻的国营金安农场受灾较严重。

1990 年 2 月 17 日、20 日和 22 日，广西壮族自治区合浦县连续 3 次遭冰雹袭击，全县各乡普遍受灾，造成房屋倒塌，瓦片被打碎，人畜伤亡。据县农业委员会调查统计，全县损失 500 余万元，其中 17—18 日，合浦县福成乡、白沙乡 10 个村被龙卷风、冰雹袭击，损坏农作物 3 130 亩，倒塌、损坏房屋 10 102 间。

1997 年 3 月 20 日 12 时许，受冷空气影响产生强烈对流，龙卷风夹着罕见的冰雹袭击海南省乐东黎族自治县 6 个镇，袭击范围约 243 平方千米，下冰雹持续 15 分钟，地面积雹 3 ~ 25 厘米，其来势突然、凶猛，覆盖面宽，破坏力较大。造成 14 人受伤，民房损坏 700 间，农作物受灾面积 1 149 公顷，直接经济损失达 2 544.3 万元。4 月 15 日，受高空槽、冷空气影响，广西壮族自治区防城港市自西北—东南出现飑线和冰雹，防城港气象站瞬时最大风速 29.6 米 / 秒，冰雹最大直径 10 毫米。受伤 16 人，建筑物损坏 356 间，农作物受灾 2.03 万亩，海水养殖损坏 500 亩，海产品损失 400 吨，直接经济损失达 3 000 万元。

1998 年 2 月 17—18 日，海南省文昌市文城、清澜、迈号、头苑、潭牛等 5 个乡镇发生 2 次冰雹灾害。农作物受灾损失严重，直接经济损失达 3 705 万元。

2013 年 3 月 30 日，广东省阳江市阳春市、阳东县共 11 个镇出现强降雨，局部伴有冰雹、龙卷风等强对流天气。全市受灾人口 3.75 万人，造成大量农作物受灾和房屋损坏，直接经济损失达 4 950 万元。

4. 雷电

1990 年 7 月 17 日、22 日，海南省海口市和万宁市万城镇分别出现强烈雷击现象。雷击点通信设备遭严重破坏，通信中断，雷击死 1 人，伤 1 人。

1995 年 7 月 15 日，海口机场主跑道遭受雷击，被巨雷炸开一个不规则的创面为 42 厘米 × 50 厘米、深 12 厘米的大坑，致使机场被迫关闭 17 个小时，当天的 28 个航班被取消，1 500 余名旅客滞留。雷击引起的感应过电压，使位于跑道南侧约 200 米处的海口自来水公司米铺水厂的空气开关感应爆炸、配电跳闸、5 部彩电损坏，附近一带有线电视信号中断。

1996 年 6 月 16 日 00 时 30 分，广东省陆丰市部分地区遭遇雷击。湖东镇竹湖管区南洲村一村民家因雷击伤 2 人，死 1 人，家中电器和房屋均被击坏，直接经济损失达 4.5 万元。陆丰市证券公司损坏 30 余台电脑，经济损失约 80 万元。10 月 8 日和 24 日，澄海市新溪镇下头合村豪华家具厂遭雷击引起火灾，烧毁家具，经济损失约 200 万元。

1997 年 4 月中旬，广东省珠海市三门岛石场荷电房遭雷击发生爆炸，直接经济损失 100 余万元。4 月 23 日 20 时 30 分，雷州市白沙镇麻扶炮竹厂遭雷击引起爆炸，厂房仓库被夷为平地，受伤 16 人，其中重伤 1 人，直接经济损失达 60 余万元。

1998 年 4 月 21 日，海南省文昌市锦山镇 1 名村民被雷击身亡。28 日，文昌市铺前镇 2 人遭雷击身亡。29 日，文昌市新桥镇 3 人被雷击受伤；三亚市羊栏镇桶井村 1 人在野外遭雷击身亡，林旺镇一海水养殖场工人遭雷击，2 人死亡，13 人受伤，其中 6 人重伤，林旺邮电所、三亚度假村、三亚国际大酒店等单位的程控电话交换机、卫星电视接收系统和电脑网络等均遭受雷击，直接经济损失近 20 万元。8 月 22 日 18 时，广西壮族自治区北海市交通银行遭受雷击，造成部分电脑设备受损，初步估计直接经济损失达 2 万元；北海市纸箱厂高达 30 米的烟囱遭受雷击，避雷引下线被拦腰击断，影响生产的正常进行，直接经济损失近万元。9 月，北海市铁山港区赤江陶瓷厂遭受雷击，30 余米高烟囱的避雷针和引下线被击坏，直接经济损失近万元；北海市香格里拉大饭店遭受雷击，造成收银机系统和电话交换机受损，影响了营业的正常进行，直接经济损失约两万元。

1999 年 5 月 17 日下午，海南省海口市美兰国际机场遭受雷击，损坏供电系统，造成 500 余条灯管烧毁，边防检查站 2 台计算机被击坏。5 月 27 日 22 时前后，文昌市南阳镇新合管理区罗布坡村遭受雷击，当时 3 人在凉棚休息，其中 1 人被击死，2 人被击伤。6 月 3 日，海口市电信局省委微波楼内的语音信箱设备遭雷击，其中 7 块语音板被打坏，直接经济损失近百万元。7 月 5 日，海口市电信局微波大楼遭受雷击，直接经济损失约 15 万元。7 月 24 日 18 时，东方市乐安小学遭受雷击，3 间宿舍被击坏，1 人死亡，4 人受伤。7 月 31 日 13 时 25 分，东方市十所村出现强雷雨,在村边田间施肥的1名青年妇女当场被击死,附近树下的2头耕牛同时被雷击死。

2000年5月15日16时30分前后,海南省三亚市林旺镇青田村罗某和符某在港湾捕鱼时,两人被雷击身亡,死者身体均被烧黑。7月17日07时,琼山市府城镇受强雷雨影响,发生大面积的雷击事故,击坏电脑、电视机、电话机、程控电话交换机和大批微波及电子设备,直接经济损失达150余万元。7月27日,粤东的龙川、河源、汕头、澄海、潮安、惠来等县(市)的部分地区遭遇雷击。15时30分至16时30分,澄海市莲上镇及湾头镇遭雷击,莲上镇死亡3人,伤3人,湾头镇死亡2人,伤1人。

2003年2月24日16时前后,海南省海口市琼山区三江农场神茏农业开发有限公司甲鱼养殖场遭雷击,造成2人死亡,2人受伤,直接经济损失达15万元。5月14日20时45分,广东省深圳市区两座智能大厦的弱电系统遭雷击,直接经济损失超过100万元。6月14日,广东省深圳市6个建筑物内的电子设备系统遭雷击受损,直接经济损失超过300万元。

2004年4月14日中午,海南省东方市大田镇大田村数名农民在路上遇雷击,造成1人死亡,3人受伤。6月10日14时,海南省乐东黎族自治县三平乡保派村小学附近因雷击造成1人死亡,1人重伤。6月30日,广东省珠海市前山镇造贝游乐场发生直接雷击,造成3人当场昏厥,1位伤势重者经急救后脱险。8月15日09时许,海南省三亚市羊栏镇一养殖工棚遭雷击,造成1人死亡、1人重伤、2人轻伤、1人有触电感。9月8日,广东省湛江市发生雷击,造成2人死亡,1人受伤。9月18日,广东省湛江市发生雷击,造成11人受伤。

2005年6月19日16时,海南省海口市东山镇东星村因雷击死亡1人,2人受伤。

2007年5月27日12时前后,广东省湛江市廉江市良桐镇新华洪村龙塘果场遭雷击,在屋内的3名女工被击伤脸部和颈部。8月9日05时,广西壮族自治区北海市外沙螺场发生雷击,造成1人死亡,2人受伤。

2009年3月5日16时至17时,广东省深圳市机场遭雷击,造成航班延误或取消,直接经济损失为800万元,间接经济损失达5 800万元。

2013年5月10日15时,广东省湛江市吴川市塘缀镇塘莲村委会新屋村多名男村民在岭头遭雷击,造成1人身亡,3人受伤。

2015年6月11日14时18分,广东省湛江市吴川市振文镇4名正在4楼天面从事绑扎钢筋工作的人员遭雷击,造成2人死亡,2人受伤。9月1日10时30分,广西壮族自治区北海市北海大道南洋新都铁山港区遭雷击,4根油管受损严重,直接经济损失达300万元,间接经济损失达500万元。

2016年5月3日14时00分,广东省湛江市雷州市调风镇30多名菠萝采摘工冒雨在空旷的田野上采摘菠萝时遭雷击,造成1人死亡,3人受伤。6月10日17时00分,广东省湛江市麻章区太平镇东岸村第五村民小组一厕所遭雷击,造成厕所内及附近1人死亡,3人受伤,击毁屋角1个。7月7日上午,广西壮族自治区北海市银滩镇海边遭雷击,造成正在树下避雨的1人死亡,3人受伤。7月31日14时25分,广东省湛江市雷州市广东省盐业集团雷州盐场有限公司遭雷击,造成正在盐巴结晶池盖塑料薄膜的工作人员1人死亡,3人受伤。

5. 雾

1975年2月4日,"海运104"轮因雾大在位于珠海市西南端的荷包岛附近触礁。

1976年2月15日,"汕海202"轮因雾在23°12′N,116°47′E触礁沉没。2月16日,索马里籍"南洋"轮在22°25′N,115°43′E因雾与荷兰籍"土打高雅"轮碰撞,"南洋"轮沉没。2月

17 日，日本籍"碧阳丸"在 22°18.6′N，115°21.9′E 因雾与索马里籍"昆山"轮碰撞，"碧阳丸"沉没，16 人失踪。

1978 年 3 月 5 日，"汕海 006"轮在莱屿岛附近，因雾触礁沉没，2 人失踪。

1979 年 1 月 31 日，载有 4 220 吨电石的希腊籍"阿里比奥"轮在珠江口牛头角因雾搁礁爆炸，死亡、失踪 21 人。

1981 年 2 月 12 日，"电白 3067"号渔船在 21°02′N，110°02′E 处因雾与"红旗 124"轮碰撞而沉没。

1983 年 4 月 27 日，陆丰县甲子渔业 8 大队的"2811"号帆船因浓雾在 22°45.5′N，116°11.3′E 处被"红旗 126"轮撞沉，失踪 2 人。

1984 年 2 月 9 日，香港流动渔船"M62933A"在外伶仃岛以东 5 海里处，因雾与"惠民"轮碰撞而沉没，死亡、失踪各 1 人。

1985 年 1 月 23 日，"红旗 205"轮在琼州海峡中水道 1—2 灯浮间因雾大，与洪都拉斯籍"安新"轮碰撞。

1987 年 4 月 23 日，徐闻县"徐新 79 号"船在海口港外因雾大，能见度差，被一艘不知名的货轮撞沉，失踪 3 人。

1993 年 2 月 5 日，"新会 01066"渔船在 21°11′N，113°11′E 处因雾与新加坡"HONG HWA"轮碰撞而沉没，救起 3 人，失踪 4 人。

1994 年 1 月 31 日，"三行 2002"轮在南澳岛附近因雾大，碰沉"南澳 31063"渔船，失踪 3 人。

1998 年 1 月 19—22 日，受连续数日的阴雨、浓雾天气影响，海口美兰国际机场航班延误 86 架次，取消航班 76 架次，5 000 余名旅客滞留海口。2 月 4 日 09 时 15 分，在深圳机场客运码头 1 号和 2 号浮灯附近，由于浓雾，能见度差，"宇航 2 号"高速客船与"潮供油 8 号"油船碰撞。

1999 年 1 月 18 日，一场浓雾紧锁海口，海口美兰国际机场能见度降到 800 米以下，被迫取消航班 111 架次。1 月 22 日，浓雾弥漫海口，至 15 时 27 分，海口美兰国际机场取消航班 27 架次，迫降周边机场 19 架次。1 月 23 日，浓雾使海口美兰国际机场取消航班 26 架次，迫降周边机场 16 架次。

2000 年 1 月 4 日，海南岛北部地区及琼州海峡、北部湾北部海面出现了入冬以来时间最长的大雾天气，持续时间长达 10 个小时以上，海口市区能见度小于 50 米。当日海口美兰国际机场和轮渡码头关闭多时，20 余个航班延误起飞或停航，约有 7 班客、货轮渡延误，各地发生多起交通事故。1 月 21 日春运之后，海口连续数日浓雾天气，每天都因浓雾影响延误航班。24 日，海口美兰国际机场 50 余个航班因浓雾延飞或停航，近千名旅客滞留海口。当日晚，琼州海峡因浓雾造成 20 余个航班停航，400 余辆以瓜菜车为主的车辆和近 4 000 名旅客滞留港口数小时。3 月 16 日 03 时 17 分，琼州海峡大雾弥漫，能见度低。从海口新港开往广州的 350 吨位的"临海 306"轮与从湛江开往海口的 600 吨位的"银海 8 号"轮在琼州海峡北部外罗门航道附近水域相撞，载有 118 吨化肥的"银海 8 号"轮随即沉没。

2003 年 2 月 8 日，受大雾天气影响，深圳机场有 113 个进出港航班延误。

2016 年 2 月 13—14 日，受雾影响，南航在珠海、汕头机场起降的航班均出现大规模延误。

6. 寒潮和霜冻

1966 年 12 月 26 日至 1967 年 1 月 19 日，受强冷空气影响，广西出现低温天气过程，伴随异常霜冻天气过程。东兴县部分地区橡胶树、冬红薯、香蕉等热带作物和越冬作物受到严重冻害，其中，那梭农场 15 万株橡胶树被冻死 70% ~ 80%。合浦县橡胶树、冬红薯、香蕉等热带作物和越冬作物受到严重冻害；冻死耕牛 879 头。

1975 年 12 月 6—29 日，广东省遭遇强寒潮袭击，在强寒潮的影响下，大陆地区出现 5 ~ 6 级强风，12—14 日，南海海面也出现大风，15 日在 11.0°N，111.2°E 海域内出现 22 米 / 秒（9 级）的烈风，给海洋渔业生产带来一定的影响。12 月上旬中期开始，广西自北向南受强冷空气影响，气温骤降。霜冻过程从 12 月 15 日开始，持续到 1976 年 1 月上旬，主要时段为 12 月 18—31 日，其中 9 天有霜（结冰）气象站数达 70 站以上。广西除涠洲岛、陆川两站外，其余 86 站都出现了霜，沿海的合浦和桂西南的崇左、龙州、宁明气温都在 0℃以下，桂南大部气温在 –1 ~ 2℃，涠洲岛也低至 2.9℃。其中涠洲岛、合浦等站的最低气温为 1951—2000 年间的最低值。北海站最低气温 2.0℃。钦州市城区、博白、东兴县等地橡胶、胡椒、木菠萝等树木受严重冻害，钦州市城区橡胶树几乎全部冻死。

1982 年 12 月 17—23 日和 12 月 26—30 日，广西经历两次大范围霜冻过程。合浦县冻死耕牛 1 600 头，冬红薯 1 533 公顷，香蕉树 6 万余株。

1984 年 1 月上旬后期，广西出现一次大范围的霜冻（冰冻）天气过程，其中 1 月 9—10 日霜冻范围最广，9 日有 76 站、10 日有 61 站出现霜冻。霜冻南线达到沿海的合浦、防城、东兴。

1991 年 12 月 25—28 日，广东省自北向南先后出现剧烈的降温，西南部地区 24 小时降温 14 ~ 17℃，48 小时降温 17 ~ 18℃。西南部地区最低气温为 2 ~ 4℃，广州市内黄花岗侧的人行天桥上结有薄冰，甚至香港的大帽山也呈现一片银色，山上的草丛和树木上到处可以见到条棒状的冰和霜。湛江、茂名等地农作物严重冻伤，大量塘鱼、鱼苗、养殖虾冻死，给养殖业造成严重损失。

1999 年 12 月 21—28 日，受强冷空气影响，广西出现严重的霜（冰）冻天气过程。其特点是范围广、气温低、持续时间长、灾害严重，是 1975/1976 年度冬季发生严重霜冻以来最严重的一次霜冻。该过程造成防城港市、贵港市、钦州市、南宁市和崇左市淡水、海水养殖品损失 54 万千克以上。

2016 年 1 月 22—26 日，受强寒潮天气影响，广东出现全省性低温和大范围冰冻天气，茂名、湛江、珠海等地的 24 个县（市）最低气温跌破历史极值，过程降温幅度达 7.0 ~ 14.0℃。珠江三角洲和南部部分县（市）出现历史罕见的雨夹雪或霰（小冰粒），降雪范围突破了 1951 年以来降雪的最南界，广州市区出现降雪奇观，为 1949 年以来的首次降雪。这次过程造成广东省东部和西南部的农作物、果蔬及养殖业不同程度受灾，造成广东省直接经济损失达 61.0 亿元。

第三节　典型过程分析

南海是我国三大边缘海之一，为我国近海中面积最大、水最深的海区。北起广东省南澳岛与台湾岛南端鹅銮鼻一线，南至加里曼丹岛、苏门答腊岛，西依中国大陆、中南半岛、马来半岛，东抵菲律宾，通过海峡或水道东与太平洋相连，西与印度洋相通。与渤海、黄海、东海相比，南海有较高的水温和较大的盐度，平均潮差 2 ~ 6 米，生物多样性丰富。南海属亚热带季风气候，受热带气旋影响显著。

近年来，受全球和区域气候异常的影响，南海海区及海岸带极端天气气候事件呈增加趋势，风暴潮、巨浪、赤潮、暴雨洪涝和大风等灾害频发。本节选取了近 60 年来影响较大的 6 次风暴潮过程，以及 4 次灾害性海浪过程进行相关要素分析。

近 11 年（2009—2019 年）来，南海沿海（仅包含广东省、海南省和广西壮族自治区统计数据）

巨浪灾害总体无明显变化规律，年均致灾巨浪次数在 9 次左右，年均直接经济损失约 1 亿元，年均死亡（含失踪）人数约 20 人。广东省和海南省均为巨浪灾害较为严重的省份，其中广东省总死亡（含失踪）人数 128 人，总直接经济损失约 1.34 亿元，海南省总死亡（含失踪）人数 88 人，总直接经济损失约 9.79 亿元（统计数据来源于 2009—2019 年《中国海洋灾害公报》）。

1. 风暴潮

（1）1991 年

1991 年 8 月，9111 号强台风"弗雷德"先后影响广东、海南沿海，南海沿海观测到的最低气压为 981.5 百帕（8 月 16 日），出现在清澜站。莺歌海站最大风速为 30.0 米 / 秒（8 月 17 日），对应风向为 SSE。海南沿海多个海洋站日降水量超过 100 毫米，达到大暴雨以上级别，清澜站日降雨量最大，为 184.3 毫米（8 月 16 日）。

1991 年 8 月，广东至海南沿海海平面较常年同期偏高约 20 毫米。"弗雷德"影响期间，沿海多个海洋站最大增水超过 100 厘米，其中硇洲站最大增水超过 220 厘米。高海平面、风暴增水相叠加，沿海多个海洋站出现了达到或超过警戒潮位的高潮位，其中秀英站最高潮位超过当地红色警戒潮位（图 7.3-1）。

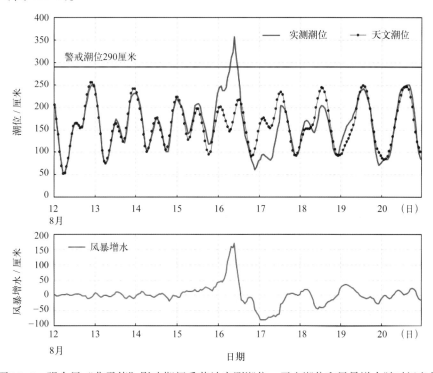

图 7.3-1　强台风"弗雷德"影响期间秀英站实测潮位、天文潮位和风暴增水随时间变化

在多种因素的综合影响下，此次过程给广东和海南沿海带来严重损失，死亡（含失踪）38 人，直接经济损失达 11.2 亿元。

（2）2008 年

2008 年 9 月 24 日，0814 号强台风"黑格比"在广东电白登陆，影响广东、广西沿海，南海沿海观测到的最低气压为 954.4 百帕（9 月 24 日），出现在闸坡站。最大风速为 38.6 米 / 秒（9 月 24 日），出现在台山站，对应风向为 NE，闸坡站最大风速为 35.4 米 / 秒，对应风向为 NNE。东方站日降雨量最大，为 126.9 毫米（9 月 24 日），涠洲站日降雨量为 121.0 毫米（9 月 25 日），均达到大暴雨级别。

2008年9月，广东和广西沿海海平面明显偏高，较常年高120～200毫米。"黑格比"影响期间，接近沿海天文大潮期，沿海多个海洋站最大增水超过100厘米，其中闸坡站最大增水达到217厘米，为历史最高。高海平面、天文大潮和风暴增水叠加，多地形成超过警戒潮位的高潮位，其中闸坡站最高潮位超过当地红色警戒潮位39厘米，赤湾站最高潮位超过当地黄色警戒潮位（图7.3-2）。

受风暴增水、天文大潮和海平面偏高等因素的共同影响，广东、广西沿海损失严重（图7.3-3），其中北海、防城港、钦州3市受灾人口242.97万人，海洋水产养殖受损面积3 899公顷，房屋损毁0.29万间，堤防损坏166.06千米，船只毁坏146艘，直接经济损失达13.97亿元。

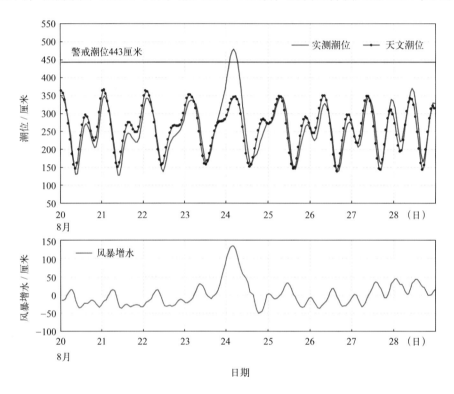

图7.3-2　台风"黑格比"影响期间赤湾站实测潮位、天文潮位和风暴增水随时间变化

图7.3-3　"黑格比"引发的台风风暴潮影响广东沿海

（3）2011年

2011年9月29日，1117号强台风"纳沙"影响广东、广西和海南沿海，南海沿海观测到的

最低气压为 971.4 百帕（9 月 29 日），出现在清澜站。最大风速为 24.7 米 / 秒（9 月 29 日），出现在广东台山站，对应风向为 NE，湛江站最大风速为 22.0 米 / 秒（9 月 30 日），对应风向为 ESE。清澜站日降雨量最大，为 198.5 毫米（9 月 29 日），涠洲站最大日降水量为 139.0 毫米（9 月 30 日），均达到大暴雨级别。

2011 年 9 月，广东、广西和海南沿海海平面明显偏高，较常年同期高 120 ~ 170 毫米。"纳沙"影响期间，恰逢沿海天文大潮期，湛江站最大增水达到 288 厘米，硇洲站最大增水达到 249 厘米。高海平面、天文大潮和风暴增水叠加，秀英、硇洲、闸坡等站出现超过警戒潮位的高潮位，其中秀英站最高潮位超过当地警戒潮位 52 厘米（图 7.3-4）。

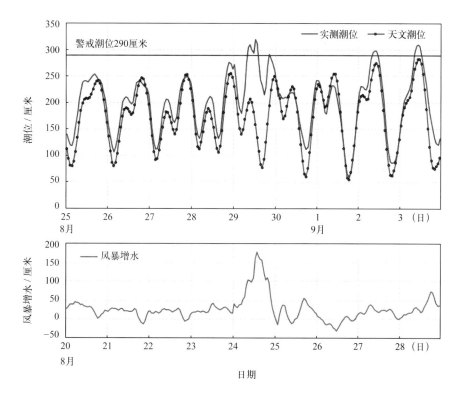

图7.3-4　强台风"纳沙"影响期间秀英站实测潮位、天文潮位和风暴增水随时间变化

受风暴增水、天文大潮和海平面偏高等因素的共同影响，广东沿海经济损失超过 12 亿元，其中电白县经济损失近 2 亿元，受灾人口超 8 万人；广西沿海 50 余万人受灾，经济损失超 1 亿元；海南沿海受灾人口近 500 万人，经济损失约 20 亿元（图 7.3-5）。

图7.3-5　"纳沙"风暴潮袭击海口东海岸（左）及东营外墩村（右）

（4）2014 年

2014 年 9 月 16 日，1415 号台风"海鸥"影响广东、广西和海南沿海，南海沿海观测到的最低气压为 958.6 百帕（9 月 16 日），出现在涠洲站。最大风速为 31.0 米／秒（9 月 16 日），出现在广西防城港站，对应风向为 NNE。防城港站日降雨量最大，为 192.9 毫米（9 月 17 日），清澜站最大日降雨量为 161.4 毫米（9 月 16 日），均达到大暴雨级别。

2014 年 9 月，广东、广西和海南沿海海平面明显偏高，较常年高 200 ~ 300 毫米。"海鸥"影响期间，恰逢沿海天文大潮期，铁山港站、钦州站最大增水分别达到 272 厘米、250 厘米。高海平面、天文大潮和风暴增水叠加，深圳、湛江等多地形成超过警戒潮位的高潮位，其中秀英站出现了破历史纪录的高潮位，最高潮位超过当地警戒潮位 147 厘米（图 7.3-6）。

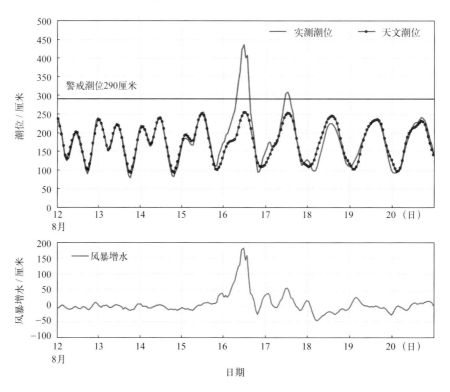

图7.3-6　台风"海鸥"影响期间秀英站实测潮位、天文潮位和风暴增水随时间变化

受风暴增水、天文大潮和海平面偏高等因素的共同影响，广东受灾人口 258 万人，房屋、水产养殖、码头等受损严重，直接经济损失达 29.85 亿元；广西沿海近 75 万人受灾，直接经济损失达 3.64 亿元；海南沿海受灾人口 121.72 万人，直接经济损失达 9.26 亿元（图 7.3-7）。

图7.3-7　"海鸥"风暴潮袭击海口西海岸

（5）2017 年

2017 年 8 月 23 日，1713 号强台风"天鸽"影响广东、广西沿海，南海沿海观测到的最低气压为 947.7 百帕（8 月 23 日），出现在大万山站。最大风速为 35.2 米 / 秒（8 月 23 日），出现在珠海站，对应风向为 ENE。钦州站日降雨量最大，为 167.3 毫米（8 月 25 日），铁山港站最大日降雨量为 126.1 毫米（8 月 25 日），均达到大暴雨级别。

2017 年 8 月，广东和广西沿海海平面明显偏高，较常年高 50～100 毫米。"天鸽"影响期间，恰逢沿海天文大潮期，硇洲站、湛江站最大增水分别达到 428 厘米、415 厘米。高海平面、天文大潮和风暴增水叠加，广东多地形成超过红色警戒潮位的高潮位，其中珠海站、赤湾站出现了破历史纪录的高潮位，最高潮位分别超过当地警戒潮位 147 厘米、72 厘米（图 7.3-8）。

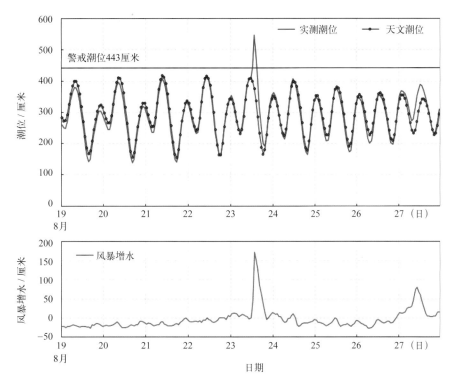

图7.3-8 强台风"天鸽"影响期间赤湾站实测潮位、天文潮位和风暴增水随时间变化

受风暴增水、天文大潮和海平面偏高等因素的共同影响，广东受灾人口 112 万人，珠江三角洲地区水产养殖、渔船和堤防设施等损失严重，直接经济损失超过 50 亿元（图 7.3-9）。

图7.3-9 "天鸽"风暴潮袭击广东珠海香洲区和海滨公路

（6）2018 年

2018 年 9 月 16 日，1822 号超强台风"山竹"影响广东、广西和福建沿海，南海沿海观测到的最低气压为 957.9 百帕（9 月 16 日），出现在大万山站。最大风速为 34.5 米 / 秒（9 月 16 日），出现在大万山站，对应风向为 SE。惠州站日降雨量最大，为 142.6 毫米（9 月 16 日），达到大暴雨级别。

9 月为广东沿海季节性高海平面期，2018 年 9 月珠江口沿海海平面较常年高 220 毫米，处于 1980 年以来同期第三高位。"山竹"影响期间，沿海出现超过 300 厘米的风暴增水，惠州站、盐田站、赤湾站最大增水均超过 200 厘米。高海平面和风暴增水叠加，广东多地形成超过警戒潮位的高潮位，其中惠州站出现了破历史纪录的高潮位，最高潮位超过当地红色警戒潮位 71 厘米，汕尾站最高潮位达到当地橙色警戒潮位（图 7.3–10）。

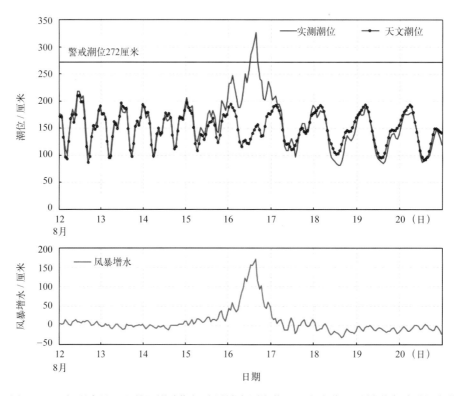

图7.3–10　超强台风"山竹"影响期间汕尾站实测潮位、天文潮位和风暴增水随时间变化

受风暴增水和海平面偏高等因素的共同影响，福建直接经济损失达 0.02 亿元，广东直接经济损失达 23.70 亿元，广西直接经济损失达 0.85 亿元，三地直接经济损失合计 24.57 亿元（图 7.3–11）。

图7.3–11　超强台风"山竹"影响期间广东深圳沿海基础设施受损

2. 海浪

(1) 1983 年

1983 年 10 月 24—27 日，8316 号强热带风暴（Lex）自西向东横穿南海中北部海域（26 日 14 时前后登陆越南）。强热带风暴影响期间，南海沿海及南海岛礁观测到的最低气压为 986.1 百帕（10 月 25 日），最大风速为 27.0 米 / 秒，均出现在西沙站。西沙站和莺歌海站均出现大浪过程，其中西沙站出现的最大波高极大值为 5.0 米（24 日 17 时），莺歌海站为 3.8 米（26 日 08 时）（图 7.3-12）。

26 日 02 时，美国"爪哇海"号钻井平台在南海莺歌海外海海域作业期间，因受 8316 号强热带风暴袭击翻沉。当时钻井船共 81 人，无一幸存，遇难人员涉及 7 个国家，其中美国人 37 名，中国人 35 名，英国人 4 名，新加坡人 2 名，加拿大、澳大利亚和菲律宾人各 1 名。全部损失达 3.5 亿美元。

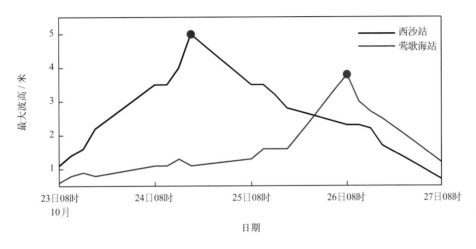

图7.3-12　8316号强热带风暴影响期间西沙站和莺歌海站最大波高变化

(2) 2003 年

2003 年 8 月 25 日，0312 号台风"科罗旺"在广东徐闻登陆，登陆时中心最大风速超过 30.0 米 / 秒。沿海观测到的最低气压为 966.8 百帕（8 月 25 日），最大风速为 42.0 米 / 秒（25 日 16 时 54 分），均出现在涠洲站。

"科罗旺"造成南海中部、北部 4.0 米以上的巨浪持续 3 天，北部 6.0 米以上的狂浪持续 2 天，最大波高 9.0 米，导致广东和广西沿岸水产养殖业严重受损。硇洲站、涠洲站和大万山站均出现大浪过程，其中硇洲站出现的最大波高极大值为 7.0 米（25 日 09 时和 12 时）（图 7.3-13），涠洲站和大万山站分别为 3.7 米（26 日 08 时）和 3.4 米（25 日 08 时）。硇洲站最大波高在 24 日 22 时达到 6.4 米，至 25 日 09 时为 7.0 米，在 13 时减小为 3.8 米，连续 15 个小时最大波高值都在 6.0 米以上，为历史少见的大浪过程。

受台风浪的影响，广东省 151 艘渔船损坏，沿海滩涂养殖网箱、渔排受损严重，水产品损失 1.5 万吨。广西沉没渔船 63 艘，水产养殖受损面积 5 649 公顷，堤防损坏 1 108 处，累计 83.4 千米，堤防缺口 12 处，累计 2.3 千米（《2003 年中国海洋灾害公报》）。

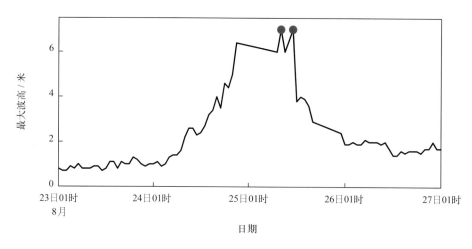

图7.3-13　台风"科罗旺"影响期间硇洲站最大波高变化

（3）2010 年

2010 年 7 月 16 日，1002 号台风"康森"在海南三亚亚龙湾登陆，登陆时中心附近风力达 12 级。台风影响期间，南海沿海和南海岛礁观测到的最低气压为 972.7 百帕（7 月 17 日），出现在三亚站；最大风速为 37.4 米 / 秒（16 日 01 时 28 分），出现在西沙站。

"康森"于 14 日 08 时开始影响南海海域，南海东部、中部、西部海域于 14 日 08 时至 17 日 20 时先后出现了 4.0 ～ 8.0 米的巨浪到狂浪；海南岛沿岸海域出现了 3.0 ～ 5.0 米的大浪到巨浪。博鳌站、莺歌海站和东方站均出现大浪过程，其中博鳌站出现的最大波高极大值为 6.7 米（16 日17 时）（图 7.3-14），莺歌海站和东方站两站分别为 4.5 米（17 日 09 时）和 3.5 米（17 日 17 时）。博鳌站最大波高在 16 日 14 时达到 5.1 米，在 17 时达到极大值，至 18 时减小为 5.1 米，连续 5 个小时最大波高值都在 5.0 米以上。

台风在亚龙湾登陆后又离开陆地沿海南岛西南部岸线行进，穿越整个西南岸线，持续近10 个小时，对沿岸地区造成较大破坏。受其影响，海南省船只损毁 59 艘，防波堤损毁 0.31 千米，直接经济损失达 339 万元（《2010 年中国海洋灾害公报》）。

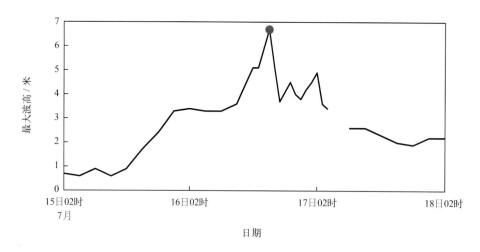

图7.3-14　台风"康森"影响期间博鳌站最大波高变化（断点为浮标故障缺测点）

（4）2013 年

2013 年 11 月 9 日，1330 号超强台风"海燕"进入南海，沿西北方向穿行南海中北部，于 10 日 13 时到达海南北部海域，以强台风级别继续沿西北方向行进，距海南岛岸线最近约 20 千米，最后在越南东北部登陆。台风影响期间，沿海观测到的最低气压为 968.6 百帕（11 月 10 日），最大风速为 27.2 米 / 秒（10 日 15 时 54 分），均出现在莺歌海站。

我国南海海域在超强台风"海燕"经过期间也正值冷空气影响，南海南部海域出现了 6.0 ～ 9.0 米的狂浪到狂涛。莺歌海站、博鳌站、涠洲站和东方站均出现大浪过程，其中莺歌海站出现的最大波高极大值为 9.6 米（10 日 19 时）（图 7.3–15），博鳌站、涠洲站和东方站分别为 6.9 米（10 日 10 时）、4.7 米（11 日 08 时）和 4.6 米（10 日 14 时）。超强台风"海燕"在经过海南岛西南部海域时移动速度较快，距离台风中心最近的莺歌海站最大波高在 10 日 15 时为 3.8 米，在 16 时骤升至 9.5 米，19 时达到极大值，至 11 日 03 时减小为 4.6 米，连续 9 个小时最大波高值都在 5.0 米以上。受台风和冷空气共同影响，海南省渔船毁坏 152 艘、损坏 326 艘，死亡（含失踪）2 人，直接经济损失达 4.60 亿元（《2013 年中国海洋灾害公报》）。

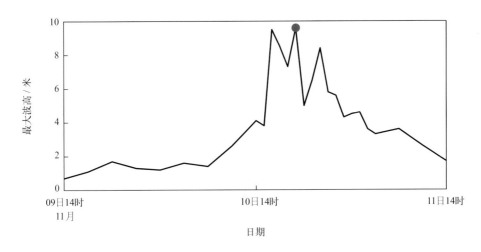

图7.3–15 超强台风"海燕"影响期间莺歌海站最大波高变化

参考文献

包澄澜, 1991. 海洋灾害及预报 [M]. 北京 : 海洋出版社.

陈伯镛, 翟国扞, 2007. 中国海洋百年大事记（1901—2000 年）[Z]. 天津 : 国家海洋信息中心.

陈上及, 马继瑞, 1991. 海洋数据处理分析方法及其应用 [M]. 北京 : 海洋出版社.

方国洪, 王凯, 郭丰义, 等, 2002. 近 30 年渤海水文和气象状况的长期变化及其相关关系 [J]. 海洋与湖沼,
　　33(5): 515–525.

冯士筰, 李凤岐, 李少菁, 1999. 海洋科学导论 [M]. 北京 : 高等教育出版社.

葛孝贞, 王体健, 2013. 大气科学中的数值方法 [M]. 南京 : 南京大学出版社.

郭琨, 艾万铸, 2016. 海洋工作者手册 [M]. 北京 : 海洋出版社.

国家海洋局, 1990. 1989 年中国海洋灾害公报 [R]. 北京 : 国家海洋局.

国家海洋局, 1991. 1990 年中国海洋灾害公报 [R]. 北京 : 国家海洋局.

国家海洋局, 1992. 1991 年中国海洋灾害公报 [R]. 北京 : 国家海洋局.

国家海洋局, 1993. 1992 年中国海洋灾害公报 [R]. 北京 : 国家海洋局.

国家海洋局, 1994. 1993 年中国海洋灾害公报 [R]. 北京 : 国家海洋局.

国家海洋局, 1995. 1994 年中国海洋灾害公报 [R]. 北京 : 国家海洋局.

国家海洋局, 1996. 1995 年中国海洋灾害公报 [R]. 北京 : 国家海洋局.

国家海洋局, 1997. 1996 年中国海洋灾害公报 [R]. 北京 : 国家海洋局.

国家海洋局, 1998. 1997 年中国海洋灾害公报 [R]. 北京 : 国家海洋局.

国家海洋局, 1999. 1998 年中国海洋灾害公报 [R]. 北京 : 国家海洋局.

国家海洋局, 2000. 1999 年中国海洋灾害公报 [R]. 北京 : 国家海洋局.

国家海洋局, 2001. 2000 年中国海洋环境状况公报 [R]. 北京 : 国家海洋局.

国家海洋局, 2001. 2000 年中国海洋灾害公报 [R]. 北京 : 国家海洋局.

国家海洋局, 2002. 2001 年中国海洋环境状况公报 [R]. 北京 : 国家海洋局.

国家海洋局, 2002. 2001 年中国海洋灾害公报 [R]. 北京 : 国家海洋局.

国家海洋局, 2004. 2003 年中国海平面公报 [R]. 北京 : 国家海洋局.

国家海洋局, 2004. 2003 年中国海洋灾害公报 [R]. 北京 : 国家海洋局.

国家海洋局, 2005. 2004 年中国海洋灾害公报 [R]. 北京 : 国家海洋局.

国家海洋局, 2006. 2005 年中国海洋灾害公报 [R]. 北京 : 国家海洋局.

国家海洋局, 2007. 2006 年中国海平面公报 [R]. 北京 : 国家海洋局.

国家海洋局, 2007. 2006 年中国海洋灾害公报 [R]. 北京 : 国家海洋局.

国家海洋局, 2008. 2007 年中国海洋灾害公报 [R]. 北京 : 国家海洋局.

国家海洋局, 2009. 2008 年中国海平面公报 [R]. 北京 : 国家海洋局.

国家海洋局, 2009. 2008 年中国海洋灾害公报 [R]. 北京 : 国家海洋局.

国家海洋局, 2010. 2009 年中国海平面公报 [R]. 北京 : 国家海洋局.

国家海洋局, 2010. 2009 年中国海洋灾害公报 [R]. 北京 : 国家海洋局.

国家海洋局, 2011. 2010 年中国海平面公报 [R]. 北京 : 国家海洋局.

国家海洋局, 2011. 2010 年中国海洋灾害公报 [R]. 北京 : 国家海洋局.

国家海洋局, 2012. 2011 年中国海平面公报 [R]. 北京 : 国家海洋局 .

国家海洋局, 2012. 2011 年中国海洋灾害公报 [R]. 北京 : 国家海洋局 .

国家海洋局, 2013. 2012 年中国海平面公报 [R]. 北京 : 国家海洋局 .

国家海洋局, 2013. 2012 年中国海洋灾害公报 [R]. 北京 : 国家海洋局 .

国家海洋局, 2014. 2013 年中国海平面公报 [R]. 北京 : 国家海洋局 .

国家海洋局, 2014. 2013 年中国海洋环境状况公报 [R]. 北京 : 国家海洋局 .

国家海洋局, 2014. 2013 年中国海洋灾害公报 [R]. 北京 : 国家海洋局 .

国家海洋局, 2015. 2014 年中国海平面公报 [R]. 北京 : 国家海洋局 .

国家海洋局, 2015. 2014 年中国海洋环境状况公报 [R]. 北京 : 国家海洋局 .

国家海洋局, 2015. 2014 年中国海洋灾害公报 [R]. 北京 : 国家海洋局 .

国家海洋局, 2016. 2015 年中国海平面公报 [R]. 北京 : 国家海洋局 .

国家海洋局, 2016. 2015 年中国海洋环境状况公报 [R]. 北京 : 国家海洋局 .

国家海洋局, 2016. 2015 年中国海洋灾害公报 [R]. 北京 : 国家海洋局 .

国家海洋局, 2017. 2016 年中国海平面公报 [R]. 北京 : 国家海洋局 .

国家海洋局, 2017. 2016 年中国海洋环境状况公报 [R]. 北京 : 国家海洋局 .

国家海洋局, 2017. 2016 年中国海洋灾害公报 [R]. 北京 : 国家海洋局 .

国家海洋局, 2018. 2017 年中国海平面公报 [R]. 北京 : 国家海洋局 .

国家海洋局, 2018. 2017 年中国海洋环境状况公报 [R]. 北京 : 国家海洋局 .

国家海洋局, 2018. 2017 年中国海洋灾害公报 [R]. 北京 : 国家海洋局 .

国家海洋局南海分局, 1995. 南海区海洋站海洋水文气候志 [M]. 北京 : 海洋出版社 .

国家能源局, 2011. 核电厂海工构筑物设计规范 : NB/T 25002—2011 [S]. 北京 : 中国电力出版社 .

姜大膀, 王会军, 郎咸梅, 2004. 全球变暖背景下东亚气候变化的最新情景预测 [J]. 地球物理学报, 47(4): 590–596.

李响, 等, 2013. 天津海洋防灾减灾对策研究 [M]. 北京 : 海洋出版社 .

李琰, 王国松, 范文静, 等, 2018. 中国沿海海表温度均一性检验和订正 [J]. 海洋学报, 40(1): 17–28.

李琰, 牟林, 王国松, 等, 2016. 环渤海沿岸海表温度资料的均一性检验与订正 [J]. 海洋学报, 38(3): 27–39.

刘峰贵, 李春花, 陈蓉, 等, 2015. 避暑型旅游城市的 "凉爽" 气候条件对比分析——以西宁市为例 [J]. 青海师范大学学报 (自然科学版), 31(1): 56—61.

刘首华, 范文静, 王慧, 等, 2017. 中国沿岸海洋站自动测波仪器测波特征分析 [J]. 海洋通报, 36(6): 18–631.

陆人骥, 1984. 中国历代灾害性海潮史料 [M]. 北京 : 海洋出版社 .

乔方利, 2012. 中国区域海洋学——物理海洋学 [M]. 北京 : 海洋出版社 .

苏纪兰, 袁业立, 2005. 中国近海水文 [M]. 北京 : 海洋出版社 .

孙湘平, 2006. 中国近海区域海洋 [M]. 北京 : 海洋出版社 .

王国松, 李琰, 侯敏, 等, 2017. 南海海洋观测台站海表温度资料的均一性检验与订正 [J]. 热带气象学报, 33(5): 637–643.

王慧, 刘克修, 范文静, 等, 2013. 渤海西部海平面资料均一性订正及变化特征 [J]. 海洋通报, 3(3): 15–23.

王树廷, 王伯民, 等, 1984. 气象资料的整理和统计方法 [M]. 北京 : 气象出版社 .

魏凤英, 2007. 现代气候统计诊断与预测技术 [M]. 2 版 . 北京 : 气象出版社 .

温克刚, 宋德众, 蔡诗树, 2007. 中国气象灾害大典·福建卷 [M]. 北京: 气象出版社.

温克刚, 徐一鸣, 2006. 中国气象灾害大典·上海卷 [M]. 北京: 气象出版社.

温克刚, 席国耀, 徐文宁, 2006. 中国气象灾害大典·浙江卷 [M]. 北京: 气象出版社.

吴德星, 牟林, 李强, 等, 2004. 渤海盐度长期变化特征及可能的主导因素 [J]. 自然科学进展, 14(2): 191-195.

杨华庭, 2002. 近十年来的海洋灾害与减灾 [J]. 海洋预报, 19(1): 2-8.

杨华庭, 田素珍, 叶琳, 等, 1993. 中国海洋灾害四十年资料汇编（1949—1990）[M]. 北京: 海洋出版社.

于保华, 李宜良, 姜丽, 2006. 21 世纪中国城市海洋灾害防御战略研究 [J]. 华南地震, 26(1): 67-75.

于福江, 董剑希, 许富祥, 2017. 中国近海海洋——海洋灾害 [M]. 北京: 海洋出版社.

于福江, 董剑希, 叶琳, 等, 2015. 中国风暴潮灾害史料集 1949—2009（上册）[M]. 北京: 海洋出版社.

于福江, 董剑希, 叶琳, 等, 2015. 中国风暴潮灾害史料集 1949—2009（下册）[M]. 北京: 海洋出版社.

于仁成, 孙松, 颜天, 等, 2018. 黄海绿潮研究: 回顾与展望 [J]. 海洋与湖沼, 49(5): 8.

曾呈奎, 徐鸿儒, 王春林, 2003. 中国海洋志 [M]. 郑州: 大象出版社.

中国气象局, 2007. 地面气象观测规范 第 18 部分: 月地面气象记录处理和报表编制: QX/T 662—2007 [S]. 北京: 气象出版社.

中国气象局, 2006.《中国气象灾害年鉴（2005）》[M]. 北京: 气象出版社.

中国气象局, 2007.《中国气象灾害年鉴（2006）》[M]. 北京: 气象出版社.

中国气象局, 2008.《中国气象灾害年鉴（2007）》[M]. 北京: 气象出版社.

中国气象局, 2009.《中国气象灾害年鉴（2008）》[M]. 北京: 气象出版社.

中国气象局, 2010.《中国气象灾害年鉴（2009）》[M]. 北京: 气象出版社.

中国气象局, 2011.《中国气象灾害年鉴（2010）》[M]. 北京: 气象出版社.

中国气象局, 2012. 气候季节划分: QX/T 152—2012 [S]. 北京: 气象出版社.

中国气象局, 2012.《中国气象灾害年鉴（2011）》[M]. 北京: 气象出版社.

中国气象局, 2013.《中国气象灾害年鉴（2012）》[M]. 北京: 气象出版社.

中国气象局, 2014.《中国气象灾害年鉴（2013）》[M]. 北京: 气象出版社.

中国气象局, 2015.《中国气象灾害年鉴（2014）》[M]. 北京: 气象出版社.

中国气象局, 2016.《中国气象灾害年鉴（2015）》[M]. 北京: 气象出版社.

中国气象局, 2017.《中国气象灾害年鉴（2016）》[M]. 北京: 气象出版社.

中国气象局, 2018.《中国气象灾害年鉴（2017）》[M]. 北京: 气象出版社.

中国气象局, 2019.《中国气象灾害年鉴（2018）》[M]. 北京: 气象出版社.

中国气象局, 2020.《中国气象灾害年鉴（2019）》[M]. 北京: 气象出版社.

中华人民共和国国家质量监督检验检疫局, 中国国家标准化管理委员会, 2006. 海滨观测规范: GB/T 114914—2006 [S]. 北京: 中国标准出版社.

中华人民共和国国家质量监督检验检疫局, 中国国家标准化管理委员会, 2011. 人居环境气候舒适度评价: GB/T 27963—2011 [S]. 北京: 中国标准出版社.

中华人民共和国国家质量监督检验检疫局, 中国国家标准化管理委员会, 2017. 地面标准气候值统计方法: GB/T 34412—2017 [S]. 北京: 中国标准出版社.

自然资源部, 2019. 2018 年中国海平面公报 [R]. 北京: 自然资源部.

自然资源部, 2019. 2018 年中国海洋灾害公报 [R]. 北京: 自然资源部.

自然资源部, 2020. 2019 年中国海平面公报 [R]. 北京: 自然资源部.

自然资源部, 2020. 2019 年中国海洋灾害公报 [R]. 北京：自然资源部.

自然资源部, 2019. 海洋观测数据格式：HY/T 0301—2021[S]. 北京：中国标准出版社.

自然资源部, 2019. 海洋观测延时资料质量控制审核技术规范：HY/T 0315—2021[S]. 北京：中国标准出版社.

GAO ZHIGANG, WANG HUI, LI WENSHAN, et al., 2018. Characteristics of sea level change along China coast during 1968–2017[C]. ISOPE 2018.

GONG D, WANG S, 1999. Definition of Antarctic Oscillation index [J]. Geophysical Research Letters, 26(4): 459–462.

GU WEI, LIU CHENGYU, YUAN SHUAI, et al., 2013. Spatial distribution characteristics of sea-ice-hazard risk in Bohai, China [J]. Annals of Glaciology, 54(62): 73–79.

IPCC, 2007. Climate change 2007: the physical science basis: contribution of working group I to the fourth assessment report of the Intergovernmental Panel on Climate Change [M]. Cambridge: Cambridge University Press: 996.

LIN CHUANLAN，SU JILAN，XU BINGRONG, et al., 2001. Long-term variations of temperature and salinity of the Bohai Sea and their influence on its ecosystem[J]. Progress in Oceanography，49(1): 7–19.

THOMPSON D W J , WALLACE J M, 2001. Regional Climate Impacts of the Northern Hemisphere Annular Mode[J]. Science, 293(5527): 85–89.

ZHANG JIANLI, WANG HUI, FAN WENJING, et al., 2018. Characteristics of tide variation/change along the China coast[C]. ISOPE 2018.